黄宋魏　等编著

GONGYE GUOCHENG KONGZHI XITONG JI GONGCHENG YINGYONG

工业过程控制系统及工程应用

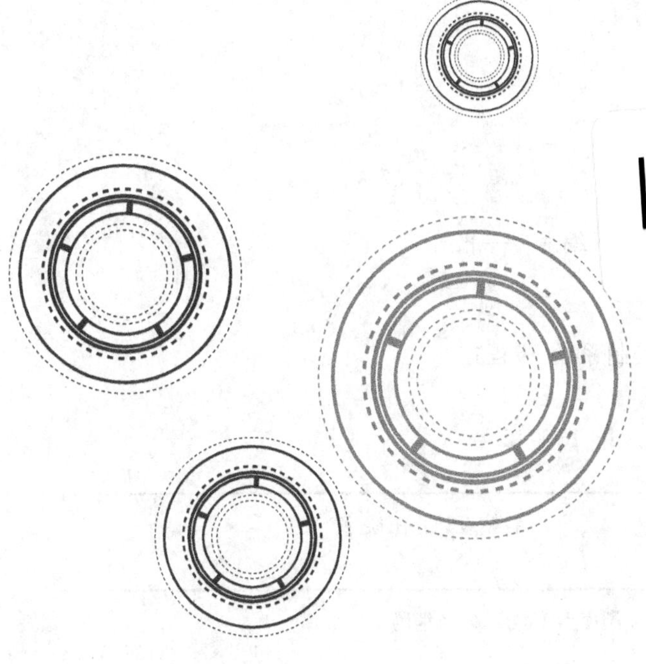

化学工业出版社

·北京·

《工业过程控制系统及工程应用》以工业过程控制系统的设计开发及工程应用为主线，从当前工业过程控制的实际需要和过程控制的最新发展出发，结合编著者控制系统工程应用的研究成果，系统地介绍了控制系统设计开发与工程应用需要具备的基础知识和基本技术方法。并在全书最后详细介绍了底吹熔炼炉控制系统的设计开发及工程应用案例。

本书共9章，第1章介绍控制系统的基本概念和基本原理；第2章介绍控制系统的设计开发及工程应用规划；第3章为控制系统的最新设计规范；第4章介绍控制系统现场检测仪表和执行仪表的应用选型及设计；第5章介绍控制计算机的硬件技术及系统设计方法；第6章介绍控制编程软件的功能及用法；第7章介绍监控组态软件的功能及用法；第8章介绍控制系统调试与维护方法；第9章介绍底吹炉熔炼生产过程控制系统的设计开发与工程应用案例。

本书主要面向自控类专业的读者编写，涉及的内容基本涵盖了构建一般工业过程控制系统所必需的基础知识和基本技术方法，内容较为系统全面，叙述简明扼要、通俗易懂、循序渐进、方便自学。可作为工程技术人员、相关专业的师生以及刚步入工作岗位的大学毕业生的教材和参考书，可以作为高等学校的研究生和高年级本科生的专业教材。

图书在版编目(CIP)数据

工业过程控制系统及工程应用/黄宋魏等编著．—北京：化学工业出版社，2015.8
ISBN 978-7-122-24494-9

Ⅰ.①工… Ⅱ.①黄… Ⅲ.①工业控制系统-过程控制 Ⅳ.①TB114.2

中国版本图书馆CIP数据核字（2015）第137042号

责任编辑：袁海燕　　装帧设计：王晓宇
责任校对：蒋　宇

出版发行：化学工业出版社（北京市东城区青年湖南街13号　邮政编码100011）
印　　装：北京虎彩文化传播有限公司
787mm×1092mm　1/16　印张23　字数607千字　2015年9月北京第1版第1次印刷

购书咨询：010-64518888　　售后服务：010-64518899
网　　址：http://www.cip.com.cn
凡购买本书，如有缺损质量问题，本社销售中心负责调换。

定　　价：68.00元

前　言 FOREWORD

目前，控制系统在工业生产中的应用发展很快，已经深入到了工业过程的各个方面，在工业生产中发挥了巨大的作用。控制新技术和控制新装备的不断涌现，急需大量的掌握相关技术知识和具有较强动手能力的技术人员。然而，目前我国的实际状况是：许多自控专业的高年级本科生、研究生、刚步入工作岗位的毕业生、没有参加过工程实践或者工程经验不足的技术人员，对工业过程控制系统的设计开发和应用缺乏整体的了解，也不太清楚实际控制系统的设计开发具体需要掌握什么样的知识和技术，不太了解如何综合运用这些知识和技术进行控制系统的设计开发和应用调试等。为此结合作者的工程实践经验撰写了这本书。

典型工业过程控制系统实施的整个过程主要包括：控制任务的提出、控制系统规划（包括初步方案提出、方案论证、方案确定等），控制系统设计（包括结构设计、自动化仪表选型、控制主机选型、组态软件的选择、线路设计、安装设计、供电与供气设计、报警及联锁设计、控制室设计、接地设计等），硬件系统的安装组建（包括主机安装、自动化仪表安装、配管配线、布线接线等），控制应用软件与监控应用软件的开发（包括控制计算机的控制软件、监控计算机的监控软件等），控制系统调试（包括控制计算机硬件及软件调试、监控计算机硬件及软件调试、自动化仪表调试等）。这些过程工作联系紧密，共同决定着控制系统的质量和性能。

控制系统组成主要包括：控制计算机、监控计算机、控制及监控软件、检测仪表、执行机构等。目前，可供控制系统选择的控制计算机类型很多，主要有 PLC、DCS 和 FCS 等，这三种控制计算机有着千丝万缕的联系，PLC 因价格较低、性能接近 DCS、易于组建控制系统，在大、中、小型控制系统中仍然具有非常重要的地位，其中西门子 PLC 在我国工业过程应用尤为广泛。以前，控制系统的监控计算机主要采用专门的工控机，近年来，控制系统普遍采用一般的商用计算机作为监控计算机，并且其安全性与工控机性能相当甚至更好。采用组态软件进行监控系统开发已是控制系统惯用的手段，可供选择的组态软件主要有：组态王、易控、Intouch、Wincc、iFix 等，组态王属国产组态软件，因价格低廉、性能已达到国际先进水平，在我国得到了广泛的应用。控制系统的总体可靠性往往由自动化仪表决定，自动化仪表的类型和品牌很多，主要有 DCS 和 FCS 两大类型，FCS 仪表因技术先进、性能优越，是自动化仪表发展的方向，因种种原因，DCS 类型的自动化仪表仍然占主导地位，可以预见，DCS 类和 FCS 类型的自动化仪表将长期共存。

目前，各种类型的控制计算机、自动化仪表层出不穷，采用什么规范进行自控项目设计成为困惑自控设计人员的问题，“HG/T 自控设计规定—2000”提出了 PLC 控制系统与 DCS

的设计规范，而没有 FCS 的设计规范，而实际上，自控设计人员在进行具有模拟量和数字量控制系统设计时，不管采用的控制计算机是 PLC、DCS 还是 FCS，往往采用 DCS 的设计规范。为了适应新形势、新发展的需要，2014 年 10 月，我国工业与信息化部发布了"HG/T 自控设计规定—2014"，与 2000 年发布的"HG/T 自控设计规定—2000"比较，新版本大部分还沿用以前的规范，但对一些图形符号及含义进行了修改，增加了"术语"、仪表回路号、信号处理功能图形符号、二进制逻辑图形符号等新内容。基本上统一了不同控制系统类型的设计规范，在自动化仪表和控制主机方面，新规范与 2000 版 DCS 规范大致相同。本书及时介绍了这种新变化。

《工业过程控制系统及工程应用》以工业过程控制系统的设计开发及工程应用为主线，从当前工业过程控制的实际需要和过程控制的最新发展出发，结合编著者控制系统工程应用的研究新成果，系统深入地介绍了控制系统设计开发与工程应用需要具备的基础知识和基本技术方法。本书共 9 章，第 1 章介绍控制系统的基本概念和基本原理；第 2 章介绍控制系统的工程规划，包括设计步骤、硬件配置、软件配置、监控系统设计开发和工程实践等；第 3 章结合 2014 版自控设计规范，简要介绍了工业过程控制系统的相关设计规范；第 4 章介绍控制系统现场检测仪表和执行仪表的设计选型方法；第 5 章以最常用的西门子 S7-300/400PLC 为应用机型，简要介绍了 CPU、I/O 模块等的技术性能，以及 PLC 控制系统的设计和构建方法；第 6 章介绍西门子 S7-300/400PLC 的编程软件 STEP7 的功能及编程方法；第 7 章介绍最为常用的国产组态软件——组态王 V6.55 的主要功能和使用方法；第 8 章介绍控制系统的应用调试和运行维护方法；第 9 章较为详细地介绍了底吹炉熔炼生产过程控制系统的设计开发及实际应用案例，包括生产工艺过程，测控内容及要求，现场测控点的确定，测控仪表的选型，控制系统硬件及软件配置，底吹炉监控界面的设计开发等，以便于读者学习实际工业过程控制系统的设计方法。

本书既是初学者的教材又是自控工程技术人员的参考书，是一本理论紧密联系实际的控制系统设计开发及工程应用的著作。本书较为系统地介绍了工业过程控制系统设计开发和工程应用所具备的基础知识和基本技术方法，面向的是非常广大的自动化专业的工科师生和工程技术人员，学术性、技术性、实践性都很强。内容叙述简明扼要、通俗易懂、循序渐进、方便自学，十分适合工程技术人员的自学，也可作为高校的自动化类专业的高年级本科生、研究生的理论和实践教材。

本书由黄宋魏、张博亚、童雄、和丽芳共同撰写。本书共 9 章，第 1 章由和丽芳、黄宋魏撰写，第 2、3、5、6、7、8 章由黄宋魏撰写，第 4 章由童雄、黄宋魏撰写，第 9 章由张博亚、黄宋魏撰写，全书由黄宋魏统稿。本书撰写过程中得到了昆明理工大学以及云南铜业股份有限公司的大力支持，在此表示衷心感谢。

由于本书内容涉及多种学科技术前沿，内容丰富、实践性强，且知识面广，加上作者学识有限，因此，难免存在不妥之处，殷切期待广大同行、读者给予批评指正。

编著者

2015 年 6 月

目　录 CONTENTS

第1章　控制系统概论

1.1　控制系统的基本组成　1

1.1.1　控制主机　1

1.1.2　检测仪表　2

1.1.3　执行机构　2

1.1.4　通信设备　2

1.1.5　操作器件　2

1.1.6　人机界面　2

1.1.7　系统软件　3

1.2　分布式控制系统　3

1.2.1　分布式控制系统的结构　3

1.2.2　分布式控制系统的功能层次　4

1.3　控制系统的常用通信技术　6

1.3.1　串行通信　6

1.3.2　USB通信　6

1.3.3　工业以太网通信　7

1.3.4　现场总线通信技术　8

1.4　常用控制计算机　10

1.4.1　控制计算机的硬件组成　11

1.4.2　控制计算机的功能特点　12

1.4.3　控制系统的规模　13

1.5　国内外主要PLC产品　13

1.5.1　美国PLC产品　14

1.5.2　欧洲PLC产品　14

1.5.3　日本PLC产品　15

1.5.4　国产PLC产品　16

1.6　主要DCS产品　16

1.6.1　国外主要DCS产品　16

1.6.2　国产DCS产品　19

1.7　主要现场总线技术　20

1.7.1　典型现场总线结构　20

1.7.2　FF现场总线　21

1.7.3 Profibus 现场总线 22
1.7.4 Profinet 现场总线 23
1.8 控制系统的发展趋势 24
1.8.1 PLC 在向微型化、网络化、PC 化和开放性方向发展 24
1.8.2 DCS 面向测控管一体化设计发展 24
1.8.3 控制系统正在向现场总线(FCS)方向发展 25
1.8.4 PLC、DCS、FCS 将长期共存 25
1.9 控制系统监控组态软件 25
1.9.1 组态软件概念 25
1.9.2 组态软件的功能 26
1.9.3 国内外主要组态软件 27
1.9.4 组态软件的发展趋势 27

第2章 控制系统工程规划

2.1 控制系统设计的基本原则与步骤 30
2.1.1 控制系统设计的基本原则 30
2.1.2 控制系统的设计要求 30
2.1.3 控制系统设计的一般步骤 31
2.1.4 控制主机总体设计 34
2.1.5 工业防爆危险区的防爆等级 35
2.2 控制系统的硬件配置 36
2.2.1 人-机接口(操作站) 36
2.2.2 中央处理器(CPU) 37
2.2.3 通信网络及过程接口 38
2.2.4 编程终端及工程师站 38
2.3 控制系统软件配置及编程语言 39
2.3.1 控制系统软件层次 39
2.3.2 控制层软件 41
2.3.3 控制计算机编程语言 45
2.4 下位控制软件的设计规划 47
2.4.1 下位控制软件的基本规划 47
2.4.2 将过程划分为任务和区域 48
2.4.3 单个功能区域的描述 48
2.4.4 列出仪表 I/O 和创建 I/O 图 49
2.4.5 建立安全要求 50
2.4.6 描述所要求的操作界面显示和控制 51
2.4.7 创建组态图 52
2.5 控制系统的监控画面设计 52
2.5.1 主要显示内容 52
2.5.2 概貌显示画面 53
2.5.3 过程显示画面 54
2.5.4 仪表面板显示画面 55

2.5.5 操作点显示画面 55
2.5.6 趋势显示画面 55
2.5.7 报警显示画面 57
2.5.8 电子表格 58
2.5.9 系统显示画面 58
2.6 控制系统工程设计 59
2.6.1 基础设计/初步设计 59
2.6.2 工程设计/施工图设计 59
2.6.3 工程设计阶段应完成的工作 60
2.6.4 应用软件编程阶段应完成的工作 60
2.7 控制系统询价、报价 60
2.7.1 询价 60
2.7.2 报价及比较 61

第3章 控制系统设计规范

3.1 管道及仪表流程图(P&ID)的设计 63
3.1.1 控制方案的确定 63
3.1.2 管道及仪表流程图(P&ID)的设计内容 64
3.1.3 管道及仪表流程图(P&ID)的绘制 66
3.2 仪表功能标志 67
3.2.1 功能标志组成 67
3.2.2 仪表的位号 67
3.3 文字符号 68
3.3.1 基本文字符号 68
3.3.2 典型的仪表回路号和仪表位号示例 71
3.3.3 仪表常用缩写字母 72
3.3.4 缩写字母的应用 74
3.4 图形符号 74
3.4.1 基本图形符号 74
3.4.2 图形符号 76
3.5 测量点与连接线的图形符号 81
3.5.1 测量点的表示 81
3.5.2 仪表的各种连接线规定 81
3.6 自控系统图形符号示例 82
3.6.1 单一参数控制系统图形符号示例 82
3.6.2 常规仪表复杂控制系统图形符号示例 83
3.6.3 复杂控制系统图形符号示例 84
3.6.4 合成氨装置 H_2O/C 控制系统(超前/滞后系统)图形符号示例 84
3.7 控制室设计规定 86
3.7.1 总图位置的选择 86
3.7.2 布置和面积 86

3.7.3 操作站 87
3.7.4 建筑、结构设计要求 87
3.7.5 采光与照明 88
3.7.6 采暖、通风和空气调节 88
3.7.7 进线方式和室内电缆敷设 89
3.7.8 接地及安全保护 89
3.7.9 通信 89
3.8 仪表供电设计规定 89
3.8.1 仪表供电范围、负荷等级与电源类型 89
3.8.2 仪表电源质量与容量 90
3.8.3 供电系统设计与设计条件 90
3.8.4 供电器材的选择 91
3.8.5 供电系统的配线 91
3.9 信号报警、安全联锁系统设计规定 91
3.9.1 信号报警系统 92
3.9.2 安全联锁系统 93
3.10 仪表配线设计规定 95
3.10.1 电线、电缆的选用 95
3.10.2 电线、电缆的敷设 96
3.10.3 仪表盘(箱、柜)内配管、配线 98
3.11 仪表系统接地设计规定 99
3.11.1 仪表系统接地原则 99
3.11.2 接地系统的构建 100
3.11.3 接地连接方法 100
3.11.4 接地连接的规格及结构要求 104
3.11.5 仪表系统接地注意事项 104

第4章 控制系统仪表设计选型

4.1 温度检测仪表的设计选型 105
4.1.1 仪表设计选型的总原则 105
4.1.2 就地温度仪表 105
4.1.3 集中温度仪表 106
4.1.4 温度变送器 106
4.2 压力检测仪表的设计选型 106
4.2.1 压力检测仪表选型总则 106
4.2.2 根据应用条件选择压力表 107
4.2.3 主要性能选择 107
4.2.4 变送器的选择 108
4.2.5 压力测量仪表的分类和特点 108
4.3 流量检测仪表的设计选型 108
4.3.1 流量检测仪表选型总则 108
4.3.2 一般流体、液体、蒸汽流量测量仪表的选型 109

4.3.3 腐蚀、导电或带固体微粒流量测量仪表的选型 111
4.3.4 高黏度流体流量测量仪表的选型 112
4.3.5 粉粒及块状固体流量测量仪表的选型 112
4.3.6 流量测量仪表的选型 112
4.4 物位仪表的设计选型 115
4.4.1 物位仪表选型总则 115
4.4.2 液面和界面测量仪表 115
4.4.3 料面测量仪表 117
4.5 过程分析仪表选型 118
4.5.1 过程分析仪表选型总则 118
4.5.2 分析气相混合物组分的仪表选型 118
4.5.3 分析液相混合物组分的仪表选型 123
4.6 控制阀的设计选型 126
4.6.1 控制阀组成及流量特性的选择 126
4.6.2 控制阀类型的选择 127
4.6.3 阀材料的选择 128
4.6.4 控制阀口径的确定原则 129
4.6.5 执行机构的选择 130
4.6.6 控制阀附件的选择 132

第5章 控制计算机

5.1 西门子系列 PLC 产品介绍 134
5.1.1 LOGO! 134
5.1.2 SIMATIC S7-200 系列 PLC 135
5.1.3 SIMATIC S7-1200 系列 PLC 136
5.1.4 SIMATIC S7-1500 系列 PLC 138
5.1.5 SIMATIC S7-300 PLC 139
5.1.6 SIMATIC S7-400 PLC 141
5.1.7 分布式 IO—ET200 143
5.2 S7-300PLC 的硬件配置 144
5.2.1 S7-300PLC 的组装 144
5.2.2 S7-300PLC 的组成及结构 145
5.2.3 S7-300PLC 的扩展 147
5.3 S7-300 的 CPU 148
5.3.1 紧凑型 S7-300CPU 148
5.3.2 标准型 CPU 149
5.3.3 故障安全型 CPU 151
5.4 S7-300 的数字量输入/输出模块 152
5.4.1 SM321 数字量输入模块 153
5.4.2 SM322 数字量输出模块 154
5.5 S7-300 模拟量模块 156
5.5.1 SM331 的模拟量输入模块 156

5.5.2 SM332 模拟量输出模块 156
5.6 S7-300 的其他常用模块 164
5.6.1 电源模块 164
5.6.2 接口模块 164
5.6.3 常用 CP 通讯产品 165
5.6.4 S7-300 常用配件 166
5.7 S7-400 PLC 系统 167
5.7.1 S7-400 概述 167
5.7.2 S7-400 PLC 系统 169
5.8 S7-400 的 CPU 模块 171
5.8.1 CPU 412 模块 171
5.8.2 CPU 414 模块 172
5.8.3 CPU 416 模块 174
5.8.4 CPU 417 模块 176
5.9 S7-400H 冗余系统 176
5.9.1 S7-400H 概述 176
5.9.2 S7-400H 冗余系统结构 177
5.9.3 S7-400H 冗余系统组成 177
5.9.4 S7-400H 冗余方式及组态编程 180
5.9.5 S7-400H 冗余系统的 CPU 模块 181
5.10 S7-400 的 I/O 模块 182
5.10.1 S7-400 数字量模块 182
5.10.2 S7-400 的接口模块 187
5.11 ET 200 分布式 I/O 系统 187
5.11.1 ET 200 概述 187
5.11.2 ET 200M 分布式 I/O 站 188

第 6 章 控制编程软件

6.1 控制编程软件概述 191
6.1.1 STEP 7 软件版本 191
6.1.2 STEP 7 的安装 191
6.1.3 PC 与 PLC 通信方式 193
6.1.4 程序的下载 193
6.1.5 程序的上传 194
6.1.6 S7-300/400PLC 仿真 196
6.1.7 STEP 7 的应用步骤 197
6.1.8 如何获得帮助 197
6.2 项目创建及硬件组态 197
6.2.1 项目的产生 197
6.2.2 硬件组态的基本步骤 199
6.2.3 组态中央机架 199
6.2.4 组态分布式 I/O 站 201

6.2.5 组态 PROFINET IO 站 201
6.2.6 组态 SIMATIC PC 站 203
6.2.7 组态冗余系统 204
6.2.8 模块参数设置 205
6.3 STEP 7 的程序结构及编程 208
6.3.1 STEP 7 程序的组成及调用 208
6.3.2 数据类型及表示方法 211
6.3.3 编程语言 213
6.3.4 程序编辑器 213
6.3.5 创建块的方法 214
6.3.6 使用库编程 214
6.3.7 逻辑块的编程 215
6.3.8 创建数据块 217
6.4 STEP 7 指令系统 218
6.4.1 指令及其结构 218
6.4.2 位逻辑指令 219
6.4.3 数据比较指令 220
6.4.4 常用数据类型转换指令 221
6.4.5 整形数计算函数 222
6.4.6 浮点数计算函数 223
6.4.7 移位、循环指令 224
6.4.8 计数器 225
6.4.9 定时器 226
6.5 模拟量输入/输出与 PID 控制 227
6.5.1 模拟量输入/输出 227
6.5.2 连续型 PID 控制器 SFD41 230

第 7 章 监控组态软件

7.1 组态王软件简介 233
7.1.1 组态王软件版本 233
7.1.2 安装组态王软件 235
7.1.3 组态王支持的 I/O 设备 235
7.2 创建监控工程 236
7.2.1 工程的开发步骤 236
7.2.2 创建一个工程 236
7.3 定义外部设备和数据变量 238
7.3.1 外部设备定义 238
7.3.2 I/O 变量定义 238
7.3.3 变量的管理 242
7.4 创建组态画面 243
7.4.1 画面设计 243
7.4.2 动画连接 244

7.4.3 命令语言 247
7.4.4 画面的切换 248
7.4.5 运行系统设置 249
7.5 报警和事件 249
7.5.1 建立报警和事件窗口 249
7.5.2 报警和事件的输出 251
7.6 趋势曲线 252
7.6.1 实时趋势曲线 252
7.6.2 历史趋势曲线 252
7.7 控件 254
7.7.1 组态王内置控件 254
7.7.2 Active X 控件 255
7.8 报表系统 256
7.8.1 创建报表 256
7.8.2 报表函数 257
7.9 组态王历史库 259
7.9.1 组态王历史库概述 259
7.9.2 组态王变量的历史记录属性 259
7.9.3 历史记录存储及文件的格式 260
7.9.4 历史数据的查询、备份和合并 262
7.10 组态王与其他应用程序的动态数据交换(DDE) 263
7.10.1 动态数据交换的概念 263
7.10.2 组态王访问 Excel 的数据 264
7.10.3 Excel 访问组态王的数据 265
7.10.4 组态王与 VB 间的数据交换 266
7.10.5 重新建立 DDE 连接菜单命令 267
7.11 组态王数据库访问(SQL) 267
7.11.1 组态王 SQL 访问管理器 268
7.11.2 配置 SQL 数据库 269
7.11.3 组态王使用 SQL 数据库 269
7.12 组态王与 OPC 设备连接 272
7.12.1 OPC 简介 272
7.12.2 组态王与 OPC 的连接 272
7.13 组态王的网络功能 275
7.13.1 组态王网络结构概述 275
7.13.2 网络配置简介 276
7.13.3 网络变量使用 280
7.13.4 网络精灵 280
7.14 冗余系统 280
7.14.1 双设备冗余 280
7.14.2 双机热备 281
7.14.3 双机热备配置 282
7.15 组态王 For Internet 应用 283

7.15.1 Web 功能介绍 283
7.15.2 画面发布 285
7.15.3 在 IE 浏览器端浏览发布的画面 286
7.16 无线数据通信在组态王上的使用 288
7.16.1 组态王的无线通信过程 288
7.16.2 组态王用到的文件、功能及通信过程 288
7.16.3 GPRS 通信的组态 289

第 8 章 控制系统调试与维护

8.1 控制系统的调试方法 290
8.1.1 控制系统的调试步骤 290
8.1.2 调试前的准备工作 290
8.2 控制计算机的检查与测试 294
8.2.1 控制计算机的现场验收 294
8.2.2 控制计算机的安全要求 294
8.2.3 控制计算机上电测试 295
8.2.4 控制计算机通信的检验与调试 296
8.3 控制系统现场调试 297
8.3.1 离线调试 297
8.3.2 在线调试 301
8.4 PID 控制参数的工程整定方法 302
8.4.1 临界比例度法 303
8.4.2 衰减曲线法 303
8.4.3 经验凑试法 304
8.4.4 动态特性参数法 306
8.4.5 整定方法的比较 307
8.5 控制系统验收 307
8.5.1 控制系统验收步骤 307
8.5.2 控制系统验收的竣工资料 308
8.6 控制系统运行维护 311
8.6.1 控制系统常见故障 311
8.6.2 防止干扰和设备损坏的一般方法 312
8.6.3 系统现场维护常见问题 313
8.6.4 控制系统日常管理和维护 314

第 9 章 底吹炉熔炼生产过程控制系统

9.1 底吹炉熔炼生产过程简介 317
9.1.1 铜熔炼生产过程流程 317
9.1.2 底吹炉结构 317

9.1.3 底吹炉工艺 318
9.2 主要测控内容及设计要求 319
9.2.1 原料工段主要测控内容 319
9.2.2 熔炼炉主要测控内容 319
9.2.3 循环水系统主要测控内容 320
9.2.4 阀站主要测控内容 320
9.2.5 电热前床主要测控内容 320
9.2.6 控制系统要求 320
9.2.7 采用的设计规范及标准 321
9.3 控制系统的测控点设计 321
9.3.1 原料工段的P&ID图 321
9.3.2 底吹炉本体的P&ID图 323
9.3.3 阀站的P&ID图 323
9.3.4 循环水系统的P&ID图 323
9.3.5 电热前床的P&ID图 323
9.4 现场测控仪表及选型 328
9.4.1 概述 328
9.4.2 原料工段测控仪表选型 329
9.4.3 底吹炉本体测控仪表选型 330
9.4.4 阀站测控仪表选型 331
9.4.5 循环水系统测控仪表选型 336
9.5 底吹熔炼炉控制系统硬件及软件配置 338
9.5.1 控制系统结构 338
9.5.2 控制系统I/O配置 338
9.5.3 分布式PLC硬件配置 342
9.5.4 控制系统上位站的配置 344
9.6 监控系统设计开发 345
9.6.1 模拟工艺流程图 345
9.6.2 操作面板 346
9.6.3 报警窗口 347
9.6.4 历史数据显示 348
9.6.5 数据报表 350
9.6.6 PID控制回路参数调试界面 351
参考文献

第1章 控制系统概论

1.1 控制系统的基本组成

计算机控制系统是利用计算机来实现工业生产过程自动控制的系统，是在常规仪表控制系统的基础上发展起来的，将常规自动控制系统中的模拟调节器由计算机来实现，就组成了一个典型的计算机控制系统。控制技术综合应用控制理论、仪器仪表、计算机和其他信息技术，对工业生产过程实现检测、控制、优化、管理和决策，以达到增加生产量，提高生产率，确保生产安全的高新技术。

目前，控制系统几乎离不开计算机，因此，将计算机控制系统简称为控制系统。尽管控制系统的模式多种多样，但其基本组成大致相同。如图 1.1 所示，控制系统由控制主机和外围设备组成。控制主机包括中央处理器（CPU）、存储器、A/D 转换接口、D/A 转换接口、开关量输入接口、开关量输出接口等部件；外围设备包括检测仪表、执行机构、人机界面、操作器件、通信设备等。尽管控制主机的类型、型号等多种多样，但本质上说都属于计算机，都包含 CPU、存储器、I/O 电路等。由于工业过程的应用场合和目的各不相同，控制系统中的控制计算机的类别和型号也千差万别，控制系统的组成也各不相同，但是，控制系统的基本组成大同小异，主要由两大部分组成：硬件和软件。其中硬件包括主机、输入/输出模块、通信设备、现场设备、操作器件；软件包括系统软件和应用软件等。

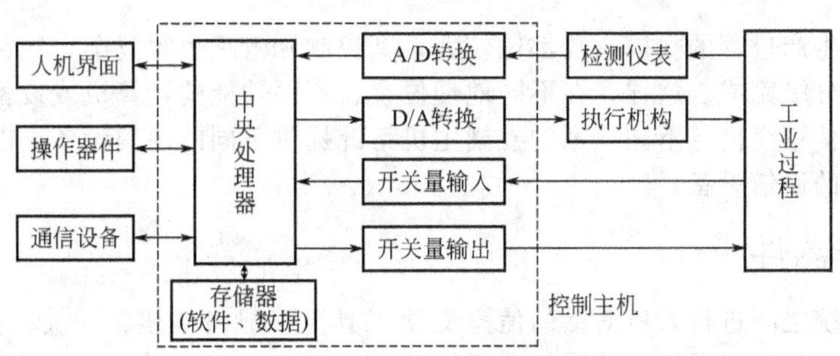

图 1.1 典型控制系统组成

1.1.1 控制主机

控制主机由中央处理器、存储器和接口电路等组成，是计算机控制系统的核心。根据输入设备采集到的反映生产过程工作状况的信息，按存储器中预先存储的程序，选择相应的控制算法，自动地进行信息处理和运算，实时地通过输出设备向生产过程发送控制命令，从而达到预定的控制目标。控制系统主机分为控制计算机（下位机）和管理计算机（上位机），下位机负责过程控制，上位机负责监控管理。下位机一般采用 PLC、DCS、FCS 等控制主机，上位机一般采用工业计算机。

1.1.2 检测仪表

用来检测过程各个参数的技术工具称为检测仪表。也称测量仪表。是指能正确感受和反映被测量大小的仪表。确定被测变量的量值变化或量值特性、状态、成分的仪表。工业生产中有压力、流量、温度、液位等物理仪表，有气体分析、水分分析、微量元素分析等分析仪表。

检测仪表一般由传感器和变送器组成。传感器能感受规定的被测量，并按照一定的规律转换成可用输出信号的器件或装置；变送器将传感器的信号转换为规定的标准信号输出或进行显示。

检测仪表的输出信号通常为4～20mA，该信号与检测仪表的量程相对应。检测仪表也可以直接是传感器（如热电阻、热电偶等）。常用的检测仪表主要有：热电阻、热电偶、压力变送器、差压变送器、雷达物位计、电磁流量计、pH计等。

1.1.3 执行机构

执行机构使用电力、气体、液体或其他能源并通过电机、汽缸或其他装置将其转化成驱动作用。基本的执行机构用于把阀门驱动至全开或全关的位置。用于控制阀的执行机构能够精确地使阀门走到任何位置。尽管大部分执行机构都是用于开关阀门，但是如今执行机构的设计远远超出了简单的开关功能，它们包含了位置感应装置，力矩感应装置，电极保护装置，逻辑控制装置，数字通讯模块及PID控制模块等，而这些装置全部安装在一个紧凑的外壳内。

执行机构通常由执行装置和控制器组成，根据给定的模拟量信号（如4～20mA）的大小来调节工作状态（如阀门的开度、变频电机转速等）。执行机构主要有电动、气动、液动三种类型，分别以电力、气体、液体为动力源。常用的执行机构主要有：电动执行器、电动调节阀、气动执行器、气动调节阀、液动执行器、液动调节阀等。

1.1.4 通信设备

现代化工业生产过程的规模一般都比较大，其控制和管理也很复杂，往往需要几台或几十台计算机才能分级完成。这样，在不同地理位置、不同功能的计算机或设备之间就需要通过通信设备进行信息交换。不同厂家的控制主机系统提供不同的通信设备，以太网通信网卡及交换机是常用的通信设备。

1.1.5 操作器件

操作员与系统之间进行人机对话的信息交换工具，一般由按钮、开关、指示灯等构成，操作员通过操作器件可以了解与控制整个系统的运行状态。对于某些重要设备的启动/停止操作控制，有时操作器件是必需的。目前，操作器件已经多为虚拟器件所替代，即操作器件已经不是有型的实物，而是计算机软件的模拟功能画面，通过监控计算机的虚拟操作器件，可以启动/停止设备、设定控制量、显示数据和状态等。

1.1.6 人机界面

人机界面是指人和机器在信息交换和功能上接触的结合面，它实现信息的内部形式与人类可以接受形式之间的转换。一般来说，凡是人-机信息交流的领域都存在着人机界面。以前，人机界面主要指人与计算机进行信息交换的操作界面，如开关、字符显示仪、拨码开关等。目前，人机界面主要指触摸屏式的计算机或工业计算机，提供更为丰富的显示和操作功能，在一些场合可以完全替代操作器件。

1.1.7 系统软件

系统软件一般由计算机厂家提供，支持系统开发、测试、运行和维护的工具软件，主要包括计算机操作系统（如WINDOWS、UNIX等）、各种控制主机的编程软件（如西门子STEP7、三菱GX Developer等）和监督管理软件（如组态王、WINCC、INTOUCH等）等。系统软件的主要特征是：

① 与硬件有很强的交互性；

② 能对资源共享进行调度管理；

③ 能解决并发操作处理中存在的协调问题；

④ 其中的数据结构复杂，外部接口多样化，便于用户反复使用。

1.2 分布式控制系统

分布式控制系统采用微处理机分别控制各个回路，而用中、小型工业控制计算机或高性能的微处理机实施上一级的控制。各回路之间和上、下级之间通过高速数据通道交换信息。分布式控制系统具有数据获取、直接数字控制、人机交互以及监控和管理等功能。分布式控制系统是在计算机监督控制系统、直接数字控制系统和计算机多级控制系统的基础上发展起来的，是生产过程的一种比较完善的控制与管理系统。在分布式控制系统中，按区域把控制站安装在测量装置与控制执行机构附近，将控制功能尽可能分散，管理功能相对集中。这种分散化的控制方式能改善控制的可靠性，不会由于个别计算机的故障而使整个系统失去控制。当管理级发生故障时，过程控制级（控制回路）仍具有独立控制能力，个别控制回路发生故障时也不致影响全局。与计算机多级控制系统相比，分布式控制系统在结构上更加灵活、布局更为合理和成本更低。

分布式控制系统是一个由过程控制级和过程监控级组成的以通信网络为纽带的多级计算机系统，综合了计算机（Computer）、通信（Communication）、显示（CRT）和控制（Control）等4C技术，其基本思想是分散控制、集中操作、分级管理、灵活配置、方便组态。目前，大部分的复杂过程控制系统都采用这种结构类型。

1.2.1 分布式控制系统的结构

对于集中式计算机控制系统，其两大应用指标是中央计算机的处理和计算机自身的可靠性。若计算机的处理速度快，它在一定时间范围内就可以管理更多的被控设备。和以往一样，工厂中已有的仪器仪表装置都不得不连接到计算机上，这样在计算机和仪器仪表间存在着很多连接装置。若是利用中央计算机来进行技术改造，利用现存的连接装置，整个控制系统的完成就比较省事；若是要重建工厂就不太容易，因为计算机变得越来越便宜，而连接装置的造价相对变化不大，这样连接装置比计算机的花费还大。另外，所有的控制功能都集中到单台计算机上来完成，一旦计算机出了问题，就意味着所有功能都将失效，对于这种状况，必须寻求一种更加可靠的计算机自动化控制系统。

20世纪60年代末到70年代初，出现了小型、微型计算机，使得小型、微型计算机的功能更加完善，并且价格便宜。因而可以用这种小型计算机来代替中央计算机的局部工作，以对其周围的装置进行过程监控，有人将这些小型机组成为第一级计算机；而中央计算机只处理中心自动化问题和管理方面的问题，从而产生了两级自动化控制系统的结构（图1.2），也有人把这种结构称为分散式计算机系统。这种结构在当时得到了广泛应用。20世纪70年代末，一开始集散控制系统是以多个计算机自动化系统的形式由制造商推出，而一旦用户采用了分散式计算机控制系统，就必然会在满足自己应用的前提下，选择价格更加合理的不同厂家的计算机产品，而且当分散式控制系统逐渐建成后，就会与现存的过程控制计算机集成起来，一起完成它们的主要功能，这些小型计算机主要是完成实时处理、前端处理功能，而中央计算机只充当后继处理设备。这样中央计算机不用直接与现场设备打交道，从而把部分控制功能和危险都分散到前端计算机上，如果中央计算机一旦失效，设备的控制功能依旧得到保证。

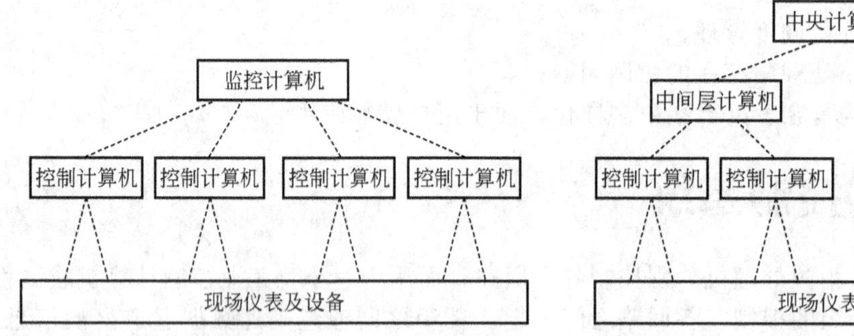

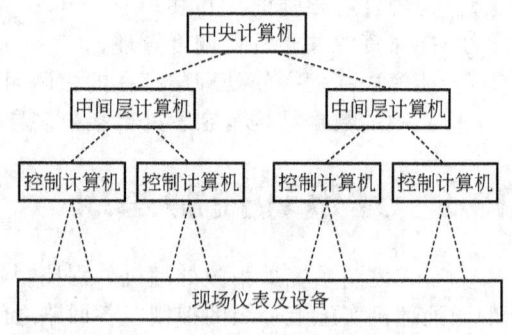

图 1.2　二层结构的分布式控制系统　　图 1.3　三层结构的分布式控制系统

图 1.2 中所示的多计算机结构比较适合小型工业自动化过程，在这些系统中存在的前端计算机较少，然而当控制规模增大后就得有很多前端计算机才能满足应用需求，从而使中央计算机的负载增大，难以在单台中央计算机的条件下及时完成诸如模块上优化、系统管理等方面的工作。在这种应用条件下，就出现了具有中间层次计算机的控制系统。在整个控制系统中，中间计算机分布在各车间或工段上，处在前端计算机和中央计算机之间并担当起一些以往要求中央计算机来处理的职能，系统结构就形成了三级计算机之间并担当起一些以往要求中央计算机来处理的职能，系统结构就形成了三级计算机控制模式（图 1.3）。这种结构模式在工厂自动化方面得到了很广泛的应用，至今仍经常见到。

1.2.2　分布式控制系统的功能层次

目前，层次化已成为控制系统的体系特点，使其体现集中操作管理、分散控制思想。典型的控制系统的体系结构目前一般分为四层结构：过程控制级，集中监控级，生产管理级，综合管理级，如图 1.4 所示。

过程控制级：主要由现场控制站、I/O 单元和现场各类装置（如变送器、执行器、记录仪表等）组成，是系统控制功能的主要实施部分。控制系统的现场控制站接受现场送来的测量信号，按照指定的控制算法，对信号进行输入处理，控制算法运算，输出处理后向执行器发出控制指令。同时接受上层的管理信息，并向上传递过程控制级的现场装置的特性参数和现场采集到的实时数据。

综合管理级
生产管理级
集中监控级
过程控制级
现场检测设备

图 1.4　分布式控制系统层次结构

集中监控级：包括操作员站和工程师站，用于完成系统的操作和组态，综合监控各过程控制站的所有信息，集中显示操作，控制回路组态和参数修改，优化过程处理。

生产管理级（产品管理级）：位于这一级的管理计算机根据生产的产品情况，协调各单元级的参数设定。

综合管理级：位于这一级的管理计算机主要用于企业的生产调度、计划、销售、库存、财务、人事以及企业的经营管理等方面信息的传输。

1.2.2.1 过程控制级

过程控制级是控制系统的基础，其主要任务如下。

(1) 进行过程数据采集：即对被控设备中的每个过程量和状态信息进行快速采集，为进行数字控制、开环控制、设备监测、状态报告的过程等获得所需要的输入信息。

(2) 进行直接数字的过程控制：根据控制组态数据库、控制算法来实施过程量（开关量、模拟量等）的控制。

(3) 进行设备监测和系统的测试、诊断：把过程变量和状态信息取出后，分析是否可以接受以及是否可以允许向高层传输。进一步确定是否对被控装置实施调节，并根据状态信息判断计算机系统硬件和控制模块的性能，在必要时实施报警、故障诊断等措施。

(4) 实施安全性、冗余化措施：一旦发现计算机系统硬件或控制模块有故障，立即实施备用件的切换，保证整个系统的安全运行。

1.2.2.2 集中监控级

集中监控级主要是处理单元内的整体优化，并对其下层产生确切的命令，在这一层可完成的功能主要有以下几点。

(1) 优化过程控制。这可以根据过程的数学模型以及所给定的控制对象来进行，优化控制只有在优化执行条件确保的条件下方能达到，但即使在不同策略条件下仍能完成对控制过程的优化。

(2) 自适应回路控制。在过程参数希望值的基础上，通过数字控制的优化策略，当现场条件发生改变时，经过过程管理级计算机的运算处理就得到新的设定值和调节值，并把调节值传送到直接过程控制层。

(3) 优化单元内各装置，使它们密切配合。这主要是根据单元内的产品、原材料、库存以及能源的使用情况，以优化准则来协调相互之间的关系。

(4) 通过获取过程控制层的实时数据以进行单元内的活动监视、故障检测存档、历史数据的存档、状态报告和备用。

1.2.2.3 生产管理级

产品规划和控制级完成一系列的功能，要求有比系统和控制工程更宽的操作和逻辑分析功能，根据用户的订货情况、库存情况、能源情况来规划各单元中的产品结构和规模，并且可使产品重新计划，随时更改产品结构。这一点是工厂自动化系统高层所需要的，有了产品重新组织和柔性制造的功能，就可以应付由于用户订货变化所造成的不可预测的事件。因此，一些较复杂的工厂在这一控制层就实施了协调策略。此外，纵观全厂生产和产品监视，以及产品报告也都在这一层实现，并与上层交互传递数据。在中小企业的自动化系统中，这一层可能就充当最高一级管理层。

1.2.2.4 综合管理级

综合管理级处于自动化系统的最高层，它的管理范围很广，包括工程技术方面、经济方面、商业事务方面、人事活动方面以及其他方面的功能。把这些功能都集中到软件系统中，通过综合的产品计划，在各种变化条件下，结合多种多样的材料和能量调配，以及达到最优化地解决这些问题。在这一层中，通过与公司的经理部、市场部、计划部以及人事部等办公自动化相连接，实现制造系统的最优化。在综合管理这一层，其典型的功能有：市场分析，用户信息的收集，订货统计分析，销售与产品计划，合同事宜，接受订货与期限检测，产品制造协商，价格计算，生产能力与订货的平衡，订货的分发，生产与交货期限的监视，生产、订货和合同的报告，财务方面的报告等。

1.3 控制系统的常用通信技术

1.3.1 串行通信

1.3.1.1 RS-232C

RS-232C是美国EIA（电子工业联合会）在1969年公布的通信协议，至今仍在计算机和控制设备通信中广泛使用。这个标准对串行通信接口有关的问题，例如各信号线的功能和电气特性等都作了明确的规定。

当通信距离较近时，通信双方可以直接连接，最简单的情况在通信中不需要控制联络信号，只需要三根线（发送线、接收线和信号地线），便可以实现双工异步串行通信。RS-232C采用负逻辑，用－15～－5V表示逻辑状态“1”，用＋5～＋15V表示逻辑状态“0”，最大通信距离为15m，最高传输速率为20kb/s，只能进行一对一的通信。

1.3.1.2 RS-422A

RS-422A采用平衡驱动，差分接收电路，从根本上取消了信号地线。平衡驱动器相当于两个单端驱动器，其输入信号相同，两个输出信号互为反相信号，图中的小圆圈表示反相。外部输入的干扰信号是以共模方式出现的，两根传输线上的共模干扰信号相同，因接收器是差分输入，共模信号可以互相抵消。只要接收器有足够的抗共模干扰能力，就能从干扰信号中识别出驱动器的有用信号，从而克服外部干扰的影响。

RS-422A在最大传输速率（10Mb/s）时，允许的最大通信距离为12m。传输速率为100kb/s时，最大通信距离为1200m，一台驱动器可以连接10台接收器。

1.3.1.3 RS-485

RS-485收发器采用平衡发送和差分接收，即在发送端，驱动器将TTL电平信号转换成差分信号输出；在接收端，接收器将差分信号变成TTL电平，因此具有抑制共模干扰的能力，加上接收器具有高的灵敏度，能检测低达200mV的电压，故数据传输可达一千米以外。

RS-485的许多电气规定与RS-422相仿。如都采用平衡传输方式、都需要在传输线上接终端电阻等。RS-485可以采用二线与四线连接方式，二线制可实现真正的多点双向通信。而采用四线连接时，与RS-422一样只能实现点对多的通信。即只能有一个主设备(Master)，其余为从设备（Salve），但它比RS-422有改进，无论四线还是二线连接方式，总线上可连接多达32个站。新的接口器件已允许连接128个站。

RS-485与RS-422一样，最大传输速率为10Mb/s。当比特率为1200bps时，最大传输距离理论上可达15km。平衡双绞线的长度与传输速率成反比，在100kb/s速率以下，才可能使用规定最长的电缆长度。

RS-485需要两个终端电阻，接在传输总线的两端，其阻值要求等于传输电缆的特性阻抗。在短距离传输时可不接终端电阻，即一般在300m以下不需终端电阻。

1.3.2 USB通信

USB全称是Universal Serial Bus（通用串行总线），它是在1994年底由康柏、IBM、Microsoft等多家公司联合制订的，但是直到1999年，USB才真正被广泛应用。自从1994年11月11日发表了USB V0.7以后，目前USB 2.0为主要通信版本。最新的USB 3.0版本主要用于光纤传输，USB 3.0标准可以支持高达4.8Gbps的数据传输率，可以可以和

USB 1.0 和 2.0 标准向下兼容。

USB 接口有以下一些特点。

(1) 数据传输速率高。USB 标准接口传输速率为 12 Mb/s，最新的 USB 2.0 支持最高速率达 480Mb/s。同串行端口相比，USB 大约快 1000 倍；同并行端口比，USB 端口大约快 50%。

(2) 数据传输可靠。USB 总线控制协议要求在数据发送时含有描述数据类型、发送方向和终止标志、USB 设备地址的数据包。USB 设备在发送数据时支持数据帧错和纠错功能，增强了数据传输的可靠性。

(3) 同时挂接多个 USB 设备。USB 总线可通过菊花链的形式同时挂接多个 USB 设备，理论上可达 127 个。

(4) USB 接口能为设备供电。USB 线缆中包含有两根电源线及两根数据线。耗电比较少的设备可以通过 USB 口直接取电。可通过 USB 口取电的设备又分低电量模式和高电量模式，前者最大可提供 100mA 的电流，而后者则是 500mA。

(5) 支持热插拔。在开机情况下，可以安全地连接或断开设备，达到真正的即插即用。

目前，USB 接口主要应用于计算机周边外部设备。可以用 USB 接口与计算机相连接的外设有电话、Modem、键盘、光驱、扫描仪和打印机等。一些控制计算机带有 USB 通信接口，但主要应用于 10m 以内的计算机之间的通信。

1.3.3 工业以太网通信

工业以太网已经广泛地应用于控制网络的最高层，在工厂自动化系统网络中属于管理级和单元级，并且有向控制网络的中间层和底层（现场层）发展的趋势。它适用于大量数据的传输和长距离通信。

1.3.3.1 工业以太网的特点

企业内部互联网（Intranet）、外部互联网（Extranet）及国际互联网（Internet）不但进入了办公室领域，而且已经广泛地应用于生产和过程自动化。继 10Mb/s 以太网成功运行之后，具有交换功能、全双工和自适应的 100Mb/s 高速以太网（Fast Ethernet，符合 IEEE 802.3 标准）也已经成功运行多年。SIMATIC NET 可以将控制网络无缝集成到管理网络和互联网。

以太网的市场占有率高达 80%，毫无疑问是当今局域网（LAN）领域中首屈一指的网络。以太网有以下优点：

(1) 可以采用冗余的网络拓扑结构，可靠性高；

(2) 通过交换技术可以提供实际上没有限制的通信性能；

(3) 灵活性好，现有的设备可以不受影响地扩张；

(4) 在不断发展的过程中具有良好的向下兼容性，保证了投资的安全；

(5) 易于实现管理控制网络的一体化。

以太网可以接入广域网（WAN），如综合服务数字网（ISDN）或互联网，可以在整个公司范围内通信，或实现公司之间的通信。

1.3.3.2 工业以太网的应用协议

工业以太网目前比较适合于车间一级的控制网络使用，但不适合于替代现场总线作为 I/O 设备网络使用。工业以太网实质只是定义了网络的物理层和数据链路层，即工业以太网目前不存在所谓的应用标准，一般不同公司采用不同的通信协议。目前主要的应用协议有以下几种。

(1) Modus/TCP：Modus 是 Modicon 公司在 20 世纪 70 年代提出的一种用于 PLC 之间

通信的协议。由于 Modus 是一种面向寄存器的主从式通信协议，协议简单实用，而且文本公开，因此在工业控制领域作为通用的通信协议使用。最早的 Modus 协议是基于 RS-232/485/422 等低速异步串行通信接口，随着以太网的发展，将 Modus 数据报文封装在 TCP 数据帧中，通过以太网实现数据通信。

(2) Ethernet/IP：Ethernet/IP 是美国 Rockwell 公司提出的以太网协议，其原理与 Modus/TCP 相似，只是将 ControlNet 和 DeviceNet 使用的 CIP（Control Information Protocol）报文封装在 TCP 数据帧中，通过以太网实现数据通信。满足 CIP 的三种协议 Ethernet/IP、ControlNet 和 DeviceNet 共享相同的数据库、行规和对象，相同的报文可以在三种网络中任意传递，实现即插即用和数据对象共享。

(3) FF HSE：HSE 是 IEC 61158 现场总线标准中的一种，HSE 的 1～4 层分别是以太网和 TCP/IP，用户层和 FF H1 相同，现场总线信息规范 FMS 在 H1 中定义了服务接口，在 HSE 中采用相同的接口。

(4) PROFInet：PROFInet 是在 Profibus 的基础上向纵向发展，形成的一种综合系统的解决方案。PROFInet 主要基于 Microsoft 的 DCOM 中间件，实现对象的实时通信，自动化对象以 DCOM 对象的形式在以太网中交换数据。

近来，随着网络通信技术的进一步发展，用户的需求也日益迫切，国际上许多标准化组织正在积极地工作于建立一个工业以太网的应用协议。

1.3.4 现场总线通信技术

1.3.4.1 现场总线的产生

20 世纪 90 年代初，用微处理器技术实现过程控制以及智能传感器的发展，导致需要用数字信号取代 4～20mA（DC）模拟信号，这就形成了一种先进工业测控技术——现场总线（Fieldbus）。现场总线是连接工业过程现场仪表和控制系统之间的全数字化、双向和多站点的串行通信网络，从各类变送器、传感器、人机接口或有关装置获取信息，通过控制器向执行器传送信息，构成现场总线控制系统（Fieldbus Control System，FCS）。现场总线不单是一种通信技术，也不仅是用数字仪表代替模拟仪表，而是用新一代的现场总线控制系统（FCS）代替传统的集散控制系统（Distributed Control System，DCS）。它与传统的 DCS 相比有很多优点，是一种全数字化、全分散式、全开放和多点通信的底层控制网络，是计算机技术、通信技术和测控技术的综合及集成。

根据国际电工委员会（International Electrotechnical Commission，IEC）标准和现场总线基金会（Fieldbus Foundation，FF）的定义，现场总线是连接智能现场设备和自动化系统的数字式、双向传输和多分支结构的通信网络。

1.3.4.2 现场总线的特点

(1) 全数字化。现场总线系统是一个“纯数字”系统，而数字信号具有很强的抗干扰能力，所以，现场的噪声及其他干扰信号很难扭曲现场总线控制系统里的数字信号，数字信号的完整性使得过程控制的准确性和可靠性更高。

(2) 一点对多点结构。一对传输线，N 台仪表，双向传输多个信号。这种一对 N 结构使得接线简单，工程周期短，安装费用低，维护容易。如果增加现场设备或现场仪表，只需并行挂接到电缆上，无须架设新的电缆。

(3) 可靠性高。数字信号传输抗干扰强，精度高，无须采用抗干扰和提高精度的措施，从而降低了成本。

(4) 可控状态。操作员在控制室既可了解现场设备或现场仪表的工作情况，也能对其进行参数调整，还可预测或寻找故障。整个系统始终处于操作员的远程监视和控制，提高了系统的可靠性、可控性和可维护性。

(5) 互换性。用户可以自由选择不同制造商所提供的性能价格比最优的现场设备和现场仪表，并将不同品牌的仪表互联。即使某台仪表发生故障，换上其他品牌的同类仪表也能照常工作，实现了“即接即用”。

(6) 互操作性。用户把不同制造商的各种品牌的仪表集成在一起，进行统一组态，构成其所需的控制回路，而不必绞尽脑汁，为集成不同品牌的产品在硬件或软件上花费力气或增加额外投资。

(7) 综合功能。现场仪表既有检测、变换和补偿功能，又有控制和运算功能，满足了用户需求，而且降低了成本。

(8) 分散控制。控制站功能分散在现场仪表中，通过现场仪表即可构成控制回路，实现了彻底的分散控制，提高了系统的可靠性、自治性和灵活性。

(9) 统一组态。由于现场设备或现场仪表都引入了功能块概念，所有制造商都使用相同的功能块，并统一组态方法，使组态变得非常简单，用户不需要因为现场设备或现场仪表种类不同而带来组态方法的不同，再去学习和培训。

(10) 开放式系统。现场总线为开放互联网络，所有技术和标准全是公开的，所有制造商必须遵循。这样，用户可以自由集成不同制造商的通信网络，既可与同层网络互联，也可与不同层网络互联，还可极其方便地共享网络数据库。

1.3.4.3 主要的现场总线协议

FCS即现场总线控制系统，它是用现场总线这一开放的、具有互操作性的网络将现场各个控制器和仪表及仪表设备互联，构成现场总线控制系统，同时控制功能彻底下放到现场，降低了安装成本和维修费用。因此，FCS实质上是一种开放的、具有互操作性的、彻底分散的分布式控制系统，有望成为21世纪控制系统的主流产品。下面就几种主流的现场总线做一简单介绍。

(1) 基金会现场总线（Foundation Field bus 简称 FF）。这是以美国 Fisher-Rousemount 公司为首的联合了横河、ABB、西门子、英维斯等 80 家公司制定的 ISP 协议和以 Honeywell 公司为首的联合欧洲等地 150 余家公司制定的 WorldFIP 协议于 1994 年 9 月合并的。该总线在过程自动化领域得到了广泛应用，具有良好的发展前景。

基金会现场总线采用国际标准化组织 ISO 的开放化系统互联 OSI 的简化模型（1 层，2 层，7 层），即物理层、数据链路层、应用层，另外增加了用户层。FF 分低速 H1 和高速 H2 两种通信速率，前者传输速率为 31.25kb/s，通信距离可达 1900m，可支持总线供电和本质安全防爆环境。后者传输速率为 1Mb/s 和 2.5Mb/s，通信距离为 750m 和 500m，支持双绞线、光缆和无线发射，协议符号 IEC 1158-2 标准。FF 的物理媒介的传输信号采用曼彻斯特编码。

(2) CAN（Controller Area Network 控制器局域网）。最早由德国 BOSCH 公司推出，它广泛用于离散控制领域，其总线规范已被 ISO 国际标准组织制定为国际标准，得到了 Intel、Motorola、NEC 等公司的支持。CAN 协议分为二层：物理层和数据链路层。CAN 的信号传输采用短帧结构，传输时间短，具有自动关闭功能，具有较强的抗干扰能力。CAN 支持多主工作方式，并采用了非破坏性总线仲裁技术，通过设置优先级来避免冲突，通讯距离最远可达 10km（速率为 5kbps/s），通信速率最高可达 40M（速率为 1Mbp/s），网络节点数实际可达 110 个。已有多家公司开发了符合 CAN 协议的通信芯片。

(3) Lonworks。它由美国 Echelon 公司推出，并由 Motorola、Toshiba 公司共同倡导。它采用 ISO/OSI 模型的全部 7 层通信协议，采用面向对象的设计方法，通过网络变量把网络通信设计简化为参数设置。支持双绞线、同轴电缆、光缆和红外线等多种通信介质，通讯速率从 300b/s～1.5Mb/s 不等，直接通信距离可达 2700m（78kb/s），被誉为通用控制网络。Lonworks技术采用的LonTalk协议被封装到Neuron（神经元）的芯片中，并得以实现。采用Lonworks技术和神经元芯片的产品，被广泛应用在楼宇自动化、家庭自动化、保安系统、办公设备、交通运输、工业过程控制等行业。

（4）PROFIBUS。PROFIBUS是德国标准（DIN19245）和欧洲标准（EN50170）的现场总线标准。由PROFIBUS-DP、PROFIBUS-FMS、PROFIBUS-PA系列组成。DP用于分散外设间高速数据传输，适用于自动化加工领域。FMS适用于纺织、楼宇自动化、可编程控制器、低压开关等。PA用于过程自动化的总线类型，服从IEC 1158-2标准。PROFIBUS支持主-从系统、纯主站系统、多主多从混合系统等几种传输方式。PROFIBUS的传输速率为9.6kb/s～12Mb/s，最大传输距离为：速率9.6kb/s为1200m，速率12Mb/s为200m。可采用中继器延长至10km，传输介质为双绞线或者光缆，最多可挂接127个站点。

（5）HART。HART是Highway Addressable Remote Transducer的缩写，最早由Rosemount公司开发。其特点是在现有模拟信号传输线上实现数字信号通信，属于模拟系统向数字系统转变的过渡产品。其通信模型采用物理层、数据链路层和应用层三层，支持点对点主从应答方式和多点广播方式。由于它采用模拟数字信号混合，难以开发通用的通信接口芯片。HART能利用总线供电，可满足本质安全防爆的要求，并可用于由手持编程器与管理系统主机作为主设备的双主设备系统。

（6）DeviceNet。DeviceNet是一种低成本的通信连接也是一种简单的网络解决方案，有着开放的网络标准。DeviceNet具有的直接互联性不仅改善了设备间的通信而且提供了相当重要的设备级阵地功能。DeviceNet基于CAN技术，传输率为125～500kb/s，每个网络的最大节点为64个，其通信模式为：生产者/客户（Producer/Consumer），采用多信道广播信息发送方式。位于DeviceNet网络上的设备可以自由连接或断开，不影响网上的其他设备，而且其设备的安装布线成本也较低。DeviceNet总线的组织结构是Open DeviceNet Vendor Association（开放式设备网络供应商协会，简称“ODVA”）。

（7）CC-Link。CC-Link是Control & Communication Link（控制与通信链路系统）的缩写，在1996年11月，由三菱电机为主导的多家公司推出，其增长势头迅猛，在亚洲占有较大份额。在其系统中，可以将控制和信息数据同时以10Mb/s高速传送至现场网络，具有性能卓越、使用简单、应用广泛、节省成本等优点。其不仅解决了工业现场配线复杂的问题，同时具有优异的抗噪性能和兼容性。CC-Link是一个以设备层为主的网络，同时也可覆盖较高层次的控制层和较低层次的传感层。

（8）工业以太网。工业以太网（Ethernet）基于TCP/IP的以太网是一种标准的开放式通信网络，不同厂商的设备很容易互联。工业以太网是当前工业控制领域的研究热点。重点在于利用交换式以太网技术为控制器和操作站，各种工作站之间的相互协调合作提供一种交互机制并和上层信息网络无缝集成。虽然脱胎于Intranet、Internet等类型的信息网络，但是工业以太网是面向生产过程，对实时性、可靠性、安全性和数据完整性有很高的要求。

1.4 常用控制计算机

目前，在连续型流程生产自动控制（PA）或习惯称之为工业过程控制，有三大控制系统，即可编程控制器（Programmable Logic Controller，PLC）、集散控制系统DCS（Distributed Control System，DCS）和现场总线控制系统（Fieldbus Control System，FCS），占有工业过程控制系统的绝大部分。随着计算机技术、通讯技术的发展，近年来PLC、DCS和FCS发展迅速。

1.4.1 控制计算机的硬件组成

PLC、DCS和FCS控制系统实质是一种专用于工业控制的计算机系统，虽然PLC、DCS和FCS的硬件表现形式上有所区别，即便同一类型控制主机而不同生产厂家的产品也有所差别，但其硬件结构基本上与微型计算机相同。主要由电源、中央处理器（CPU）、存储器、输入/输出（I/O）、通信等功能部件组成。小型控制主机一般四个功能部件集于一体，而中、大型控制器则为模块式结构，可根据需要选择使用。

（1）电源。控制计算机的电源在整个系统中起着十分重要的作用。如果没有一个良好的、可靠的电源，系统是无法正常工作的，因此控制主机的制造商对电源的设计和制造也十分重视。一般交流电压波动在+10%（+15%）范围内，可以不采取其他措施而将控制计算机直接连接到交流电网上去。

（2）中央处理单元（CPU）。同一般的微机一样，CPU是控制计算机的核心。控制计算机中所配置的CPU随种类、机型不同而不同。小型控制计算机大多采用16位通用微处理器和单片微处理器；中型控制计算机大多采用32位通用微处理器或单片微处理器；大型控制主机大多采用64位的高速位片式微处理器。

目前，小型控制计算机为单CPU系统，而中、大型控制计算机则大多采用双CPU系统，甚至有些控制主机有2个以上的CPU。对于双CPU系统，一个为字处理器，一般采用16位或32位微处理器；另一个为位处理器，采用由各厂家设计制造的专用芯片。字处理器为主处理器，用于执行编程器接口功能，监视内部定时器，监视扫描时间，处理字节指令以及对系统总线和位处理器进行控制等。位处理器为从处理器，主要用于处理位操作指令和实现控制主机编程语言向机器语言的转换。位处理器的采用，提高了控制计算机的速度，使控制计算机更好地满足实时控制要求。

（3）存储器。存储器主要有两种：一种是可读/写操作的随机存储器RAM；另一种是只读存储器ROM、PROM、EPROM和EEPROM。在控制计算机中，存储器主要用于存放系统程序、用户程序及工作数据。

（4）输入/输出接口。输入/输出单元通常也称I/O单元或I/O模块，是控制计算机与工业生产现场之间的连接部件。控制计算机通过输入接口可以获得被控对象的各种数据，以这些数据作为控制计算机对被控制对象进行控制的依据；同时控制计算机又通过输出接口将处理结果送给被控制对象，以实现控制目的。由于外部输入设备和输出设备所需的信号电平是多种多样的，而控制计算机内部CPU的处理的信息只能是标准电平，所以I/O接口要实现这种转换。I/O接口一般都具有光电隔离和滤波功能，以提高控制计算机的抗干扰能力。

输入接口的作用是接收和采集现场设备的各种输入信号，比如按钮、数字拨码开关、限位开关、接近开关、选择开关、光电开关、压力继电器等各种开关量信号和热电偶、流量计、物位计等各种变送器提供的模拟量输入信号，并将这些信号转换为CPU能够接收和处理的数字信号。在实际生产过程中，输入信号的电平多种多样，有开关量信号、数字和数据信号、脉冲信号和各种模拟量信号。因此，输入接口模块除了传递信号外，还具有电平转换的作用。

输出接口的作用是接收经CPU处理过的数字信号，并把这些数字信号转换为被控设备所能接收的电压或电流信号，以控制电动调节阀、接触器和数字显示装置等用户输出设备。在实际生产过程中，外部执行机构所需要的信号多种多样，有交流和直流开关量信号、脉冲信号、模拟量信号。

控制计算机提供了多种操作电平和驱动能力的I/O接口，有各种各样功能的I/O接口供用户选用。I/O接口的主要类型有：数字量（开关量）输入、数字量（开关量）输出、模拟量输入、模拟量输出等。

（5）通信接口。为了实现“人-机”或“机-机”之间的对话，控制主机配有各种通信接口。通过这些通信接口，控制主机可以与上位监控管理计算机、数据设定操作终端、打印机、其他控制主机及各种智能设备等相连。控制主机通过通信接口，与各种外部设备之间建立了一个数据通道，利用这个通道可实现编程、检查程序、控制工作方式、监控运行状态及改变 I/O 状态等多项功能。远程 I/O 系统也必须配备相应的通信接口模块。

1.4.2 控制计算机的功能特点

PLC、DCS、FCS 是最为常用的控制计算机，被称为控制领域的“三剑客”，下面简要介绍这三种控制计算机的功能特点。

1.4.2.1 PLC 特点

（1）从开关量控制发展到顺序控制、运算处理，是从下往上发展的。

（2）逻辑控制、定时控制、计数控制、步进（顺序）控制、连续 PID 控制、数据控制，具有数据处理、通信和联网等功能。

（3）可用一台 PC 机为主站，多台同型 PLC 为从站。

（4）也可一台 PLC 为主站，多台同型 PLC 为从站，构成 PLC 网络。

（5）PLC 网络既可作为独立的 DCS 或 TDCS（集散控制系统），也可作为 DCS 或 TDCS 的子系统。

（6）既可用于工业过程中的顺序控制，也可用作模拟量的闭环控制。

1.4.2.2 DCS 特点

（1）分散控制系统 DCS 与集散控制系统 TDCS 是集 4C（Communication，Computer，Control、CRT）技术于一身的监控技术，是第四代过程控制系统。既有计算机控制系统控制算法先进、精度高、响应速度快的优点，又有仪表控制系统安全可靠、维护方便的要求。

（2）从上到下的树状拓扑大系统，其中通信（Communication）是关键。

（3）是树状拓扑和并行连续的链路结构，也有大量电缆从中继站并行到现场仪器仪表。

（4）模拟信号，A/D、D/A、带微处理器的混合。是由几台计算机和一些智能仪表智能部件组成，并逐渐地以数字信号来取代模拟信号。

（5）一台仪表一对线接到 I/O，由控制站挂到局域网 LAN。

（6）DCS 是控制（工程师站）、操作（操作员站）、现场仪表（现场测控站）的 3 级结构。缺点是成本高，各公司产品不能互换，不能互操作。

（7）用于大规模的连续过程控制，如石化、大型电厂机组的集中控制等。

1.4.2.3 FCS 特点

（1）FCS 是第五代过程控制系统，它是 21 世纪自动化控制系统的方向。是 3C 技术（Communication，Computer，Control）的融合。基本任务是：本质（本征）安全、危险区域、易变过程、难于对付的非常环境。

（2）全数字化、智能、多功能取代模拟式单功能仪器、仪表、控制装置。

（3）用两根线连接分散的现场仪表、控制装置，取代每台仪表的两根线。“现场控制”取代“分散控制”；数据的传输采用“总线”方式。

（4）从控制室到现场设备的双向数字通信总线，是互联的、双向的、串行多节点、开放的数字通信系统取代单向的、单点、并行、封闭的模拟系统。

（5）用分散的虚拟控制站取代集中的控制站。

（6）把微机处理器转入现场自控设备，使设备具有数字计算和数字通信能力，信号传输精度高，远程传输。实现信号传输全数字化、控制功能分散、标准统一全开放。

（7）可上局域网，再可与 Internet 相通。既是通信网络，又是控制网络。

1.4.3 控制系统的规模

根据控制系统 I/O 点的数量，将控制系统分为小型、中型、大型、特大型四种规模。由于在控制系统中，数字量控制相对简单，模拟量控制相对复杂，划分控制系统的规模时，并不是以实际数字量点与模拟量点总和作为判断依据，常以实际 I/O 变量的折算 I/O 点数来衡量控制系统的规模。通常将一个实际模拟量点按 15 个数字量点来计算，计算公式为：

折算 I/O 点＝实际数字量 I/O 点数＋实际模拟量 I/O 点数×15

（1）小型控制系统。小型控制系统的折算 I/O 点数不超过 128 点。

小型控制系统在控制主机选择上通常采用 PLC。PLC 结构紧凑、价格低廉，支持开关量和模拟量的控制，具有开发周期短、组建成本低等特点。对于开关量或以开关量为主的小型控制系统，选择小型的 PLC 具有较高的性价比。但对于以模拟量为主的小型控制系统，由于受小型 PLC 的 I/O 模块扩展的限制，可能不能满足 I/O 点的要求，需要选择中型控制主机。

（2）中型控制系统。中型控制系统的折算 I/O 点数为 128～1024 点。

中型控制系统在控制主机选择上可以采用 PLC、DCS、FCS，一般来说，PLC 的价格较低，DCS 的价格适中，而 FCS 的价格较高。中型控制系统一般选用中型的控制主机。

（3）大型控制系统。大型控制系统的折算 I/O 点数为 1024～4096 点。

大型控制系统在控制主机选择上可以采用 PLC、DCS、FCS，具体选择何种类型的控制主机要根据 I/O 点规模、现场布线量、控制要求、通信要求、监控要求、系统扩展、项目投资等方面进行考虑。

（4）特大型控制系统。特大型控制系统的折算 I/O 点数超过 4096 点。

特大型控制系统在控制主机选择上以采用 DCS、FCS 较为多见。一些新型的 PLC 如西门子的 PCS 7，其性能可以与 DCS 媲美，甚至超过某些品牌的 DCS，也具备组建特大型控制系统的能力。

从目前常用的 PLC、DCS、FCS 类型来看，FCS 的承载能力最强，DCS 次之，PLC 则相对较弱。不过，在特大型控制系统组建中，对于联系不十分紧密的工业过程，也有采用几台大型 PLC 的应用案例。这样不仅可节省投资，而且可以提高控制系统的安全性。

值得注意的是，控制系统的小型、中型、大型、特大型的划分并无严格的界线，用户可根据需要配置自己的控制系统。一般来说，控制主机的规模要与控制系统规模相一致，但是，具体选择什么类型、什么型号的控制主机，不仅根据 I/O 点规模，还需根据现场布线量、控制要求、通信要求、监控要求、系统扩展、项目投资等方面进行考虑。

1.5 国内外主要 PLC 产品

目前，全世界有 300 多家 PLC 生产厂家，1000 多个系列品种的 PLC 产品。从微型 PLC 到超大型 PLC，都有许多型号和系列，按地域 PLC 产品可分成三大流派，即美国产品、欧洲产品和日本产品。美国和欧洲的 PLC 技术是在相互隔离情况下独立研究开发的，因此美国和欧洲的 PLC 产品有明显的差异性。而日本的 PLC 技术是由美国引进的，对美国的 PLC 产品有一定的继承性，但日本的主推产品定位在小型 PLC 上。美国和欧洲以大中型 PLC 闻名，而日本则以小型 PLC 著称。下面按地域简单介绍一些知名的 PLC 品牌。

1.5.1 美国PLC产品

美国是PLC生产大国，有100多家PLC厂商，著名的有A-B（ALLEN-BRADLEY）公司、通用电气（GE）公司、莫迪康（MODICON）公司、德州仪器（TI）公司、西屋公司等。其中A-B公司是美国最大的PLC制造商，其产品约占美国PLC市场的一半。美国主要PLC产品介绍如下。

（1）A-B公司的PLC产品。A-B公司产品规格齐全、种类丰富，其主推的大、中型PLC产品是PLC-5系列，该系列为模块式结构。当CPU模块为PLC-5/10、PLC-5/12、PLC-5/15、PLC-5/25时，属于中型PLC，其I/O点配置范围为256～1024点；当CPU模块为PLC-5/11、PLC-5/20、PLC-5/30、PLC-5/40、PLC-5/60、PLC-5/40L、PLC-5/60L时，属于大型PLC，其I/O点最多可配置到3072点。该系列中PLC-5/250功能最强，最多可配置到4096个I/O点，具有强大的控制和信息管理功能。大型机PLC-3最多可配置到8096个I/O点。A-B公司的小型PLC产品有SLC500系列等。

（2）GE公司的PLC产品。GE公司的代表产品是小型机GE-Ⅰ、GE-Ⅰ/J、GE-Ⅰ/P等，除GE-Ⅰ/J外，均采用模块结构。GE-Ⅰ用于开关量控制系统，最多可配置到112个I/O点。GE-Ⅰ/J是更小型化的产品，其I/O点最多可配置到96点。GE-Ⅰ/P是GE-Ⅰ的增强型产品，增加了部分功能指令、功能模块（如A/D、D/A等）、远程I/O功能等，其I/O点最多可配置到168点。中型机GE-Ⅲ在小型机基础上增加了中断、故障诊断等功能，最多可配置到400个I/O点。大型机GE-Ⅴ在中型机基础上又增加了部分数据处理、表格处理、子程序控制等功能，且具有较强的通信功能，最多可配置到2048个I/O点。而GE-Ⅵ/P最多可配置到4000个I/O点。

（3）莫迪康公司的PLC产品。莫迪康（MODICON）公司有M84系列PLC。其中M84是小型机，具有模拟量控制、与上位机通信功能，I/O点最多可配置到112点。M484是中型机，其运算功能较强，可与上位机通信，也可与多台PLC联网，其I/O点最多可扩展到512点。M584是大型机，其容量大、数据处理和网络功能强，最多可扩展I/O点为8192。M884是增强型中型机，它具有小型机的结构、大型机的控制功能，主机模块配置2个RS-232C接口，可方便地进行组网通信。

1.5.2 欧洲PLC产品

1.5.2.1 西门子公司的PLC产品

德国西门子（SIEMENS）公司生产的可编程序控制器在我国的应用也相当广泛，在冶金、化工、印刷生产线等领域都有应用。西门子公司的PLC产品包括LOGO系列、S7-200系列、S7-300系列、S7-400系列、工业网络、HMI人机界面、工业软件等。

西门子PLC主要产品是SIMATIC S7系列，而S7系列是西门子公司在S5系列PLC基础上近年推出的新产品，其性能价格比高，其中S7-200、S7-1200、S7-1500系列属于微型PLC，S7-300、系列属于中小型PLC，S7-400系列属于中高性能的大型PLC。

1.5.2.2 施耐德公司的PLC产品

施耐德公司的PLC产品主要有以下几种。

（1）NEZA PLC（TSX 08系列）。是一个丰富功能的小型PLC，性能价格比高，体积小，通用性强。客户化功能块可以把应用算法直接放入功能块，以便把它作为一个标准指令来使用。I/O点可从20点扩展到80点。

（2）Premium PLC（TSX 57系列）。属中型机架，CPU功能强，速度快，内存大。开关量和多种模拟量模块紧凑灵活。提供特种模块，如高速计数模块，轴控制模块，步进控制模块，通信模块及称重模块等。

(3) Quantum PLC (140 系列)。该主机组态方便，维护简单。结构和模块可以灵活选择。通过在世界范围内上万的装机量，已被无数种应用证明满足各种应用需求。具有性能出色的处理器，先进的 IEC 方式编程，支持各种网络。

(4) Micro PLC (TSX 37 系列)。属紧凑型机架，体积小，功能强，配置灵活，价格低，适合中国市场特点。具有强大的 CPU 功能，速度快，内存大集成 LED 显示窗，并可多任务运行。I/O 模块结构紧凑，开关量 I/O 容量大 (可达 248 点)。模拟量 I/O 点数多 (可达 41 点)。提供多种人机界面和丰富的联网功能，如：Modbus，Modbusplus (MB+)，TCP/IP，Ethernet，Unitelway，Fipway 等。

(5) Modicon TSX Compact。是一种结构小巧，功能强大的 PLC，改进后其存储器、处理速度、I/O、环境指标、编程软件等方面性能进一步提高。从而使其成为众多控制和 RTU 应用的更完善、更灵活的解决方案。

1.5.2.3 ABB公司的 PLC 产品

ABB 的 PLC 共包括 3 种下属系列产品，即 40 系列、50 系列和 90 系列。40 系列 PLC 与 50 系列 PLC 在外形和应用上完全一致，但 40 系列产品不支持 CS31 和 MODBUS 通信。40 系列 PLC 和 50 系列 PLC 是法国 ABB 生产的产品，而 90 系列 PLC 则是德国 ABB 生产的产品。90 系列 PLC 的编程软件可以兼容 40 系列 PLC 和 50 系列 PLC，反之则只能部分兼容。随着 ABB 的最新系列 PLC 产品 AC500 的面市，90 系列 PLC 有被淘汰的趋势。

1.5.3 日本 PLC 产品

日本的小型 PLC 最具特色，在小型机领域中颇具盛名，某些用欧美的中型机或大型机才能实现的控制，日本的小型机就可以解决。在开发较复杂的控制系统方面明显优于欧美的小型机，所以格外受用户欢迎。日本有许多 PLC 制造商，如三菱、欧姆龙、松下、富士、日立、东芝等，在世界小型 PLC 市场上，日本产品约占有 70%的份额。

(1) 三菱 PLC。三菱公司的 PLC 是较早进入中国市场的产品。20 世纪 80 年代末三菱公司又推出 FX 系列，在容量、速度、特殊功能、网络功能等方面都有了全面的加强。FX2 系列是在 90 年代开发的整体式高功能小型机，它配有各种通信适配器和特殊功能单元。FX2N、FX2NC 是近几年推出的高功能整体式小型机，它是 FX2 的换代产品，各种功能都有了全面的提升。FX3U、FX3UC 在 FX2N、FX2NC 基础上又增加了对字元件的位操作等功能。近年来不断推出的满足不同要求的小型 PLC 产品主要有 FX0S、FX1S、FX0N、FX1N、FX2N、FX2NC、FX3U、FX3UC 系列等。三菱公司的大中型机有 QnA 系列、Q 系列，具有丰富的网络功能，I/O 点数可达 8192 点。其中 Q 系列具有超小的体积、丰富的机型、灵活的安装方式、双 CPU 协同处理、多存储器、远程口令等特点，是三菱公司现有 PLC 中最高性能的 PLC。

(2) 欧姆龙 PLC。欧姆龙 (OMRON) 公司的 PLC 产品其大、中、小、微型规格齐全。微型机以 SP 系列为代表，其体积极小，速度极快。小型机有 P 型、H 型、CPM1A 系列、CPM2A 系列、CPM2C、CQM1 等。P 型机现已被性价比更高的 CPM1A 系列所取代，CPM2A/2C、CQM1 系列内置 RS-232C 接口和实时时钟，并具有软 PID 功能，CQM1H 是 CQM1 的升级产品。中型机有 C200H、C200HS、C200HX、C200HG、C200HE、CS1 系列。C200H 是前些年畅销的高性能中型机，配置齐全的 I/O 模块和高功能模块，具有较强的通信和网络功能。C200HS 是 C200H 的升级产品，指令系统更丰富、网络功能更强。C200HX/HG/HE 是 C200HS 的升级产品，有 1148 个 I/O 点，其容量是 C200HS 的 2 倍，有品种齐全的通信模块，是适应信息化的 PLC 产品。CS1 系列具有中型机的规模、大型机的功能，是一种极具推广价值的新机型。大型机有 C1000H、C2000H、CV（CV500/CV1000/CV2000/CVM1）等。

（3）松下 PLC。松下公司的 PLC 产品中，FP0 为微型机，FP1 为整体式小型机，FP3 为中型机，FP5/FP10、FP10S（FP10 的改进型）、FP20 为大型机，其中 FP20 是最新产品。松下公司近几年 PLC 产品的主要特点是：指令系统功能强；有的机型还提供可以用 FP-BASIC 语言编程的 CPU 及多种智能模块，为复杂系统的开发提供了软件手段。

1.5.4 国产 PLC 产品

目前，我国 PLC 市场的 95％以上被国外产品占领。国内曾有多家研究单位研究开发了 PLC 产品，由于种种原因没有发展起来。值得欣慰的是，我国已有一些实力较强的公司正在拓展 PLC 业务，并在中国 PLC 市场有了一定声音，国产 PLC 品牌主要有和利时、台达、永宏、安控、台安等。

（1）和利时 PLC。和利时 PLC 主要有小型的 LM 系列和大型的 LK 系列产品。LK 系列 PLC 系统充分融合了 DCS 和 PLC 的优点，具有更加卓越的控制性能，系统的可靠性更高，模拟量处理能力更强，开放性和易用性更佳。LK 系列采用高性能处理器使其不但拥有处理速度快的优点、在性能稳定性上也进行了加强。它采用高速背板总线，直接将本地 I/O 数据映射到 CPU 存储空间，同时支持 CPU 及通信网络冗余。LK 系列 PLC 自身集成了 10M/100Mbps 以太网接口、RS232 接口和 RS485 接口，支持 PROFIBUS-DP 协议，系统扩展能力强，支持带电插拔，支持 SD 存储卡。

（2）台达 PLC。台达 PLC 是台达集团为工业自动化领域专门设计的、实现数字运算操作的电子装置。台达 PLC 以高速、稳健、高可靠度而著称，广泛应用于各种工业自动化机械。台达 PLC 除了具有快速执行程序运算、丰富指令集、多元扩展功能卡及高性价比等特色外，并且支持多种通讯协议，使工业自动控制系统联成一个整体。

（3）永宏 PLC。永宏 PLC 是我国台湾永宏电机股份有限公司的 PLC 产品。永宏专注在高功能的中小型及微型 PLC 市场领域，创立的自有品牌“FATEK”目前在业界已享有颇高的知名度。目前具体的发展方向仍以研发更高功能的 PLC 来稳固核心竞争力外，同时更积极发运动控制器、人机接口、工业用电源供应器、伺服控制器、变频器及伺服马达。

（4）安控 PLC。2004 年，安控的 RockE 系列 PLC 问世。安控科技将多项通信技术引入到 RockE40 系列 PLC 产品中，使得其通信能力较一般 PLC 相比得到了大大提高。RockE40 系列 PLC 产品可提供多种通信接口，如：网络、RS232、RS485、拨号、无线电台等，配接相应的通信设备，可以实现以上所提到的各种通信方式。由于提供了通信扩展模块，在理论上通信接口的数量也没有限制。

1.6 主要 DCS 产品

1.6.1 国外主要 DCS 产品

1.6.1.1 Foxboro 的 DCS

I/ASeries 系统是美国 Foxboro 公司推出的开放式智能 DCS 控制系统，也是目前使用 64 位工作站和全冗余的高标准 DCS 控制系统。系统的构成包括过程控制站（CP）、过程操作站、工程师工作站、应用计算处理站、信息管理站和通讯系统。I/A 的工程师站与操作站使用了 SPARC 技术。X-ystem 作为操作平台。通讯系统为 1∶1 冗余的高速节点总线，过程 I/O 卡全部为光电隔离和变压器隔离型，可执 PLC 和编程控制、事故追忆等控制。

I/ASeries 的最大特点是开放，在系统与 MIS 通讯这一层上，不论是 51 系列还是 70 系列，都可以非常方便地和工厂信息网进行通讯。它采用了标准的通讯协议，可以方便地与管理网以高速率传送实时和历史数据，以及实时的过程操作画面。

I/ASeries 系统处理机组件通过节点总线（NODEBUS）相互连接，形成过程管理和控制节点。每一个组件也可通过一根或多根的通讯链路与外围设备或其他类型的组件相连。节点总线为 I/ASeries 系统中的各个站（控制处理器，操作站处理器等）之间提供高速，冗余的点到点通讯，具有优异的性能和安全性。与主要设计成处理连续量，反馈类型的控制回路的 DCS 不同，I/ASeries 设计成用来满足全部测量和控制需求。系统提供的综合控制组态软件包用于处理一个公共的，基于对象的智能测量值和连续控制，顺序控制和梯形逻辑控制。

使用久经考验的各种控制功能块算法。包括为了帮助用户使最难对付的回路处于控制之下，I/ASeries 系统使用了基于专家系统的 EXACTPID 参数自整定和多变量 EXACTMVPID 参数自整定等先进控制算法的专利。有专用于脉冲/数字信号控制开关阀、电动阀和其他执行器的控制模块，还有为了对付在过程中会碰到的长迟滞回路，系统中还提供了 SMITH 预估算法。

Invensys 最新 ArchestrATM 结构确保系统可伴随用户的需求而增长，并准许融入各种第三方解决方案，用于未来提升用户工厂的生产力。ArchestrA 将 Invensys 系统、第三方设备和用户的应用程序整合为一体，将当前与未来的应用都嵌入到同步的工厂级应用模式中，并且鼓励其正在进行的改变与提高，它包含了一整套独特的新颖成套工具与新式应用基础服务，允许迅速生成新的应用程序、产品以及服务。

InvensysA2 自动系统基于 Wonderware 产品的人机界面，系统可升级的开放系统设计与嵌入式基于目标的 OPC 接口，可使用户编程、工程设计或观察其他 Invensys 仪表，或集成第三方产品，满足操作、维护和工厂管理甚至连接到 IT 系统上的需求。

1.6.1.2 DeltaV 的 DCS

PlantWeb（Emerson Process Mangement）是 Emerson 提出的用于过程管理的数字化工厂架构，其中 DeltaV 作为 PlantWeb 中的核心组成部分，提高可靠的数字化工厂过程控制系统。DeltaV 系统是 Fisher-Rosemount 公司于 1996 年开始推出的现场总线控制系统，DeltaV 在两套 DCS 系统（RS3、PROVOX）的基础上，依据现场总线 FF 标准设计出的兼容现场总线功能的全新控制系统，它充分发挥众多 DCS 系统的优势，如：系统的安全性、冗余功能、集成的用户界面、信息集成等，同时克服传统的 DCS 系统的不足，具有规模的灵活可变、使用简单、维护方便的特点。

DeltaV 系统的控制器和工作站一般配置 2 个以太网接口，在控制器和工作站之间可采用冗余网络结构，以保证数据传输的可靠性。在业界的同类产品中，DeltaV 系统在其控制层较早的使用了最近才开始流行的以太网结构和 TCP/IP 协议。在 DeltaV 系统 I/O 子系统中包括现场总线接口卡（FF 的 H1 和 HSE），每块现场总线接口卡可以连接 32 个底层的现场总线设备，如传感器、执行器等。DeltaV 过程控制系统的技术特点：

① 开放的网络结构与 OPC 标准；

② 基金会现场总线（FF）标准数据结构；

③ 模块化结构设计；

④ 即插即用、自动识别系统硬件，所有卡件均可带电插拔，操作维护可不必停车；同时系统可实现真正的在线扩展；

⑤ 常规 I/O 卡件采用 8 通道分散设计，且每一通道均与现场隔离。

1.6.1.3 ABB 的 DCS

ABB 公司开发的 Industrial IT 分为控制 IT、操作 IT、信息 IT，Industrial IT 的核心是

AC800 系列控制器和相应的 I/O，系统支持现场总线，如 Profibus。提供了多种选择的 Industrial IT800xA 控制和 I/O 产品，能够满足制造和加工过程中控制需要。ABB 控制器备有软件库，其中包括丰富的预定义、用户自定义控制元素，据此可针对任何应用要求，轻松设计出从简到繁各种控制策略（包括连续控制、时序控制、批量控制和先行控制）。

ABB 控制器在设计上从始至终都借助了工业标准现场总线和开放式通讯协议的强大能力，并以此提供了全系列工业 I/O 供远程和就地安装之用，这些 I/O 模块占用面积小，可在导轨上安装，并有广泛的 I/O 类型（包括本安 I/O）。采用了模块化设计的 AC800M 控制器和相关的 I/O 选项，对小型混合系统与集成的大型自动化应用同样有效的子系统模块化设计，允许用户按照实际需求灵活地选择具体功能。而采用同样的基本硬件提供了多种多样的中央处理单元（CPU）、I/O、通讯模块和电源选项，从而在功能性、性能和尺寸等方面也提供了灵活性。800xA 控制器和 I/O 采用了一整套完善的自我诊断功能，有助于降低维护成本。所有模块都配备了前面板 LED 显示器，显示故障和性能降低情况。系统支持若干通讯和 I/O 模块。

1.6.1.4 Honeywell 的 DCS

Honeywell 公司推出的过程知识系统（简称 EPKS 系统）是与 A2 同时代的产品，控制器采用 C200，与原来的 TSP 系用的控制器有很大的差别，C200 控制器既能连接插件式 I/O，也能连接导轨式 I/O，同时支持基金会现场总线，采用的软件可以嵌入 VB 语言，支持 ActiveX，它是一体化的混合控制系统，是世界上第四代 DCS 控制系统的代表，其核心是基于开放且功能强大的 Microsoft 公司的 2000 服务器/客户系统。它由高性能的控制器，先进的工程组态工具，开放的控制网络等构成先进的体系结构。

硬件配置 EPKS 系统的核心部件是混合控制器（简称 C200），包括电源、机架、控制处理器模件（CPM）、控制网络通讯模件（CNI）、以太网接口模件、输入输出模件和可选的冗余模件（RM）、电池扩展模件（BEM）等组成。所有模件都支持带电插拔，且适应恶劣的生产环境。C200 适用于广泛的工业应用，包括连续过程、批量过程、开关量运算以及机械设备控制等各类型的控制。对于要求将调节控制、快速逻辑控制、顺序控制以及批量控制诸应用一体化的集成应用，C200 是理想的控制器。

1.6.1.5 西门子 DCS

德国西门子公司的 SIMATIC PCS7——全集成自动化的过程控制系统，通过全集成自动化（TIA），实现了基于单一平台提供用于所有过程自动化应用的统一自动化技术的目标。这种统一的自动化技术还可用于优化一个企业的所有业务流程，从企业资源计划（ERP）级，到管理执行系统（MES）级和过程控制级，直到现场级。通过将自动化平台连接到 IT 环境，可以将过程数据在整个公司范围内应用于设备运行、生产流程以及商务流程的评价、规划、协同和优化。同时，还可满足全球化公司的分布式生产的地域要求。

（1）PCS7 系统结构。SIMATIC PCS7 的内部通信采用 SIMATIC NET 网络部件，基于全球标准，采用开放性的通信理念，可保证工厂中所有层级和位置的可靠数据传送。所有 SIMATIC NET 产品都专为工业应用开发，适合用于所有工业领域和工厂。网络部件可满足最高的应用要求，尤其是易遭受外部影响的应用领域。

（2）PCS7 的通信。STMATIC NET 总线更是实现了所有系统部件之间的统一、无故障通信，包括工程师站和操作员站通信，自动化系统内部通信，I/O 和现场部件通信。STMATIC NET 系统是一个典型的自动化系统，具有三级网络结构：现场设备层网络、单元层网络及管理层网络。

① 现场设备层：现场设备层的主要功能是连接现场设备，例如分布式 I/O、传感器、驱动器、执行机构和开关设备等，完成现场设备控制及设备间连锁控制。主站（PLC、PC

或其他控制器）负责总线通信管理及与从站的通信。总线上所有设备生产工艺控制程序存储在主站中，并有主站执行。西门子的 SIMATIC NET 网络系统将执行器和传感器单独分一层。

② 车间监控层：车间监控层又称单元层，用来完成车间管理人与生产设备之间的连接，实现车间级设备的监控。车间级监控包括生产设备状态的在线监控、设备故障报警及维护等，通常还具有诸如生产统计、生产调度等车间级生产管理功能。车间级监控通常要设立车间监控室，有操作员工作站及打印设备。车间级监控网络可采用 Profibus-FMS 或工业以太网，Profibus-FMS 是一个多主网络，这一级数据传输速度不是最重要的，但是应能传送大容量的信息。

③ 工厂管理层：车间操作员工作站可以通过集线器与车间办公管理网连接，将车间生产数据送到车间管理层。车间管理网作为工厂主网的一个子网，通过交换机、网桥或路由器等连接到厂区骨干网，将车间数据集成到工厂管理层。工厂管理层通常采用符合 IEC 802.3 标准的以太网，即 TCP/IP 通信协议标准。厂区骨干网可以根据工厂的实际情况，采用 FDDI 或 ATM 等网络。

(3) SIMATIC PCS7 的特点

① 优势：借助于其创新性的理念、基于最先进 SIMATIC 技术的模块化和开放式架构、工业标准的继承性使用以及配合使用的高性能控制功能，使用过程控制系统 SIMATIC PCS7，可以实现所有项目阶段中控制技术设备的高性价比实现和经济运行，从规划、工程、调试和培训，到运行、维护和保养，直到扩展和完善。

② 一致而协同的完整系统：作为现代化的过程控制系统，SIMATIC PCS7 系统可单独使用，也可与运动控制系统和 SIMATIC 结合使用，形成一个通用而协同的完整系统。随着对无缝通用自动化技术要求的不断提高，竞争和价格压力的不断增大，SIMATIC PCS7 系统的优势越来越明显。随着复杂性的日益增大，尤其是自动化技术与信息技术的融合，通用系统平台的纵向和横向集成，实现所谓的“Best-of-Class 产品”自动化解决方案。采用全集成自动化理念的 SIMATIC PCS7 系统即可最佳满足这种高要求。

③ 灵活性和可扩展性：借助于其模块化和开放式结构，基于甄选的 SIMATIC 标准硬件和软件部件，SIMATIC PCS7 可以灵活适配各种小型和大型工厂规模。其易于扩展或系统改进的特点，使得用户可以从容应对其生产要求。SIMATIC PCS7 可从一个小型单一系统（由 160 个过程对象组成，包括电动机、阀门、PID 控制器），到具有 60000 个过程对象客户机-服务器结构的分布式多用户系统，例如用于大型生产工厂的自动化系统或设备工段。

④ 面向未来：SIMATIC PCS7 基于全集成自动化系统系列的模块化硬件和软件部件，可以相互完美协同。该系统可以无缝、经济地进行扩展和创新，通过其长期稳定的接口，而面向未来。因此，尽管创新速度越来越快，生产寿命周期越来越短，仍能保护客户的投资。SIMATIC PCS7 采用连续性强、全新、功能强大的先进技术以及国际工业标准，例如 IEC、XML、Profibus、以太网、TCP/IP、OPC、@aGlance、ISA S88 或 S95。SIMATIC PCS7 的开放性更是使其可以运行在所有平台和自动化系统以及过程 I/O 中，以及操作员和功能系统、工业通信或 SIMATIC IT Framework，并以连接到公司范围内的信息工具、协同工具、规划工具。其开放性不仅表现在系统架构上，纵向继承和横向集成以及通信上，而且还表现在用户程序的编程和数据切换接口，图形、文本和数据的导入导出，例如从 CAD/CAE 环境中导入和导出数据。由此，SIMATIC PCS7 系统也可以与来自其他制造商的部件一起使用，连接到现有基础构架中。

1.6.2 国产 DCS 产品

现在，国内陆续地出现了很多 DCS 生产厂家，就销售量和性能而言，以杭州和利时、浙大中控、浙江威盛三个品牌的产品最引人注目。

（1）和利时 DCS。和利时公司于 1992 年开发出第一代 DCS 系统 HS-DCS-1000 系统，1995 年推出 HS2000 系统（采用智能 I/O 结构、部分实现 IEC1131-3 标准功能），1999 年推出 MACS 系统，2002 年年初推出第四代 DCS-MACS-Smartpro（智能过程系统）。Smartpro 系统充分体现信息管理功能和集成化，系统采用了三层网络结构。其中，高层网络以服务器为中心，可以支持各种管理功能，并且，和利时自己也开发了一些适合中小型企业的管理软件平台。

HS2000ERP、进销存平台、RealMIS 平台、Web 服务能源管理（应用于冶金企业）等。其中 RealMIS 已取得广泛应用。此外，该系统支持开放数据接口标准，支持 OPC、ODBC、DDE、COM/DCOM、OLE、TCP/IP 等协议，可以方便地连接第三方的管理软件。采用完全符合 IEC 61131-3 全部功能的控制组态软件。它的 HMI 软件既可以采用和利时自主知识产权的 FOCS 软件平台，也可以采用通用的如 CITECT 等软件平台。系统的硬件除了可以集成和利时 I/O 模块外，还可以集成其他 PLC、RTU、FCS 接口、无线通信，变电站数据采取与保护、车站微机连锁等，以及各种智能装置。Smartpro 系统现场控制单元采用分散化的智能小模块，可以实现完全分散。模块之间采用 Profibus-DP 现场总线连接。

此外，Smartpro 在现场级还可以支持架装的 I/O 组件、现场总线系统、各种规格（大、小、中、微）型的 PLC。而且，Smartpro 的智能 I/O 单元本身全部隔离，而且可以做到路路隔离。针对不同的行业，基于 Smartpro 系统有几个专用应用平台，例如核电控制系统，火力发电控制系统，化工过程控制系统，水泥生产控制系统，造纸集成控制系统等。

（2）浙大中控 DCS。国产 DCS 的开发时间是在 20 世纪 90 年代中期，当时进口 DCS 的封闭弊病已经显露出来，国际上已经将以太网引入工业控制。国产 DCS 是在更高的起点上开始开发的，尤其是通信网络上采用开放结构。如浙江中控的 JX300XP、JX500 系统、和利时的 MACS、新华的 XDPS-400 等系统在控制器和人机界面的连接都采用以太网。数据的传送遵循 TCP/IP 和 UDP/IP。

WebFieldJX-300XP 是浙大中控在基于 JX-300X 成熟的技术和性能的基础上，推出的基于 Web 技术的网络化控制系统。WebFieldJX-300XP 系统采用三层网络结构：

第一层是网络信息管理网 Ethernet（用户可选）采用以太网络，用于工厂级的信息传送和管理，是实现全厂综合管理的信息通道。

第二层网络是过程控制网 SCnetll 连接了系统的控制站、操作员站、工程师站、通信接口单元等，是传送过程控制实时信息的通道。

第三层网络是控制站内部 I/O 控制总线，称为 SBUS 控制站内部 I/O 控制总线。主控制卡、数据转发卡、I/O 卡件都是通过 SUBS 进行信息交换的。SBUS 总线分为两层：双重化总线 SBUS-S2 和 SBUS-S1 网络。主控制卡通过它们来管理分散于各个机笼内的 I/O 卡件。

JX-300XP 最大系统配置为：15 个冗余的控制站和 32 个操作员站或工程师站，系统容量最大可达到 15360 点。系统每个控制站最多可挂接 8 个 IO 机架。每个机架最多可配置 20 块卡件，即除了最多配置一对互为冗余的主控制卡和数据转发卡之外，还可最多配置 16 块各类 I/O 卡件。在每一个机架内，I/O 卡件均可按冗余或不冗余方式任意进行配置。

1.7 主要现场总线技术

1.7.1 典型现场总线结构

现场总线控制系统的体系结构如图 1.5 所示。最底层是 Infranet 控制网（即 FCS，现场总线控制网络)，各控制器节点下放分散到现场，构成一种彻底的分布式控制体系结构，网络拓扑结构任意，可为总线型、星型、环型等，通信介质不受限制，可用双绞线、电力线、光纤、无线、红外线等多种形式。由 FCS 形成的 Infranet 控制网很容易与 Intranet 企业内部局域网和 Internet 全球信息网互联，构成一个完整的企业网络三级体系结构。现场总线技术使控制系统向着分散化、智能化、网络化方向发展，使控制技术与计算机及网络技术的结合更为紧密。基于开放通信协议标准的现场总线，为控制网络与信息网络的连接提供了方便，因而对控制网络与信息网络的融合和集成起到了积极的促进作用。

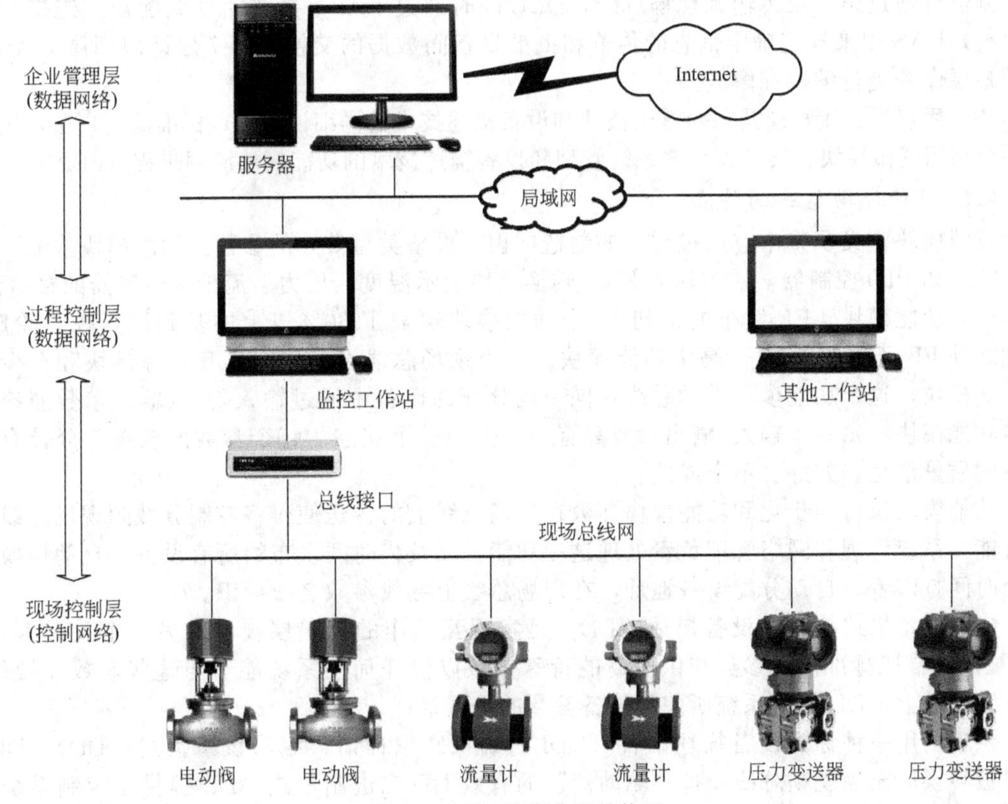

图 1.5 现场总线典型结构图

1.7.2 FF 现场总线

基金会现场总线，即 Foudation Fieldbus，简称 FF，这是在过程自动化领域得到广泛支持和具有良好发展前景的技术。其前身是以美国 Fisher-Rousemount 公司为首，联合 Foxboro、横河、ABB、西门子等 80 家公司制订的 ISP 协议和以 Honeywell 公司为首，联合欧洲等地的 150 家公司制订的 WordFIP 协议。这两大集团于 1994 年 9 月合并，成立了现场总线基金会，致力于开发出国际上统一的现场总线协议。它以 ISO/OSI 开放系统互链模型为基础，取其物理层、数据链路层、应用层为 FF 通信模型的相应层次，并在应用层上增加了用户层。

基金会现场总线分低速 H1 和高速 H2 两种通信速率。H1 的传输速率为 3125kbps，通信距离可达 1900m（可加中继器延长），可支持总线供电，支持本质安全防爆环境。H2 的传输速率为 1Mbps 和 2.5Mbps 两种，其通信距离为 750m 和 500m。物理传输介质可支持比绞线、光缆和无线发射，协议符合 IEC 1158-2 标准。其物理媒介的传输信号采用曼彻斯特编码，每位发送数据的中心位置或是正跳变，或是负跳变。正跳变代表 0，负跳变代表 1，从而使串行数据位流中具有足够的定位信息，以保持发送双方的时间同步。接收方既可根据跳变的极性来判断数据的“1”、“0”状态，也可根据数据的中心位置精确定位。

1.7.2.1　FF 现场总线的层次

FF 的协议规范建立在 ISO/OSI 层间通讯模型之上，它由 3 个主要功能部分组成：物理层、通信栈和用户层。

（1）物理层。物理层对应于 OSI 第 1 层，从上层接收编码信息并在现场总线传输媒体上将其转化成物理信号，也可以进行相反的过程。

（2）通信栈。通信栈对应于 OSI 模型的第 2 层和第 7 层，第 2 层即数据链路层（DLL），它控制信息通过第 1 层传输到现场总线，DLL 同时通过 LAS（链接活动调度器）连接到现场总线。LAS 用来规定确定信息的传输和批准设备间数据的交换。第 7 层即应用层（AL），对用户层命令进行编码和解码。

（3）用户层。用户层是一个基于模块和设备描述技术的详细说明的、标准的用户层，定义了一个利用资源模块、转换模块、系统管理和设备描述技术的功能模块应用过程（FBAP）。

1.7.2.2　FF 现场总线的特点

资源模块定义了整个应用过程（如制造标识，设备类型等）的参数。功能模块浓缩了控制功能（如 PID 控制器，模拟输入等）。转换模块表示温度、压力、流量等传感器的接口。

（1）功能模块。FF 发布的最初 10 个功能模块覆盖了 80%以上的基础过程控制轮廓。除此之外 FF 还增加了 19 个高级功能模块。一个现场总线设备必须具有资源模块和至少一个功能模块，这个功能模块借助总线在同一或分开的设备中通过输入与/或输出参数连接到其他功能模块。每一个输入/输出参数都有一个值和一个状态。每个参数的状态部分带有这个值的质量信息，如好、不定或差。

功能模块执行同步化和功能模块参数在现场总线上的传送使得将控制分散到现场总线成为可能。系统管理和网络管理负责处理这一功能，以及将时间发布给所有设备，自动切换到冗余时间打印者，自动分配设备地址，在现场总线上寻找参数名或标识。

（2）设备描述技术。设备描述（DD）是实现互操作的用户层技术的另一个关键因素，DD 被用来描述标准模块参数和供应商的特殊参数以使任何主系统能够与这些参数互操作。在一定意义上，DD 是主系统所使用设备参数的扩展描述。

供应商用一种称为设备描述语言（DDL）的特殊编程语言编写设备描述（DD）。DDL 源码被转换成充当现场总线设备“驱动器”的有效 DD 二进制形式。DD 提供了控制系统或主系统理解设备数据意义所必需的所有信息，包括校准和诊断等功能的人机接口。

FF 为所有标准模块提供了 DD。设备供应商通常准备一个增量 DD，它以简便的方法在已经存在的 DD 上添加额外的功能。同时把通用的 DD 注册到基金会，基金会将使用户通过订购手续得到这些注册的 DD。

另外，基金会提供一个能读懂 DD 的标准软件库进行设备描述服务。任何带设备描述服务的主系统只要具有设备的 DD 就能与 FF 设备互操作。

1.7.3　Profibus 现场总线

Profibus 是 Process Fieldbus 的简称，它是 1987 年由原西德联邦科技部集中了 13 家公司及 5 家研究所的力量按照 ISO/OSI 参考模型制定现场总线的德国国家标准（Profibus）。经过 2 年多的努力，完成了制定工作，与 1991 年 4 月在 DIN19245 中发表，正式成为德国现场总线的国家标准。后来，又通过投票成为欧洲标准 EN50170。

Profibus 已成为国际化的开放现场总线标准，得到了众多生产厂家的支持，并和基金会现场总线一起成为现场总线的两大体系，在欧洲，Profibus 拥有 40%以上的市场份额，近年来，在北美和日本的发展情况也不错。由于得到 PLC 生产商的支持，加上基金会现场总线的标准迟迟得不到完善，Profibus 将会有更大的发展空间。

Profibus 遵循 ISO/OSI 模型，其通信模型由三层构成：物理层、数据链路层和应用层。Profibus 由三部分组成，Profibus-FMS（Fieldbus Message Specification，现场总线报文规范）、Profibus-DP（Decentralized Periphery，分散型外围设备）、Profibus-PA（Process Automation，过程自动化）。

（1）Profibus-FMS。Profibus-FMS 是完成控制器与现场器件之间的通信及控制器之间的信息交换。它提供了大量的通信服务，如现场信息传送、数据库处理、参数设定、下载程序、从机控制和报警等，适用完成以中等传输速度进行较大数据交换的循环和非循环通信任务。由于它是完成控制器与智能现场设备之间的通信以及控制器间的信息交换，因此它主要考虑系统的功能，而不是系统的响应时间。FMS 提供了较多种类的通信服务，应用灵活，可用于大范围和复杂的通信系统。Profibus-FMS 在使用 RS-485 时，其通信速率为 9.6～500kbps，距离 1.6～4.8km，最多可接 122 个节点，使用 FSK（频移链控）时，最多 32 个节点，通信距离可达 5km，介质可为双绞线或光缆。

（2）Profibus-DP。Profibus-DP 是一种优化的通信模块，旨意在解决设备一级的高速数据通信。在这一级，中央控制器（如 PLC/PC）通过高速串行线同分散的现场设备（I/O、驱动器、阀门等）进行通信，传输速率可达 12Mb/s。一般情况下，DP 构成主站系统，采用主站和从站循环的方式进行数据传输；另外，DP 的扩展功能也能提供了非循环数据传输的能力。PROFIBUS-DP：RS-485 双绞线或光缆通信速率为 9.6kbps～12Mbps；最大距离 12Mbps 时为 100m，1.5Mbps 时为 200m，可用中继器加大距离，最多站数 126 个。

（3）Profibus-PA。Profibus-PA 是 Profibus 过程自动化的解决方案，是 Profibus-DP 向现场的延伸，用 DP 可以将若干 PA 连接在一个自动化系统中。它具有本质安全的特性，专门的传输技术符合国际标准 IEC 1158-2，适用于本质安全要求较高场合和总线供电的站点。Profibus-PA 通信速率为 31.25kbps，最大距离为≤1.9km，其每一段上可连接的仪表台数≤32 台，决定于所接入总线仪表设备的耗电量和应用的最大总线电流，只要馈入总线的电流不超过规定的最大电压值和电流值，就可以保证在危险区域中运行的本质安全。三种系列的 Profibus 很容易集成在一起，DP 和 FMS 使用了同样的传输技术和统一的总线访问协议，因而这两套系统可在同一根电线上同时操作，PA 和 DP 之间使用分段耦合器能方便集成在一起。Profibus 家族几乎涵盖了现场总线所有的应用领域，如加工制造、过程自动化和楼宇自动化等，普遍性是 Profibus 与其他规范相比最重要的优点。

（4）Profibus 通信距离。Profibus 通信速率可调，其通信速率与通信距离的关系如下。

① 通信距离最远为 1.2km 时，其通信速率有三种可选择：9.6kbps、19.2kbps、93.75kbps。

② 通信距离最远为 1.0km 时，其通信速率为 187.5kbps。

③ 通信距离最远为 0.5km 时，其通信速率为 500kbps。

④ 通信距离最远为 0.2km 时，其通信速率为 1.5Mbps。

⑤ 通信距离最远为 0.1km 时，其通信速率有三种可选择：3Mbps、6Mbps、12Mbps。

1.7.4 Profinet 现场总线

Profinet 是 Profibus 国际组织（PI）提出的用于自动化的开放的工业以太网标准，为自动化技术提供广泛和完整的解决方案。

开发 Profinet 的动力源自用户的需求、独立制造商预期投资的缩减以及涉及整个工厂范围工程的要求。Profinet 创立了一个现代化的自动化概念：基于以太网标准，可实现与现场总线系统的无缝集成。它代表了一个重要的方面，即满足公司管理层到现场层通信的连续性。Profinet 由以下主要部分组成：分散式现场设备、分布式自动化、用于所有客户需要的统一通信、网络安装、IT 集成、现场总线集成。

Profinet 是一种用于工业自动化领域的创新、开放式以太网标准（IEC 61158）。使用 Profinet，设备可以从现场级连接到管理级。PROFINET 的基本特点如下。

（1）用于自动化的开放式工业以太网标准。

（2）基于工业以太网。

（3）采用 TCP/IP 和 IT 标准。

（4）是一种实时以太网。

（5）实现现场总线系统的无缝集成。

（6）通过 Profinet，分布式现场设备（如现场 IO 设备，信号模板）可直接连接到工业以太网，与 PLC 等设备通信。

（7）借助于具有 Profinet 的能力接口或代理服务器，现有的模板或设备仍可以继续使用。

（8）IO Supervisor（IO 监视设备）可用于 HMI 和诊断。

（9）在 Profinet 的结构中，Profinet IO 是一个执行模块化，分布式应用的通讯概念。

1.8 控制系统的发展趋势

1.8.1 PLC 在向微型化、网络化、PC 化和开放性方向发展

长期以来，PLC 始终处于工业控制自动化领域的主战场，为各种各样的自动化控制设备提供非常可靠的控制方案，与 DCS 和工业 PC 形成了三足鼎立之势。同时，PLC 也承受着来自其他技术产品的冲击，尤其是工业 PC 所带来的冲击。

目前，全世界 PLC 生产厂家约 200 多家，生产 300 多种产品。国内 PLC 市场仍以国外产品为主，如 Siemens、Modicon、A-B、OMRON、三菱、GE 的产品。经过多年的发展，国内 PLC 生产厂家约有三十家，但都没有形成颇具规模的生产能力和名牌产品，可以说 PLC 在我国尚未形成制造产业化。在 PLC 应用方面，我国是很活跃的，应用的行业也很广。

微型化、网络化、PC 化和开放性是 PLC 未来发展的主要方向。在基于 PLC 自动化的早期，PLC 体积大而且价格昂贵。但在最近几年，微型 PLC（小于 32 I/O）已经出现，而且价格很低。随着软 PLC（Soft PLC）控制组态软件的进一步完善和发展，安装有软 PLC 组态软件和 PC-Based 控制的市场份额将逐步得到增长。当前，过程控制领域最大的发展趋势之一就是 Ethernet 技术的扩展，PLC 也不例外。现在越来越多的 PLC 供应商开始提供 Ethernet 接口。可以相信，PLC 将继续向开放式控制系统方向转移，尤其是基于工业 PC 的控制系统。

1.8.2 DCS 面向测控管一体化设计发展

集散控制系统 DCS（Distributed Control System）问世于 1975 年，生产厂家主要集中在美、日、德等国。我国从 20 世纪 70 年代中后期起，首先由大型进口设备成套中引入国外的 DCS，首批有化纤、乙烯、化肥等进口项目。当时，我国主要行业（如电力、石化、建材和冶金等）的 DCS 基本全部进口。80 年代初期在引进、消化和吸收的同时，开始了研制国产化 DCS 的技术攻关。近 10 年，特别是“九五”以来，我国 DCS 系统研发和生产发展很快，崛起了一批优秀企业，如北京和利时公司、上海新华公司、浙大中控公司等。这批企业研制生产的 DCS 系统，不仅品种数量大幅度增加，而且产品技术水平已经达到或接近国际先进水平。虽然国产 DCS 的发展取得了长足进步，但国外 DCS 产品在国内市场中占有率还较高。

小型化、多样化、PC 化和开放性是未来 DCS 发展的主要方向。目前小型 DCS 所占有的市场，已逐步与 PLC，工业 PC、FCS 共享。今后小型 DCS 可能首先与这三种系统融合，

而且“软 DCS”技术将首先在小型 DCS 中得到发展。PC-Based 控制将更加广泛地应用于中小规模的过程控制，各 DCS 厂商也将纷纷推出基于工业 PC 的小型 DCS 系统。开放性的 DCS 系统将同时向上和向下双向延伸，使来自生产过程的现场数据在整个企业内部自由流动，实现信息技术与控制技术的无缝连接，向测控管一体化方向发展。

1.8.3 控制系统正在向现场总线（FCS）方向发展

由于 3C（Computer、Control、Communication）技术的发展，过程控制系统将由 DCS 发展到 FCS（Fieldbus Control System）。FCS 可以将 PID 控制彻底分散到现场设备（Field Device）中。基于现场总线的 FCS 又是全分散、全数字化、全开放和可互操作的新一代生产过程自动化系统，它将取代现场一对一的 4～20mA 模拟信号线，给传统的工业自动化控制系统体系结构带来革命性的变化。

根据 IEC61158 的定义，现场总线是安装在制造或过程区域的现场装置与控制室内的自动控制装置之间的数字式、双向传输、多分支结构的通信网络。现场总线使测控设备具备了数字计算和数字通信能力，提高了信号的测量、传输和控制精度，提高了系统与设备的功能、性能。

目前在各种现场总线的竞争中，以 Ethernet 为代表的 COTS（Commercial-Off-The-Shelf）通信技术正成为现场总线发展中新的亮点。其关注的焦点主要集中在两个方面：(1) 能否出现全世界统一的现场总线标准；(2) 现场总线系统能否全面取代现时风靡世界的 DCS 系统。采用现场总线技术构造低成本的现场总线控制系统，促进现场仪表的智能化、控制功能分散化、控制系统开放化，符合工业控制系统的技术发展趋势。

1.8.4 PLC、DCS、FCS 将长期共存

计算机控制系统的发展在经历了基地式气动仪表控制系统、电动单元组合式模拟仪表控制系统、集中式数字控制系统以及集散控制系统（DCS）后，将朝着现场总线控制系统（FCS）的方向发展。虽然以现场总线为基础的 FCS 发展很快，但 FCS 发展还有很多工作要做，如统一标准、仪表智能化等。另外，传统控制系统的维护和改造还需要 DCS，因此 FCS 完全取代传统的 DCS 还需要一个漫长的过程，同时 DCS 本身也在不断发展与完善。可以肯定的是，结合 DCS、工业以太网、先进控制等新技术的 FCS 将具有强大的生命力。工业以太网以及现场总线技术作为一种灵活、方便、可靠的数据传输方式，在工业现场得到了越来越多的应用，并将在控制领域中占有更加重要的地位。

在未来，工业过程控制系统中，数字技术向智能化、开放性、网络化、信息化发展，同时，工业控制软件也将向标准化、网络化、智能化、开放性发展。因此现场总线控制系统 FCS 的出现，数字式分散控制 DCS 及 PLC 并不会消亡，DCS 及 PLC 系统会更加向智能化、开放性、网络化、信息化发展。或只是将过去处于控制系统中心地位的 DCS 移到现场总线的一个站点上去。故此，DCS 或 PLC 处于控制系统中心地位的局面从此将被打破。今后的控制系统将会是：FCS 处于控制系统中心地位，兼有 DCS、PLC 系统一种新型标准化、智能化、开放性、网络化、信息化控制系统。

1.9 控制系统监控组态软件

1.9.1 组态软件概念

随着现代化工业的飞速发展，生产装置规模的不断扩大，生产技术及工艺过程越趋复

杂，对企业生产自动化和各种信息的集成要求也越来越高。在这种形势下，基于微机的工业监控系统以其高可靠性、高性能、分散控制、集中监视和管理功能以及合理的性能价格比得到了工业界用户的特殊青睐，并逐渐取代传统的模拟式控制仪表。工业监控系统融合了自动化控制技术、计算机技术与通信技术，从综合自动化的角度出发，以微机技术为核心，与数据通信技术、人机界面技术相结合，广泛应用于生产管理、数据采集和实时监控中。

组态软件在当今的计算机控制系统中扮演着越来越重要的角色，采用组态技术的计算机控制系统最大的特点是从硬件设计到软件开发都具有可组态性，因此系统的可靠性和开发速度提高了，而开发难度却下降了。现在较大规模的控制系统，几乎都采用这种编程工具。

组态软件又称组态监控软件系统软件，译自英文 SCADA（Supervisory Control and Data Acquisition，数据采集与监视控制）。它是指一些数据采集与过程控制的专用软件。它们处在自动控制系统监控层一级的软件平台和开发环境，使用灵活的组态方式，为用户提供快速构建工业自动控制系统监控功能的、通用层次的软件工具。组态软件的应用领域很广，可以应用于矿山、冶金、化工、轻工、电力等领域的数据采集与监视控制以及过程控制等诸多领域。

组态软件大都支持各种主流工控设备和标准通信协议，并且通常应提供分布式数据管理和网络功能。对应于原有的 HMI（Human Machine Interface，人机界面）的概念，组态软件还是一个使用户能快速建立自己 HMI 的软件工具或开发环境。在组态软件出现之前，工控领域的用户通过手工或委托第三方编写 HMI 应用，开发时间长、效率低、可靠性差；或者购买专用的工控系统，通常是封闭的系统，选择余地小，往往不能满足需求，很难与外界进行数据交互，升级和增加功能都受到严重的限制。组态软件的出现使用户可以利用组态软件的功能，构建一套最适合自己的应用系统。随着它的快速发展，实时数据库、实时控制、SCADA、通信及联网、开放数据接口、对 I/O 设备的广泛支持已经成为它的主要内容，监控组态软件将会不断被赋予新的内容。

1.9.2 组态软件的功能

组态软件在自动化系统中始终处于“承上启下”的作用。用户在涉及工业信息化的项目中，如果涉及实时数据采集，首先会考虑采用组态软件。正因如此，组态软件几乎应用于所有的工业信息化项目当中。组态软件在自动控制系统监控层一级的软件平台和开发环境，能以灵活多样的组态方式（而不是编程方式）提供良好的用户开发界面和简捷的使用方法，它解决了控制系统通用性问题。其预设置的各种软件模块可以非常容易地实现和完成监控层的各项功能，并能同时支持各种硬件厂家的计算机和 I/O 产品，与高可靠的工控计算机和网络系统结合，可向控制层和管理层提供软硬件的全部接口，进行系统集成。组态软件通常具有以下功能。

（1）强大的界面显示组态功能。目前，工控组态软件大都运行于 Windows 环境下，充分利用 Windows 的图形功能完善界面美观的特点，可视化的风格界面、丰富的工具栏，操作人员可以直接进入开发状态，节省时间。丰富的图形控件和工况图库，既提供所需的组件，又是界面的制作向导。提供给用户丰富的作图工具，可随心所欲地绘制出各种工业界面，并可任意编辑，从而将开发人员从繁重的界面设计中解放出来，丰富的动画连接方式，如隐含、闪烁、移动等等，使界面生动、直观。

（2）良好的开放性。社会化的大生产，使得系统构成的全部软硬件不可能出自一家公司的产品，“异构”是当今控制系统的主要特点之一。开放性是指组态软件能与多种通信协议互联，支持多种硬件设备。开放性是衡量一个组态软件优劣的重要指标。组态软件向下应能与低层的数据采集设备通信，向上能与管理层通信，实现上位机与下位机的双向通信。

(3) 丰富的功能模块。提供丰富的控件功能库，满足用户的测控要求和现场需求。利用各种功能模块，完成实时监控 产生功能报表 显示历史曲线、实时曲线、提供报警等功能，使系统具有良好的人机界面，易于操作，系统既适用于单机集中式控制、DCS分布式控制，也可以是带远程通信能力的远程测控系统。

(4) 强大的数据库。配有实时数据库，可存储各种数据，如模拟量、离散量、字符型等，实现与外部设备的数据交换。

(5) 可编程的命令语言。有可编程的命令语言，使用户可根据自己的需要编撰程序，增强图形界面和系统监控功能。

(6) 仿真功能。提供强大的仿真功能，可以使系统并行设计，从而缩短开发周期。

1.9.3 国内外主要组态软件

目前，国内外先后出现了许多品牌的组态软件，虽然这些软件整体功能和技术性能上有所差别，但基本功能大致相同，都提供如图形界面开发、图形界面运行、实时数据库系统组态、实时数据库系统运行、I/O 驱动、网络监控等功能。如有特别的需求（如与特别的设备通信、建立 MES 或 ERP 等），则应参阅组态软件的技术说明进行选择。国内外几种著名的组态软件如表 1.1 所示。

表 1.1 国内外几种著名的组态软件

产品名称	出品公司	国 别	最新版本	价格比较
InTouch	Wonderware	美国	10.5	高
WinCC	Siemens	德国	11.0	中高
iFIX	GE-Intellution	美国	5.5	高
Cimplicity	GE	美国	7.5	高
Citech	Citect	澳大利亚	6.0	中高
Kingview	北京亚控	中国	7.0	低
Kingview SCADA	北京亚控	中国	3.1	中
Force Control	北京三维力控	中国	7.0	低
世纪星	北京世纪长秋	中国	7.22	低
MCGS	昆仑通泰	中国	7.2	低

1.9.4 组态软件的发展趋势

监控组态软件是在信息化社会的大背景下，随着工业 IT 技术的不断发展而诞生、发展起来的。在整个工业自动化软件大家庭中，监控组态软件属于基础型工具平台。监控组态软件给工业自动化、信息化及社会信息化带来的影响是深远的，它带动着整个社会生产、生活方式的变化，这种变化仍在继续发展。因此组态软件作为新生事物尚处于高速发展时期，目前还没有专门的研究机构就它的理论与实践进行研究、总结和探讨，更没有形成独立、专门的理论研究机构。近年来，一些与监控组态软件密切相关的技术如 OPC、OPC-XML、现场总线等技术也取得了飞速的发展，是监控组态软件发展的有力支撑。监控组态软件出现迅猛的发展趋势。

1.9.4.1 监控组态软件日益成为自动化硬件厂商争夺的重点

整个自动化系统中，软件所占比重逐渐提高，虽然组态软件只是其中一部分，但因其渗透能力强、扩展性强，近年来蚕食了很多专用软件的市场。因此，监控组态软件具有很高的产业关联度，是自动化系统进入高端应用、扩大市场占有率的重要桥梁。在这种思路的驱使下，西门子的 WinCC 在市场上取得巨大成功。目前，国际知名的工业自动化厂商如 Rockwell、GE Fanuc、Honeywell、西门子、ABB、施耐德、英维思等均开发了自己的组态软件。

监控组态软件在 DCS 操作站软件中所占比重日益提高。继 FOXBORO 之后，Eurotherm（欧陆）、Delta V、PCS7 等 DCS 系统纷纷使用通用监控组态软件作为操作站。同时，国内的 DCS 厂家也开始尝试使用监控组态软件作为操作站。

在大学和科研机构，越来越多的人开始从事监控组态软件的相关技术研究。从国内自动化行业学术期刊来看，以组态软件及与其密切相关的新技术为核心的研究课题呈上升趋势，众多研究人员的存在，是组态软件技术发展及创新的重要活跃因素，也一定能够积累很多技术成果。无论是技术成果还是研究人员，都会遵循金字塔的规律，由基础向高端形成过渡。这些研究人员和其研究成果为监控组态软件厂商开发新产品提供了有益的经验借鉴，并开拓他们的思路。

基于 Linux 的监控组态软件及相关技术正在迅速发展之中，很多厂商都相继推出成熟的商品，对组态软件业的格局将产生深远的影响。

1.9.4.2 集成化、定制化

从软件规模上看，大多数监控组态软件的代码规模超过 100 万行，已经不属于小型软件的范畴。从其功能来看，数据的加工与处理、数据管理、统计分析等功能越来越强。

监控组态软件作为通用软件平台，具有很大的使用灵活性。但实际上很多用户需要“傻瓜”式的应用软件，即需要很少的定制工作量即可完成工程应用。为了既照顾“通用”又兼顾“专用”，监控组态软件拓展了大量的组件，用于完成特定的功能，如批次管理、事故追忆、温控曲线、协议转发组件、ODBCRouter、ADO 曲线、专家报表、万能报表组件、事件管理、GPRS 透明传输组件等。

1.9.4.3 纵向发展，功能向上、向下延伸

组态软件处于监控系统的中间位置，向上、向下均具有比较完整的接口，因此对上、下应用系统的渗透能力也是组态软件的一种本能，具体表现为以下几点。

（1）向上发展。其管理功能日渐强大，在实时数据库及其管理系统的配合下，具有部分 MIS、MES 或调度功能。尤以报警管理与检索、历史数据检索、操作日志管理、复杂报表等功能较为常见。

（2）向下扩展。日益具备网络管理（或节点管理）功能。在安装有同一种组态软件的不同节点上，在设定完地址或计算机名称后，互相间能够自动访问对方的数据库。组态软件的这一功能，与 OPC 规范以及 IEC 61850 规约、BACNet 等现场总线的功能类似，反映出其网络管理能力日趋完善的发展趋势。

（3）软 PLC、嵌入式控制等功能。除组态软件直接配备软 PLC 组件外，软 PLC 组件还作为单独产品与硬件一起配套销售，构成 PAC 控制器。这类软 PLC 组件一般都可运行于嵌入式 Linux 操作系统。

（4）OPC 服务软件。OPC 标准简化了不同工业自动化设备之间的互联通讯，无论在国际上还是国外，都已成为广泛认可的互联标准。而组态软件同时具备 OPCServer 和 OPC Client 功能，如果将组态软件丰富的设备驱动程序根据用户需要打包为 OPCServe 单独销售，则既丰富了软件产品种类又满足了用户的这方面需求。监控组态软件厂商拥有大量的设备驱动程序，因此开展 OPCSever 软件的定制开发具有得天独厚的优势。

（5）工业通信协议网关。它是一种特殊的 Gateway，属工业自动化领域的数据链产品。OPC 标准适合计算机与工业 I/O 设备或桌面软件之间的数据通讯，而工业通信协议网关适合在不同的工业 I/O 设备之间、计算机与 I/O 设备之间需要进行网段隔离、无人值守、数据保密性强等应用场合的协议转换。

1.9.4.4 横向发展，监控、管理范围及应用领域扩大

除了大家熟知的工业自动化领域，近几年以下领域已经成为监控组态软件的新增长点。

(1) 设备管理或资产管理（Plant Asset Management，PAM）。此类软件的代表是艾默生公司的设备管理软件 AMS。PAM 所包含的范围很广，其共同点是实时采集设备的运行状态，累积设备的各种参数（如运行时间、检修次数、负荷曲线等），及时发现设备隐患、预测设备寿命，提供设备检修建议，对设备进行实时综合诊断。

(2) 设备故障检测和诊断的分析管理软件。针对过程控制和自动化控制，美国 ICONICS 公司推出了注重设备故障检测和诊断的分析管理软件 Facility Analytix，Facility Analytix®。这是一个带有预测功能的楼宇自动化解决方案，它以 ICONICS 先进的故障检测和诊断（FDD）引擎作为核心。它的内部算法会权衡各种故障可能性，并据此建议管理者、操作人员和维修工采取措施以防设备故障发生或者产生能源浪费。当设备发生故障时，先进的软件技术会自动提供一个可能故障原因的分类列表，这样就可以减少停机时间并降低故障诊断和故障恢复的成本。

(3) 先进控制或优化控制系统。在工业自动化系统获得普及以后，为提高控制质量和控制精度，很多用户开始引进先进控制或优化控制系统。这些系统包括自适应控制、（多变量）预估控制、无模型控制器、鲁棒控制、智能控制（专家系统、模糊控制、神经网络等）、其他依据新控制理论而编写的控制软件等。这些控制软件的强项是控制算法，使用监控组态软件主要解决控制软件的人机界面、与控制设备的实时数据通信等问题。

(4) 工业仿真系统。仿真软件为用户操作模拟对象提供了与实物几乎相同的环境。仿真软件不但节省了巨大的培训成本开销，还提供了实物系统所不具备的智能特性。监控组态软件与仿真软件间通过高速数据接口连为一体，在教学、科研仿真过程中应用越来越广泛。

(5) 电网系统信息化建设。电力自动化是监控组态软件的一个重要应用领域，电力是国家的基础行业，其信息化建设是多层次的，由此决定了对组态软件的多层次需求。

(6) 智能建筑。物业管理的主要需求是能源管理（节能）和安全管理，这一管理模式要求建筑物智能设备必须联网，首先有效地解决信息孤岛问题，减少人力消耗，提高应急反应速度和设备预期寿命，智能建筑行业如能源计量、变配电、安防等。

(7) 公共安全监控与管理。公共安全的隐患可造成突发事件应急失当，容易造成城市公共设施瘫痪、人员群死群伤等恶性灾难。公共安全监控包括：人防（车站、广场）等市政工程有毒气体浓度监控及火灾报警。

(8) 水文监测。包括水位、雨量、闸位、大坝的实时监控。

(9) 重大建筑物（如桥梁等）健康状态监控。及时发现隐患，预报事故的发生。

(10) 机房动力环境监控。在电信、铁路、银行、证券、海关等行业以及国家重要的机关部门，计算机服务器的正常工作是业务和行政正常进行的必要条件，因此存放计算机服务器的机房重地已经成为监控的重点。监控的内容包括：UPS 工作参数及状态、电池组的工作参数及状态、空调机组的运行状态及参数、漏水监测、发电机组监测、环境温湿度监测、环境可燃气体浓度监测、门禁系统监测等。

(11) 城市危险源实时监测。对存放危险源的场所、危险源行踪的监测。避免放射性物质和剧毒物质失控地流通。

(12) 国土资源立体污染监控。对土壤、大气中与农业生产有关的污染物含量进行实时监测，建立立体式实时监测网络。

(13) 城市管网系统实时监控及调度。包括供水管网、燃气管网、供热管网等的监控。

第2章 控制系统工程规划

2.1 控制系统设计的基本原则与步骤

控制系统是一种应用于工程实际的技术，控制系统设计的水平及合理性将直接影响控制系统、设备运行的可靠性。如何根据不同的控制要求，设计出技术先进、运行稳定、性能可靠、安全实用、操作简单、调试方便、维护容易的控制系统，是控制系统设计规划的重要内容。

控制系统设计主要分为系统规划、硬件设计、软件设计等基本的步骤，每一部分的设计都有不同的要求。系统设计要与国际先进技术标准接轨，采用国家或国际的设计标准，电气技术要求、电路图形符号、文字代号原则上均执行 DIN 标准，并与 IEC、ANSI、BS 标准保持广泛的一致性。

2.1.1 控制系统设计的基本原则

任何一种控制系统都是为了实现生产设备或生产过程的控制要求和工艺需要，从而提高生产效率和产品质量。因此，在设计控制系统时，应遵循以下基本原则。

(1) 最大限度地满足控制要求。充分发挥控制计算机的功能，最大限度地满足被控对象的控制要求，是设计中最重要的一条原则。设计人员要深入现场进行调查研究，收集资料。同时要注意和现场工程管理和技术人员及操作人员紧密配合，共同解决重点问题和疑难问题。

(2) 力求简单、经济、实用与维修方便。在满足控制要求的前提下，一方面要注意不断地扩大工程的效益；另一方面也要注意不断地降低工程的成本。不宜盲目追求新型自动化和高指标。

(3) 保证系统的安全可靠。保证控制系统能够长期安全、可靠、稳定运行，是设计控制系统的重要原则。

(4) 适应发展的需要。考虑到生产的发展和工艺的改进，在选择控制主机的类型、型号、I/O 点数和存储器容量等内容时，应适当留有裕量，以利于控制系统的调整和扩充。

2.1.2 控制系统的设计要求

2.1.2.1 满足控制要求

控制系统是为了满足被控制对象（设备、生产机械、生产工艺等）的各项控制要求，使其达到设计规定的性能指标，而采用的一种现代化的控制方法与手段。系统设计必须确保能实现对象的全部动作，满足对象的各项技术要求。

在系统设计前，设计人员必须深入生产现场，研究生产过程的工艺；研究被控对象的机械、气动、液压工作原理的方法，充分了解设备、生产机械需要实现的动作和应具备的功能；掌握各工艺参数之间的关系以及设备中各种执行元件的性能与参数，以便有的放矢地开展设计工作。

在此基础上，设计人员应首先进行控制系统的规划，确定系统的总体方案和控制系统的类型，明确为了实现不同控制要求，在系统中所采取的措施，并选定主要的组成部件。

总体方案设计完成后，设计人员应会同工艺、机械、电气等设计人员、操作者、用户、供应商等，对总体方案设计进行评审，并取得项目有关部门与技术人员、操作者的认可。在充分听取各方面意见的基础上，设计者决定是否需要对总体设计方案进行修改。当方案有重大更改时，在修改方案完成后，还需再次进行总体方案的评审。

2.1.2.2 确保安全可靠性

在系统总体方案确定后的具体技术设计阶段，设计人员必须首先考虑系统的安全性与可靠性，确保控制系统能够长时间安全、稳定、可靠地工作。

控制系统的安全性包括确保操作人员人身安全与设备安全两大方面。

控制系统的设计必须符合各种相关安全标准（如 CE 标准）的规定。在设计中充分考虑各种安全防护措施，如安全电路、安全防护等。而且对于涉及人身安全的部件，必须在控制系统设计时进行严格的动作“互锁”，严防发生危及操作者安全的事故。

设备安全是控制系统设计人员必须考虑的问题。尤其要重视设备运行过程中出现部件故障或其他原因的紧急停机情况，控制系统的动作必须迅速、可靠、安全。

控制系统设计中，必须采用符合 EN 标准要求的安全电路；应考虑到控制主机本身发生故障的可能性；安全电路必须利用电磁动作元件组成，并且满足“强制执行”条件。

控制系统运行的稳定性与可靠性是系统设计成败的关键。控制系统的动作不可靠，不仅会导致设备的运行故障，影响生产的质量和生产效率，而且可能引发安全事故。

在保证安全性要求的前提下，简化系统结构，简化操作、简化线路、简化程序不仅可以降低成本，而且也是提高系统可靠性的重要措施。严格按照控制系统的设计规范与要求进行设计，按照控制系统的安装要求进行安装，规范的布线与施工，对用户程序进行多方检查与试验，采取正确的抗干扰措施等，都是提高系统可靠性的重要手段。

2.1.2.3 简化系统结构

在能够安全满足控制对象的各项控制要求，确保系统安全性、可靠性，不影响系统自动化程度与功能的前提下，系统的设计应尽可能简单、实用。简化系统结构不仅仅是降低生产制造成本的需要，而且也是提高系统可靠性的重要措施。

简化系统包括简化操作、简化线路、简化程序等方面。

系统设计应具有良好的操作性能，为操作者提供友好的界面，尽可能为操作、使用提供便利。设计不但要考虑人机工程学，而且应尽可能减少不必要的控制按钮等操作元件的数量(有关安全的除外)，简化操作过程。设备的操作过程应简洁、明了、方便、容易。

系统控制线路的设计必须简单、可靠，应尽可能减少不必要的控制器件与连线。简单、实用的控制线路不仅可以降低生产制造成本，更重要的是它可以提高系统工作的可靠性，方便使用与维修。

控制系统用户程序要尽量简化，使用的指令应简洁、明了，要杜绝人为地使程序复杂化，有意为他人理解程序增加困难的现象。

2.1.3 控制系统设计的一般步骤

控制系统设计可分为系统规划、硬件设计、软件设计、系统调试以及技术文件的编制五个阶段。控制系统的设计、调试流程如图 2.1 所示。

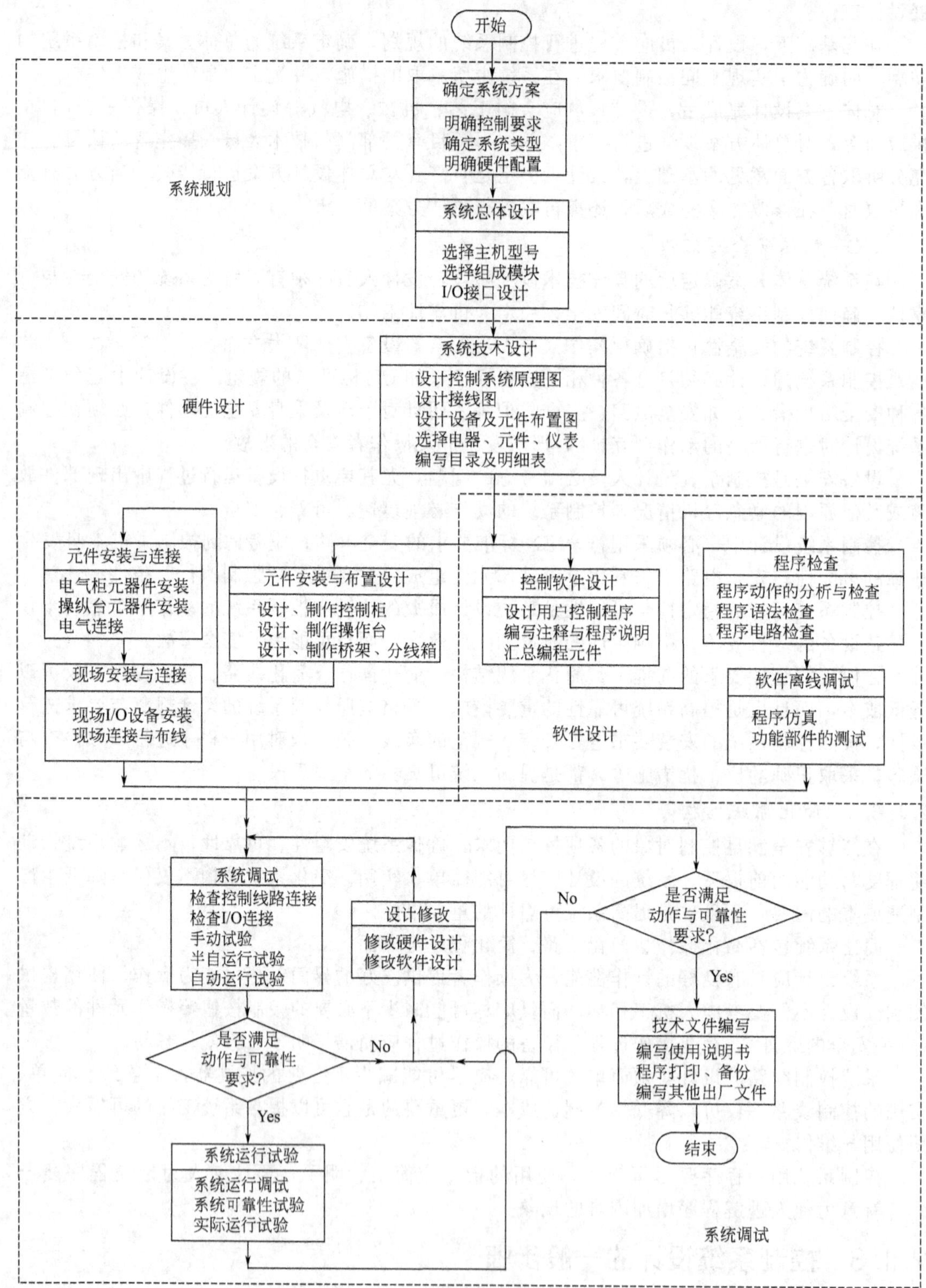

图 2.1 控制系统的设计、调试流程

2.1.3.1 系统规划

系统规划为设计的第一步，内容包括确定控制系统方案与总体设计两部分。确定控制系统方案时，应首先明确控制对象所需要实现的动作与功能、生产工艺要求与设备的现场布置情况；在此基础上确定系统的技术实现手段，选择系统的总体结构形式与组成部件。

系统规划的具体内容包括：明确控制要求、确定系统类型、明确硬件配置；选择控制主机型号，确定I/O模块的数量与规格，选择特殊功能模块；选择人机界面、检测仪表、执行仪表等；选择系统软件和组态软件。

2.1.3.2 硬件设计

硬件设计是在系统规划与总体设计完成后的技术设计。在这一阶段，设计人员需要根据总体方案完成控制原理图、连接图、元件布置图、接线图等基本图样的设计工作。

在此基础上，应汇编完整的仪表电器元件目录与配套件清单，提供给采购供应部门购买相关的组成部件。同时，根据控制系统的安装要求与用户的环境条件，结合所设计的控制原理图、连接图、布置图，完成用于安装以上电器元件的控制柜、操作台等部件的设计。

设计完成后，将全部图样与外购元器件、标准件等汇编成统一的基本件、外购件、标准件明细表（目录），提供给生产、供应部门组织生产与采购。

2.1.3.3 软件设计

控制系统的软件设计主要是编制用户程序、特殊功能模块控制软件、确定CPU模块以及功能模块的设定参数（如需要）等。它可以与系统电器仪表元件安装柜、操纵台的制作、元器件的采购同步进行。

软件设计应根据所确定的总体方案与已经完成的电气控制原理图，按照原理图所确定的I/O地址，编写实现控制要求与功能的用户程序。为了方便调试、维修，通常需要在软件设计阶段同时编写出程序说明书、I/O地址表、注释表等辅助文件。

在程序设计完成后，一般应通过控制系统编程软件所具备的诊断功能对程序进行基本的检查，排除程序中的电路与语法错误。在有条件时，应通过必要的模拟与仿真手段，对程序进行模拟与仿真试验。对于初次使用的伺服驱动器、变频器、检测仪表、执行仪表等部件，可以通过检查与运行的方法，事先进行离线调整与测试，以缩短现场调试的周期。

2.1.3.4 现场调试

控制系统的现场调试是检查、优化控制系统硬件、软件设计，提高控制系统可靠性的重要步骤。为了防止调试过程中可能出现的问题，确保调试工作的顺利进行，现场调试应在完成控制系统的安装、接线、用户程序编制后，按照调试前的检查、硬件调试、软件调试、空运行试验、可靠性试验、实际运行试验等规定的步骤进行。

在调试阶段，一切均应以满足控制要求，确保系统安全、可靠运行为最高准则，它是检验硬件、软件设计正确的唯一标准，任何影响系统安全性与可靠性的设计，都必须予以修改，决不可以遗留事故隐患，以免导致严重后果。

2.1.3.5 编制技术文件

在设备安全、可靠运行得到确认后，设计人员可以着手进行系统技术文件的编制工作，如修改控制原理图、接线图等；编写设备操作、使用说明书，备份控制系统用户程序；记录调整、设定参数，等等。

文件的编写应正确、全面，必须保证图纸与实物一致，控制原理图、用户程序、设定参数必须为调试完成后的最终版本。

文件的编写应规范、系统，尽可能为设备使用者以及今后的维修工作提供方便。

2.1.4 控制主机总体设计

选择控制计算机，主要是确定控制计算机的生产厂家与型号。对于分布式系统、远程I/O系统，还需要考虑网络化通信的要求。

确定控制计算机生产厂家，主要应考虑设备使用等的要求、设计使用等的习惯、熟悉程度、配套产品的一致性以及编程器等附加设备的通用性、技术服务等方面的因素。从控制计算机本身的可靠性考虑，原则上只要是国外大公司生产的产品，都不应存在此问题。

一般来说，对于初次使用控制计算机的用户或者是用于控制独立设备（单机控制）的场合，采用小型的控制计算机产品（如S7-200），相对来说性能价格比较高，入门也较容易。对于系统规模较大、网络通信功能要求高、开放性好的控制计算机系统，远程控制系统，选用欧美生产的控制计算机，可以为网络通信功能的发挥提供一定的便利。当然，产品的技术支持与服务、价格等因素也是选择控制主机时所必须考虑的问题。

在控制计算机生产厂家确定后，控制计算机的型号主要决定于控制系统的技术要求前提下，必须考虑生产成本。从技术的角度考虑，以下指标是选择控制计算机型号时应引起注意的问题。

2.1.4.1 CPU性能

控制计算机的CPU性能主要涉及处理器的“位数”、运算速度、用户存储器的容量、编程能力（指令的功能、内部继电器、定时器、计数器、寄存器、内存的数量等）、软件开发能力、通信能力等方面。在使用特殊功能模块、特殊外部设备或是需要网络连接的场合，应考虑到CPU的功能与以上要求相适应。

此外，在满足控制要求的前提下，CPU的价格也是需要设计人员考虑的问题之一，选择的控制计算机既要满足系统的功能要求，同时也应该充分利用其功能，避免不必要的浪费。

2.1.4.2 I/O点数

控制计算机的输入/输出点数是控制主机的基本参数之一。I/O点数的确定，应以上述的I/O点汇总表为依据。在正常情况下，控制计算机的I/O点可以适当留有余量，但同时也必须考虑生产制造成本。对于以下情况，应适当考虑增加一定的I/O余量：

(1) 控制对象的部分要求不明确，存在要求改变可能；

(2) I/O点统计不完整，设计阶段或者现场调试时增加I/O点；

(3) 控制主机扩展较困难，但控制系统存在变动可能性；

(4) 使用环境条件相对较差，控制主机工作负荷较重；

(5) 维修服务不方便，配件供应周期较长。

I/O点（包括程序存储器容量）的余量选择无规定的要求，更没有固定的计算公式，一般情况下要求10%～20%的余量，但有时会超出这个范围，应该根据实际情况进行才能做到科学与合理。

2.1.4.3 功能模块的配套

选择控制计算机时应考虑到功能模块配套的可能性。选用功能模块涉及硬件与软件两个方面。在硬件上，首先应保证功能模块可以方便地与控制计算机进行连接，控制计算机应有连接、安装位置的相关接口、连接电线等附件。在软件上，控制计算机应有对应的控制功能，可以方便地对功能模块进行编程。

2.1.4.4 通信能力

对于分布式控制系统、远程I/O控制系统，控制计算机的通信功能是必须考虑的问题。

而对于集中控制系统或单机控制系统，既要考虑到用户现有外部调试设备等的正常使用，还应考虑到用户管理水平的提高与技术发展的可能性。增强通信功能，既是信息技术发展的基本要求，也是当前控制计算机的技术发展方向之一。因此，在选择控制计算机通信能力方面，应有一定的超前意识，保留系统的发展空间。

2.1.4.5 确定模块

在控制计算机基本型号、规格确定后，可以逐一根据控制要求，确定控制计算机各组成部分的基本规格与参数，选择组成模块的型号。确定模块型号时，应考虑如下因素。

(1) 方便性。一般来说，作为控制计算机，满足控制要求的模块规格往往有多种，选样时应以简化线路设计、方便使用、尽可能减少外部控制器件为原则。

对于输入模块，应优先选择能与外部检测元件直接连接的输入形式，避免使用接口转换电路。

对于输出模块，应优先选择能直接驱动负载的输出模块，尽量少使用中间器件等。这样，不仅可以简化线路设计、方便使用，还可以在一定程度上降低生产制造成本，提高系统可靠性。

(2) 通用性。选用模块时，需要考虑到控制计算机各组成模块的统一与通用，避免模块种类过多。这样不仅有利于采购，减少备品、备件，为安装、施工提供方便，同时控制计算机以增加系统组成部件的互换性，为设计、调试、维修提供帮助。

当产品系列提供或需要构成生产线的，还应考虑到不同设备间各组成模块的一致性，以方便组织生产、调试、维修。

(3) 兼容性。选择控制计算机各组成模块时，应考虑采购、安装、服务的便利，以及设计、调试、维修等的因素，组成控制系统的各主要部件生产厂家不宜过多。

通过批量订货，不仅可以降低生产制造成本，更重要的是同一生产厂家提供的部件，相互兼容性好，技术要求统一，可以为系统设计及技术服务、维修等提供方便。

2.1.5 工业防爆危险区的防爆等级

工业生产过程中，一些环境会存在不同程度的危险性。危险区域的含义是对该地区实际存在危险可能性的量度。由此规定其适用的防爆形式。在一些特种行业对仪器仪表、执行机构、控制设备等具有一定的防爆要求和阻燃性要求。国际电工委员会和欧美国家也对某些电子产品规定了防爆标准，分为6个等级。

Zone 0 连续或长期存在爆炸性气体。

Zone 1 可能出现爆炸性气体环境（<1000小时/年）。

Zone 2 极偶然出现爆炸性气体环境，并且为短时间存在（<10小时/年）。

Zone 20 连续或长期存在爆炸性粉尘。

Zone 21 可能出现爆炸性粉尘环境（<1000小时/年）。

Zone 22 极偶然出现爆炸性粉尘环境，并且为短时间存在（<10小时/年）。

中国划分的有效区域与上述相同。

爆炸性气体环境的分区是采取电气防爆措施的前提。对于具有潜在爆炸危险性的环境，划分危险区域主要考虑的因素有：

① 存在爆炸性气体的可能性；

② 爆炸性气体的释放量；

③ 爆炸性气体的特征（如气体的密度等）；

④ 环境条件（主要是通风，还包括气压、温度、湿度等）；

⑤ 远离释放源的距离。

在工业生产过程中，仪表设备必须根据危险区域的等级选择不低于该等级的防爆设备。防爆方法对危险场所的适应性如表 2.1 所示。

表 2.1 仪器设备的防爆适应性

序号	防爆形式	代号	中国标准	防爆措施	适应区域
1	隔爆型	d	GB 3836.2	隔离存在的点火源	Zone1,Zone2
2	增安型	e	GB 3836.3	设法防止产生点火源	Zone1,Zone2
3	本安型	ia	GB 3836.4	限制点火源的能量	Zone0～Zone2
	本安型	ib	GB 3836.4	限制点火源的能量	Zone1,Zone2
4	正压型	p	GB 3836.5	危险物质与点火源隔开	Zone1,Zone2
5	充油型	o	GB 3836.6	危险物质与点火源隔开	Zone1,Zone2
6	充砂型	q	GB 3836.7	危险物质与点火源隔开	Zone1,Zone2
7	无火花型	n	GB 3836.8	设法防止产生点火源	Zone2
8	浇封型	m	GB 3836.9	设法防止产生点火源	Zone1,Zone2
9	气密型	h	GB 3836.10	设法防止产生点火源	Zone1,Zone2

2.2 控制系统的硬件配置

2.2.1 人-机接口（操作站）

应用在现场机组就地操作和小规模控制计算机（200 点数字量以下）系统上的人-机界面有下述几种。

（1）按钮面板：一般应用在固定的机电操作中，安装在机组上，具有系统操作面板的所有功能，附加功能不需要控制主机编程。

（2）操作面板、触摸屏：一般应用在就地机组控制上，其防护等级为 IP65，可直接安装在机组上。并可装载监控软件和编程数据，具有显示过程监控数据和操作过程变量，配方管理等功能。

（3）便携式操作监视器：用于操作员的人-机接口、故障查找、系统调试。具有监视控制器状态、启/停控制器、强制输出、参数修改等功能，宜在小规模控制系统上应用。

（4）一般大、中规模控制计算机由于其控制点数量多，且需要集中操作和管理，故根据需要应设置个人计算机（PC 或工业 PC）或小型机为主的操作站（以下简称操作站）。

（5）操作站应装有在标准操作系统下运行和编程的软件，应具有图形系统、报警信息系统、应用程序接口、变量存档、标准通信接口、报表系统和数据处理系统等。操作站主机的硬件和软件应具有高可靠性。

（6）操作站应具备不同级别的操作权限和不同操作区域或数据集合的操作权限。操作权限由密码和钥匙的方式限定并在编程中划分，供不同岗位的人员使用。

（7）按操作区域来配置操作站。

（8）对重要的工段或关键设备，配置专用操作站。

（9）根据数字量控制或模拟量控制的需要，按岗位、生产线、操作单元的划分并根据其复杂程度配置操作站或操作台。

（10）重要的操作区。一个操作区应至少配备互为备用的 2 台带主机的操作站。一般情况下，操作站的互为备用也可以是设在同一控制室内不同操作区的操作站之间的互为备用形式。

（11）操作站配置的数量，可按数字量 I/O 点数［模拟量 I/O 点数可折算成数字量 I/O

点数来估算，即 1 个 AI（AO）=15 个 DI（DO）］的数量来配置，应符合如下要求。

1000～1500 数字量 I/O 点：可配置 2 台；

1500～3000 数字量 I/O 点：可配置 2～3 台；

3000～5000 数字量 I/O 点：可配置 3～4 台；

5000～8000 数字量 I/O 点：可配置 4～6 台；

8000 数字量 I/O 点以上：可根据实际需要配置。

(12) 操作站宜设置互为备用的报警打印机和报表打印机各 1 台，根据装置规模和实际需要可适当增加或减少台数。全厂性的控制系统可设置彩色打印机或彩色拷贝机 1 台（用于屏幕复制）。

(13) 无特殊需要不宜在控制系统之外再设置记录仪和后备手操器。

(14) 必要时可设置辅助操作台，将记录仪、手操器、报警器/灯、机泵、联锁及紧急停车的按钮开关等安装在此台上。

2.2.2 中央处理器（CPU）

(1) 存储容量的确定

CPU 本机内置存储器（RAM）的容量和可扩展存储器的容量（存放用户程序和数据）可按下述估算方法来选择。

① 一般可按任意混用的 I/O 点，来选择存储器的容量，即：256 个 I/O 点至少应选 8K 存储器。

② 亦可通过初步的计算来选择存储器容量，即：

a. 离散 I/O 点×10=指令字；

b. 模拟量 I/O 点×25=指令字；

c. 特殊 I/O 模块×100=指令字；

内存总需求估算值：a+b+c=指令字。

③ 复杂的控制系统的选择。如果所选用的控制计算机系统要完成较复杂的控制功能，则应在初步估算存储器容量结果的基础上，选择容量更大、档次更高的存储器，以满足复杂控制功能的实现。

(2) 通信网络的选择。根据控制系统通讯网络的构成来选择 CPU 的本机通信功能及其所支持的系统网络通信功能。

(3) 控制容量（I/O 能力）。数字量 I/O 和模拟量 I/O 的点数，功能块种类、数量和功能，以及软件控制器（回路）的数量。

(4) 指令功能及软件。指令功能及软件支持应具备基本的操作指令（如计数、计算、数据转换、比较、顺序器、程序控制和 PID 控制及顺序功能流程图等比较完善的系统功能（中断屏蔽、诊断功能、中断和信号功能等）。

软件支持应是除编程软件外，还应有仿真软件。控制计算机的开发调试可在应用标准操作系统（如 WIN XP/WIN7/WIN8）的一台计算机上完成，缩短应用系统的开发时间。

(5) 冗余功能。当要求控制系统具有冗余功能时，应满足以下要求。

① 重要的过程单元控制 CPU、存储器及电源均应 1∶1 冗余。

② 在需要时也可选用：

a. 控制计算机硬件与热备软件构成的热备冗余系统；

b. 热备 CPU 冗余系统；

c. 二重化或三重化冗余容错系统。

(6) CPU 的负荷要求。CPU 的负荷不宜小于 50%，最高不应超过 70%。

2.2.3 通信网络及过程接口

2.2.3.1 网络通信

(1) 中、大型控制主机系统应能支持多种现场总线和标准的通信协议（如 TCP/IP)。在需要时应能与工厂管理网（TCP/IP）连接，其通信网络应符合 ISO/IEEE 的通信标准，应是开放的通信网络。

(2) 控制主机的通信接口应包括串行和并行通信接口（RS-232C/422/485 等)、RIO 通信口、工业以太网（Ethernet)、常用 DCS 接口等。

(3) 对于大、中型控制主机通信总线（包括接口设备和电缆）应 1∶1 冗余配置；其通信总线应符合国际标准；通信距离应能满足装置（或工厂）的实际要求。

(4) 控制主机控制网以上级的网络通信速度应大于 1Mb/s。通信总线的负荷不应超过 60%～70%。

(5) 控制主机网络的主要形式如下。

① 以个人计算机为主站，多台同型号的控制主机为从站，组成简易控制系统网络。

② 以一台主机为主站，其他多台同型号控制主机为从站，构成主从式控制系统网络。

③ 将控制主机网络通过特定的网络接口连入大型集散系统中去，成为它的子网。

④ 专用的控制主机网络（即各控制主机厂商专用的通信网络)。

⑤ 通信网络的实现：

a. 装有 CPU 的基本框架与 I/O（I/O 机架或 I/O 单元）的连接视控制要求有多种形式，一般为通过并行通信实现与本地 I/O 机架或远程 I/O 机架的连接；其中与本地 I/O 机架之间距离为 15～30m，与远程 I/O 机架不超过 200m。CPU 基本机架与远程 I/O 也可通过现场通信总线连接，距离可达 2000m，通过中继器连接可实现更远距离的连接。由此构成简单的控制网络结构。

b. 当组成较复杂的系统网络结构时，为减轻 CPU 的通信任务，根据网络组成的实际需要应选择具有不同通信功能的（如点对点、现场总线、工业以太网）通信处理器。

c. 当系统规模较大。系统中选用多个中央处理器，需对局部环境半径中的集中式扩展或分布式扩展单元进行链接时，可选用接收和发送通信接口单元，实现各通信网络层之间的通信。

2.2.3.2 过程接口关联设备的设置

过程接口关联设备的设置，应符合下列要求。

(1) 当信号源来自或送至爆炸危险区域，且按照防爆要求采用本安防爆措施时，应在 I/O 接口的现场侧设置安全栅。

(2) 凡开关量接口的容量不能满足负载的要求或需将开关量隔离时，应设置继电器。

(3) 变送器、安全栅、各类转换器和隔离器的参数必须与控制计算机相匹配。

2.2.4 编程终端及工程师站

(1) 编程终端。

对于大、中型规模的 PLC 或 DCS 应选用制造厂商提供的编程软件包，并配备技术指标能够保证编程软件包运行的个人计算机（PC 或工业 PC)。编程终端应具备下述功能。

① 能同时用作操作站。

② 提供与个人计算机兼容的软件包。

③ 编制控制计算机的运行程序。

④ 编程可以在线进行也可以离线进行。

⑤ 能实现对控制计算机离线或在线调试。

(2) 工程师站。

① 根据控制计算机配置的需要配置工程师站。

② 应用于全厂规模或大型装置的控制计算机应配置工程师站。

③ 工程师站可配置激光打印机等辅助设备。

(3) 通信接口及应用计算机。

① 对于大型装置和联合装置，可根据工厂管理的需要配置相应的网络接口。

② 控制计算机应具有连接常用其他控制系统的通信接口。

③ 根据控制软件的需要配置应用计算机。

2.3 控制系统软件配置及编程语言

2.3.1 控制系统软件层次

控制系统软件的基本构成也是按照硬件的划分形成的，这是由于软件是依附于硬件的。控制系统的发展也是如此。当控制系统的数字处理技术与单元式组合仪表的分散化控制、集中化监视的体系结构相结合产生分布式控制系统时，软件就跟随硬件被分成控制层软件、监控软件和组态软件，同时，还有运行十多个站的网络软件，作为各个站上功能软件之间的桥梁。

在软件功能方面，控制层软件是运行在现场控制站上的软件，主要完成各种控制功能，包括回路控制、逻辑控制、顺序控制，以及这些控制所必须针对现场设备连接的I/O处理；监控软件是运行于操作员站或工程师站的软件，主要完成运行操作人员所发出的各个命令的执行、图形与画面显示、报警信息的显示处理、对现场各类检测数据的集中处理等。

组态软件则主要完成系统的控制层软件和监控软件的组态功能，安装在程师站中。控制系统的软件主要包括控制层软件、监控软件和组态软件。

2.3.1.1 控制层软件

现场控制站中的控制层软件的最主要功能是直接针对现场I/O设备，完成控制系统的控制功能。这里面包括了PID回路控制、逻辑控制、顺序控制和混合控制等多种类型的控制。为了实现这些基本功能，在现场控制站中还应该包含以下主要的软件：

(1) 现场I/O驱动。主要是完成I/O模块（模板）的驱动，完成过程量的输入/输出。采集现场数据，输出控制计算后的数据。

(2) 数据预处理。对输入的数据进行预处理，如滤波处理、除去不良数据、工程量的转换、统一计量单位等，总之，是要尽量真实地用数字值还原现场值并为下一步的计算做好准备。

(3) 数据存储。实时采集现场数据并存储在现场控制站内的本地数据库中，这些数据可作为原始数据参与控制计算，也可通过计算或处理成为中间变量，并在以后参与控制计算。所有本地数据库的数据（包括原始数据和中间变量）均可成为人机界面、报警、报表、历史、趋势及综合分析等监控功能的输入数据。

(4) 输出控制量。按照组态好的控制程序进行控制计算，根据控制算法和检测数据、相关参数进行计算，得到实施控制的量。

为了实现现场控制站的功能，在现场控制站建立有与本站的物理I/O和控制相关的本地数据库，这个数据库中只保存与本站相关的物理I/O点及与这些物理I/O点相关的，经过计算得到的中间变量。本地数据库可以满足本现场控制站的控制计算和物理I/O对数据的需求，有时除了本地数据外还需要其他现场控制站上的数据，这时可从网络上将其他节点的数据传送过来，这种操作被称为数据的引用。

2.3.1.2 监控软件

监控软件的主要功能是人机界面，其中包括图形画面的显示、对操作命令的解释与执行、对现场数据和状态的监视及异常报警、历史数据的存档和报表处理等。为了上述功能的实现，操作员站软件主要由以下几个部分组成。

(1) 图形处理软件，通常显示工艺流程和动态工艺参数，由组态软件组态生成并且按周期进行数据更新。

(2) 操作命令处理软件，其中包括对键盘操作、鼠标操作、画面热点操作的各种命令方式的解释与处理。

(3) 历史数据和实时数据的趋势曲线显示软件。

(4) 报警信息的显示，事件信息的显示、记录与处理软件。

(5) 历史数据记录与存储，转储及存档软件。

(6) 报表软件。

(7) 系统运行日志的形成、显示、打印和存储记录软件。

(8) 工程师站在线运行时，对控制系统本身运行状态的诊断和监视，发现异常时及时报警，同时通过工程师站上的显示屏幕给出详细的异常信息，如出现异常的位置、时间、性质。

为了支持上述操作员站软件的功能实现，在操作员站上需要建立一个全局的实时数据库，这个数据库集中了各个现场控制站所包含的实时数据及由这些原始数据经运算处理所得到的中间变量。这个全局的实时数据库被存储在每个操作员站的内存中，而且每个操作员站的实时数据库是完全相同的复制。因此，每个操作员站可以完成各个相同的功能，形成一种可互相替代的冗系结构。当然各个操作员站也可根据运行需要，通过软件人为地定义其完成不同的功能，而形成一种分工的形态。

2.3.1.3 组态软件

组态软件安装在工程师站中，这是一组软件工具，是为了将通用的、有普遍适应能力的控制系统，变成一个针对某一个具体应用控制工程的专门控制系统。为此，系统针对这个具体应用进行一系列定义，如硬件配置、数据库的定义、控制算法程序的组态、监控软件组态，报警报表的组态等。在工程师站上，要做的组态定义主要包括以下方面。

(1) 硬件配置。这是使用组态软件首先应该做的，根据控制要求配置各类站的数量、每个站的网络参数、各个现场I/O站的I/O配置（如各种I/O模块的数量、是否冗余、与主控单元的连接方式等）以及各个站的功能定义。

(2) 定义数据库。包括历史数据和实时数据，实时数据库指现场物理I/O点数据和控制计算时，中间点变量的数据。历史数据库是按一定的存储周期存储的实时数据，通常将数据存储在计算机的硬盘上以备查用。

(3) 历史数据和实时数据。历史数据和实时数据的趋势显示、列表和打印输出等定义。

(4) 控制层软件组态。也括确定控制目标、控制方法、控制算法、控制周期以及与控制相关的控制变量、控制参数等。

(5) 控制软件的组态。包括各种图形界面（也括背景画面和实时刷新的动态数据）、操作功能定义（操作员可以进行哪些操作、如何进行操作）等。

(6) 报警定义。包括报警产生的条件定义、报警方式的定义、报警处理的定义（如对报警信息的保存、报警的确认、报警的消除除操作）及报警列表的种类与尺寸定义等。

(7) 系统运行日志的定义。包刮各种现场事件的认定、记录方式及各种操作的记录等。

(8) 报表定义。包括报表的种类、数量、报表格式、报表的数据来源及在报表中各个数据项的运算处理等。

(9) 事件顺序记录和事故追忆等特殊报告定义。

2.3.2 控制层软件

集散控制系统的控制层软件特指运行于现场控制站的控制器中的软件，针对控制对象，完成控制功能。用户通过组态软件按工艺要求编制的控制算法，下装到控制器中，和系统自带的控制层软件一起，完成对系统设备的控制。

2.3.2.1 控制层软件的功能

DCS 控制层软件，其基本功能可以概括为 I/O 数据的采集、数据预处理、数据组织管理、控制运算及 I/O 数据的输出，其中数据组织管理和控制运算由用户组态，有了这些功能，DCS 的现场控制站就可以独立工作，完成本控制站的控制功能，如图 2.2 所示。除此之外，一般 DCS 控制层软件还要完成一些辅助功能，如控制器及重要 I/O 模块的冗余功能、网络通信功能及自诊断功能等。

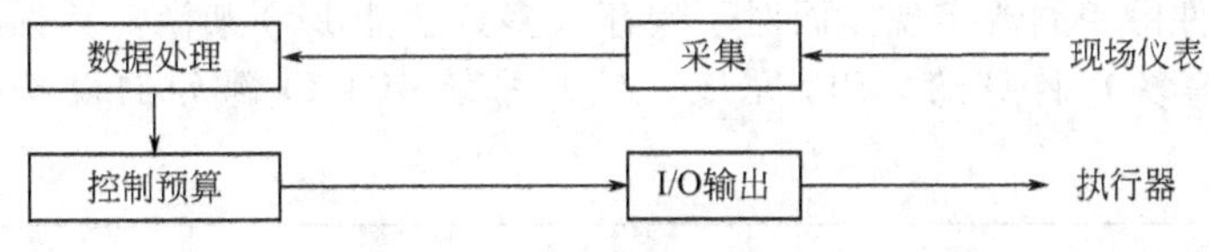

图 2.2 计算机控制的基本过程

I/O 数据的采集与输出由控制计算机的 I/O 模块（板）来实现，对多个 I/O 接口，控制器接受工程师站下装的硬件配置信息，完成各 I/O 通道的信号采集与输出。I/O 通道信号采集进来后还要有一个数据预处理过程，这通常也是在 I/O 模块上来实现，I/O 模块上的微处理器（CPU）将这些电信号进行质量判断并调理、转换为有效信号后送到控制器作为控制运算程序使用的数据。

控制计算机的控制功能由现场控制站中的控制器实现，是控制器的核心功能。在控制器中一般保存有各种基本控制算法，如 PID、微分、积分、超前滞后、加、减、乘、除、三角函数、逻辑运算、伺服放大、模糊控制及先进控制等控制算法程序，这些控制算法有的在 IEC 61131-3 标准中已有定义。通常，控制系统设计人员是通过控制算法组态工具，将存储在控制器中的各种基本控制算法，按照生产工艺要求的控制方案顺序连接起来，并填进相应的参数后下装给控制器，这种连接起来的控制方案称之为用户控制程序，在 IEC 61131-3 标准中统称为程序组织单元（Program Organization Units，POUs）。控制运行时，运行软件从 I/O 数据区获得与外部信号对应的工程数据，如流量、压力、温度及位置等模拟量输入信号，接触器的关/开、设备的启/停等开关量输入信号等，并根据组态好的用户控制算法程序，执行控制运算，并将运算的结果输出到 I/O 数据区，由 I/O 驱动程序转换输出给物理通道，从而达到自动控制的目的。输出信号一般也包含如阀位信号、电流、电压等模拟量输出信号和启动设备的开/关、启/停的开关量输出信号等。控制层软件每个程序组织单元作如下处理。

(1) 从 I/O 数据区获得输入数据。

(2) 执行控制运算。

(3) 将运算结果输出到 I/O 数据区。

(4) 由 I/O 驱动程序执行外部输出，即将输出变量的值转换成外部信号（如 4～20mA 模拟信号）输出到外部控制仪表，执行控制操作。

上述过程是一个理想的控制过程，事实上，如果只考虑变量的正常情况，该功能还缺乏完整性，该控制系统还不够安全。一个较为完整的控制方案执行过程，还应考虑到各种无效变量情况。例如，模拟输入变量超量程情况、开关输入变量抖动情况、输入变量的接口设备或通信设备故障情况，等等。这些将导致输入变量成为无效变量或不确定数据。此时，针对不同的控制对象应能设定不同的控制运算和输出策略，例如可定义：变量无效则结果无效，保持前一次输出值或控制倒向安全位置，或使用无效前的最后一次有效值参加计算，等等。所以现场控制站 I/O 数据区的数据都应该是预处理以后的数据。

2.3.2.2　信号采集与数据预处理

控制计算机要完成其控制功能，首先要对现场的信号进行采集和处理。控制计算机的信号采集指其 I/O 系统的信号输入部分。它的功能是将现场的各种模拟物理量如温度、压力、流量、液位等信号进行数字化处理，形成现场数据的数字表示方式，并对其进行数据预处理，最后将规范的、有效的、正确的数据提供给控制器进行控制计算。现场信号的采集与预处理功能是由控制计算机的 I/O 硬件及相应软件实现的，用户在组态控制程序时一般不用考虑，由控制计算机系统自身完成。I/O 硬件的形式可以是模块或板卡，电路原理 DCS 和 PLC 基本相同。软件则根据 I/O 硬件的功能而稍有不同。对于早期的非智能 I/O（多为板卡形式）。处理软件由控制器实现，而对于现存大多数智能 I/O 来说，数据采集与预处理软件由 I/O 板卡（模块）自身的 CPU 完成。控制系统中 I/O 部分的设备框图，如图 2.3 所示。

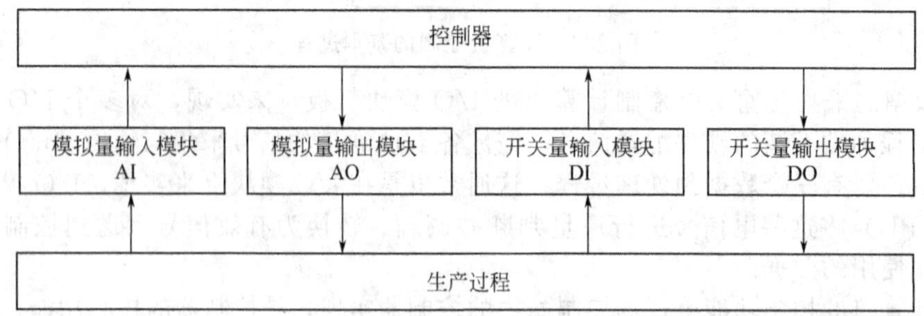

图 2.3　控制系统 I/O 框图

控制计算机的信号采集系统对现场信号的采集是按定时间间隔也就是采样周期进行的，而生产过程中的各种参数除开关量（如联锁、继电器和按钮等只有开和关两种状态）和脉冲量（如涡轮流量计的脉冲输出）外，大部分是模拟量如温度、压力、液位和流量等。由于计算机所能处理的只有数字信号，所以必须确定单位数字量所对应的模拟量大小，即所谓模拟信号的数字化（A/D 转换），信号的采样周期实质上是对连续的模拟量 A/D 转换时间间隔问题。此外，为了提高信号的信噪比和可靠性，并为控制计算机的控制运算作准备，还必须对输入信号进行数字滤波和数据预处理。所以，信号采集除了要考虑 A/D 转换，采样周期外，还要对数据进行处理才能进入控制器进行运算。

（1）A/D 转换。在实际应用中，一个来自传感器的模拟量物理信号，如电阻信号、非标准的电压及电流信号等，一般先要经过变送器，转换为 4～20mA、0～20mA、1～5V、0～10V 等标准信号，才能接入到控制计算机的 I/O 模块（板）的模拟量输入（AI）通道上。在 AI 模块（板）上一般都有硬件滤波电路。电信号经过硬件滤波后接到 A/D 转换器上进行模拟量到数字量的转换。A/D 转换后的信号是二进制数字量，数字量的精度与 A/D 的转换位数相关，如 12 位的 A/D 转换完的数值范围即为 0～4095，16 位的 A/D 转换完的数值范围即为 0～65535。之后再由软件对 A/D 转换后的数据进行滤波和预处理，再经工程量程转换计算，转换为信号的工程量值。转换后的工程值，可以是定点格式数据，也可以是浮点格式数据。目前，一般的 CPU 中基本都带有浮点协处理器，且 CPU 的运算速度已大大提高，为了保证更高的计算精度，采用浮点格式表示数据的更为普遍。

(2) 采样周期。对连续的模拟信号，A/D 转换按一定的时间间隔进行，采样周期是指两次采样之间的时间间隔。从信号的复现性考虑，采样周期不宜过长，或者说采样频率均不能过低。根据香农采样定理，采样频率 ω 必须大于或等于原信号（被测信号）所含的最高频率 $\omega_{\max}$ 的两倍，数字量才能较好地包含模拟量的信息，即

$$\omega \geqslant 2\omega_{\max} \tag{2.1}$$

从控制角度考虑，系统采样周期 T 越短越好，但是这要受到整个 I/O 采集系统各个部分的速度、容量和调度周期的限制，需要综合 I/O 模件上 A/D、D/A 转换器的转换速度，I/O 模块自身的扫描速度，I/O 模块与控制器之间通信总线的速率及控制器 I/O 驱动任务的调度周期，才能计算出准确的最小采样周期。在控制系统中，I/O 信号的采样周期是一个受到软硬件性能限制的指标。随着半导体技术的进步，CPU、A/D、D/A 等器件速度及软件效率的提高，I/O 采样周期对系统负荷的影响已减小很多，软硬件本身在绝大多数情况下，已不再是信号采样的瓶颈，一般来说，对采样周期的确定只需考虑现场信号的实际需要即可。对现场信号的采样周期需考虑以下几点。

① 信号变化的频率。频率越高，采样周期应越短。

② 对大的纯滞后对象特性，可选择采样周期大致与纯滞后时间相等。

③ 考虑控制质量要求。一般来说，质量要求越高，采样周期应选得越小一些。

除上述情况外，采样周期的选择还会对控制算法中的一些参数产生影响，如 PID 控制算式中的积分时间及微分时间。

2.3.2.3 分辨率

由于计算机只能接受二进制的数字量输入信号，模拟量在送往计算机之前必须经过A/D 转换器转换成二进制的数字信号。这就涉及 A/D 转换器的转换精度和速度问题。

显然 A/D 转换器的转换速度不能低于采样频率，采样频率越高，则要求 A/D 转换器的转换速度越快。现在 A/D 转换芯片的转换速度都是微秒级的速度，所以这点现在不用过多考虑。

A/D 转换器的转换精度则与 A/D 的位数有关。位数越高，则转换的精度也越高。A/D 转换器的转换精度可用分辨率 K 来表示。

$$K=\frac{1}{2^{N}-1} \tag{2.2}$$

式中，N 为 A/D 转换器的位数。

2.3.2.4 采集数据的预处理

为了抑制进入控制计算机系统的信号中可能侵入的各种频率的干扰，通常在 AI 模块的入口处设置硬件模拟 RC 滤波器。这种滤波器能有效地抑制高频干扰，但对低频干扰滤波效果不佳。而数字滤波对此类干扰（包括周期性和脉冲性干扰）却是一种有效的方法。

所谓数字滤波，就是用数学方法通过数学运算对输入信号（包括数据）进行处理的一种滤波方法。即通过一定的计算方法，减少噪声干扰在有用信号中的比重，使得送往计算机的信号尽可能是所要求的信号。由于这种方法是靠程序编制来实现的，因此，数字滤波的实质是软件滤波。这种数字滤波的方法不需要增加任何硬件设备，由程序工作量比较小的 I/O 模块中的 CPU 来完成。

数字滤波可以对各种信号，甚至频率很低的信号进行滤波。这就弥补了 RC 模拟式滤波器的不足。而且，由于数字滤波稳定性高，各回路之间不存在阻抗匹配的问题，易于多路复用，因此，发展很快，用途极广，很多工业控制领域都在使用。数字滤波方法很多，各有优

缺点，往往根据实际情况要选择不同的方法。下面介绍几种经典的软件滤波方法。

(1) 限幅滤波法（又称程序判断滤波法）。是根据经验判断，确定两次采样允许的最大偏差值（设为 A）。每次检测到新值时判断：如果本次值与上次值之差 $<A$，则本次值有效。如果本次值与上次值之差 $\geqslant A$，则本次值无效，放弃本次值，用上次值代替本次值。

当 $|y(n)-y(n-1)|\leqslant A$ 时，则 $y(n)$ 为有效值；

当 $|y(n)-y(n-1)|>A$ 时，则 $y(n-1)$ 为有效值。

这种方法的优点是能有效克服因偶然因素引起的脉冲干扰，缺点是无法抑制那种周期性的干扰，平滑度差。

(2) 中位值滤波法。计算机连续采样 N 次（N 取奇数），把 N 次采样值按大小排列，取中间值为本次有效值。这种方法的优点是能有效克服因偶然因素引起的波动干扰。对温度、液位的变化缓慢的被测参数有良好的滤波效果。但是对流量、速度等快速变化的参数不宜采用。

(3) 算术平均滤波法。算术平均滤波法是计算机连续取 N 个采样值进行算术平均运算，当 N 值较大时，信号平滑度较高，但灵敏度较低，N 值较小时，信号平滑度较低，但灵敏度较高。N 值的选取一般按照流量：$N=12$；压力：$N=4$；液位：$N=4\sim12$；温度：$N=1\sim4$。

此法的优点是适用于对一般具有随机干扰的信号进行滤波。这样信号的特点是有一个平均值，信号在某数值范围附近上下波动。缺点是对于测量速度较慢或要求数据计算速度较快的实时控制不适用。

(4) 递推平均滤波法（又称滑动平均滤波法）。把连续取 N 个采样值看成一个队列。队列的长度固定为 N。每次采样到新数据放入队尾，并扔掉原来队首的一次数据（先进先出原则）。把队列中的 N 个数据进行算术平均运算，就可获得新的滤波结果。

$$\overline{y(n)}=\frac{1}{N}\sum_{t=0}^{N-1}y(n-i)(n) \tag{2.3}$$

式中，$\overline{y(n)}$ 为第 N 次采样的 N 项递推平均值；$y(n-i)$ 为依次向前递推 i 项的采样值。

优点：对周期性干扰有良好的抑制作用，平滑度高。适用于高频振荡的系统。

缺点：灵敏度低。对偶然出现的脉冲性干扰的抑制作用较差。不易消除由于脉冲干扰所引起的采样值偏差。不适用于脉冲干扰比较严重的场合。

(5) 中位值平均滤波法（又称防脉冲干扰平均滤波法）。相当于“中位值滤波法”＋“算术平均滤波法”。连续采样 N 个数据，去掉一个最大值和一个最小值。然后计算 $N-2$ 个数据的算术平均值。N 值的选取：3～14。

优点：融合了两种滤波法的优点。对于偶然出现的脉冲性干扰，可消除由于脉冲干扰所引起的采样值偏差。

缺点：测量速度较慢。

(6) 限幅平均滤波法。相当于“限幅滤波法”＋“递推平均滤波法”，每次采样到的新数据先进行限幅处理，再送入队列进行递推平均滤波处理。

优点：融合了两种滤波法的优点。对于偶然出现的脉冲性干扰，可消除由于脉冲干扰所引起的采样值偏差。

缺点：占用存储器 RAM 资源比较多。

(7) 一阶滞后滤波法（一阶惯性滤波）。模拟电路常用的 RC 滤波电路传递函数为

$$G(s)=\frac{1}{T_s+1} \tag{2.4}$$

式中，T_s 为滤波时间常数。离散化处理后得

$$y(n)=ay(n-1)+(1-a)x(n) \tag{2.5}$$

式中，$a=T/(T+T_s)$，取 $a=0\sim1$，式（2.5）可以描述为：

本次滤波结果$=a\times$上次滤波结果$+(1-a)x$ 本次采样值

（8）加权递推平均滤波法。是对递推平均滤波法的改进，即不同时刻的数据乘以不同的权重（系数 a_j）。通常是越接近现时刻的数据，权重取得越大。给予新采样值的权重系数越大，则灵敏度越高，但信号平滑度越低。其表达式为：

$$\overline{y(n)}=\frac{1}{N}\sum_{i=0}^{N-1}a_i(n-i) \tag{2.6}$$

$$0\leqslant a_i\leqslant 1 \qquad \sum_{i=0}^{N-1}a_i=1 \tag{2.7}$$

优点：适用于有较大纯滞后时间常数的对象。和采样周期较短的系统。

缺点：对于纯滞后时间常数较小，采样周期较长，变化缓慢的信号。不能迅速反应系统当前所受干扰的严重程度，滤波效果差。

（9）消抖滤波法。设置一个滤波计数器，将每次采样值与当前有效值比较，如果采样值=当前有效值，则计数器清零。如果采样值≠当前有效值，则计数器+1，并判断计数器是否≥上限 N（溢出）。如果计数器溢出，则将本次值替换当前有效值，并清计数器。

优点：对于变化缓慢的被测参数有较好的滤波效果，可避免在临界值附近控制器的反复开/关跳动或显示器上数值抖动。

缺点：对于快速变化的参数不宜采用。如果在计数器溢出的那一次采样到的值恰好是干扰值，则会将干扰值当作有效值导入系统。

（10）限幅消抖滤波法。相当于“限幅滤波法”＋“消抖滤波法”。先限幅，后消抖。

优点：继承了“限幅”和“消抖”的优点，改进了“消抖滤波法”中的某些缺陷，避免将干扰值导入系统。

缺点：对于快速变化的参数不宜采用。

2.3.3 控制计算机编程语言

控制计算机对现场信号进行采集并对采集的信号进行了预处理后，即可将这些数据参与到控制运算中，控制运算的运算程序根据具体的应用各不相同。在控制系统中先要在工程师站软件上通过组态完成具体应用需要的控制方案，编译生成控制器需要执行的运算程序，下装给控制器运行软件，通过控制器运行软件的调度，实现运算程序的执行。本质上，控制方案的组态过程就是一个控制运算程序的编程过程。以往，控制计算机厂商为了给控制工程师提供一种比普通软件编程语言更为简便的编程方法，发明了各种不同风格的组态编程工具，而当前，这些各式各样组态编程方法，经国际电工委员会（International Electrotechnical Commission，IEC）标准化，统一到了 IEC 61131-3 控制编程语言标准中。风格相同的编程方法为用户、系统厂商及软件开发商都带来了极大的好处。

IEC 61131-3 国际标准的编程语言包括图形化编程语言和文本化编程语言。图形化编程语言包括：梯形图（Ladder Diagram，LD）、功能块图（Function Block Diagram，FBD）、顺序功能流程图（Sequential Function chart，SFC）。文本化编程语音包括：指令表（Instruction List，IL）和结构化文本（Structured Text，ST）。IEC 61131-3 的编程语言是 IEC 工作组对世界范围的控制计算机厂家的编程语言合理地吸收、借鉴的基础上形成的一套针对工业控制系统的国际编程语言标准。简单易学是它的特点，很容易为广大控制工程人员掌握，这里简单介绍一下这五种编程语言。

2.3.3.1 结构化文本语言

结构化文本（ST）是一种高级的文本语言，表面上与PASCAL语言很相似，但它是一个专门为工业控制应用开发的编程语言，具有很强的编程能力。用于对变量赋值、回调功能和功能块、创建表达式、编写条件语句和迭代程序等。结构化文本（ST）语言易读易理解，特别是用有实际意义的标识符、批注来注释时，更是这样。

(1) 操作符。结构化文本（ST）定义了一系列操作符用于实现算术和逻辑运算，如逻辑运算符：AND、XOR、OR；算术运算符：<、>、≤、≥、=、≠、+、-、*、/等。

(2) 赋值语句。结构化文本（ST）程序既支持很简单的赋值语句，如X：=Y，也支持很复杂的数组或结构赋值。

(3) 在程序中调用功能块。在结构化文本（ST）程序中可以直接调用功能块。功能块在被调用以前，输入参数被分配为默认值；在调用后，输入参数值保留为最后一次调用的值。

(4) 结构化文本（ST）程序中的条件语句。条件语句的功能是某一条件满足时执行相应的选择语句。结构化文本（ST）有如下的条件语句。

(5) 结构化文本（ST）程序中的迭代语句。迭代语句适用于需要一条或多条语句重复执行许多次的情况，迭代语句的执行取决于某一变量或条件的状态。应用迭代语句应避免迭代死循环的情况。

2.3.3.2 指令表

IEC 61131-3的指令表（IL）语言是一种低级语言，与汇编语言很相似，是在借鉴、吸收世界范围的控制计算机厂商的指令表语言的基础上形成的一种标准语言，可以用来描述功能，功能块和程序的行为，还可以在顺序功能流程图中描述动作和转变的行为。现在仍广泛应用于控制计算机的编程。

(1) 指令表语言结构。指令表语言是由一系列指令组成的语言。每条指令在新行开始，指令由操作符和紧随其后的操作数组成，操作数是指在IEC 61131-3的“公共元素”中定义的变量和常量。有些操作符可带若干个操作数，这时各个操作数用逗号隔开。指令前可加标号，后面跟冒号，在操作数之后可加注释。

(2) 指令表操作符。IEC 61131-3指令表包括四类操作符：一般操作符、比较操作符、跳转操作符和调用操作符。

2.3.3.3 功能块图

功能块图（FBD）是一种图形化的控制编程语言，它通过调用函数和功能块来实现编程。所调用的函数和功能块可以是IEC标准库当中的，也可以是用户自定义库当中的。这些函数和功能块可以由任意五种编程语言来编制。FBD与电子线路图中的信号流圈非常相似，在程序中，它可看作两个过程元素之间的信息流。

功能块用矩形块来表示，每一功能块的左侧有不少于一个的输入端，在右侧有不少于一个的输出端。功能块的类型名称通常写在块内，但功能块实例的名称通常写在块的上部，功能块的输入输出名称写在块内的输入/输出点的相应地方。

在功能块网路中，信号通常是从一个功能或功能块的输出传递到另一个功能或功能块的输入。信号经由功能块左端输入，并求值更新，在功能块右端输出。

在使用布尔信号时，功能或功能块的取反输入或输出可以在输入端或输出端用一个小圆点来表示，这种表示与在输入端或输出端加一个“取反”功能是一致的。

功能块图（FBD）是一种图形化的控制编程语言，它通过调用函数和功能块来实现编程。所调用的函数和功能块可以是IEC标准库当中的，也可以是用户自定义库当中的。这些函数和功能块可以由任意五种编程语言来编制。FBD与电子线路图中的信号流圈非常相似，在程序中，它可看作两个过程元素之间的信息流。

功能块用矩形块来表示，每功能块的左侧有不少于一个的输入端，在右侧有不少于一个的输出端。功能块的类型名称通常写在块内，但功能块实例的名称通常写在块的上部，功能块的输入输出名称写在块内的输入/输出点的相应地方。

在功能块网路中，信号通常是从一个功能或功能块的输出传递到另一个功能或功能块的输入。信号经由功能块左端输入，并求值更新，在功能块右端输出。

2.3.3.4 梯形图

梯形图（LD）是IEC 61131-3三种图形化编程语言的一种，是使用最多的控制计算机编程语言，来源于美国，最初用于表示继电器逻辑，简单易懂，很容易被电气人员掌握。后来随着控制计算机硬件技术发展，梯形图编程功能越来越强大，现在梯形图在控制系统也得到广泛使用。

IEC 61131-3中的梯形图（LD）语言通过对各控制计算机厂家的梯形图（LD）语言合理地吸收、借鉴，语言中的各图形符号与各控制计算机厂家的基本一致。IEC 61131-3的主要图形符号包括以下几种。

（1）触点类：常开触点、常闭触点、正转换读出触点、负转换触点。

（2）线圈类：一般线圈、取反线圈、置位（锁存）线圈、复位去锁线圈、保持线圈、置位保持线圈、复位保持线圈、正转换读出线圈、负转换读出线圈。

（3）函数和功能块：包括标准的函数和功能块以及用户自己定义的功能块。

2.3.3.5 顺序功能流程图

顺序功能流程图（SFC）是IEC 61131-3三种图形化语言中的一种，是一种强大的描述控制程序的顺序行为特征的图形化语言，可对复杂的过程或操作由顶到底地进行辅助开发。SFC允许一个复杂的问题逐层地分解为步和较小的能够被详细分析的顺序。

（1）顺序功能流程图的基本概念。顺序功能流程图可以由步、有向连线和过渡的集合描述。

（2）顺序功能流程图（SFC）的几种主要形式，单序列控制、并发序列控制、选择序列控制、混合结构序列。

（3）顺序功能流程图（SFC）的程序执行。顺序功能流程图（SFC）程序的执行应遵循相应的规则，每一程序组织单元（POU）与一任务（task）相对应，任务负责周期性地执行程序组织单元（POU）内的IEC程序，顺序功能流程图（SFC）内的动作也是以同样周期被执行。

2.4 下位控制软件的设计规划

2.4.1 下位控制软件的基本规划

在对控制软件系统进行设计开发前，必须要进行合理的规划。过程控制的软件系统设计有很多规划方法，图2.4按项目内容给出了过程控制软件设计规划的基本方法。基本的规划步骤为：

（1）将复杂的控制系统细分为多个任务，可以根据过程参数的相互作用关系，将控制系统划分为多个任务区域；

（2）对各任务区域进行描述，提出各参数之间的相互作用关系；

（3）确定各个任务区域的安全要求，逐条列出安全条件和安全指标；

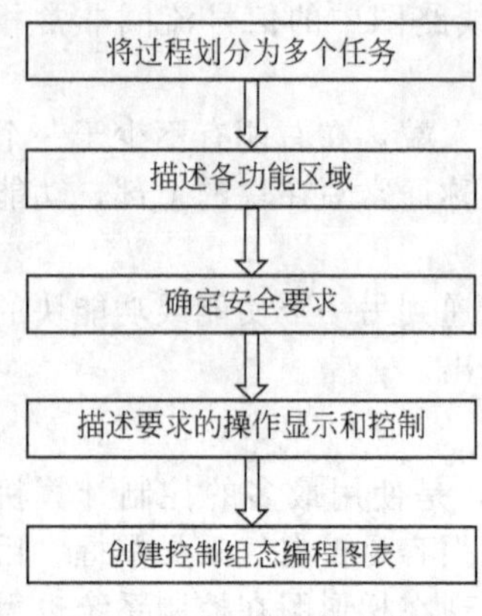

图 2.4　过程控制软件设计开发的基本规划

（4）列出操作员面板需要操作、显示和控制的参数，为上位监控和下位控制提供参数变量；

（5）创建组态编程的图表，为控制系统的组态编程提供指导。

2.4.2　将过程划分为任务和区域

控制过程包含大量的单个任务，通过在过程内识别相关任务组，然后将这些组分成更小的任务，这种方法也可以定义最为复杂的过程。下面以工业混料控制过程实例来说明如何将过程划分为一些功能区域和单个任务。定义要控制的过程后，将项目分成相关的组或区域。图 2.5 为工业混料过程控制流程图以及组和区域的划分方法。由图中可见，整个工业混料控制过程分为 4 个不同的区域。配料 A 区包含设备为配料进料泵、入口阀、进料阀、流量计；配料 B 区包含设备为配料进料泵、入口阀、进料阀、流量计；混料罐区包含搅拌机、罐液位开关；排料区包含排料阀。

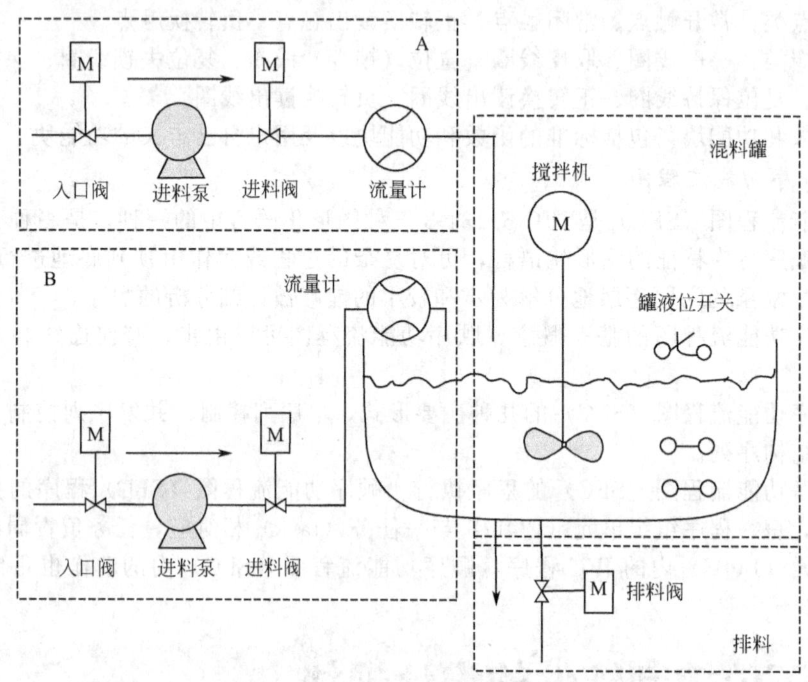

图 2.5　工业混料过程控制流程图

2.4.3　单个功能区域的描述

在过程内描述每个区域和任务时，不仅需要定义每个区域的操作，还需要定义控制该区域的不同元件。这些元件包括：①每个任务的电气、机械和逻辑输入或输出；②单个任务之间的互锁和相互关系。

上述工业混料控制过程实例使用泵、电机和阀。需要准确描述识别操作期间所要求的操作特性和互锁类型。下面提供了描述工业混料控制过程中所使用设备的实例。描述完成后，也可以使用它来订购需要的设备。

（1）配料 A/B 进料泵的描述。

① 进料泵将配料 A 和 B 传送到混料罐。进料流速为 400gal/min，进料泵额定值为转速 1200r/min、功率为 100kW。

② 通过混料罐附近的操作员站控制泵（启动/停止）。计数启动次数以用于保护。可通过一个按钮将计数器和显示器复位。

③ 要操作泵，必须满足以下条件：a. 混料罐不满；b. 混料罐的排料阀闭合；c. 没有激活紧急断电。

④ 如果满足以下条件，泵将关闭：a. 启动泵电机 7s 后，流量计指示无流量；b. 流量计指示停止流动。

（2）配料 A/B 入口和进料阀的描述。

① 配料 A 和 B 的入口阀和进料阀可允许或防止配料流入混料罐中。阀有一个具有弹簧复位的螺线管。要求：a. 激活螺线管时，打开阀；b. 取消激活螺线管时，关闭阀。

② 由用户程序控制入口阀和进料阀。

③ 要激活阀，必须满足下列条件：进料泵已经运行 1s 以上。

④ 如果满足下列条件，泵将关闭：流量计指示无流量。

（3）搅拌电机的描述

① 搅拌电机在混料罐中混合配料 A 和配料 B。电机的额定转速为 1200r/min 的额定功率为 100kW。

② 通过混料罐附近操作员站控制搅拌电机（启动/停止）。计数启动次数以用于保护。可通过一个按钮将计数器和显示器复位。

③ 要操作泵，必须满足以下条件：a. 罐液位开关没有指示“罐液位低于最小值”；b. 混料罐的排料阀闭合；c. 没有激活紧急断电。

④ 如果满足下列条件，泵将关闭：流量计在电动机启动后 10s 内，不指示已经到达额定速度。

（4）排料阀

① 排料阀允许将混料物（通常为重力进料）排放到过程中的下一个阶段。阀具有一个弹簧复位的螺线管。要求：a. 激活阀时，打开出口阀；b. 取消激活螺旋管时，闭合出口阀。

② 通过操作员站控制出口阀（打开/关闭）。

③ 可在下列条件下打开排料阀：a. 搅拌电机关闭；b. 罐液位开关没有指示“空罐”；c. 没有激活紧急断电。

④ 如果满足以下条件，泵将关闭：罐液位开关指示“罐空”。

（5）罐液位开关。混料罐中的液位开关指示罐中的液位，用于互锁进料和搅拌电机。

2.4.4 列出仪表 I/O 和创建 I/O 图

（1）仪表 I/O 图。写完要控制的每个设备的物理描述后，需绘制每个设备或任务区域的输入和输出图（图 2.6）。这些图与要编程的逻辑块相一致。

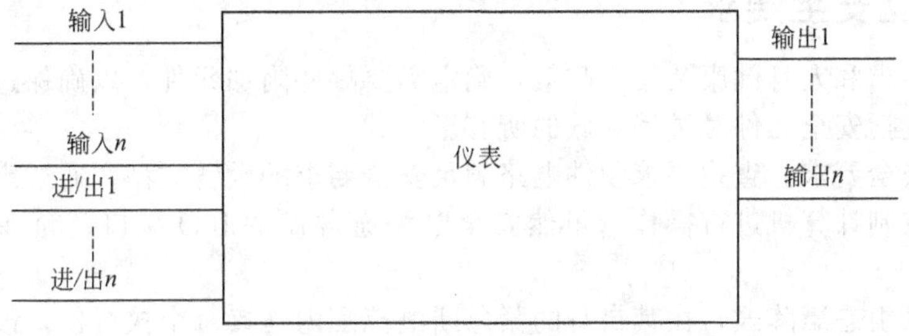

图 2.6 仪表 I/O 图

（2）电机 I/O 图。见图 2.7。在工业混料过程的实例中使用两个进料泵和一个搅拌机，每个电机都由其自身的“电机块”控制，该块对所有三个设备都相同，该块要求 6 个输入：两个输入用于启动或停止电机，一个输入用于复位维护显示器，一个输入用于电机响应信号（电机运行/停止），一个输入用于时间，在该时间内必须接收响应信号，一个输入用于测量时间的计时器。逻辑块还要求四个输出：两个输出指示电机的操作状态，一个输出指示故障，另一个输出用于指示应该开发维护电机。需要输入/输出来激活电机。它用于控制电机，但同时可在“电机块”的程序中进行编辑和修改。

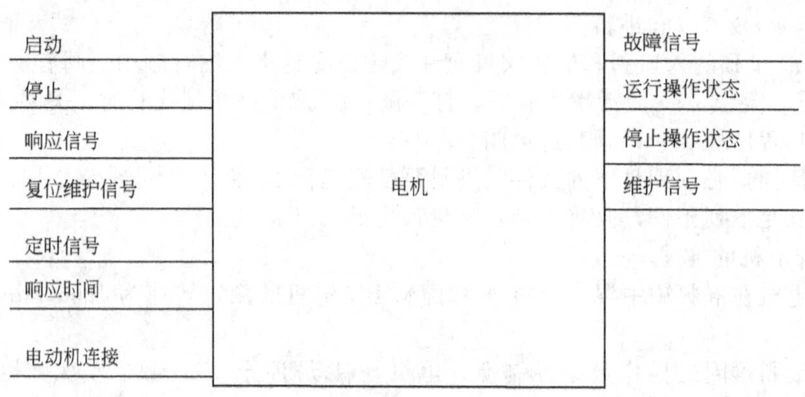

图 2.7　电机 I/O 图

（3）控制阀 I/O 图。见图 2.8。每个阀都由其自身的“阀块”控制，该块对于所使用的所有阀都相同。逻辑块有两个输入：一个输入用于打开阀，一个输入用于关闭阀。它还有两个输出：一个输出用于指示阀打开，另一个输出用于指示阀闭合。阀块有一个输入/输出，用于激活阀。它用于控制阀，但同时也可在“阀块”的程序中进行编辑和修改。

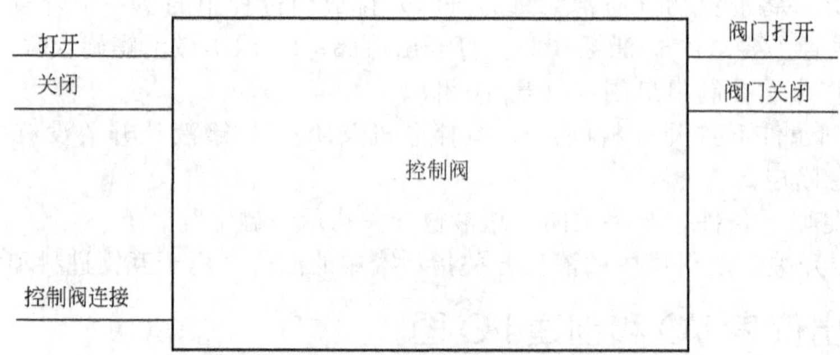

图 2.8　控制阀 I/O 图

2.4.5　建立安全要求

根据法律要求和人身健康及安全政策，确定需要哪些附加元件，以确保过程安全，在描述中，还应该包括安全元件对过程区域的所有影响。

（1）定义安全要求。查找要求硬件电路满足安全要求的设备类型，通过定义，这些安全电路可独立于控制计算机进行操作（虽然安全电路通常提供 I/O 接口，允许用户程序协调操作）。

通常，可以组态矩阵式，在其自身的紧急断电范围内连接每个执行器，该矩阵式是安全电路的电路图基础。按如下执行来设计安全机制。

① 确定单个自动化任务之间的逻辑和机械/电气互锁。

② 设计电路，允许在紧急情况下手动操作属于该过程的设备。

③ 为确保操作过程安全，需建立更多安全要求。

(2) 创建安全电路。

工业混料过程实例使用下列逻辑电路作为安全电路。

① 紧急断电开关切断下列设备电源，与控制计算机无关。

a. 配料 A 的进料泵；b. 配料 B 的进料泵；c. 搅拌器电机；d. 阀。

② 紧急断电开关位于操作员站上。

③ 控制器的一个输入指示紧急断电开关的状态。

2.4.6 描述所要求的操作界面显示和控制

每个过程都要求有一个操作员界面，允许人员进行干预。部分设计规范包括操作员控制台设计。在本例所述的工业混料过程中，可由操作员控制台上的按钮启动或停止每个设备。如图 2.9 所示，该操作员控制台包括显示操作状态的指示灯，控制台还包括显示灯，用于指示经过一定启动次数后要求维护的设备，以及紧急断电开关，通过开关可立即终止过程，控制台还有一个复位按钮，用于三台电机的维护显示。通过该按钮，可以关闭指示应该维护电机的维护指示灯，并将相应的计数器复位到 0。

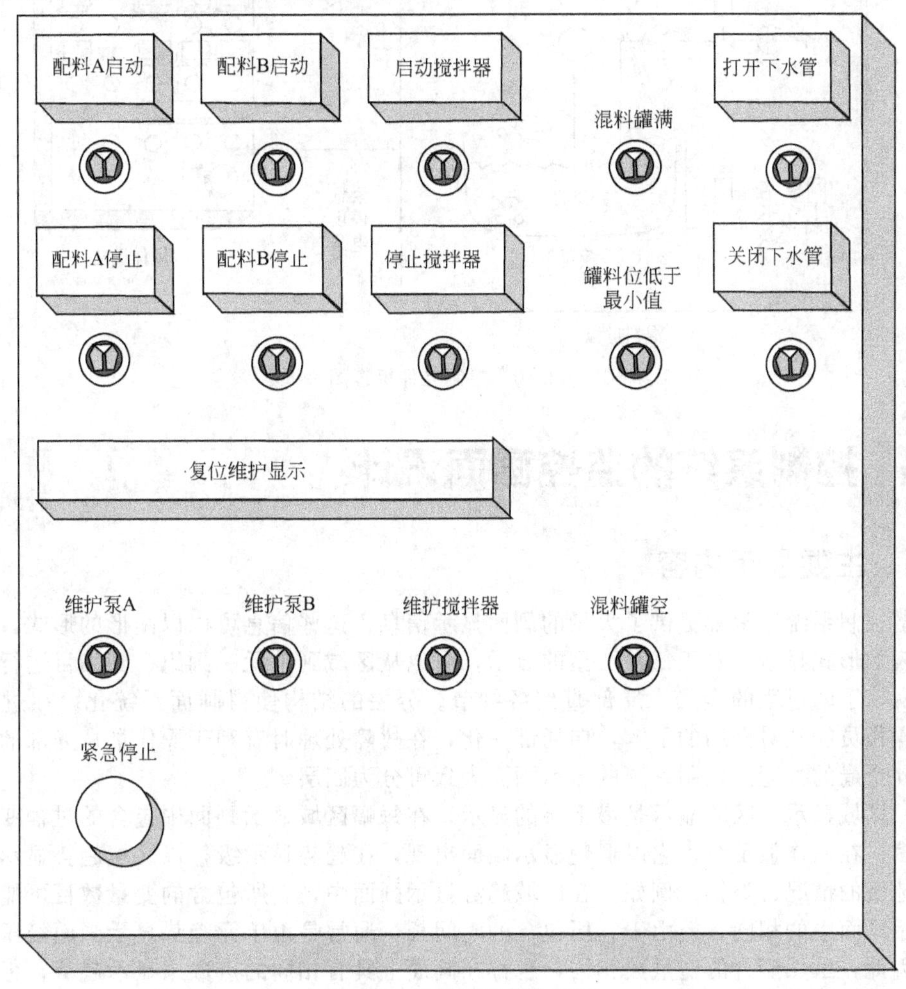

图 2.9 操作员面板布置图

2.4.7 创建组态图

将涉及要求文档化后，必须决定项目所要求的控制设备类型。通过确定希望使用哪些模块，还可以确定控制主机的结构，创建一个确定下列各项的组态图：①CPU 型号；②I/O 模块的编号和类型；③组态物理输入和输出。图 2.10 介绍工业混料过程的控制软件组态图。

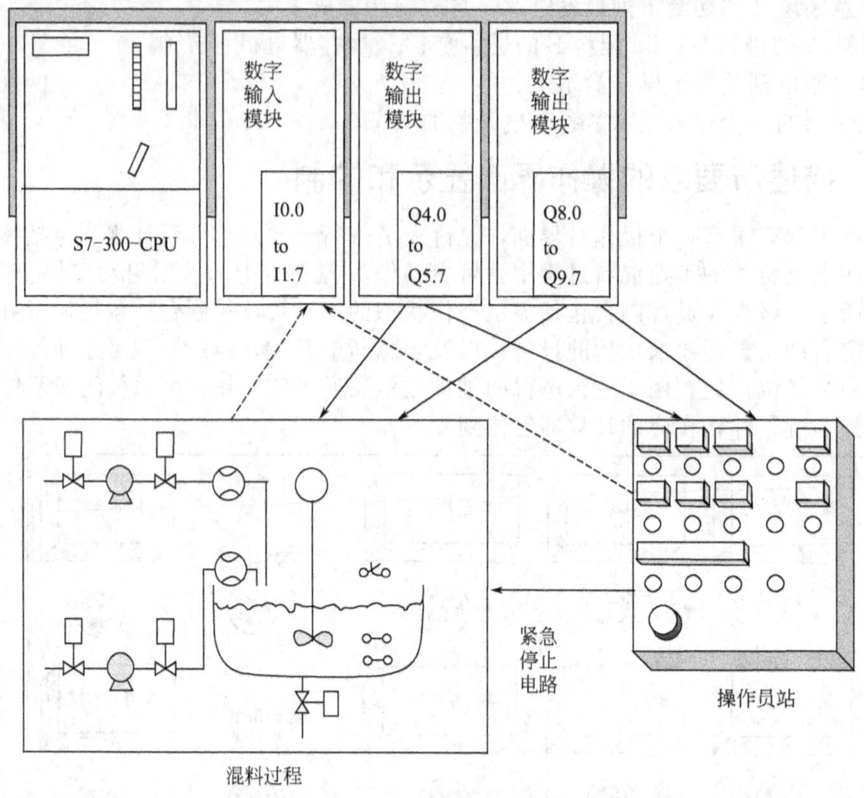

图 2.10　控制软件组态图

2.5 控制系统的监控画面设计

2.5.1 主要显示内容

集散控制系统通常都提供了大量的画面显示信息，这些信息可以以图形的形式，也可以以一览表的形式显示。对于每种类型的显示，可以从区域到单元、到组、到细目进行逐层的细分，从而了解过程的全局、局部直到各细节。分层的结构使得画面系统化，在过程操作时，使操作员能从对全局的了解，向局部深化，在故障处理时有利于操作员从局部的故障处理，转向全局的处理。控制系统的显示画面大致可分为四层。

(1) 区域显示。区域显示是最上层的显示，在每幅区域显示画面中包含的过程变量的信息量最多。在操作显示级，它以概貌显示画面出现，在趋势显示级，以区域趋势显示画面出现，其他级的情况可类推。例如，在区域趋势显示画面中，它所包含的变量数目可能与单元趋势显示画面中的相同，但由于它所包含的时间长，通常是由单元趋势显示画面经压缩数据得到。因此，虽然所含的变量数相同，也都在画面上具有相同的点数来显示趋势，但因为它的一个点可能是由单元趋势中相应变量的几个、几十个点经求最大、最小、平均或求初始变量而得到，所以，从时间的量来说，它含有的信息量还是比单元趋势显示画面的信息量要大。

画面的一览表、报警一览表等显示画面用于显示全局的画面名称、描述以及报警的点类型、报警的性质，报警时的数值等报警属性，它们也具有较大的信息量，因此，也属于区域显示的层次。

（2）单元显示。单元显示常被用于过程操作。对于操作显示来说，它以过程画面出现。过程画面以工艺流程图为蓝本，进行合理分割而成。管道颜色应尽可能与实际管道所涂颜色或者与管道内流体特征颜色相一致。例如，通常用绿色表示水流体，用蓝色表示空气，用红色表示蒸汽等。过程中的设备应按一定比例的位置设置，可以全部或部分充填颜色。单元显示的信息量相对区域显示来说，要小一些，通过单元显示画面，在操作显示级，操作员可以了解过程检测点和控制回路的组成，监视过程运行情况并实施过程操作。

（3）组显示。在操作显示级、组显示通常以仪表面板图的形式出现，仪表面板图可以一行或二行排列，每行4～5台仪表面板，对于一行排列的可达8～10台仪表面板。仪表面板图以模拟仪表为参照，但通常不画出有关按键和开关，仅直接显示棒图与数字显示。在仪表面板图上，一般有仪表位号，仪表描述，棒图及各棒图的刻度单位，棒图显示相对应的数据(用不同颜色的棒图并以与棒图同样颜色显示相对应的数据)，报警状态，扫描时间等。由于它具有手（自）动状态显示、与模拟仪表有类似的面板，在习惯于模拟仪表操作的操作人员中，有较大的使用概率。

组趋势显示与组显示的仪表面板画面相对应，用于显示被测、被控变量，设定值和输出值等模拟量的变化趋势。与单元趋势显示比较，组趋势显示的信息量少，这主要指一幅画面中，虽然可有8～10个组趋势显示画面，但每个组趋势显示画面最多只能3～4个变量，例如被控变量，本地和远程设定及输出值。而单元趋势显示通常有4～8个变量。另一个含义是对每个变量本身所记录的时间间隔可以相同，但单元趋势显示的总时间（或总的点数）要远远超过组趋势显示的总时间。有些系统也可以在组趋势显示画面中显示历史趋势，但其总的点数总是小于单元趋势显示时所提供的总点数。

（4）细目显示。在操作显示级，细目显示通常以点的形式出现。点可以是输入点，也可以是输出点，点也可以是功能模块，例如PID功能模块、累加器模块等。点的含义相当于一台仪表或一个功能模块。因此，在操作显示级，细目显示将包括该仪表的仪表面板、趋势画面，还包括该仪表的调整参数和非调整参数，以及用于调整的各种状态、标志的显示。总之，它包含了有关该仪表的所有信息。通过该画面，操作员可以改变控制方式，手自动切换，调整设定值或手动输出值，也可以进行开关控制的切换，手自动输入或输出的切换等组态工程师可以对有关参数进行调整，对非调整参数进行检查，并了解有关的状态和标志状态。在细目显示中的趋势图画面可以与组趋势显示画面中该点的趋势画面相同，但也可以不同，视组态时的设置情况决定。细目中的仪表面板图通常与组显示的仪表面板图中相应点的仪表面板画面相同。

2.5.2 概貌显示画面

概貌显示画面仅用于显示过程中各被测和被控变量的数值，它可以用绝对值，也可以用与设定值的偏差，或者时间变化率表示。不同的控制系统，可以有不同的方式显示过程的概貌。也有些控制系统没有设置概貌显示，但用户可以通过动态画面直接完成。

概貌显示画面的显示方式有多种，不同的控制系统提供的显示方式也不相同。最简单的显示方式就是根据动态点画面制成的。根据字符大小、CRT的分辨率、显示信息的大小和多少，可以确定一幅概貌显示画面能提供的信息量或操作点的数量。通常，由控制系统制造商提供标准显示画面格式的有下列几种。

(1) 工位号一览表方式。这种显示方式按仪表的工位号列出，整幅显示画面分为若干组，每组由若干工位号组成。正常值的工位号通常用绿色显示其工位号。当在正常值范围外时，工位号发生颜色的变化，如变成黄色或红色，并显示其超限的报警点类型，如低限，负偏差等。这种方式仅定性地显示过程变量。

有些控制系统采用类似工位号一览表形式来实现概貌显示。其方法是把过程分为若干单元，在概貌显示画面上显示各个单元的名称，采用类似于动态键的组态方法对各个单元框组态，则整个过程即可由调用相关单元框的单元过程画面来获得。

(2) 棒图方式。棒图方式有两种显示方式。一种方式是对模拟量采用棒图显示其数值，棒图中数量的大小由棒的长度来反映，以满量程为100%，棒的颜色在正常数值时显示绿色。当超过报警限值（低于低报警限或高于高报警限）时，棒的颜色改变，常为红色。为了使概貌显示画面包含较多的信息，棒图显示方式仅提供仪表的工位号及棒的相对长度。对于开关量一般用充满方块框表示开启泵、电机或者闭合电路等逻辑量为1的信号，用空方块框表示停止泵、电机或者电路断开等逻辑量为0的信号。对开关量除了提供方块框外，也显示相应仪表的工位号。棒图显示的另一种方式是用一个时间轴，模拟量在该时间段内有若干个采样值，如果其值超过设定值，则向上，如不足，则向下，其偏差的大小是向上或向下的棒的长度。设定值即为时间轴。概貌显示也可采用仪表工位号及数值显示的方法，其他显示方式有雷达图、直方图等。

2.5.3 过程显示画面

过程显示画面是由用户过程决定的显示画面，它的显示方式有两种：一种是固定式；另一种是可移动式。固定式的画面固定，通常，一个工艺过程被分解为若干个固定式画面，各画面之间可以有重叠部分。对于工艺过程大而复杂的，采用分解成若干画面的过程单元，有利于操作。可移动式的画面是一个大画面，在屏幕上仅显示其中一部分，通常为四分之一。通过光标的移动，画面可以上、下、左、右移动，有利于对工艺全过程的了解，在工艺过程不太复杂且设备较少时可方便操作。由于大画面受画幅内存的限制，不可能无限扩大，因此，采用可移动式的显示方式在流程长，设备数量较多时也还需进行适当的分割。有些控制系统提供了画面放大的功能，允许用户对局部流程画面放大，这在过程显示画面屏幕较小，过程变量较多且密集显示时，以及操作员培训时特别有用。

过程显示画面应根据工艺流程经工艺人员和自控人员讨论后确定画面的分割和衔接。过程显示画面中动态点的位置、扫描周期应有利于工艺操作并与过程变化要求相适应。过程显示画面应根据制造厂商提供的过程显示图形符号绘制，管线颜色、设备颜色、颜色是否充满设备框、屏幕背景色等应与工艺人员共同讨论确定。明亮的暖色宜少选用，它容易引起操作员疲劳并造成事故发生。

据报道，冷色调具有镇静作用，有利于思想集中。因此，在绘制过程显示画面的时候，一定要正确选择。颜色应在整个系统中统一，如白色为数据显示等。画面的扫描频率，根据研究，最宜人的频率是66次/s。过程动态点的扫描周期应根据过程点的特性确定。

过程显示画面与半模拟盘相似，它既有设备图又有被测和被控变量的数据。通过下拉菜单、窗口技术、固定和动态键可以方便地更换显示画面或者开设窗口显示等。工艺过程的操作可以在该类画面完成。过程显示画面具有下列特性：

① 有利于对工艺过程及其流程的了解；

② 有利于了解控制方案和检测、控制点的设置；

③ 有利于了解设备和参数的关联情况；

④ 信息量通常比较大；

⑤ 调整参数、观察参数变化后的响应不够直观；

⑥ 容易造成技术上的秘密外泄。

2.5.4 仪表面板显示画面

仪表面板显示画面以仪表面板组的形式显示其运行状况。仪表面板格式通常由集散控制系统制造商提供。有些系统允许用户自定义格式。对不同类型的仪表（或功能模块）有不同的显示格式。仪表面板显示画面的显示格式通常采用棒图加数字显示相结合的方式，既具有直观地显示效果，又有读数精度高的优点，因此，深受操作人员的喜欢。仪表面板的边框，有些集散系统有，而有一些则没有。每幅画面可设置8～10个仪表面板显示，有一行或两行显示两种设置。每个仪表面板显示画面都包括仪表位号、仪表类型、量程范围、工程单位、所用的系统描述、各种开关、作用方式的状态等。所包含的显示棒数量与该仪表类型有关，棒的颜色与被测或被显示的量有关，在同一系统是统一的。数据的显示颜色也与相应的显示棒颜色一致。通常包含有一些标志，如就地或远程，手动或自动，串级或主控，报警或事件等。

据报道，控制系统的操作人员喜欢用仪表面板显示画面进行操作，而不喜欢采用具有全局监视功能的概貌显示画面。究其原因，主要是仪表面板显示画面与以前的模拟仪表面板的操作方式比较接近，它的设置又比过程显示画面整齐，而操作员对工艺过程较清楚，采用过程显示画面反而感到不及仪表面板显示画面方便。而概貌显示画面虽有大的信息量，但系统的操作还不能在该画面进行，所以，概貌显示画面用于过程操作也感不便。

近期推出的控制系统，如I/A S系统在仪表面板显示画面中允许组态组趋势显示画面，则操作时比采用操作点显示画面还要方便，由于它具有仪表面板的瞬时显示又具有组趋势显示的记录显示，因此，它为过程分析和操作带来方便。

2.5.5 操作点显示画面

操作点显示画面是仪表的细目显示画面。用于模拟量的连续控制、顺序控制或者批量控制。操作点显示画面提供改变控制操作的深层次参数的功能，这些参数包括原始组态数据及过程中刷新的动态数据。

操作点显示画面常被控制工程师使用，它用于调整参数时可看到当前数据，也可看到变化趋势，且调整参数比较方便。对操作人员来讲，由于操作点显示画面供给他们操作的信息较少，因此，不常采用。

操作点显示画面除了包括各种组态和调整参数外，通常包含仪表的棒图以及趋势图。为了防止操作人员进入修改某些不允许他们调整的操作环境，通常对参数部分有安全保护措施。它可以是硬件密钥，也可以是软件密钥，如口令等。

通常操作点显示画面是最底层的画面，因此，一般不再提供可调用其他画面的功能。但提供返回到该画面的前一画面（原来显示的画面，因调用操作点显示画面而成为前一画面）的功能。

实际应用中，操作点显示画面仅在调整参数时使用。一般情况下，组态时的一些参数，如比例度、积分时间、微分时间、微分增益、滤波器时间常数等在组态时不做改动，采用系统的默认值。而在系统投运时才根据对象特性做调整，这样做，可以节约组态时间，及早投运。而投运和稳定操作后，操作点显示画面的使用率也明显下降。

2.5.6 趋势显示画面

趋势显示画面有二类：一类趋势显示画面的采样数据不进行处理；另一类则进行数据归档处理，例如取最大或最小等。对于每一个采样时刻的采集数据都显示在趋势显示画面的趋势显示，常称为实时趋势显示。若在趋势显示画面上显示的一个数据点与一段时间内若干个采样数据有关，例如这段时间内各采样数据的最大值、最小值或者平均值等，则称为历史归档趋势显示。这段时间间隔称为归档时间或者浓缩时间，它必须是相应的变量采样时间的整数倍。实时趋势显示相当于模拟仪表的记录仪，但走纸速度较快，而历史归档趋势显示则相当于走纸速度慢几倍至几十倍的记录仪，其区别在于实时趋势显示的数据点是在离散的采样时间采集到的变量值，而记录仪是连续的变量数值的记录。历史归档趋势显示的数据点除了数据离散外，还进行了一些数据的处理。实时趋势显示转变为历史归档趋势显示的过程称为浓缩或归档过程。也可以对历史归档趋势显示进行再浓缩成为具有更多历史归档数据的趋势显示。

除了在时间分割上，趋势显示画面进行分层显示外，在变量数量上，趋势显示画面也进行了分层。最底层的显示是一个变量或一个内部仪表中变量的趋势显示画面，其上层是多个变量的趋势显示画面。变量数目的增加有利于了解变量之间的相互关系，通常，变量数可多达 8～10 个。此外，从画面的大小来分，最小的趋势显示画面约为整个屏幕画面的 1/8～1/10。其画面大小也可为 1/4～1/2。最大的画面是通过画面放大得到的，其大小可为整个屏幕画面的 4 倍。

为了存储数据，通常在控制系统中有专门的历史数据管理软件以及大容量的外存储器。常用硬磁盘作为大容量外存储器，近来也有采用光盘作为外存储器的。为了保存数据，常采用定期把大容量存储器的存储内容转存到 U 盘、移动硬盘的方法。历史数据的存取、管理和转存工作由历史数据管理软件完成。

对于实时趋势的数据，需根据画面上可显示的数据点数开设内存单元，例如对于整数、长整型数、实数、时间型数等按数据的类型开设不同数量的内存单元（对一个数据），然后通过当前数据指针的移动，逐个送入当前采样值，并冲掉原内存单元的数据，通过循环移动指针以及数据调用等管理软件和相应的数据显示（图形显示）软件来显示实时趋势。对于历史归档数据，需要对一个归档时间内的若干采样数据进行归档处理，并把处理后的数据存放在与归档时间的起始或终止时间相对应的内存单元。采用上述的相似方法即可显示历史归档数据或相应曲线。

由于显示屏幕的分辨率是有限的，在一幅趋势显示画面上可显示的点数也就有限。为了以同样的采样时间或者归档时间显示出来在显示画面上的趋势变化，有些控制系统提供了可以把时间轴移动的功能。时间轴的移动有无级移动和有级移动两种。无级移动指时间轴的移动量可为原显示画面中两个相邻显示点间时间（可为采样时间或归档时间）的整倍数。有级移动则按系统提供的时间轴移动量进行时间轴的移动，通常是半幅画面的移动。由于存储的容量有限，因此，可移动的量也是有限的。可移动的量可以固定也可以组态输入，对不同的集散控制系统有不同的方式，如系统本身已提供固定的显示点数，则无需输入，且软件也可相对简单。

趋势显示画面中不同的变量常用不同的颜色显示，并有相应的显示范围刻度和时间轴。与时间轴移动来改变显示窗口相类似，对每一个变量的显示范围也允许用户改变，以便了解变量变化的细节，提高显示精度。有些集散控制系统没有此功能，它的显示范围与该变量的量程范围一致。

趋势显示画面除了显示变量的变化趋势，还允许操作人员了解画面上某一时刻的变量数值。有些集散控制系统提供这种定位功能，它是通过光标定位在某一时刻，从而显示相应的变量值的。当光标定位在曲线的末端，显示的数值就是当前时刻的采样值或经归档处理的数值。采用这种定位功能可以方便地了解变化曲线的最大、最小或其他数值，从而有利于对过程的分析和研究。

批量控制时，需要把该批处理的整个过程记录下来。通常，可采用历史归档处理的办法，用历史归档趋势显示进行记录，然后，定期地把存在外存储器的历史归档数据转存到软磁盘保存起来。也有些集散控制系统采用专用的批量趋势显示画面。

趋势显示画面的组态需单独完成。它需要外存储器和相应的历史模件管理软件支持。主要包括分散过程控制装置的网络和节点（站）的地址（即定位），需记录的变量位号、描述（指在显示画面上的文字描述），采样时间或归档时间，总点数、变量显示的范围和工程单位，显示数据的小数点位数等。对历史归档趋势显示还需送入原始趋势显示的变量位号或标志号等信息。

多个变量同时在一幅画面上显示趋势曲线时，会出现趋势曲线的重叠，为此，除了采用显示范围的更改外，也可采用选择某一变量趋势曲线的消隐处理方法。通过该变量趋势曲线的消隐，使被重叠的变量趋势曲线显示出来。消隐处理可以采用动态键通过组态定义需消隐的变量号。

2.5.7 报警显示画面

报警显示是十分重要的显示。在过程控制系统中，报警显示采用多种方法多种层次实现。报警信号器显示是从模拟仪表的闪光报警器转化而来。它的显示画面和闪光报警器类似，采用多个方框块表示报警点，当某一变量的绝对值、偏差或者变化率达到报警限值时，与该变量相对应的方框就发生报警信号，报警信号包括闪烁、颜色变化及声响信号。当按下确认按键后，闪烁成为常亮、颜色变为红色或黄色（事件发生时），声响停止，有些系统对声响有专门的消铃按键。

在显示画面中各方框内标有变量名、位号、报警类型等信息。报警一览表显示是集散控制系统常采用的报警显示画面，它的最上面一行报警信息是最新发生的报警信息，随着行数增加（或显示页数的增加），报警信息发生的时间越早。每一行表示一个报警信息，对于不同类型的输入或输出信号，以及功能块提供的报警信号（如大于、等于或小于某值），可以有不同的显示方式和内容。但大致应包括报警变量的工位号、描述、报警类型、当前报警时的数值、报警限的数值、报警发生的时间、报警是否被确认等。为了区别第一故障的报警源，对于报警发生的时间显示通常要求较高，多数集散控制系统可以提供的分辨率为毫秒级。报警的信息包括来自进程本身的信号、经计算后的信号以及经自诊断发现的信号，一旦这些信号达到组态或者系统规定的限值，它就会被显示出来。组态的限值信号可以通过组态改变。例如，被测变量的上、下限报警值。系统规定的限值是不允许改变的。例如，信号在量程范围外，低于－3.69％或高于103.69％则认为信号出错。

除了区域的报警显示外，过程控制系统也提供单元级的报警显示，它与操作分工有关，由于大量的报警信息对于某一局部过程的操作人员来说是不必要的，而且区分它们也需时间，因此，出现了单元报警显示。它可以是报警信号器的形式，但大多数采用一览表的形式显示出来。在这些显示中，筛选出与该操作人员所管理的过程有关的报警信息，并显示出来，这对于加快事故处理无疑是有利的。

报警显示的另一种形式是在含有该报警变量的显示画面进行报警显示。这种显示画面可以是过程画面、仪表面板画面、操作点显示画面和趋势显示画面。报警的显示方式采用闪烁、改变颜色、声响等。

为了在当前显示的画面下了解报警发生的情况，除了通过手动调用报警显示画面外，过程控制系统多数提供了两种报警显示方式。最常用的方式是在各显示画面上方提供一行报警显示行。其显示内容与报警一览表显示内容一致，而发生的时间是最近的报警时间。另一种方式是系统自动切入有该变量的画面（由组态决定，通常为过程显示画面），或者在报警键板上显示报警灯亮，用手动按下该键（有报警灯亮的键）来切入相应画面。

报警的处理操作有确认和消声操作，大多数过程控制系统采用不同的按键完成这些操作，小型系统也有合为一个按键的。当报警信号较多时，采用逐行确认报警将浪费时间，因此，有些控制系统还设置了整个页面的报警确认键。消声操作用于消除声响，不管是一个变量报警，还是多个变量报警，对选中的报警变量，按下消声按键即可消除声响。

确认操作是先用光标选中正在报警的变量（闪烁显示），按下确认键，则闪烁显示成为平光显示。应该指出，闪烁的部分通常是标志报警类型的符号或星号等，而报警变量的工位号、描述等部分在报警时显示颜色发生变化，通常是红色。确认操作并未消除报警发生的条件，它仅表示操作人员已经知道了该报警。只有当报警发生条件不满足时，变量的显示颜色才会改变成正常颜色，如绿色、白色等。而在报警一览表内，则会出现回复到正常时的一些信息，包括工位号和报警消除发生的时间等，而且显示色也会成为正常色，通过报警发生和报警消除的时间比较，可以了解报警的持续时间。

为了减少报警工况的发生，通常在报警尚未发生前，提供警告信号。此外，为了防止误操作，对通过 CRT 的各种操作作为事件记录，以便了解操作情况，因此，一些控制系统提供了事件一览表。一览表包括警告的信息和操作信息。

一个变量的报警信号通常通过与该变量有关的一些标志位的变化来反映。这些标志位包括报警与未报警，确认与未确认和报警类型等。通过这些标志位去触发相应的显示单元中的有关位，使之闪烁、变色等。

报警和事件一览表通常提供多幅页面的显示。当提供的页面显示全部被使用后，新的报警和事件将冲掉最早的记录。因此，定期打印报警和事件一览表可以防止这类事情发生所造成的失去记录的影响。

2.5.8 电子表格

电子表格是一个可以执行行和列的运算处理，允许操作人员、工程师和管理人员送入数据或利用生产过程数据组成的图形显示表格。它可以用来进行生产管理例如进行物料平衡计算、能量平衡计算、成本核算等。可以提供用户所需的图形数据显示例如用棒图、直方图、百分圆图等。

电子表格具有常用的电子表格的各种功能，它包括对表格单元内容的编辑、增删、复制和传送，它允许对电子表格内公式的锁定和存储，能够方便地更改标志和数据，进行重新计算，它还允许用户输入数据组成电子表格单元的内容。通过有关命令，电子表格能够被打印出来。

电子表格接受各种算术的、逻辑的运算，它也能完成一些商用函数的运算，例如净现值和贷付函数等。它能同时允许多个窗口来显示不同的电子表格，并有灵活的报表格式，包括页号、题号、脚注、行距等。几个电子表格可以同步处理，一个电子表格的输出可以是另一个电子表格的输入，因此，当一个电子表格的数据改变时，它会自动改变另一个电子表格中的该数据。

电子表格通过用户组态完成格式和内容的设置、内容行可以是公式、数据或者另一电子表格的输出或表格单元的地址。通常通过菜单的方式，可以方便地完成组态工作。

电子表格常与历史数据库同时工作，电子表格接受历史数据库的数据，通过统计计算把结果显示出来，也可再送回历史数据库存储。电子表格显示的图形对于分析生产过程，例如能量、物料利用率、成本和单耗等性能都有很重要的意义。

2.5.9 系统显示画面

系统显示画面包括系统连接显示画面和系统维护显示画面。系统连接显示画面指所使用的控制系统是怎样组成的。一种方法是采用连接图的形式，它表明系统中各硬件设备之间的连接关系；另一种方法是采用树状结构的形式，它表明某设备有哪些外围设备与它相连接。例如，分散过程控制装置有几块模拟输入卡件、几块模拟输出卡件等。系统维护显示画面常与系统连接显示画面合并，例如，采用树状结构的系统连接显示面面，常在相应设备旁显示该设备的运行状态。采用连接图形式的系统连接显示画面上，常采用表示该设备的颜色变化来反映该设备的运行状态。常用的颜色变化是不正常状态为红色。也有些系统采用颜色的充满表示不正常状态。

系统维护显示画面和报警一览表相类似，它采用一览表形式显示系统中设备的不正常状态。与报警显示一览表的区别是系统维护一览表没有确认的功能，它常有系统故障的发生和恢复时间及系统故障的一些信息显示。从中，可以计算有关设备的MTTR及MTBF等数据。

在一些控制系统中，系统的连接显示画面还提供了所含软件的有关特性和硬件的有关特性。有些硬件的特性可以通过软件来组态改变。如连接的接口数、接口地址等。但大多数系统则由硬件实施，如通过开关、跨接片等来完成地址分配。

2.6 控制系统工程设计

2.6.1 基础设计/初步设计

(1) 确定控制系统的监控方案。以基础设计/初步设计完成的初版的管道仪表流程图(P&ID)、控制系统、联锁系统的技术方案、电气系统图以及操作说明等为基础，统计控制计算机输入/输出点数量和控制、检测的回路数，初步确定控制主机机型的选择和外部设备的配置。

(2) 完成控制计算机的初步询价技术规格书及初步询价工作。

(3) 根据同控制计算机供方商定的初步技术方案，完成控制主机的系统配置图、控制室平面布置图。

(4) 向有关专业提交初步设计资料，根据PLC配置和技术要求，向结构、建筑、暖通、电气、消防、电信等专业提交设计条件；在对控制计算机供方报价书进行初步技术评审的基础上，依据初定的控制计算机技术方案向概算专业提交控制计算机投资的设计条件。

2.6.2 工程设计/施工图设计

(1) 控制系统工程设计阶段的工作为对外询价及对报价进行技术评审及相关会议、工程设计、应用软件编程。

(2) 询价、报价、评审及会议。

① 编制“控制系统技术规格书”技术部分。

② 对控制计算机供方的报价文件进行技术评审。

③ 在对若干个控制主机供方报价进行技术评审的基础上，提出技术评审意见，由最终用户（采购部门）确定控制主机选型及供方。

④ 编写确定的控制计算机供方确认控制主机的合同技术附件。内容包括：硬件配置图、硬件清单、软件清单；控制计算机制造、安装、投运所采用的标准规范；技术服务条款；编程和培训的安排计划及各方的责任范围；验收要求；备品备件及特殊校验仪器清单；项目进度表等。

⑤ 参加控制计算机供方技术澄清会议和设计条件会议。主要内容包括：确认硬件规格及调整供货范围；确定双方的工作范围；商定双方互提技术文件内容、深度、采购品种、交付日期、份数、交付方式和地点；双方的通信联络；确认项目进度计划及其他有关的技术问题。签署控制系统工程设计条件会议备忘录。

2.6.3 工程设计阶段应完成的工作

控制工程设计的工作内容通常由控制系统的规模、实际需要、投资情况等因素确定。在一般情况下，在工程设计阶段通常需要完成以下的设计工作。

① 系统配置图（供方提供）。

② 机柜硬件布置图（供方提供）。

③ 复杂控制系统框图。

④ 顺序控制、逻辑控制、时序控制、批量控制原理图。

⑤ 控制室设备平面布置图。

⑥ 各类机柜的布置及接线图。

⑦ 仪表回路图及 I/O 清单。

⑧ 辅助仪表盘、操作台布置及接线图。

⑨ 室内仪表电缆、电线平面敷设图。

⑩ 供电系统图。

⑪ 接地系统图。

⑫ 控制机柜、操作台、辅助仪表盘、台安装图。

⑬ 向有关专业（结构、建筑、暖通、电气、消防、电信）提出工程设计技术条件。

2.6.4 应用软件编程阶段应完成的工作

控制工程的应用软件编程阶段，通常需要完成以下工作。

① 系统配置编程。

② 控制系统数据库（包括数据输入、调试及修改等）。

③ 顺序控制、逻辑控制、时序控制、批量控制、回路控制等的编程。

④ 工艺流程图画面。

⑤ 控制系统操作组分配。

⑥ 控制系统变量显示、记录画面。

⑦ 控制系统报表。

⑧ 外围设备接口编程。

⑨ 历史数据库的编程。

⑩ 其他编程。

2.7 控制系统询价、报价

2.7.1 询价

询价说明书是项目工程设计三种重要说明书之一（另外两种说明书是：设计说明书、施工说明书）。它用于向供货厂（商）阐述和确定他们提供的设备必须满足的基本要求、质量和用途，因此，它有两个主要作用：一是作为选择供货厂（商）的手段；二是严格地确定供货厂（商）必须提供哪些东西。询价说明书应根据设计说明书确定的建设项目的自动化水平，如生产过程的管理、控制、操作方式和范围，以及仪表选型原则编写。

控制系统的制造和供货比常规模拟仪表系统更依赖于制造厂或供货厂（商）。因而要求设计者对所从事的生产过程的管理、控制和操作要更加熟悉和理解。对控制系统的基本构成、功能和主要生产厂家的产品要有一定的了解，才能在说明书中表达设计者的愿望和要求，并被制造厂（商）理解和接受。在编写说明书时，应考虑到完成某一种功能，可能有几种不同的方法，因而说明书论及的应是控制系统应该做些什么，而不是应该怎样做。询价说明书是一份重要设计文件，下述示例描绘了它的基本内容。

（1）范围。本说明阐明了某某工厂什么生产过程采用的集散型控制系统（DCS）的各项要求，该厂建于什么地区并将于哪年哪月投产。控制系统应具有数据采集和存贮、生产过程连续控制、顺序控制、报警、记录、显示等功能。

（2）投标。

① 资格：

a. 投标者（卖方）提供的系统，其所有硬件和软件应经过生产现场考验。投标书中应提供一份用户名单，包括用户名称、安装地点、投运时间，系统类型和完成功能等。

b. 投标者应能对现场进行维修服务。投标书中应说明投标者的维修能力和方式。

② 须知：

a. 投标书应于某年某月某日提出，超过此期限的投标书将不予考虑。

b. 投标书应寄给询价单位，首页注明名称、地址的买方（用户）和联络人。

c. 卖方应按下列顺序分别报价：

- 系统硬件费（包括安全栅和安全栅柜）；
- 系统软件费；
- 服务费；
- 资料费；
- 包装运输费；
- 15%备件费和易耗品费；
- 其他费用

d. 系统配置图及控制室布置图：投标书中应提供系统配置图，输入/输出组件配置清单，推荐控制室布置图。

e. 工作进度表：投标书中应提供一份进度表，列出系统硬件、软件设计，软件生成，工作分工，人员培训，系统验收，发货的时间安排和地点。

f. 项目管理：在项目进行期间，卖方应有一位专职的项目负责人和买方联系，每月向买方书面通告工作进展情况。

g. 本说明书中阐述的控制系统功能要求是起码的，投标者应予满足并作出解释。鼓励投标者提供经现场考验的第一流产品，而不是将临时设计的产品投标，但应对超出本说明书中功能要求的事项清楚地注明并作出解释。

h. 卖方提供的控制系统经双方讨论确认后，本说明书根据双方意见补充、修改作为合同文本的附件。

2.7.2 报价及比较

2.7.2.1 报价要求

（1）供货方应对其报价作全面的说明，包括控制主机技术规格、功能、投运业绩等。

（2）报价应提供控制系统配置图及硬件清单、系统软件清单及功能描述。

（3）报价中应分别列出各类硬件、软件、备品备件、技术服务、工程项目实施等各项内容的分类价格。

（4）供货方对询价书相关内容响应的偏差说明及替代方案。

（5）报价应列出硬件、软件的选项。

（6）报价应包括备品、备件（一年使用量）、专用工具及专用仪器清单。

(7) 报价应对系统的完整性和可靠性做出保证。

(8) 报价应列出所供系统硬件、软件所遵循的标准和规范。

2.7.2.2　价格比较

(1) 报价评比可分为下列两个阶段。

① 第一阶段由设计部门负责评比技术文件，由采购部门评比商务文件。

② 第二阶段根据技术评比排序和商务评比排序，由采购经理完成综合评比，并报项目经理批准。

(2) 技术文件评比应包括下列内容。

① 报价技术说明书；

② 技术水平；

③ 质量控制；

④ 生产能力；

⑤ 已证实产品使用的可靠性，对有可比性的技术指标，应列表加以说明比较。

(3) 商务报价评比应包括下列内容：

① 价格水平；

② 交货地点；

③ 交货期；

④ 付款方式；

⑤ 工厂质量保证期限；

⑥ 卖方报价有效期；

⑦ 业绩；

⑧ 售后服务的支持；

(4) 厂商澄清会：根据批准的厂商排序，邀请制造厂商进行技术会谈，澄清并确认有关技术要求，并签署技术会谈纪要，技术会谈由采购部门负责安排，设计部门为主进行会谈，确保供货的产品规格，技术性能、材质等符合设计要求。商务问题的澄清则由采购部门负责，主要对商务条款进行磋商，对产品质量、交货进度及费用加以控制，以符合工程总承包合同的要求。

(5) 请购单及附件的修订：通过技术澄清会磋商，双方对存有异议的内容取得共识之后，设计人员应根据双方会谈纪要的内容，对请购单及附件作相应的修订。经修订后的请购单及附件即作为合同附件。

(6) 制造厂商文件审查和确认：

① 对于某些采购方有要求的产品，供货厂商应在产品制造之前，将技术文件按采购单中规定的内容、期限和份数寄到采购方，供设计人员审查并确认。通常，设计人员应在规定期限（通常为一周）内完成审查，将审查或修改的内容或同意的结论写在文件上，及时返回制造厂作为制造依据，逾期不返回审查结论，制造厂商则有可能视为认可，便将产品投产，出现问题，则应由设计人员负责。若制造厂商未按设计评审意见修改，如发现同题，则由制造厂商负责。

② 设计与采购工作交叉进行，相互密切配合，一般在完成技术谈判，合同技术附件签字后即告结束。而某些产品必要时尚需通过举行一次至几次厂商协调会，协商双方设计的细节问题，最后在审查制造厂商文件之后方可结束，这需视具体工程项目、具体产品而定。

(7) 检验：

当合同规定由采购方（含顾客或第三方）进行检验时，在收到制造厂商的检验通知单和检验记录后，采购方应派有经验的检验工程师（必要时，邀请专业设计负责人）前往制造厂车间，按检验和试验规定或经采购方批准的制造厂商的检验规程，对产品进行检验和参加目击试验。

第3章 控制系统设计规范

3.1 管道及仪表流程图（P&ID）的设计

控制系统的管道及仪表流程图（P&ID，Process Instrument Drawing）的绘制是自控工程设计的核心内容，各管道仪表流程图并不归在自控专业工程设计的设计文件内，但它仍是整个自控设计的龙头。所以，自控设计人员必须认真仔细地配合工艺、系统设计人员完成管道及仪表流程图。

3.1.1 控制方案的确定

3.1.1.1 熟悉被控对象

要进行生产过程的自控设计，必须先要了解生产过程的构成及特点。下面以选矿生产过程为例来说明，选矿生产过程的构成可由图 3.1 表示。

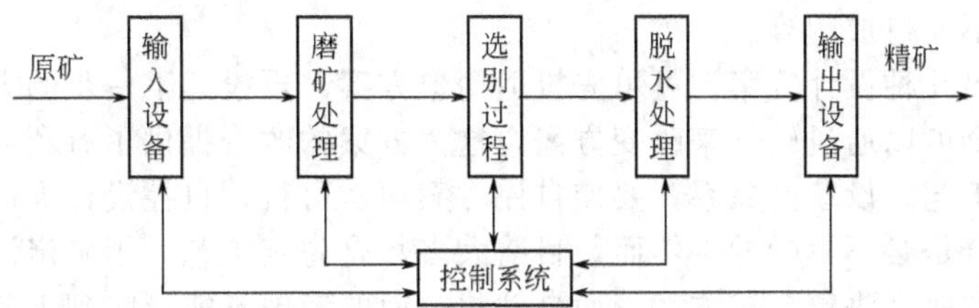

图 3.1 选矿生产过程的示意图

图 3.1 中的选矿生产过程的主体一般是选别过程。选别反应过程中所需的矿石原料，首先送入输入设备，然后将原料送入磨矿过程，对矿石进行粉碎以达到矿物与脉石充分解离，使粉碎后的矿石细度达到工艺要求和规格。矿石经选别过程处理后获得的产品进入脱水处理，在此将精矿矿浆中的大部分水分脱除，然后由输送设备将精矿粉输送到矿仓中贮存。同时整个生产过程还需要从外部提供必要的水、电等能源的公用工程。还有尾矿处理、废水回收处理系统等附加部分。

选矿生产过程的特点是从原料加工到产品完成，流程都较长而且复杂。工艺内部各变量间关系复杂，操作要求高。关键设备停车会影响全厂生产。物料是以矿浆状态，在磨矿设备内粉碎，在管道内运输，在选别设备内进行有用矿物与无用矿物的分离，在脱水设备中将精矿中的水分脱出。这些过程条件恶劣、机理复杂。

3.1.1.2 确定控制方案

控制方案的正确确定应当在与工艺人员共同研究的基础上进行。要把自控设计提到一个较高的水平，自控设计人员必须熟悉工艺，这包括了解生产过程的机理，掌握工艺的操作条件和物料的性质等。然后，应用控制理论与过程控制工程的知识和实际经验，结合工艺情况确定所需的控制点，并决定整个工艺流程的控制方案。控制方案的确定主要包括以下几方面的内容。

① 正确选定所需的检测点及其安装位置。

② 合理设计各控制系统，选择必要的被控变量和恰当的操纵变量。

③ 生产安全保护系统的建立，包括声、光信号报警系统、联锁系统及其他保护性系统的设计。

在控制方案的确定中还需要处理好以下几个关系。

(1) 可靠性与先进性的关系。在控制方案确定时，首先应考虑到它的可靠性，否则设计的控制方案不能被投运、付诸实践，将会造成很大的损失。在设计过程中，将会有两类情况出现，一类是设计的工艺过程已有相同或类似的装置在生产运转中。此时，设计人员只要深入生产现场进行调查研究，吸收现场成功的经验与原设计中不足的教训，其设计的可靠性是较易保证的。另一类是设计新的生产工艺，则必须熟悉工艺，掌握控制对象，分析扰动因素，并在与工艺人员密切配合下，确定合理的控制方案。

可靠性是一个设计成败的关键因素。但是从发展的眼光看，要推动生产过程自动化水平不断提高，使生产过程处在最佳状态下运行，获取最大的经济效益，先进性将是衡量设计水平的另一个重要标准。随着计算机技术成功地应用于生产过程的控制后，除了常规的单回路、串级、比值、均匀、前馈、选择性等控制系统已广泛应用外，一些先进的控制算法，如纯滞后补偿、解耦、推断、预测、自适应、最优等也能借助于计算机的灵活、丰富的功能，较为容易地在过程控制中实现。况且，近年来人们对生产过程的认识逐步深化，人工智能的研究卓有成效，这些都为自动化水平的进一步提高创造了有利条件。所以，在考虑自控方案时，必须处理好可靠性与先进性之间的关系。一般来说，可以采用以下两种方法。

一种是留有余地，为下步的提高水平创造好条件。也就是在眼前设计时要为将来的提高工作留出后路，不要造成困难。

另一种是做出几种设计方案，可以先投运简单方案，再投运下一步的方案。采用计算机控制系统后，完全可以通过软件来改变方案，这为方案的改变提供了有利的条件。

(2) 自控与工艺、设备的关系。要使自控方案切实可行，自控设计人员熟悉工艺，并与工艺人员密切配合是必不可少的。然而，目前大多数是先定工艺，再确定设备，最后再配自控系统。由工艺方面来决定自控方案，而自动化方面的考虑不能影响到工艺设计的做法是较为普遍的状况。从发展的观点来看，自控人员长期处于被动状态并不是正常的现象。工艺、设备与自控三者的整体化将是现代工程设计的标志。

(3) 技术与经济的关系。设计工作除了要在技术上可靠、先进外，还必须考虑到经济上的合理性。所以，在设计过程中应在深入实际调查研究的基础上，进行方案的技术、经济性的比较。

处理好技术与经济的关系，自控水平的提高将会增加仪表等软、硬件的投资，但可能从改变操作、节省设备投资或提高生产效益、节省能源等方面得到补偿。当然，盲目追求而无实效的做法，并不代表技术的先进，而只能造成经济上的损失。此外，自动化水平的高低也应从工程实际出发，对于不同规模和类型的工程，做出相应的选择，使技术和经济得到辩证的统一。

3.1.2 管道及仪表流程图（P&ID）的设计内容

3.1.2.1 设备

(1) 设备的名称和位号。每台设备包括备用设备，都必须标示出来。对于扩建、改建项目，已有设备要用细实线表示，并用文字注明。

(2) 成套设备。对成套供应的设备（如快装锅炉、冷冻机组、压缩机组等），要用点画线画出成套供应范围的框线，并加标注。通常在此范围内的所有附属设备位号后都要带后缀“X”以示这部分设备随主机供应，不需另外订货。

(3) 设备位号和设备规格。P&ID 上应注明设备位号和设备的主要规格和设计参数，如泵应注明流量 Q 和扬程 H；容器应注明直径 D 和长度 L；换热器要注出换热面积及设计数据；储罐要注出容积及有关的数据。和 PFD 不同的是，P&ID 中标注的设备规格和参数是设计值，而 PFD 标注的是操作数据。

(4) 接管与连接方式。管口尺寸、法兰面形式和法兰压力等级均应详细注明。一般而言，若设备管口的尺寸、法兰面形式和压力等级与相接管道尺寸、管道等级规定的法兰面形式和压力等级一致，则不需特殊标出；若不一致，须在管口附近加注说明，以免在安装设计时配错法兰。

(5) 零部件。为便于理解工艺流程，零部件如与管口相邻的塔盘、塔盘号和塔的其他内件（如挡板、堰、内分离器、加热/冷却盘）都要在 P&ID 中表示出来。

(6) 标高。对安装高度有要求的设备必须标出设备要求的最低标高。塔和立式容器须标明自地面到塔、容器下切线的实际距离或标高；卧式容器应标明容器内底部标高或到地面的实际距离。

(7) 驱动装置。泵、风机和压缩机的驱动装置要注明驱动机类型，有时还要标出驱动机功率。

(8) 排放要求。P&ID 应注明容器、塔、换热器等设备和管道的放空、放净去向，如排放到大气、泄压系统、干气系统或湿气系统。若排往下水道，要分别注明排往生活污水、雨水或含油污水系统。

3.1.2.2 配管

(1) 管道规格。在 P&ID 中要表示出全部在正常生产、开车、停车、事故维修、取样、备用、再生各种工况下所需要的工艺物料管线和公用工程管线。所有的管道都要注明管径、管道号、管道等级和介质流向。管径一般用公称直径（DN）表示，根据工程的要求，也可采用英制（英寸）。若同一根管道上使用了不同等级的材料，应在图上注明管道等级的分界点。一般在 P&ID 上管道改变方向处标明介质流向。

(2) 间断使用的管道。对间断使用的管道要注明“开车”、“停车”、“正常无流量(NNF)”等字样。

(3) 阀件。正常操作时常闭的阀件或需要保证开启或关闭的阀门要注明“常闭(N.C)”、“铅封开（C.S.O）”、“铅封闭（C.S.C）”、“锁开（L.O）”、“锁闭（L.C）”等字样。所有的阀门（仪表阀门除外）在 P&ID 上都要示出，并按图例表示出阀门的形式；若阀门尺寸与管道尺寸不一致时，要注明。阀门的压力等级与管道的压力等级不一致时，要标注清楚；如果压力等级相同，但法兰面的形式不同，也要标明，以免安装设计时配错法兰，导致无法安装。

(4) 管道的衔接。管道进出 P&ID 中，图面的箭头接到哪一张图及相接设备的名称和位号要交代清楚，以便查找相接的图纸和设备。

(5) 两相流管道。两相流管道由于容易产生“塞流”而造成管道振动，因此应在 P&ID 上注明“两相流”。

(6) 管口。开车、停车、试车用的放空口、放净口、蒸汽吹扫口、冲洗口和灭火蒸汽口等，在 P&ID 上都要清楚地标示出来。

(7) 伴热管。蒸汽伴热管、电伴热管、夹套管及保温管等，在 P&ID 中要清楚地标示出来，但保温厚度和保温材料类别不必示出（可以在管道数据表上查到）。

(8) 埋地管道。所有埋地管道应用虚线标示，并标出始末点的位置。

(9) 管件。各种管路附件，如补偿器、软管、永久过滤器、临时过滤器、异径管、盲板、疏水器、可拆卸短管、非标准的管件等都要在图上标示出来。有时还要注明尺寸，工艺要求的管件要标上编号。

(10) 取样点。取样点的位置和是否有取样冷却器等都要标出，并注明接管尺寸、编号。

(11) 特殊要求。管道坡度、对称布置和液封高度要求等均必须注明。

(12) 成套设备接管。P&ID 中应标示出和成套供应的设备相接的连接点，并注明设备随带的管道和阀门与工程设计管道的分界点。工程设计部分必须在 P&ID 上标示，并与设备供货的图纸一致。

(13) 扩建管道与原有管道。扩建管道与已有设备或管道连接时，要注明其分界点。已有管道用细实线表示。

(14) 装置内、外管道。装置内管道与装置外管道连接时，要画“管道连接图”。并列表标出管道号、管径、介质名称；装置内接往某张图、与哪个设备相接；装置外与装置边界的某根管道相接，这根管道从何处来或去何处。

(15) 特殊阀件。双阀、旁通阀在 P&ID 上都要标示清楚。

(16) 清焦管道。在反应器的催化剂再生时；须除焦的管道应标注清楚。

3.1.2.3 仪表与仪表配管

(1) 在线仪表。流量计、调节阀等在线仪表的接口尺寸如与管道尺寸不一致时，要注明尺寸。

(2) 调节阀。调节阀及其旁通阀要注明尺寸，并标明事故开（FO）或事故关（FC）、是否可以手动等。我国钢制调节阀阀体的最低压力等级是 4×10^6 Pa，而管道的压力等级往往低于 4×10^6 Pa，此点在 P&ID 上要注明，以免法兰配不上。

(3) 安全阀/呼吸阀（压力真空释放阀）。要注明连接尺寸和设定压力值。

(4) 设备附带仪表。设备上的仪表如果是作为设备附件供应，不须另外订货时，要加标注，该仪表编号可加后缀“X”。

(5) 仪表编号。仪表编号和电动、气动信号的连接不可遗漏，按图例符号规定（lead sheet）编制。

(6) 连锁及信号。联锁及声、光讯号在 P&ID 上也要表示清楚。

(7) 冲洗、吹扫。仪表的冲洗、吹扫要示出。

(8) 成套设备。成套供应设备的供货范围要标明。对由制造厂成套供货范围内的仪表，要加标注，可在编号后加后缀“X”。

3.1.2.4 其他

在 P&ID 中要将特殊的设计及安装要求标示出来，也可作为注释单独列出，如开/停车联锁、再生要求、仪表与有关管道阀的安装要求、特殊的专用管件等。

3.1.3 管道及仪表流程图（P&ID）的绘制

根据工艺专业提出的工艺流程图（PFD），以及有关的工艺参数、条件等情况，按照前面介绍的原则，可确定全工艺过程的自控方案。按照后面介绍的图形符号、文字符号、图例等绘制规定，在工艺流程图上按其流程顺序标注控制点和控制系统，绘制工艺控制流程图（PCD）。然后把工艺控制流程图（PCD）提交给系统专业，由系统专业随着工程设计的深入进行，绘制出各版管道及仪表流程图（P&ID）。

在工艺流程图上标注控制点和控制系统时，按照各设备上控制点的密度，布局上可作适当调整，以免图面上出现疏密不均的情况。通常，设备进出口控制点尽可能标注在进出口附近。有时为照顾图面的质量，可适当移动某些控制点的位置。控制系统可根据实际需要作自由处理。对管网系统的控制点最好都标注在最上面一根管子的上面。

3.2 仪表功能标志

3.2.1 功能标志组成

(1) 仪表的功能标志由一个首位字母及一个或二至三个后继字母组成。示例如下。

例 1：PI 为功能标志。P 表示首位字母（表示被测变量），I 表示后继字母（表示读出功能）。

例 2：TIC 为动能标志。T 表示首位字母（表示被测变量），IC 表示后继字母（表示读出功能＋输出功能）。

例 3：HIC 为功能标志。H 表示首位字母（表示引发变量），IC 表示后继字母（表示读出功能＋输出功能）。

例 4：FFICA 为功能标志。FF 表示首位字母（表示被测变量＋修饰字母），ICA 表示后继字母（表示读出功能＋输出功能＋读出功能）。

例 5：PDAHL 为功能标志。PD 表示首位字母（表示附加修饰字母的被测变量），AHL 表示后继字母（表示读出功能＋修饰字母）。

(2) 仪表功能标志首位字母与后继字母的选用应符合 3.3 节中表 3.1 的规定。

(3) 功能标志只表示仪表的功能，不表示仪表的结构。如要实现 FR（流量记录）功能，可采用差压记录仪，也可采用单笔或多笔记录仪。

(4) 功能标志的首位字母选择应与被测变量或引发变量相应，可以不与被处理的变量相符。如为调节流量的控制阀，用在液位控制系统中的功能标志是 LV，而不是 FV。

(5) 仪表功能标志的首位字母后面可以附加一个修饰字母，这时原来的被测变量就变成一个新变量。如在首位字母 P、T 后面加 D，变成 PD、TD，原来的压力、温度就变成压差、温差。

(6) 仪表功能标志的后继字母后面也可以附加一个或二个修饰字母，以对读出功能进行修饰。如功能标志 PAH 中，后继字母 A 后面加 H，它限制读出功能 A 的报警为高报警。

(7) 功能标志的字母编组的字母数，一般不超过 4 个。为了减少字母编组的字母数，对于一台仪表同时用于指示和记录同一被测变量时，可以省略 I（指示）。

(8) 仪表功能标志的所有字母均应大写。

3.2.2 仪表的位号

(1) 仪表位号由仪表功能标志与仪表回路编号两部分组成。示例如下。

例 1：FIC-20116 为仪表位号，FIC 表示功能标志，20116 表示回路编号。

例 2：FIC-1118 为仪表位号，FIC 表示功能标志，1118 表示回路编号。

例 3：FFSHL-22 为仪表位号，FFSHL 表示功能标志，22 表示回路编号。

(2) 回路编号可以用工序号加仪表顺序号组成，也可以用其他规定的方法进行编号。工序号一般用 1 位数字，也可用 2 位数字；顺序号一般用 2 位数字，也可用 3 位数字。对于小型控制系统，只有顺序号，一般用 2 位数字。选择什么样的表示方式要根据实际需要。示例如下：

例 1：仪表位号　FIC-09123，数字 09 为工序号，数字 123 为顺序号。

例 2：仪表位号　FFSHL-2345，数字 2 为工序号，数字 345 为顺序号。

例 3：仪表位号　FIC-186，数字 1 为工序号，数字 86 为顺序号。

例 4：仪表位号　FFSHL-2，这里只有顺序号。

（3）仪表位号按不同的被测变量分类，同一装置（或工序）同类被测变量的仪表位号中的顺序号应是连续的，顺序号中间可以空号；不同被测变量的仪表位号不能连续编号。

（4）如果同一仪表回路中有两个以上功能相同的仪表，可用仪表位号附加尾缀字母（尾缀字母应大写）的方法以示区别。如 FT-201A、FT-201B，表示同一回路中有两台流量变送器：FV-403A 和 FV-403B 表示同一回路中有两台控制阀。

（5）当不同工序的多个检测元件共用一台显示仪表时，显示仪表的位号不表示工序号，只编顺序号；检测元件的位号是在共用显示仪表编号后加后缀。如多点温度指示仪的位号为 TI-1，其检测元件的位号为 TE-1-1、TE-1-2……。

（6）当一台仪表由两个或多个回路共用时，各回路的仪表位号都应标注。如一台双笔记录仪要记录流量 FR-121 和压力 PR-131 时，仪表位号为 FR-121/PR-131。

（7）多机组的仪表位号一般按顺序编制，不采用同一位号加尾缀字母的表示方法。如压缩机组 106-JA、106-JB、106-JC 的测轴温仪表位号分别是：TI-1～TI-10（106-JA）、TI-11～TI-20（106 -JB）、TI-21～TI- 30（106-JC）。

（8）可用回路代号（也称回路标志）表示一个监控回路，回路代号由首位字母与回路编号组成。如用回路代号 T-105 表示 TI-105 这个检测回路；用回路代号 F-303 表示 FIC-303 这个控制回路。

（9）在自控专业表格类的设计文件中，编写仪表位号的要求是，一般情况下功能标志后继字母不再附加修饰字母，如带上、下限报警（联锁）的指示、控制系统的位号，只编写 PIA-101、TIS-213 或 FICA-502、LICS-201，不需将报警（联锁）的修饰字母 H、L 编写出来。

3.3 文字符号

在控制系统工程设计的图纸上，要求按设计标准规范进行设计。我国控制系统设计常用的最新标准或规范为《过程检测和控制系统用图形符号和文字符号》（HG-T20505-2014），该标准规定了图形符号和文字符号，提供了统一规定的图例、符号。下面对其中主要内容作简要介绍。

3.3.1 基本文字符号

控制系统设计用的基本文字符号如表 3.1 所示。

表 3.1　基本文字符号表（表中上角数字为注释编号）

项目	首位字母[1]		后继字母[15]		
	第 1 列	第 2 列	第 3 列	第 4 列	第 5 列
	被测变量或引发变量	修饰词	读出功能	输出功能	修饰词
A	分析[2,3,4]		报警		
B	烧嘴、火焰[2]		供选用[5]	供选用[5]	供选用[5]
C	电导率			控制[23a,23c]	关位[27b]
D	密度	差[11a,12a]			偏差[28]
E	电压(电动势)[2]		检测元件，一次元件		
F	流量	比率[12b]			
G	毒性气体或可燃气体		视镜、观察[16]		
H	手动[2]				高[27a,28,29]
I	电流[2]		指示[17]		

续表

项目	首位字母[1]		后继字母[15]		
	第1列	第2列	第3列	第4列	第5列
	被测变量或引发变量	修饰词	读出功能	输出功能	修饰词
J	功率[2]		扫描[18]		
K	时间、时间程序[2]	变化速率[12c,13]		操作器[24]	
L	物位[2]		灯[19]		低[27b,28,29]
M	水分或湿度				中、中间[27c,28,29]
N	供选用[5]		供选用[5]	供选用[5]	供选用[5]
O	供选用[5]		孔板、限制		开位[27a]
P	压力、真空		连接或测试点		
Q	数量[2]	计算、累积[11b]	积算、累积		
R	核辐射[2]		记录[20]		运行
S	速度、频率[2]	安全[14]		开关[23b]	停止
T	温度[2]			传送(变送)	
U	多变量[2,6]		多功能[21]	多功能[21]	
V	振动、机械监视[2,4,7]			阀/风门/百叶窗[23c,23e]	
W	重量、力[2]		套管,取样器		
X	未分类[8]	X 轴[11c]	附属设备[22],未分类[8]	未分类[8]	未分类[8]
Y	事件、状态[2,3]	Y 轴[11c]		附属设备[23d,25,26]	
Z	位置、尺寸[2]	Z 轴[11c,30(SIS)]		驱动器、执行元件,未分类的最终控制元件	

标注说明:

1 "首位字母"可以仅为一个被测变量/引发变量字母,也可以是一个被钡 9 变量/引发变量字母附带修饰字母。

2 被测变量/引发变量列中的"A"、"B"、"C"、"D"、"E"、"F"、"G"、"H"、"I"、"J"、"K"、"L"、"M"、"P"、"Q"、"R"、"S"、"T"、"U"、"V"、"W"、"Y"、"Z",不应改变已指定的含义。

3 被测变量/引发变量中的"A"用于所有本表中未予规定分析项目的过程流体组分和物理特性分析。分析仪类型和具体需要分析的介质内容,应在表示仪表位号的图形符号外注明。

4 被测变量/引发变量中的"A"不应用于机器或机械上振动等类型变量的分析。

5 "供选用"指此字母在本表的相应栏目中未规定其含义,使用者可根据需要确定其含义。"供选用"字母可能在被测变量/引发变量中表示一种含义,在"后继字母"中表示另外一种含义,但分别只能具有一种含义。例如,"N"作为被测变量/引发变量表示"弹性系数",作为"读出功能"表示"示波器"。

6 被测变量/引发变量中"多变量(U)"定义了需要多点输入来产生一点或多点输出的仪表或回路,例如一台 PLC,接收多个压力和温度信号后,去控制多个切断阀的开关。

7 被测变量/引发变量中的"V"仅用于机器或机械上振动等类型变量的分析。

8 "未分类(X)"表示作为首位字母或后继字母均未规定其含义,它在不同的地点作为首位字母或后继字母均可有任何含义,适用于一个设计中仅一次或有限次数使用。在使用"X"时,应在表示仪表位号的图形符号外注明"X"的含义,或在文件中备注"X"的含义。例如"XR-2"可以是应力记录,"XX-4"可以是应力示波器。

9 被测变量/引发变量中"事件、状态(Y)"表示由事件驱动的控制或监视响应(不同于时间或时间程序驱动),亦可表示存在或状态。

10 被测变量/引发变量字母和修饰字母的组合应根据测量介质特性如何变化来选择。

11 直接测量变量,应认为是回路编号中的被测变量/引发变量,包括但不仅限于:

(a)差(D)、压差(PD)或温差(TD);

(b)累积(Q)、流量累积器(FQ),例如当直接使用容积式流量计测量时;

(c)x 轴(X)、y 轴(Y)、z 轴(Z),振动(VX)、(VY)、(VZ),应力(wX)、(wY)、(wZ),或位置(ZX)、(ZY)、(ZZ)。

12 从其他直接测量的变量推导或计算出的变量,不应被认为是回路编号中的被测变量/引发变量,包括但不仅限于:

(a)差(*D*)、温差(*TD*)或重量差(*WD*);

(b)比率(*F*)、流量比率(*FF*)、压力比率(*PF*)或温度比率(*TF*);

(c)变化速率(*K*)、压力变化速率(*PK*)、温度变化速率(*TK*)或重量变化速率(*WK*)。

13 变化速率"*K*"在与被测变量/引发变量字母组合时,表示测量或引发变量的变化速率。例如,"WK"表示重量变化速率。

14　修饰字母“安全(S)”不用于直接测量的变量，而用于自驱动紧急保护一次元件和最终控制元件，只应与“流量(F)”、“压力(P)”、“温度(T)”搭配。“FS”、“PS”和“TS”应被认为是被测变量/引发变量：

(a)流量安全阀(FSV)的使用目的是防止出现紧急过流或流量紧急损失。压力安全阀(PSV)和温度安全阀(TSV)的使用目的是防止出现压力和温度的紧急情况。安全阀、减压阀或安全减压阀编号原则应贯穿阀门制造至阀门使用的整个过程。

(b)自驱动压力阀门如果是通过从流体系统中释放出流体来阻止流体系统中产生高于需要的压力，则被称为“背压调节阀(PCV)”。如果是防止出现紧急情况来对人员和/或设备进行保护，则应被认为是“压力安全阀(PSV)”。

(c)压力爆破片(PSE)和温度熔丝(TSE)用来防止出现压力和温度的紧急情况。

(d)“S”不能用于安全仪表系统和组件的编号，参见注“30”。

15　后继字母的含义可以在需要时更改，例如，“指示(I)”可以被认为是“指示仪”或“指示”，“变送(T)”可以被认为是“变送器”或“变送”。

16　读出功能字母“G”用于对工艺过程进行观察的就地仪表，如：就地液位计、压力表、就地温度计和流量视镜等。

17　读出功能“指示(－I)”用于离散仪表或DCS系统的显示单元中实际测量或输入的模拟量/数字量信号的指示。在手操器中，“I”用于生成的输出信号的指示，例如“HIC”或“HIK”。

18　读出功能“扫描(J)”用于指示非连续的定期读数或多个相同或不同的被测变量/引发变量，例如多点测温或压力记录仪。

19　读出功能“灯(L)”用于指示正常操作状况的设备或功能，例如电机的启停或执行器位置，不用于报警指示。

20　读出功能“记录(R)”用于信息在任何永久或半永久的电子或纸质数据存储媒介上的记录功能，或者用于以容易检索的方式记录的数据。

21　读出功能和输出功能“多功能(U)”用于：

(a)具有多个指示/记录和控制功能的控制回路；

(b)为了在图纸上节省空间而不用相切圆形式的图形符号显示每个功能的仪表位号；

(c)如果需要对多功能进行阐述说明，则应在图纸上提供各个功能的注释。

22　读出功能“附属设备(X)”用于定义仪器仪表正常使用过程中不可缺少的硬件或设备，不参与测量和控制。

23　在输出功能“控制(C)”、“开关(S)”、“阀、风门、百叶窗(V)”和“辅助设备(Y)”的选择过程中，应注意：

(a)“控制(C)”用于自动设备或功能接收被测变量/引发变量产生的输入信号，根据预先设定好的设定值，为达到正常过程控制的目的，生成用于调节或切换“阀(V)”或“辅助设备(Y)”的输出信号；

(b)“开关(S)”是指连接、断开或传输一路或多路气动、电子、电动、液动或电流信号的设备或功能；

(c)“阀、风门、百叶窗(V)”是指接收“控制(C)”、“开关(S)”和“辅助设备(Y)”产生的输出信号后，对过程流体进行调整、切换或通断动作的设备；

(d)“辅助设备(Y)”是指由“控制(C)”、“变送(T)”和“开关(S)”信号驱动的设备或功能，用于连接、断开、传输、计算和/或转换气动、电子、电动、液动或电流信号；

(e)后继字母“CV”仅用于自力式调节阀。

24　输出功能“操作器(K)”用于：

(a)带自动控制器的操作器，操作器上不能带有可操作的自动/手动和控制模式切换开关；

(b)分体式或现场总线控制设备，这些设备的控制器功能是在操作站远程运行的；

25　输出功能“辅助设备(Y)”包括但不仅限于电磁阀、继动器、计算器(功能)和转换器(功能)。

26　输出功能“辅助设备(Y)”用于信号的计算或转换等功能时，应在图纸中的仪表图形符号外标注其具体功能；在文字性文件中进行文字描述。

27　修饰词“高(H)”、“低(L)”、“中(M)”用于阀门或其他开关设备位置指示时，应注意：

(a)“高(H)”，阀门已经或接近全开位置，也可用“开到位(O)”替换；

(b)“低(L)”，阀门已经或接近全关位置，也可用“关到位(C)”替换；

(c)“中(M)”，阀门的行程或位置处于全开和全关之间。

28　修饰词“偏差(误差)(D)”与读出功能“报警(A)”或输出功能“开关(S)”组合使用时，代表一个测量变量与控制器或其他设定值的偏差(误差)超出了预期。如果涉及重要参数，功能字母组合中应分别增加“高(H)”或“低(L)”，代表正向偏差或反向偏差。

29　修饰词“高(H)”、“低(L)”、“中(M)”应与被测量值相对应，而并非与仪表输出的信号值相对应。在同一测量过程中指示多个位置时，需组合使用，例如“高(H)”和“高高(HH)”、“低(L)”和“低低(LL)”或“高低(HL)”。

30　修饰词“Z”用于安全仪表系统时不表示直接测量变量，只用于标识安全仪表系统的组成部分。“Z”不能用于注“14”中涉及的安全设备。

3.3.2 典型的仪表回路号和仪表位号示例

3.3.2.1 仪表回路号和仪表位号形式

典型的仪表回路号和仪表位号形式示例如表 3.2 所示。

表 3.2 典型的仪表回路号和仪表位号形式示例

示例 1:温度回路号														
典型的被测变量/引发变量回路号:10-T-＊01A														
	10	-	T	-	＊01	A							仪表回路号	
						A						A	仪表回路后缀	
					＊01							＊01	仪表回路号的数字编号	
				-								-	间隔号	
			T									T	被测变量/引发变量字母	
		-										-	间隔号	
	10											10	仪表回路号前缀	
示例 2:温差回路号														
典型的被测变量/引发变量附带修饰词回路号: AB-TD-＊01A														
	AB	-	TD	-	＊01	A							仪表回路号	
						A						A	仪表回路后缀	
					＊01							＊01	仪表回路号的数字编号	
				-								-	间隔号	
			D									D	变量修饰字母	
		T										T	被测变量/引发变量字母	
		T	D									TD	被测变量/引发变量字母附带修饰字母	
		-										-	间隔号	
	AB											AB	仪表回路号前缀	
示例 3:温差低报警仪表位号														
典型的仪表位号: 10-TDAL-＊01A-1A1														
	10	-	T	D	A	L	-	＊01	A	-	1	A1	仪表位号	
												A1	附加仪表位号后缀	
											1	1	第一仪表位号后缀	
										-		-	间隔号	
									A			A	仪表回路号后缀	
								＊01				＊01	仪表回路号的数字编号	
							-					-	间隔号	
						L						L	功能修饰字母	
					A							A	功能字母	
					A	L						AL	后继字母	
				D								D	变量修饰字母	
			T									T	被测变量/引发变量字母	
		-										-	间隔号	
	10											10	仪表回路号前缀	

3.3.2.2 仪表回路号和仪表位号后缀的示例

仪表回路号和仪表位号后缀的示例如表 3.3 所示。

表 3.3　仪表回路号和仪表位号后缀（表中上角数字为注释编号）

<table>
<tr><td colspan="3">仪表回路号后缀(黑体部分)</td><td colspan="6">仪表位号后缀(带下划线部分)</td></tr>
<tr><td rowspan="3">后缀形式</td><td rowspan="3">位于回路数字编号后</td><td rowspan="3">位于回路标志字母后</td><td colspan="6">情况 1:不同的用途</td></tr>
<tr><td colspan="3">两个仪表设备（对应不同的回路后缀形式）</td><td colspan="3">四个仪表设备（对应不同的回路后缀形式）</td></tr>
<tr><td colspan="3">仪表位号后缀—数字形式</td><td colspan="3">仪表位号后缀和附加后缀</td></tr>
<tr><td rowspan="4">无</td><td colspan="2" rowspan="4">F＊01</td><td rowspan="2">FV＊01-<u>1</u></td><td rowspan="4"></td><td rowspan="4"></td><td>FV＊01-<u>1A</u></td><td rowspan="4"></td><td rowspan="4"></td></tr>
<tr><td>FV＊01-<u>1B</u></td></tr>
<tr><td rowspan="2">FV＊01-<u>2</u></td><td>FV＊01-<u>2A</u></td></tr>
<tr><td>FV＊01-<u>2B</u></td></tr>
<tr><td rowspan="8">字母形式</td><td rowspan="4">F＊01A</td><td rowspan="4">F-A-＊01</td><td rowspan="8"></td><td rowspan="2">F＊01A-1</td><td rowspan="2">F-A-＊01-1</td><td rowspan="8"></td><td>F＊01A-<u>1A</u></td><td>F-A-＊01-<u>1A</u></td></tr>
<tr><td>F＊01A-<u>1B</u></td><td>F-A-＊01-<u>1B</u></td></tr>
<tr><td rowspan="2">F＊01A-2</td><td rowspan="2">F-A-＊01-2</td><td>F＊01A-<u>2A</u></td><td>F-A-＊01-<u>2A</u></td></tr>
<tr><td>F＊01A-<u>2B</u></td><td>F-A-＊01-<u>2B</u></td></tr>
<tr><td rowspan="4">F＊01B</td><td rowspan="4">F-B-＊01</td><td rowspan="2">F＊01B-1</td><td rowspan="2">F-B-＊01-1</td><td>F＊01B-<u>1A</u></td><td>F-B-＊01-<u>1A</u></td></tr>
<tr><td>F＊01B-<u>1B</u></td><td>F-B-＊01-<u>1B</u></td></tr>
<tr><td rowspan="2">F＊01B-2</td><td rowspan="2">F-B-＊01-2</td><td>F＊01B-<u>2A</u></td><td>F-B-＊01-<u>2A</u></td></tr>
<tr><td>F＊01B-<u>2B</u></td><td>F-B-＊01-<u>2B</u></td></tr>
<tr><td rowspan="8">数字形式</td><td rowspan="2">F＊01-1</td><td rowspan="2">F-1-＊01</td><td rowspan="8"></td><td rowspan="2">F＊01-1-1</td><td rowspan="2">F-1-＊01-1</td><td rowspan="8"></td><td>F＊01-1-<u>1A</u></td><td>F-1-＊01-<u>1A</u></td></tr>
<tr><td>F＊01-1-<u>1B</u></td><td>F-1-＊01-<u>1B</u></td></tr>
<tr><td rowspan="2">F＊01-2</td><td rowspan="2">F-2-＊01</td><td rowspan="2">F＊01-1-2</td><td rowspan="2">F-1-＊01-2</td><td>F＊01-1-<u>2A</u></td><td>F-1-＊01-<u>2A</u></td></tr>
<tr><td>F＊01-1-<u>2B</u></td><td>F-1-＊01-<u>2B</u></td></tr>
<tr><td colspan="2" rowspan="4"></td><td rowspan="2">F＊01-2-1</td><td rowspan="2">F-2-＊01-1</td><td>F＊01-2-<u>1A</u></td><td>F-2-＊01-<u>1A</u></td></tr>
<tr><td>F＊01-2-<u>1B</u></td><td>F-2-＊01-<u>1B</u></td></tr>
<tr><td rowspan="2">F＊01-2-2</td><td rowspan="2">F-2-＊01-2</td><td>F＊01-2-<u>2A</u></td><td>F-2-＊01-<u>2A</u></td></tr>
<tr><td>F＊01-2-<u>2B</u></td><td>F-2-＊01-<u>2B</u></td></tr>
</table>

3.3.3 仪表常用缩写字母

仪表功能标志以外的常用缩写字母如表 3.4 所示。

表 3.4　仪表功能标志以外的常用缩写字母表

序号	缩　写	英　　文	中　　文
1	A	Analog signal	模拟信号
2	AC	Altemating current	交流电
3	A/D	Analog/Digital	模拟/数字
4	A/M	Automatic/Manual	自动/手动
5	AND	AND gate	“与”门
6	AVG	Average	平均
7	CHR	Chromatograph	色谱
8	D	Derivative control mode	微分控制方式
		Digital signal	数字信号

续表

序号	缩写	英文	中文
9	D/A	Digital/Analog	数字/模拟
10	DC	Direct current	直流电
11	DIFF	Subtract	减
12	DIR	Direct - acting	正作用
13	E	Voltage signal	电压信号
		Electric signal	电信号
14	EMF	Electric magnetic flowmeter	电磁流量计
15	ES	Electric supply	电源
16	ESD	Emergency shutdown	紧急停车
17	FC	Fail closed	故障关
18	FFC	Feedforward control mode	前馈控制方式
19	FFU	Feedforward unit	前馈单元
20	FI	Fail indeterminate	故障时任意位置
21	FL	Fail locked	故障时保位
22	FO	Fail open	故障开
23	H	Hydraulic signal	液压信号
		High	高
24	HH	Highest (Higher)	最高(较高)
25	H/S	Highest select	高选
26	I	Electric current signal	电流信号
		Interlock	联锁
		Integrate	积分
27	IA	Instrument air	仪表空气
28	IFO	Internal orifice plate	内藏孔板
29	IN	Input	输入
		Inlet	入口
30	IP	Instrument panel	仪表盘
31	L	Low	低
32	L-COMP	Lag compensation	滞后补偿
33	LB	Local board	就地盘
34	LL	Lowest (lower)	最低(较低)
35	L/S	Lowest select	低选
36	M	Motor actuator	电动执行机构
		Middle	中
37	MAX	Maximum	最大
38	MF	Mass flowmeter	质量流量计
39	MIN	Minimum	最小
40	NOR	Normal	正常
		NOR gate	"或非"门
41	NOT	NOT gate	"非"门
42	O	Electromagnetic or sonic signal	电磁或声信号
43	ON-OFF	Connect - disconnect (automatically)	通—断(自动地)
44	OPT	Optimizing control mode	优化控制方式
45	OR	OR gate	"或"门
46	OU	Output	输出
		Outlet	出口

续表

序号	缩写	英文	中文
47	P	Pneumatic signal	气动信号
		Proportional control mode	比例控制方式
		Instrument panel	仪表盘
		Purge flushing device	吹气或冲洗装置
48	PCD	Process control diagram	工艺控制图
49	P&ID(PID)	Piping and Instrument Diagram	管道及仪表流程图
50	P. T-COMP	Pressure Temperature Compensation	压力温度补偿
		Reset of fail - locked device	(能源)故障保位复位装置
51	R	Resistance (signal)	电阻(信号)
52	REV	Reverse - acting	反作用(反向)
53	RTD	Resistance temperature detector	热电阻
54	S	Solenoid actuator	电磁执行机构
55	SIS	Safety Interlock System	安全联锁系统
56	SP	Set point	设定点
57	SQRT	Square root	平方根
58	VOT	Vortex transducer	旋涡传感器
59	XMTR	Transmitter	变送器
60	XR	X-ray	X 射线

3.3.4 缩写字母的应用

在工程设计中，由于图纸篇幅限制，往往采用缩写字母的方法来表示。缩写字母应用示例如下：

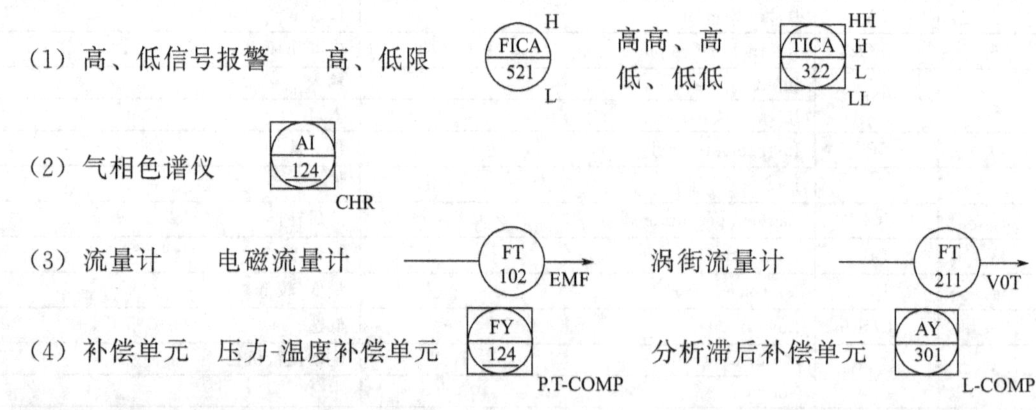

3.4 图形符号

在自控工程设计的图纸上，按设计标准，均有统一规定的图例、符号。我国控制系统设计常用的标准或规范为《过程检测和控制系统用图形符号和文字符号》(HG-T20505—2014)，下面对其中主要内容作简要介绍。这些图形符号和文字符号主要用于工艺控制流程图 (PCD)、管道及仪表流程图 (P&ID) 上的应用。另外在新体制的设计规定中，专门有一个分规定。

3.4.1 基本图形符号

控制系统设计的最基本的图形符号如表 3.5 所示。表示仪表位置的图形基本符号如表 3.6 所示。

表 3.5　控制系统设计的基本图形符号

序号	图形符号	描　述
1		单台仪表图形为细实线圆圈
2		过程控制系统图形由细实线正方形与内切圆组成
3		计算机系统及软件图形为细实线正六边形
4		备选或安全仪表系统图形由细实线正方形与内接四边形组成
5	I　　I	联锁逻辑系统符号为细实线菱形，菱形中标注“I”，在局部联锁逻辑系统较多时，应将联锁系统编号
6		处理两个或多个变量，或处理一个变量但是有多个功能的复式仪表(同一壳体仪表)时，可用相切的仪表圆圈表示
7	测量点a　　测量点b	当两个测量点引到一台复式仪表上，而两个测量点在图纸上距离较远或不在同一图纸上时，则分别用两个相切的实线圆圈和虚线圆圈表示

表 3.6　表示仪表位置的图形基本符号

序号	共享显示、共享控制[1]		C	D	安装位置与可接近性[2]
	A	B			
	首选或基本过程控制系统	首选或安全仪表系统	计算机系统及软件	单台(单台仪表设备或功能)	
1					位于现场；非仪表盘、柜、控制台安装；现场可视；可接近性—通常允许
2					位于控制室；控制盘/台正面；在盘的正面或视频显示器上可视；可接近性—通常允许
3					位于控制室；控制盘背面；位于盘后[3]的机柜内；在盘的正面或视频显示器上不可视；可接近性—通常不允许
4					位于现场控制盘/台正面；在盘的正面或视频显示器上可视；可接近性—通常允许
5					位于现场控制盘背面；位于现场机柜内；在盘的正面或视频显示器上不可视；可接近性—通常不允许

标注说明：

1　共享显示、共享控制系统包括基本过程控制系统、安全仪表系统和其他具有共享显示、共享控制功能的系统和仪表设备。

2　可接近性指通常是否允许包括观察、设定值调整、操作模式更改和其他任何需要对仪表进行操作的操作员行为。

3　“盘后”广义上为操作员通常不允许接近的地方。例如仪表或仪表盘的背面，封闭式仪表机架和机柜，或仪表机柜间内放置盘柜的区域。

3.4.2 图形符号

在以前的设计规范中，PLC 控制系统和 DCS 控制系统的图形符号表示有所区别。由于 PLC 与 DCS 的差别日益缩小，实际上许多高性能的 PLC 与 DCS 基本一致。许多 PLC 控制系统也承担着大量的模拟量测控，因此，目前许多 PLC 控制系统工程都是按 DCS 控制系统的标准规范进行设计。控制系统应用设计的图形符号的用例如下。

3.4.2.1 监控仪表图形符号

监控仪表图形符号见表 3.7。

表 3.7 监控仪表图形符号示例

序号	被测变量	控制室仪表	现场仪表	功能说明	简化示例	详细示例
1	流量	常规仪表	差压变送器	指示	FI 412	FI 412 FT 412
			旋涡流量变送器	记录报警	FRA 112 L	FRA 112 L FT 112
		控制系统	电磁流量计	指示报警	FRA 2105 L LL M	FI 2105 FAL 2105 FALL 2105 FT 2105 M
			差压变送器	累计带温压补偿	P.T.COMP PI 105 FQ 105 TI 105	FQ 105 PI 105 FI 105 TI 105 P.T. COMP PT 105 FT 105 TT 105
2	液位液位	常规仪表	浮筒	指示	设备 LI 123	设备 LT 123 LI 123

续表

序号	被测变量	控制室仪表	现场仪表	功能说明	简化示例	详细示例
2	液位液位	常规仪表	差压变送器	记录报警	设备 LRA 106 H L	设备 LT 106 LRA 106 H L
		控制系统	差压变送器	指示	设备 P NS LT 103 P WS	设备 P NS LT 103 LI 103 P WS
			差压变送器	记录报警	设备 LIA 203 H L	设备 LAHL 203 LT 203 LI 203
3	压力	常规仪表	压力变送器	双笔记录（气动）	PR 102 PR 103	PR 102 PR 103 PT 102 PT 103
			差压变送器	指示报警	PDIA 211 H	PDIA 211 H PDT 211
		控制系统	压力变送器	指示报警	PIA 213 H	PIA 213 H PT 213
			差压变送器	指示报警联锁	设备 PDIAS 111 H	设备 PDT 111 PDI 111 PDSH 111 PDA 111 I ×××

续表

序号	被测变量	控制室仪表	现场仪表	功能说明	简化示例	详细示例
4	温度	常规仪表	热电偶	指示报警	TRA 211 H	TRA 211 H TE 211
			双支热电偶	指示报警联锁	TIA 105 H TRS 106 H	TIA 105 H TRS 105 H I ××× TE 105 TE 106
			热电阻	多点温度巡回指示报警	TJIA 1-3 H 低 压缩机 高	TAH 1-3 TJI 1-3 TSH 1-3 I ××× TE 1-3 低 压缩机 高
		控制系统	一体化温度变送器	记录报警（趋势报警）	TRA 216 H	TR 216 TA 216 H TT 216
			毛细管温度变送器	温差指示	“A” “B” TDI 201	TT 303A TT 303B TDI 303

3.4.2.2　执行机构图形符号

执行机构图形符号见表 3.8。

表 3.8　执行机构图形符号

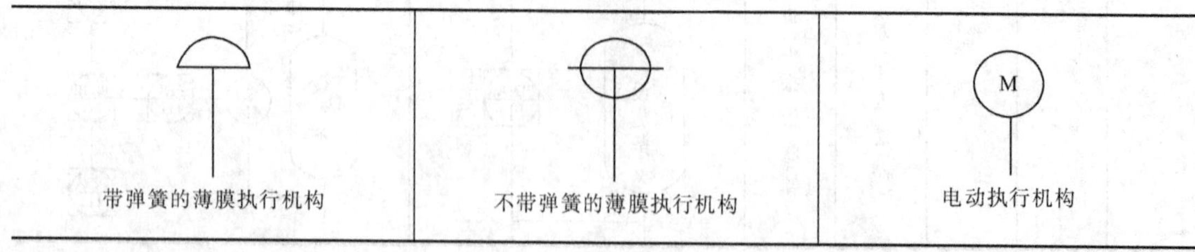

M
带弹簧的薄膜执行机构
不带弹簧的薄膜执行机构
电动执行机构

续表

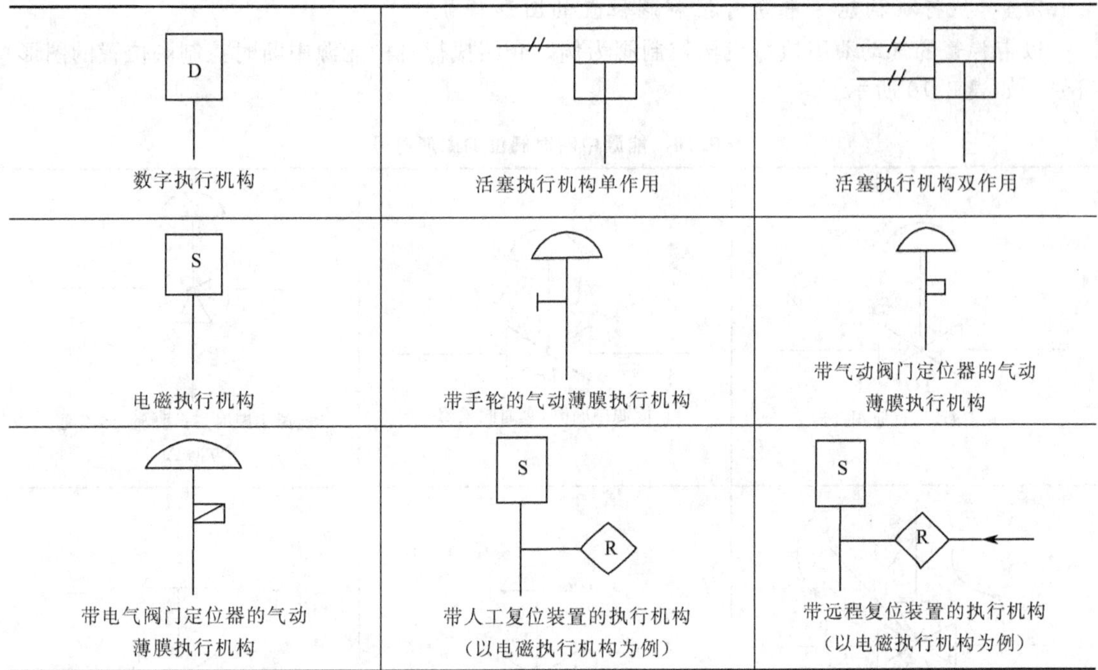

3.4.2.3　控制阀图形符号

控制阀图形符号见表3.9。

表3.9　控制阀的图形符号

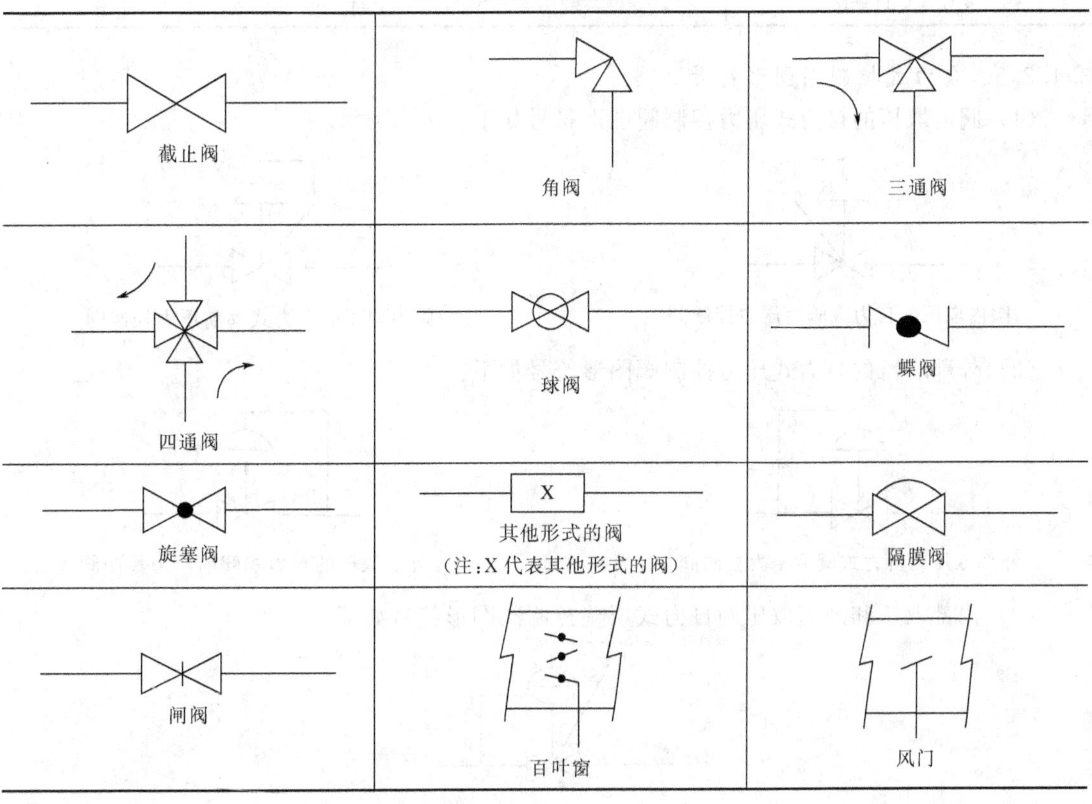

3.4.2.4　执行机构能源中断时控制阀位置的图形符号

以带弹簧的气动薄膜执行机构控制阀为例，介绍执行机构能源中断时控制阀位置的图形符号。如表 3.10 所示。

表 3.10　能源中断时阀位的图形符号

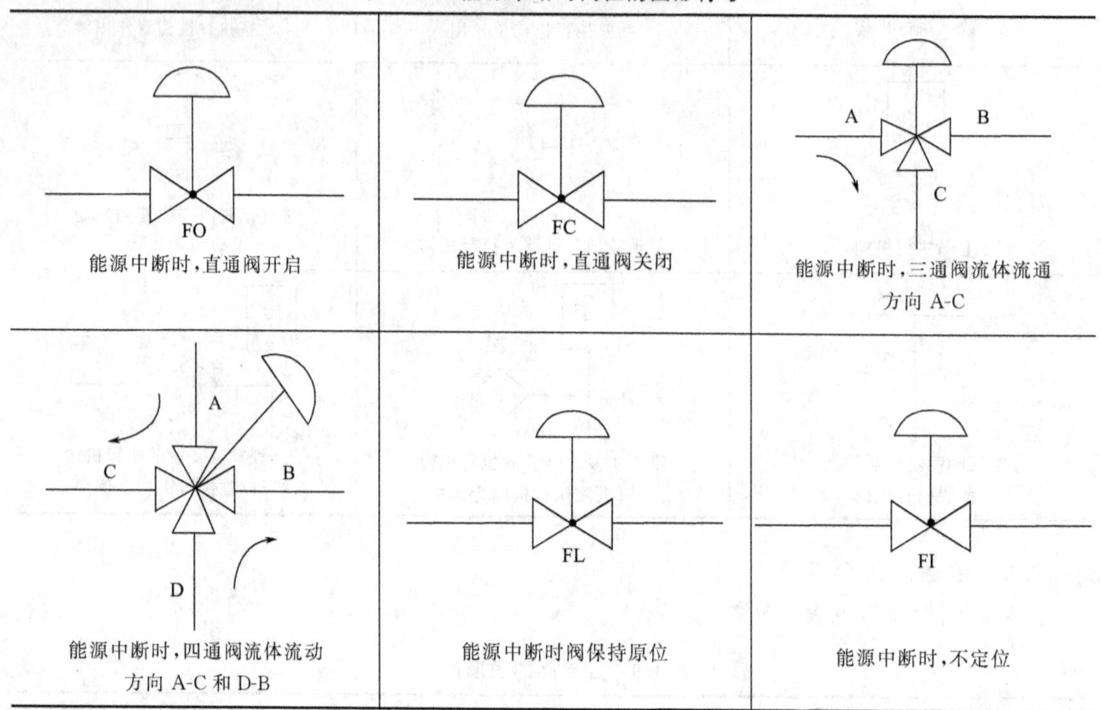

3.4.2.5　自力式控制阀图形符号

（1）阀内取压的自力式压力控制阀图形符号如下：

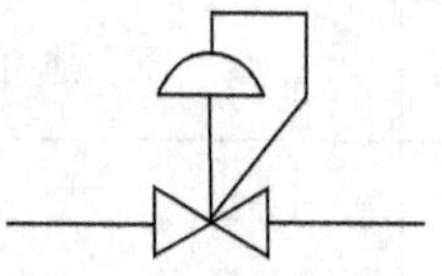

阀内取压的自力式阀后压力控制阀

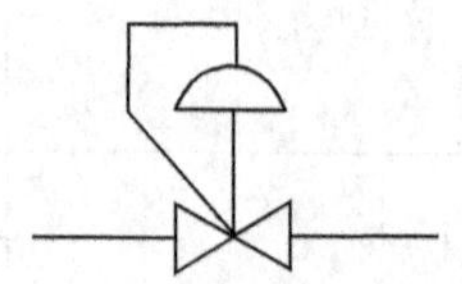

阀内取压的自力式阀前压力控制阀

（2）外部取压的自力式压力控制阀图形符号如下：

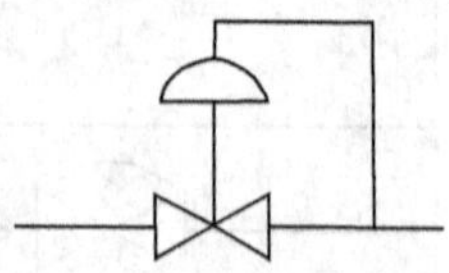

外部取压的自力式阀后压力控制阀

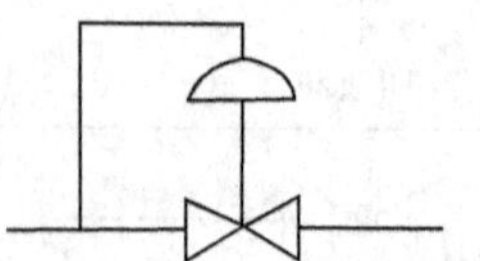

外部取压的自力式阀前压力控制阀

（3）内部取压和外部取压的自力式压差控制阀图形符号如下：

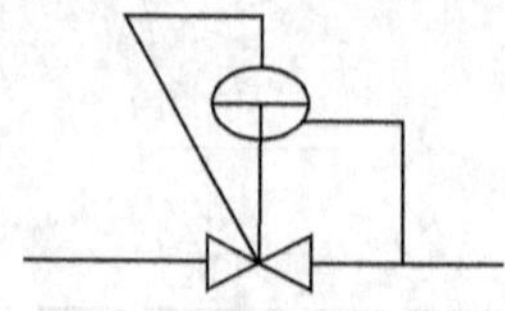

3.5 测量点与连接线的图形符号

3.5.1 测量点的表示

测量点（包括检出元件）是由过程设备或管道引至检测元件或就地仪表的起点，一般不单独表示。需要时，检出元件或检出仪表可用细实线加图形 PP、LP、AP 等表示，如图 3.2 所示。

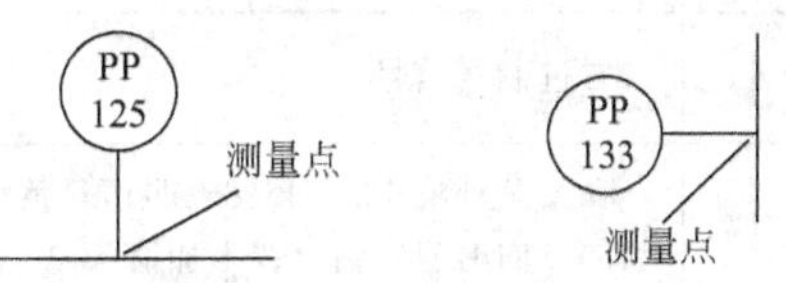

图 3.2　表面测量点的图形表示

若测量点位于设备中，当需要标出测量点在设备中的位置时，可用细实线或虚线表示，如图 3.3 所示。

测量点带就地显示、变送器和在控制系统计算机显示的，检出仪表可用细实线加图形 LIT、FIT 等表示，如图 3.4 所示。

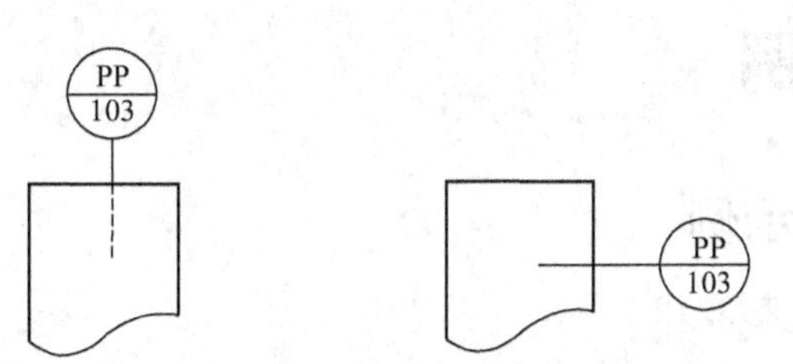

图 3.3　内部测量点的图形表示（一）

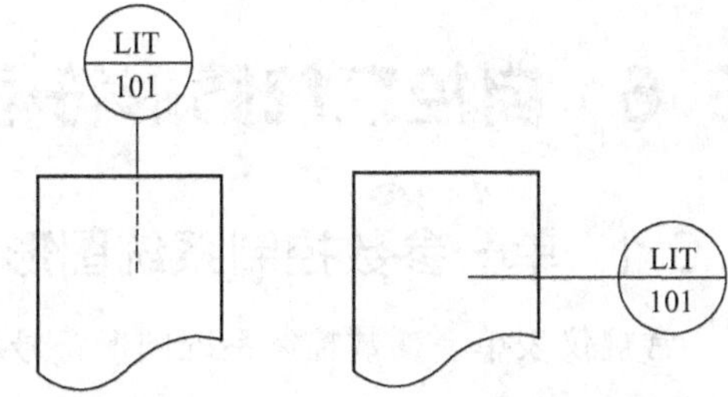

图 3.4　内部测量点的图形表示（二）

3.5.2 仪表的各种连接线规定

细实线表示仪表连接的应用场合，见表 3.10 的第 1 项。就地仪表与控制室仪表（包括 DCS）的连接线、控制室仪表之间的连接线、DCS 内部系统连接线或数据连接线见表 3.11 的第 2～第 11 项。

表 3.11　仪表的各种连接线规定

序号	信号线类型	图形符号	备注
1	仪表连接的一般表示，细实线		
2	气动信号线		斜短画线与细实线成 45°
3	电动信号线	或	斜短画线与细实线成 45°
4	导压毛细管		
5	液压信号线		
6	电磁、辐射、热、光、声波等信号线（有导向）		
7	电磁、辐射、热、光、声波等信号线（无导向）		
8	内部系统线（软件或数据链）		

续表

序号	信号线类型	图形符号	备注
9	机械链	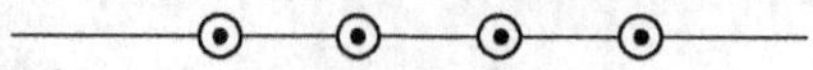	
10	二进制电信号	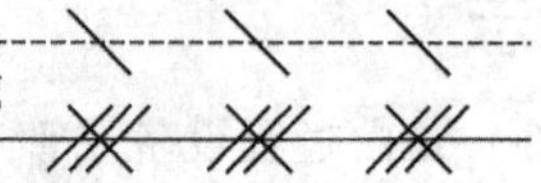 或	斜短画线与细实线成45°
11	二进制气信号		斜短画线与细实线成45°
12	在复杂环境中,有必要表明信息流动的方向时应在信号线上加箭头		
13	信号线的交叉为断线,信号线交叉不打点	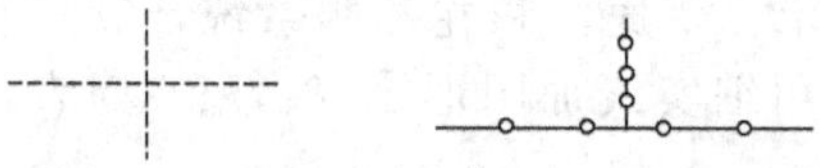	

3.6 自控系统图形符号示例

3.6.1 单一参数控制系统图形符号示例

常规仪表单一参数控制系统图形符号示例见表3.12。

表3.12 常规仪表单一参数控制系统图形符号示例

序号	控制系统名称	控制系统示例
1	流量控制系统	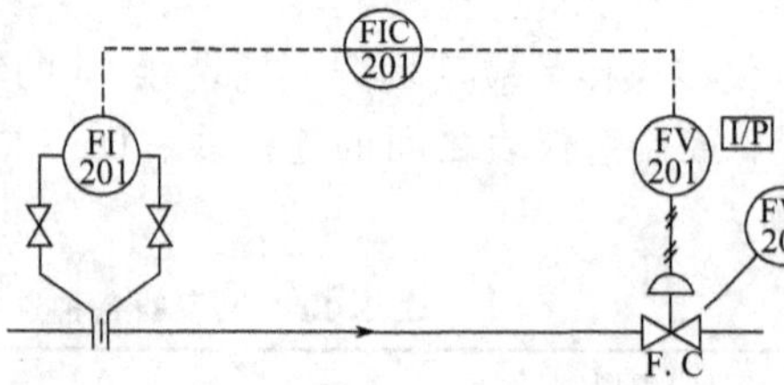 FIC 201; FI 201; FV 201 I/P; FV 201; F.C
2	液位控制系统	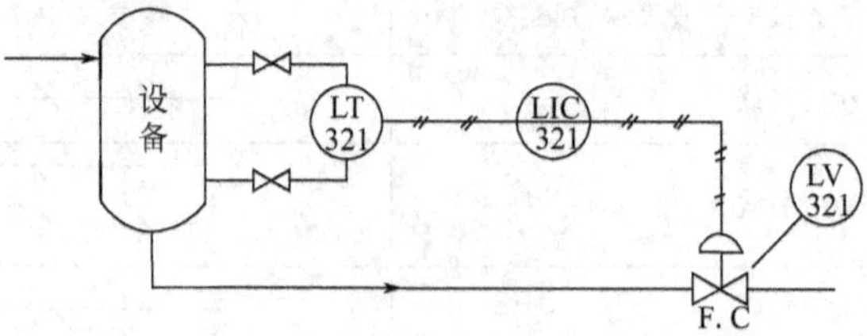 设备; LT 321; LIC 321; LV 321; F.C
3	压力控制系统	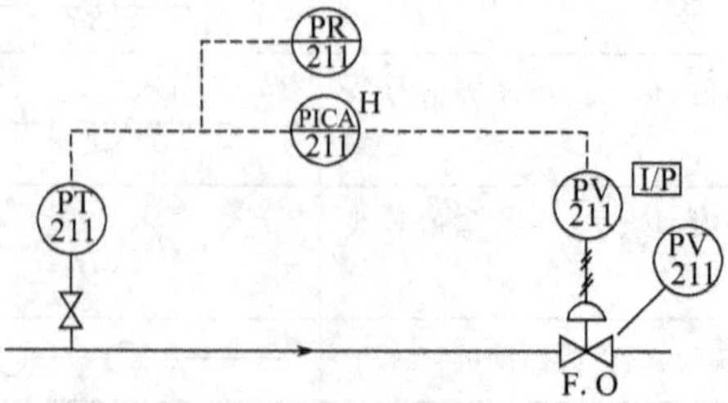 PR 211; PICA 211 H; PT 211; PV 211 I/P; PV 211; F.O

序号	控制系统名称	控制系统示例
4	温　度 控制系统	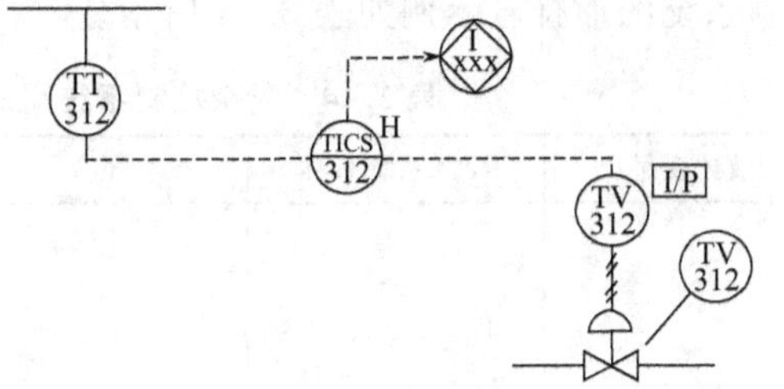 TT 312　TICS 312 H　I XXX　TV 312 I/P　TV 312
5	分　析 控制系统	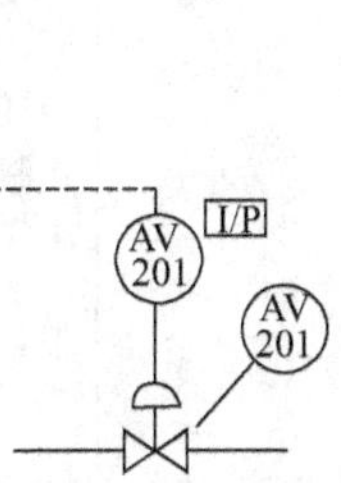 AT 201 O_2　ARC 201　AV 201 I/P　AV 201

3.6.2 常规仪表复杂控制系统图形符号示例

常规仪表复杂控制系统图形符号示例如表 3.13 所示。

表 3.13 常规仪表复杂控制系统图形符号示例

序号	被控变量	控制系统名称	控制系统示例
1	流量	单闭环流量 比值控制系统	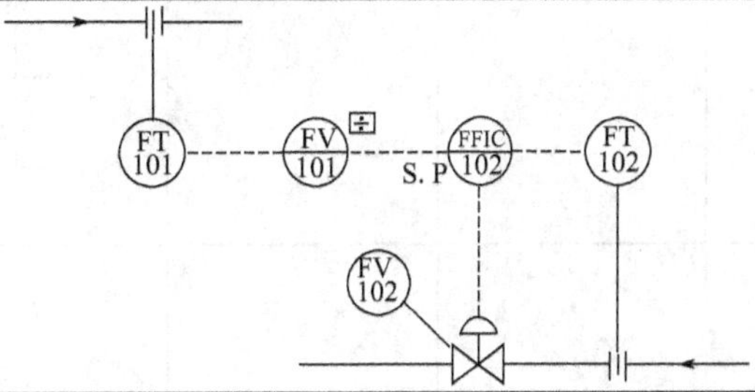 FT 101　FV 101 ÷　S. P FFIC 102　FT 102　FV 102
2	温度	温度-流量 串级控制系统	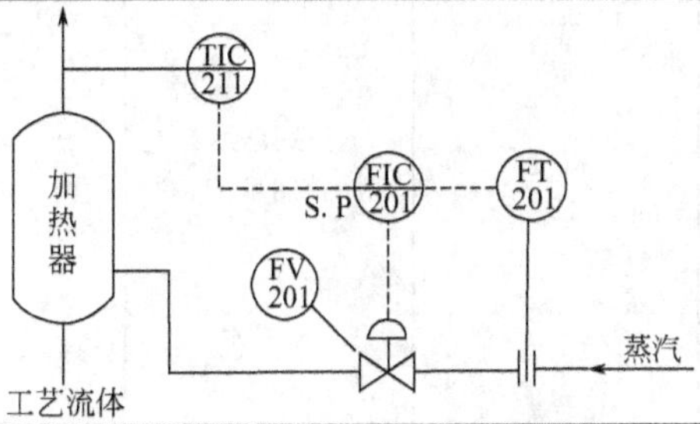 TIC 211　加热器　S. P FIC 201　FT 201　FV 201　蒸汽　工艺流体
3	流量、液位	液位、流量 均匀控制系统	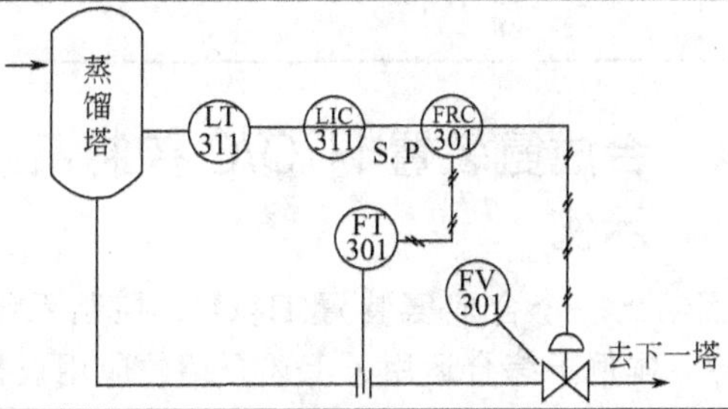 蒸馏塔　LT 311　LIC 311　S. P FRC 301　FT 301　FV 301　去下一塔

3.6.3 复杂控制系统图形符号示例

复杂控制系统图形符号示例如表 3.14 所示。

表 3.14 复杂控制系统图形符号示例

序号	被控变量	控制系统名称	控制系统示例
1	流量	双闭环流量比值控制比值报警系统	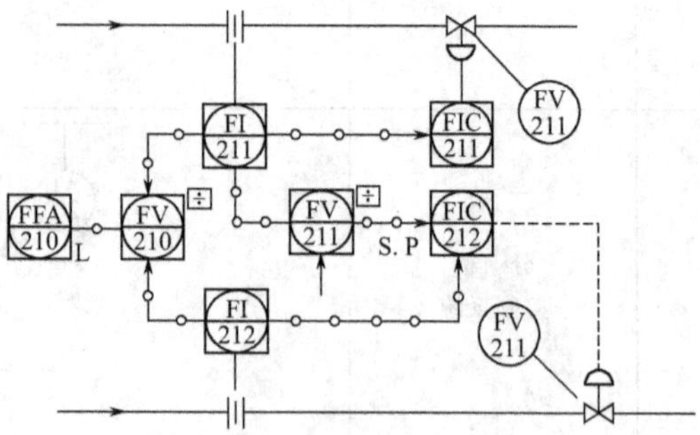
2	温度	前馈、反馈控制系统	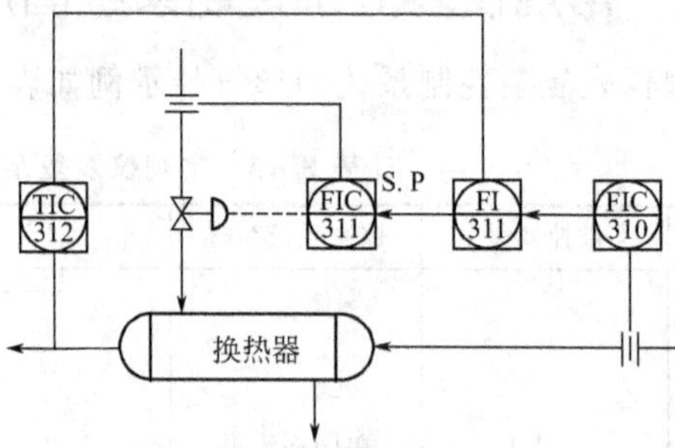
3	湿度	选择性控制系统	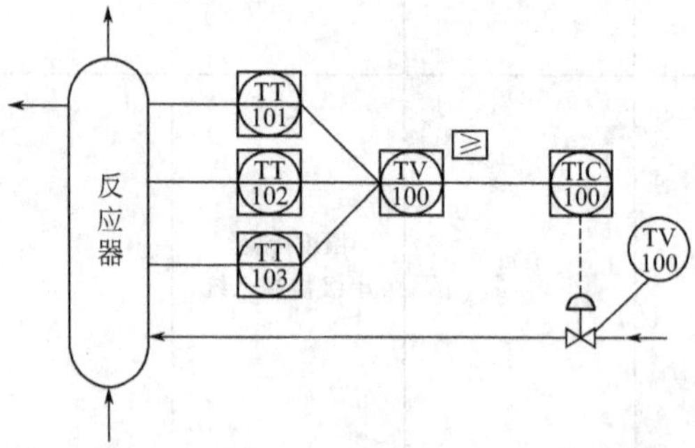

3.6.4 合成氨装置 H_2O/C 控制系统（超前/滞后系统）图形符号示例

下面给出一个合成氨装置 H_2O/C 控制系统（超前/滞后系统）图形符号标注的例子（图 3.5）。本例子综合运用了上述介绍的应用设计规范和图形符号表示方法。

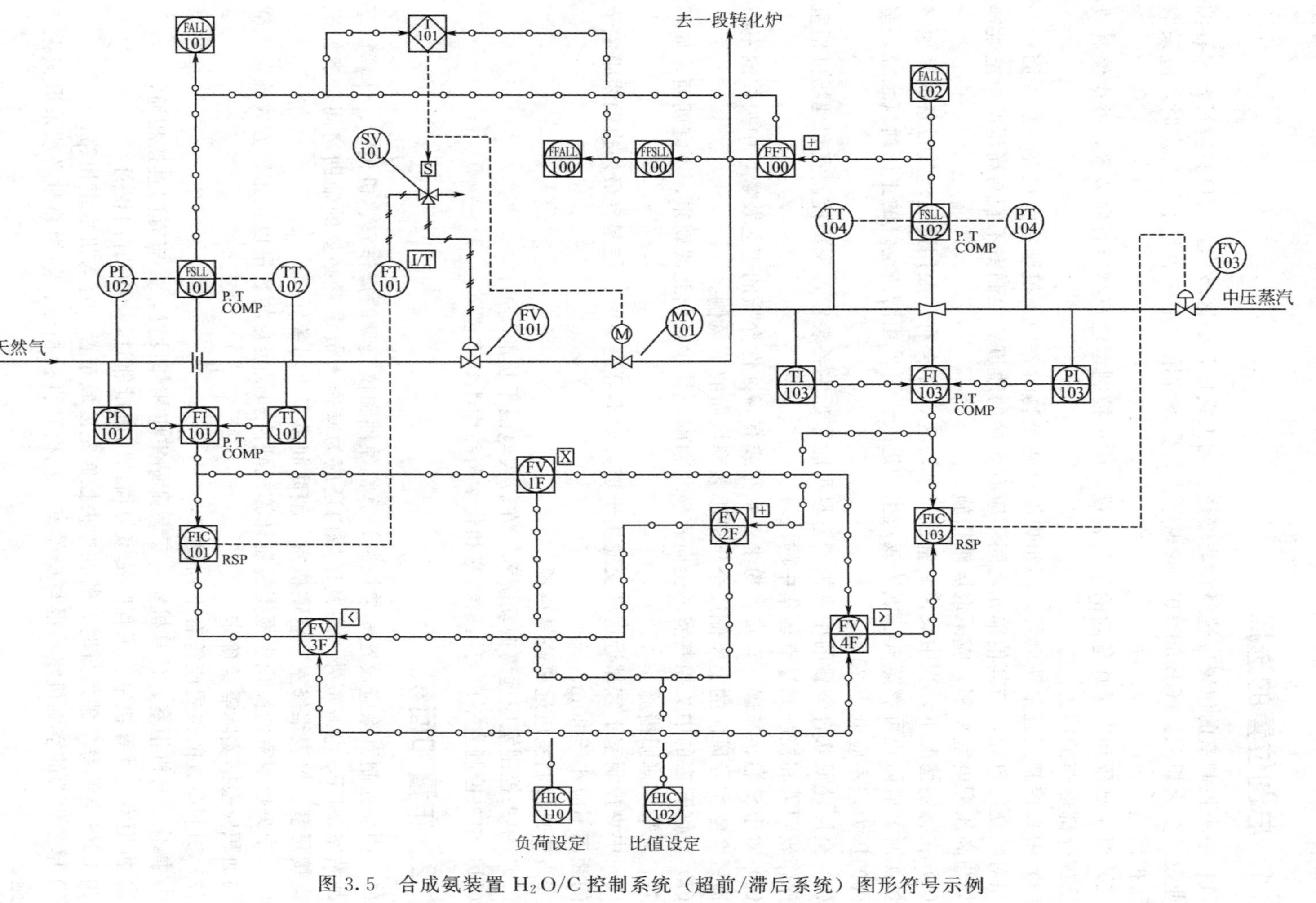

图 3.5 合成氨装置 H_2O/C 控制系统（超前/滞后系统）图形符号示例

3.7 控制室设计规定

3.7.1 总图位置的选择

(1) 中央控制室的位置应选择在非爆炸、无火灾危险的区域内，其位置应符合《石油化工企业设计防火规范》(GB 50160) 的规定，如受条件限制不能满足上述规定时，应采取有效的防护措施。

(2) 对于高压和有爆炸危险的工艺装置，中央控制室建筑物应背向装置，并应使其具有一定抵御外部爆炸的能力。

(3) 中央控制室宜单独设置。当组成综合建筑物时，中央控制室宜设在一层平面，并且应为相对独立的单元，与其他单元之间不应有直接的通道。控制室不宜与高压配电室毗邻布置，如与高压配电室相邻，应采取屏蔽措施。

(4) 在特定情况下，当中央控制室位于危险区，并含有一般用途的电气设备或其他潜在的点燃源时，应防止可燃蒸气、气体或灰尘的进入。可采用清洁空气的正压通风系统，室内与室外的压力差不应低于 25Pa。

(5) 全厂性或联合装置的中央控制室尽可能靠近主要装置，现场控制室和现场机柜室宜靠近操作较频繁和控制测量点较集中的区域。

(6) 对于易燃、易爆、有毒、粉尘、水雾或有腐蚀性介质的工艺装置，中央控制室布置在本地区全年主导风向的上风侧或全年最小频率风向的下风侧。

(7) 允许开窗的中央控制室的坐向宜坐北朝南，其次是朝北或朝东，不宜朝西，如不能避免时，应采取遮阳措施。

(8) 中央控制室不宜靠近厂区交通主干道，如不可避免时，控制室最外边轴线距主干道中心的距离不应小于 20m。

(9) 中央控制室应远离高噪声源。

(10) 中央控制室应远离振动源和存在较大电磁干扰的场所。

(11) 中央控制室不应与压缩机室和化学药品库毗邻布置。

3.7.2 布置和面积

(1) 中央控制室除应设置安装控制计算机硬件和仪表盘的操作室、机柜室、计算机室或工程师站室、UPS 电源室外，在其区域内还应为操作人员设置必要的辅助房间，诸如操作人员交接班室、仪表维修室、空调机室、消防间及卫生间等。

(2) 中央控制室的面积应根据控制计算机硬件和仪表盘的数量以及布置方式确定。辅助房间的面积应根据实际需要确定。

(3) 房间布置的位置应符合下列要求：

① 操作室与机柜室、计算机室、工程师站室应相邻设置，并应有门直接相通；

② 机柜室、计算机室、工程师站室与辅助用房毗邻时，不得有门相通；

③ UPS 电源室单独设置时，若在中央控制室区域布置，宜与机柜室相邻；

④ 单独设置的空调机室不得与操作室、机柜室直接相通。如相邻时必须采取减振和隔音措施。

(4) 操作室中设备的布置应突出经常操作的操作员接口设备（如操作站等），便于操作人员观察和处理，操作室应有足够的操作空间并留有适当的余地。

① 操作站可按直线或弧线布置。当为两个或两个以上相对独立的工艺装置时，操作站

可分组布置。

② 打印机可布置在操作站的两侧或其他适当的位置。

③ 有仪表盘时（可燃气体检测器盘、压缩机轴振动、轴位移监控系统盘、火灾报警器等），可布置在操作站的侧面。

（5）机柜室内的控制计算机机柜、端子柜、配电柜、继电器柜、安全栅柜等宜成排布置，根据机柜数量可排成一排或数排。成排布置的机柜室，应留有安装、接线、检查和维修所需的足够空间。

① 端子柜宜靠近信号电缆入口处；

② 配电柜宜位于电源电缆入口处；

③ 控制计算机机柜的布置宜按其顺序排列；

④ 机柜布置时应避免机柜间连接电缆过多的交叉。

3.7.3 操作站

（1）机柜室的面积应按机柜的尺寸及数量确定：

① 成排机柜之间净距离宜为1.5～2m；

② 机柜侧面离墙净距离宜为1.5～2m。

（2）计算机室、工程师站室、UPS电源室等的面积应按设备尺寸、工作要求及安装、维护所需的空间确定。

（3）环境条件

① 分散型控制系统的操作室、机柜室、计算机室、工程师室等的温度、湿度及其变化率要求见表3.15。

表3.15 分散型控制系统的环境条件要求

名称	温度		温度变化率	相对湿度	相对湿度变化率
	冬季	夏季			
DCS	(20±2)℃	(26±2)℃	<5℃/h	50%±10%	<6%/h
计算机	(22±2)℃		<5℃/h	40%～50%	<6%/h

使用计算机系统的控制室应按计算机要求设计。

② 中央控制室内的空气应洁净。

③ 中央控制室地面振动的幅度和频率应满足制造厂控制计算机硬件的机械振动参数限制条件要求。

④ 中央控制室内噪声不应大于55dB（A）。

⑤ 中央控制室内的电磁场条件应满足制造厂控制计算机硬件的电磁场条件要求。

⑥ 中央控制室的设计应采取防静电措施，室内相对湿度应满足最高要求设备的要求。中央控制室的地面宜使用防静电地板。

3.7.4 建筑、结构设计要求

（1）对于存在爆炸危险的工艺装置，其中央控制室建筑物的抗爆结构设计应符合如下要求：

① 联合装置的中央控制室建筑物应采用抗爆结构设计；

② 单一的工艺装置，根据存在的爆炸危险程度，中央控制室建筑物应采取相应的抗爆结构设计措施，如面向工艺装置一侧的墙采用防爆墙等。

（2）中央控制室建筑物耐火等级不应低于二级。

(3) 机柜室地面宜采用防静电活动地板，操作室地面可采用活动地板或水磨石地面。

① 地板平均负荷不应小于 5000N/m^2；

② 活动地板水平度应为±1.5mm/m^3；

③ 活动地板下方的基础地面宜为水磨石地面；

④ 活动地板离基础地面高度宜为 300～800mm；

⑤ 基础地面应高于室外地面 300mm 以上。当中央控制室位于爆炸危险场所，且可燃气体或可燃蒸气密度大于 10342kg/m^{3}时，基础地面应高于室外地面 600mm 以上。

(4) 非抗爆结构设计的中央控制室的外墙宜采用砖墙；对于按抗爆结构设计的墙，根据不同的抗爆要求，可采用配筋墙或钢筋混凝土防爆墙。

① 室内墙面应平整，不积灰，易于清洁且不反光，墙面宜涂以无光漆或裱阻燃型无光墙布，涂层应不易剥落，必要时可使用吸声材料；

② 墙壁颜色应以浅色为宜，如白色、乳白色或淡黄色，色泽调和自然。

(5) 中央控制室应做吊项，吊顶距地面的净高宜为 2.8～3.3m。

① 吊顶上方的净空应满足敷设风管、电缆、管线和暗装灯具的空间要求；

② 吊顶应采用轻质石膏板或其他难燃烧体材料，其耐火极限不小于 0.25h。

(6) 中央控制室的门应满足使用、安全和易于清洁的要求。

① 控制室长度超过 15m 的大型控制室应设置两个通向室外的门，并应设置门斗作为缓冲区；

② 机柜室不应设置通向室外的门；

③ 应采用非燃烧体材料。

(7) 操作室和计算机室不宜开窗或只开少量双层密封窗。

3.7.5 采光与照明

(1) 中央控制室的照明应以人工照明为主。

(2) 在距地面 0.8m 工作面上不同区域照度标准值 (lx) 可选用下列数值。

① 操作室、计算机室：300；

② 机柜室：500；

③ 一般区域：300。

(3) 灯具的选择与布置原则如下：

① 照明灯具宜用荧光灯；

② 光源不应对显示屏幕直射和产生眩光；

③ 灯具的布置宜为暗装、吸顶、格栅式，可以按区域或按组分别设置开关以适应不同照明的需要。

(4) 必须设置事故应急照明系统，照度标准值宜为 30～50lx。

3.7.6 采暖、通风和空气调节

(1) 中央控制室应设置空气调节。

① 室内温度、湿度要求应符合相关规定；

② 室内宜有温度、湿度的指示或记录仪；

③ 空气净化要求应符合相关规定。

(2) 设备散热量应按制造厂提供的数据确定。

(3) 室内气流组织，应根据空气调节设计规范并结合现场实际情况确定。

① 对设备布置密度大、设备发热量大的机柜间通风宜采用活动地板下送上方式；

② 采用活动地板下送风时，出口风速不应大于 3m/s，送风气流不应直对工作人员。

(4) 采用正压通风系统应满足如下要求：

① 当所有的开口（门、窗等）关闭时，应保持室内与室外的压力差不低于 25Pa；

② 当所有的开口打开时，通过开口的气流流速不应低于 0.3m/s；

③ 正压通风系统应对控制室的所有区域提供所需的压力和流量；

④ 正压通风系统发生故障时应发出报警；

⑤ 正压通风控制室应设置可燃气体检测器等；

⑥ 短路器和电动机的防爆型式，应按正压通风系统故障状态下的场所分类来选择；

⑦ 正压通风系统的电源应采用独立的电源回路。

(5) UPS 电源室独立设置时，应有通风设施。

3.7.7 进线方式和室内电缆敷设

(1) 中央控制室进线可采用架空进线方式或地沟进线方式。

① 电缆架空敷设时，穿墙或穿楼板的孔洞必须进行防气、液和鼠害等的密封处理；在寒冷地区采取防寒措施。

② 地沟进线时，电缆沟室内沟底标高应高于室外沟底标高 300mm 以上，入口处和墙孔洞必须进行防气、液和鼠害等的密封处理，室外沟底应有泄水设施。

(2) 电缆进入活动地板下应在基础地面上敷设。

① 信号电缆与电源电缆应分开，避免平行敷设。若不能避免平行敷设时，应满足平行敷设时的有关规定要求的最小间距，或采取相应的隔离措施；

② 信号电缆与电源电缆垂直相交时，电源电缆应放置于汇线槽内，并满足相应距离规定的要求；

③ 控制室内电缆、管缆敷设应符合《仪表配管配线设计规定》(HG/T 20512)。

(3) 操作室若采用水磨石地面，电缆应在电缆沟内敷设，对电源电缆应采取隔离措施。

3.7.8 接地及安全保护

控制主机和计算机系统接地应按制造厂要求，并符合《仪表系统接地设计规定》(HG/T 20513)。安全保护应满足以下要求。

① 中央控制室内必须设置火灾自动报警装置。

② 中央控制室内应根据消防规范要求，设置相应的消防设施。

③ 控制室可能出现可燃气体或有毒气体时，应设置相应的检测报警器。

3.7.9 通信

① 中央控制室应按需要设置不同用途的电话。

② 如果装置设置了扩音对讲系统和无线通讯系统，则中央控制室必须设置扩音对讲系统和无线通信系统。

③ 当中央控制室操作人员与巡回检查人员联系频繁时，宜设置扩音对讲系统。

3.8 仪表供电设计规定

3.8.1 仪表供电范围、负荷等级与电源类型

(1) 当自控专业不负责工业电视系统的设计时，自控专业也就不负责工业电视系统的供

电设计。

(2) 一般工业条件用电负荷等级的条件。

一级负荷：当企业正常工作电源突然中断时，企业的连续生产被打乱，使重大设备损坏，恢复供电后，需长时间才能恢复生产，使重大产品报废，重要原料生产的产品大量报废，而使重点企业造成重大经济损失的负荷。

二级负荷：当企业正常工作电源突然中断时，企业的连续生产过程被打乱，使主要设备损坏，恢复供电后，需较长时间才能恢复生产，产品大量报废，大量减产，使重点企业造成较大经济损失的负荷。

三级负荷：所有不属于一级、二级负荷（包括有特殊供电要求的负荷）者，均为三级负荷。

有特殊供电要求的负荷：当企业正常工作电源因故障突然中断或因火灾而人为切断正常工作电源时，为保证安全停产，避免发生爆炸及火灾蔓延、中毒及人身伤亡等事故，或一旦发生这类事故时，能及时处理事故，防止事故扩大，为抢救及撤离人员，而必须保证供电的负荷。

3.8.2 仪表电源质量与容量

(1) 纹波电压含量是电压的总交流分量（峰一峰值）与电压平均值之比的百分数，即

$$纹波电压=总交流分量（峰一峰值）/电压平均值\times 100\% \tag{3.1}$$

(2) 电源瞬断时间指开关切换过程的瞬间中断供电时间，电源的允许瞬断时间取决于用电设备的最大允许中断时间。一般情况下，仪表及控制系统的允许电源瞬断时间如下。

① 普通电动仪表：直流≤10ms，交流≤100ms；

② 重要报警及安全联锁系统继电器类或 PLC≤3ms；

③ 计算机控制系统（包括 DCS）≤3ms；

④ 智能式电动仪表：直流≤5ms，交流≤10ms；

⑤ 其他电子仪表回路及电磁阀：≤5ms。

(3) 电压瞬间跌落是指电源切换过程引起的电压瞬间跌落，一般仪表系统要求供电电压瞬间跌落应小于 27%，DCS 系统要求应小于 10%。

(4) 不间断电源一般用于 DCS（包括其他过程控制计算机）和重要装置监控系统的供电，而不间断电源的电源质量指标一般都高于 DCS 的电源质量要求。故本规定不再编写 DCS 的电源质量指标。

(5) 电源输出电力的额定容量，直流电以“A”表示，交流电以“kV·A”表示。

3.8.3 供电系统设计与设计条件

(1) 供电系统的两点说明

第一点说明是，对于仪表系统启动时冲击状态的保护措施有以下几条。

① 电力系统提供的仪表电源容量应能满足仪表系统启动负荷尖峰的要求。

② UPS 装置应具有抗瞬间过载的能力；或采用限流电路对起动电流进行限制，过载结束后自动恢复。

③ 仪表系统顺次接通。

④ 配电线路上的保护电器选用应充分考虑到冲击状态因素。

第二点说明是，仪表电源装置防雷击，一般有如下两种方法。

① 在室外电缆引入侧（供电侧）力口装避雷器，当电缆受雷击时，进入电缆的线间冲击电压可直接经避雷器进入大地，而不能进入仪表电源中；

② 选用带有避雷器的电源设备。

(2) 自控专业向电气专业提交仪表电源设计条件时，也可按《自控专业工程设计用典型条件表》(HG/T 20639.2) 中“仪表电源设计条件表”的格式提交条件。

3.8.4 供电器材的选择

低压断路器中过电流脱扣器的选择，还应考虑以下要求。

① 瞬时动作的过电流脱扣器整定电流应躲过配电线路中的负荷尖峰电流，一般按大于或等于线路中负荷尖峰电流的 1.2 倍取值。

② 配电用断路器的短延时过电流脱扣器的整定电流，应避开配电线路中短时间出现的负荷峰电流，一般按大于或等于线路中负荷尖峰电流的 1.2 倍取值。短延时主要用于保证保护装置动作的选择性，短延时断开时间分为 0.5s (0.2s)、0.4s 和 0.6s 三种。

③ 配电用断路器的长延时过电流脱扣器的整定电流，应大于线路计算电流；一般按大于线路计算电流的 1.1 倍取值。

④ 启动尖峰电流（或负荷尖峰电流）I_p 的计算公式：

$$I_p = I_{q1} + I_{q(n-1)} \tag{3.2}$$

式中

I_p——起动尖峰电流；

I_{q1}——线路中起动电流最大的一台设备的全起动电流 A，其值为该设备起动电流的 1.7 倍；

$I_{q(n-1)}$——除 I_{q1} 以外的线路计算电流。

3.8.5 供电系统的配线

导线截面的计算选择方法如下。

(1) 求导线最大工作电流 I，

交流线路：　I=用电负载（峰值）/$\Delta V_{允}$　(A)　(3.3)

直流线路：　I=总的计算用电量　(A)

$\Delta V_{允}$ 为线路允许压降。

(2) 求导线允许电阻 $R_{允}$ 及导线单位长度的允许电阻 $r_{允}$

$$R_{允} = \Delta V_{允}/I \tag{3.4}$$

$$r_{允} = R_{允}/2L \tag{3.5}$$

式中　L——导线敷设距离，m；

$r_{允}$——线单位长度的允许电阻，Ω/m。

(3) 根据所采用导线的电阻率（电阻系数）ρ，计算导线的截面积。导线截面积的计算公式为：

$$S = \rho / r_{选} \tag{3.6}$$

式中　S——导线截面积，mm^2；

ρ——导线材料的电阻率，Ω/m 或 $\Omega \cdot m^2/m$。

将计算的 S 值向粗导线的截面积级别圆整，即可确定采用导线的截面积。

3.9 信号报警、安全联锁系统设计规定

本规定适用于一般工业装置过程参数信号报警与安全联锁系统的设计。信号报警、安全

联锁系统的设计，必须满足化工过程的要求；应尽量采用简明的线路，使得中间环节最少。信号报警、安全联锁系统的选型与安装，应根据环境条件采用合适的型式与防护措施；必须根据装置的危险区域划分要求采用合适的防爆等级。

3.9.1 信号报警系统

（1）信号报警系统的原则。

① 信号报警系统应以声、光形式表示过程参数越限和/或设备异常状态。

② 一般信号报警系统应由发信装置、逻辑单元、灯光显示单元、音响单元、按钮及电源装置等组成。

③ 一般信号报警系统宜采用一体化的闪光报警器。

④ 一般信号报警系统应采用 DCS/PLC 实现。

⑤ 当过程参数接近联锁设定点，宜设置预报警；当过程参数达到联锁设定点，从而产生联锁动作的同时，也应进行报警。

（2）逻辑单元。

① 规模较小、逻辑关系简单的信号报警系统的逻辑单元宜采用继电器组成。

② 规模较大、逻辑关系复杂的信号报警系统的逻辑单元宜采用以微处理器为基础的插卡式模件组成。

（3）灯光显示单元。

① 当信号报警系统中既有首出报警点又有一般报警点时，其灯光显示单元应分开排列。

② 在化工装置中，红色灯光应表示越限报警或危急状态；黄色灯光应表示预报警，或非首出报警；绿色灯光应表示运转设备或工艺参数处于正常运行状态。

③ 应采用闪光、平光或熄灭表示报警顺序的不同状态。

④ 灯光显示单元应标注报警点名称和/或报警点位号。

（4）音响单元。

① 可采用不同声音或音调的音响报警器区分不同的报警系统或区域、报警功能以及报警程度。

② 音响报警器的音量应高于背景噪声，在其附近区域应能清晰地听到。

③ 对于重要场合可采用语音报警器以提示操作人员应立即响应，并可提示相应的操作方法。

（5）按钮。

① 应根据报警顺序需要选择按钮，如试验按钮、消音按钮、确认按钮、复位按钮和首出复位按钮等。

② 在化工装置中，确认按钮宜采用黑色，试验按钮宜采用白色，其他按钮可根据具体情况采用合适的颜色。

（6）辅助输出。

① 灯光报警器的辅助输出可表示一个或一组报警点信息，可用于远距离报警、记录或控制。

② 当辅助输出接点连至顺序事件记录仪时，其从报警器接点输入到辅助接点输出的延迟时间，必须不改变事件的记录顺序。

③ 当辅助输出接点用于控制或联锁时，宜选用跟随灯光信号输出方式。

（7）用 DCS/PLC 实现的信号报警。

① CRT 显示的报警信息应包括报警程度、报警参数当前值、报警设定值、文字描述及其他信息，并宜按此顺序排列。对于重要报警点还可设置操作指导画面，帮助操作人员及

时、正确地处理问题。

② 除采用常规方法外，可在DCS/PLC内部通过改变声音振荡频率或振荡幅度的方法区分不同的报警功能或报警程度。

③ 消音、确认等功能按钮可采用显示于屏幕的“软开关”，也可采用操作键盘上的专用按键。

④ 对于重要报警点除采用CRT显示外，应另外设置独立的灯光显示单元。灯光显示单元可安装在辅助操作台上。

(8) 发信装置

① 一般的信号报警可选用单独的报警开关，也可选用带输出接点的仪表，或DCS/PLC系统的内部接点作为发信装置。

② 对生产过程影响重大的操作监视点，应采用开关量传感器作为发信装置。

(9) 报警顺序

① 应根据过程特点、操作要求及报警信号种类等选择报警顺序。

② 一般闪光报警顺序见表3.16。

③ 区别首出信号的闪光报警顺序见表3.17。

④ 区别瞬时信号的闪光报警顺序见表3.18。

表3.16 一般闪光报警顺序

过程状态	灯光显示	音响	备注
正常	不亮	不响	
报警信号输入	闪光	响	
按动确认按钮	平光	不响	
报警信号消失	不亮	不响	运行正常
试验按钮动作	闪光	响	试验、检查

表3.17 区别首出信号的闪光报警顺序

过程状态	首出灯光显示	其他灯光显示	音响	备注
正常	不亮	不亮	不响	
报警信号输入	闪光	平光	响	其他信号输入
按动确认按钮	闪光	平光	不响	
报警信号消失	不亮	不亮	不响	运行正常
试验按钮动作	亮	亮	响	试验、检查

表3.18 区别瞬时信号的闪光报警顺序

<table>
<tr><th colspan="2">过程状态</th><th>灯光显示</th><th>音响</th><th>备注</th></tr>
<tr><td colspan="2">正常</td><td>不亮</td><td>不响</td><td></td></tr>
<tr><td colspan="2">报警信号输入</td><td>闪光</td><td>响</td><td></td></tr>
<tr><td rowspan="2">确认
(消声)</td><td>瞬时信号</td><td>不亮</td><td>不响</td><td></td></tr>
<tr><td>持续信号</td><td>平光</td><td>不响</td><td></td></tr>
<tr><td colspan="2">报警信号消失</td><td>不亮</td><td>不响</td><td>无报警信号输入</td></tr>
<tr><td colspan="2">试验按钮动作</td><td>亮</td><td>响</td><td>试验、检查</td></tr>
</table>

3.9.2 安全联锁系统

(1) 安全联锁不同于批量控制、顺序控制及属于过程控制范畴的工艺联锁（如泵与液位）。当过程参数越限、机械设备故障、系统自身故障或能源中断时，安全联锁系统能自动（必要时也可手动）地产生一系列预先定义的动作，使得工艺装置与操作人员处于安全状态。

安全联锁系统（SIS）也称为紧急停车系统（ESD）、安全停车系统（SSD）或安全仪表系统（SIS）。

（2）定义一个系统的安全功能需求不属于本规定的范围。一般，安全功能包括下列方面：

① 对于每个特定事件，过程的安全状态的定义；

② 安全联锁系统的过程输入信号及其停车设定点；

③ 过程的正常操作范围及其操作极限；

④ 安全联锁系统的过程输出信号及其动作；

⑤ 过程输入与输出之间的功能关系，包括逻辑、数学功能及需要的操作许可；

⑥ 励磁停车或去磁停车的选择；

⑦ 手动停车的设置；

⑧ 安全联锁系统能源中断时的动作；

⑨ 安全联锁系统将过程带入安全状态的响应时间；

⑩ 任何显性差错的响应时间；

⑪ 人-机接口需求；

⑫ 复位功能。

（3）国外的类似标准中均将过程风险或过程的安全需求进行了分级，如 DIN V19250 根据估计危险的损害程度、危险区域内人员存在的可能性、短时间内防止危险发生的可能性及出现危险事故的可能性等四个风险参数，将过程风险定义为 8 级（AK1～AK8）；IEC-61508 与 DIN V 19250 在方法上略有不同，将过程安全所需要的安全等级划分为 4 级（SIL1～SILA）。ISA～S84.01 与 IEC-61508 类似，根据系统不响应安全联锁要求的概率（即失效率 PFD）将安全等级划分为 3 级（SIL1～SIL3），认为 IEC-61508 定义的 SILA 不存在于过程工业中。

本规定参照采用了 ISA-S84.01 标准，将安全等级确定为 1 级、2 级和 3 级。数值越大，安全联锁系统的安全性能要求越高。可以采用不同的方法组成安全联锁系统以满足规定安全等级的要求。系统的安全性能可以通过采用相同或相异形式的硬件冗余、更频繁地测试及更完善地故障诊断等增强。对设计、操作和维护更好地控制也能够增强系统的安全性能。安全联锁系统的性能要求见表 3.19。

表 3.19　安全联锁系统的性能要求

安全等级		1	2	3
安全连锁系统性能要求	平均失效率	10^{-2}～10^{-1}	10^{-3}～10^{-2}	10^{-4}～10^{-3}
	可用度	0.9～0.99	0.99～0.999	0.999～0.9999

业主与设计人员一起，综合工艺与自控等专业的设计知识、操作经验以及对过程危险的检查技术等多方面知识与技能，并结合类似装置的应用经验及工程项目的投资状况等，通过进行下列的安全性分析活动，从而确定过程的安全等级是一种适宜的方法：

（1）评估危险事件发生的可能性及其后果；

（2）评估除采用安全联锁系统外，其他能预防、保护及能减轻事件后果的安全措施；

（3）确认采用安全联锁系统是否合适；

(4) 确定安全联锁系统需达到的安全等级；

(5) 决定其他与过程安全有关的内容与设计原则。

3.10 仪表配线设计规定

3.10.1 电线、电缆的选用

3.10.1.1 电线、电缆线芯截面积

(1) 线芯截面积应满足检测及控制回路对线路阻抗的要求，以及施工中对线缆机械强度的要求。

(2) 线芯截面积，可按表 3.20 选择。

表 3.20 电线、电缆线芯截面积选择表

使用场合	铜芯电线截面积/mm²	铜芯电缆截面积/mm²	
		二芯及三芯	四芯以上
控制室总供电箱至分供电箱或机柜	≥2.5	≥2.5	
控制室分供电箱至现场供电箱		≥1.5	
控制室分供电箱至现场仪表(电源线)		≥1.5	
现场供电箱至现场仪表(电源线)	1.5	1.5	
控制室至现场接线箱(信号线)			1.0～1.5
现场接线箱至现场仪表(信号线)		1.0～1.5	1.0～1.5
控制室至现场仪表(信号线)		1.0～1.5	0.75～1.5
控制室至现场仪表(报警联锁线)		1.5	
控制室至现场电磁阀		≥1.5	≥1.5
控制室至电机控制中心 MCC(联锁线)	1.5	1.5	
本质安全电路		0.75～1.5	0.75～1.5

(3) 热电偶补偿导线的截面积，宜为 1.5～2.5mm²。若采用多芯补偿电缆，在线路电阻满足测量要求的条件下，其线芯截面积可为 0.75～1.0mm²。

(4) 接地线的线芯截面积，应按《仪表系统接地设计规定》(HG 20513) 的有关规定选用。

(5) 供电配线的线芯截面积，应按《仪表供电设计规定》(HG 20509) 的有关规定选用。

3.10.1.2 电线、电缆的类型

(1) 一般情况下，电线宜选用铜芯聚氯乙烯绝缘线；电缆宜选用铜芯聚氯乙烯绝缘、聚氯乙烯护套电缆。

(2) 寒冷地区及高温、低温场所，应考虑电线、电缆允许使用的温度范围。

(3) 火灾危险场所，宜选用阻燃型电缆。

(4) 爆炸危险场所，当采用本安系统时，宜选用本质安全电路用控制电缆，所用电缆的分布电容、电感必须符合本安回路的要求。

(5) 采用 DCS 或 PLC 的检测控制系统，或者制造厂对信号线有特殊要求时，信号回路宜选用屏蔽电缆，屏蔽形式的选择应符合表 3.21 规定。

表 3.21 用于 DCS（PLC）信号屏蔽电缆的屏蔽形式选择表

序号	电缆规格	链接信号	分屏蔽	对绞	总屏蔽
1	2 芯	模拟/数字信号		☆	☆
2	多芯	模拟/数字信号		☆	☆
3	2 芯	热电偶补偿电缆			☆
4	多芯	热电偶补偿电缆	☆		☆
5	3 芯	热电阻		☆	☆
6	多芯	热电阻		☆	☆

注：1. ☆表示需要。

2. DCS 中的数据通信电缆，应根据制造厂的要求选择。

（6）若仪表制造厂对仪表信号传输电缆有特殊要求时，应按照制造厂的要求选用或由制造厂提供。如轴振动、轴位移信号的信号传输电缆应采用分屏蔽加总屏蔽的电缆。

（7）热电偶补偿导线的型号，应与热电偶分度号相对应，可按表 3.22 选择。

表 3.22 热电偶补偿导线型号选择表

热电偶类别	分度号	补偿导线名称及型号
铂铑$_{30}$-铂铑$_{6}$	B	BC
铂铑$_{10}$-铂铑	S	SC
镍铬-镍硅	K	KC、KX
镍铬-铜镍	E	EX
铁-铜镍	J	JX
铜-铜镍	T	TX
钨铼$_{3}$-钨铼$_{25}$	WRe$_{3}$-WRe$_{25}$	WC3/25
钨铼$_{3}$-钨铼$_{26}$	WRe$_{5}$-WRe$_{26}$	WC5/26
镍铬硅-镍硅	N	NC、NX

（8）根据补偿导线使用场所选用补偿导线的型式：一般场所选用普通型；高温场所选用耐高温型；火灾危险场所选用阻燃型；采用 DCS 或 PLC 的场合宜选用屏蔽型；采用本安系统时选用本安型。

3.10.2 电线、电缆的敷设

3.10.2.1 一般规定

（1）电线、电缆应按较短途径集中敷设，避开热源、潮湿、工艺介质排放口、振动、静电及电磁场干扰，不应敷设在影响操作、妨碍设备维修的位置。当无法避免时，应采取防护措施。

（2）电线、电缆不宜平行敷设在高温工艺管道和设备的上方或有腐蚀性液体的工艺管道和设备的下方。

（3）不同种类的信号，不应共用一根电缆。电线、电缆宜穿金属保护管或敷设在带盖的金属汇线桥架内。仪表信号电缆与电力电缆交叉敷设时，宜成直角；与电力电缆平行敷设时，两者之间的最小允许距离，应符合表 3.23 的规定。

（4）本安电路的配线，必须与非本安电路的配线分开敷设。

（5）本安电路与非本安电路平行敷设时，两者之间的最小允许距离应符合表 3.24 的规定。

表 3.23　仪表电缆与电力电缆平行敷设的最小间距　　单位：mm

电力电缆电压与工作电流 \ 相互平行敷设的长度/m	<100	<250	<500	≥500
125V,10A	50	100	200	1200
250V,50A	150	200	450	1200
200～400V,100A	200	450	600	1200
400～500V,200A	300	600	900	1200
3000～10000V,800A	600	900	1200	1200

注：仪表信号电缆包括敷设在钢管内或带盖的金属汇线桥架内的补偿导线。

表 3.24　本安电路与非本安电路平行敷设的最小间距　　单位：mm

非本安电路的电压 \ 非本安电路的电流/A	>100	≤100	≤50	≤10
>440V	2000	2000	2000	2000
≤440V	2000	600	600	600
≤220V	2000	600	600	500
≤110V	2000	600	500	300
≤60V	2000	500	300	150

（6）通讯总线应单独敷设，并采取防护措施。

（7）现场检测点较多的情况下，宜采用现场接线箱。

（8）多芯电缆的备用芯数宜为工作芯数的10％～15％。

（9）现场接线箱宜设置在靠近检测点、仪表集中和便于维修的位置。

（10）传输不同种类的信号，不应使用同一个接线箱。

（11）对于爆炸危险场所，必须选用相应防爆等级的接线箱。

（12）室外安装的接线箱的电缆不宜从箱顶部进出。

（13）控制室进线方式应符合《控制室设计规定》（HG 20508）。

3.10.2.2　汇线桥架敷设方式

（1）在工艺装置区内宜采用汇线桥架架空敷设的方式。汇线桥架安装在工艺管架上时，应布置在工艺管架环境条件较好的一侧或上方。

（2）汇线桥架的材质应根据敷设场所的环境特性来选择。

① 一般情况可采用镀锌碳钢汇线桥架。

② 含有粉尘、水汽及一般腐蚀性的环境，可采用喷塑或热镀锌碳钢汇线桥架。

③ 严重腐蚀的环境，当不存在电磁干扰时，可采用玻璃钢汇线桥架；当存在电磁干扰时，可采用锌镍合金镀层或涂高效防腐涂料的碳钢汇线桥架。也可采用带金属屏蔽网的玻璃钢汇线桥架。

④ 同一装置宜采用同一材质的汇线桥架。

（3）汇线桥架内的交流电源线路和安全联锁线路应用金属隔板与仪表信号线路隔开敷设。本安信号与非本安信号线路应用隔板隔开，也可采用不同汇线桥架。

（4）数条汇线桥架垂直分层安装时，线路宜按下列规定顺序从上至下排列：

① 仪表信号线路；

② 安全联锁线路；

③ 仪表用交流和直流供电线路。

(5) 保护管应在汇线桥架侧面高度 1/2 以上的区域内，采用管接头与汇线桥架连接。保护管不得在汇线桥架的底部或顶盖上开孔引出。

(6) 汇线桥架由室外进入室内，由防爆区进入非防爆区或由厂房内进入控制室时，在接口处应采取密封措施。同时，汇线桥架应自室内坡向室外。

(7) 汇线桥架内电缆充填系数宜为 0.30～0.50。

(8) 仪表汇线桥架与电气桥架平行敷设时，其间距不宜小于 600mm。

3.10.2.3 *保护管敷设方式*

(1) 下列情况宜采用保护管敷设：

① 需要集中显示的检测点较少而且电线、电缆比较分散的场所；

② 由汇线桥架或电缆沟内引出的电线、电缆；

③ 现场仪表至现场接线箱的电线、电缆。

(2) 保护管宜采用架空敷设。当架空敷设有困难时，可采用埋地敷设，但保护管直径应加大一级。埋地部分应进行防腐处理。

(3) 保护管宜采用镀锌电线管或镀锌钢管。也可根据实际情况，采用非金属保护管。

(4) 保护管内电线或电缆的充填系数，一般不超过 0.40。单根电缆穿保护管时，保护管内径不应小于电缆外径的 1.5 倍。

(5) 不同种类及特性的线路，应分别穿管敷设。

(6) 保护管与检测元件或现场仪表之间，宜用挠性连接管连接，隔爆型现场仪表及接线箱的电缆入口处，应采取相应防爆级别的密封措施。

(7) 单根保护管的直角弯头超过两个或管线长度超过 30m 时，应加穿线盒。

3.10.2.4 *电缆沟敷设方式*

(1) 电缆沟坡度，不应小于 1/200。室内沟底坡度应坡向室外，在沟底的最低点应采取排水措施，在可能积聚易燃、易爆气体的电缆沟内应填充砂子。

(2) 电缆沟应避开地上和地下障碍物，避免与地下管道、动力电缆沟交叉。

(3) 仪表电缆沟与动力电缆沟交叉时，应成直角跨越，在交叉部分的仪表电缆应采取穿管等隔离保护措施。

3.10.2.5 *电缆直埋敷设方式*

(1) 室外装置，检测、控制点少而分散又无管架可利用时，宜选用铠装电缆直埋敷设，并采取防腐措施。

(2) 直埋电缆穿越道路时，应穿保护管保护。管顶敷土深度不得小于 1000mm。

(3) 电缆应埋在冻土层以下，当无法满足时，应有防止电缆损坏的措施。但埋入深度不应小于 700mm。

(4) 直埋敷设的电缆与建筑物地下基础间的最小距离为 600mm。与电力电缆间的最小净距离应符合上述规定。

(5) 直埋敷设的电缆不应沿任何地下管道的上方或下方平行敷设。当沿地下管道两侧平行敷设或与其交叉时，最小净距离应符合以下规定：

① 与易燃、易爆介质的管道平行时为 1000mm，交叉时为 500mm；

② 与热力管道平行时为 2000mm，交叉时为 500mm；

③ 与水管或其他工艺管道平行或交叉时均为 500mm。

3.10.3 仪表盘（箱、柜）内配管、配线

(1) 仪表盘（箱、柜）内配线，宜采用小型汇线槽，导线宜采用截面积为 1.0mm^2 或

$0.75mm^2$的塑料多股铜芯软线。导线应通过接线片与仪表及电器元件相接，导线与端子板的连接宜采用压接方式。导线若与压接式端子板连接时，应安装管状端头，仪表盘（箱、柜）内部配线不得存在中间接头。

(2) 仪表盘（箱、柜）应设端子板与外部电线、电缆相连，但补偿导线宜与盘（箱、柜）上仪表直接相连，但需用扎带扎牢。

(3) 本安仪表与非本安仪表的信号线应采用不同汇线槽布线。接线端子板应分别设置，间距应大于50mm。本安仪表信号线和接线端子应有蓝色标志，同一接线端子上的连接芯线，不得超过两根。

(4) 仪表盘（箱、柜）内配管，宜采用币6×1紫铜管，集中成排敷设。也可根据实际情况采用聚乙烯或尼龙单管。配管应整齐、美观、固定牢固且不妨碍操作和维修。

(5) 仪表盘（箱、柜）与外部气动管线应采用穿板接头连接。

(6) 当仪表线路周围环境温度超过65℃时，应采用隔热措施；处在有可能引起火灾的场所时，应加防火措施；通常可采用钢管、汇线槽、石棉套管、石棉板等进行隔热防火。电缆穿过楼板、钢平台或隔墙处，应预留保护管，管段宜高出楼面1000mm；穿墙保护管的两端伸出墙面长度约为30mm。

(7) 仪表线路与工艺设备、管道绝热层表面之间的距离应大于200mm，与其他工艺设备、管道表面之间的距离应大于150mm。

(8) 汇线槽应避开强磁场、高温、腐蚀性介质以及施工与检修时经常动火、易受机械损伤的场所。

(9) 保护管与检测元件或就地仪表之间，采用挠性管连接时，管口应低于仪表进线口约250mm；保护管从上向下敷设至仪表时，在管末端应加防水三通。当保护管与仪表之间不采用挠性管连接时，管末端应带护线帽或加工成喇叭口。

3.11 仪表系统接地设计规定

3.11.1 仪表系统接地原则

3.11.1.1 保护接地

(1) 用电仪表的金属外壳及自控设备正常不带电的金属部分，由于各种原因（如绝缘破坏等）而有可能带危险电压者，均应作保护接地。通常所指的自控设备如下：

① 仪表盘、仪表操作台、仪表柜、仪表架和仪表箱；

② DCS/PLC/ESD机柜和操作站；

③ 计算机系统机柜和操作台；

④ 供电盘、供电箱、用电仪表外壳、电缆桥架（托盘）、穿线管、接线盒和铠装电缆的铠装护层；

⑤ 其他各种自控辅助设备。

(2) 安装在非爆炸危险场所的金属表盘上的按钮、信号灯、继电器等小型低压电器的金属外壳，当与已作保护接地的金属表盘框架电气接触良好时，可不作保护接地。

(3) 低于36V供电的现场仪表、变送器、就地开关等，若无特殊需要时可不作保护接地。

(4) 凡已作了保护接地的地方即可认为已作了静电接地。

(5) 在控制室内使用防静电活动地板时，应作静电接地。静电接地可与保护接地合用接地系统。

3.11.1.2　工作接地

（1）工作接地的一般规定。

为保证自动化系统正常可靠地工作，应予工作接地。工作接地的内容为信号回路接地、屏蔽接地、本质安全仪表接地。

（2）信号回路接地。

① 在自动化系统和计算机等电子设备中，非隔离的信号需要建立一个统一的信号参考点，并应进行信号回路接地（通常为直流电源负极）。

② 隔离信号可以不接地。这里指的隔离应当是每一输入（出）信号和其他输入（出准号的电路是绝缘的，对地是绝缘的，电源是独立的，相互隔离的。）

（3）屏蔽接地

① 仪表系统中用以降低电磁干扰的部件如电缆的屏蔽层、排扰线、仪表上的屏蔽接地端子，均应作屏蔽接地。

② 在强雷击区，室外架空敷设的不带屏蔽层的普通多芯电缆，其备用芯应按照屏蔽接地。

③ 如果是屏蔽电缆，屏蔽层已接地，则备用芯可不接地，穿管多芯电缆备用芯也可不接地。

（4）本质安全仪表接地

① 本质安全仪表系统在安全功能上必须接地的部件，应根据仪表制造厂的要求作本安接地。

② 齐纳安全栅的汇流条必须与供电的直流电源公共端相连，齐纳安全栅的汇流条（或导轨）应作本安接地。

③ 隔离型安全栅不需要接地。

3.11.2　接地系统的构建

（1）接地系统的组成。接地系统由接地连接和接地装置两部分组成。接地连接包括：接地连线、接地汇流排、接地分干线、接地汇总板、接地干线。接地装置包括：总接地板、接地总干线、接地极。见图 3.6。

（2）仪表及控制系统的接地连接采用分类汇总，最终与总接地板联结的方式。

（3）交流电源的中线起始端应与接地极或总接地板连接。

（4）当电气专业已经把建筑物（或装置）的金属结构、基础钢筋、金属设备、管道、进线配电箱 PE 母排、接闪器引下线形成等电位联结时，仪表系统各类接地也应汇接到该总接地板，实现等电位联结，与电气装置合用接地装置与大地连接。见图 3.7。

（5）在各类接地连接中严禁接入开关或熔断器。

3.11.3　接地连接方法

（1）现场仪表接地连接方法

① 对于现场仪表电缆槽、仪表电缆保护管以及 36V 以上的仪表外壳的保护接地，每隔 30m 用接地连接线与就近已接地的金属构件相连，并应保证其接地的可靠性及电气的连续性。严禁利用储存、输送可燃性介质的金属设备、管道以及与之相关的金属构件进行接地。

② 现场仪表的工作接地一般应在控制室侧接地。见图 3.8。

③ 对于被要求或必须在现场接地的现场仪表，应在现场侧接地。见图 3.9。

④ 对于现场仪表被要求或必须在现场接地，同时又要将控制室接收仪表在控制室侧接地的，应将两个接地点作电气隔离。见图 3.10。

⑤ 现场仪表接线箱两侧电缆的屏蔽层应在箱内跨接。现场仪表接线箱内的多芯电缆备用芯宜在箱内作跨接。见图 3.11。

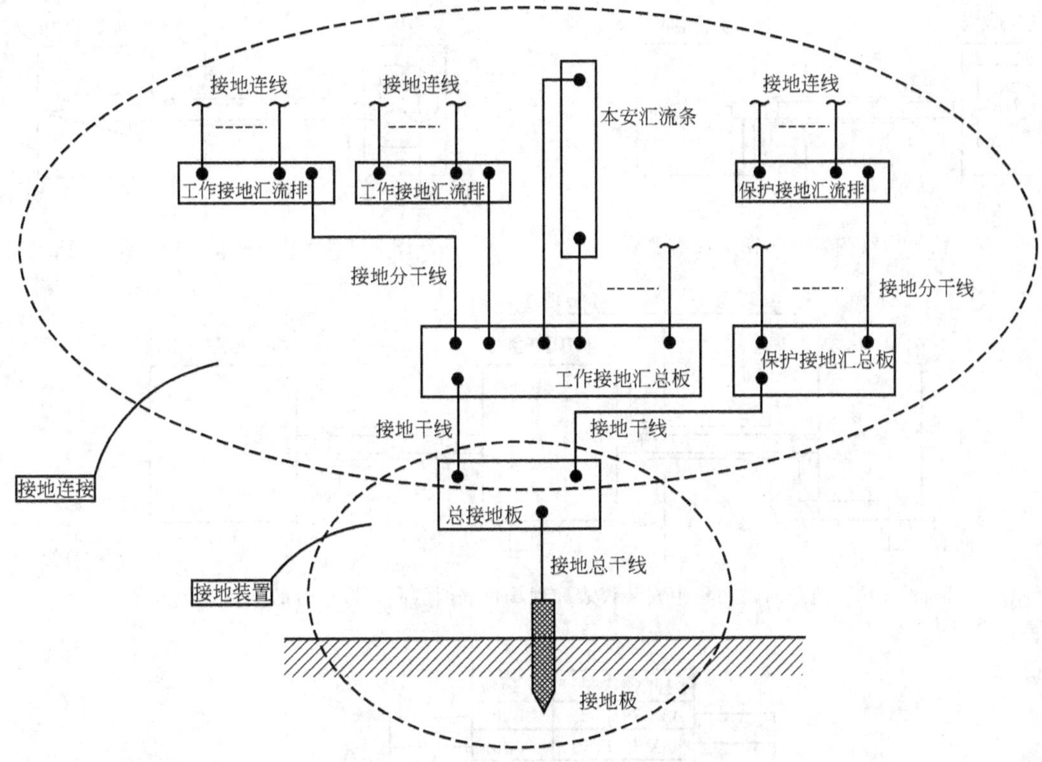

图 3.6　仪表及控制系统接地连接示意图

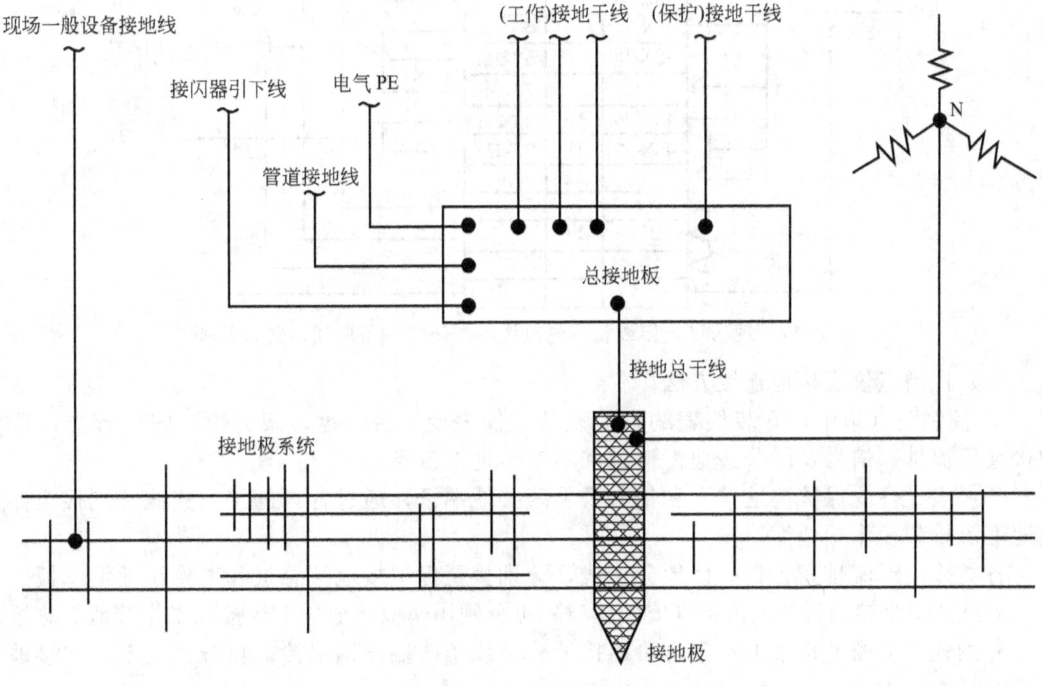

图 3.7　与电气装置合用接地装置的等电位连接示意图

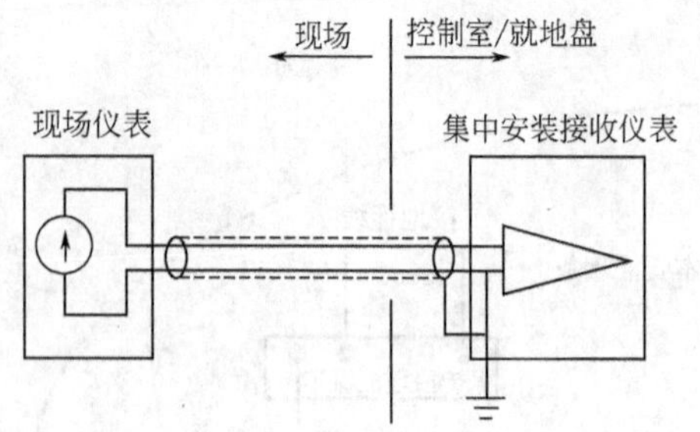

图 3.8 信号回路在集中安装仪表侧接地

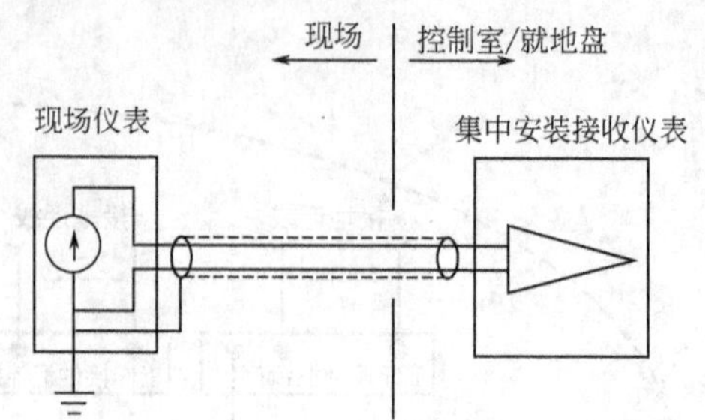

图 3.9 信号回路在现场仪表侧接地

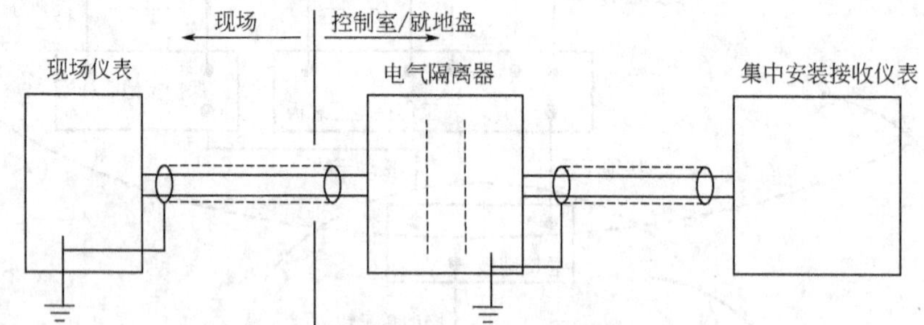

图 3.10 信号回路在集中安装仪表和现场仪表两侧同时接地时的工作接地方法

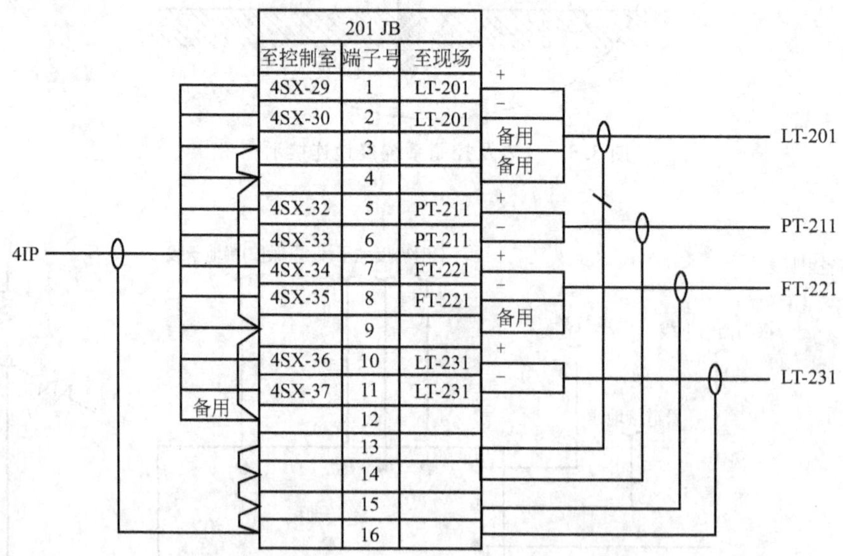

图 3.11 现场仪表接线箱两侧电缆的屏蔽层和备用线芯跨接举例

(2) 控制室仪表接地连接方法

① 控制室（集中）安装仪表的自控设备（仪表柜、台、盘、架、箱）内应分类设置保护接地汇流排、信号及屏蔽接地汇流排和本安接地汇流条。

各仪表设备的保护接地端子和信号及屏蔽接地端子，通过各自的接地连线分别接至保护接地汇流排和工作接地汇流排。

各类接地汇流排经各自的接地分干线，分别接至保护接地汇总板和工作接地汇总板。

齐纳式安全栅的每个汇流条（安装轨道）可分别用两根接地分干线接到工作接地汇总板。

齐纳式安全栅的每个汇流条也可由接地分干线于两端分别串接，再分别接至工作接地汇总板。见图 3.12。

② 保护接地汇总板和工作接地汇总板经过各自的接地干线接到总接地板。见图 3.13。

集中安装仪表的自控设备
(DCS/PLC 操作站或机柜、
端子柜，仪表盘、柜、台、
架、箱等)
接自集中安装仪表的
自控设备上的各个仪
表、电子设备和辅助
设备的保护接地端子
接自集中安装
仪表的自控设
备本身的金属
框体
接自集中安装仪表的
自控设备上的各个仪
表、电子设备和辅助
设备的信号回路接地
端子和电缆的屏蔽层
本安接地分干线
安全栅汇流条
安全栅汇流条
安全栅汇流条
保护接地连线
信号回路和屏
蔽接地连线
保护接地汇流排或端子板
信号回路和屏蔽接地汇流排或端子板
信号回路和屏蔽接地分干线
本安接地分干线
保护接地分干线
接至保护接地汇总板
接至工作接地汇总板

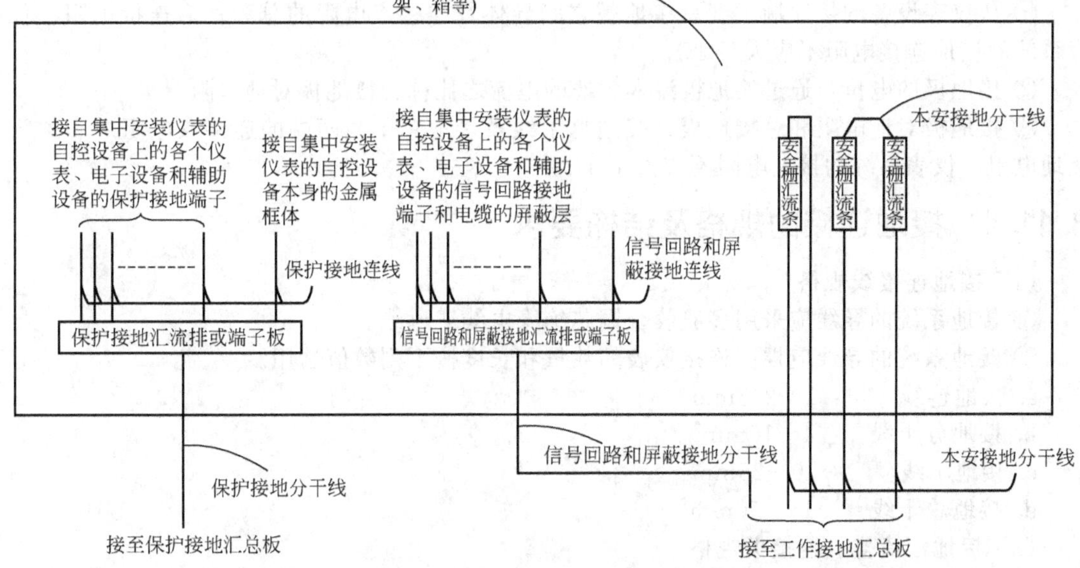

图 3.12　控制室（集中）安装仪表的自控设备内部接地连接图

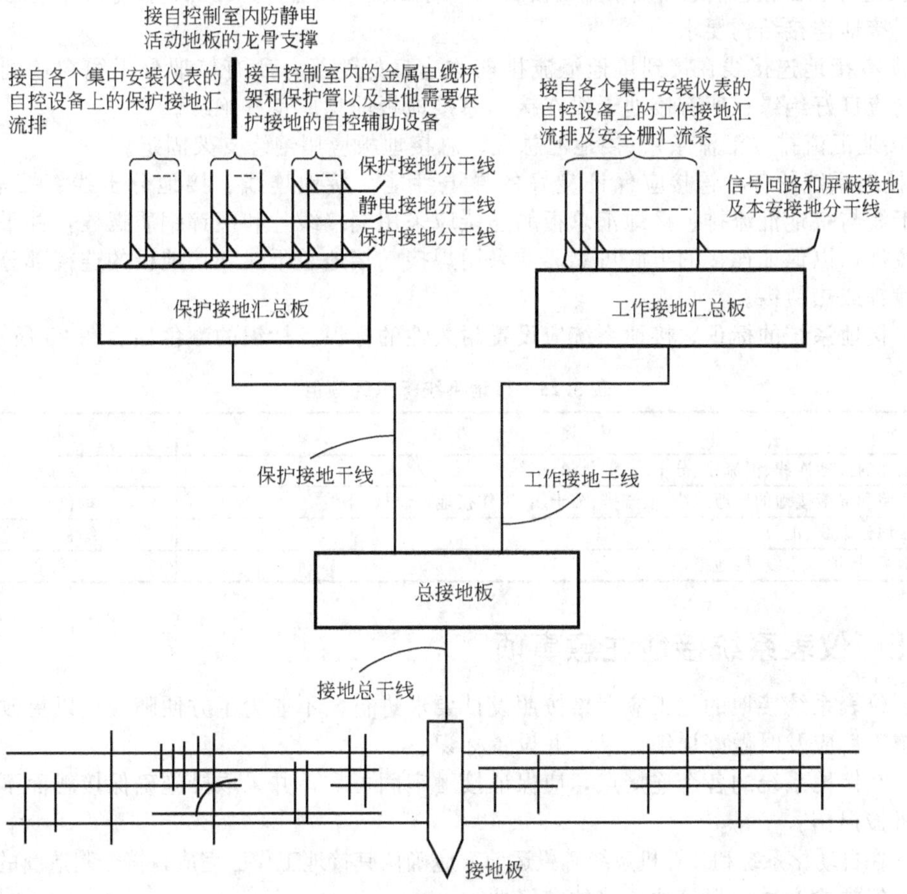

接自控制室内防静电
活动地板的龙骨支撑
接自各个集中安装仪表的
自控设备上的保护接地汇
流排
接自控制室内的金属电缆桥
架和保护管以及其他需要保
护接地的自控辅助设备
接自各个集中安装仪表的
自控设备上的工作接地汇
流排及安全栅汇流条
保护接地分干线
静电接地分干线
保护接地分干线
信号回路和屏蔽接地
及本安接地分干线
保护接地汇总板
工作接地汇总板
保护接地干线
工作接地干线
总接地板
接地总干线
接地极

图 3.13　控制室接地系统图

③ 用接地总干线连接总接地板和接地极。

（3）连接电阻、对地电阻和接地电阻

① 从仪表设备的接地端子到总接地板之间导体及连接点电阻的总和称为连接电阻。仪表系统的接地连接电阻不应大于1Ω。

② 接地极的电位与通过接地极流入大地的电流之比称为接地极对地电阻。

③ 接地极对地电阻和总接地板、接地总干线及接地总干线两端的连接点电阻之和称为接地电阻。仪表系统的接地电阻不应大于4Ω。

3.11.4 接地连接的规格及结构要求

（1）接地连接线规格

① 接地系统的导线应采用多股绞合铜芯绝缘电线或电缆。

② 接地系统的导线应根据连接仪表的数量和长度按下列数值选用。

a. 接地连线　　1～2.5mm^2

b. 接地分干线　　4～16mm^2

c. 接地干线　　10～25mm^2

d. 接地总干线　　16～50mm^2

（2）接地汇流排、连接板规格

① 接地汇流排宜采用25mm^2×6mm^2的铜条制作。也可用连接端子组合而成。

② 接地汇总板和总接地板应采用铜板制作。铜板厚度不应小于6mm，长宽尺寸按需要确定。

（3）接地连接结构要求

① 所有接地连接线在接到接地汇流排前均应良好绝缘；所有接地分干线在接到接地汇总板前均应良好绝缘；所有接地干线在接到总接地板前均应良好绝缘。

② 接地汇流排（汇流条）、接地汇总板、总接地板应用绝缘支架固定。

③ 接地系统的各种连接应保证良好的导电性能。接地连线、接地分干线、接地干线、接地总干线与接地汇流排、接地汇总板的连接应采用铜接线片和镀锌钢质螺栓，并采用防松和防滑脱件，以保证连接的牢固可靠。或采用焊接。接地总干线和接地极的连接部分应分别进行热镀锌或热镀锡。

（4）接地系统的标识。接地系统应设置耐久性的标识。标识的颜色如表3.25所示。

表3.25　接地系统标识的颜色

用　途	颜　色
保护接地的接地连线、汇流排、分干线、汇总板、干线	绿色
信号回路和屏蔽接地的接地连线、汇流排、分干线、工作接地汇总板、干线	绿色＋黄色
本安接地分干线、汇流条	绿色＋蓝色
总接地板、接地总干线、接地极	绿色

3.11.5 仪表系统接地注意事项

（1）仪表系统接地的施工应严格按照设计要求进行，不能为了方便随便予以更改。对隐蔽工程施工后应及时做好详细记录，并设置标识。

（2）在接地系统的各个连接点，应保证接触牢固可靠，并采取措施确保接触面不致受到污染和机械损伤。

（3）在自动化系统和计算机系统等投运前，应确认其接地工作已完成，符合制造商的要求。

（4）经常检查并确保接地通路的完好性。

（5）在生产过程中如对个别仪表进行维修会造成接地连接断路时，应事先做好临时性跨接。

第4章 控制系统仪表设计选型

4.1 温度检测仪表的设计选型

4.1.1 仪表设计选型的总原则

（1）温度仪表的标度（刻度）单位，应采用摄氏度（℃），温度标度（刻度）及测量范围的选用，在一般情况下应与定型产品的标准系列相符。

（2）检出（测）元件插入长度的选择应以检出（测）元件插至被测介质温度变化灵敏具有代表性的位置为原则。一般当垂直安装或与管壁成45°角时，检出（测）元件的末端应位于管子中间的三分之一区域内，但一般情况下，为了便于互换，往往整个装置统一选择一至二档长度。

（3）在烟道、炉膛及绝热材料砌体设备上安装时，应按实际需要选用。一般情况下，为了便于互换，可选择深入内部250mm长度。

（4）检出（测）元件保护套材质不低于设备或管道材质。如定型产品保护套太薄或不耐腐蚀（如铠装热电偶），应另加保护套管。

（5）对于中、低压介质宜选用钢管直形保护套管。对于高压介质或测温元件取出时不必停车的场合，应选用整体钻孔直形或锥形保护套管。对于被测介质流速较高或要求保护套管高强度的场合，应选用整体钻孔锥形保护套管。

（6）用于可燃性气体、蒸汽及可燃性粉尘等爆炸危险场所，就地带电接点的温度仪表、温度开关、温度检出（测）元件和变送器等，应根据所确定的危险场所类别以及被测介质的危险程度，选择合适的防爆结构形式或采取其他的防爆措施。

（7）用于腐蚀性气体及有害粉尘等场所的温度仪表，应根据使用环境条件，选择合适的外壳防护等级。

（8）在执行本规定时，尚应符合国家现行有关标准的规定。

4.1.2 就地温度仪表

（1）精确度等级。

① 一般工业用温度计：选用1.5级或1级。

② 精密测量用温度计：应选用0.5级或0.25级。

（2）测量范围。

① 最高测量值不大于仪表测量范围上限值90%，正常测量值在测量范围上限值的1/2左右。

② 压力式温度计测量值应在仪表测量范围上限值的1/2～3/4之间。

（3）双金属温度计。

① 在满足测量范围、工作压力和精确度的要求时，应被优先选用于就地显示。

② 表壳直径一般选用Φ100mm，在照明条件较差、位置较高或观察距离较远的场所，

应选用 Φ150mm。

③ 仪表外壳与保护管连接方式，一般宜选用万向式，也可以按照观测方便的原则选用轴向式或径向式。

4.1.3 集中温度仪表

(1) 根据温度测量范围，选用相应分度号的热电偶、热电阻或热敏热电阻。

(2) 装配式热电偶适用于一般场合；装配式热电阻适用于无振动场合；热敏热电阻适用于测量反应速度快的场合。铠装式热电偶、铠装式热电阻适用于要求耐振动或耐冲击，以及要求提高响应速度的场合。

(3) 根据测量对象对响应速度的要求，可选用下列时间常数的检出（测）元件。

① 热电偶：600s、100s 和 20s 三级；

② 热电阻：90～180s、30～96s、10～30s 和＜10s 四级；

③ 热敏热电阻：＜1s。

(4) 热电偶测量端形式的选择。

① 在满足响应速度要求的一般情况下，宜选用绝缘式。

② 为了保证响应速度足够快或为抑制干扰源对测量的干扰时，应选用接壳式。

(5) 根据使用环境条件，按下列原则选用接线盒。

① 普通式：条件较好的场所；

② 防溅式、防水式：潮湿或露天的场所；

③ 防爆式：易燃、易爆的场所。

(6) 一般情况可选用螺纹连接方式，对下列场合应选用法兰连接方式。

① 在设备、衬里管道、非金属管道和有色金属管道上安装；

② 结晶、结疤、堵塞和强腐蚀性介质；

③ 易燃、易爆和剧毒介质。

(7) 在特殊场合使用的热电阻、热电偶。

① 温度高于 870℃、氢含量大于 5%的还原性气体、惰性气体及真空场合，选用钨铼热电偶或吹气热电偶；

② 设备、管道外壁和转体表面温度，选用端（表面）式，压簧固定式或铠装热电偶、热电阻；

③ 含坚硬固体颗粒介质，选用耐磨热电偶；

④ 在同一检出（测）元件保护管中，要求多点测量时，选用多点（支）热电偶；

⑤ 为了节省特殊保护管材料（如钽），提高响应速度或要求检出（测）元件弯曲安装时，可选用铠装热电阻、热电偶；

⑥ 高炉、热风炉温度测量，可选用高炉、热风炉专用热电偶。

4.1.4 温度变送器

(1) 与接受标准信号显示仪表配套的测量或控制系统，可选用具有模拟信号输出功能或数字信号输出功能的变送器。

(2) 一般情况应选用现场型变送器。现场型变送器将传感器的微弱信号进行放大调理，输出 4～20mA 的信号，具有较强的抗干扰能力。

4.2 压力检测仪表的设计选型

4.2.1 压力检测仪表选型总则

(1) 在执行本规定时，尚应符合国家现行有关标准的规定。

(2) 压力仪表一律使用法定计量单位。即：帕（Pa）、千帕（kPa）和兆帕（MPa）。

(3) 对于涉外设计项目，可以采用国际通用标准或相应的国家标准。

4.2.2 根据应用条件选择压力表

按照使用环境和测量介质的物理性质选择压力表。

(1) 在大气腐蚀性较强、粉尘较多和易喷淋液体等环境恶劣的场合，应根据环境条件，选择合适的外壳材料及防护等级。

(2) 对一般介质的测量。

① 压力在－40kPa～0～＋40kPa时，宜选用膜盒压力表。

② 压力在＋40kPa以上时，一般选用弹簧管压力表或波纹管压力计。

③ 压力在－100kPa～0～＋2400kPa时，应选用压力真空表。

④ 压力在－100kPa～0kPa时，宜选用弹簧管真空表。

(3) 稀硝酸、醋酸及其他一般腐蚀性介质，应选用耐酸压力表或不锈钢膜片压力表。

(4) 稀盐酸、盐酸气、重油类及其类似的具有强腐蚀性、含固体颗粒、黏稠液等介质，应选用膜片压力表或隔膜压力表。其膜片及隔膜的材质，必须根据测量介质的特性选择。

(5) 结晶、结疤及高黏度等介质，应选用法兰式隔膜压力表。

(6) 在机械振动较强的场合，应选用耐震压力表或船用压力表。

(7) 在易燃、易爆的场合，如需电接点信号时，应选用防爆压力控制器或防爆电接占压力表。

(8) 对于测量高、中压力或腐蚀性较强介质的压力表，宜选择壳体具有超压释放设施的压力表。

(9) 下列测量介质应选用专用压力表。

① 气氨、液氨：氨压力表、真空表、压力真空表；

② 氧气：氧气压力表；

③ 氢气：氢气压力表；

④ 氯气：耐氯压力表、压力真空表；

⑤ 乙炔：乙炔压力表；

⑥ 硫化氢：耐硫压力表；

⑦ 碱液：耐碱压力表、压力真空表。

(10) 测量差压时，应选用差压压力表。

4.2.3 主要性能选择

(1) 精确度等级的选择：

① 一般测量用压力表、膜盒压力表和膜片压力表，应选用1.5级或2.5级。

② 精密测量用压力表，应选用0.4级、0.25级或0.16级。

(2) 外形尺寸的选择：

① 在管道和设备上安装的压力表，表盘直径为中Φ100mm或Φ150mm。

② 在仪表气动管路及其辅助设备上安装的压力表，表盘直径为Φ60mm。

③ 安装在照度较低、位置较高或示值不易观测场合的压力表，表盘直径为Φ150mm或Φ200mm。

(3) 测量范围的选择：

① 测量稳定的压力时，正常操作压力值应在仪表测量范围上限值的1/3～2/3。

② 测量脉动压力（如：泵、压缩机和风机等出口处压力）时，正常操作压力值应在仪表测量范围上限值的1/3～1/2。

③ 测量高、中压力（大于4MPa）时，正常操作压力值不应超过仪表测量范围上限值的1/2。

4.2.4 变送器的选择

(1) 以标准信号传输时，应选用变送器。

(2) 易燃、易爆场合，应选用气动变送器或防爆型电动变送器。

(3) 结晶、结疤、堵塞、黏稠及腐蚀性介质，应选用法兰式变送器。与介质直接接触的材质，必须根据介质的特性选择。

(4) 对于测量精确度要求高，而一般模拟仪表难以达到时，宜选用智能式变送器，其精确度优于0.2级以上。当测量点位置不宜接近或环境条件恶劣时，也宜选用智能式变送器。

(5) 使用环境较好、测量精确度和可靠性要求不高的场合，可以选用电阻式、电感式远传压力表或霍尔压力变送器。

(6) 测量微小压力（小于500Pa）时，可选用微差压变送器。

(7) 测量设备或管道差压时，应选用差压变送器。

(8) 在使用环境较好、易接近的场合，可选用直接安装型变送器。

4.2.5 压力测量仪表的分类和特点

压力测量仪表按其工作原理可分为液柱式、弹性式、活塞式（负荷式）及压力传感式四大类。其中常用的液柱式压力计与弹性压力表的特点比较如下：

(1) 液柱式压力计

优点：①简单可靠；②精度与灵敏度均较高；③可采用不同密度的工作液；④适合低压、低压差测量；⑤价格较低。

缺点：①不便携带；②没有超量程保护；③介质冷凝会带来误差；④被测介质与工作液需适当搭配。

(2) 弹性压力表

弹性管压力表（量程10^3、10^4、10^5）的优缺点如下。

优点：①结构简单，价廉；②量程范围大；③精度高；④产品成熟。

缺点：①对冲击，震动敏感；②正、反行程有滞回现象。

(3) 膜片压力表

优点：①超载性能好；②线性；③适于测量绝压、差压；④尺寸小，价格适中；⑤可用于黏稠浆液的测量。

缺点：①抗震、抗冲击性能不好；②测量压力较低；③维修困难。

(4) 波纹管压力表

优点：①输出推力大；②在低、中压范围内使用好；③适于测量绝压、差压测量；④价格适中。

缺点：①需要环境温度补偿；②不能用于高压测量；③需要靠弹簧来精细调整特性；④对金属材料的选择有限制。

4.3 流量检测仪表的设计选型

4.3.1 流量检测仪表选型总则

(1) 主要仪表类型：

目前定型并经实践使用证明可靠的流量仪表，主要有：节流装置及差压计，速度式流量计，容积式流量计，可变面积式流量计（转子流量计），质量流量计，楔形流量计，明渠流量计等。

（2）刻度选择：

仪表刻度宜符合仪表模数的要求，当刻度读数不是整数时，为读数换算方便，也可按整数选用。

① 方根刻度范围：

a. 最大流量不超过满刻度的95%；

b. 正常流量为满刻度的70%～85%；

c. 最小流量不小于满刻度的30%。

② 线性刻度范围：

a. 最大流量不超过满刻度的90%；

b. 正常流量为满刻度的50%～70%；

c. 最小流量不小于满刻度的10%。

（3）仪表精确度：

用作能源计量的流量计精度要求如表4.1所示。

表4.1 对能源计量器具准确度的要求

计量器具名称	分类及用途	精确度
各种衡器	静态：用于燃料进出厂结算的计量	±0.10%
	动态：经供需双方协议用于大宗低值燃料进出厂结算的计量	±0.50%
	动态：用于车间（班组）、工艺过程的技术经济分析的计量	±0.50%～±2.00%
水流量	用于工业及民用水的计量	±2.50%
蒸汽流量计	用于包括过热蒸汽和饱和蒸汽的蒸汽计量	±2.50%
煤气等气体流量计	用于天然气、瓦斯及家用煤气的计量	±2.00%
油流量计	用于国际贸易核算的计量	±0.20%
	用于国内贸易核算的计量	±0.35%
	用于车间（班组）、重点用能设备及工艺过程控制计量	±1.50%
其他含能工质	（如压缩空气、氧、氮、氢、水等）	±2.00%

（4）流量单位：

a. 体积流量用 m^3/h、L/h；

b. 质量流量用 kg/h、t/h；

c. 标准状态下气体体积流量用 m^3/h（$P=0.1013MPa$，$T=0℃$）。

（5）执行规定要求：

在执行本规定时，尚应符合国家现行有关标准的规定。

4.3.2 一般流体、液体、蒸汽流量测量仪表的选型

4.3.2.1 差压式流量计的选型

（1）节流装置的选择。

① 标准节流装置：一般流体的流量测量，应选用标准节流装置，应符合国家现行有关标准的要求。

② 非标准节流装置：

符合下列条件者，可选用文丘里管：

a. 要求低压力损耗下的精确测量；

b. 被测介质为干净的气体、液体；

c. 管道内径在100～1200mm范围；

d. 流体压力在1.6MPa以内。

符合下列条件者，可选用双重孔板：

a. 被测介质为干净气体、液体；

b. 雷诺数在大于（等于）3000 小于（等于）300000 范围内。

符合下列条件者，可选 1/4 圆喷嘴：

a. 被测介质为干净气体、液体；

b. 雷诺数在大于 200 小于 100000 范围内。

符合下列条件者，可选圆缺孔板：

a. 被测介质在孔板前后可能产生沉淀物的脏污介质（如高炉煤气、泥浆等）；

b. 必须具有水平或倾斜的管道。

(2) 取压方式的选择。应考虑整个工程尽量采用统一的取压方式。

① 一般采用直接取压或法兰取压方式。

② 根据使用条件和测量要求，可采用径距取压等其他取压方式。

4.3.2.2 差压变送器差压范围的选择

差压范围的选择应根据计算确定，一般情况下根据流体工作压力高低不同宜选：

① 低差压：6kPa、10kPa；

② 中差压：16kPa、25kPa；

③ 高差压：30kPa、60kPa。

4.3.2.3 提高测量精确度的措施

(1) 温度压力波动较大的流体，应考虑温度压力补偿措施。

(2) 当管道直管段长度不足或管道内产生旋转流时，应考虑流体校正措施，增选相应管径的整流器。

4.3.2.4 特殊型差压流量计

(1) 一体化节流式流量计。蒸汽、气体、液体，压力在 20MPa（与口径有关，口径越大耐压越低），温度在 700℃以下，量程比达到 10∶1，精确度要求±1.00%，口径在 15～1500mm，可以选用一体化节流式流量计。

(2) 内藏孔板流量计。无悬浮物的洁净液体、蒸汽、气体的微小流量测量，当量程比不大于 3∶1，测量精确度要求不高，管道通径 $DN<50$mm 时，可选用内藏孔板流量计。测蒸汽时，蒸汽温度不大于 120℃。

(3) 楔形流量计。含悬浮物的高黏度液体、蒸汽、气体的流量测量，雷诺数大于 500 可选用楔形流量计。

(4) 可变面积式流量计（转子流量计）。当要求精确度不优于±1.50%，量程比不大于 10∶1 时，可选用转子流量计。

(5) 玻璃转子流量计。中小流量、微小流量，压力小于 1MPa，温度低于 100℃的洁净透明、无毒、无燃烧和爆炸危险且对玻璃无腐蚀无黏附的流体流量的就地指示，可采用玻璃转子流量计。

(6) 金属管转子流量计。

① 普通型金属管转子流量计：对易汽化、易凝结、有毒、易燃、易爆不含磁性物质、纤维和磨损物质，以及对不锈钢无腐蚀性的流体中小流量测量，当需就地指示或远传信号时，可选用普通型金属管转子流量计。

② 特殊型金属管转子流量计：

a. 带夹套的金属管转子流量计。当被测介质易结晶或汽化或高黏度时，可选用带夹套金属管转子流量计。在夹套中通以加热或冷却介质。

b. 防腐型金属管转子流量计。对有腐蚀性介质流量测量，可采用防腐型金属管转子流量计。

转子流量计要求垂直安装，倾斜度不大于50。流体大都是自下而上，特殊的金属管转子流量计可以水平管道连接，安装位置应振动较小，易于观察和维护，应设上、下游切断阀和旁路阀。对脏污介质，必须在流量计的进口处加装过滤器。

4.3.2.5 速度式流量计

(1) 靶式流量计。黏度较高，含少量固体颗粒的液体流量测量。当要求精确度不优于±1.00%，量程比不大于10∶1时，可采用靶式流量计。靶式流量计一般安装在水平管道上，前后直管段长度为10*D*/5*D*，*D*为管段直径（以下同）。

(2) 涡轮流量计。洁净的气体及运动黏度不大（黏度越大，量程比越小）的洁净液体的流量测量，当要求较精确计量，量程比不大于10∶1时，可采用涡轮流量计。涡轮流量计应安装在水平管道上，使液体充满整个管道，并设上、下游截止阀和旁路阀，以及在上游设过滤器，下游设排放阀。直管段长度：上游不少于20*D*，下游不少于5*D*。

(3) 旋涡流量计（卡门涡街流量计或涡街流量计）。洁净气体、蒸汽和液体的大中流量测量，可选用旋涡流量计。低速流体及黏度大的液体，不宜选用旋涡流量计测量。黏度太高会降低流量计对小流量测量的能力，具体表现在保证精确度的雷诺数上，不同制造厂的产品，不同管径的旋涡流量计对保证测量精确度的液体和气体最小和最大雷诺数及管道流速有不同要求。选用时应对雷诺数和管道流速进行验算。管子振动或泵出口也不宜选用。

该流量计具有压力损失较小、安装方便的特点。

对直管段要求：上游为15～50*D*；上游加整流器时，上游不小于10*D*，下游至少为5*D*。

4.3.2.6 超声波流量计

凡能导声的流体均可选用超声波流量计，除一般介质外，对强腐蚀性、非导电、易燃易爆、放射性等恶劣条件下工作的介质也可选用。

4.3.2.7 科氏力质量流量计

需直接精确测量液体、高密度气体和浆体的质量流量时，可选用科氏力质量流量计。科氏力质量流量计可以不受流体温度、压力、密度或黏度变化的影响而提供精确可靠的质量流量数据。质量流量计可在任何方向安装，但是液体介质还是需要充满仪表测量管，不需直管段。

4.3.2.8 热导式质量流量计

需要测量气体流速在0.025～304m/s，管径在25～5000mm，液体流速在0.0025～0.76m/s，管径在1.6～200mm的质量流量可采用热导式质量流量计。精确度达到±1.00%读数，量程比最大达到1∶1000，介质压力最大可以达到35MPa，温度最高达到（815℃气体）。能解决夹带焦油、灰尘、水等脏污物的管道煤气流量测量问题。

4.3.2.9 旋进旋涡流量计

需要前后直管段很短（3*D*、1*D*）而现场又有振动时，流量范围在液体0.2～500m^3/h（口径为*DN*15～*DN*200）；气体1～3600m^3/h的流量测量可选用旋进旋涡流量计，它的精确度在±0.50%～±1.50%。

4.3.3 腐蚀、导电或带固体微粒流量测量仪表的选型

电磁流量计可用于导电的液体或均匀的液固两相介质流量测量。可测量各种强酸、强碱、盐、氨水、泥浆、矿浆、纸浆等介质。

安装方向可以垂直、水平，也可倾斜。垂直安装时，液体必须自下而上。对液固两相介质最好是垂直安装。为保证测量精度，流速在0.3～10m/s。

当安装在水平管道上时，应使液体充满管段，并应使变送器的电极处于同一水平面上；直管段长度：上游不少于5*D*；下游不小于3*D*或按厂家要求。

4.3.4 高黏度流体流量测量仪表的选型

4.3.4.1 容积式流量计

（1）椭圆齿轮流量计。洁净的、黏度较高的液体，要求较准确的流量测量，当量程比小于10∶1时，可采用椭圆齿轮流量计。椭圆齿轮流量计应安装在水平管道上，并使指示刻度盘面处于垂直平面内；应设上、下游切断阀和旁路阀。上游应设过滤器。对微流量，可选用微型椭圆齿轮流量计。当测量各种易汽化介质时，应增设消气器。

（2）腰轮流量计。洁净的气体或液体，特别是有润滑性的油品精确度要求较高的流量测量，可选用腰轮流量计。流量计应水平安装，设置旁通管路，进口端装过滤器。

（3）刮板流量计。连续测量封闭管道中的液体流量，特别是各种油品的精确计量，可选用刮板流量计。刮板流量计的安装，应使流体充满管道，并应水平安装，使计数器的数字处于垂直的平面内。当测量各种油品要求精确计量时，应增设消气器。

4.3.4.2 靶式流量计

靶式流量计的测量元件是一个放在管道中心的圆形靶，靶与管道之间形成流通的面积。流体流动是质点冲击到靶上，会使靶面受力，并产生相应的微小位移，这个力（或位移）就反映了流体流量的大小。通过传感器测得靶上的作用力（或靶子的位移），就可实现流量的测量。靶式流量计一般安装在垂直上升流管道或水平管道上，要求介质满管。安装对其前、后的直管段有要求，一般要求为前直管管径10倍以上，后直管管径5倍以上。

4.3.4.3 楔形流量计

流体通过楔形流量计时，由于楔块的节流作用，在其上、下游侧产生了一个与流量值成平方关系的差压，将此差压从楔块两侧取压口引出，送至差压变送器转变为电信号输出，经计算后获得流量值。

不同结构的管道对被测流体的扰动会对测量精度产生影响。楔形流量计应用时对其前后的直管段有要求，应以推荐的最小上、下游直管段为安装条件。一般要求为前直管管径10倍以上，后直管管径4倍以上。

4.3.5 粉粒及块状固体流量测量仪表的选型

4.3.5.1 冲量式流量计

自由落下的粉粒及块状固体流量测量，当要求封闭传送物料时，宜选用冲量式流量计；冲量流量计适用于任意粒度的各种散料，但散料的粒重不得大于预定冲料板重量的5%，在尘埃极多的情况下也能准确计量。冲量式流量计的安装，要求物料必须保证自由落下，不得有外加力作用于被测物体上。冲板安装角度、进料口与冲板间角度及高度有一定要求，并与量程选择有一定关系，选用前应进行计算。

4.3.5.2 电子皮带秤和核子秤

对电子皮带秤或核子秤的选择，应遵循以下原则。

（1）皮带输送的固体流量测量宜选用皮带电子秤或皮带核子秤。

（2）皮带电子秤一般选用全密封型电阻应变式称重传感器。微粉粒干燥物料宜选用密封型结构。

（3）皮带核子秤要注意核卫生。

（4）皮带核子秤安装在符合标准性能的皮带输送机上。其秤框安装要求严格，秤框在皮带上的位置与落料口的距离对测量精确度都有影响，应选择好安装位置。

4.3.6 流量测量仪表的选型

工业生产过程中流量测量仪表选型见表4.2所示。表4.2给出了选型的参考方法，但在实际工程中，还需根据实际情况作出切合实际的选择。

表 4.2 流量测量仪表选型参考表

流量计类型				精确度 ±%（工艺介质）	洁净液体	蒸汽或气体	脏物液体	黏性液体	带微粒、导电		微流量	低速流液体	大管道	自由落下固体微粒	整车	明渠	不满管
									腐蚀性液体	磨损悬浮体							
差压	标准孔板			1.50	0	0	*	*	0	*	*	*	*	*	*	*	*
差压	非标准		文丘里	1.50	0	0	*	*	0	*	*	*	0	*	*	*	*
差压	非标准		双重孔板	1.50	0	0	*	*	0	*	*	0	*	*	*	*	*
差压	非标准		1/4 圆喷嘴	1.50	0	0	*	*	0	*	*	0	*	*	*	*	*
差压	非标准		圆缺孔板	1.50	0	0	0	*	0	*	*	*	*	*	*	*	*
差压	笛形匀速管			1.00～4.00	0	0	*	*	*	*	*	*	0	*	*	*	*
差压	特殊		一体化节流式流量计	1.00、1.50、2.00、2.50	0	0	*	*	*	*	*	*	*	*	*	*	*
差压	特殊		楔形	1.00～5.00	0	0	0	0	*	0	*	*	*	+	+	*	*
差压	特殊		内藏孔板	2.00	0	0	0	*	*	0	*	*	*	*	*	*	*
面积	玻璃转子			1.00～5.00	0	*/0	*	*	0	*	0	*	*	*	*	*	*
面积	金属	普通		1.60、2.50	0	*/0	*	*	*	*	0	*	*	*	*	*	*
面积	金属	特殊	蒸汽夹套	1.60、2.50	*	*/0	*	*	*	*	*	*	*	*	*	*	*
面积	金属	特殊	防腐形	1.60、2.50	*	*/0	*	*	0	*	*	*	*	*	*	*	*
测速	靶式			1.00～4.00	0	*/0	0	0	0	0	*	*	*	*	*	*	*
测速	涡轮		普通	0.10、0.50	0	0	*	*	*	*	*	*	*	*	*	*	*
测速	涡轮		插入式	0.10、0.50	0	0	*	*	*	*	*	*	*	0	*	*	*
测速	水表			2.00	0	*	*	*	*	*	*	*	*	*	*	*	*
测速	漩涡		普通	0.50、1.00、1.50	0	*	*	*	*	*	*	*	*	*	*	*	*
测速	漩涡		插入式	1.00～2.50	0	0	*	*	*	*	*	*	*	0	*	*	*
测速	漩涡		旋进式	0.50、1.00、1.50	0	0	*	*	*	*	*	*	*	*	*	*	*

续表

流量计类型		精确度±% / 工艺介质	洁净液体	蒸汽或气体	脏物液体	黏性液体	带微粒、导电		微流量	低速流液体	大管道	自由落下固体微粒	整车	明渠	不满管
							腐蚀性液体	磨损悬浮体							
电磁	0.20、0.25、0.50、1.00、1.50、2.00、2.50	0	*	0	0	*	*	*	*	0	*	*	*	*	
容积	椭圆齿轮	0.10～1.00	0	*		0	0	*	*	*	*	*	*	*	*
容积	刮划式	0.10、0.50、0.20、1.00、1.50	0	*		0	0	*	*	*	*	*	*	*	*
容积	腰轮 液体	0.10、0.50	0	*	*	0	*	*	*	*	*	*	*	*	*
固体	冲量式	1.00、1.50	*	*	*	*	*	*	*	*	0	*	*	*	*
固体	电子皮带秤	0.25、0.50	*	*	*	*	*	*	*	*	0	*	*	*	*
固体	轨道衡	0.50	*	*	*	*	*	*	*	*	*	0	*	*	*
其他	超声波流量计	0.50～3.00	0	*	0	0	0	0	0	0	0	*	*	*	*
其他	科氏力质量流量计	0.20～1.00	0	*	0	0	0	0	0	0	*	*	*	*	*
其他	热导式质量流量计	1.00	0	0	0	0	*	0	0	0	0	*	*	*	*
其他	流量开关	15.00	0	*	0	0	0	*	*	0	0	-*	*	0	0
其他	明渠	3.00～8.00	-*	*-	*-	-*	-*	-*	-*	-*	-*	-*	-*	0	-*
其他	不满管电磁	3.00～5.00	0-	-*	-0	0-	-0	-0	*-	-*	-*	-*	-*	0	0

注：0为宜选用，*为不宜选用，-为谨慎使用。

4.4 物位仪表的设计选型

4.4.1 物位仪表选型总则

（1）本规定适用于装置液面、界面、料面等物位测量仪表的选型。

（2）本规定不包括各种直读式玻璃液面计的选型。

（3）液面和界面测量应选用差压式仪表、浮筒式仪表和浮子式仪表。当不满足要求时，可选用电容式、射频导纳式、电阻式（电接触式）、声波式、磁致伸缩式等仪表。料面测量应根据物料的粒度、物料的安息角、物料的导电性能、料仓的结构形式及测量要求进行选择。

（4）仪表的结构形式及材质，应根据被测介质的特性来选择。主要的考虑因素为压力、温度、腐蚀性、导电性；是否存在聚合、黏稠、沉淀、结晶、结膜、气化、起泡等现象；密度和密度变化；液体中含悬浮物的多少；液面扰动的程度以及固体物料的粒度。

（5）仪表的显示方式和功能，应根据工艺操作及系统组成的要求确定。当要求信号传输时，可选择具有模拟信号输出功能或数字信号输出功能的仪表。

（6）仪表量程应根据工艺对象实际需要显示的范围或实际变化范围确定。除供容积计量用的物位仪表外，一般应使正常物位处于仪表量程的50%左右。

（7）仪表精确度应根据工艺要求选择。但供容积计量用的物位仪表的精确度应不劣于±1mm。

（8）用于可燃性气体、蒸汽及可燃性粉尘等爆炸危险场所的电子式物位仪表，应根据所确定的危险场所类别以及被测介质的危险程度，选择合适的防爆结构形式或采取其他的防爆措施。

（9）用于腐蚀性气体及有害粉尘等场所的物位仪表，应根据使用环境条件，选择合适的外壳材质及防护等级。

（10）在执行本规定时，尚应符合国家现行有关标准的规定。

4.4.2 液面和界面测量仪表

（1）差压式测量仪表。

① 对于液面连续测量，宜选用差压式仪表。对于界面测量，可选用差压式仪表，但要求总液面应始终高于上部取压口。

② 对于在正常工况下液体密度有明显变化时，不宜选用差压式仪表。

③ 腐蚀性液体、结晶性液体、黏稠性液体、易气化液体、含悬浮物液体宜选用平法兰式差压仪表。高结晶的液体、高黏度的液体、结胶性的液体、沉淀性的液体宜选用插入式法兰差压仪表。

以上被测介质的液面，如果气相有大量冷凝物、沉淀物析出，或需要将高温液体与变送器隔离，或更换被测介质时，需要严格净化测量头的情况，可选用双法兰式差压仪表。

④ 腐蚀性液体、黏稠性液体、结晶性液体、熔融性液体、沉淀性液体的液面在测量精确度要求不高时，宜采用吹气或冲液的方法，配合差压变送仪表进行测量。

⑤ 对于在环境温度下，气相可能冷凝、液相可能汽化，或气相有液体分离的对象，在使用普通差压仪表进行测量时，应视具体情况分别设置冷凝容器、分离容器、平衡容器等部件，或对测量管线保温、伴热。

⑥ 用差压式仪表测量锅炉汽包液面时，应采用温度补偿型双室平衡容器。

⑦ 差压式仪表的正、负迁移量应在选择仪表量程时加以考虑。

（2）电容式测量仪表。

① 对于腐蚀性液体、沉淀性流体以及其他化工工艺介质的液面连续测量和位式测量，宜选用电容式液位计。

用于界面测量时，两种液体的电气性质必须符合产品的技术要求。

② 对于不黏稠非导电性液体，可采用轴套筒式的电极；对于不黏滞导电性液体，可采用套管式的电极；对于易黏滞非导电性液体，可采用裸电极。

③ 电容液面计不能用于易黏滞的导电性液体液面的连续测量。

(3) 射频导纳式测量仪表。

① 对于腐蚀性液体、黏稠性液体、沉淀性流体以及其他工艺介质的液面连续测量和位式测量，宜选用射频导纳式液面计。用于界面测量时，两种液体的电气性能必须符合产品的技术要求。

② 对于非导电性液体，可采用裸极探头；对于导电性液体，应采用绝缘管式或绝缘护套式探头。

(4) 电阻式（电接触式）测量仪表。

① 对于腐蚀性导电液体液面的位式测量，以及导电液体与非导电液体的界面位式测量，可选用电阻式（电接触式）仪表。

② 对于容易使电极结垢的导电液体，以及工艺介质在电极间发生电解现象时，一般不宜选用电阻式（电接触式）仪表；对于非导电、易黏附电极的液体，不得选用电阻式（电接触式）仪表。

(5) 静压式测量仪表。

① 对于深度为5～100m水池、水井的液面连续测量，宜选用静压式仪表。

② 在正常工况下，液体密度有明显变化时，不宜选用静压式仪表。

(6) 声波式测量仪表。

① 对于普通物位仪表难以测量的腐蚀性液体、高黏性液体、有毒液体等液面的连续测量和位式测量，宜选用声波式测量仪表。

② 声波式仪表必须用于可反射和传播声波的容器液面测量，不得用于真空容器。不宜用于含气泡的液体和含固体颗粒物的液体。

③ 对于内部有影响声波传播的障碍物的容器，不宜采用声波式仪表。

④ 对于连续测量液面的声波式仪表，如果被测液体温度、成分变化比较显著，应考虑对声波传播速度的变化进行补偿，以提高测量的精确度。

(7) 微波式测量仪表。

① 对于普通液位仪表难以高精确度测量的大型固定顶罐、浮顶罐及存储容器内高温、高压，以及有腐蚀性液体、高黏度液体、易爆、有毒液体的液位连续测量或计量时，应选用微波式测量仪表。

② 用于液位测量的微波式测量仪表，仪表精确度宜选择工业级；用于物料计量的微波式测量仪表，仪表精确度应选择计量级。

③ 天线的结构形式及材质，应根据被测介质的特性、储罐内温度、压力等因素确定。

④ 对于内部有影响微波传播的障碍物的储罐，不宜采用微波式仪表。

⑤ 对于沸腾或扰动大的液面或被测介质介电常数小，或为消除储罐、容器结构形状可能导致的干扰影响，应考虑采用导波管（静止管）及其他措施，以确保测量准确度。

(8) 核辐射式测量仪表

① 对于高温、高压、高黏度、强腐蚀、易爆、有毒介质液面的非接触式连续测量和位式测量，在使用其他液位仪表难以满足测量要求时，可选用核辐射式仪表。

② 辐射源的强度应根据测量要求进行选择，同时应使射线通过被测对象后，在工作现

场的射线剂量应尽可能小，安全剂量标准应符合我国现行的《辐射防护规定》，否则，应充分考虑隔离屏蔽等防护措施。

③ 辐射源的种类应根据测量要求和被测对象的特点，如被测介质的密度、容器的几何形状、材质及壁厚等因素进行选择。当射源强度要求较小时，可选用镭（Ra）；当射源强度要求较大时，可选用铯-137（Cs-137）；用于厚壁容器要求穿透能力强时，可选用钴-60（Co-60）。

④ 为避免由于辐射源衰变而引起的测量误差，提高运行的稳定性和减少校验次数，测量仪表应能对衰变进行补偿。

4.4.3 料面测量仪表

（1）电容式测量仪表。

对于颗粒状物料和粉粒状物料，如煤、塑料单体、肥料、砂子等料面连续测量和位式测量，宜选用电容式测量仪表。

（2）射频导纳式测量仪表。

对于易挂料的颗粒状物料和粉粒状物料的料面连续测量和位式测量，宜选用射频导纳式液面计。

（3）声波式测量仪表。

① 对于无振动或振动小的料仓、料斗内粒度为10mm以下的颗粒物状料面的位式测量，可选用音叉料位计。

② 对于粒度为5mm以下的粉粒状物料的料面位式测量，应选用声阻断式超声料位计。

③ 对于微粉状物料的料面连续测量和位式测量，可选用反射式超声料位计。反射式超声料位计不宜用于有粉尘弥漫的料仓、料斗的料面测量，也不宜用于表面不平整的料位测量。

（4）电阻式（电接触式）测量仪表。

① 对于导电性能良好或导电性能差，但含有水分的颗粒状和粉粒状物料，如：煤、焦炭等料面的位式测量，可选用电阻式测量仪表。

② 必须满足产品规定的电极对地电阻的数值，以保证测量的可靠性和灵敏度。

（5）微波式测量仪表。

① 对于高温、高压、黏附性大、腐蚀性大、易爆、毒性大的块状、颗粒状及粉粒状物料的料面连续测量，应选用微波式测量仪表。

② 其他要求应符合微波式产品的相关规定。

（6）核辐射式测量仪表。

① 对于高温、高压、黏附性大、腐蚀性大、易爆、毒性大的块状、颗粒状、粉粒状物料的料面非接触式位式测量和连续测量，可选用核辐射式测量仪表。

② 其他要求应符合核辐射式物品相关的规定。

（7）阻旋式测量仪表。

① 对于承压较小、无脉动压力的料仓、料斗，物料比重为0.2以上颗粒状和粉粒状物料料面的位式测量，可选用阻旋式测量仪表。

② 旋翼的尺寸应根据物料的比重选取。

③ 为避免物料撞击旋翼造成仪表误动作，应在旋翼上方设置保护板。

（8）隔膜式测量仪表。

① 对于料仓、料斗内颗粒状或粉粒状物料料面的位式测量，可选用隔膜式测量仪表。

② 由于隔膜的动作易受粉粒附着的影响和粉粒流动压力的影响，不能用于精确度要求较高的场合。

(9) 重锤式测量仪表。

① 对于料位高度大，变化范围宽的大型料仓、散装仓库以及敞开或密闭无压容器内的块状、颗粒状和附着性不大的粉粒状物料的料面定时连续测量，应选用重锤式测量仪表。

② 重锤的形式应根据物料的粒度、干湿度等因素选取。

4.5 过程分析仪表选型

4.5.1 过程分析仪表选型总则

(1) 本规定适用于工业过程装置成分分析、过程分析仪表的选型。不适用于便携式析仪表和实验室用分析仪表的选型。

(2) 选用过程分析仪表时，应详尽了解被分析对象工艺过程、介质特性、应用的环境、选用仪表的技术性能及其他限制条件。

(3) 选型原则。

① 应对仪表的技术性能和经济效果作充分评估，使之能在保证产品质量和生产安全、增加经济效益、减轻环境污染等方面起到应有的作用。

② 所选用分析仪表系统的技术要求应能满足被分析介质的操作温度、压力和物料性质，特别是全部背景组分及含量的要求。

③ 仪表的选择性、适用范围、精确度、量程范围、最小检测量和稳定性等技术指标须满足工艺流程要求，并应性能可靠，操作、维修简便。仪表的防护等级应满足安装环境要求。

对用于腐蚀性介质或安装在易燃、易爆、危险场所的分析仪表应符合相关条件或采取必要的措施后能符合使用要求。

用于控制系统的分析仪表，其线性范围和响应时间须满足控制系统的要求。

(4) 在执行本规定时，尚应符合国家现行有关标准的规定。

4.5.2 分析气相混合物组分的仪表选型

4.5.2.1 含氢气体检测

混合气体中氢含量在0～100%之间，背景气各组分的热导率十分接近，而其热导率与氢气的热导率又相差较大，或背景气组成较稳定时，宜选用热导式氢分析仪。当待测组分含量低，而背景气组分含量变化大时，则不宜选用。

(1) 在爆炸危险场所处，混合气氢含量在0～0.2%～40%～80%，80%～100%，90%～100%范围内，应选用隔爆型氢分析仪，或采取相应的防爆措施。

(2) 在制氢过程中，过量的氢含量在0～3%、0～20%范围内，在电解氧中氢的含量浓度在0～2%，要求测量精确度不优于±5.00%，可选用相应的热导式氢分析仪。

4.5.2.2 含氧气体检测

气体中氧含量分析应根据不同背景气组分及氧含量多少，选用不同类型的氧量分析仪。微量氧分析应采用电化学式或热化学式氧量分析仪；常量氧分析应采用磁导式（磁风和磁力机械式及磁压力式）或氧化锆氧量分析仪。

(1) 在电解制氢的生产过程中，当电解槽出口的氢气中氧含量在0～1%之间，响应时间允许为90s时，应选用热化学式氧分析器（氧含量在0～0.5%之间时，仪表精确度为±5.00%；氧含量在0～1%时，仪表精确度为±10.00%级）。若用于有爆炸危险场所时，应要求厂方配备隔爆型仪器。

（2）在爆炸危险场所，氧含量在21%以下，背景气中不含腐蚀性气体和粉尘及一氧化碳、二氧化氮等正磁化率的组分，且背景气的热导率、热容、黏度等在工况条件下变化不大，要求响应时间允许为30s，分析精确度在±2.500%～±5.00%之间时，应选用磁导式（磁风原理）氧分析器。仪表的测量范围及精确度见表4.3。

表4.3　磁导式氧分析器的测量范围及精确度

测量范围/%	最小分度值/%	精确度/%
0～1	0.05	±10.00
0～2.5	0.10	±5.00
0～5	0.25	±5.00
0～10	0.50	±2.50
9～21	1.00	±2.50
0～100	0.05	±5.00

（3）在爆炸危险场所，氧含量在0.0～1%，0.0～5%，0～10%，0～25%及0～100%范围内，背景气中不含腐蚀性气体、粉尘及一氧化氮和二氧化氮等正磁化率的组分，且允许背景气的热导率、热容、黏度等有所变化，要求精确度优于±2.00%，响应时间允许为7s时，应选用防爆磁力型机械式氧分析器。该类仪表的气样压力可以为正压，也可为负压。

（4）在爆炸危险场所，含氧量在0～100%之间，要求多种量程测量或起始量程不为零，最小量程跨度为0～1%，要求测量精确度为±1.00%，响应时间小于4s时，可选用防爆型磁力式氧气分析仪。

（5）在爆炸危险场所，对于含氧量在0～5%或0～10%范围内的工业锅炉烟道气或其他燃烧系统烟道气，要求分析精确度不优于±2.00%，响应时间要求短时，可选用防爆氧化锆氧量分析仪，要求分析精确度达±1.00%，响应时间小于2.5s时，可选用防爆磁压力式氧分析仪。

（6）测量高纯度气体如氢气、氮气、氩气等气体中的微量氧或其他非酸性气体中的微量氧含量，测量范围在0～10～50mg/m^3、0～20～100mg/m^3、0～50～200mg/m^3，要求测量精确度不优于满刻度的±10.00%，应选用电化学式微量氧分析仪。

4.5.2.3　含一氧化碳或二氧化碳气体检测

气体中一氧化碳、二氧化碳的微量分析，一般选用电导式或红外线吸收式分析仪。常量分析一般用红外线吸收式分析仪。若气样中含有较多粉尘和水分时，必须去除，或用热导式分析仪。

（1）混合气体中或合成氨生产中微量一氧化碳和二氧化碳，背景气为干净的氢、氮气或高纯度氮、氧、氩气等，且不含有硫化氢、不饱和烃、氨及较多水分，被测气体温度在5～40℃之间，压力大于0.5MPa，一般应选用红外线吸收式微量气体分析仪，要求测量精确度不高时，可选用电导式分析仪。见表4.4。注意：仪表的响应时间取决于气样通过预处理装置的时间。

表4.4　电导式分析仪

被测气体	最小测量范围	使用仪表类型	精确度
CO	0～100mg/m^3	微量红外吸收式	±5.00%
CO	0～100mg/m^3	引进装置微量红外吸收式	±1.00%
CO_2	0～100mg/m^3	微量红外吸收式	±5.00%
CO_2	0～100mg/m^3	引进装置微量红外吸收式	±1.00%
CO、CO_2	各0～100mg/m^3	半导体双组分红外吸收式	±3.00%
CO、CO_2	各0～100mg/m^3	电导式	±10.00%

(2) 混合气中一氧化碳或二氧化碳含量在0.50%范围内（可扩充到0～100%）。背景气须干燥清洁、无粉尘、无腐蚀性，在要求分析精确度不优于±5.00%时，宜选用红外线气体分析仪。其响应时间取决于气样通过预处理装置的时间。

(3) 在非爆炸危险场所，二氧化碳含量在0～20%范围内的锅炉烟道气或二氧化碳含量为0～40%的炉窑尾气，背景气中允许含有少量一氧化碳、二氧化硫及较多的粉尘和水分，在要求分析精确度不优于±2.50%时，可选用热导式二氧化碳分析仪，其响应时间取决于气样通过预处理装置的时间。热导式分析仪要求背景气组分的含量不能波动太大。

4.5.2.4 混合气体中其他组分分析

(1) 用于监测混合气中甲烷、氨气、二氧化硫及烃类化合物的含量，当背景气干燥清洁、无粉尘、无腐蚀性时，宜选用红外线气体分析仪，其测量精确度可达±1.00%，响应时间取决于气样通过预处理装置的时间，并可用于有爆炸危险的场所。其适用的测量气体和最小测量范围见表4.5。

表 4.5 红外线气体分析仪

测量气体	最小测量范围	测量气体	最小测量范围
一氧化碳	0～20mg/m^3	丁烷	0～100mg/m^3
一氧化碳	0～20mg/m^3	乙炔	0～300mg/m^3
甲烷	0～100mg/m^3	乙烯	0～300mg/m^3
乙烷	0～100mg/m^3	丙烯	0～300mg/m^3
丙烷	0～100mg/m^3	氨	0～300mg/m^3
水蒸气	0～1000mg/m^3	汽油蒸汽	0～1000mg/m^3
甲醇	0～1g/m^3	氟利昂	0～500mg/m^3
乙醇	0～2g/m^3	一氧化氮	0～75mg/m^3
二氧化硫	85mg/m^3	二氧化氮	0～50mg/m^3

最大测量范围0～100%，标准测量范围为0～2%、0～3%、0～5%、0～100%的倍率和0～15%、0～40%、0～80%，并且仪器最多可有四种量程供切换，量程转换比一般不大于10∶1。

(2) 在爆炸危险场所硫化氢气体的浓度在0～0.8mg/m^3～3.2%，精确度不优于±3.00%，可选用防爆型比色法硫化氢分析器。混合气或炉窑排放气中的氮氧化合物、二氧化硫、硫化氢等，背景气清洁、干燥、无粉尘，要求测量精确度不优于±2.00%时，可选用组装紫外线气体分析仪，响应时间取决于气体通过预处理装置的时间，见表4.6。

表 4.6 紫外线气体分析仪

测量气体	最小测量范围	测量气体	最小测量范围
一氧化碳	0～100mg/m^3	硫化氢	0～500mg/m^3
氮氧化物	0～100mg/m^3	氯气	0～1000mg/m^3
二氧化硫	0～200mg/m^3	—	—

最大测量范围为0～100%，标准测量范围为0～250mg/m^3、0～500mg/m^{3}或0～1%、0～2.5%、0～5%的倍率。

(3) 混合气中二氧化硫含量分析。

① 在非爆炸危险场所，用于监测环境大气中二氧化硫浓度或生产流程中混合气中的二氧化硫含量在0～0.5mg/m^3、0～1mg/m^3、0～2mg/m^3、0～4mg/m^{3}范围内，背景气可含少量臭氧、碳氢化合物、二氧化氮、氯气等，要求测量精确度不优于±5.00%，响应时间

允许为5min时，可选用库仑式二氧化硫分析器。

② 在非爆炸危险场所，混合气中二氧化硫含量在0～15%之间，背景气中含有酸雾（如硫酸生产流程中转化炉的进口气），要求测量精确度不优于±5.00%，响应时间允许为1.5min时，可选用热导式二氧化硫分析器。

③ 在非爆炸危险场所，混合气中含有一氧化碳、二氧化碳及少量酸雾、水分、机械杂质和粉尘等，而二氧化硫含量小于8%，要求测量精确度不优于±10.00%，响应时间允许为3min时，可选用工业极谱式二氧化硫分析器。

(4) 混合气中微量总硫（有机硫、无机硫）含量分析。

以天然气为原料的合成氨装置，在加氢脱硫过程中其净化气中的微量硫含量要求不大于1mg/L，或天然气脱硫厂及配气站的输气管中硫含量要求低于30mg/m^3，气样中应无机械杂质、粉尘、水分及脱胺液，背景气中含氢量应低于12.50%，测定气样中总硫含量若要求测量精确度不优于±5.00%，响应时间允许为2min时，宜选用库仑式微量硫气体自动分析仪，该仪表可用于爆炸危险场所。

4.5.2.5 大气湿度

监测或控制空气相对湿度，其湿度范围在0～20%、20%～100%、50%～100%范围内，气温为10～40℃，测量精确度允许为±3.00%，响应时间允许为60s，在气相无结露的条件下，可选用氯化锂电阻式湿度计、镍电阻温度计式干湿球湿度计及铂电阻温度计式干湿球湿度计，其中，氯化锂电阻式和镍电阻式湿度计应有指示和控制型仪表。

若气温低于10℃或高于40℃，相对湿度大于90% RH（相对湿度）时，应选用氯化锂湿度变送器或位式控制器。

若空气湿度变化范围比较大，测量精确度允许为±5.00%，可选用牛（或羊肠膜）式湿度检测仪或高分子薄膜武湿度检测仪。其测量范围为15%～99%，灵敏度为1%相对湿度，滞后时间不大于20s。

4.5.2.6 气体露点测量

(1) 检测压缩空气等其他无腐蚀性干燥气体的露点，露点范围在-60～40℃，精确度不优于±1.5℃，可选用绝热膨胀式露点仪。

(2) 检测含硫燃料锅炉尾气中硫酸的露点，露点温度在0～180℃和180～460℃，尾气温度在0.180℃和180～460℃，要求测量精确度不优于±1.50%，可选用酸露点仪。

4.5.2.7 气体比密度的测量

工业气体需要测量比密度时可以选用旋翼扭矩式气体比重仪，它的测量范围为0.45～1.0，精确度为±1.50%。

4.5.2.8 可燃气体报警器及有毒气体报警器的选用和配置

(1) 可燃气体报警器用于测量空气中各种可燃气体、蒸汽闪点下限以下的含量，并要求当被测气体浓度达到爆炸极限时，在规定的时间里报警。

可燃气体报警器的指示范围应在0～100% LEL（最低爆炸极限），要求测量精确度不优于±3.00%，响应时间小于30s。

单一可燃气体可选用单点报警器，多种可燃气体或多点可燃气体可选用多点组合式报警器，报警器应安装在控制室仪表盘上。

各种可燃气体的爆炸下限浓度和上限浓度值参考国家劳动部有关规定。

(2) 可燃气体报警器检测器的选择和安装。

可燃气体报警器的检测器主要有半导体气敏元件和催化反应热式（接触燃烧式）及红外线吸收式。半导体气敏元件对可燃气体比较灵敏，但定量精确度低，受湿度影响大，而且有睡眠现象，只能检测有无气体泄漏的场合。催化反应热式定量精确度高，重复性好，适合检测各种可燃性气体的浓度。但是在有些场合由于环境气体中含有使催化剂中毒的气体而使检测器失效。红外线吸收式的精确度最高，寿命长，无中毒问题，维护工作量小，但价格较高。

在爆炸危险场所的检测器必须符合安装场所的防爆等级，有腐蚀性的介质时，要求检测器与被测气体接触部分作防腐处理。

可燃气体检测器应安装在能生成、处理或消耗可燃气体的设备附近和易泄漏可燃气体的场所，以及有可能产生和聚集可燃气体的现场分析仪表室和控制室内。

检测器的安装位置应根据生产设备、管线泄漏点的泄漏状态、气体比密度，结合环境的地形、主导风向和空气流动趋势等情况决定。

检测器不能安装在含硫和碱性蒸汽等强腐蚀性气体的环境中。

在靠近公路或装置边上的大型罐区，为了检测罐区泄漏出来的可燃气体是否进入公路或装置区，可以采用长距式红外线吸收式可燃气体检测器，它能检测 10～200m 距离内的碳氢化合物。

(3) 有毒气体报警器用于测量空气中各种有毒气体的含量，并要求当被测气体浓度达到中毒极限时，在规定的时间里报警。

有毒气体的品种很多，根据其危害程度，允许浓度值的差别很大。对它们的检测方法也很多，有半导体气敏式、固体热导式、光干涉式、红外线吸收式、定电位电解式、伽伐尼电池式、隔膜离子电极式及固体电解式等检测器。不同工作原理的检测器其最佳测量范围有所不同，有些适宜于低浓度检测，而有的适宜于较高浓度检测。根据对工业环境有害气体的检测灵敏度、选择性、可靠性、响应时间、稳定性、浓度范围及实施的难易程度等因素综合考虑，定电位电解式检测器能适应常见的几种如 CO、NO、NO_2、H_2S、NH_3 等有毒气体，其检测范围可以从允许浓度直至数千 mg/m^3 (ppm) 范围。

各种有毒气体的允许浓度参考国家劳动部有关规定。

(4) 有毒气体报警器、检测器的选择和安装。

定电位电解式有毒气体报警器的精确度为±5.00%，不同的型号对不同介质的测量范围见表 4.7。

表 4.7　有毒气体报警器

被测介质	量程	被测介质	量程
CO	0～100mg/m^3	SO_2	0～20/100mg/m^3
H_2S	0～50mg/m^3	NH_3	0～300mg/m^3
NO_2	0～10/50mg/m^3	NO	0～100mg/m^3
O_2	0～25%，0～10%	CO_2	0～5%(体积分数)
Cl_2	0～10mg/m^3	ClO_2	0～1 或 5mg/m^3
HCN	0～50mg/m^3	HCl	0～10 或 20mg/m^3

在爆炸危险场所的检测器必须符合安装场所的防爆等级。有腐蚀性的介质时，要求检测器与被测气体接触部分做防腐处理。

有毒气体检测器应安装在能生成、处理或消耗有毒气体的设备附近和易泄漏有毒气体的场所，以及有可能产生和聚集有毒气体的现场分析仪表室和控制室内。

(5) 检测器的设置。

检测器一般安装在建筑物内压缩机、泵、反应器及储槽等容易泄漏的设备及周围气体易滞留的地方。检测器的配置，提供如下情况供选择，但也可根据实际情况作修正：

① 易泄漏设备周围按每隔 10m 设置一个以上检测器。

② 在室外露天设备应在其周围及其气体容易滞留的地方设置检测器，其他地方按每隔20m设置一台以上检测器。

③ 有加热炉等火源的生产设备及容易滞留的场所设置检测器，设备周围每隔20m设置一台以上检测器。

④ 有毒性气体的罐装设备周围设置一台以上检测器。

⑤ 液化石油气储槽区的出入管口及其周围安装2台以上检测器，同时在管道及设备和易滞留的场所安装一台以上检测器。

⑥ 有些介质如CO等既是可燃气体，又是有毒气体，可根据危害程度不同选用可燃气体检测器或有毒气体检测器。

⑦ 不同的有毒气体需要选用不同的有毒气体检测器。有时同一个地方由于附近有不同的有毒气体需要同时设置不同的有毒气体检测器。

⑧ 检测比重大于0.7的可燃气体或有毒气体时，可燃气体检测器或有毒气体检测器应安装在离地300～500mm处。

检测比重小于0.7的可燃气体或有毒气体时，可燃气体检测器或有毒气体检测器应安装在房顶最高处下面300～500mm处或房顶排气口下面500～800mm处。

4.5.3 分析液相混合物组分的仪表选型

4.5.3.1 酸、碱溶液分析仪表

(1) 氢离子浓度。

水槽、明渠、密封管道或设备内液体，其氢离子浓度pH在0～14，被测液体的温度一般在－30～＋130℃范围内，若溶液内无对玻璃电极带来严重污染（油污或结垢等）的介质，在要求测量精确度不优于±0.10%时，可选用工业酸度计（玻璃电极式）。制药行业需要用蒸汽消毒的发酵罐内溶液，氢离子浓度测量可选用耐高温冲击型玻璃电极式工业酸度计。

水槽、明渠等敞开容器可选用沉入式发送器。若溶液对玻璃电极略有沾污时，应选用沉入清洗式发送器。

密封管道内溶液压力低于1MPa时，可选用流通式发送器。若管道内溶液压力为常压，且对玻璃电极略有沾污时，应选用流通清洗式发送器。对发送器与高阻变换器分离安装的酸度计，其间的连接导线须用屏蔽电缆，长度一般不应超过40m，而且此电缆要固定安装，以免受振动位移影响，不然会因为电缆分布电容的变化而造成测量值的浮动。

采用固体甘汞电极的沉入式酸度计，省去氯化钾溶液，并将发送器与高阻交换器装配为一体，有较高的抗干扰能力。同时，传输距离可长达百米以上。玻璃电极为拆卸式，便于清洗、更换。此酸度计的测量范围为0～9和5～14，精确度（pH）为±0.2。

若液体中含有较多的污染介质，或在玻璃电极易碎的场合下，且液体内不含有氧化性介质时，宜选用锑电极酸度计。该类金属电极测量精确度（pH）为±0.2。

清洗式发送器按清洗方式有四种，应根据被测液体实际组分和对电极玷污程度分别选择，见表4.8。

表4.8 清洗式发送器

清洗方式	清洗范围
超声波清洗方式	氧化物、无机盐、有机盐、微细粉末等
刷子清洗方式	有机物、活性污泥等
药液喷流方式	焦油、机油、植物油、氧化物、硫化物、盐类等
水喷流方式	有机物、活性污泥、氧化物、无机盐等

在压力低于200kPa温度低于130℃的管道或容器上，需要不停车拆卸清洗电极的场所可以选用可拆卸或插入式pH发送器。

根据安装环境的危险程度，应选用相应防爆等级的pH计。

(2) 盐酸溶液浓度。

测量阳离子交换树脂再生用0～10%浓度的稀盐酸溶液或不含有其他盐类杂质的稀盐酸溶液，其温度为(20±10)℃，压力小于1MPa，要求测量精确度不优于±5.00%时，可选用电导式酸度计或电磁式浓度计。

若盐酸浓度大于100%，但浓度与其导电率仍有线性关系，溶液中也不含有导电率变化较大的其他盐类杂质，溶液浓度在26%～36%范围内，可选用带温度补偿的智能电磁感应式酸碱浓度计，温度补偿范围为(40±100)℃，精确度为±1.50%。

(3) 硫酸溶液浓度。

硫酸生产流程中生产的硫酸溶液或在其他情况下产生的类似浓度的硫酸溶液，当溶液中不含有其他酸类或盐类，溶液浓度和温度在一定幅度内变化，可选用电磁式或电导式硫酸浓度计。

对于93%的硫酸溶液，应选用密度式硫酸浓度计。各种硫酸浓度计的适用范围见表4.9。

表4.9 硫酸浓度计

浓度范围	温度范围	适用仪表类型	精确度
95%～99%	40～60℃	电导式	±5.00%
95%～99%	45～65℃	电导式	±5.00%
103.5%～105%	40～60℃	电导式	±5.00%
95%～99%	30～50℃	电磁感应式	±1.50%
93%	最大150℃	光折射式	±0.10%(量程0～100%)

(4) 氢氧化钠溶液浓度。

阴离子交换树脂再生用0～8%浓度的氢氧化钠溶液，或不含其他盐类杂质的稀氢氧化钠溶液，温度在(20±10)℃，压力不大于1MPa要求测量精确度不优于±5.00%，可选用电磁式或电导式碱浓度计。

电磁浓度计还可用于测量0.5%～10%浓度的氢氧化钾溶液。

测量浓度为30%～35%氢氧化钠溶液，当溶液温度变化在10～80℃，可采用带温度补偿的智能电磁感应式酸碱浓度计，其精确度为±1.50%。但测量的溶液中不能含固体、气泡、易沉留物质等。

(5) 其他各种溶液浓度的测量。

在测量废碱黑液中氢氧化钠的浓度、硫酸溶液浓度、硝化液中硝酸浓度以及番茄酱、豆浆、糖浆、盐液、醋酸纤维液等具有折光系数的溶液浓度时，若溶液中某组分的浓度与该溶液的折光率成单值线性关系，且折光率大于1.3，溶液内不含固体颗粒时，则不论此种溶液的其他组分为何种物质、状态如何，均可用光电浓度计来测量溶液中该组分的浓度。该仪表测量精确度为±1.00%、允许被测溶液压力为1MPa，温度不高于200℃。

在选用该类仪表前，应在实验室对被测溶液（浓度范围内）不同浓度的折光率进行测试，然后方能确定是否适用。

4.5.3.2 液体黏度的测量

被测液体为油品、油漆、涂料、化纤、树脂、橡胶、塑料、医用明胶等，如需连续测量其黏度，应根据各类液体运动黏度的范围和仪器对被测液体温度、压力的要求，分别选择各种工业流程黏度计，见表4.10。

表 4.10 工业流程黏度计

黏度范围	温度/℃	压力	仪表类型	精确度/%
0～2000mPa·s	−10～300	真空～1MPa (流速 0～3m/s)	超声波黏度计	±2.00
0～80000mPa·s	−10～30	真空～1MPa	超声波黏度计	±3.00
0～10000mPa·s	<300	常压(浸入式)	工业旋转式黏度计	±3.00
2～10×10⁶mPa·s	<300	常压(浸入式)	B型旋转式黏度计	±2.00
0.1～2×10⁶mPa·s	−40～400	<35 MPa	振动黏度计	±2.00

超声波黏度计和振动式黏度计可测量牛顿液体的黏度，也可测量非牛顿液体的黏度，适用于生产流程中液体黏度的测量和控制。

4.5.3.3 液体比密度或密度的测量

(1) 若被测液体比密度的变化能引起超声波反射时间的变化，则该种液体的比密度可以用超声波比密度仪来测量，其量程范围可根据需要个别标定。仪表要求进液压力在 0.05～0.6MPa 之间，温度须不高于 50℃。该类仪表的测量数据可精确到±0.0005g/cm³。

(2) 被测液体不含较多杂质或大量气泡，当人工分析次数频繁而需直接测量管道中工况温度下的液体密度时，可采用振动管式密度计。该类仪表的测量数据可精确到±0.0005g/cm³。但振动管加工困难，安装要求高，若需测某一定温度下液体的密度时，需外加恒温器。科氏力质量流量计也能以振动原理测量液体密度，它能测密度为 0.1～2g/cm³ 带杂质的液体，温度能自动补偿，精确度达到±0.001g/cm³。

(3) 对密封设备内高温、高压、易燃易爆或强腐蚀性介质，其密度范围在 0～3 g/cm³ 内、被测管道直径在+70～+400mm 内，要求测量精确度不优于±0.001g/cm³，可采用非接触式 γ 射线密度计。有防爆要求时，可选用隔爆型 γ 射线密度计。

4.5.3.4 水质分析仪表

(1) 电导率。

蒸馏水、饮用水、锅炉用水、纯水及高纯水，其电导率在 0.5～0.005μs/cm 范围内，要求测量精确度不优于±3.00%，可选用工业纯水电导率仪。但应保持水温在 0～60℃。

工业水或一般锅炉用水，其电导率在 0.1～200000μs/cm 范围内，要求测量精确度不优于±0.50%，可选用工业电导率仪。但应保持水温在 0～60℃，压力小于 1.4MPa。

经阴离子或阳离子交换树脂处理后的纯水，还可选用阳（阴）离子交换器失效监督仪。

选用电导率仪应根据不同被测介质的电导率范围，选择发送器的导电池常数。发送器到转换器之间的距离，一般不大于 20m。

(2) 盐量计。

连续测量热力锅炉的蒸汽冷凝水含盐量，测量范围在 0.1～0.4mg/L 至 2.0～4mg/L NaCl，要求测量精确度不优于±5.00%时，可选用电导式盐量计。

(3) 钠离子。

测定经阳离子交换树脂处理后的锅炉用水中的钠离子浓度，当钠离子浓度在 0.01μg/m³～10.000μg/L 时，可选用钠离子浓度计，其测量精确度为±0.05μg/m³，水温在 5～45℃之间。发送器到转换器之间的距离一般不大于 40m。

(4) 硅酸根离子。

经阴离子交换树脂处理后的锅炉用水，硅酸根含量在 0～100pg/L 之间，温度为 5～35℃，水中干扰离子浓度应符合下列数值：

Na^+ < 500μg/L，Ca^{2+} < 200μg/L，Zn^{2+} < 200μg/L，Cu^{2+} < 200μg/L，Fe^{2+} <

$200\mu g/L$，$Fe^{3+}<200\mu g/L$，$Al^{3+}\leqslant 150\mu g/L$。

当因人工分析次数频繁而需要连续检测时，可选用硅酸根自动分析仪，该表测量精确度为±5.00%，响应时间为15min。

(5) 磷酸根离子。

为防止锅炉结垢，在控制脱盐水中磷酸盐的加入量时，需测定水中磷酸根含量。当磷酸根含量在0～20mg/L之间，水温为15～45℃，水中干扰离子浓度符合下列数值：

$Cl^-<150mg/L$，$Cu^{2+}<1mg/L$，$SiO^{2-}<50mg/L$，$Fe^{3+}<5mg/L$。

当因人工分析次数频繁而需连续检测时，可选用磷酸根自动分析仪。该表测量精确度为±5.00%，响应时间为15min。

(6) 浊度。

连续监测自来水、工业用水、江湖水及污水等水质浑浊度和牛奶、啤酒等食品浊度，可选用水质浊度计，其悬浮物浓度在0.1～4000NTU（NTU指散射浊度单位，表明仪器在与入射光成90°角的方向上测量散射光的强度）和0.1～100g/L。量程自动切换，不受强酸、强碱、气泡及颜色的影响，且水温在0～60℃，该表在额定状态下重复性为1%精确度为±2.00%。

(7) 水中溶解氧量。

锅炉用纯水，温度低于105℃，压力在0.1～0.5MPa之间，水中氧溶解量在0～20mg/L范围内，当人工分析次数频繁而需要连续检测时，可选用电化学式低溶解氧分析器，该表精确度为±2.00%，响应时间为2min。

原水，温度在0～40℃，压力为常压，水中氧溶解量在0～3mg/L、0～10mg/L，0～30mg/L或0～30%、0～100%、0～200%氧饱和度，当因人工分析次数频繁而需要连续检测时，可选用渗透膜法溶解氧分析仪。该表测量精确度为±0.50%，可流通式或浸入式安装。测量电极与发送器之间的距离一般要求不大于10m。

(8) 过程质谱仪。

需要快速、高效率地分析多流路、多组分样品时，宜选用过程质谱仪。质谱仪价格贵、维护量大。选用时要全面考虑。

(9) 在线近红外线分析器。

需要不取样品就能快速、简单、低消耗和非破坏性地分析固体、液体和气体的化学成分和物理特性时可以采用在线近红外线分析器。它的应用技术高，价格高昂，选用时一定要慎重考虑。

4.6 控制阀的设计选型

4.6.1 控制阀组成及流量特性的选择

(1) 控制阀组成。

控制阀是由执行机构和阀体部件两部分组成。按其能源方式不同可分气动控制阀、电动控制阀、液动控制阀等。它们之差别在于所配的执行机构不同，能源不同，阀体组件也有差别。本规定仅涉及气动和电动控制阀的选型。

(2) 控制阀固有流量特性的选择原则。

① 按控制系统特性、干扰源和S（阀阻比值）三方面综合考虑。

② 一般选择原则：

a. 阀上压差变化小，给定值变化小，工艺过程的主要变量的变化小，以及$S>0.75$的控制对象，宜选用直线流量特性。

b. 慢速的生产过程，当 $S>0.4$ 时，宜选用直线流量特性。

c. 要求大的可调范围，管道系统压力损失大，开度变化及阀上压差变化相对较大的场合，宜选用等百分比流量特性。

d. 快速的生产过程，当对系统动态过程不太了解时，宜选用等百分比的流量特性。

e. 根据以往经验也可按表 4.11 选择流量特性。

表 4.11 流量特性

$\frac{\Delta P_n}{\Delta P_{Qnul}}>0.75$	① 液位定值调节系统 ② 主要干扰为给定值的流量温度调节系统	流量、压力、温度定值调节系统
$\frac{\Delta P_n}{\Delta P_{Qnul}}\leqslant 0.75$	—	各种系统

注：ΔP_n，表示正常流量下的阀两端压差；ΔP_{Qnul}，表示阀关闭的阀两端的压差。

③ 快开特性。

适用于两位动作的场合或当需要迅速获得控制阀的最大流通能力的场合。当控制器必须设定在宽比例带时，其控制阀也可选用快开特性。

4.6.2 控制阀类型的选择

（1）根据工艺变量（温度、压力、压降和流速等）、流体特性（黏度、腐蚀性、毒性、含悬浮物或纤维等）以及控制系统的要求（可调比、泄漏量和噪声等）、控制阀管道连接形式来综合选择控制阀型式。

（2）一般情况下优先选用体积小，通过能力大，技术先进的直通单、双座控制阀和普通套筒阀。也可以选用低 S 值节能阀和精小型控制阀。

（3）根据第“（1）”款规定，不同场合可选用下列型式控制阀。

① 直通单座阀。一般适用于工艺要求泄漏量小、流量小、阀前后压差较小的场合。但口径小于 20mm 的阀也广泛用于较大差压的场合。不适用于高黏度或含悬浮颗粒流体的场合。

② 直通双座阀。一般适用于对泄漏量要求不严、流量大和阀前后压差较大的场合，但不适用于高黏度或含悬浮颗粒流体的场合。

③ 套筒阀。

a. 一般适用于流体洁净，不含固体颗粒的场合。

b. 阀前后压差大和液体可能出现闪蒸或空化的场合。

④ 球型阀。

a. 适用于高黏度、含纤维、颗粒状和污秽流体的场合。

b. 控制系统要求可调范围很宽（R 可达 200∶1；300∶1）的场合。

c. 阀座密封垫采用软质材料时，适用于要求严密封的场合。

d. “O”型球阀一般适用两位式切断的场合。

e. “V”型球阀一般适用于连续控制系统，其流量特性近似于等百分比。

⑤ 角型阀。一般适用于下列场合。

a. 高黏度或悬浮物的流体（必要时，可接冲洗液管）。

b. 气-液混相或易闪蒸的流体。

c. 管道要求直角配管的场合。

⑥ 高压角型阀。除适用于第③款的各种场合外，还适用于高静压、大压差的场合。但

一定要合理选择阀内件的材质和结构形式以延长使用寿命。

⑦ 阀体分离型控制阀。

a. 一般适用于高黏度、含颗粒、结晶以及纤维流体的场合。

b. 用于强酸、强碱或强腐蚀流体的场合时，阀体应选用耐腐蚀衬里，阀盖、阀芯和阀座应采用耐腐蚀压垫及相应的耐腐蚀材料。其流量特性比隔膜阀好。

⑧ 偏心旋转阀。适用于流通能力较大，可调比宽（R 可达 50∶1 或 100∶1）和大压差，严密封的场合。

⑨ 蝶型阀。

a. 适用于大口径、大流量和低压差的场合。

b. 一般适用于浓浊液及含悬浮颗粒的流体场合。

c. 用于要求严密封的场合，应采用橡胶或聚四氟乙烯软密封结构的硬密封装置。对腐蚀性流体，需要使用相应的耐蚀材料。

d. 用于安全联锁系统，口径大于 4in（1in=2.54cm）时应采用硬密封装置。

⑩ 三通阀。适用于流体温度为 300℃以下的分流和合流场合，用于简单配比控制。两流体的温差应不大于 150℃。

⑪ 隔膜阀。适用于强腐蚀、高黏度或含悬浮颗粒以及纤维的流体，同时对流量特性要求不严的场合。由于受隔膜衬里的限制，只能用于压力低于或等于 1MPa，工作温度小于 150℃的场合。

⑫ 波纹管密封阀。适用于真空系统和流体为剧毒、易挥发及稀有贵重流体的场合。

⑬ 低温控制阀。适用于低温工况以及深度冷冻的场合。

a. 介质温度在−100～40℃时，可选带散热片（此处为吸热）力口柔性石墨填料阀。

b. 介质温度在−200～100℃时，宜选用长颈型低温阀。

⑭ 低 S 值节能控制阀。适合于工艺负荷变化大或当 S 值小于 0.3 的场合。

⑮ 低噪声阀。适用于液体产生闪蒸、空化和气体在阀缩流面处流速大于声速且预估噪声超过 95dB（A）的场合。

⑯ 快速切断阀。适用于两位式控制系统和工艺过程发生故障时，需要阀紧急打开或关闭的场合。它的动作速度应满足工艺要求。

⑰ 自力式调节阀。适用于流量变化小，控制精度要求不高或仪表气源供应困难的场合。

⑱ 防火阀。适用于装置起火后，控制阀不能工作，但是工艺介质不能通过阀芯外泄的场合。

（4）特殊工艺生产过程的选型。

特殊工艺生产过程，宜根据使用经验选择专用控制阀。

4.6.3 阀材料的选择

（1）一般选择原则。

① 阀体耐压等级、使用温度范围和耐腐蚀性能和材质都不应低于工艺连接管道材质的要求，并应优先选用制造厂定型产品。一般情况选用铸钢或锻钢阀体。

② 水蒸气或含水较多的湿气体和易燃的流体，不宜选用铸铁阀体。

③ 环境温度低于−20℃的场合不应选用铸铁阀体。

④ 阀内件应能耐腐蚀、耐流体冲蚀以及耐流体经节流产生空化、闪蒸时阀内件的气蚀损坏。

（2）阀内件材料选择。

① 非腐蚀性流体一般选用不锈钢。

② 腐蚀性流体应根据流体的种类、浓度、温度和压力的不同，以及流体含氧化剂、流

速的不同选择合适的耐腐蚀材料。

常用耐腐蚀材料有不锈钢、20# 合金、哈氏合金及钛钢。

③ 对于流速大、冲刷严重的工况应选用耐磨材料。如经过热处理的 9Cr18 和具有紧固氧化层、韧质及疲劳强度大的铬钼钢、C6X 等材料。

(3) 严重磨损场合的材料选择。

① 出现闪蒸、空化和含有颗粒的流体场合，阀芯、阀座表面进行硬化处理。

② 在图 4.1 中，当流体的状态（其温度与压差坐标的交点）处于温度为 300℃ 及压差为 1.5MPa 两点连接线以外的区域时，其阀芯、阀座应进行表面硬化处理。如表面堆焊司太莱合金。

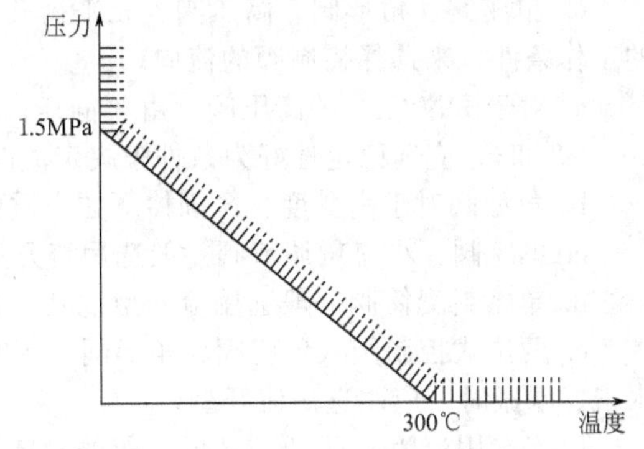

图 4.1　阀座应进行表面硬化处理的温度-压差条件图

4.6.4 控制阀口径的确定原则

选择阀尺寸的基准有两个：

一是阀全开时，应至少通过正常流量的 1.25 倍，这是一个防止阀工作在全开或全关位置的安全系数；

二是阀的特性和从经济角度的考虑。希望在正常流量时，阀的开度范围，线性阀为 70%，等百分比为 80%左右。

从这两个依据出发来圆整 $C_{计}$ 值，$C_{计}$ 值是基于正常流量 Q 和正常流量时的阀上压差 AP 计算得来的。本规定圆整放大系数为：

$$m=\frac{C_{选}}{C_{计}}\geqslant(1.63;1.97) \tag{4.1}$$

线性阀：$m\geqslant1.63$；等百分比阀：$m\geqslant1.97$。

m 值的确定是研究了以下线性阀和等百分比特性阀的阀开度验算表之后而定的。表中 S_{100} 为流量最大时阀上压降与系统总压降之比：

$$S_{100}=\frac{\Delta P_{Q-\max}}{\sum\Delta P} \tag{4.2}$$

S' 为正常流量时阀上压降与系统总压降之比

$$S'=\frac{\Delta P_n}{\sum\Delta P} \tag{4.3}$$

式中　ΔP——正常流量时阀上压降；

$\sum\Delta P$——系统总压降。

工业过程控制系统中，控制阀的选型方法如下：

(1) 控制阀泄漏量的选择。

根据工艺对泄漏量的要求选择不同等级泄漏量的阀型。一般直通单座阀泄漏量应小于或等于额定 C 值的 0.01%，双座阀的泄漏量应小于或等于额定值的 0.1%。

(2) 控制阀流向的选择。

① 球阀、普通蝶阀对流向没有要求，可选任意流向。

② 三通阀、文丘里角阀、双密封带平衡孔的套筒阀已规定了某一流向，一般不能改变。

③ 单座阀、角形阀、高压阀、无平衡孔的单密封套筒阀、小流量控制阀等应根据不同的工作条件，来选择控制阀的流向。

a. 对于 $DN \leqslant 20$ 的高压阀，由于静压高，压差大，汽蚀冲刷严重，应选用流闭型；当 $DN > 20$ 时，应选稳定性好为条件来决定流向。

b. 角型阀对于高黏度、含固体颗粒介质要求“自洁”性能好时，应选用流闭型。

c. 单座阀、小流量调节阀一般选用流开型，当冲刷严重时，可选用流闭型。

d. 单密封套筒阀一般选用流开型；有“自洁”要求时，可选用流闭型。

e. 两位式控制阀（单座阀、角形阀、套筒阀、快开流量特性），应选用流闭型；当出现水击、喘振时，应改选用流开型。

f. 当选用流闭型且 $d_s < d$ 时，阀的稳定性差时，应注意以下几点：

- 最小工作开度大于 20%～30%以上；
- 选用刚度大的弹簧；
- 选用等百分比的流量特性。

注：d_s 为阀杆直径；d 为阀座直径。

（3）填料函结构与材料的选择。

① 填料函结构：一般选用单层填料结构，对毒性较大的流体或温度高于 200℃的场合，应选用双层填料结构。

② 填料的材质：一般选用 V 形聚四氟乙烯填料，高温情况下应选用柔性石墨填料。

（4）上阀盖型式的选择。

① 操作温度高于＋200℃，应选用散热型阀盖。

② 操作温度低于－200℃，应选用长颈型阀盖。

③ 操作温度为－20～＋200℃，应选用普通型阀盖。

④ 对于绝对不允许外流的工艺流体，应选用波纹管密封型阀盖。

4.6.5 执行机构的选择

4.6.5.1 执行机构一般选择原则

① 执行机构在阀全关时的输出推力 F（或力矩 M）应满足以下公式的要求。

$$F \geqslant 1.1(F_t + F_0) \quad 或 \quad M \geqslant 1.1(M_t + M_0) \tag{4.4}$$

式中 F_t、M_t——阀不平衡力或力矩；

F_0、M_0——阀座压紧力或力矩。

② 执行机构的输出力（或力矩）的计算公式见表 4.12。

③ 执行机构应满足控制阀所需要的行程。控制阀关闭时，应有足够的阀座密封压力。

④ 执行机构的响应速度不能满足工艺对控制阀行程时间的要求时，应采取其他措施。

表 4.12 执行机构的输出力（或力矩）的计算公式

执行机构	输出力(力矩)计算公式	图示
薄膜执行机构(力)	$\pm F = A_e[P-(P_i+P_r)/10]$ 式中 F——执行机构输出力向下为正，向上为负，N A_e——膜片有效面积，cm^2 P——操作压力，kPa P_i——弹簧的初始压力，kPa P_r——弹簧范围，kPa	P　+F　−F　P

续表

执行机构	输出力(力矩)计算公式	图示
活塞执行机构(力)	$\pm F=\frac{\pi}{4}\eta D^2 P_s\times 10^2\times (D>d_s)$ 式中 F——执行机构输出力，活塞杆伸出汽缸方向为正，活塞杆进入汽缸方向为负，N η——汽缸效率，$\eta=0.9$ D——活塞直径，cm P_s——供气压力，MPa d_s——推杆直径，cm	D D P P +F -F
长行程执行机构(力矩)	$M=\frac{\sqrt{2}}{8}\pi\eta D^2 PL\cos(45°-\alpha)\times 10^2$ 式中 M——输出力矩，N·m D——活塞直径，cm P——操作压力，MPa L——活塞行程，m η——汽缸效率 $M\leqslant 1000\text{N}\cdot\text{m}, \eta=0.8$ $M\geqslant 1600\text{N}\cdot\text{m}, \eta=0.9$	90 45 α L 0
薄膜或活塞执行机构(力矩)	$M=F\frac{L}{2}\text{ctg}\frac{\alpha}{2}$ 式中 M——执行机构输出力矩，N·m F——执行机构输出力，N L——执行机构行程，m α——转角	F α/2 L α/2
电动执行机构(力矩)	$M=\frac{N}{\omega}n \quad N=IV\cos\varphi \quad \omega=2\pi\frac{\eta}{60}$ 式中 M——执行机构输出力矩，N·m N——电动机功率，W I——电流，A V——电压，V ω——角速度 n——电动机转速，转/分 η——转动效率	

4.6.5.2 执行机构的选择

① 薄膜执行机构结构简单，动作可靠，便于维修，应优先选用。

② 需要非标准组配时，其输出推力应满足执行机构一般选择原则的第①条的要求。并合理匹配薄膜执行机构的行程和阀内件的位移量。

4.6.5.3 活执行机构（包括长行程执行机构）的选择

① 要求执行机构输出功率较大，响应速度较快时，应选用活塞式执行机构。

② 比例式活塞执行机构必须附设阀门定位器，阀芯位置能控制仪表信号正确定位。

③ 比例式活塞执行机构必要时附设专用锁住阀和堵气罐、保位阀或采取其他措施，以

使系统发生故障时控制阀能处于全开或全关位置，或保持在某一开度，以保证生产装置处于安全状态。

④ 故障时，需要阀门处于全开或全关位置，又要求不增加储气罐、气动继动器等附件，可以采用单汽缸活塞式执行机构，否则采用双汽缸执行机构。单汽缸活塞执行机构内有弹簧作为返回的动力，所以它的活塞大，价格贵。

4.6.5.4 电动的执行机构（包括直行程和角行程）的选择原则

① 适用于没有气源或气源比较困难的场合。

② 需要大推力、动作灵敏、信号传输迅速、远距离传送的场合。

4.6.6 控制阀附件的选择

(1) 阀门定位器适用场合。

① 用于克服摩擦力或需要提高控制阀动作速度的场合。

② 分程控制和控制阀需要改变气开、气关形式的场合。

③ 需要改变控制流量特性的场合。

④ 控制器比例带很宽，但又要求阀对小信号有响应的场合。

⑤ 无弹簧执行机构或活塞执行机构要实现比例动作的场合。

⑥ 用标准信号操作非标准弹簧的执行机构（20～100kPa 以外的弹簧范围）的场合。

(2) 气动继动器适用场合。

① 快速过程需要提高控制阀响应速度的场合，控制阀与控制器之间大于 100m 的场合。

② 需要提高气动控制器输出信号的场合。

(3) 电磁阀。

① 适用于遥控、程序控制、联锁系统实现气路自动关闭，使控制阀开或关的场合。

• 直通型电磁阀用于双位控制和远程控制，根据程序控制的逻辑关系可选择“常闭式”或“常开式”电磁阀。

• 二位三通电磁阀：一般用于控制单作用汽缸执行机构、气动薄膜执行机构、气动控制阀及其他控制系统进行气路的自动切换控制或联锁程序控制。

• 二位四（五）通电磁阀：一般适用于控制双作用汽缸和带有活塞式执行机构的控制阀，以及使用切断球阀的自控系统中实现自动切换和程序控制。

② 当要求大容量来缩短动作时间，把电磁阀作为先导阀与大容量气动继动器组合使用。

③ 在爆炸危险场所中，应选用防爆型电磁阀、本安型电磁阀或选用开关型电气转换器。

(4) 保位阀。

保位阀适用于当气源压力低于给定值时，要求控制阀保持在某一位置上的场合。

(5) 电气转换器。

① 控制系统采用电动仪表和气动控制阀组成的场合。

② 将电信号转变为气信号。

③ 快速控制系统宜选用电气转换器。

(6) 阀位传送器。

① 重要场合宜选用阀位传送器。

② 电动执行机构应配用阀位传送器。

(7) 手轮机构。

① 未设置旁路的控制阀，下列情况应设置手轮机构；但对工艺安全主产联锁用的紧急放空阀和安装在禁止人进入的危险区内的控制阀，则不应设置手轮机构。

② 需要限制阀开度的场合。

③ 对于大口径和选用贵金属管道的场合。

(8) 气动三通控制阀。

气动三通控制阀适用于遥控或程序控制系统，使其控制阀或气动闸板阀开或关的场合。

(9) 控制阀附设的电气元件。

控制阀附设的电气元件，如电/气阀门定位器、电磁阀和电/气转换器等，用于防爆场合时，其防爆等级应符合有关防爆设计规定。

(10) 电/气阀门定位器、气动阀门定位器与电/气转换器的选择。

① 接受气动控制信号的气动控制阀，需要加阀门定位器时采用气动阀门定位器。

② 接受电动调节信号（一般为 4～20mA DC）或计算机通信协议信号的气动控制，采用标准信号的电/气阀门定位器或智能型电/气阀门定位器。

③ 接受电动控制信号（一般为 4～20mA DC）的气动控制阀处在振动或温度较高的环境中，电/气阀门定位器无法正常工作时，宜采用转换器加气动阀门定位器。

(11) 控制阀气开、气关选择原则。

仪表供气系统发生故障或控制信号突然中断时，为了避免事故造成危害，控制阀的开度应处于使生产装置安全的位置（全关、全开或其他适当的位置）。

第5章 控制计算机

5.1 西门子系列 PLC 产品介绍

德国西门子（SIEMENS）公司生产的可编程序控制器（PLC）在我国的应用相当广泛，在矿业、冶金、化工、建材等领域都有广泛应用。西门子公司的 PLC 及其配套产品包括 LOGO!、S7-200、S7-1200、S7-1500、S7-300，S7-400，ET200，HMI 人机界面，工业软件等。LOGO!、S7-200、S7-1200、S7-1500 适用于小型控制系统，其中 S7-1500 为最新推出的高性能小型控制系统；S7-300C 为紧凑型（小型）控制系统，S7-300 为中等性能的产品，适用于中型或较大型控制系统；S7-400 为高性能的产品，适用于大型控制系统。西门子 PLC 的发展过程如图 5.1 所示。

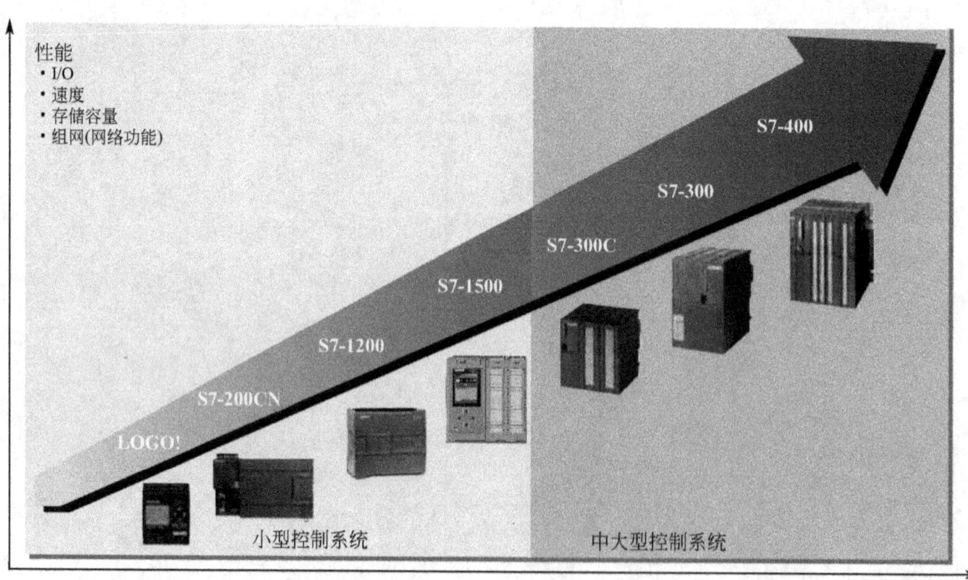

图 5.1　西门子 PLC 的发展过程

5.1.1 LOGO!

1996 年西门子开发了一套崭新的系列产品——通用逻辑控制模块 LOGO!。现在 LOGO! 有两个版本：基本型 LOGO! 和经济型 LOGO!，并提供各式各样的扩展模块，LOGO! 外形图如图 5.2 所示。具有以下特点。

（1）就像 PLC 一样，但是它不具备数学运算能力；

（2）不只是 PLC，它具有完整的操作系统和显示能力，可以直接作为设备的人机界面；

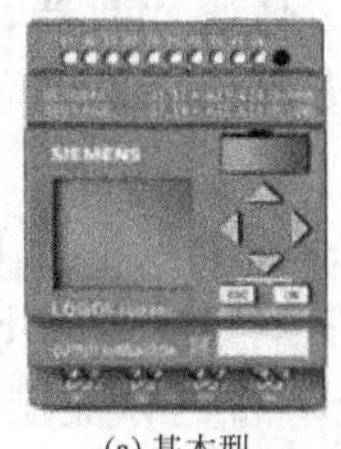
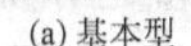

(a) 基本型

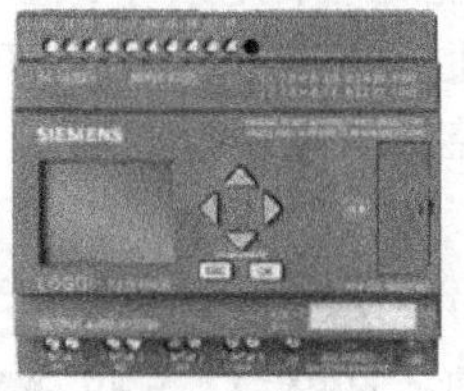

(b) 经济型

图 5.2 LOGO! 外形图

(3) 是智能的继电器，它有直接显示信息和变量的能力，输出电流可达 10A；

(4) 支持多种电压，例如 12V DC，24V AC/DC，115/240V AC/DC；

(5) 提供密码保护，保护项目的专有技术；

(6) 集成了 34 个功能块，可预先对其进行调试，无需附加的设备；

(7) 最多可联合 130 个功能块，具有广阔的应用范围；

(8) 模块上集成 8 个数字量输入（包括 2 个模拟量输入，12/24 V DC），4 个数字量输出，可灵活扩展，最多可到 24 个 DI，16 个 DO 和 8 个 AO；

(9) 具有文本信息显示，设定点和实际量能力，也可在显示器中修改变量，无需分离显示器；

(10) 最新编程软件为 LOGO Soft Comfort V7.0，可在 PC 机中生成控制程序，适用于各种操作系统，例如：WIN2000、XP、VISTA 或 WIN7 等。编程软件 LOGO Soft Comfort 易于简单快速地编写程序，只需通过选择、拖拽相关的功能，然后连线，就可简单轻松的创建您的梯形图或功能块图。可以利用离线模拟在 PC 中进行调试，也可以连接硬件进行在线操作调试。

5.1.2 SIMATIC S7-200 系列 PLC

S7-200 PLC 是超小型化的 PLC，它适用于各种场合中的自动检测、监测及控制等。S7-200 PLC 的强大功能使其无论单机运行或连成网络都能实现复杂的控制功能。S7-200PLC 的外形图如图 5.3 所示，可提供 4 个不同的基本型号与 8 种 CPU 选择使用。

(a) CPU 221

(b) CPU 222CN

(c) CPU 224CN

(d) CPU 224XP CN

(e) CPU 226CN

图 5.3 S7-200 系列 PLC 的外形图

5.1.2.1 CPU 单元

集成的 24V 负载电源，可直接连接到传感器和变送器（执行器），CPU 221，CPU 222 具有 180mA 输出，CPU 224，CPU 224XP，CPU 226 分别输出 280 mA、400mA，可用作负载电源。S7-200 的 CPU 主要有以下型号。

(1) CPU 221。CPU 221 集成 6 输入/4 输出共 10 个数字量 I/O 点。无 I/O 扩展能力。6K 字节程序和数据存储空间。4 个独立的 30kHz 高速计数器，2 路独立的 20kHz 高速脉冲输出。1 个 RS485 通信/编程口，具有 PPI 通信协议、MPI 通信协议和自由方式通信能力。非常适合于小点数控制的微型控制器。

(2) CPU 222。CPU 222 集成 8 输入/6 输出共 14 个数字量 I/O 点。可连接 2 个扩展模

块。6K 字节程序和数据存储空间。4 个独立的 30kHz 高速计数器，2 路独立的 20kHz 高速脉冲输出。1 个 RS485 通信/编程口，具有 PPI 通信协议、MPI 通信协议和自由方式通信能力。非常适合于小点数控制的微型控制器。

(3) CPU 224。CPU 224 集成 14 输入/10 输出共 24 个数字量 I/O 点。可连接 7 个扩展模块，最大扩展至 168 路数字量 I/O 点或 35 路模拟量 I/O 点。13K 字节程序和数据存储空间。6 个独立的 30kHz 高速计数器，2 路独立的 20kHz 高速脉冲输出，具有 PID 控制器。1 个 RS-485 通信/编程口，具有 PPI 通信协议、MPI 通信协议和自由方式通信能力。I/O 端子排可很容易整体拆卸。是具有较强控制能力的控制器。

(4) CPU 224XP。CPU 224XP 集成 14 输入/10 输出共 24 个数字量 I/O 点，2 输入/1 输出共 3 个模拟量 I/O 点，可连接 7 个扩展模块，最大扩展值至 168 路数字量 I/O 点或 38 路模拟量 I/O 点。20K 字节程序和数据存储空间，6 个独立的高速计数器 (100KHz)，2 个 100KHz 的高速脉冲输出，2 个 RS485 通信/编程口，具有 PPI 通信协议、MPI 通信协议和自由方式通信能力。本机还新增多种功能，如内置模拟量 I/O，位控特性，自整定 PID 功能，线性斜坡脉冲指令，诊断 LED，数据记录及配方功能等。是具有模拟量 I/O 和强大控制能力的新型 CPU。

(5) CPU 226。CPU 226 集成 24 输入/16 输出共 40 个数字量 I/O 点。可连接 7 个扩展模块，最大扩展至 248 路数字量 I/O 点或 35 路模拟量 I/O 点。13K 字节程序和数据存储空间。6 个独立的 30kHz 高速计数器，2 路独立的 20kHz 高速脉冲输出，具有 PID 控制器。2 个 RS485 通信/编程口，具有 PPI 通信协议、MPI 通信协议和自由方式通信能力。I/O 端子排可很容易地整体拆卸。用于较高要求的控制系统，具有更多的输入/输出点，更强的模块扩展能力，更快的运行速度和功能更强的内部集成特殊功能。可完全适应于一些复杂的中小型控制系统。

5.1.2.2 编程软件

S7-200PLC 的编程软件为 STEP 7-Micro/WIN32 V4.0，在 XP 或 VISTA、WIN7 的 32 位环境中运行，S7-200 的编程软件经历了 9 个大的版本，目前最新的支持 Win7 的软件是 STEP 7-Micro/win4.0 Sp9。STEP 7-Micro/WIN32 V4 编程软件可以对所有的 CPU 221/222/224/224XP/226 功能进行编程。可以利用 PC/PPI 电缆、SIMATIC CP 5511 或 CP 5611 编程。

5.1.3 SIMATIC S7-1200 系列 PLC

模块化控制器 SIMATIC S7-1200 控制器具有模块化、结构紧凑、功能全面等特点，适用于多种应用。由于该控制器具有可扩展的灵活设计，符合工业通信最高标准的通信接口，以及全面的集成工艺功能，因此它可以作为一个组件集成在完整的综合自动化解决方案中。SIMATIC S7-1200 PLC 如图 5.4 所示。

图 5.4 S7-1200 系列 PLC 的外形图

5.1.3.1 通信模块集成工艺

集成的 PROFINET 接口用于编程、HMI 通信和 PLC 间的通信。此外它还通过开放的以太网协议支持与第三方设备的通信。该接口带一个具有自动交叉网线 (auto-cross-over) 功能的 RJ45 连接器，提供 10/100 Mbit/s 的数据传输速率，它支持最多 16 个以太网连接以及下列协议：TCP/IPnative、ISO-on-TCP 和 S7 通信。

SIMATIC S7-1200 CPU 最多可以添加三个通信模块。RS485 和 RS232 通信模块为点到点的串行通信提供连接。对该通信的组态和编程采用了扩展指令或库功能、USS 驱动协议、Modbus RTU 主站和从站协议，它们都包含在 SIMATICSTEP 7 Basic 工程组态系统中。

5.1.3.2 SIMATIC S7-1200 CPU

(1) 信号板、信号模块、通信模块。SIMATIC S7-1200 系统的 CPU 有三种不同型号：CPU 1211C、CPU 1212C 和 CPU 1214C。每一种都可以根据机器的需要进行扩展。任何一种 CPU 的前面都可以增加一块信号板，以扩展数字或模拟 I/O，而不必改变控制器的体积。信号模块可以连接到 CPU 的右侧，以进一步扩展其数字或模拟 I/O 容量。CPU 1212C 可连接 2 个信号模块，CPU 1214C 则可连接 8 个。所有的 SIMATIC S7-1200 CPU 都可以配备最多 3 个通信模块（连接到控制器的左侧）以进行点到点的串行通信。

(2) 紧凑的结构。所有的 SIMATIC S7-1200 硬件在设计时都力求紧凑，以节省控制面板中的空间。例如，CPU 1214C 的宽度仅有 110mm，CPU 1212C 和 CPU 1211C 的宽度也仅有 90mm。通信模块和信号模块的体积也十分小巧，使得这个紧凑的模块化系统大大节省了空间，从而在安装过程中为您提供了最高的效率和灵活性。

(3) SIMATIC S7-1200 I/O 模块。信号模块和通信模块具有大量可供选择的信号板，可量身定做控制器系统以满足需求，而不必增加其体积。多达 8 个信号模块可连接到扩展能力最高的 CPU。一块信号板就可连接至所有的 CPU，由此您可以通过向控制器添加数字或模拟量输入/输出信号来量身定做 CPU，而不必改变其体积。

5.1.3.3 SIMATIC HMI 精简系列面板

(1) 优质的面板，合理的价格。SIMATIC HMI 精简系列面板可以与 SIMATIC S7-1200 控制器无缝兼容。SIMATIC HMI 精简系列面板专用于简单应用，可以满足特殊的可视化要求：提供最佳性能和功能，具有各种尺寸的屏幕可供选择，安装向后兼容方便升级。

(2) 最佳性能和功能。SIMATIC S7-1200 完美集成了 SIMATIC HMI 精简系列面板，为紧凑型自动化应用提供了一种简单的可视化和控制解决方案。由于控制器无缝集成了 HMI 工程组态软件——SIMATIC STEP 7 Basic 和 SIMATIC Win CC Basic，可以大大缩短制定解决方案的时间。

(3) 触摸屏和触摸按键。全新 SIMATIC HMI 精简系列面板配有触摸屏，操作直观。除了可以在 4 寸、6 寸或 10 寸操作屏上进行触摸操作之外，该面板还带有具备触摸反馈的可编程按键。如果需要更大的显示尺寸，还可以选择 15 寸触摸屏。SIMATIC HMI 精简系列面板的防护等级为 IP65，因此可在恶劣的工业环境中使用。

5.1.3.4 SIMATIC S7-1200 编程软件

SIMATIC S7-1200 PLC 采用 SIMATIC STEP 7 Basic 软件进行编程，目前的最高版本为 V10.5。该编程软件具有以下功能和特点：

(1) 直观高效的工程组态。SIMATIC STEP 7 Basic 操作直观、上手容易、使用简单，因此在工程组态中为用户提供了最高的效率。SIMATIC STEP 7 Basic 集成了 SIMATIC WinCC Basic，使用户能够对工程进行快速而简单的组态。由于具有通用的项目视图、用于图形化工程组态的最新用户接口技术、智能的拖放功能以及共享的数据处理等，有效保证了项目的质量。

(2) PLCopen 运动功能块。SIMATIC S7-1200 支持对步进电机和伺服驱动器进行开环速度控制和位置控制。对该功能的组态十分简单：通过一个轴工艺对象和通用的 PLCopen 运行功能块（包含在工程组态系统 SIMATIC STEP 7 Basic 中）即可实现。

(3) 组织清晰的图形化工程组态。图形编辑器保证了对设备和网络快速直观地进行组态。在界面上使用线条连接单个设备即可轻松完成对连接的组态。在线模式下可以提供可视诊断信息。对于用户来说，这意味着在轻松高效地处理复杂系统的同时，还可使大型项目仍然保持清晰的组织结构。

(4) 全局库理念允许重复使用数据。通过本地库和全局库，用户可以节省各种工程组态的元素，例如，块、变量、报警、HMI 屏幕、各个模块和整站。这些元素可以在同一个项目或不同项目中进行重复使用。借助全局库，可以在分别单独组态的系统之间进行数据交换。

(5) 驱动调试控制面板。工程组态系统 SIMATIC STEP 7 Basic 中的驱动调试控制面板简化了步进电机和伺服驱动器的启动和调试过程。它为单个运动轴提供了自动和手动控制，以及在线诊断信息。

(6) 用于闭环控制的 PID 功能。在简单过程控制应用中，SIMATIC S7-1200 支持多达 16 个 PID 控制回路。这些控制回路可以通过一个 PID 控制器工艺对象和 SIMATIC STEP 7 Basic 中的编辑器轻松进行组态。除此之外，SIMATIC S7-1200 还支持 PID 自动调节功能，可以自动计算增益、积分时间和微分时间的最佳调节值。

5.1.4 SIMATIC S7-1500 系列 PLC

5.1.4.1 SIMATIC S7-1500 概述

新一代的 SIMATIC S7-1500 控制器通过其多方面的革新，具有很高的性价比。新型的 SIMATICS7-1500 控制器除了包含多种创新技术之外，还设定了新标准，最大程度提高生产效率。无论是小型设备还是对速度和准确性要求较高的复杂设备装置，都一一适用。SIMATIC S7-1500 提供 LCD 操作面板，为小型控制系统提供了极大的方便。SIMATIC S7-1500 已于 2013 年 3 月 12 日在中国发布。图 5.5 为实物图。

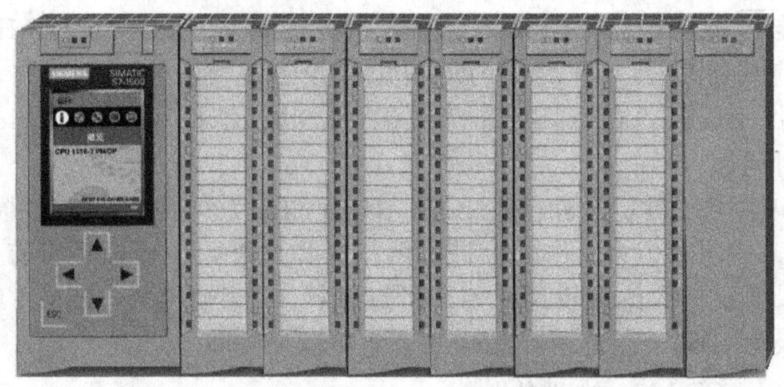

图 5.5 SIMATIC S7-1500 实物图

5.1.4.2 SIMATIC S7-1500 的特点

(1) 性能。

① 处理速度。SIMATIC S7-1500 的信号处理速度更为快速，极大地缩短了系统响应时间。

② 高速背板总线。新型的背板总线技术采用高波特率和高效传输协议，以实现信号的快速处理。

③ 通信。SIMATIC S7-1500 带有多达 3 个 PROFINET 接口。其中，两个端口具有相同的 IP 地址，适用于现场级通信；第三个端口具有独立的 IP 地址，可集成到公司网络中。通过 PROFINET IRT，可定义响应时间并确保高度精准的设备性能。

④ 集成 Web Server。无需亲临现场，即可通过 Internet 浏览器随时查看 CPU 状态。过

程变量以图形化方式进行显示，同时用户还可以自定义网页，这些都极大地简化了信息的采集操作。

(2) 技术集成。SIMATIC S7-1500 中可将运动控制功能直接集成到 PLC 中，而无需使用其他模块。通过 PLCopen 技术，控制器可使用标准组件连接支持 PROFIdrive 的各种驱动装置。此外，SIMATIC S7-1500 还支持所有 CPU 变量的 TRACE 功能，提高了调试效率的同时优化了驱动和控制器的性能。

① TRACE 功能。TRACE 功能适用于所有 CPU，不仅增强了用户程序和运动控制应用诊断的准确性，同时还极大优化了驱动装置的性能。

② 运动控制功能。通过运动控制功能可连接各种模拟量驱动装置以及支持 PROFIdrive 的驱动装置。同时该功能还支持转速轴和定位轴。

③ PID 控制。控制参数可自动优化，实现了各种组件的快速轻松组态，从而提高了控制质量。

(3) 信息安全集成。SIMATIC S7-1500 中提供一种更为全面的安全保护机制，包括授权级别、模块保护以及通信的完整性等各个方面。"信息安全集成"机制除了可以确保投资安全，而且还可持续提高系统的可用性。

① 专有技术保护。加密算法可以有效防范未经授权的访问和修改。这样可以避免机械设备被仿造，从而确保了投资安全。

② 防拷贝保护。可通过绑定 SIMATIC 存储卡或 CPU 的序列号，确保程序无法在其他设备中运行。这样程序就无法拷贝，而且只能在指定的存储卡或 CPU 上运行。

③ 访问保护。访问保护功能提供一种全面的安全保护功能，可防止未经授权的项目计划更改。采用为各用户组分别设置访问密码，确保具有不同级别的访问权限。此外，安全的 CP 1543-1 模块的使用，更是加强了集成防火墙的访问保护。

④ 操作保护。系统对传输到控制器的数据进行保护，防止对其进行未经授权的访问。控制器可以识别发生变更的工程组态数据或者来自陌生设备的工程组态数据。

(4) 设计与操作。SIMATIC S7-1500 中包含有诸多新特性，最大限度地确保了工程组态的高效性和可用性。

① 内置 CPU 显示屏。可快速访问各种文本信息和详细的诊断信息，以提高设备的可用性同时也便于全面了解工厂的所有信息。

② 标准前连接器。标准化的前连接器不仅极大简化了电缆的接线操作，同时还节省了更多的接线时间。

③ 集成短接片。通过集成短接片的连接，可以更为灵活便捷地建立电位组。

④ 灵活电缆存放方式。凭借两个预先设计的电缆定位槽装置，即使存放粗型电缆，也可以轻松地关闭模块前盖板。

⑤ 集成的屏蔽夹。对模拟量信号进行适当屏蔽，可确保高质量地识别信号并有效防止外部电磁干扰。同时，使用插入式接线端子，无需借助任何工具既可实现快速安装。

⑥ 可扩展性。灵活的可组装性以及向上兼容性，便于系统的快速扩展。

5.1.5 SIMATIC S7-300 PLC

SIMATIC S7-300 系列 PLC 是模块化结构设计，各种单独模块之间可进行广泛组合和扩展。其外形图如图 5.6 所示。它的主要组成部分有导轨（RACK）、电源模块（PS）、中央处理单元模块（CPU）、接口模块（IM）、信号模块（SM）、功能模块（FM）等。它通过 MPI 网的接口直接与编程器 PG、操作员面板 OP 和其他 S7 系列 PLC 相连。

S7-300 PLC 是模拟式中小型 PLC，电源、CPU 和其他模块都是独立的，可以通过 U 形

图 5.6 S7-300PLC 的外形图

总线连接器把电源（PS）、CPU 和其他模块紧密固定在西门子 S7-300 的标准轨道上。每个模块都有一个总线连接器，后者插在各模块的背后。电源模块总是安装在机架的最左边，CPU 模块紧靠电源模块。CPU 的右边是可以选择的 IM 接口模块，如果只用主架导轨而没有使用扩展支架，可以不选择 IM 接口模块。

S7-300CPU 模块 CPU 模块是控制系统的核心，负责系统的中央控制，存储并执行程序，实现通信功能，为 U 形总线提供 5V 电源。CPU 有 4 种操作模式：STOP（停机），STARTUP（启动），RUN（运行）和 HOLD（保持）。在所有的模式中，都可以通过 MPI 接口与其他设备通信。

5.1.5.1 S7-300PLC 的分类

S7-300 提供两种类项的 PLC，分别是普通型 PLC（S7-300）和特殊型 PLC（SIPLUS S7-300）。普通型 PLC 适合于室内使用，特殊型 PLC 可以在恶劣环境条件下使用。

（1）普通型 S7-300PLC。

① 模块化中型 PLC 系统，满足中、小规模的控制要求。

② 各种性能的模块可以非常好地满足和适应自动化控制任务。

③ 简单实用的分布式结构和通用的网络能力，使得应用十分灵活。

④ 无风扇设计的结构，使用户的维护更加简便。

⑤ 当控制任务增加时，可自由扩展。

⑥ 大量的集成功能使它功能非常强劲。

（2）特殊型 SIPLUS S7-300PLC。

① 用于恶劣环境条件下的 PLC。

② 扩展温度范围－25～＋70℃。

③ 适用于特殊的环境（污染空气中使用）。

④ 允许短时冷凝以及短时机械负载的增加。

⑤ S7-300 采用经过认证的 PLC 技术。

⑥ 易于操作、编程、维护和服务。

⑦ 特别适用于汽车工业、环境技术、采矿、化工厂、生产技术以及食品加工等领域。

⑧ 低成本的解决方案。

5.1.5.2 S7-300 的 CPU 类型

（1）紧凑型 CPU。紧凑型 CPU 为低、中等性能的 CPU，适用于组建中、小型控制系统。有 6 种紧凑型 CPU，型号分别为 CPU 312C、CPU 313C、CPU 313C-2PtP、CPU

313C-2DP、CPU 314C-2 PtP、CPU 314C-2DP。

（2）标准型 CPU。标准型 CPU 为中等性能的 CPU，适用于组建中型控制系统。标准型 CPU 型号分别为 CPU 312、CPU 314、CPU 315-2DP、CPU 317-2DP。

（3）PN 型 CPU。PN 型 CPU 属于 S7-300 系列中、高性能的 CPU，具有 MPI、Profibus、Profinet 三种通信功能，可以组建大型的控制系统。PN 型 CPU 型号分别为 CPU 315-2 PN/DP、CPU 317-2 PN/DP、CPU 319-3 PN/DP。

5.1.5.3 S7-300 的编程软件

S7-300 的编程软件为 STEP 7 V5.0 至 V5.5，STEP 7 V5.0 至 V5.4 运行于 Windows 2000/XP，最新的编程软件 STEP 7 V5.5 运行于 Windows 2000XP、Windows VISTA、Windows 7。

STEP7 编程软件是一个用于 SIMATIC 可编程逻辑控制器的组态和编程的标准软件包。STEP7 标准软件包中提供一系列的应用工具，如：SIMATIC 管理器、符号编辑器、硬件诊断、编程语言、硬件组态、网络组态等。STEP7 编程软件可以对硬件和网络实现组态，具有简单、直观、便于修改等特点。该软件提供了在线和离线编程的功能，可以对 PLC 在线上载或下载。

5.1.6 SIMATIC S7-400 PLC

SIMATIC S7-400 PLC 是用于中、高档性能范围的可编程序控制器。S7-400 PLC 采用模块化无风扇的设计，可靠耐用，同时可以选用多种级别（功能逐步升级）的 CPU，并配有多种通用功能的模板，这使用户能根据需要组合成不同的专用系统。当控制系统规模扩大或升级时，只要适当地增加一些模板，便能使系统升级和充分满足需要。SIMATIC S7-400 PLC 的外形图如图 5.7 所示。

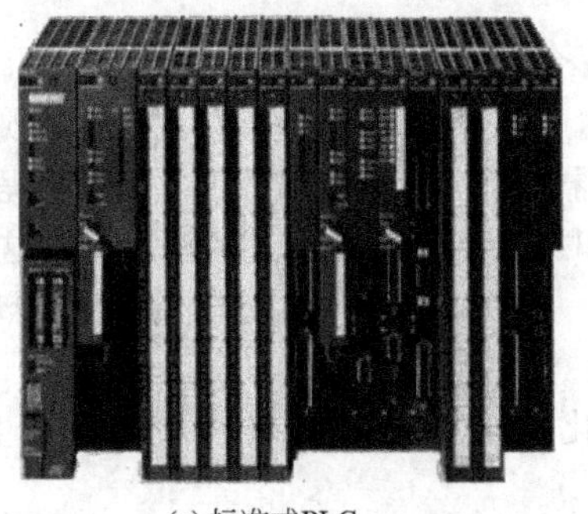

(a) 标准式PLC

(b) 冗余式PLC

图 5.7 SIMATIC S7-400 PLC 外形图

5.1.6.1 S7-400PLC 的特点

（1）中、高端性能和范围的功能强大的 PLC。

（2）要求最苛刻的任务解决方案。

（3）品种齐全的模块和性能分级的 CPU，最佳适应自动化任务。

（4）通过采用实现方便的分布式结构和多种通信能力，使用非常灵活。

（5）理想的通信和网络选件。

（6）方便用户和简易的无风扇设计。

（7）当控制任务增加时，可自由扩展。

（8）多 CPU 运行：在一个单独的 S7-400 中央控制器中可同时运行多个 CPU。多 CPU 处理能力可以将一个 S7-400 的处理总任务分成几部分。例如：按照技术功能（开环控制、闭环控制和通信）将复杂任务分配给不同的CPU进行处理，因此将每个CPU分配器自身的局部I/O。

（9）模块化：可以直接插入到CPU的高性能的S7-400背板总线和通信接口，可为众多的通信线路提供便利的通信功能。它可以为HMI和编程任务建立单独的通信线路，一个用于高性能的等距离运动控制组件，一个用于“单独的”I/O总线。同时也需要建立其他连接到MEP/ERP系统和因特网的线路。

（10）工程和诊断：特别是在增加工程组件的复杂的自动化解决方案中，结合SIMATIC工程工具，S7-400可以非常有效地编程和组态。其他特性还包括可以使用高级语言。

5.1.6.2 普通型CPU（S7-400）

普通型CPU具有上述的S7-400PLC的基本性能，目前S7-400主要提供以下型号。

（1）低性能CPU。提供CPU 412-1和CPU 412-2两种型号，用于中等性能范围的小型设备。

（2）中等性能CPU。提供CPU 414-2、CPU 414-3和CPU 414-3 PN/DP三种型号，用于具有对编程、处理速度和通信有额外要求的中型设备。

（3）中高等性能CPU。分别有CPU 416-2、CPU 416-3、CPU 416-3 PN/DP三种型号，满足高端性能要求。

（4）高等性能CPU。型号为CPU 417-4 DP，满足最高端的性能要求。

5.1.6.3 冗余型CPU（S7-400H）

在许多自动化领域中，要求容错和高可靠性的自动化系统的应用越来越多。特别是在某些领域，停机将带来巨大的经济损失。在这种情况下，只有冗余系统才能满足高可靠性的要求。高可靠性的SIMATIC S7-400H能充分满足这些要求。它能连续运行，即使控制器的某些部件由于一个或几个故障而失效也不受影响。

（1）冗余原理。系统冗余的原理为：无故障时两个子单元都在运行状态。如果发生故障，正常工作的子单元能独立地完成整个过程的控制。为了保证无扰动地切换，必须做到中央控制器链路之间快速、可靠的数据交换。为此控制器必须自动接收：相同的用户程序，相同的数据块，过程映象内容，相同的内部数据，如计时器、计数器、位存储器等。这样确保两个子控制器要随时更新内容，并在任何时间只要一个有故障，另一个可承担全部控制任务。

（2）冗余型CPU型号。S7-400H为容错型自动化系统，如果在控制系统中发生故障，则自动切换到另一个CPU，继续执行过程控制。

S7-400F为安全型自动化系统，在控制系统中，如果发生故障，过程步骤转为安全状态，并执行中断。

S7-400FH为安全及容错型自动化系统，如果在控制系统中发生故障，冗余的控制内容可以继续执行过程控制步骤。

（3）冗余型主要CPU型号

① 低性能CPU：最新型号为CPU 412-5H，用于S7-400H和S7-400F/FH的控制系统。

② 中等性能CPU：最新型号为CPU 414-5H，用于S7-400H和S7-400F/FH的控制系统。

③ 中高等性能CPU：最新型号为CPU 417-5H，用于S7-400H和S7-400F/FH的控制系统。

④ 高等性能CPU：最新型号为CPU 416F-2和CPU 416F-3 PN/DP，用于建立故障安

全自动化系统，满足日益增长的安全需要。

5.1.6.4 S7-400 的编程软件

S7-400PLC 的编程软件与 S7-300PLC 的相同，都采用西门子公司提供的 STEP 7，目前主要采用 STEP 7 V5.4 和 STEP 7 V5.5 两个版本，STEP 7 V5.4 运行在 WINDOWS XP，STEP 7 V5.5 运行在 WINDOWS VISTA 或 7。目前最高版本为 STEP 7 5.5SP3。S7-200PLC 采用的编程软件也叫 STEP 7，但与 S7-300、400 的不同，两者不能通用。S7-200PLC 采用的编程软件为 STEP 7-Micro/WIN。

5.1.7 分布式 IO—ET200

ET 200 是分布式 IO，相当于给 S7-300PLC 扩展，可以安装在现场或控制室，可以用于 S7-300PLC 或 S7-400PLC 的 IO 扩展。ET200 采用 S7-300PLC 的 I/O 模块和电源。ET200 与 S7-300 或 S7-400 的 CPU 通过 PROFIBUS 或者 PROFINET 进行通信 DP 通信，仅通过一根通信线进行连接，从而大大减小了布线量，提高了远端信号的可靠性。ET200 有多种类型，不同类型适应不同的应用条件，下面介绍 ET200 的常用类型。

5.1.7.1 ET 200M 的技术性能

（1）ET 200M 是一种模块式结构的远程 I/O 站。

（2）ET 200M 远程 I/O 站由 IM153PROFIBUS－DP 接口模块、电源、各种 I/O 模块组成。

（3）ET 200M 远程 I/O 可使用 S7－300 系列所有 I/O 模块，SM321/322/323/331/332/334，EX，FM350－1/351/352/353/354。

（4）最多可扩展到 8 个 I/O 模块。

（5）ET200M 最多可提供的 I/O 地址为：128 BYTE INPUT/128 BYTE OUTPUT。

（6）最大数据传输速率：12M。

（7）具有集中和分散式的诊断数据分析。

5.1.7.2 ET 200L 的技术性能

（1）ET 200L 是小型固定式 I/O 站。

（2）ET 200L 由端子模块和电子模块组成。端子模块由电源及接线端子组成。电子模块由通信部分及各种类型的 I/O 部分组成。

（3）可选择各种 24VDC 开关量输入，输出及混合输入/输出模块：16DI、16DO、32DI、32DO、16DI、16DO。

（4）ET 200L 具有集成的 PROFIBUS-DP 接口。

（5）最大数据传输速率：1.5M。

（6）具有集中和分散式的诊断数据分析。

（7）ET 200L-SC 是可扩展的 ET200L，由 TB16SC 扩展端子，可扩展 16 个 I/O 通道。这 16 个通道可按 8 组自由组态，即由几个微型 I/O 模型组成，每一个微型 I/O 模块可以是 2DI、2DO、1AI、1AO。

5.1.7.3 ET 200SP 的技术性能

SIMATIC ET 200SP 是 ET200 最新一代的分布式 I/O，SIMATIC ET-200SP 是高度灵活可扩展的分布式 I/O 系统，通过 PROFINET 或者 PROFIBUS 将过程信号连接到中央控制器。SIMATIC ET 200SP 是一种多功能分布式 I/O 系统适用于各种应用领域。防护等级为 IP20，用于柜内。ET-200SP 灵活的架构，使得 I/O 站可以安装于现场满足最确切的需要。SIMATIC ET-200SP 具有以下技术性能和优点。

（1）通过总线适配器，可以灵活选择 PROFINET 的连接方式。

（2）直插式端子技术，接线无需工具。

（3）接线端子孔和弹簧下压触点的排布更加合理，接线更加方便。

（4）彩色端子标签，参考标识牌以及标签条，带来了清晰明确的标识。

（5）通道级的诊断功能。

（6）单站扩展最多支持 64 个模块。

（7）节省控制箱内的空间。

（8）外形紧凑，适用于 80mm 的标准控制箱。

（9）PROFINET 高速通讯。

（10）电子模块和接线端子盒部分均可以在线热插拔。

（11）从导线，端子盒和背板总线直至 PROFINET 电缆采用统一的屏蔽设计理念。

（12）系统集成 PROFIenergy 带来更高的能效。

（13）支持 AS-i 总线。

（14）通过软件进行组态设置，无需拨码。

5.2 S7-300PLC 的硬件配置

5.2.1 S7-300PLC 的组装

中、大型的 PLC 控制系统一般采用模块式结构，通过不同模块的组合，形成具有不同功能的 PLC 控制系统。中、大型 PLC 的模块根据应用需要进行选型，主要由 CPU 模块、电源模块、I/O 模块、机架等组成。PLC 产品提供多种型号规格的 CPU 模块、电源模块、I/O 模块等，能满足各种领域的自动控制要求。当系统规模扩大和更为复杂时，可以通过增加模块进行扩展。基本的 S7-300PLC 的组装如图 5.8 示。

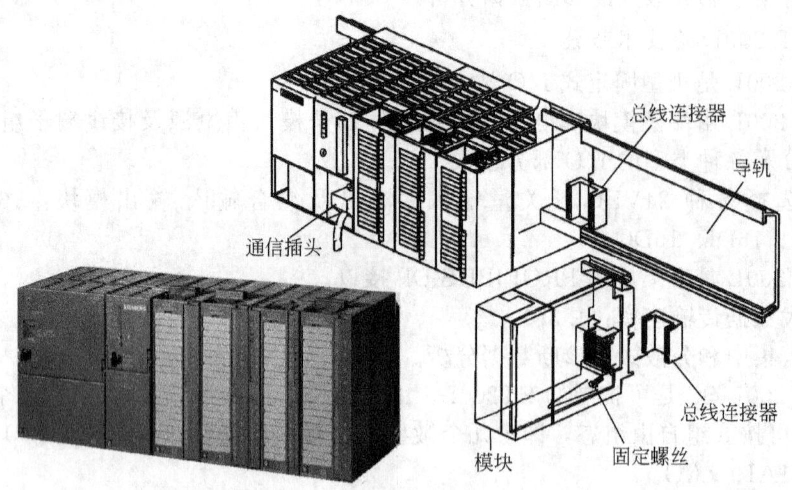

图 5.8 S7-300PLC 的组装示意图

S7-300 为一种紧凑的、无槽位限制的模块结构，可以在一个导轨上安装电源模块（PS）、中央处理单元模块（CPU）、接口模块（IM）、信号模块（SM）、功能模块（FM）、通信模块（CP）等。导轨是一种金属机架，只需要将模块钩在 DIN 标准的安装导轨上，然后将螺丝上紧即可。

S7-300PLC 的安装规则为：电源总是安装在机架的最左边，CPU 紧靠电源的右边安装，如果有接口模块，则安装在 CPU 的右边。其他模块如信号模块（SM）、功能模块（FM）、通信模块（CP）等可以安装在接下来的任意位置。对于 I/O 模块等的安装，工控界通常有一个不成文的习惯，一般是数字量模块在左、模拟量模块在右，从左到右按照输入、输出的顺序安装，CP 模块一般安装在中央机架的最末端。

5.2.2 S7-300PLC 的组成及结构

5.2.2.1 S7-300PLC 的组成

SIMATIC S7-300 系列 PLC 是模块化结构设计，各种单独模块之间可进行广泛组合和扩展。其系统构成如图 5.9 所示。它的主要组成部分有导轨（RACK）、电源模块（PS）、中央处理单元模块（CPU）、接口模块（IM）、信号模块（SM）、功能模块（FM）等。通过 MPI 网或以太网的接口直接与编程器 PG、操作员面板 OP、监控计算机和其它 S7 PLC 相连；通过 CP 模块的 PROFIBUS 网的接口，可以构建分布式 PLC 系统，通过 ET200 的扩展模式进行分布式 I/O 扩展。紧凑型 CPU 带有电源，不需要安装 PS 电源模块；有的型号的 CPU 模块带有 MPI、PROFIBUS、PROFINET 三种接口，可以不需要安装 CP 模块。

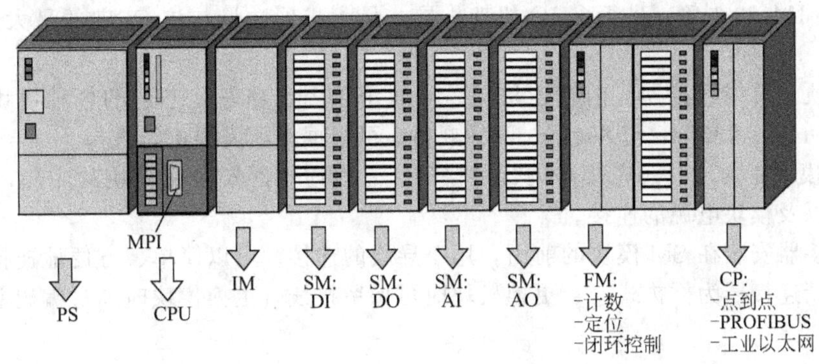

图 5.9 S7-300PLC 的模块组成

S7-300PLC 是模块式的结构，它主要由以下几部分组成：

（1）中央处理器（CPU）。S7-300PLC 提供各种不同性能的 CPU，根据用途主要分为紧凑型、标准型、运动控制型、故障安全型，CPU 运行需要微存储卡（MMC）。标准型 CPU 是最为常用的产品。

① 紧凑型 CPU：带集成数字量输入和输出，适用于对处理能力有较高要求的小型控制系统，带有与过程相关的功能。

② 标准型 CPU：适用于全集成自动化（TIA），适用于小、中、大规模的控制系统应用，对二进制和浮点数运算具有较高的处理能力，提供 MPI 通信口，有的具有 PROFIBUS DP 主站/从站接口，可用于大规模的 I/O 配置，可用于建立分布式 I/O 结构。

③ 运动控制型 CPU（T-CPU）：T-CPU 是一个具有集成运动控制功能的标准 SIMATIC CPU，可以设置所有应用必要的参数，例如机械数据、驱动器选择数据、控制器设置、缺省值、监视功能、输出凸轮、测量输入、凸轮盘等。

④ 故障安全型 CPU：支持建立一个故障安全型的控制系统，以满足不断增长的安全需要，特别适用于要求可靠性很高的生产过程。

（2）电源模块（PS）。电源模块用于将 220VAC 电源转换成 24VDC 电源，供 CPU 和 I/O 模块使用。额定输出电流主要有 2A、5A 和 10A 三种，电源模块上有开关，有数个 24VDC 电源输出接线端子，过载时模块上的 LED 闪烁。

(3) 信号模块（SM）。信号模块是数字量、模拟量的输入/输出模块的简称，它们用于接收或输出不同的信号，以适应不同开关电器、检测仪表、执行仪表等的需要。数字量信号模块主要有 SM321 数字量输入模块、SM322 数字量输出模块，模拟量信号模块主要有 SM331 模拟量输入模块、SM332 模拟量输出模块。模拟量模块可以输入热电阻、热电偶、4～20mADC 和 1-5VDC 等信号。每个模块上有一个背板总线连接器，现场的信号连接到 SM 模块的前端连接器（相当于接线端子排）上。

(4) 功能模块（FM）。功能模块主要用于对实时性和存储容量要求高的控制任务，例如计数器模块、位置控制模块、步进电机定位模块、伺服电动机定位模块、称重模块等。

(5) 通信处理器（CP）。通信处理器用于 PLC 之间、PLC 与计算机或其他智能设备之间的通信，可以将 PLC 接入 PROFIBUS-DP、AS-i 和工业以太网（PROFINET），或用于实现点对点的通信等。通信处理器可以减轻 CPU 处理通信的负担，并减少用户对通信的编程工作量。

(6) 接口模块（IM）。接口模块用于多机架配置时连接主机架（CR）和扩展机架（ER）。对于集中型 S7-300PLC，可以由 1 个主机架和 3 个扩展机架组成，最多可以配置 32 个信号模块、功能模块和通信模块。对于支持分布式 IO 站的 CPU，可以采用另一种型号的 IM 模块（如 IM153-1 等）进行多 IO 机架扩展，最大扩展数量与该 CPU 的最大支持 IO 点数有关。

(7) 导轨、总线连接器、前端连接器。导轨用于固定和安装上述的各种模块，主要有 160mm、480mm、530mm 和 830mm 四种规格，可根据实际需要进行选择。

PLC 的模块是通过总线连接器进行链接的，总线连接器安装在模块的底部，实现 PLC 的背板总线以及模块电源的连接。

前端连接器安装在 SM 模块的前面，用于导线的连接。可以简单、方便地连接传感器和执行器，前端连接器为插拔式，当更换模块时可保留接线，更换模块时通过编码避免发生模块类型错误。

5.2.2.2 S7-300PLC 系统的结构

S7-300 是模块化的组合结构，根据应用对象的不同，可选用不同型号和不同数量的模块，并可以将这些模块安装在同一机架（导轨）或多个机架上。与 CPU312 IFM 和 CPU313 配套的模块只能安装在一个机架上。除了电源模块、CPU 模块和接口模块外，一个机架上最多只能再安装 8 个信号模块或功能模块。

CPU314/315/315-2DP 最多可扩展 4 个机架，IM360/IM361 接口模块将 S7-300 背板总线从一个机架连接到下一个机架，如图 5.10 所示。通过背板总线连接模块，通过 MPI 网可以连接外部的编程器（PG）和操作员面板（OP）。对于耗电量比较小的控制系统，主机和

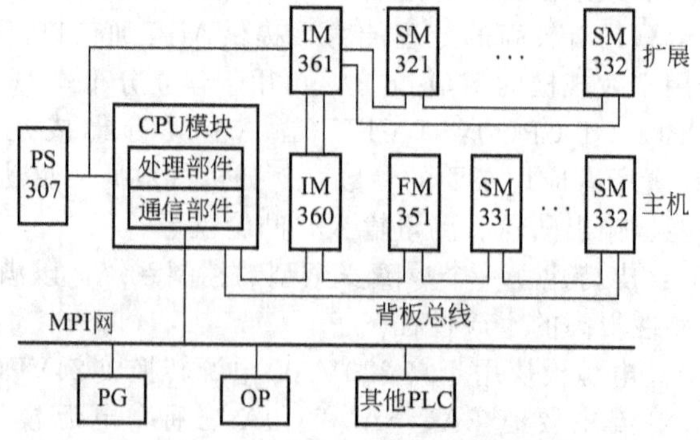

图 5.10 S7-300PLC 系统的结构框图

扩展可以共用 1 个 PS 电源模块；对于扩展量比较大的控制系统，一般要求每个机架设置一个 PS 电源。

5.2.3 S7-300PLC 的扩展

对少于 8 个 I/O 模块的 PLC 控制系统，采用一个主机架即可满足要求。对于超过 8 个 I/O 模块的情况，则需要进行多机架的扩展。

西门子 S7-300PLC 多数 CPU 可以支持扩展 3 个机架，算上 CPU 所在的 0 号机架，一共 4 个机架，每个机架最多只能安装 8 个 IO 模块，一台 PLC 最多 32 个模块。在 PLC 控制系统中，需要进行 S7-300PLC 的 I/O 点扩展时，注意以下事项：

(1) 西门子 S7-300PLC 扩展的规模与型号 CPU 有关，不同的 CPU 扩展的能力也不同，如 CPU 312C 没有扩展能力，只能带一个主机架，其他 CPU 可以带 4 个集中型机架（包括主机架），也就是将四个机架集中在一起安装。

(2) 对于可以带 4 个集中型机架（包括主机架）的 CPU，可以根据需要确定机架的数量，每个机架最多只能安装 8 个 I/O 模块。譬如 CPU 315-2 PN/DP 的特性为：带最大的 I/O能力为数字量 16384 个 I/O 点，模拟量 1024 个 I/O 点，包括分布式 I/O 口，所有的 I/O 点数总和。如果只是集中型安装，最大扩展机架数量为 4 个，最多只能安装 32 个模块，因此最多可扩展的 IO 点数就是安装的 32 个模块点数的总和。

(3) 当需要扩展 I/O 模块超过 32 个时，需要采用 ET200 方式进行机架扩展，同样每个 ET200 机架也只能安装 8 个模块。通过 ET200 扩展的 CPU 需要带有 PROFIBUS 通信口，也就是 CPU 型号中有 DP 字符。同样 ET200 支持的最大扩展 I/O 点数与 CPU 的性能有关，需要参考 CPU 模块的技术资料。

(4) ET200M 是最为常用的 S7-300/400PLC 的分布式 I/O 站，即一个远程 I/O 站，它可以使用所有的 S7-300 的各种 I/O 模块。ET200M 主要特点就是将远程的 I/O（包括模拟量）通过通讯线传给主机，ET200M 站可以在数百米以外，这样节省了大量的信号电缆，使得结构清晰，便于维护。

下面介绍 S7-300PLC 的几种扩展结构图。图 5.11 (a) 为集中式扩展、图 5.11 (b) 为分布式扩展、图 5.12 为集中式与分布式结合的扩展。

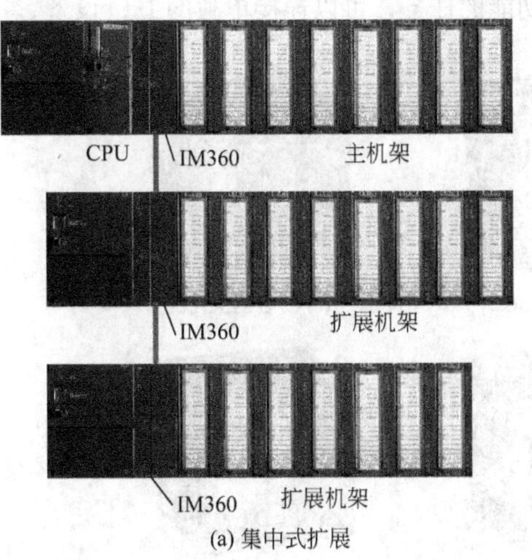

(a) 集中式扩展

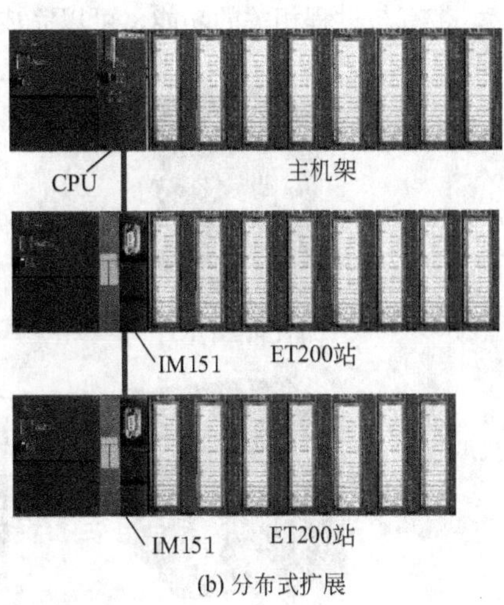

(b) 分布式扩展

图 5.11 集中式扩展和分布式扩展结构图

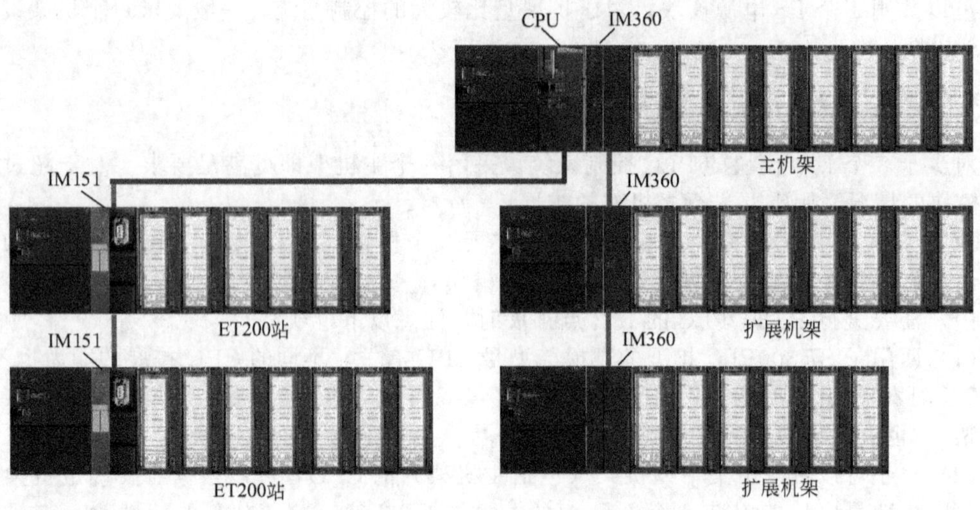

图 5.12　集中、分布混合式扩展结构图

5.3　S7-300 的 CPU

5.3.1　紧凑型 S7-300CPU

S7-300 紧凑型 CPU 的外形如图 5.13 所示。各种 CPU 的应用范围如下。

(1) CPU 312C：带集成数字量输入和输出的紧凑型 CPU，适用于对处理能力有较高要求的小型应用，带有与过程相关的功能。

(2) CPU 313C：带集成数字量和模拟量输入/输出的紧凑型 CPU，满足对处理能力和响应时间要求较高的场合，带有与过程相关的功能。

(3) CPU 313C-2PtP：带集成数字量输入/输出和一个 RS 422/485 串口的紧凑型 CPU，满足处理量大、响应时间高的场合，带有与过程相关的功能。

(4) CPU 313C-2DP：带集成数字量输入/输出和 PROFIBUS DP 主站/从站接口的紧凑型 CPU，带有与过程相关的功能，可以完成具有特殊功能的任务，可以连接单独的 I/O 设备。

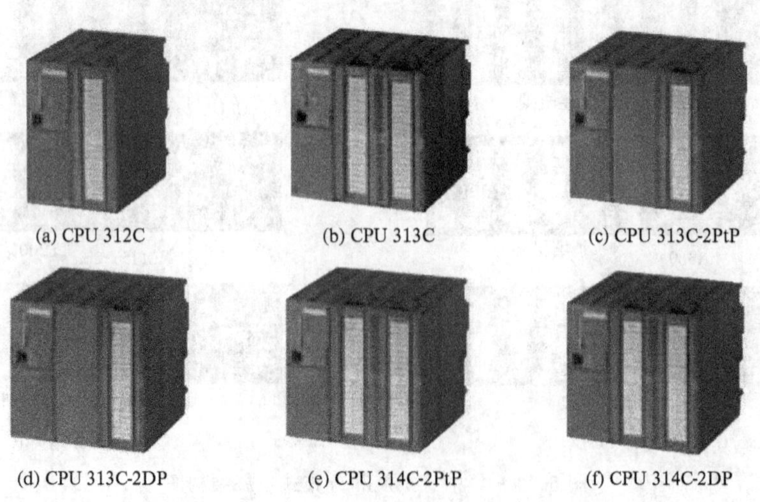

(a) CPU 312C　(b) CPU 313C　(c) CPU 313C-2PtP　(d) CPU 313C-2DP　(e) CPU 314C-2PtP　(f) CPU 314C-2DP

图 5.13　S7-300 紧凑型 CPU 外形

（5）CPU 314C-2PtP：带集成数字量和模拟量 I/O 和一个 RS 422/485 串口的紧凑型 CPU，满足对处理能力和响应时间要求较高的场合，带有与过程相关的功能。

（6）CPU 314C-2DP：带集成数字量和模拟量 I/O 以及 PROFIBUS DP 主站/从站接口的紧凑型 CPU，带有与过程相关的功能，可以完成具有特殊功能的任务，可以连接单独的 I/O 设备。

S7-300 紧凑型 CPU 的主要技术性能如表 5.1 所示。

表 5.1　S7-300 紧凑型 CPU 的主要技术性能

型号	CPU 312C	CPU 313C	CPU 313C-2PtP	CPU 313C-2DP	CPU 314C-2PtP	CPU 314C-2DP
订货号	6ES7 312-5BF04-0AB0	6ES7 313-5BG04-0AB0	6ES7 313-6BG04-0AB0	6ES7 313-6CG04-0AB0	6ES7 314-6BH04-0AB0	6ES7 314-6CH04-0AB0
最大数字量点数						
•输入	266	1016	1008	16256	1016	16048
•输出	262	1008	1008	16256	1008	16096
•集中输入	266	1016	1008	1008	1016	1016
•集中输出	262	1008	1008	1008	1008	1008
最大模拟量点数						
•输入	64	253	248	1015	253	1006
•输出	64	250	248	1015	250	1007
•集中输入	64	253	248	248	253	253
•集中输出	64	250	248	248	250	250
机架	1	4	4	4	4	4
每机架最多模块	8	8	8	8	8	8
内置工作存储器	64kb	128kb	128kb	128kb	192kb	192kb
最大装载存储器	8Mb	8Mb	8Mb	8Mb	8Mb	8Mb
最大 DB 数	1024	1024	1024	1024	1024	1024
最大 FB 数	1024	1024	1024	1024	1024	1024
最大 FC 数	1024	1024	1024	1024	1024	1024
定时器	256	256	256	256	256	256
计数器	256	256	256	256	256	256
位寄存器	256bit	256bit	256bit	256bit	256bit	256bit
FM 数量	8	8	8	8	8	8
CP，点到点	8	8	8	8	8	8
CP，LAN	4	6	6	6	10	10
最多 PG 通信	5	7	7	7	11	11
最多 OP 通信	5	7	7	7	11	11
MPI 通信口	√	√	√	√	√	√
DP 通信口						
MPI 连接数	6	8	8	8	12	12
MPI 通信距（无中继器）	50m	50m	50m	50m	50m	50m
CPU 模块带数字量输入点	10	24	16	16	24	24
CPU 模块带数字量输出点	6	16	16	16	16	16
CPU 模块带模拟量输入点		4			4	4
CPU 模块带模拟量输出点		2			2	2

5.3.2　标准型 CPU

标准型 CPU（图 5.14）由于性价比高、性能适中、可扩展性好，是西门子 PLC 控制系统最为常用的模块。标准型 CPU 可适用于组建小型系统（如 312）、中型系统（如 314、315）和大型系统（如 317、319），其中以 CPU314、CPU315 应用最为广泛。

标准型 CPU 314 价格较低，最多可带四个机架，最多可扩展到 1024 个数字量 IO 点或

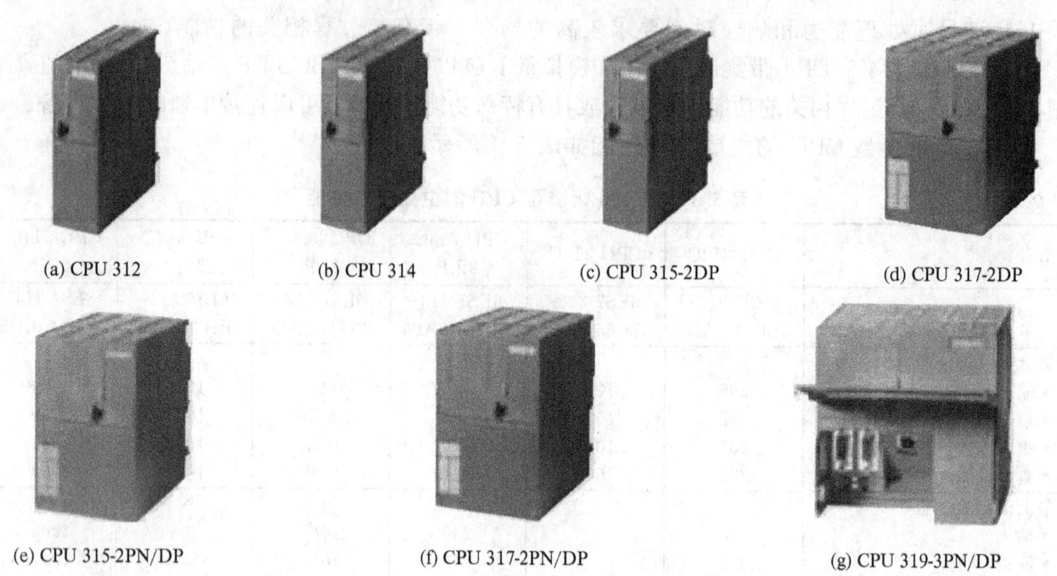

(a) CPU 312　(b) CPU 314　(c) CPU 315-2DP　(d) CPU 317-2DP

(e) CPU 315-2PN/DP　(f) CPU 317-2PN/DP　(g) CPU 319-3PN/DP

图 5.14　S7-300 标准型 CPU 外形图

256 个模拟量 IO 点。适用于程序量不大、实时性要求不高、IO 点数不太多的中型控制系统，标准型 CPU 314 不能组建成分布式 PLC 系统，标准型 CPU 314 只有一个 MPI 通信口。

标准型 CPU 315 有 CPU 315-2DP 和 CPU 315-2PN/DP 两种，价格适中，除了通信口数量不同外，两者性能相当。CPU 315-2DP 带有 1 个 MPI 通信口和 1 个 PROFIBUS 通信口，CPU315-2PN/DP 带有 1 个 MPI 通信口、1 个 PROFIBUS 通信口和 1 个 PROFINET 通信口。标准型 CPU 315 除通过接口模块最多可带四个机架外，还可以 IM 模块进行 ET200 分布式 IO 扩展，这样最多可扩展到 16384 个数字量 IO 点或 1024 个模拟量 IO 点。标准型 CPU 315 可以组建软冗余式控制系统或软冗余分布式控制系统，在一些要求安全性很高的场合，可以设计成冗余式控制系统。

标准型 CPU 317、CPU 319 属高性能产品，最多可扩展到 65536 个数字量 IO 点或 4096 个模拟量 IO 点。标准型 CPU 317、CPU 319 可以提高 PLC 的运算速度和数据存储能力，如果要设计大规模的控制系统，应该考虑采用更高性能的 S7-400。

标准型 CPU 的主要技术性能如表 5.2 所示。

表 5.2　标准型 CPU 的主要技术性能

型号	CPU312 CPU	CPU314	CPU315-2DP	CPU317-2DP	CPU315-2PN/DP	CPU317-2PN/DP	CPU319-3PN/DP
订货号	6ES7 312-1AE14-0AB0	6ES7 314-1AG14-0AB0	6ES7 315-2AH14-0AB0	6ES7 317-2AK14-0AB0	6ES7 315-2EH14-0AB0	6ES7 317-2EK14-0AB0	6ES7 319-3EL01-0AB0
最大数字量点数							
• 输入	256	1024	16384	65536	16384	65536	65536
• 输出	256	1024	16384	65536	16384	65536	65536
• 集中输入	256	1024	1024	1024	1024	1024	1024
• 集中输出	256	1024	1024	1024	1024	1024	1024
最大模拟量点数							
• 输入	64	256	1024	4096	1024	4096	4096
• 输出	64	256	1024	4096	1024	4096	4096
• 集中输入	64	256	256	256	256	256	256
• 集中输出	64	256	256	256	256	256	256

续表

型号	CPU312 CPU	CPU314	CPU315-2DP	CPU317-2DP	CPU315-2PN/DP	CPU317-2PN/DP	CPU319-3PN/DP
订货号	6ES7 312-1AE14-0AB0	6ES7 314-1AG14-0AB0	6ES7 315-2AH14-0AB0	6ES7 317-2AK14-0AB0	6ES7 315-2EH14-0AB0	6ES7 317-2EK14-0AB0	6ES7 319-3EL01-0AB0
最多机架 每机架最多模块	1 8	4 8	4 8	4 8	4 8	4 8	4 8
内置工作存储器	32kb	128kb	265kb	1024kb	348kb	1Mb	2Mb
最大装载存储器	8Mb	8Mb	8Mb	8Mb	8Mb	8Mb	8Mb
最大 DB 数	1024	1024	1024	2048	1024	2048	4096
最大 FB 数	1024	1024	1024	2048	1024	2048	4096
最大 FC 数	1024	1024	1024	2048	1024	2048	4096
定时器	256	256	256	256	256	512	2408
计数器	256	256	256	256	256	512	2408
位寄存器	256bit	256bit	256bit	256bit	2kb	4kb	8kb
最多 FM 数量	8	8	8	8	8	8	8
最多 CP，点到点	8	8	8	8	8	8	8
最多 CP，LAN	4	10	10	10	10	10	10
TCP/IP 最大连接数					8	16	32
最多 PG 通信	5	11	15	31	15	31	31
最多 OP 通信	5	11	15	31	15	31	31
MPI 通信口	1	1	1	1	1	1	1
DP 通信口			1	1	1	1	1
PN 通信口					1	1	1
MPI 连接数	6	12	16	32	16	32	32
MPI 最大传输速率	187.5kb/s	187.5kb/s	187.5kb/s	12Mb/s	12Mb/s	12Mb/s	12Mb/s

5.3.3 故障安全型 CPU

故障安全型 CPU（图 5.15，表 5.3），具有大容量程序存储器和程序框架，可组态为一个故障安全型自动化系统，以提高安全运行的需要，安全性满足 SIL 3（IEC 61508）和 Cat.4（EN 954-1）。可通过集成的 PROFINET 接口（PROFIsafe）或者与集成的 PROFIBUS DP 接口（PROFIsafe）连接分布式站中的故障安全 I/O 模块，可以与 ET 200M 的故障安全型 I/O 模块进行集中式连接。标准模块的集中式和分布式使用，可满足于故障安全无关的应用，在 PROFINET 上实现基于组件的自动化，PROFINET 代理，用于基于部件的自动化（CBA）中的 PROFIBUS DP 智能设备。

(a) CPU 315F-2DP

(b) CPU 315F-2PN/DP

(c) CPU 317F-2DP

(d) CPU 317F-2PN/DP

(e) CPU 319F-2PN/DP

图 5.15 S7-300 故障安全型 CPU 样品

表 5.3 故障安全型 CPU 主要技术性能

型号	CPU 315F-2DP	CPU 315F-2DP(新)	CPU 315F-2PN/DP	CPU 315F-2PN/DP(新)	CPU 317F-2DP	CPU 317F-2PN/DP	CPU 317F-2PN/DP(新)	CPU 319F-3PN/DP
订货号	6ES7 315-6FF01-0AB0	6ES7 315-6FF04-0AB0	6ES7 315-2FH13-0AB0	6ES7 315-2FJ14-0AB0	6ES7 317-6FF03-0AB0	6ES7 317-2FK13-0AB0	6ES7 317-2FK14-0AB0	6ES7 318-3FL00-0AB0
最大数字量点数								
•输入	16384	16384	16384	16384	65536	65536	65536	65536
•输出	16384	16384	16384	16384	65536	65536	65536	65536
•集中输入	1024	1024	1024	1024	1024	1024	1024	1024
•集中输出	1024	1024	1024	1024	1024	1024	1024	1024
最大模拟量点数								
•输入	1024	1024	1024	1024	4096	4096	4096	4096
•输出	1024	1024	1024	1024	4096	4096	4096	4096
•集中输入	256	256	256	256	256	256	256	256
•集中输出	256	256	256	256	256	256	256	256
最多机架	4	4	4	4	4	4	4	4
每机架最多模块	8	8	8	8	8	8	8	8
内置工作存储器	192kb	384kb	256kb	512kb	1Mb	1Mb	1.5 Mb	1400kb
最大装载存储器	8Mb	8Mb	8Mb	8Mb	8Mb	8Mb	8Mb	8Mb
最大 DB 数	1023	1024	1023	1024	2047	2047	2048	4095
最大 FB 数	2048	1024	2048	1024	2048	2048	2048	2048
最大 FC 数	2048	1024	2048	1024	2048	2048	2048	2048
定时器	256	256	256	256	512	512	512	2048
计数器	256	256	256	256	512	512	512	2048
位寄存器	2048	2048	2048	2,048	4096	4096	4096	8192
最多 FM 数量	8	8	8	8	8	8	8	8
最多 CP,点到点	8	8	8	8	8	8	8	8
最多 CP,LAN	10	10	10	10	10	10	10	10
最多 PG 通信	15	15	15	15	31	31	31	31
最多 OP 通信	15	15	15	15	31	31	31	31
MP 口	1	1	1	1	1	1	1	1
DP 口	1	1	1	1	1	1	1	1
PN 口			1	1		1	1	1
MPI 连接数	16	16	16	16	32	16	32	32
MPI 最大传输速率	187.5kb/s	187.5kb/s	12Mb/s	12Mb/s	12Mb/s	12Mb/s	12Mb/s	12Mb/s

5.4 S7-300 的数字量输入/输出模块

S7-300 PLC 提供十几种数字量输入模块和二十几种数字量输出模块。输入模块有直流输入和交流输入两种信号。输出模块的输出元件主要有晶体管、可控硅和继电器三种形式。数字量输入模块主要有 16 点和 32 点两种规格；数字量输出模块主要有 8 点、16 点、32 点和 64 点四种形式；8 点、16 点的模块采用 20 针前段连接器，32 点模块采用 40 针前段连接器。64 点模块则采用特定电缆连接。

5.4.1 SM321数字量输入模块

5.4.1.1 模块主要技术性能（表 5.4）

表 5.4 SM321 数字量输入模块主要技术性能

订货号	6ES7 321-1BH02-0AA0	6ES7 321-1BH50-0AA0	6ES7 321-1BL00-0AA0	6ES7 321-1BH10-0AA0	6ES7 321-7BH01-0AB0	6ES7 321-1CH00-0AA0	6ES7 321-1CH20-0AA0	6ES7 321-1FH00-0AA0	6ES7 321-1EL00-0AA0	6ES7 321-1FF01-0AA0	6ES7 321-1FF10-0AA0
负载电压 L+（DC）	24V	24V	24V	24V	24V	24V - 48V	48V-125V				
负载电压 L1（AC）								230V；120/230VAC	120 V	230V；120/230VAC	230V；120/230VAC
前连接器	20 针	20 针	40 针	20 针	20 针	40 针	20 针	20 针	40 针	20 针	40 针
输入点数	16	16	32	16	16	16	16	16	32	8	8
输入信号 AC						24-48V	48-125V	120/230V	120V	120/230V	120/230V
输入信号 DC	24V	24V	24V	24V	24V	24-48V	48-125V				
输入电流“1”信号	7mA	7mA	7mA	7mA	7mA	2.7mA	3.5mA	6.5mA	21mA	6.5mA	7.5mA
通道之间电隔离			有			有	有	有	有	有	有
每组通道数量	16	16	16	16	16	1	8	4	8	2	1
通道和背板总线之间隔离	光电隔离	光电隔离	光电隔离	光电隔离	光电隔离	光电隔离	光电隔离	光电隔离	光电隔离	光电隔离	光电隔离

5.4.1.2 模块接线图

SM321 数字量输入模块的型号很多，下面仅列出几种最为常用的数字量输入模块的典型接线图（图 5.16～图 5.19）。

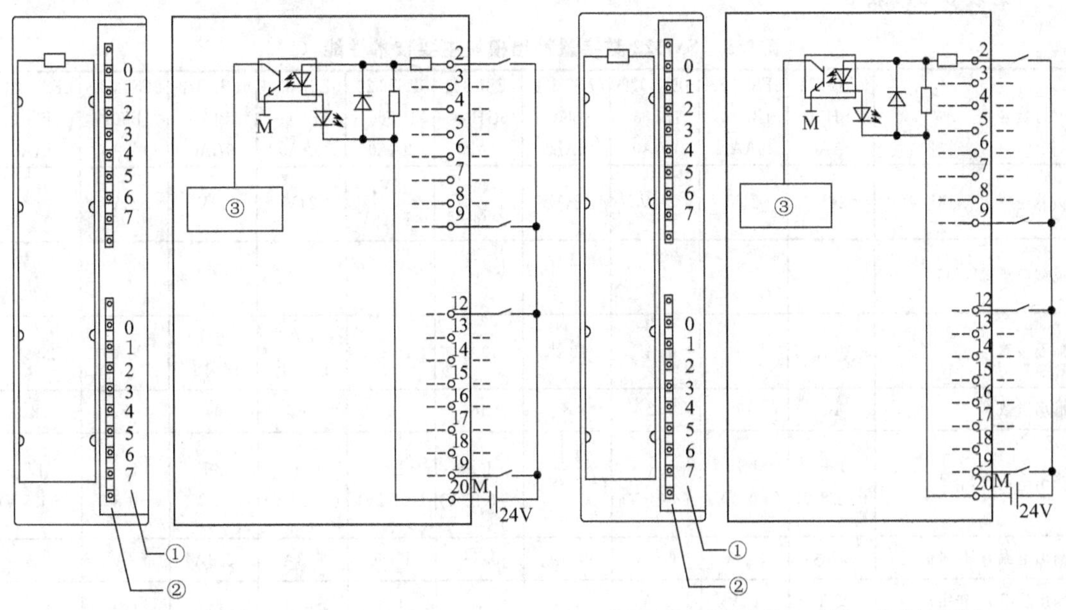

①通道号 ②状态显示，绿色 ③背板总线接口

图 5.16 6ES7 321-1BH02-0AA0 输入模块接线图

①通道号 ②状态显示，绿色 ③背板总线接口

图 5.17 6ES7 321-1BH10-0AA0 输入模块接线图

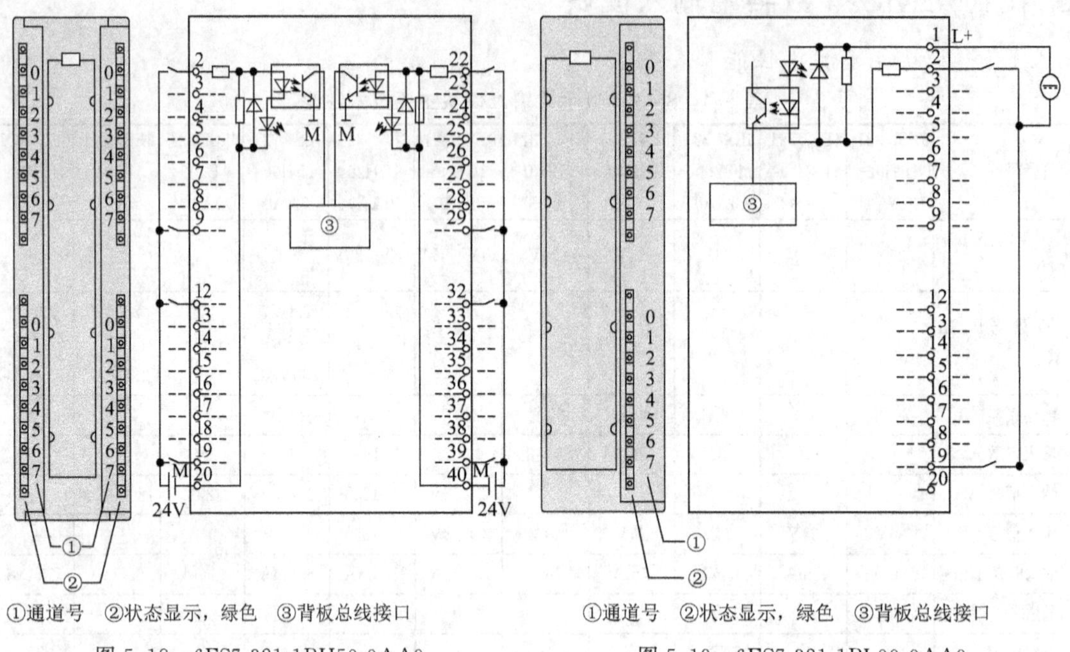

①通道号　②状态显示，绿色　③背板总线接口

图 5.18　6ES7 321-1BH50-0AA0 输入模块接线图

①通道号　②状态显示，绿色　③背板总线接口

图 5.19　6ES7 321-1BL00-0AA0 输入模块接线图

5.4.2 SM322 数字量输出模块

5.4.2.1 模块主要技术性能

见表 5.5、表 5.6。

表 5.5　SM322 数字量输出模块主要技术性能（1）

订货号	6ES7 322-1BH01-0AA0	6ES7 322-1BH10-0AA0	6ES7 322-1BL00-0AA0	6ES7 322-8BF00-0AB0	6ES7 322-5GH00-0AB0	6ES7 322-1CF00-0AA0	6ES7 322-1BP00-0AA0	6ES7 322-1BP50-0AA0	6ES7 322-1BF01-0AA0	6ES7 322-1FF01-0AA0
负载电压 L＋，DC	24V	24V	24V	24V	24V；24/48V	48V；48-125V	24V	24V	24V	
负载电压 L1，AC										230V；120/230V
前连接器	20 针	20 针	40 针	20 针	40 针	20 针	电缆或端子	电缆或端子	20 针	20 针
输出点数	16	16	32	8	16	8	64	64	8	8
输出电压“1”信号	L＋（−0.8 V）	L＋（−0.8 V）	L＋（−0.8V）	L＋（−0.8V 至−1.6 V）	L＋（−0.25 V）	L＋（−1.2V）	L＋（−0.5 V）	M＋（0.5 V）	L＋（−0.8 V）	L1（−1.5 V）
输出电流“1”信号额定值	0.5A	0.5A	0.5A	0.5A	0.5A	1.5A	0.3A	0.3A	2A	2A
输出总电流（每组）	2 A	2 A	2 A	4 A		4 A			4 A	2 A
输出短路保护	电子式	电子式	电子式	电子式	通过外部提供	电子式	与选择连接件有关	与选择连接件有关	电子式	熔断器

表 5.6　SM322 数字量输出模块主要技术性能（2）

订货号	6ES7 322-5FF00-0AB0	6ES7 322-1FH00-0AA0	6ES7 322-1FL00-0AA0	6ES7 322-1HF01-0AA0	6ES7 322-1HF10-0AA0	6ES7 322-5HF00-0AB0	6ES7 322-1HH01-0AA0	6ES7 322-1HF00-0AA0
负载电压 L+,DC				24V	120V	24V	120V	24V
负载电压 L1,AC	230V; 120/230VAC	230 V; 120/230VAC	120V; 120/230VAC		230 V	230 V	230 V	
前连接器	40 针	20 针	20 针	20 针	40 针	40 针	20 针	20 针
输出点数	8	16	32	8;继电器	8;继电器	8;继电器	8;继电器	8;继电器
输出电压"1"信号	L1(−8.5V)	L+(−0.8V)	L1(−0.8V)					
输出电流,"1"信号额定值	2 A	1 A	1 A					
输出总电流(每组)	4A	2A	4A	5A		5A	8A	
继电器输出				24V;110mA 230VAC;2A	24V;2A 230VAC;3A	24V;5A 230VAC;5A	24V;2A 230VAC;2A	24V;2A 230VAC;2A
每组通道数量	1	8	8	2	1	1	8	2

5.4.2.2　主要模块接线图

SM322 数字量输出模块的型号很多，下面仅列出几种最为常用的数字量输出模块的典型接线图（图 5.20～图 5.23）。

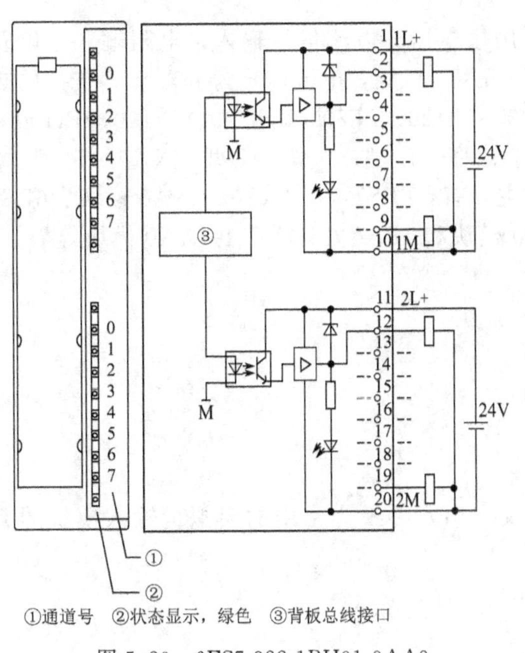

①通道号　②状态显示，绿色　③背板总线接口

图 5.20　6ES7 322-1BH01-0AA0 模块接线图

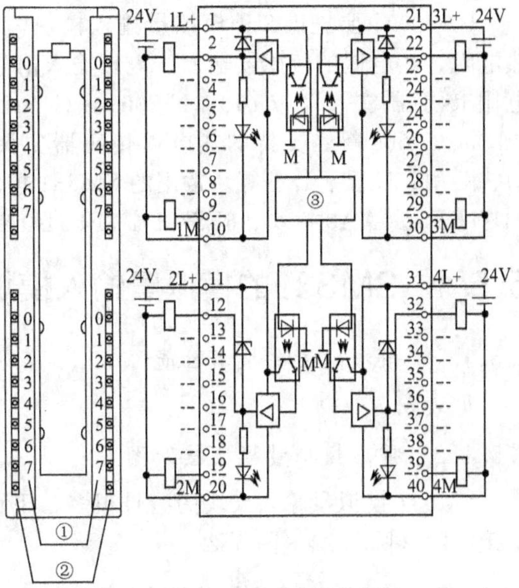

①通道号　②状态显示，绿色　③背板总线接口

图 5.21　6ES7 322-1BL00-0AA0 模块接线图

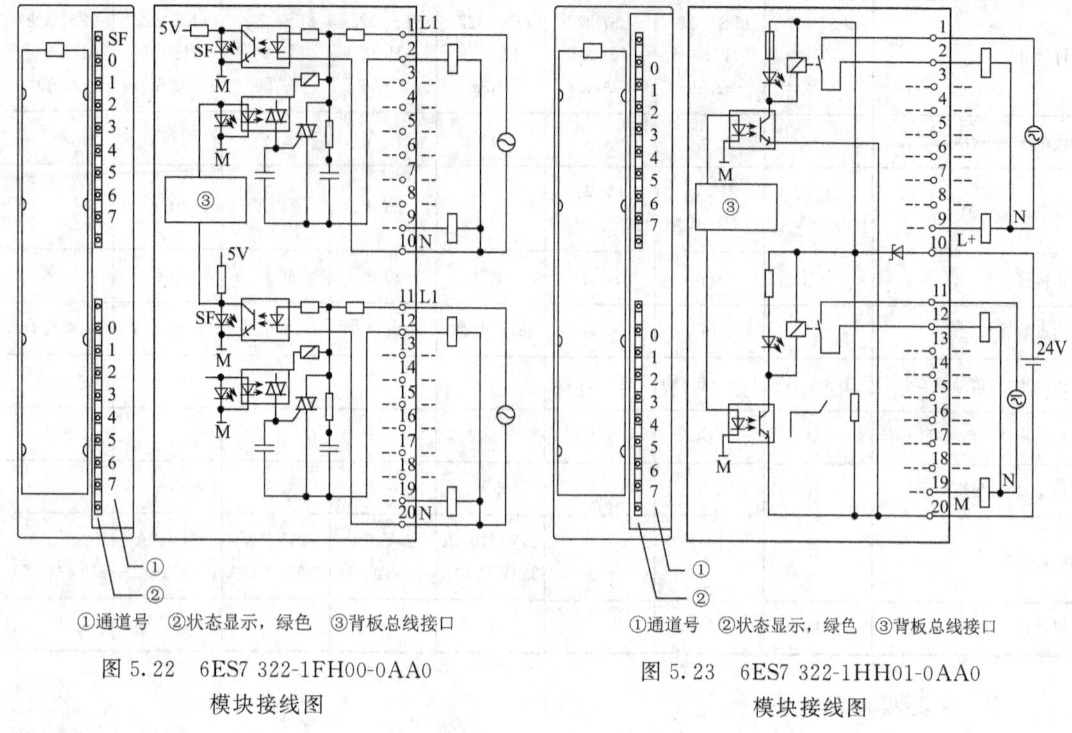

图 5.22 6ES7 322-1FH00-0AA0 模块接线图

图 5.23 6ES7 322-1HH01-0AA0 模块接线图

5.5 S7-300 模拟量模块

S7-300 主要提供 8 种模拟量输入模块，可用于电压、电流信号输入，电阻输入，以及热电阻、热电偶的传感器输入。电压输入信号为 mV、V 级，电流信号为 mA 级；支持的热电阻传感器主要有 Cu10、Ni100、LG-Ni1000、Ni120、Ni200、Ni500、Pt100、Pt1000、Pt200、Pt500 等；支持的热电偶传感器主要有 B 型、E 型、J 型、K 型、N 型、R 型、S 型、T 型、U 型、L 型等。常用的 SM331 模块主要有：6ES7 331-1KF02-0AA0 模块、6ES7 331-7KF02-0AA0 模块、6ES7 331-7PF01-0AA0 模块和 6ES7 331-7PF11-0AA0 模块等。

5.5.1 SM331 的模拟量输入模块

5.5.1.1 模块的主要技术性能

见表 5.7。

5.5.1.2 常用模拟量模块接线图

SM331 模拟量输入模块的型号很多，下面仅列出几种最为常用的模拟量输入模块的典型接线图（图 5.24～图 5.29）。

5.5.2 SM332 模拟量输出模块

5.5.2.1 模块的主要技术性能

SM332 提供 4 种模拟量输出模块，随着模块版本的升级，其订货号的后缀数字可能发生变化，需要升级 STEP7 编程软件以支持新的模块。表 5.8 为目前 SM332 模块的主要技术性能。

表 5.7　SM331 模拟量输入模块主要技术性能

订货号	6ES7 331-7KF02-0AB0	6ES7 331-7HF01-0AB0	6ES7 331-1KF02-0AB0	6ES7 331-7KB02-0AB0	6ES7 331-7PF01-0AB0	6ES7 331-7PF11-0AB0	6ES7 331-7NF00-0AB0	6ES7 331-7NF10-0AB0
输入通道	8	8	8	2	8	8	8	8
前连接器	20 针	20 针	40 针	20 针	50 针	50 针	40 针	40 针
输入电压范围								
0～+10V			√					
1～+5 V	√	√	√	√			√	√
1～+10V		√					√	√
−1～+1V	√	√	√	√				
−10～+10V	√	√	√	√				
−2.5～+2.5V	√			√				
−250～+250mV	√			√				
−5～+5V	√	√	√	√				
−50～+50mV			√					
−500～+500mV	√		√	√				
−80～+80mV	√			√				
输入电流范围								
0～20mA	√	√	√	√			√	√
−10～+10mA	√			√				
−20～20mA	√	√	√	√			√	√
−3.2～+3.2 A	√			√				
4～20mA	√	√	√	√			√	√
热电偶输入								
B 型						√		
E 型	√			√		√		
J 型	√			√		√		
K 型	√			√		√		
N 型	√			√		√		
R 型						√		
S 型						√		
T 型						√		
U 型						√		
L 型	√					√		
输入电阻范围								
0～150Ω	√			√	√			
0～300Ω	√			√	√			
0～600Ω			√	√	√			
0～6000Ω			√		√			
输入热电阻范围								
Cu 10					√			
Ni 100	√;标准型		√;标准型	√	√			
LG-Ni 1000			√;标准型		√			
Ni 120					√			
Ni 200					√			
Ni 500					√			
Pt 100			√;标准型	√	√			
Pt 1000					√			
Pt 200					√			
Pt 500					√			

续表

订货号	6ES7 331-7KF02-0AB0	6ES7 331-7HF01-0AB0	6ES7 331-1KF02-0AB0	6ES7 331-7KB02-0AB0	6ES7 331-7PF01-0AB0	6ES7 331-7PF11-0AB0	6ES7 331-7NF00-0AB0	6ES7 331-7NF10-0AB0
输入通道	8	8	8	2	8	8	8	8
前连接器	20 针	20 针	40 针	20 针	50 针	50 针	40 针	40 针
特性曲线线性化								
可设置参数	√		√	√	√			
对于热电偶	N,E,J,K,L 型			N,E,J,K,L 型		B,E,J,K,L,N,R,S,T,U,C 型		
对于热电阻	Pt 100,Ni 100		Pt100,Ni100,Ni1000,LG-Ni1000	Pt 100,Ni 100	Pt 100,Pt 200,Pt500,Pt 1000,Ni100,Ni 120,Ni200,Ni 500,Ni1000,Cu 10			
温度补偿								
可设置参数	√			√	√	√		
通过补偿盒外部温度补偿	√			√	√	√		
用 Pt100 外部温度补偿	√			√	√	√		
内部温度补偿					√	√		
采样精度	15 位	14 位	13 位	15 位	16 位	16 位	16 位	16 位
可读取诊断信息	√	√		√	√	√	√	√
电隔离								
通道之间	√				√		√	√
每组通道数量	2				2	2		2
通道和背板总线之间	√	√	√	√	√	√	√	√

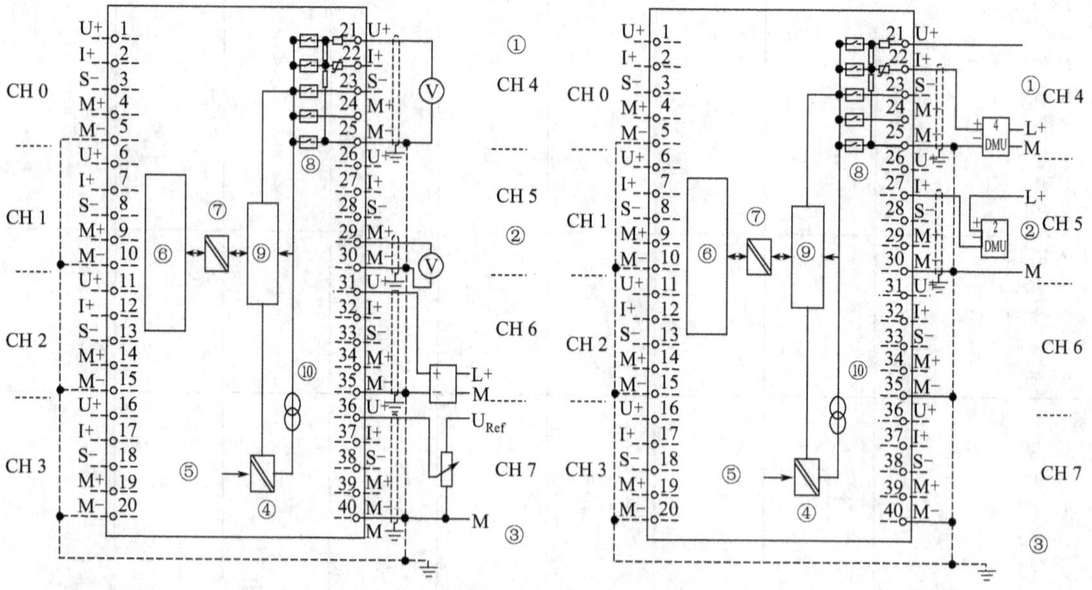

①电压测量(±5V,±10V,1V到5V,0V到10V)
②电压测量(±5mV,±500mV,±1V)
③等电位连接
④内部电源
⑤来自背板总线的+5V电压
⑥逻辑和背板总线接口
⑦电隔离
⑧多路转换器
⑨模数转换器(ADC)
⑩电流源

(a) 电压信号接线图

①4 线制传感器(0/4~20mA或±20mA)
②2 线制传感器(4~20mA)
③等电位连接
④内部电源
⑤来自背板总线的+5V电压
⑥逻辑和背板总线接口
⑦电隔离
⑧多路转换器
⑨模数转换器(ADC)
⑩电流源

(b) 电流信号接线图

图 5.24 6ES7 331-1KF02-0AA0 模块电压、电流信号接线图

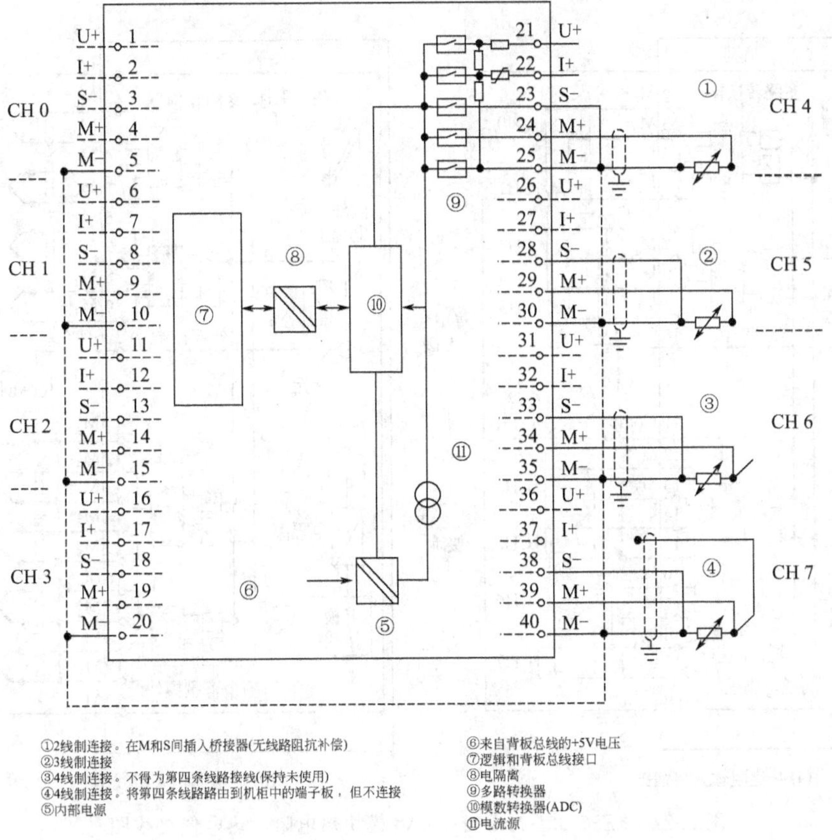

图 5.25　6ES7 331-1KF02-0AA0 模块热电阻接线图

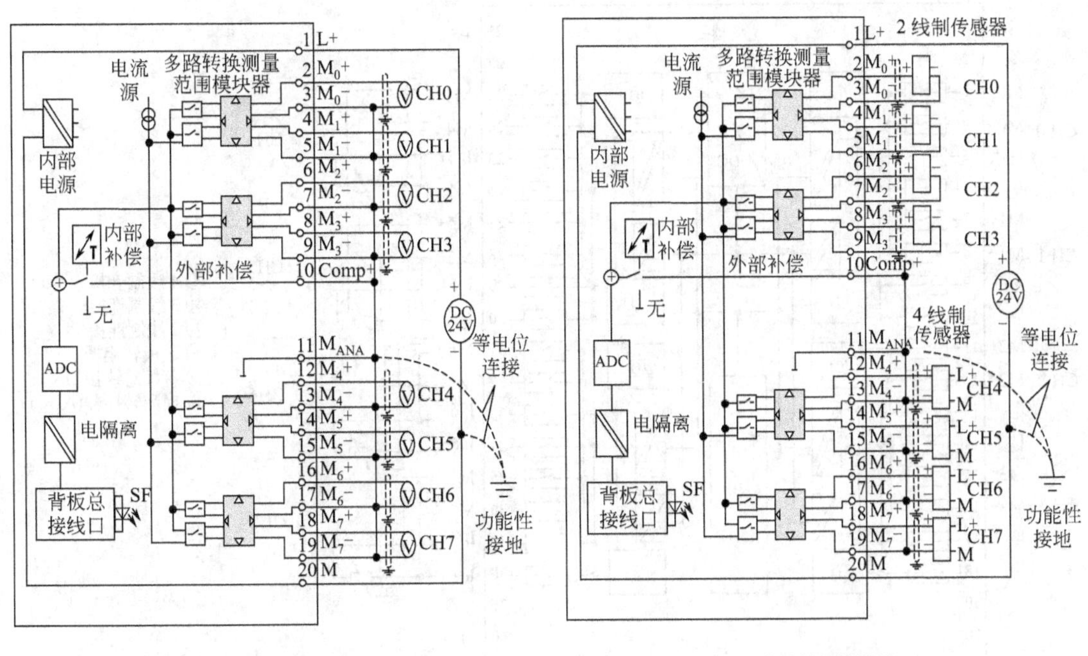

(a) 电压输入接线图　　(b) 电流输入接线图

图 5.26　6ES7 331-7KF02-0AA0 模块电压、电流信号接线图

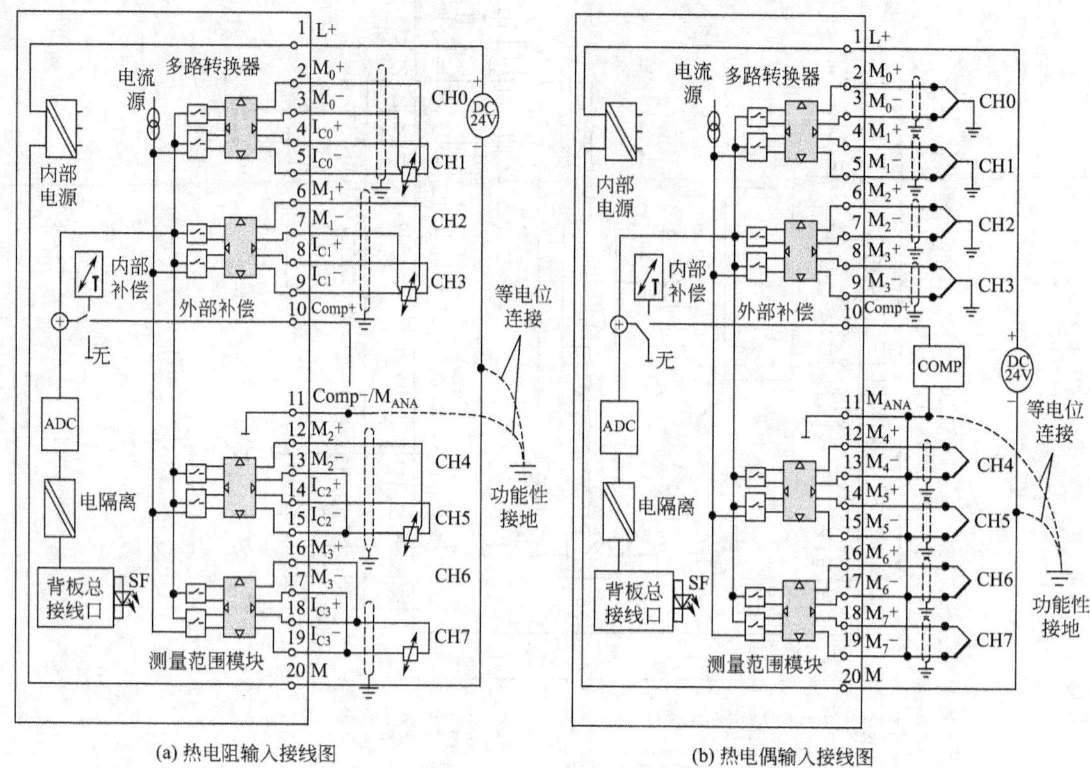

(a) 热电阻输入接线图　　(b) 热电偶输入接线图

图 5.27　6ES7 331-7KF02-0AA0 模块热电阻、热电偶接线图

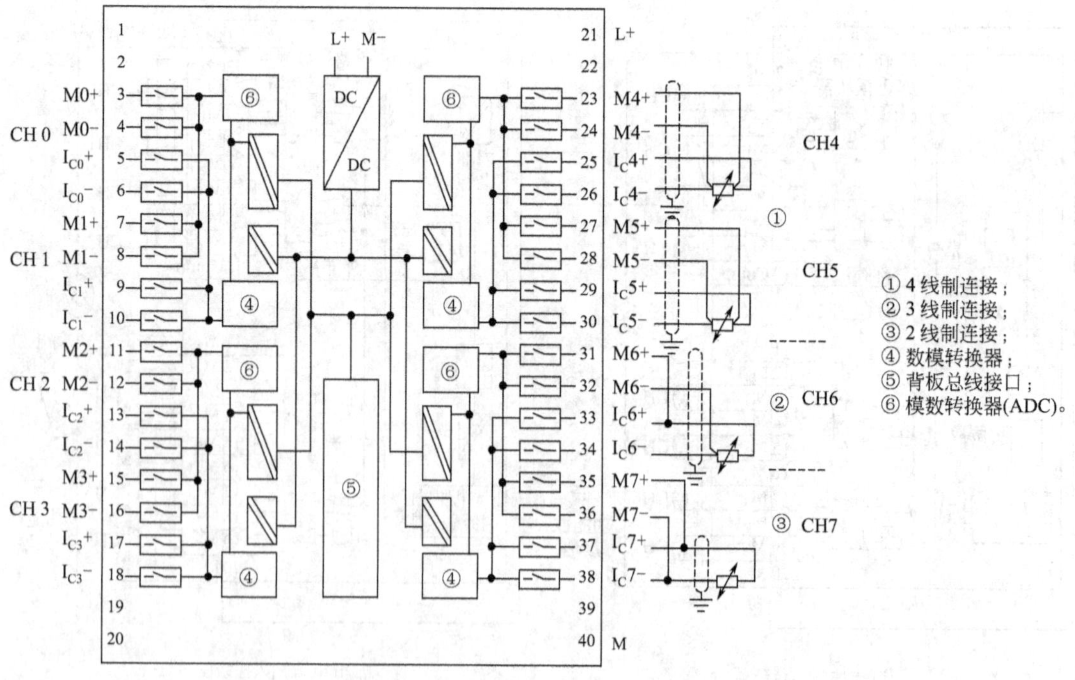

图 5.28　6ES7 331-7PF01-0AA0 热电阻输入模块接线图

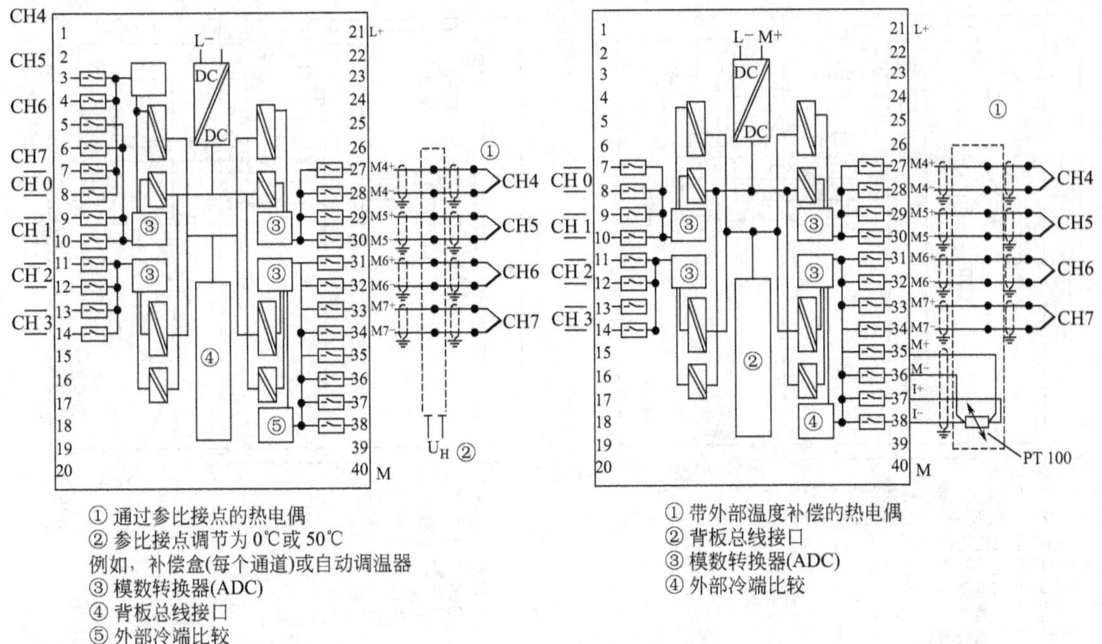

(a) 通过参比接点的热电偶的接线图

(b) 带外部温度补偿的热电偶的接线图

图 5.29 6ES7 331-7PF11-0AA0 热电偶输入模块接线图

表 5.8 SM332 模拟量输出模块主要技术性能

订货号	6ES7 332-5HBO1- OABO	6ES7 332-5HDO1- OABO	6ES7 332-5HFOO- OABO	6ES7 332-7NDO2- OABO
负载电压 L＋ 额定值(DC)	24V	24V	24V	24V
电流消耗 • 从负载电源 L＋消耗(空载)，最大 • 从背板总线 5VDC 消耗，最大 • 功率消耗，典型值	 135mA 60mA 3W	 240mA 60mA 3W	 340mA 100mA 6W	 240mA 100mA 3W
所需前连接器	20 针	20 针	40 针	20 针
模拟量输出 • 模拟量输出点数 • 屏蔽电缆长度，最长 • 电压输出，短路电流保护 • 电压输出，最大短路电流 • 电流输出，最大开路电压	 2 200m √ 25mA 18V	 4 200m √ 25mA 18V	 8 200m √ 25mA 18V	 4；等待模式 200m √ 25mA 18V
电压输出范围 • 0～10V • 1～5V • −0～＋10V	 √ √ √	 √ √ √	 √ √ √	 √ √ √
负载阻抗(在正常输出范围内) • 电压输出时，最小 • 电压输出时，最大容性负载 • 电流输出时，最大 • 电流输出时，最大感性负载	 1KΩ 1μF 500Ω 10mH	 1KΩ 1μF 500Ω 10mH	 1KΩ 1μF 500Ω 10mH	 1KΩ 1μF 500Ω 10mH
D/A 分辨率	12 位	12 位	12 位	16 位
通道与背板之间的间隔	有	有	有	有

5.5.2.2 常用模拟输出模块接线图

下面介绍 4 种常用模拟量输出模块的典型接线图（图 5.30～图 5.33）。

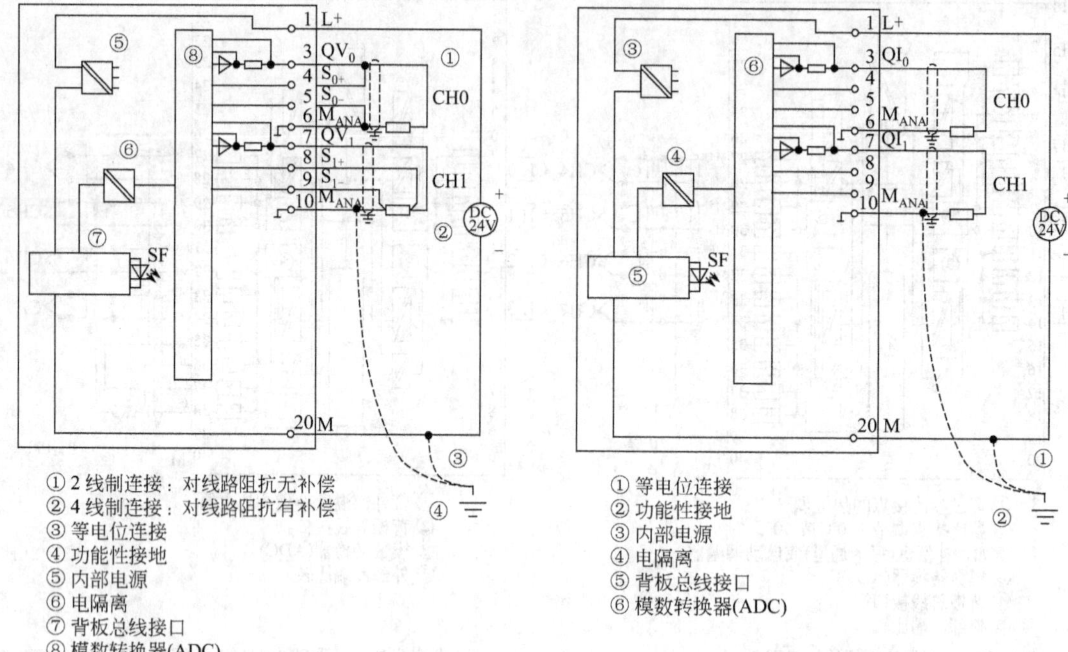

(a) 电压输出的接线　　(b) 电流输出的接线

图 5.30　6ES7 332-5HB01-0AB0 模块接线图

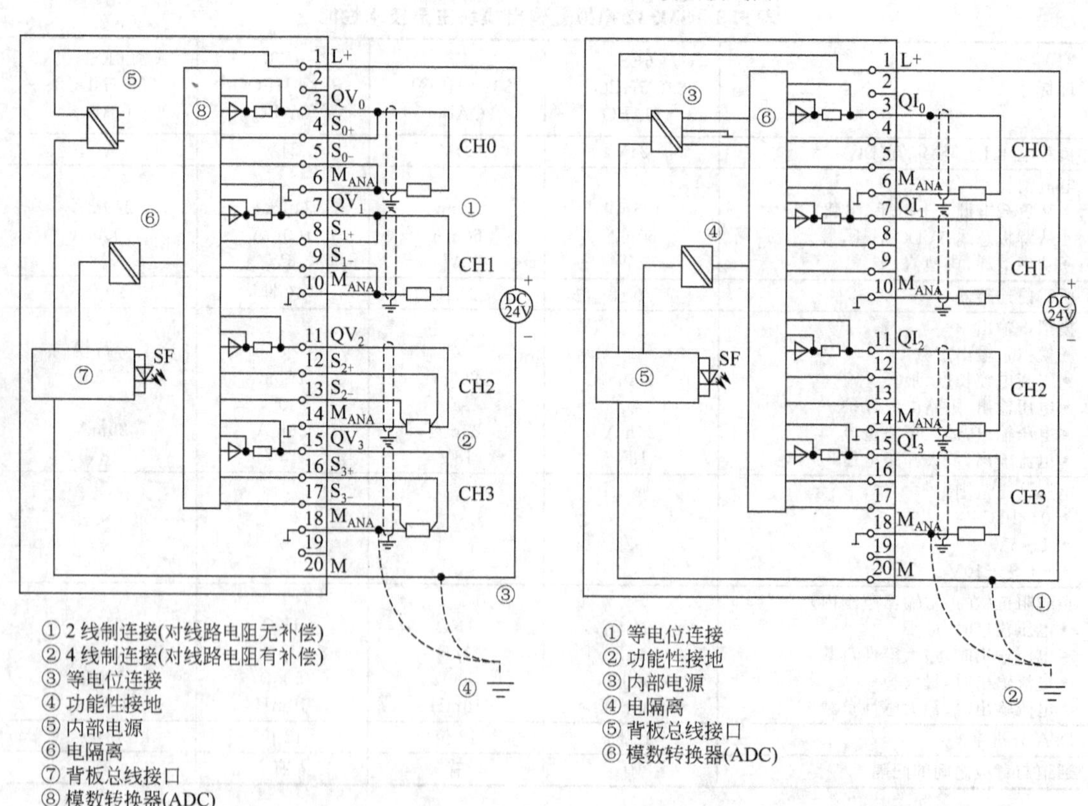

(a) 电压输出接线图　　(b) 电流输出接线图

图 5.31　6ES7 332-5HD01-0AB0 模块接线图

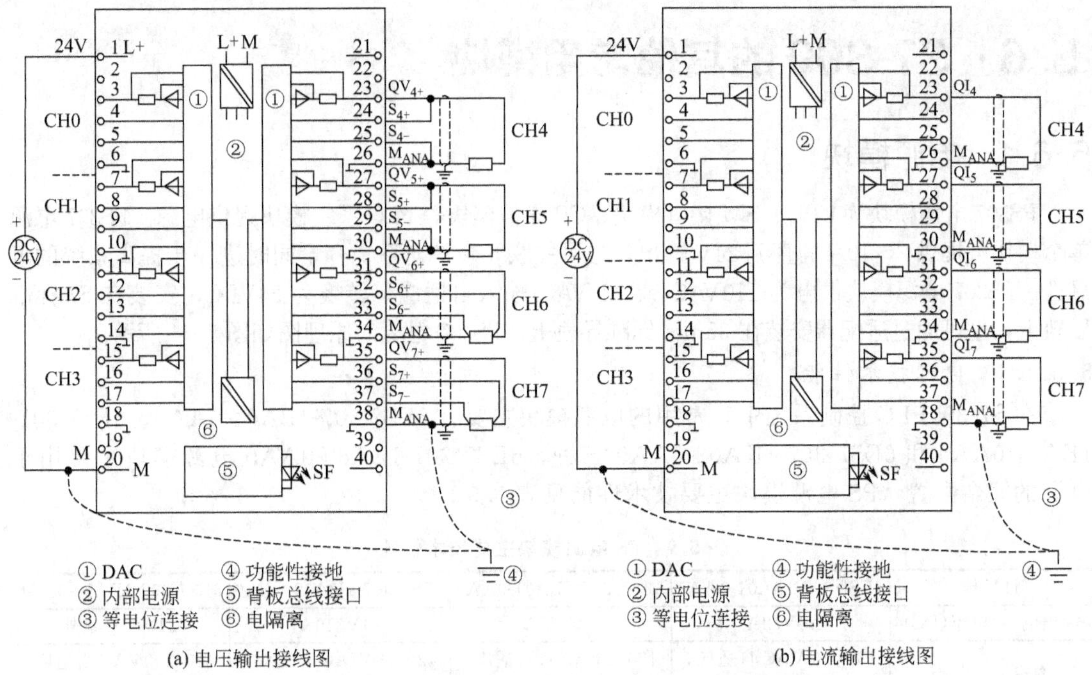

(a) 电压输出接线图

(b) 电流输出接线图

图 5.32　6ES7 332-5HF00-0AB0 模块接线图

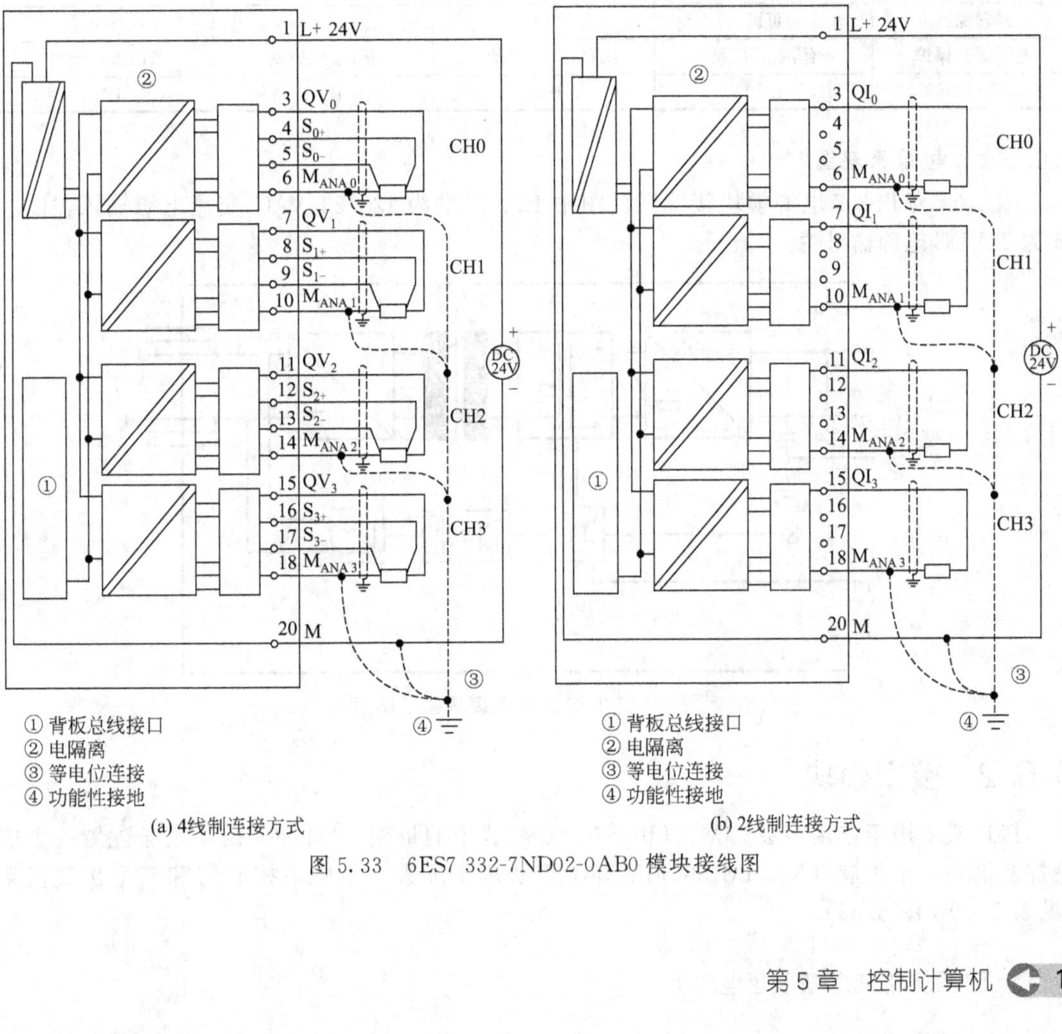

① 背板总线接口
② 电隔离
③ 等电位连接
④ 功能性接地

(a) 4线制连接方式

(b) 2线制连接方式

图 5.33　6ES7 332-7ND02-0AB0 模块接线图

5.6 S7-300 的其他常用模块

5.6.1 电源模块

PS307 电源模块为 CPU、SM 接口模块、CP 通信模块等 PLC 系统模块提供电源。PS307 电源单个模块可提供 2～10A 的直流 24V 输出，也可并联冗余扩充系统容量同时进一步提高系统的可靠性。PS307 电源模块供电为 110VAC 或 220VAC 输入自适应，转换为 24VDC，安装在 S7 标准导轨上，也可通过适配器安装在 35mm 标准导轨上。PS307 电源的原理图如图 5.34 所示。

5.6.1.1 电源技术性能

在 S7-300PLC 控制系统中，常用的电源模块主要有 6ES7 307-1BA01-0AA0、6ES7 307-1EA01-0AA0 和 6ES7 307-1KA02-0AA0 三种，6ES7 307-1EA80-0AA0 电源模块主要用于电源的冗余配置。PS 电源模块主要技术性能见表 5.9。

表 5.9 PS 电源模块主要技术性能

订货号	6ES7 307-1BA01-0AA0	6ES7 307-1EA01-0AA0	6ES7 307-1KA02-0AA0	6ES7 307-1EA80-0AA0
输出电压/电流(DC)	24V/2A	24V/5A	24V/10A	24V/5A 室外
额定输入电压	120/230VAC 自适应，85-132 或 170-264VAC	120/230VAC 自适应，85-132 或 170-264VAC	120/230VAC 自适应，85-132 或 170-264VAC	120/230VAC 自适应，93-132 或 187-264VAC
输出电压及误差	24VDC,±3%	24VDC，±3%	24VDC，±3%	24VDC，±3%
并联配置	可以	可以	可以	不可
电子短路保护	有,重新启动	有,重新启动	有,重新启动	有,重新启动
防护等级(EN60529)	IP20	IP20	IP20	IP20

5.6.1.2 电源原理图

图 5.34 为 PS307 电源模块接线图，图中 L1、N 端为 120/230VAC 交流电源输入，L+、M 为 24VDC 电源输出端。

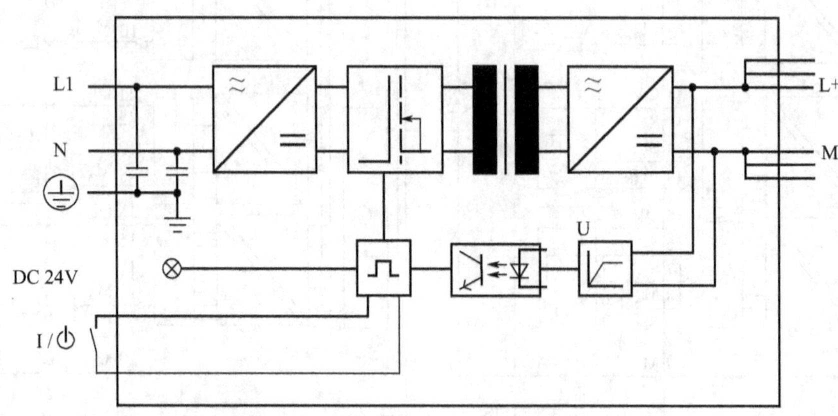

图 5.34 PS307 电源模块接线图

5.6.2 接口模块

接口模块用于连接多层 SIMATIC S7-300 配置中的机架。IM 365 模块用于配置一个中央控制器和一个扩展机架，IM 360/IM 361 模块用于配置一个中央控制器和三个扩展机架（见表 5.10，图 5.35）。

表 5.10　接口模块主要技术性能

名称	IM 360 接口模块	IM 361 接口模块	IM 365 接口模块
订货号	6ES7360-3AA01-0AA0	6ES7361-3CA01-0AA0	6ES7365-0BA01-0AA0
适合于机架中安装	机架 0 的接口	机架 1 到 3 的接口	预装配的机架 0 和机架 1 模块对
数据传送	数据通过连接电缆 368，从 IM360 传送到 IM361	数据通过连接电缆 368，从 IM360 传送到 IM361，或者从 IM361 传送到 IM361	从 IM365 到 IM365，通过 386 连接电缆
间距	IM360 与 IM361 之间的最大距离为 10m	IM360 与 IM 361 之间的最大距离为 10m，IM361 与 IM361 之间的最大距离为 10m	1m，永久连接
特性			• 预装配的模块对 • 机架 1 只支持信号模块 • IM 365 不将通讯总线连接到机架 1

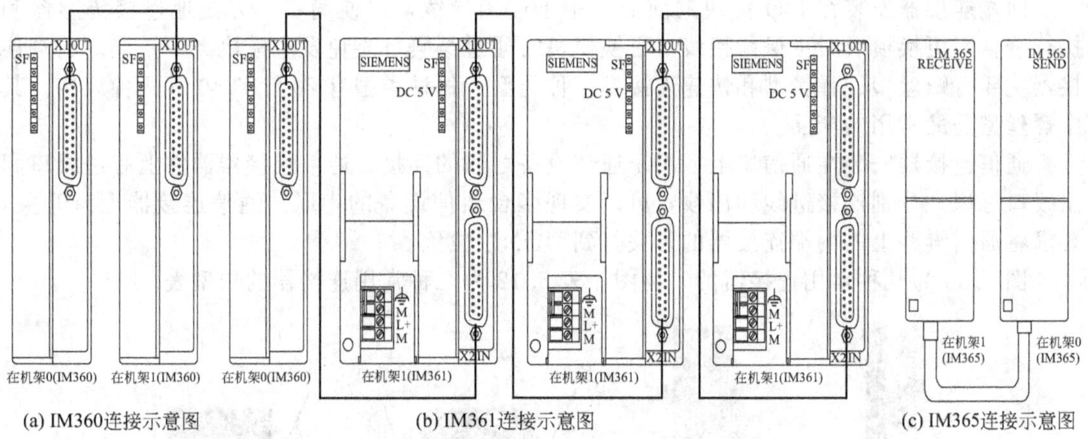

(a) IM360连接示意图　(b) IM361连接示意图　(c) IM365连接示意图

图 5.35　S7-300 接口模块连接示意图

5.6.3 常用 CP 通讯产品

S7-300 的 CP 通信模块的种类较多，下面仅介绍几种最为常用的产品（见表 5.11）。

表 5.11　CP 通讯产品主要技术性能

型号	订货号	技术性能
CP 341	6ES7 341-1CH01-0AE0	通信口 RS422/RS485，最大传输速率 76.8kb/s，最大通信距离 1200m，15 针 sub-D 接头
CP343-1 Lean	6GK7 343-1CX10-0XE0	SIMATIC S7-300 与工业以太网之间的接口；10/100Mb/s 全/半双工传输，自适应功能；RJ45 接口；可对传输协议 TCP 与 UDP 实现多协议运行
CP343-1	6GK7343-1EX30-0XE0	将 SIMATIC S7-300 连接到工业以太网；10/100Mb/s 全/半双工传输，用于自动开关的自感应功能；RJ45 连接；可对传输协议 TCP 与 UDP 实现多协议运行
CP343-1 Advance	6GK7 343-1GX21-0XE0	SIMATIC S7-300/SINUMERIK 840D powerline 与工业以太网的连接 10/100Mb/s 全/半双工传输，自适应接口；RJ45 连接；对传输协议 TCP 与 UDP 实现多协议运行

续表

型号	订货号	技术性能
CP343-1PN	6GK7 343-1GX30-0XE0	将 SIMATIC S7-300 连接到工业以太网。10/100Mb/s 全/半双工传输，自适应接口；通过 RJ45 连接；多协议运行，用于 TCP/IP 与 UDP 通讯服务：TCP/IP 和 UDP 传送报文；UDP 多点传送；编程器/操作面板通讯：应用 S7 路由的网络宽带编程器/OP 通讯，S7 通讯，S5 兼容通讯
CP343-2P	6GK7343-2AH01-0XA0	将 SIMATIC S7-300 连接到工业以太网。10/100MB，全/半双工传输，自适应接口；通过 RJ45 连接；多协议运行，用于 TCP/IP 与 UDP
CP5611	6GK1561-1AA01	CP5611 通信卡安装在台式机的 PCI 插槽中，用于将 PG/PC 连接到 PROFIBUS 和 SIMATIC S7 的 MPI

5.6.4 S7-300 常用配件

5.6.4.1 连接器

S7-300PLC 的连接器种类很多，下面仅介绍两种最为常用的连接器：前端连接器和通信连接器。

前端连接器安装在 I/O 模块的前面，用于连接导线，以便简单、方便地连接传感器和执行器，当更换模块时可保留接线，更换模块时通过编码可避免发生模块类型错误。前端连接器主要有螺丝型、弹簧型和快速连接型三种类型，每种类型有 20 针和 40 针两种规格。其中螺丝型是最常用的产品。

通信连接器安装在通信口上，用于通信设备之间的连接。通信连接器器件上有进线口和出线口标识，分别连接进线和出线，可以实现多台通信设备的串联。通信连接器上有开关，要求将通信链路上的两端连接器的开关打到“ON”位置。

图 5.36 为几种常用连接器的实物图，表 5.12 为几种常用连接器的选型表。

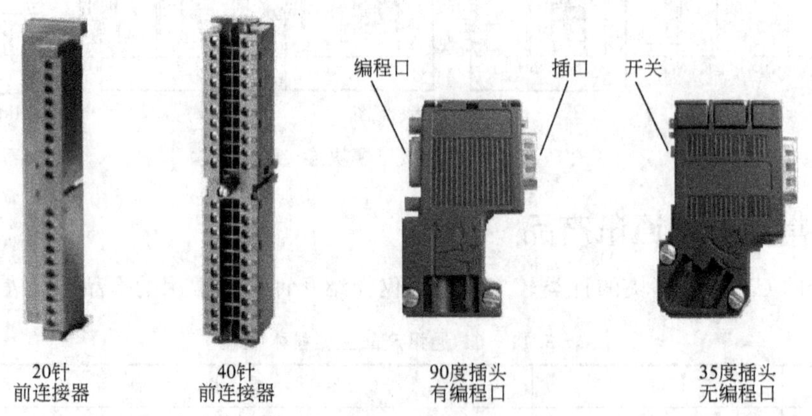

图 5.36 常用连接器的实物图

表 5.12 常用连接器选型表

前端连接器		通信连接器	
类型	订货号	类型	订货号
20 针，螺丝型	6ES7 392-1AJ00-0AA0	90°引出通信线，不带编程接口	6ES7 972-0BA12-0XA0
20 针，弹簧型	6ES7 392-1BJ00-0AA0	90°引出通信线，带编程接口	6ES7 972-0BB12-0XA0
20 针，快速连接	6ES7 392-1CJ00-0AA0	35°引出通信线，不带编程接口	6ES7 972-0BA41-0XA0
40 针，螺丝型	6ES7 392-1AM00-0AA0	35°引出通信线，带编程接口	6ES7 972-0BB41-0XA0
40 针，弹簧型	6ES7 392-1BM01-0AA0	90°引出通信线，不带编程接口	6ES7 972-0BA50-0XA0
40 针，快速连接	6ES7 392-1CM00-0AA0	90°引出通信线，带编程接口	6ES7 972-0BB50-0XA0

5.6.4.2 程序存储卡

S7-300PLC 的用户程序存储在存储卡上，因此必须安装程序存储卡，并插在 CPU 前面的存储卡插槽上。S7-300PLC 的程序存储卡主要有 64K、256K、512K、2M、4M、8M，可根据实际需要进行选择。一般小型 PLC 系统选用 64K、256K，中型 PLC 系统选用 512K、2M，大型 PLC 系统选用 4M、8M。程序存储卡和导轨选型如表 5.13 所示。

表 5.13 程序存储卡和导轨选型表

程序存储卡		安装导轨	
订货号	规格	订货号	长度
6ES7 953-8LF11-0AA0	MMC 微存储卡，64k	6ES7 390-1AB60-0AA0	160mm
6ES7 953-8LG11-0AA0	MMC 微存储卡，128k	6ES7 390-1AE80-0AA0	480mm
6ES7 953-8LJ11-0AA0	MMC 微存储卡，512k	6ES7 390-1AF30-0AA0	530mm
6ES7 953-8LL11-0AA0	MMC 微存储卡，2M	6ES7 390-1AJ30-0AA0	830mm
6ES7 953-8LM11-0AA0	MMC 微存储卡，4M		
6ES7 953-8LP11-0AA0	MMC 微存储卡，8M		

5.7 S7-400 PLC 系统

5.7.1 S7-400 概述

5.7.1.1 S7-400 PLC 结构

S7-400 PLC 属于 S7-200/300/400 家族中功能最全、性能最好、规模最大、I/O 点数最多的大型 PLC 系列产品，可以适用于复杂系统的控制。S7-400 PLC 产品采用了标准的模块式结构，必须采用布置有连接总线的专用安装机架（与 S7-300 PLC 不同），PLC 的各组成模块均安装于机架上，组成"单元"式结构。其中，安装了 CPU 模块的单元称为"中央控制单元"或"中央单元"；当系统规模较大时，除中央控制单元外需要进行扩展，扩展部分同样自成单元，称为"扩展单元"。扩展单元与中央控制单元间通过专门的扩展接口模块与连接电缆进行连接，通过扩展模块的连接，可大大增加 PLC 的 I/O 点数与功能。

图 5.37 为使用 CR2 机架的 S7-400PLC 的模块配置图。从图中可见，电源模块安装在最

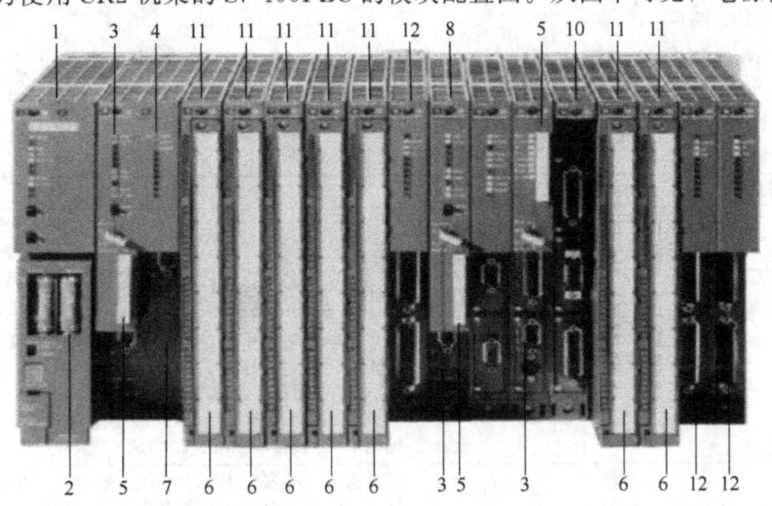

图 5.37 S7-400PLC 的模块配置图

1—电源模块；2—后备电池；3—状态转换开关；4—状态和故障 LED；5—存储器卡；6—有标签区的前连接器；7—CPU1；8—CPU2；10—I/O 模板；11—IM 接口模板；12—功能模块

左边，CPU 模块紧靠电源模块，其他模块根据需要和应用习惯灵活放置。

5.7.1.2　S7-400 PLC 基本组成

S7-400 PLC 的中央单元与扩展单元由带连接总线的机架与安装于机架上的各种模块构成、各种控制模块均以插接的形式安装于 PLC 机架上，一个 PLC 系统包括以下各部分。

(1) 电源模块。将 SIMATIC S7-400 连接到 120/230V AC 或 24V DC 电源上。

(2) 中央处理单元（CPU）。有多中 CPU 可供用户选择，有些带有内置的 PROFIBUS-DP 接口，用于各种性能范围。一个中央控制器可包括多个 CPU，以加强其性能。

(3) 各种信号模板（SM）。用于数字量输入和输出（DI/DO）以及模拟量的输入和输出（AI/AO）。

(4) 通讯模块（CP）。用于总线连接和点到点的连接。

(5) 功能模块（FM）。专门用于计数、定位、凸轮控制等任务。

(6) 接口模块。接口模块（IM）用于连接中央控制但与和扩展单元。SIMATIC S7-400 中央控制器最多能连接 21 个扩展单元。

5.7.1.3　主要特点

S7-400PLC 的主要特点如下。

(1) 功能强大，可以适合多中系统的复杂控制需要，并可以组成多 CPU 控制、安全型控制、冗余控制系统。

(2) 采用模块化设计，PLC 可以控制的 I/O 点数多，扩展性能好，可以构成大规模控制系统。

(3) 通信功能强，便于构成分布式系统与 PLC 网络系统。

(4) CPU 的运算速度高，逻辑指令的执行时间最快可以达到 0.03μs，可以用于高速处理的场合。

(5) 系列中的全部 PLC 均可以安装多个 CPU 模块构成满足各种需要的、功能强大得多 CPU 系统。

(6) 采用整体无风扇结构设计，允许环境温度为 0～60℃，可靠性高，抗震性好。

(7) 兼容性好，S7-400PLC 可以与 SIEMENS 老系列的 S5-155U、S5-135U、S5-115 兼容，通过专门的 S5 扩展接口，可实现 S7CPU 对 S5 系列模块的控制。

5.7.1.4　S7-400 机架

S7-400 系统的机架式安装各个模块的基本框架（表 5.14）。这些模块通过背板总线交换数据和信号及供电。机架设计用于壁式安装、导轨安装、框架安装及柜内安装。

表 5.14　S7-400 机架

机架	插槽数目	可用总线	应用领域	属　性
UR1	18	I/O 总线 通讯总线	CR 或 ER	机架适用于 S7-400 中的所有模块类型
UR2	9			
ER1	18	受限 I/O 总线	ER	机架适用于信号模块(SM)、接收 IM 和所有电源模块 I/O 总线有以下限制： • 不会响应模块中断，因为不存在中断总线 • 模块的供电电压不是 24V，即不能使用需要 24V 供电的模块(请参见模块技术规格) • 模块不使用电源模块中的后备电池供电，也不通过在外部施加给 CPU 或接收 IM(EXT. BATT 插座)的电压加电
CR2	14	I/O 总线，分段 通讯总线，连续	分段 CR	机架适用于除接收 IM 之外的所有 S7-400 模块类型 I/O 总线细分为两个 I/O 总线段，分别有 10 个和 8 个插槽
CR3	4	I/O 总线 通讯总线	标准系统中的 CR	机架适用于除接收 IM 之外的所有 S7-400 模块类型 CPU41x-H 仅限单机操作

5.7.2 S7-400 PLC系统

5.7.2.1 S7-400 PLC主机的安装

（1）简单的设计系统使S7-400用途广泛、灵活、适用性强。

① 模板安装非常简便。见图5.38。

② 背板总线集成在机架内。

③ 方便、机械码式的模板更换。

④ 经过现场考验的连接系统。

⑤ TOP连接。用螺钉或弹簧端子的1～3线系统的预制装配接线。

⑥ 规定的安装深度。所有端子和接线器都放置在模板凹槽内并有盖板保护。

⑦ 没有槽位规则。

图5.38 S7-400 PLC安装示意

（2）S7-400PLC扩展的方法。

① 最多21个扩展单元（EU）；

② 21个扩展单元（EU）都可以连接到中央控制器（CC）。

（3）通过接口模板（IM）连接。中央控制器CC和扩展单元EU通过发送IM和接收IM连接。中央控制器（CC）可插入最多6个发送IM，每个EU可容纳1个接收IM。每个发送IM有2个接口，每个接口都能连接一条扩展线路。

（4）集中式扩展。这种扩展方式适用于小型配置或控制柜直接在机器上的场合。每个发送IM接口可支持4个EU，如有必要，还可同时提供5V电源。中央控制器和最后一个EU的最大距离是1.5M（带5V电源），3m（不带5V电源）。

（5）用EU进行分布式扩展。这种方式适用于分布范围广，并在一个地方有几个EU的场合。发送IM的每个接口最多支持4个EU。可以使用S7-400EU，或SIMATIC S5 EU。

（6）采用扩展方案时应遵守以下原则：

① 中央控制器和最后一个EU的最大距离为100m（S7EU）、600m（S5EU）。

② 任一中央控制器的扩展单元（EU）数量最多不应超过 21 个。

③ 连接到任一中央控制器的发送 IM 不能超过 6 个，并且最多只有 2 个 IM 可提供 5V 电源。

④ 中央控制器和 S7EU 的最大距离为 100m。

⑤ 通过 C 总线的数据交换，仅限于中央控制器和 6 个 EU（EU1～EU6）之间。

⑥ 电源模板总是安装在中央控制器和 EU 的最左边。

(7) 用 ET200 进行远程扩展。这种方式适用于分布范围很广的系统。通过 CPU 中的 PROFIBUS-DP 接口最多可连接 125 个总线结点。中央控制器和最后一个结点的最大距离为 23km（使用光缆）。

5.7.2.2 组建通信网络

(1) SIMATIC S7-400 有多种通讯方式。

① 组合式多点 MPI 和 DP 主接口，集成在所有 CPU 内，S7-200 和 S7-300 系统以及其他的 S7-400 系统。

② 附加的 PROFIBUS-DP 接口，集成在某些 CPU 内，适用于经济型 ET-200 分布式 I/O系统。

③ 用于连接到 PROFIBUS 和工业以太网的通信模板。

④ 用于功能强大的点对点连接的通信模板。

(2) 过程通讯。通过总线（AS-I 或 PROFIBUS）周期地寻址 I/O 模板（过程映像数据交换）。从循环执行级过程通信。

(3) 数据通信。自动化系统之间或 HMI 站和若干个自动化系统之间的数据交换。数据通信可以周期执行或基于事件驱动由用户程序块调用。

5.7.2.3 S7-400CPU 组网例子

S7-400CPU 可同时建立最多 64 个站的连接，典型的组网结构图如图 5.39、图 5.40 所示。

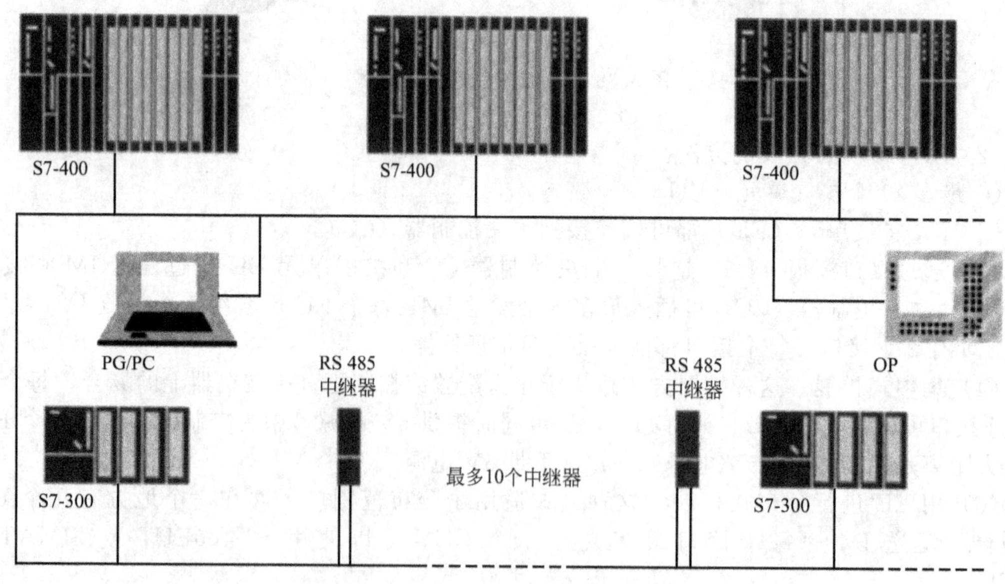

图 5.39 带 MPI 接口的典型通信配置

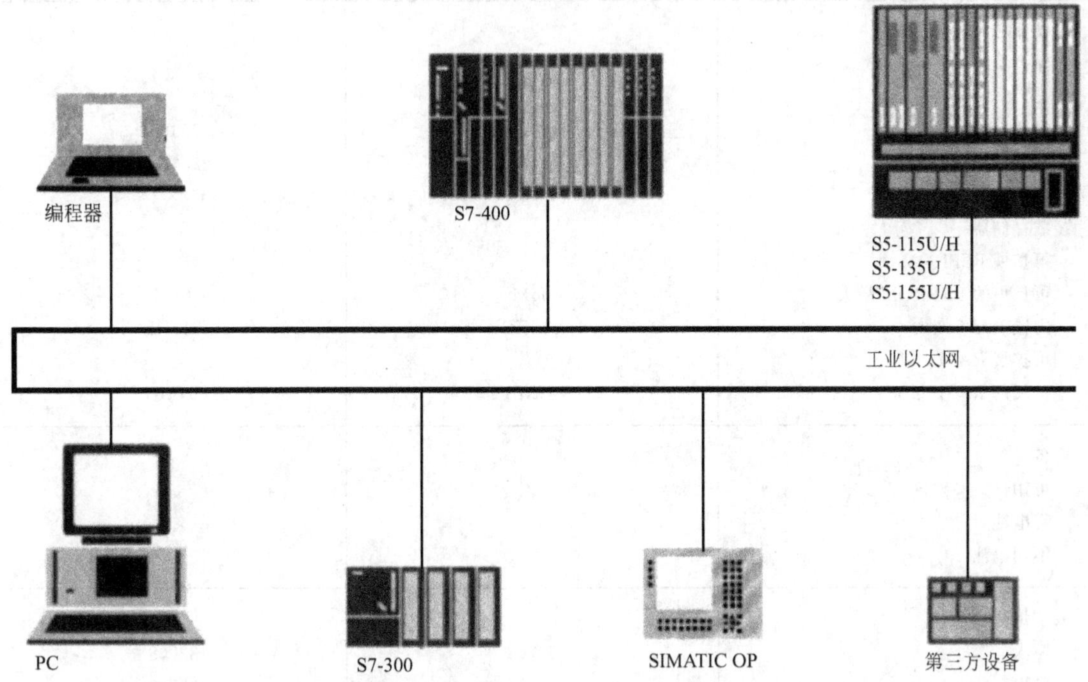

图 5.40 使用 PROFIBUS 或工业以太网组网

5.8 S7-400 的 CPU 模块

5.8.1 CPU 412 模块

CPU 412 共有两个型号，分别为：CPU 412-1 和 CPU 412-2。

CPU 412-1 满足中等控制规模的低成本解决方案。可用于具有少量 I/O 配置的较小型系统中。具有组合的 MPI/DP 接口，可在 PROFIBUS DP 网络中运行。

CPU 412-2 适用于中等性能范围的应用，具有两个 PROFIBUS DP 主站系统。

CPU 412-1 和 CPU 412-2 主要性能如表 5.15 所示。

表 5.15 CPU412 模块主要性能

固件型号 相关的编程软件包	6ES7 412-1XJ05-0AB0 V5.0 STEP7 V5.3 SP2 以上,带硬件更新	6ES7 412-2XJ05-0AB0 V5.0 STEP7 V5.3 SP2 以上,带硬件更新
电压和电流		
外部电源向 CPU 供电	5～15V DC	5～15V DC
电流消耗		
从背板总线 DC5V,最大	0.6A	1.1A
从接口 DC5V,最大	90mA	90mA;每个 DP 接口上
功率损耗,典型值	2.5W	4W
后备电池		
缓冲电流,典型值	125μA;(up to 40S℃)	125μA;Valid to 40℃
缓冲电流,最大	550μA	550μA

续表

存储器		
存储类型		
RAM		
内置(用于程序)	144KB	256KB
内置(用于数据)	144KB	256KB
可扩展	×	×
装载存储器		
可扩展 FEPROM	√	√
可扩展的 FEPROM 最大	64M	64M
内置 RAM 最大	512KB	512KB
可扩展 RAM	√	√
扩展的 RAM,最大	64MB	64MB
后备		
可用性	√	√
带电池	√	√
不用电池	×	×
数字量通道		
输入	32768	32768
输出	32768	32768
输入,集中式输入	32768	32768
输出,集中式输出	32768	32768
模拟量通道		
输入	2048	2048
输出	2048	2048
输入,集中式输入	2048	2048
输出,集中式输出	2048	2048
IM		
可连接的全部 IM 数量,最多	6	6
可连接的 IM460 数量,最多	6	6
可连接的 IM463 数量,最多	4;IM463-2	4;IM463-2

5.8.2 CPU 414 模块

CPU 414 系列包括：CPU 414-2 和 CPU 414-3 和 CPU 414-3 PN/DP 为中等性能要求中的高需求而设计，它们可以满足对程序容量和处理速度有较高要求的应用。

CPU 414-2 和 CPU 414-3 中内置的 PROFIBUS DP 口，可以作为主站或从站直接连接到 PROFIBUS DP 现场总线。使用 IF964-DP 接口模板，还可将其他 DP 主站系统连接到 CPU 414-3 和 CPU 414-3 PN/DP 上。

在使用 PROFINET-ASIC ERTEC400 时，CPU 414-3 PN/DP 具有交换机功能。它提供了可从外部接触的两个 PROFINAT 端口。除分层网络拓扑结构之外，还可以在新型 S7-400 控制器中创建总线形结构。表 5.16 列出了 CPU 414 系列模块的主要技术性能。

表 5.16 CPU 414 系列模块主要技术性能

模块	6ES7 414-2XK05-0AB0	6ES7 414-3XM05-0AB0	6ES7 414-2EM05-0AB0
产品状态 固件型号	V5.0		
电压和电流 外部电源向 CPU 供电	5～15VDC		
电流消耗			
从背板总线 DC5V,最大	1.1A	1.3A	1.4A
从接口 DC5V,最大	90mA;每个 DP 接口上	90mA	90mA
功率损耗,典型值	4W	4.5W	5.5W
后备电池			
•缓冲电流,典型值	125μA;温度可达 40℃	125μA	125μA
•缓冲电流,最大	550μA	550μA	550μA
存储器			
存储类型			
• RAM			
•内置(用于程序)	0.5MB	1.4MB	1.4MB
•内置(用于数据)	0.5MB	1.4MB	1.4MB
•可扩展	×	×	×
•装载存储器			
•可扩展 FEPROM	√	√	√
•可扩展的 FEPROM,最大	64MB	64MB	64MB
•内置 RAM,最大	512KB	512KB	512KB
•可扩展 RAM	√	√	√
•可扩展的 RAM,最大	64MB	64MB	64MB
后备			
•可用性	√	√	√
•带电池	√	√	√
•不用电池	×	×	×
数字量通道			
•输入	65536	65536	65536
•输出	65536	65536	65536
•输入,集中式输入	65536	65536	65536
•输出,集中式输出	65536	65536	65536
模拟量通道			
•输入	4096	4096	4096
•输出	4096	4096	4096
•输入,集中式输入	4096	4096	4096
•输出,集中式输出	4096	4096	4096
硬件配置			
可连接的 OP	31		
中央设备,最多	1	1	1
扩展设备,最多	21	21	21
多 CPU 运行	可以;最多 4 个 CPU (使用 UR1 或 UR2)	√	√
IM			
•可连接的全部 IM 数量,最多	6	6	6
•可连接的 IM460 数量,最多	6	6	6
•可连接的 IM463 数量,最多	4;IM463-2	4	4

续表

DP 主站数量			
• 内置	2	2	2
• 通过 IM 467	4	4	4
• 通过 CP	10;CP443-5 可扩展	10	10
• 允许 IM+CP 混合模式	不允许;IM 467 不适合用于 CP443-5 Ext 和 CP443-1	×	×
• 通过接口模板	EX4x(PNIO 模式下)	1	1
• 可插入 S5 模板的数量(通过适配器),最多	0	6	6
• 内置	6	4	4
• 通过 CP	4;Via CP443-1 EX41 in PN mode 最多 4 个中央控制器		
PROFINET IO 控制器			
• 服务			
• PG/OP 通讯			√
• 路由			√
• S7 通讯			√
• 开放的 IE 通讯			√
• 传输速率,最小			10Mb/s
• 传输速率,最大			100Mb/s
• 可连接 IO 设备的数量,最大			256
• 地址区			
• 输入,最大			8kb
• 输出,最大			8kb
• 使用数据的一致性,最大			255bit

5.8.3 CPU 416 模块

CPU 416 系列为 SIMATIC S7-400 功能强大的 PLC，其产品主要有：CPU 416-2、CPU 416-3 和 CPU416-3PN/DP CPU416-3 中内置 PROFIBUS DP 接口，可以作为主站或从站直接连接到 PROFIBUS DP 现场总线。使用 IF964-DP 接口模块，还可将其他 DP 主站系统连接到 CPU416-3 和 CPU416-3PN/DP 上。CPU 416 为高端性能范围内的高性能 CPU，适用于对性能要求很高的工厂，CPU416-3PN/DP 中集成了 PROFINET 功能。当使用 ERTEC 400-ASIC 时，CPU416-3PN/DP 的集成 PROFINET 接口具有交换机功能。它提供了可从外部接触到的两个 PROFINET 端口。除分层网络拓扑结构之外，还可以在新型 S7-400 控制器中创建总线形结构。表 5.17 列出了 CPU 416 模块的主要技术性能。

表 5.17 CPU 416 模块主要技术性能

模块	6ES7 416-2XN05-0AB0	6ES7 416-3XR05-0AB0	6ES7 416-3ER05-0AB0
电流消耗 从背板总线 DC5V,最大	1.1A	1.3A	1.4A
从接口 DC5V,最大	90mA	90mA	90mA
功率损耗,典型值	4W	4.5W	5.5W
后备电池			
• 缓冲电流,典型值	125μA	125μA	125μA
• 缓冲电流,最大	550μA	550μA	550μA

续表

存储器			
存储类型			
• RAM			
• 内置(用于程序)	2.8MB	5.6MB	5.6MB
• 内置(用于数据)	2.8MB	5.6MB	5.6MB
• 可扩展	×	×	×
• 装载存储器			
• 可扩展 FEPROM	√	√	√
• 可扩展的 FEPROM,最大	64MB	64MB	64MB
• integrateRAM,最大	1M	1M	1M
• 可扩展 RAM	√	√	√
• 可扩展的 RAM,最大	64MB	64MB	64MB
后备			
• 可用性	√	√	√
• 带电池	√	√	√
• 不用电池	×	×	×
数字量通道			
• 输入	131072	131072	131072
• 输出	131072	131072	131072
• 输入,集中式输入	131072	131072	131072
• 输出,集中式输出	131072	131072	131072
模拟量通道			
• 输入	8192	8192	8192
• 输出	8192	8192	8192
• 输入,集中式输入	8192	8192	8192
• 输出,集中式输出	8192	8192	8192
硬件配置			
中央设备,最多	1	1	1
扩展设备,最多	21	21	21
多 CPU 运行	√	√	√
IM			
• 可连接的全部 IM 数量,最多	6	6	6
• 可连接的 IM460 数量,最多	6	6	6
• 可连接的 IM463 数量,最多	4	4	4
DP 主站数量			
• 内置	2	2	1
• 通过 IM 467	4	4	4
• 通过 CP	10	10	10
• 允许 IM+CP 混合模式	×	×	×
• 通过接口模板	0	1	1
• 可插入 S5 模板的数量(通过适配器),最多	6	6	6
• 内置			1
• 通过 CP	4	4	4
PROFINET IO 控制器			
• 服务			
• PG/OP 通讯			√
• 路由			√
• S7 通讯			√
• 开放的 IE 通讯			√
• 传输速率,最小			10Mb/s
• 传输速率,最大			100Mb/s
• 可连接 IO 设备的数量,最大			256
• 地址区			
• 输入,最大			8kb
• 输出,最大			8kb
• 使用数据的一致性,最大			255bit

5.8.4 CPU 417模块

CPU 417-4是功能强大的SIMATIC S7-400 CPU集成的PROFIBUS-DP接口使它能够作为主站或从站直接连接到PROFIBUS-DP现场总线，可通过IF 964-DP接口子模块连接2个DP主站系统。CPU 417-4模块的技术性能如下。

（1）高性能的处理器：CPU处理每条二进制指令时间小于0.018μs。

（2）30MB RAM（程序和数据各15MB）：高速RAM用于执行程序。

（3）灵活的扩展能力：最大262144个数字量，16384个模拟量I/O。

（4）多点接口MPI：用MPI，能够建立最多32个站的简单网络，其数据传输率最大为12Mb/s。CPU与通讯总线（C总线）和MPI上的最多44个节点进行连接。

（5）诊断缓冲区：最后的120个故障和中断事件保存在一个环形缓冲器中，用于进行诊断（可扩展）。

（6）PROFIBUS DP接口：PROFIBUS DP主站接口能够被用来建立一个高速的分布式自动化系统，并且使得操作大大简化。对用户来说，分布式I/O单元可作为集中式但原来处理（相同的组态、编址和编程）。

（7）注意，当同时操作PROFIBUS DP和MPI接口时，只有下列总线连接器可以连接到MPI上：

① 最大数字量I/O点为131072；

② 最大模拟量输入、输出通道数为8192；

③ 最多可连接的IM数量为6，最多可连接的IM460数量为6，最多可连接的IM463数量为4。

5.9 S7-400H冗余系统

5.9.1 S7-400H概述

在许多自动化领域中，要求容错和高可靠性的自动化系统的应用越来越多。特别是在某些领域，停机将带来巨大的经济损失。在这种情况下，只有冗余系统才能满足高可靠性的要求。

一个完整的冗余控制系统包括：冗余CPU、冗余I/O、冗余电源。CPU冗余是冗余控制系统的核心和基础，冗余控制系统必须具备CPU冗余。I/O冗余是为一组测控设备提供两组完全相同的I/O模块，当其中一组I/O模块出现故障时，自动切换到另一组I/O模块，从而确保控制系统I/O正常工作。冗余电源是用于控制计算机系统中的一种电源，是由两个完全一样的电源组成，由芯片控制电源进行负载均衡，当一个电源出现故障时，另一个电源马上可以接管其工作，在更换电源后，又是两个电源协同工作，冗余电源是为了实现控制系统的高可用性。控制系统的冗余可以根据实际需要灵活选择使用，冗余控制系统结构主要有：CPU冗余+I/O冗余+电源冗余，CPU冗余+电源冗余，CPU冗余+I/O冗余，CPU冗余+部分I/O冗余，仅CPU冗余等。

高可靠性的SIMTIC S7-400H能充分满足这些要求。它能连续运行，即使控制器的某些部件由于一个或者几个故障而失效也不影响。

5.9.1.1 SIMTIC S7-400H的应用领域

（1）控制器发生故障后再启动的费用十分昂贵（一般在过程控制工业）；

（2）如发生停机，将会造成重大的经济损失；

(3) 过程控制中包含有贵重的材料（如制药工业）；

(4) 无人管理的应用场合；

(5) 需减少维护人员的场合。

5.9.1.2 S7-400H 冗余系统的特点

(1) 采用冗杂配置的容错自动化系统；

(2) 适用于具有高故障安全要求的应用，特别适用于重新启动成本较高、停产代价高昂以及仅需要监控和维护的应用；

(3) 冗余集中功能；

(4) 提高 I/O 的可用性，为切换式 I/O 配置；

(5) 也可使用标准可用性 I/O 的单边配置；

(6) 发生故障时，无反应地自动切换到后备设备；

(7) 采用 2 个单独控制器或一个分离式中央控制器的配置；

(8) 通过冗余 PROFIBUS-DP 来连接切换式 I/O。

5.9.2 S7-400H 冗余系统结构

5.9.2.1 冗余系统的基本部件

(1) 2 个中央控制器（机架）；

(2) 2 个分立的中央控制器 UR1/UR2，或 1 个分割为 2 个区的中央控制器（UR2-H）；

(3) 每个中央控制器有 2 个同步模板，通过光纤连接这两个控制器；

(4) 每个中央控制器有一个 CPU 412-3H 或 414-4H 或 417-4H；

(5) 在中央控制器有 S7-400 I/O 模板；

(6) UR1/UR2/ER1/ER2 扩展单元，与、或有 I/O 模板组的 ET 200M 分布式 I/O 中央功能总是冗余配置的；

(7) I/O 模板可以是唱过配置或切换型配置。

5.9.2.2 单边冗余控制系统设计（图 5.41）

在切换配置中，I/O 模板虽为单通道设计，但是二个中央控制器均可通过冗余的 PROFIBUS-DP 网络访问 I/O 模板，切换式 I/O 模板只能插入 ET 200M 远程 I/O 站。通过 PROFIBUS-DP 连接到中央控制器。可切换的 ET-200M 连接到 2 个子单元中。

5.9.2.3 切换式冗余控制系统设计（图 5.42）

I/O 模般的冗余有两种方式：

(1) 在两种可切换的 ET 200M 中用两个相同的 I/O 模板。

(2) 用 2 个相同的模板，每个都可分配给 2 个子单元中的任何一个子单元。

图 5.42 为通过 PROFIBUS 通信建立的切换式 PLC 冗余控制系统，主站和 ET 200M 从站都设有完全相同的 I/O 模块。当其中一个 I/O 模板出现故障时，CPU 和 I/O 模块一同切换。图 5.43 为通过 PROFINET 通信实现的切换式 PLC 冗余控制系统，与图 5.42 不同的是所有 I/O 模块都设置在 ET 200M 从站。

5.9.3 S7-400H 冗余系统组成

5.9.3.1 冗余系统的组成

(1) 软件冗余。对于很多应用领域，冗余质量的要求或可能需要冗余自动化系统的工厂区域范围，并不能说明一定需要一套专业的容错系统。通常情况下，简单的软件机制就足以在产生问题时使出故障的控制任务在替代系统上继续运行。

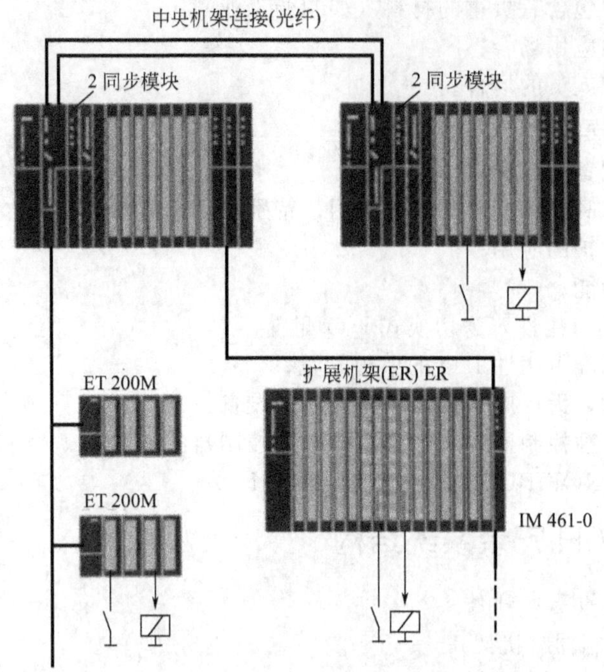

图 5.41　单边冗余控制系统配置图

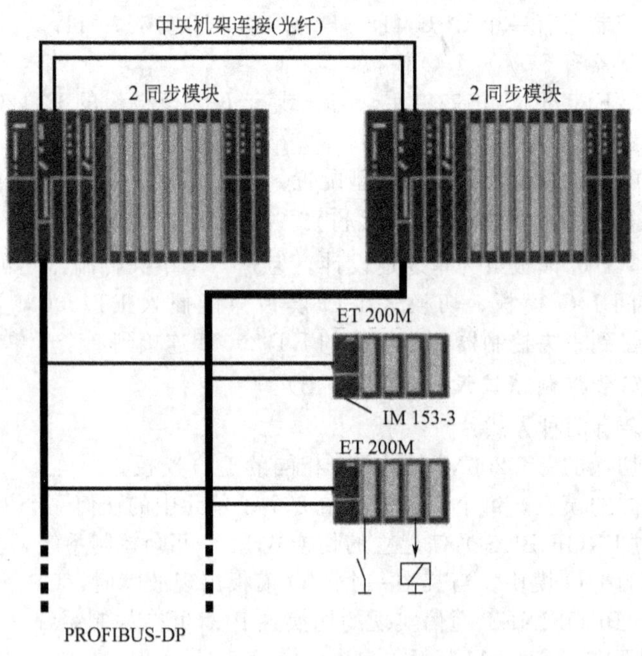

图 5.42　PROFIBUS 切换式冗余控制系统

S7-300 和 S7-400 标准系统上可实施可选的“SIMATIC S7 团建冗余”软件包，以控制容许在出现故障时经数秒延迟切换到替代系统的过程，如供水工程、水处理系统或运输流量控制过程。

(2) 冗余 I/O。当系统包含两套输入、输出模块，而这些模块以冗余对的形式组态并运行时，它们即称为冗余 I/O。使用冗余 I/O 最大程度地提高了可用性，因为系统可以容许

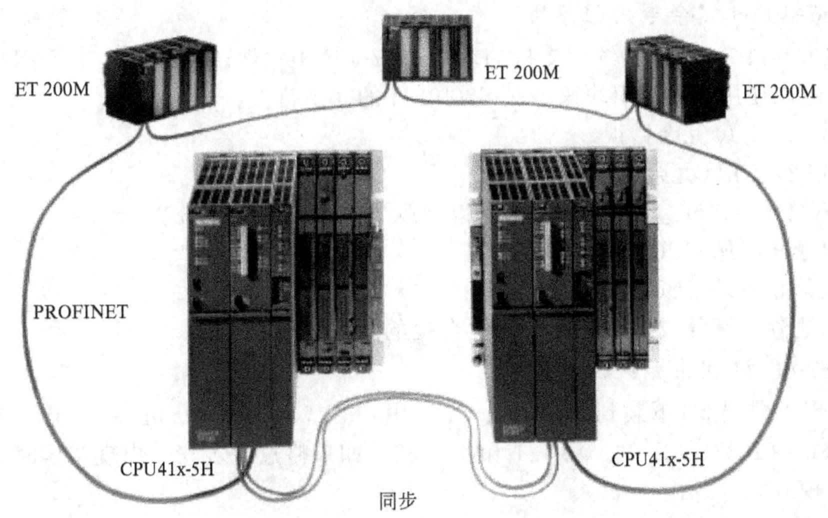

图 5.43 PROFINET 切换式冗余控制系统配置图

CPU 或信号模块的故障。如果需要冗余 I/O，可使用“功能 I/O 冗余”块库中的块来实现。

(3) 冗余节点。冗余节点意味着通过冗余组件实现故障时的系统可靠性。每个冗余节点可视为独立的部分，当节点内部的某个组件发生故障时，并不会导致其他节点或整个系统的可靠性受到限制。

可使用块图简单地说明整个系统的可用性。对于 2 选 1 系统，冗余节点的一个组件发生故障时不会削弱整个系统的可操作性。冗余节点链中最薄弱的环节决定了整个系统的可用性。

5.9.3.2 S7-400H 冗余系统的基本硬件

(1) 中央模块。两个中央模块是 S7-400H 的核心。使用 CPU 背面的开关来设置机架号。以下章节中，将机架 0 中的 CPU 称为 CPU 0，将机架 1 中的 CPU 称为 CPU 1。

(2) 电源。需要为每个容错 CPU（或确切地说，为 S7-400H 两个子系统中的每一个）配置一个 S7-400 标准电源模块。

可使用的电源模块额定输入电压为 24V DC 和 120/230V AC，输出电流为 10A 和 20A。为了增强电流的可用性，也可以在每个子系统中使用两个冗余电源。对于这种配置，应使用 PS 407 10 A R 电源模块，额定电压为 120/230V AC，输出电流为 10A。

(3) 同步模块。同步模块用于连接两个 CPU。它们安装在 CPU 中并通过光缆互连。

同步模块有两种类型：一种用于 10m 以内的距离；另一种用于两 CPU 距离高达 10km 的场合。

容错系统要求使用相同类型的 4 个同步模块。

(4) 光纤电缆。光纤电缆用来互连同步模块。以形成两个中央模块之间的冗余链接。它们将上方及两个下方同步模块对互连。

5.9.3.3 S7-400H 冗余系统模块的安装

S7-400H 冗余系统的安装机架只有一种型号，即 UR2-H（订货号为 6ES7 400-2JA00-0AA0）。通过 UR2-H 机架，可以在一个安装机架内配置一个完整的 S7-400H 冗余系统。UR2-H 机架可安装的模块包括 CPU 模块、电源模块、I/O 模块等。UR2-H 可作为中央机架（CR）、扩展机架（ER）或分布式机架（ER）使用。

S7-400H 可配置 SIMATIC S7 系列的所有 I/O 模块，这些 I/O 模块可安装于中央机架、扩展机架或分布式机架上。

5.9.3.4　S7-400H 冗余专用程序块

除 S7-400 和 S7-400H 系统中支持的块外，S7-400H 软件还另外提供了可用来影响冗余功能的块。可以使用下列组织块来响应 S7-400H 的冗余错误：

(1) OB 70，I/O 冗余错误。

(2) OB 72，CPU 冗余错误。

(3) SFC 90 的“H _ CTRL”可用来以下列方式影响容错系统。

① 可以禁止主站 CPU 上的链接。

② 可以禁止主站 CPU 上的更新。

③ 可以删除、恢复或立即启动周期性自检的测试组件。

5.9.3.5　S7-400H 冗余系统注意事项

必须将以下错误 OB 下载到 S7-400H CPU 中：OB 70、OB 72、OB 80、OB、82、OB 83、OB 85、OB 86、OB 87、OB 88、OB 121 和 OB 122。如果略过此步骤，出现错误时容错系统会进入 STOP 模式。

5.9.4　S7-400H 冗余方式及组态编程

5.9.4.1　标准式（单侧式）冗余

在单侧配置中，I/O 模块有一个单独通道，它们仅由两个中央控制器中的一个进行寻址。单通道模块可以实现以下功能。

(1) 插入到中央控制器

(2) 插入到扩展机架/分布式 I/O 中，只要对 I/O 进行寻址的控制器功能异常，则从一个通道读取的信息可供两个中央控制器使用。发生故障时，属于出现故障控制器的 I/O 模块将不能工作。

(3) 用于不需要增加可用性的工厂部分。

(4) 用于连接基于用户程序的冗余 I/O。为此，必须对系统进行对称配置。

5.9.4.2　高性能式（切换式）冗余

在切换式配置中，I/O 模块具有一个通道，但可通过冗余 PROFIBUS-DP 由两个中央控制器进行寻址。可以对切换式 I/O 模块进行插拔。仅在 ET 200M 分布式 I/O 站中，与中央控制器的链接通过 PROFIBUS-DP 来完成。切换式 ET 200M 与两个子单元相连。

5.9.4.3　I/O 的冗余

V3.1 或以上版本的操作系统支持 I/O 冗余性。

冗余 I/O 模块是成对配置的。使用冗余 I/O 可确保获得极高的可用性，因为可以实现 CPU、PROFIBUS 或信号模块的容错。

冗余 I/O 模块可进行下列配置：

(1) 针对单侧 DP 从站采用冗余 I/O；

(2) 针对切换式 DP 从站采用冗余 I/O；

(3) 兼容 I/O 模块。冗余模块必须为相同类型和配置（例如，两个模块必须都是集中分布式或分布式）。没有对插槽进行规定。但是，出于可用性原因，建议使用不同的站。请咨询客户支持部门或参阅手册，以确定可以使用的模块。

5.9.4.4　功能模块与通信模块冗余

功能模块（FM）和通讯模块（CP）可用于两种不同的冗余配置中。

(1) 切换式冗余配置：可将 FM/CP 插入单独的 ET 200M 中，或成对插入到一个切换式 ET 200M 中。

（2）双通道冗余配置：可将 FM/CP 插入到两个子单元中，或插入与这些子单元相连的扩展设备中。可以通过不同的方式来实现模块的冗余性。

（3）由用户编程：对于功能模块和 SIMATIC 通讯模块，冗余功能一般可由用户进行编程，可以指定当前使用的模块并对故障进行检测以进行切换。所需的程序与带有冗余 FM/CP 的非冗余 CPU 的程序类似。

（4）由操作系统直接支持：通过 SIMATIC NET-CP 443-1，操作系统可直接支持冗余功能。

5.9.4.5 冗余系统的组态编程

S7-400H 的编程与 S7-400 相类似。所有可用的 STEP 7 功能都可以使用。对 S7-400H 进行此案成需要使用 STEP 7 5.0 更高版本。

对硬件进行组态时，用户必须通过 HW Config 来指定哪些硬件是冗余的。只需指定哪个模块需要冗余进行，以及哪个第二模块作为它的“冗余伙伴”。具有最低地址的模块必须在应用程序中进行编址。第二个地址用户是看不到的，带有冗余和非冗余 I/O 的控制部分的编程完全不同。与非冗余 I/O 的唯一差别是，必须在应用程序的开始和结束处从模块库中调用两个功能模块（RED_IN 和 RED_OUT）。

所需的模块“H systems”可选软件包在 STEP 7 V5.3 及更高版本中提供，模块库已作为标准功能而集成到 STEP 7 中。S7-400H Systems 可选软件包（仅适用于版本最高为 V5.2 的 STEP 7）。

在基本程序方面，S7-400H 的组态与 S7-400 的组态步骤基本相同。所不同的是，冗余系统需要使用 S7-400H 可选软件包来组态不同的 S7-400H 结构。需要使用 STEP 7 基本软件包来进行软件安装，该可选软件包已作为标准功能集成在 STEP 7 中。

5.9.5 S7-400H 冗余系统的 CPU 模块

目前，S7-400H 的最新型 CPU 冗余模块主要有：CPU 412-5H（订货号 6ES7412-5HK06-0AB0）、CPU 414-5H（订货号：6ES7 414-5HM06-0AB0）、CPU 416-5H（订货号：6ES7416-5HS06-0AB0）和 CPU 417-5H（订货号：6ES7 417-5HT06-0AB0）。CPU 412-5H 属经济性型冗余模块，主要用于中型控制系统；CPU 414-5H 属中等性能的冗余模块，主要用于中型或大型控制系统；CPU 417-5H 属高性能的冗余模块，主要用于大型或特大型控制系统。S7-400H 模块的外形图如图 5.44 所示。

(a) CPU 412-5H

(b) CPU 414-5H

(c) CPU 417-5H

图 5.44 S7-400H CPU 模块外形图

CPU 412-5H、CPU 414-5H、CPU 417-5H 是用于 SIMATIC S7-400H 和 S7-400F/FH 的 CPU。它允许配置为一个容错的 S7-400H 系统。它可与 F 运行授权一起用于故障安全 S7-400F/FH 自动化系统。内置的 PROFIBUS-DP 接口使它能够作为主站或从站直接连接到 PROFIBUS-DP 现场总线。常用 S7-400H CPU 模块的主要性能如表 5.18 所示。

表 5.18 S7-400H CPU 模块主要性能

型号	CPU 412-5H	CPU 414-5H	CPU 417-5H
订货号	6ES7412-5HK06-0AB0	6ES7 414-5HM06-0AB0	417-5HT06-0AB0
最大数字量点数(合计)	65536	65536	131072
最大模拟量点数(合计)	4096	4096	8192
硬件扩展 中央设备,最多 扩展设备,最多	 1 21	 1 21	 1 21
IM 数(最大)	6	6	6
内置工作存储器	768kb	2.8Mb	30Mb
最大装载存储器 FEPROM RAM	 64Mb 256kb	 64Mb 256kb	 64Mb 256kb
缓存	带电池	带电池	带电池
最大 DB 数	4095	4095	8191
最大 FB 数	2048	2048	6144
最大 FC 数	2048	2048	6144
最多 FM 和 CP 数量 Pronfibus 和 Ethernet	14	14	14
MPI 口	1	1	1
DP 口	1	1	1
MPI 最大连接数	16	32	44
MPI 最大传输速率	12Mb/s	12Mb/s	12Mb/s
DP 最大连接数	16	16	32
DP 最大传输速率	12Mb/s	12Mb/s	12Mb/s

注意：如果 S7-400H 同时使用 PROFIBUS 和 MPI 接口，则一个总线连接器必须插入 MPI 接口，总线连接器分别为：带 PG 编程口的 6ES7 972-0BB41-0XB0，不带 PG 编程口的 6ES7 972-0BA41-0XB0。

5.10 S7-400 的 I/O 模块

5.10.1 S7-400 数字量模块

5.10.1.1 SM421 数字量输入模块

S7-400 提供 7 种数字量输入模块，可根据需要选择使用。DI 模块性能如表 5.19 所示。图 5.45 给出了两种常用数字量输入模块的接线图。

表 5.19 S7-400 数字量输入模块技术性能

特性	模块						
	SM 421;DI 32× DC 24V (-1BL0x-)	SM 421;DI 16× DC 24V (-7BH0x-)	SM 421;DI 16× DC 120V (-5EH00-)	SM 421;DI 16× DC 24/60V (-7DH00-)	SM 421;DI 16× DC 120/230V (-1FH00-)	SM 421;DI 16× DC 120/230V (-1FH20-)	SM 421;DI 32× DC 120V (-1EL00-)
输入点数	32 DI;按每组32个隔离	16 DI;按每组8个隔离	16 DI;按每组1个隔离	16 DI;按每组1个隔离	16 DI;按每组4个隔离	16 DI;按每组4个隔离	32 DI;按每组8个隔离
额定输入电压	24VDC	24VDC	120VDC	24到60VUC	120VAC/230VDC	120/230VUC	120VAC/DC
适用于	开关;2线接近开关(BERO)						
可编程诊断	否	是	否	是	否	否	否
诊断中断	否	是	否	是	否	否	否
边沿触发硬件中断	否	是	否	是	否	否	否
可调整输入延迟	否	是	否	是	否	否	否
替换值输出	—	是	—	—	—	—	—
特性	高包装密度	快速且具有中断功能	通道特定隔离	中断功能,具有低可变电压	用于高可变电压	用于高可变电压,输入特性曲线	高包装密度

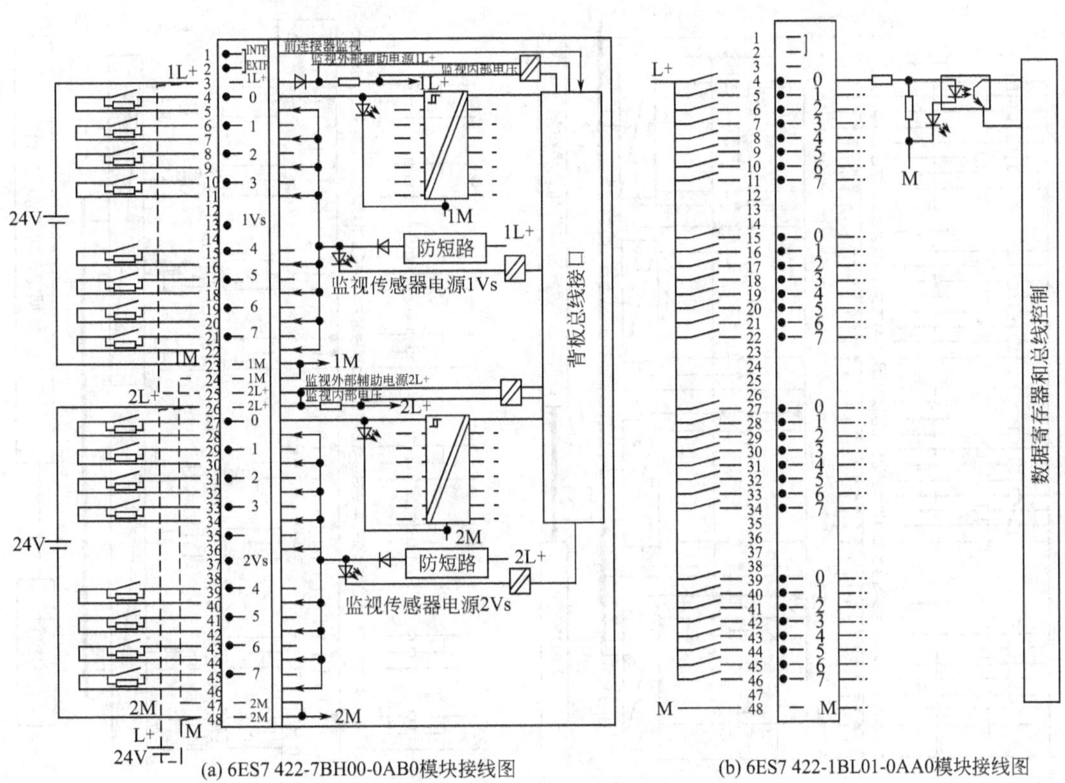

(a) 6ES7 422-7BH00-0AB0模块接线图

(b) 6ES7 422-1BL01-0AA0模块接线图

图 5.45 常用 SM421 模块接线图

5.10.1.2 SM422 数字量输出模块

表 5.20 所示为 SM422 数字量输出模块的性能表。图 5.46 为常用的 DO 模块接线图。

表 5.20 SM422 数字量输出模块技术性

特性	模块						
	SM 422;D0 16× DC 24V/2A (-1H1x)	SM 422;D0 16× DC 20-125/1.5A (-5EH10)	SM 422;D0 32× DC 24V/0.5A (-1BL00)	SM 422;D0 32× DC 24V/0.5A (-7BL00)	SM 422;D0 8× AC 120/230V/5A(-1FF00)	SM 422;D0 16× AC 120/230V/2A(-1FH00)	SM 422;D0 16× AC 20-120V/2A (-5EH00)
输入点数	16 D0;按每组 8 个隔离	16 D0;按每组 8 个隔离,带反极性保护	32 D0;按每组 32 个隔离	32 D0;按每组 8 个隔离	8 D0;按每组 1 个隔离	16 D0;按每组 4 个隔离	16 D0;按每组个隔离
输出电流	2A	1.5A	0.5A	0.5A	5A	2A	2A
额定输入电压	VDC	20～125VDC	24VDC	24VDC	120/230VAC	120/230VAC	20～120VAC
可编程诊断	否	是	否	是	否	否	是
诊断中断	否	是	否	是	否	否	是
替换值输出	否	是	否	是	否	否	是
特性	用于高电流	用于可变电压	高包装密度	特别快且具有中断功能	用于高电流,带通道待定隔离	—	用于可变电流,带通道待定隔离

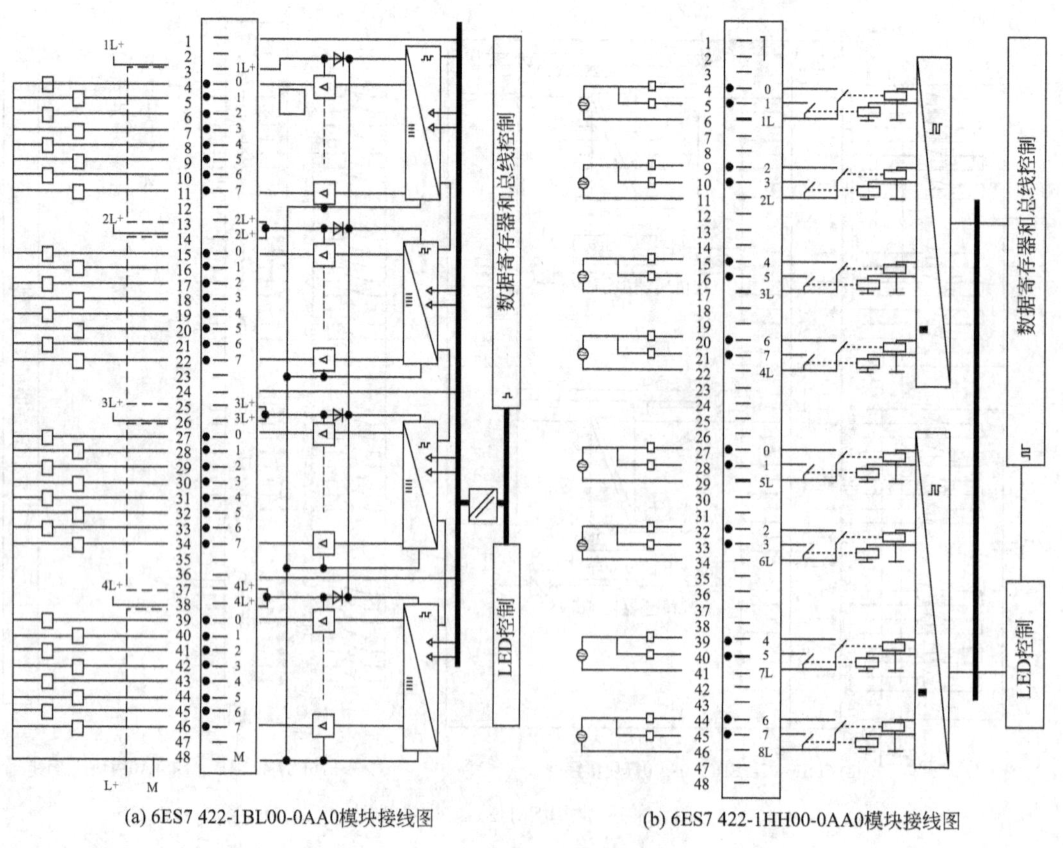

(a) 6ES7 422-1BL00-0AA0模块接线图

(b) 6ES7 422-1HH00-0AA0模块接线图

图 5.46 常用 SM422 模块接线图

5.10.1.3　SM431、SM432 模拟量模块

SM431、SM432 分别为 S7-400PLC 的模拟量输入模块和输出模块。西门子仅提供一种模拟量输出模块，其订货号为 6ES7 432-1HF00-0AB0。该模块性能为：8 个输出通道，分辨率为 13 位，模拟量信号与 CPU 之间带隔离，输出信号为：±10V，0～10V，1～5V，±20mA，0～20mA，4～20mA。主要模块的技术性能如表 5.21 所示。按线图见图 5.47。

表 5.21　SM431 模拟量输入模块技术性能

特性	SM 431 (-1KF00-)	SM 431 (-1KF10-)	SM 431 (-1KF20-)	SM 431；(-OHH0-)	SM 431 (-7QH00-)	SM 431 (-7KF10-)	SM 431 (-7KFOO-)
输入点数	8 AI 用于 U/I 测量，4AI 用于电阻测量	8 AI 用于 U/I 测量，4AI 用于电阻/温度测量	8 AI 用于 U/I 测量，4AI 用于电阻测量	16 点输入	16 AI 用于 U/I/温度测量，8AI 用于电阻测量	8 点输入	8 点输入
精度	13 位	14 位	14 位	13 位	16 位	16 位	16 位
测量方法	电压 电流 电阻	电压 电流 电阻 温度	电压 电流 电阻	电压 电流	电压 电流 电阻 温度	电阻	电压 电流 温度
测量原理	积分型	积分型	瞬时值编码	积分型	积分型	积分型	积分型
可编程诊断	无	无	无	无	有	有	有
诊断中断	无	无	无	无	可调整	有	有
限制值监视	无	无	无	无	可调整	可调整	可调整
超限时硬件中断	无	无	无	无	可调整	可调整	可调整
扫描周期结束时硬件中断	无	无	无	无	可调整	无	无
电压关系	模拟量部分与 CU 隔离			非隔离	模拟量部分与 CU 隔离		
运行的最大共模电压	通道之间或连接传感器的参考电位与 M_{ANA} 之间：VAC	通道之间或通道与中间接地点之间：120VAC	通道之间或连接传感器的参考电位与 M_{ANA} 之间：8 VAC	通道之间或连接传感器的参考电位与中央接地点之间：2 VDC/AC	通道之间或通道与中间接地点之间：120VAC	通道之间与中间接地点之间：120VAC	通道之间或通道与中间接地点之间：120VAC
是否需要外部电源	否	24 VDC（仅限电流，2-DMU）[1]	24 VDC（仅限电流，2-DMU）[1]	24 VDC（仅限电流，2-DMU）[1]	24 VDC（仅限电流，2-DMU）[1]	否	否

SM432 模拟量输出模块只提供一种类型（6ES7 432-1HF00-0AB0），其技术性能为：

① 输出通道数：8 通道；

② 分辨率：13bit；

③ 输出范围：电压±10V、0～10V、1～5V，电流±20mA，0～20mA，4～20mA；

④ 负载阻抗：电压输出为最小 1kΩ，电流输出为最大 500Ω；

⑤ 共模电压：减小到<1V；

⑥ 电压输出电缆长度（屏蔽）：最大 200m。

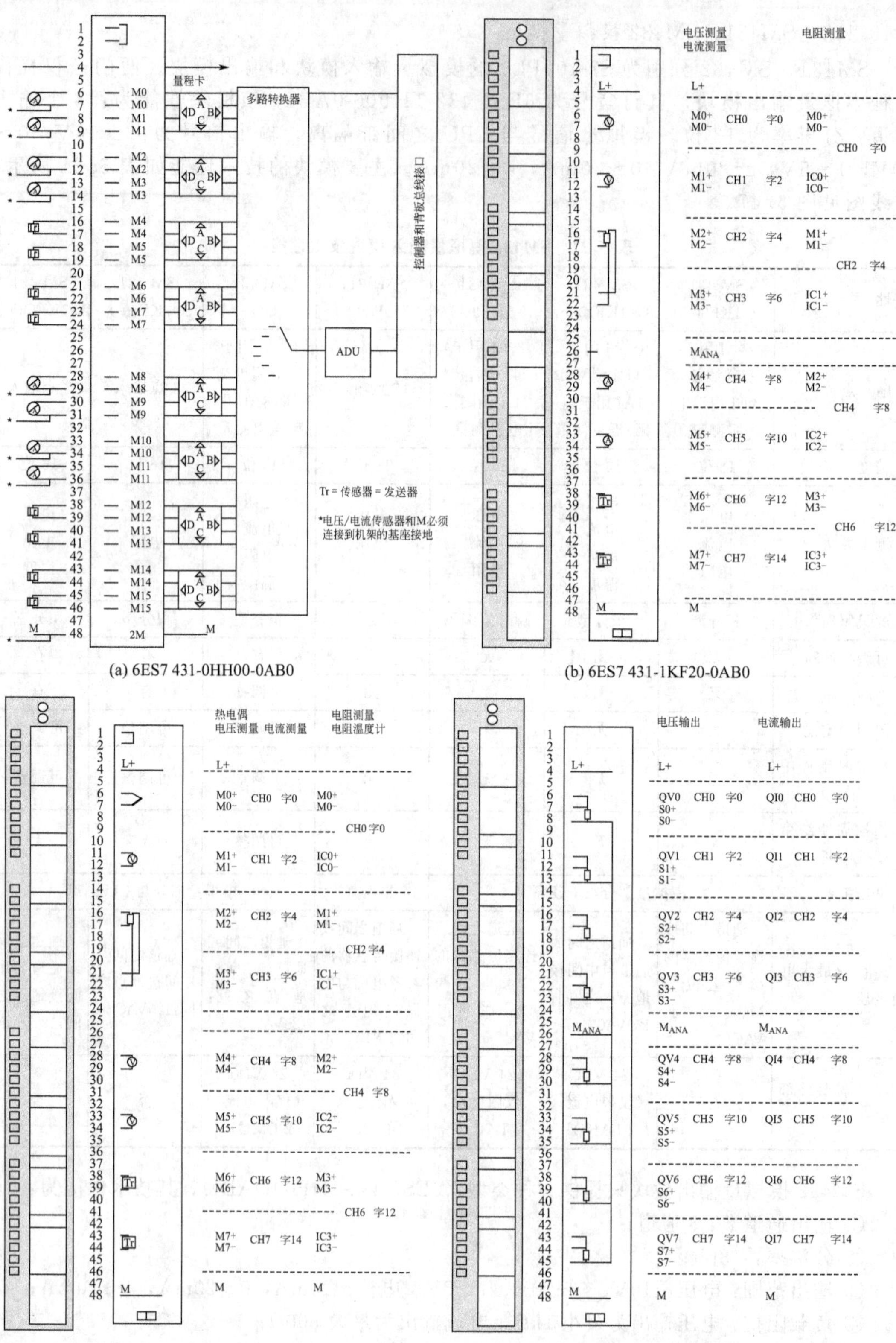

图 5.47 常用 SM431、SM432 模块接线图

5.10.2 S7-400 的接口模块

将一个或多个扩展单元（EU）连接到中央控制器（CC）时需要接口模块（一个发送 IM 和一个接收 IM），见表 5.22。必须之中同时使用成对的接口模块。在 CC 中插入发送模块（发送 MM）时，需同时将相应的接收模块（接收 IM）插在串联的扩展单元（EU）中。

表 5.22 S7-400 接口模块

成对接口	应用范围	最大(总)路线长度
IM 460-0 IM 461-0	发送 IM 用于本地链接，无 PS 传输；带有通信总线 接收 IM 用于不进行电源传送的本地链接；带有通信总线	1.5m
IM 460-1 IM 461-1	发送 IM 用于进行电源传送的本地链接；不带有通信总线 接收 IM 用于进行电源传送的本地链接；不带有通信总线	5m
IM 460-3 IM 461-3	发送 IM 用于长达 102.25m 的远程链接；带有通信总线 接收 IM 用于长达 102.25m 的远程链接；带有通信总线	102.25m
IM 460-4 IM 461-4	发送 IM 用于长达 605m 的远程链接；不带有通信总线 接收 IM 用于长达 605m 的远程链接；不带有通信总线	605m

将扩展机架连接到中央机架时，必须遵守下列规则。

(1) 1 个中央机架（CR）上最多可连接 21 个 S7-400 扩展机架（ER）。

(2) 为 ER 分配编号以便识别。必须在接收 IM 的编码开关中设置机架号。可以分配 1～21 的任何机架号。编号不得重复。

(3) 在一个 CR 中最多可插入六个发送 IM。不过，一个 CR 中只允许存在两个能够传输 5V 电压的发送 IM。

(4) 连接到发送 IM 接口的每个链中，最多可包含四个 ER（不能传输 5V 电压）或一个 ER（能传输 5V 电压）。

(5) 通过通信总先进行数据交换时限定 7 个机架，即 1 个 CR 和编号为 1～6 的 6 个 ER。

(6) 不得超过为连接类型指定的最大总电缆长度。

5.11 ET 200 分布式 I/O 系统

5.11.1 ET 200 概述

SIMATIC 模块化产品系统 ET 200 可实现满足各行业领域的分布式解决方案：不管是紧凑型，还是模块化结构；不管是纯数字 I/O 接口，还是采用驱动技术的成套分布式系统；也不管是按照在控制柜中，还是直接安装在苛刻工业环境中。

西门子的 ET 200 是基于 PROFIBUS-DP 现场总线的分布式 I/O，可以与经过认证的非西门子公司生产的 PROFIBUS-DP 主站协同运行。PROFIBUS-DP 是为全集成自动化定制的开放的现场总线系统，它将现场设备连接到控制装置，并保证在各个部件之间的高速通信，从 I/O 传递信号到 PLC 的 CPU 模块只需毫秒级的时间。

组建控制系统时，通常需要将过程的输入和输出集中集成到该自动化系统中。如果输入和输出远离可编程控制器，将需要铺设很长的电缆，从而不易实现，并且可能因为电磁干扰而使得可靠性降低。ET200 只需要很小的空间，能使用体积更小的控制柜。集成的连接器代替了过去密密麻麻、杂乱无章的电缆，加快了安装过程，紧凑的结构使系统建造成本大幅度降低。

分布式 I/O 设备便是这类系统的理想解决方案，分布式 I/O 设备具有以下特点：

（1）控制器 CPU 位于中央位置。分布式 I/O 设备没有 CPU，通过接口模块与 CPU 通信，并受控制器 CPU 的控制；

（2）I/O 设备在本地分布式运行。现场的 I/O 信号接入分布式 I/O 设备，并通过通信线传到 CPU。同时，CPU 也通过通信线，实现对 I/O 设备的数据采集和控制输出。

（3）DP 系统由主站和从站组成。DP 主站将分布式 I/O 设备同控制器 CPU 相连。DP 主站通过 PROFIBUS DP 同分布式 I/O 设备交换数据并监视 PROFIBUS DP。分布式 I/O 设备（DP 从站）收集现场传感器和执行器数据，以便能够通过 PROFIBUS DP 传输到控制器 CPU。

图 5.48 给出一个典型 PROFIBUS DP 网络结构的实例。DP 主站集成在相关的设备中。例如，S7-400 有一个 PROFIBUS DP 接口，IM 308-C 做为主站接口模块插在 S5-115U 中。DP 从站是一些分布式 I/O 设备，它们通过 PROFIBUS DP 与 DP 主站相连。

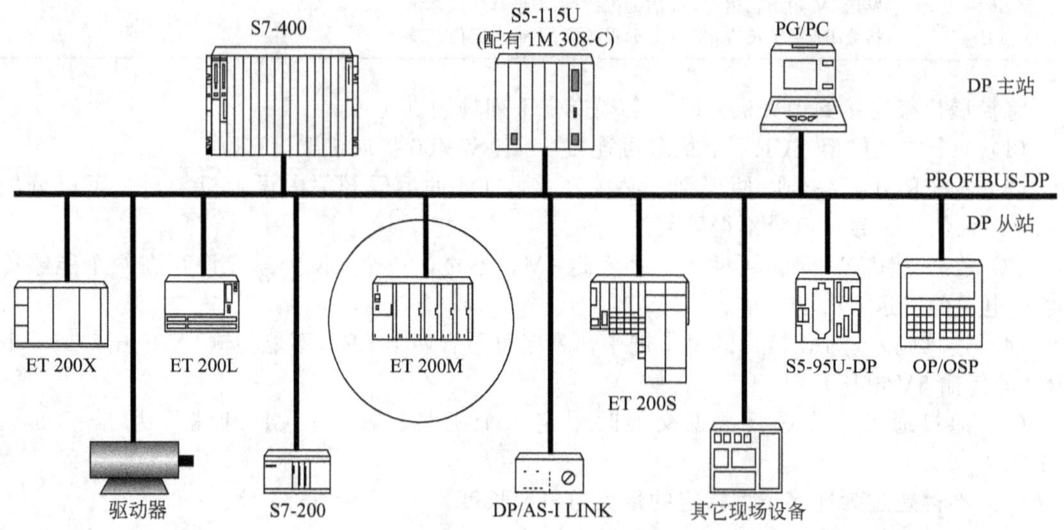

图 5.48　典型的 PROFIBUS DP 网络结构

5.11.2　ET 200M 分布式 I/O 站

5.11.2.1　ET 200M 概述

ET 200M 是一款高度模块化的分布是 I/O 系统，防护等级为 IP20。它使用 S7-300 可编程程序控制器的信号模块，功能模块和通讯模块进行扩展。由于模块的种类众多，ET200M 尤其适用于高密度且复杂的自动化任务，而且适宜与冗余系统一起使用。

ET 200M 是西门子 PLC 控制系统中最常用的一种分布式 I/O 站，依靠主站的 CPU 控制分布式 I/O 站的工作。ET200M 站的主要性能如下：

（1）模块化 IO 系统，防护等级为 IP20，特别适用于高密度且复杂的自动化任务；

（2）同时指出 profibus 和 profinet 现场总线；

（3）使用 S7-300 信号模块，功能模块和通讯模块；

（4）可以最多扩展 8 或 12 个 S7-300 信号模块；

（5）IM153-2 接口模块能够在 S7-400H 及软冗余系统中应用；

(6) 通过配置由源背板总线模块，ET200M 可以指出带电热插拔功能；

(7) 可以将故障安全型模块与标准模块配置在同一站点内；

(8) 能够使用适用于危险区域内的信号模块。

5.11.2.2　ET 200M 站的配置

ET 200M 站的硬件配置主要有普通型、热插拔非冗余型和热插拔冗余型三种。当不能停电更换部件时，选择热插拔式。下面给出三种 ET 200M 站的配置表（表 5.23～表 5.25）和配置图（图 5.49～图 5.51）。

表 5.23　ET 200M 可选件

序号	名　称	数　量	订货号	备　注
1	接口模块	1	6ES7 153-1AA03-0...	Profibus DP
			6ES7 153-2BA02-0...	Profibus DP
			6ES7 153-2BB00-0XB0	Profibus DP
			6ES7 153-4AA00-0XB0	Profinet
2	S7-300 模块	最多 8 块或 12 块		
3	安装导轨	1	6ES7 390-1AB60-0AA0	160mm
			6ES7 390-1AE80-0AA0	480mm
			6ES7 390-1AF30-0AA0	530mm
			6ES7 390-1AJ30-0AA0	830mm
			6ES7 390-1BC00-0AA0	2000mm

表 5.24　热插拔非冗余型 ET 200M 可选件

序号	名　称	数　量	订货号	备　注
1	接口模块	1	6ES7 153-1AA03-0...	Profibus DP
			6ES7 153-2BA02-0...	Profibus DP
			6ES7 153-2BB00-0XB0	Profibus DP
			6ES7 153-4AA00-0XB0	Profinet
2	2×40mm 有源背	最大 4 块或 6 块	6ES7 195-7HB00-0XB0	每个背板可以容量 2 块 40mm 宽的模块
3	有源安装导轨	1	6ES7 195-1GA00-0XA0	483mm
			6ES7 195-1GF30-0XA0	530mm
			6ES7 195-1GG30-0XA0	620mm
			6ES7 195-1GC30-0XA0	2000mm
4	接口模块有源背板	1	6ES7 195-7HA00-0XA0	
5	40mm 宽模块	最多 8 块或 12 块	6ES7 195-7HC00-0XB0	每个背板可以容量 1 块 80mm 宽的模块
6	1×80mm 有源背	最大 8 块或 12 块		每个背板可以容量 1 块 80mm 宽的模块
7	80mm 宽模块	最大 8 块或 12 块		S7-300 80mm 宽模块

表 5.25　热插拔冗余型 ET 200M 可选件

序号	名　称	数　量	订货号	备　注
1	接口模块	1	6ES7 153-2BA02-0...	Profibus DP
			6ES7 153-2BB00-0XB0	Profibus DP
2	2×40mm 有源背	最大 4 块或 6 块	6ES7 195-7HB00-0XB0	每个背板可以容量 2 块 40mm 宽模块
3	有源安装导轨	1	6ES7 195-1GA00-0XA0	483mm
			6ES7 195-1GF30-0XA0	530mm
			6ES7 195-1GG30-0XA0	620mm
			6ES7 195-1GC00-0XA0	2000mm
4	接口模块有源背板	1	6ES7 195-7HA00-0XA0	
5	40mm 宽模块	最多 8 块或 12 块	6ES7 195-1HC00-0XB0	S7-300 40mm 宽模块
6	1×80mm 有源背	最大 8 块或 12 块		每个背板可以容量 1 块 80mm 宽模块
7	80mm 宽模块	最大 8 块或 12 块		S7-300 80mm 宽模块

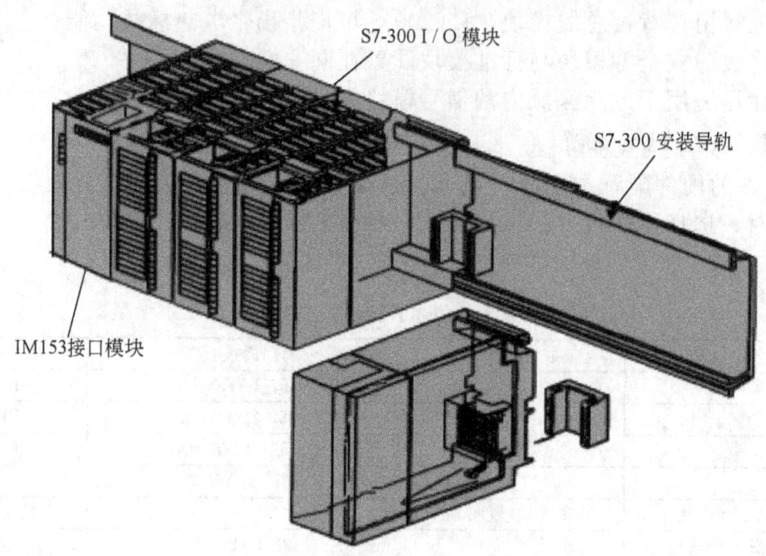

图 5.49 普通型 ET 200M 站装配图

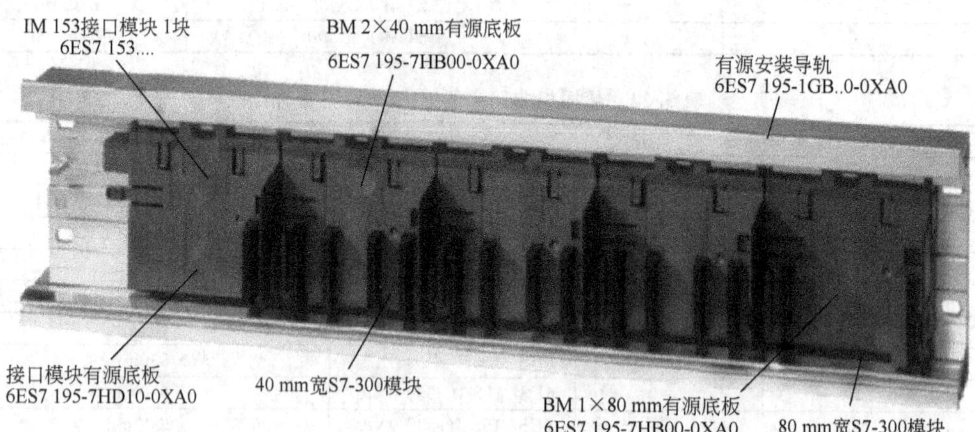

图 5.50 热插拔非冗余型 ET 200M 站配置图

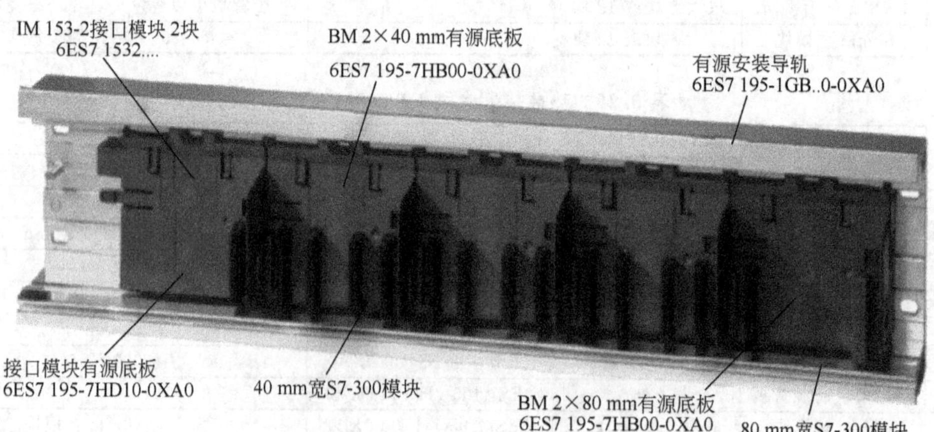

图 5.51 热插拔冗余型 ET 200M 站配置图

第6章　控制编程软件

6.1　控制编程软件概述

控制计算机的程序需要软件编程工具进行设计开发，不同品牌的控制计算机其软件编程工具也不相同，每个控制主机的生产厂家都有自己配套的编程软件，目前还没有可以通用的控制计算机编程软件。西门子 S7-300 和 S7-400 系列 PLC 是目前国内大中型控制系统中应用最为广泛的控制计算机，STEP7 是西门子 S7-300、S7-400 PLC 的编程软件。

6.1.1　STEP 7 软件版本

STEP 7 编程软件用于西门子系列工控产品包括 SIMATIC S7、M7、C7 和基于 PC 的 WinAC 的编程、监控和参数设置，是 SIMATIC 工业软件的重要组成部分。

STEP 7 有多个软件版本，它们的主要区别为：

STEP 7——针对 S7-300/400PLC 的编程软件，编程方式仅局限于 LAD、STL 和 FBD。

STEP 7 Basic——针对于西门子最新的 S7-1200 系列的编程软件，其中可以包含 S7-1200 专用的触摸屏进行组 态，同时也可以对 1200 专用的伺服进行设定。

Step 7 Professional——内部包含有 STEP 7，并含有 Graph，HiGraph，SCL 以及模拟器 PLCSIM。

Step 7 Lite——受限制的 STEP 7 版本，仅可以使用该版本组态本地机架，不可组态网络。

Step 7 Micro——西门子 S7-200 系列的编程软件。

S7-200、S7-300、S7-400、S7-1200 只能使用其对应的编程软件进行编程。

STEP 7 具有以下功能：硬件配置和参数设置、通信组态、编程、测试、启动和维护、文件建档、运行和诊断等。STEP 7 的所有功能均有大量的在线帮助，用鼠标打开或选中某一对象，按 F1 可以得到该对象的相关帮助。

在 STEP 7 中，用项目来管理一个自动化系统的硬件和软件。STEP 7 用 SIMATIC 管理器对项目进行集中管理，它可以方便地浏览 SIMATIC S7、M7、C7 和 WinAC 的数据。实现 STEP 7 各种功能所需的 SIMATIC 软件工具都集成在 STEP 7 中。

目前，STEP 7 目前的最高版本为 V5.5，支持对 S7-300/400PLC 的程序开发和在线调试，支持以前 STEP 7 V5.1、V5.2、V5.3、V5.4 版本编写的程序。可以在 Windows XP、Windows 2003、Windows 7 等环境下运行。STEP 7 V5.5 CN 为中文版，提供中文界面及中文帮助。

6.1.2　STEP 7 的安装

6.1.2.1　STEP 7 V5.5 对计算机的硬件要求

STEP7 V5.5 软件适用于 Windows 的 32 位操作系统，不能适用 Windows 的 64 位操作系统。下面是 STEP 7 V5.5 版本软件的要求。

(1) 在 Windows XP 专业版中安装时，PC 机需要至少 512MB 的内存，主频至少 600MHz (推荐内存 1GB)。

(2) 在 Windows Server 2003 中安装时，PC 机需要 1GB 内存，主频至少 2.4GHz。

(3) 在 Windows 7 安装时，PC 机需要至少 1GB 的内存，主频至少 1GB (推荐主频 2GB)。

6.1.2.2 STEP 7 V5.5 的安装

STEP 7 V5.5 可以覆盖安装较早版本的软件如 STEP 7 V5.1，V5.3 或 V5.4。通常情况下不需要卸载先前版本的 STEP 7 或已安装的选件包。但仍需注意，STEP 7 V5.3 不再支持老的操作系统 (Windows 95/98ME)。在此情况下，需要预先升级操作系统。在 Windows 操作系统下，运行该软件的自动安装程序 (即直接双击 setup.exe)。在整个安装过程中，安装程序一步一步地指导用户如何进行，期间会有安装路径、安装方式、安装授权等内容的选择，逐步进行，用户只需按照屏幕上弹出的提示信息选择即可，一旦安装成功完成，会为 STEP 7 生成一个程序组。安装完成后，在桌面上生成一个快捷图标。

该软件可以工作在在线和离线两种工作方式。所谓在线是指直接与 PLC 连接，允许二者之间进行通信，如上载或下载用户程序和组态数据等。离线则是指不直接与 PLC 联系，所有程序及参数暂时存在磁盘，在线连接后再下载至 PLC。

STEP 7 V5.5CN 安装完毕后可以运行产生项目。假设项目采用的 CPU 为 315-2 DP，运行后进入如图 6.1 的画面。

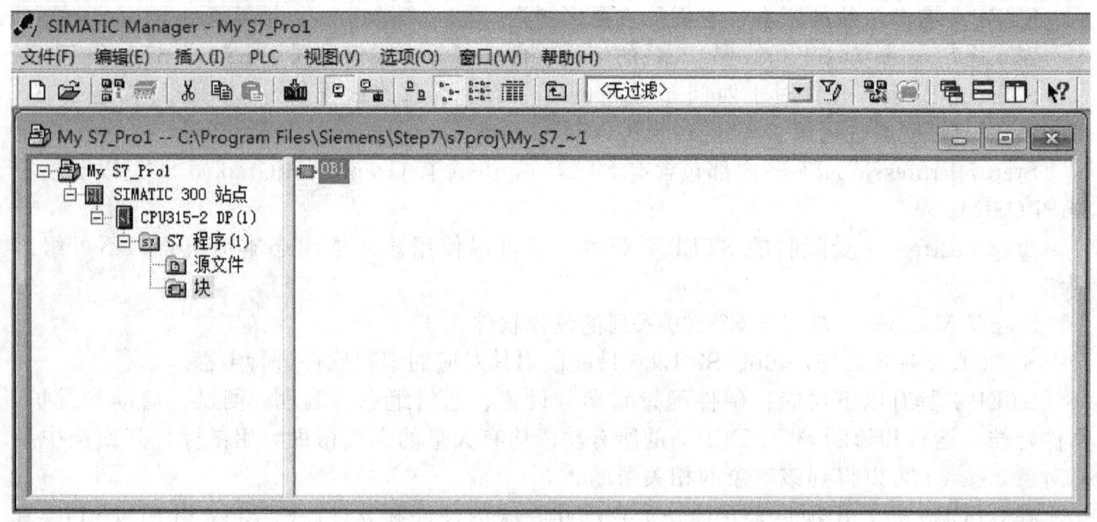

图 6.1 STEP 7 V5.5CN 界面

6.1.2.3 STEP 7 的授权

要使用 STEP 7 编程软件，需要一个产品专用的许可证密匙 (用户权限)。从 STEP 7 V5.3 版本起，该密匙通过 Automation License Manager 安装。Automation License Manage 是 Siemens AG 的产品。它用于管理所有系统的许可证密钥 (许可证模块)。Automation License Manage 位于下列位置。

(1) 在要求许可证密钥的软件的产品安装设备上。

(2) 在单独的安装设备上。

(3) 从 Internet 上 Siemens AG 的 A&D 客户支持页面下载 Automation License

Manager 集成了自身的在线帮助。

6.1.2.4 安装 Automation License Manager

Automation License Manager 通过 MSI 设置过程安装。STEP 7 产品 CD 包含 Automation License Manager 的安装软件。可以在安装 STEP 7 的同时安装 Automation License Manager 或在以后安装。

6.1.3 PC 与 PLC 通信方式

常用的 PC 与 PLC 的硬件接口方式主要有以下三种。

第一种方式：采用 PC/MPI 适配器用于连接安装了 STEP 7 的计算机、RS232C 接口和 PLC 的 MPI 接口，在设置适配器通信速率时，应将计算机一侧的通信速率设为 19.2kb/s 或 38.4kb/s，PLC 一侧的通信速率为 19.2kb/s～1.5Mb/s。除了 PC 适配器外，还需要一根标准的 RS232C 通信电缆。

第二种方式：使用计算机的通信卡 CP5611（PC 卡）、CP5511 或 CP5512（PCMCIA 卡），可以将计算机连接到 MPI、PROFIBUS 网络，通过网络实现计算机与 PLC 的通信。

第三种方式：使用计算机的工业以太网通信卡 CP1512（PCMCIA 卡）或 CP1612（PCI 卡），通过工业以太网实现计算机与 PLC 的通信。

编程人员可以根据实际情况选择所需的硬件接口方式，同时还需要在 STEP 7 中设置接口方式。具体操作方式为：在 STEP 7 的管理器中执行菜单命令 Optional Setting the PG/PC Interface，打开 Setting PG/PC Interface 对话框；在其中的选择框中选择实际使用的硬件接口；单击 Select 按钮，打开 Install/Remove Interface 对话框。可以安装上述选择框中没有列出的硬件接口的驱动程序。单击 Properties 按钮，可以设置计算机与 PLC 通信的参数。

6.1.4 程序的下载

6.1.4.1 从 PG/PC 下载到 PLC 的要求

（1）编程设备（PG/PC）和 PLC 中的 CPU 之间必须存在一个连接（例如，通过多点接口）。

（2）必须可以访问 PLC。为将块下载给 PLC，在项目的对象属性对话框中必须已经为“使用”选择了条目“STEP 7”。

（3）正在下载的程序已经完成了编译，且没有任何错误。

（4）CPU 必须处于允许进行下载的工作模式（STOP 或 RUN-P）。注意，在 RUN-P 模式下，程序每次下载一个块。如果通过这样来覆盖旧的 CPU 程序，则可能会导致冲突，例如，当块参数已经改变时。CPU 在处理该循环时将转为 STOP 模式。因此，建议在下载之前将 CPU 切换到 STOP 模式。

（5）如果离线打开块，并希望对其进行下载，则 CPU 必须连接到 SIMATIC 管理器中的在线用户程序上。

（6）在下载用户程序之前，应复位 CPU，以确保 CPU 上没有任何“旧的”块。

图 6.2 为通过 PG/PC 下载程序的管理器画面，单击“PLC→下载”可以将选择的内容下载到 PLC。

6.1.4.2 将程序下载到 CPU 中

（1）通过项目管理器下载。在项目窗口中，选择想要下载的用户程序或块。通过选择菜单命令“PLC→下载”将所选对象下载到可编程逻辑控制器。也可以采用拖放方法，打开项目的离线窗口和在线窗口。在离线窗口中选择想要下载的对象，并将它们拖到在线窗口中。

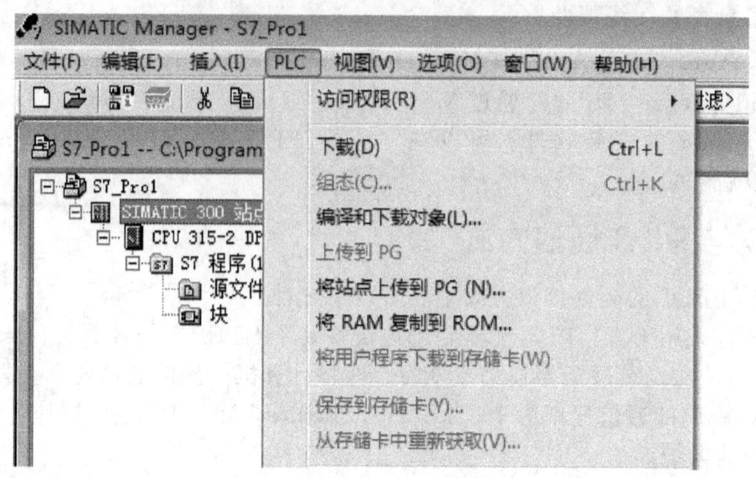

图 6.2　PLC 程序下载画面

(2) 不带项目管理的下载。使用菜单命令“PLC→显示”可访问节点或通过单击工具栏中的相应按钮，打开“可访问节点”窗口和双击所需节点（“MPI=...”）以显示“块”文件夹。打开想要将其用户程序或块下载到 PLC 的库或项目，可将对象下载到 PLC。

(3) 在 PLC 中重新装载块

可以用新版本的块覆盖已存在于 S7-PLC 的 CPU 中的装入存储器（RAM）或工作存储器中的块（重载它们)。覆盖已存在的版本。重载 S7 块的步骤与下载相同。

6.1.4.3　分别下载硬件组态和连接组态

(1) 下载组态到 PLC。下载之前，使用菜单命令“站→检查一致性”，确保站组态中没有错误。然后，STEP 7 检查是否可以从当前组态中创建可下载的系统数据。在一致性检查期间发现的所有错误会在显示在窗口中。

(2) 下载步骤。①选择菜单命令“PLC→下载”到模块。②STEP 7 通过对话框指导您完成该过程。整个 PLC 的组态下载到 CPU 中。CPU 参数立即生效。在启动期间，其他模块的参数传送到该模块。

(3) 下载网络组态到 PLC。只有当组态无错，即子网中所有连网模块都具有唯一的节点地址，并且其实际组态与所创建的网络组态相匹配时，才能通过子网（工业以太网、PROFIBUS 或 MPI）将组态下载至可编程控制器。

(4) 下载到 PC 站。从 STEP 7 V5.1，Service Pack 2 起，可以完整地装载 PC 站（如 S7-300 或 S7-400 站)。这就要求 PC 站必须能够在线访问，即通过子网和各自的接口（CP 或集成的接口）访问 PC 站。步骤与装载 S7-300/400 站相同。

(5) 下载单个块。当修改某个程序块（OB、FB、FC、DB 等）时，可以单独下载这个块，无需全部下载。方法是选择这个块或者进入这个块，然后通过菜单命令“PLC→下载”。注意：如果在线下载的块涉及程序调用时，必须先下载被调用块再下载调用块，否则将会出错。

6.1.4.4　下载限制

STEP 7 有些程序部分不能下载到 CPU 中，这些组件分别是：(a) 其符号名具有地址和注释的符号表；(b) 梯形图或功能块图程序的程序段注释；(c) 语句表程序的行注释，用户自定义的数据类型。

6.1.5 程序的上传

在 STEP7 V5.5CN 上使用菜单命令“PLC→上传到 PG”，可以将当前组态和所有块从所选的 PLC 上传到 PG/PC。为此，STEP 7 在将要保存组态的当前项目中创建新的工作站。可以改变新工作站的预设名［例如，“SIMATIC 300-Station（1）”］。

6.1.5.1 上传信息的限制

从 STEP 7 管理器单击“PLC→上传到 PG”即可从 PLC 上传数据至编程设备，可以上传的信息包括：

（1）S7-300，用于中央机架和任何扩展机架的组态。

（2）S7-400，带一个 CPU 的中央机架以及无扩展机架的信号模块的组态。

注意，分布式 I/O 的组态数据不能上传至编程设备。

6.1.5.2 上传信息的限制

（1）块不包含任何用于参数、变量和标签的符号名称。

（2）块不包含任何注释。

（3）所有系统数据会随整个程序一同上传，系统只能处理属于“组态硬件”应用程序的系统数据。

（4）不能更进一步处理用于全局数据通信（GD）和组态与符号相关消息的数据。

（5）强制作业不随其他数据一起上传至编程设备。它们必须单独保存为变量表（VAT）。

（6）不上传模块对开框中的注释。

（7）只有在组态期间选择了相应选项时才显示模块的名称（HW Config：选项 > 自定义下的对开框中的“在可编程逻辑控制器中保存对象名称”选项）。

6.1.5.3 上传站

使用菜单命令“PLC→上传站”，可以将当前组态和所有块从所选的 PLC 上传到编程设备。为此，STEP 7 在将要保存组态的当前项目中创建新的工作站。可以改变新工作站的预设名［例如，“SIMATIC 300-Station（1）”］。插入的站将在在线视图和离线视图中都显示。上传站有一些限制，分别为：

（1）对于 S7-300PLC，可以上传实际硬件配置的组态（包括扩展机架），但没有分布式 I/O（DP）。

（2）对于 S7-400PLC，可以上传机架配置，但没有扩展机架和分布式的 I/O。

6.1.5.4 从 S7 CPU 上传块

（1）将块上传至编程设备中的相应项目。在 SIMATIC 管理器中，使用菜单命令“视图→在线”打开项目的在线窗口。在在线窗口中，选择块文件夹或选择文件夹中的块。选择菜单命令“PLC→上传”。这样就可以将选择的对象传送到编程设备上的项目数据库。

（2）将块上传到编程设备的不同项目。在 SIMATIC 管理器中，通过单击相应的工具栏按钮或选择菜单命令“PLC→显示”可访问节点打开“可访问节点”窗口。双击节点“MPI =...”，选择“块”文件夹或文件夹中的各个块，将所选的“块”文件夹复制到 S7 程序，或将所选块复制到另一个项目的离线窗口中的“块”文件夹。

6.1.5.5 将块上传到编程设备的新项目

首先，创建一个新项目，插入 S7 程序。然后使用菜单命令“视图→在线”打开此项目的在线窗口。在在线窗口中打开 S7 程序，然后打开其中的“块”文件夹。如果连接一个以上的 PLC，则显示对话框。在对话框中输入希望上传块的可编程控制器的 MPI 地址。选择菜单命令“PLC→上传”。也可以在在线窗口中复制“块”文件夹或块的选择内容，然后将它们粘贴在离线窗口中。

6.1.6 S7-300/400PLC 仿真

STEP 7 提供一个嵌套在其运行平台上的仿真软件 S7-PLCSIM，可以把它当作一台仿真 PLC 来使用，以便在没有连接硬件 PLC 的情况下进行程序运行和测试（参见图 6.3）。利用 S7-PLCSIM，可以在 PG/PC 上进行不依赖于硬件的 S7 程序测试，在 PG/PC 上仿真一台完整的 S7-CPU（包括 I/O 模块）。利用 S7-PLC SIM，可以在开发阶段发现和排除错误，降低开发成本，加速开发进程，提高程序质量。S7-PLC SIM 可以适用于 LAD，FBD，STL，S7-GRAPH，S7-HiGraph，S7-SCL，CFC，S7-PDIAG，WinCC 的仿真调试。S7-PLCSIM 还特别适用于初学者学习 S7-300/400 编程和进行程序调试。S7-PLCSIM 的使用方法如下。

（1）文件操作。可以通过"File→Open PLC"，直接打开要仿真的项目文件，而不需要下载程序，方便调试。可以通过"File→Save PLC As"，将当前模拟的 PLC 存储为一个文件。对于 S7-PLCSIM V5.4 以上的版本，可以设置多种下载模式，例如，MPI、DP、Ethernet。

（2）查看。用户可以通过菜单 View 的 Accumulators、Block Registers、Stacks 来查看 PLC 内部的累加器、地址寄存器、状态字和堆栈资源。

（3）插入。可以通过"Insert→Input Variable"插入变量（输入、输出、中间寄存器、定时器、计数器、数据块）来模拟各种工况。

（4）PLC 操作。可以通过 PLC 菜单项模拟真实 PLC 的上电或断电、内存复位以及修改 PLC 的 MPI 地址。

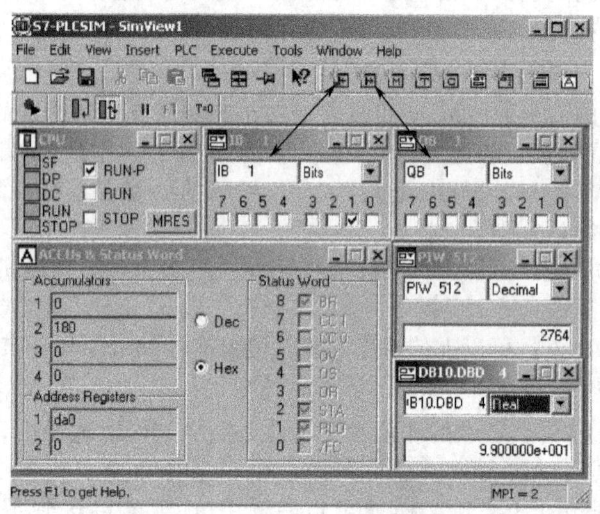

图 6.3 S7-PLCSIM 运行窗口

（5）执行仿真。

① Key Switch Position：提供 RUN 和 RUN-P 两种模式。在 RUN 模式下，用户无法下载程序及修改 S7-PLCSIM 内部存储区；在 RUN-P 模式下，用户可以下载程序及修改 S7-PLCSIM 内部存储区，在两者中任意一种情况下，用户程序都可以正常运行。

② Startup Switch Position：用户可以选择当 S7-PLCSIM 由 STOP 模式转换为 RUN 模式时，执行的启动类型为：Cold Start，操作系统将调用 OB102，用户程序从开始位置执行，存储在非保持区的用户数据被删除；Hot Start，操作系统将调用 OB101，并且用户程序从终端位置继续执行；Warm Start，操作系统将调用 OB100。

③ Scan Mode：提供 Single Scan 和 Continuous Scan 模式。Single Scan 是 S7-PLCSIM 特有的扫描模式，程序仅执行一个周期，用户通过 Next Scan 操作时，S7-PLCSIM 执行下

一个扫描周期；Continuous Scan 模式则按照普通模式仿真真实 PLC 扫描周期。

④ Next Scan：执行该操作，用户可以执行下一个扫描周期。

⑤ Pause：在不影响输出的情况下，暂停当前仿真程序，注意在暂停的情况下，可能会导致其他应用程序与 S7-PLCSIM 的超时或连接中断。

⑥ Automatic Timers、Manaul Timers、Reset Timers：定时器自动运行，手动设置定时器的值和基准，由用户复位所有或部分定时器。

⑦ Scan cycle Monitoring：用户可以在此设置允许的最大程序执行时间，如果程序执行超过此时间，S7-PLCSIM 进入停止状态。

6.1.7 STEP 7 的应用步骤

使用 STEP 7 软件，可以在一个项目中创建 S7 程序。S7-PLC 包括一个供电单元、一个 CPU 以及输入和输出模块（I/O 模块），PLC 通过 S7 程序监控控制对象。在 S7 程序中通过地址寻址 I/O 模块，STEP 7 的基本步骤如图 6.4 所示。编辑项目时，可自由选择大多数任务的执行顺序。一旦创建了项目，可以选择以下方法之一。

方法 1：首先组态硬件。如果希望首先组态硬件，那么可按“通过 STEP 7 组态硬件手册”第 2 卷所述执行操作。完成该操作时，已经插入创建软件所要求的“S7 程序”和“M7 程序”文件夹。然后继续插入创建程序所需要的对象。之后创建可编程模块的软件。

方法 2：首先创建软件。不必首先组态硬件就创建软件，可在以后组态硬件。不必为了输入程序而设置站的硬件结构。在项目中插入所要求的软件文件夹（不带站或 CPU 的 S7/M7 程序）。在此，可简单确定程序文件夹是否包含 S7 硬件或 M7 硬件。之后创建可编程模块的软件。

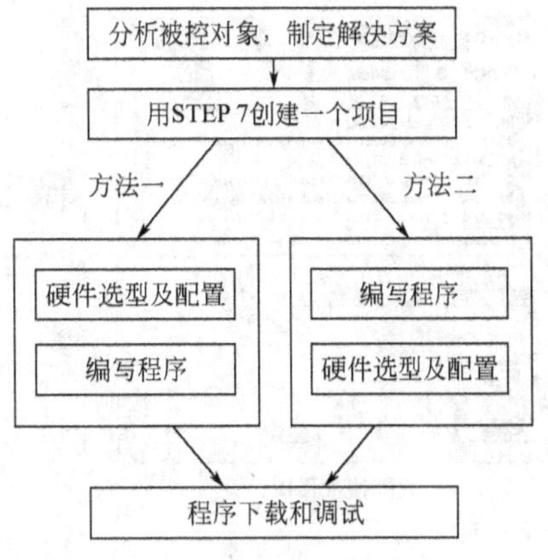

图 6.4 STEP 7 的基本应用步骤

如果要创建一个使用许多输入和输出的综合项目，可以选用方法一先做硬件选型和配置，这样就可以在 STEP 7 中进行硬件配置和确定地址。如果选择方法二，只能根据所选组件来自行确定每个地址，而不能通过 STEP 7 调试这些地址。

6.1.8 如何获得帮助

帮助信息是编程软件性能的重要组成部分。STEP 7 提供丰富的帮助信息，可以在编程过程中获得实时帮助。单击 STEP 7 管理器中的“帮助→目录”菜单，系统将自动弹出帮助窗口。也可以通过选择焦点获得帮助，方法是：用鼠标单击需要获得帮助的项（可以是编辑窗口上显示的任何项，如元件、块等），然后压“F1”键，立即弹出该项的上下文帮助信息，通过进一步展开，可以获得更为详细的帮助信息。

6.2 项目创建及硬件组态

6.2.1 项目的产生

6.2.1.1 项目的结构

项目用于存储提出自动化解决方案时所创建的数据和程序。项目所汇集的数据包括：

（1）关于模块硬件结构及模块参数的组态数据；（2）用于网络通信的组态数据，以及在创建项目时的主要任务就是准备这些数据，以备编程使用。（3）用于可编程模块的程序。项目体系在项目窗口中的显示类似于 Windows 资源管理器中的显示。项目体系顶端的结构如下。

第一层：项目

第二层：子网、站、或 S7/M7 程序

第三层：取决于第二层的对象。

6.2.1.2 项目的创建

要使用项目管理框架构造自动化任务的解决方案，需要创建一个新的项目。使用向导创建项目创建新项目的最简单方法就是使用“新项目”向导。使用菜单命令“文件→新建项目”向导来打开向导。向导提示在对话框中输入所要求的详细资料，然后创建项目。除了站、CPU、程序文件夹、源文件夹、块文件夹以及 OB1 之外，还可以选择已存在的 OB1，进行出错和报警处理。运行 SIMATIC Manager 管理器，可以按图 6.5（a）、图 6.5（b）、图 6.5（c）所示的创建控制站［如“SIMATIC 300（1）”］。站点建立完毕后，接下来就是进行站的硬件组态。

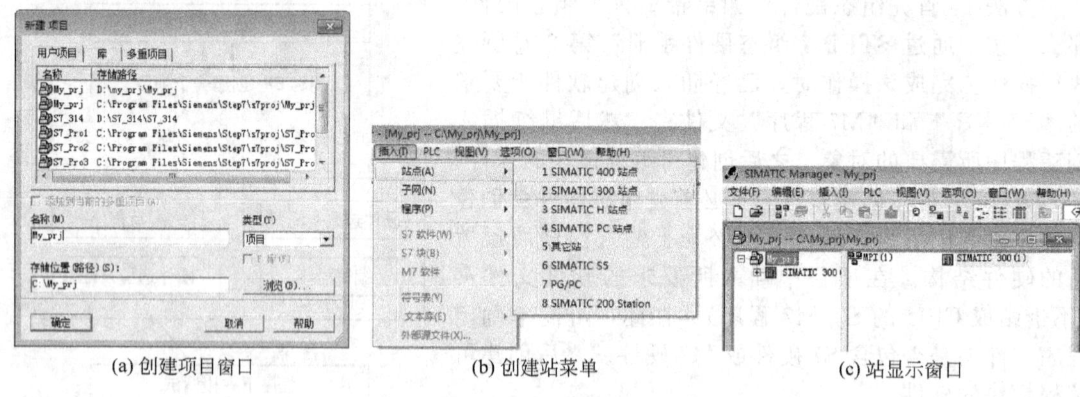

(a) 创建项目窗口　　(b) 创建站菜单　　(c) 站显示窗口

图 6.5　项目的创建过程

6.2.1.3 插入站

在项目中，站代表了 PLC 的硬件结构，并包含有用于组态和给各个模块进行参数分配的数据。使用“新建项目”向导创建的新项目已经包含有一个站。也可以使用菜单命令“插入→站”来创建新站。可选择一个下列站点：SIMATIC 300 站、SIMATIC 400 站、SIMATIC H 站、SIMATIC PC 站、PC/可编程设备等。

可使用预先设置的名称插入站［例如，SIMATIC 300 站（1）、SIMATIC 300 站（2）等］。如果愿意，也可以用相关的名称替换站的名称。

6.2.1.4 创建连接表

创建连接表功能为每个可编程模块自动创建一个（空白）连接表（“连接”对象）。连接表用于定义网络中的可编程模块之间的通信连接。打开时，将显示一个包含有表格的窗口，可在该表格中定义可编程模块之间的连接。

6.2.1.5 插入 S7/M7 程序

用于可编程模块的软件存储在对象文件夹中。对于 SIMATIC S7 模块，该对象文件夹被称为“S7 程序”，对于 SIMATIC M7，该对象文件夹被称为“M7 程序”。创建 SIMATIC S7 或 SIMATIC M7 程序包括以下步骤。

（1）创建 S7 块。希望创建语句表、梯形图或功能块图程序。为此，选择已存在的“块”

对象，然后选择菜单命令“插入→S7 块”。在子菜单中，可选择要创建的块类型（例如数据块、用户自定义的数据类型（UDT）、功能、功能块、组织块或变量表）。可打开（空）块，开始输入语句表、梯形图或功能块图程序。

（2）创建 M7 程序。希望为 M7 系列可编程控制器的操作系统 RMOS 创建程序。为此，选择 M7 程序，然后选择菜单命令“插入→M7 软件”。在子菜单中，可以选择与编程语言或操作系统相匹配的对象。

6.2.2 硬件组态的基本步骤

STEP 7 通过组态建立 PLC 主机系统。通过在站窗口中对机架、模块、分布式 I/O（DP）机架以及接口子模块等进行排列，从而形成与实际 PLC 系统一致的组态。

使用组态表表示机架，就像实际的机架一样，可在其中插入特定数目的模块。在组态表中，STEP 7 自动给每个模块分配一个地址。如果站中的 CPU 可自由寻址（意思是可为模块的每个通道自由分配一个地址，而与其插槽无关），那么，可改变站中模块的地址。可将组态任意多次复制给其他 STEP 7 项目，并进行必要的修改，然后将其下载到一个或多个现有的设备中去。在可编程控制器启动时，CPU 将比较 STEP 7 中创建的预置组态与设备的实际组态。从而可立即识别出它们之间的任何差异，并报告。在 SIMATIC 管理器中打开了一个项目或者已经创建了一个新项目后就可以进行硬件组态，STEP 7 组态硬件的基本步骤如图 6.6 所示。

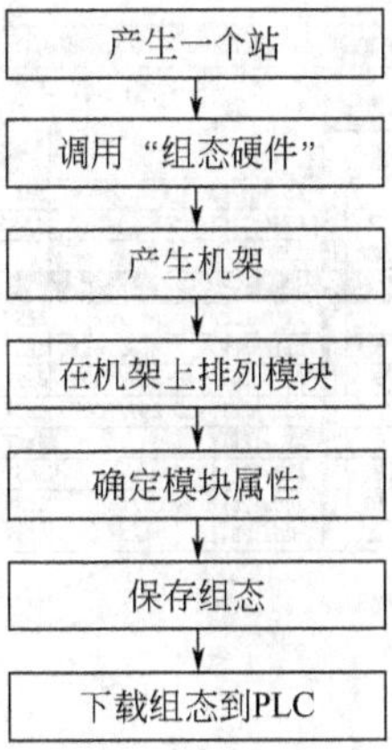

产生一个站
↓
调用“组态硬件”
↓
产生机架
↓
在机架上排列模块
↓
确定模块属性
↓
保存组态
↓
下载组态到PLC

图 6.6　STEP 7 组态硬件步骤

6.2.3 组态中央机架

6.2.3.1 S7-300 模块排列规则

模块必须无间隙地插入到机架中。对于只有一个机架的安装，组态表里的一个插槽必须保持为空（为接口模块保留）。对于 S7-300，它为槽 3，而对于 M7-300，它为模块组后的那个槽（槽 3、4、5 或 6）。在实际的组态中，将不会有间隙，因为背板总线将被中断。

S7-300 槽的安装规则如下。

（1）机架 0。

槽 1：仅适用于电源（例如，6ES7 307-...）或为空

槽 2：仅适用于 CPU（例如，6ES7 314-...）

槽 3：接口模块（例如，6ES7 360-.../361-...）或为空

槽 4-11：信号或功能模块、通信处理器或为空。

（2）机架 1-3。

槽 1：仅适用于电源模块（例如，6ES7 307-...）或为空

槽 2：为空

槽 3：接口模块

槽 4-11：信号或功能模块、通信处理器（取决于插入的接口模块）或为空。

图 6.7 为采用 S7-300PLC 的组态画面。画面左上窗口为中央机架（包括 CPU、电源、I/O 模块等）的信息。画面左下窗口为机架上安装模块的信息以及 CPU 模块、I/O 模块的地址，编程需要的 CPU 地址和 I/O 点地址由此窗口信息确定，双击该窗口上的模块，可进行模块的详细组态。画面右边上窗口为供选择的模块，提供所有的 S7-300/400 的模块。画面右边下窗口为当前模块的简要信息，为模块的快速准确选择提供重要的信息。

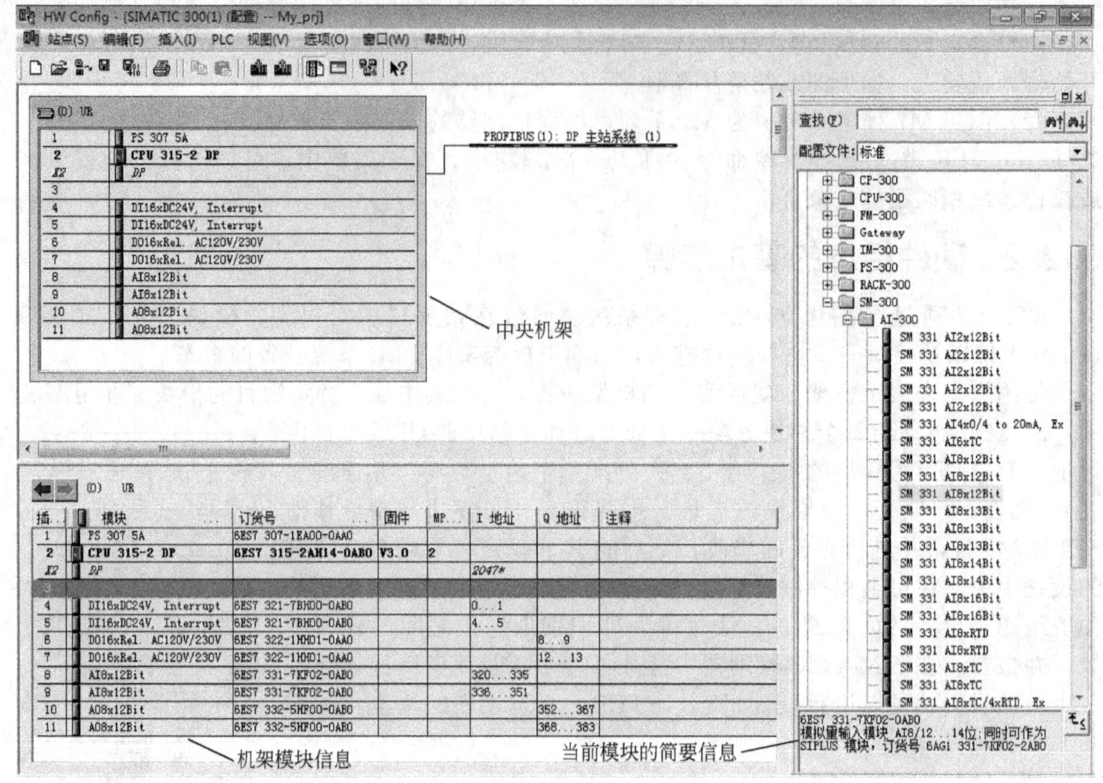

插...	模块	订货号	固件	MP...	I 地址	Q 地址	注释
1	PS 307 5A	6ES7 307-1EA00-0AA0					
2	CPU 315-2 DP	6ES7 315-2AH14-0AB0	V3.0	2			
X2	DP				2047*		
3							
4	DI16xDC24V, Interrupt	6ES7 321-7BH00-0AB0			0...1		
5	DI16xDC24V, Interrupt	6ES7 321-7BH00-0AB0			4...5		
6	DO16xRel. AC120V/230V	6ES7 322-1HH01-0AA0				8...9	
7	DO16xRel. AC120V/230V	6ES7 322-1HH01-0AA0				12...13	
8	AI8x12Bit	6ES7 331-7KF02-0AB0			320...335		
9	AI8x12Bit	6ES7 331-7KF02-0AB0			336...351		
10	AO8x12Bit	6ES7 332-5HF00-0AB0				352...367	
11	AO8x12Bit	6ES7 332-5HF00-0AB0				368...383	

图 6.7　S7-300 中央机架硬件组态

6.2.3.2　S7-400 模块排列规则

(1) 标准型机架

S7-400 的机架上模块的排列规则取决于安装的机架类型。

中央机架：

仅在槽 1 中插入电源模块（例外：有冗余能力的电源模块）。

最多插入六个接口模块（发送 IM），带电力传输的情况下不超过两个。

使用接口模块，最多连接 21 个扩展机架到中央机架。

连接不超过一个带有电力传输的扩展机架到发送 IM 的接口（与 IM 461-1 连接的 IM 460-1）。

最多连接四个不带有电力传输的扩展机架（IM 460-0 同 IM 461-0 或 IM 460-3 同 IM 461-3）。

扩展机架：

仅在槽 1 中插入电源模块。

仅在最右边的槽（槽 9 或槽 18）中插入接口模块（接收 IM）。

通信总线模块只应当插入到编号不大于 6 的扩展机架中（否则，不能对其进行寻址）。

(2) 有冗余能力的电源模块的特殊规则

① 有冗余（备用）能力的电源模块可以在一个机架中插入两次。这些模块可以根据它们在“硬件目录”窗口中的信息文本进行识别。

② 只能将有冗余能力的电源模块插入到专供这种模块使用的机架（可根据“硬件目录”窗口中的较高的订货号和信息文本来识别）。

③ 只有专门用于有冗余能力的电源模块的 CPU 才能使用该模块；不能用于该用途的

CPU（例如旧型号的模块）在组态时会遭到拒绝。

④ 有冗余能力的电源模块必须插入插槽 1 和紧随其后的插槽（不得有间隔）。

⑤ 有冗余能力和没有冗余能力的电源模块不能插入同一个机架（不得有“混合”组态）。

6.2.3.3 使用扩展机架来扩展中央机架

（1）SIMATIC 300 中扩展机架的组态。对于 SIMATIC 300 站，只有“导轨”才能作为中央机架和扩展机架；这意味着可以放置与实际组态中相同数量的导轨（最多 4 个）。

在 STEP 7 中，可以通过在每个机架的插槽 3 中插入合适的接口模块来链接扩展机架。如要用一个机架来扩展组态，接口模块安装规则如下。

① 机架 0 和机架 1 都安装 IM 365。

② 如要用多达 3 个机架来扩展组态，接口模块安装规则为：

机架 0 安装 IM 360；机架 1 至机架 3 安装 IM 361。

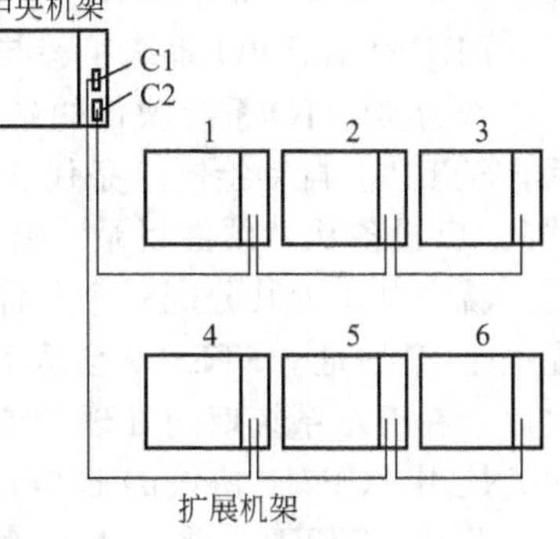

图 6.8 S7-400 的扩展机架

（2）SIMATIC 400 中扩展机架的组态。在 SIMATIC S7-400 中，由于采用了不同的机架和接口模块，扩展的可能操作更为复杂。与中央机架上的发送 IM 的接口相连接的所有扩展机架形成一个级联。图 6.8 中，三个扩展机架连接到发送 IM 的各个接口上。

6.2.4 组态分布式 I/O 站

分布式 I/O 指主站系统，其包含通过总线电缆相连、通过 PROFIBUS DP 协议互相通信的 DP（分布式 I/O）主站和 DP 从站。由于 DP 主站和 DP 从站可能是不同的设备，这里只说明组态涉及的基本步骤。作为实际 DP 主站系统映像的站窗口放置 DP 主站时（例如，CPU 315-2DP），STEP 7 会自动绘制一条代表主站系统的线。从“硬件目录”窗口的“PROFIBUS-DP”下将分配给该 DP 主站的 DP 从站拖放到线的末端。见图 6.9。

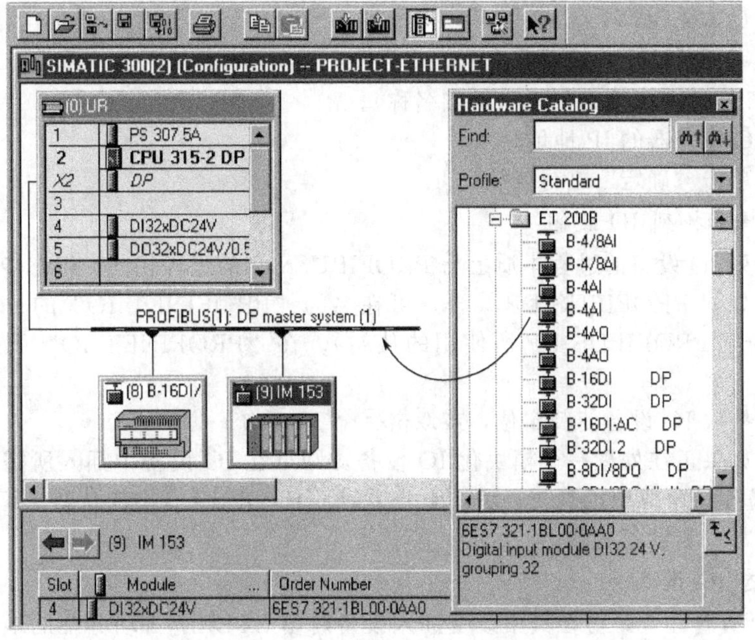

图 6.9 分布式 I/O 站的组态

6.2.5 组态 PROFINET IO 站

PROFINET 是位于德国卡尔斯鲁厄市的德国 PROFIBUS 用户组织（PROFIBUS Nutzerorganisation e. V）制订的基于 Ethernet 的自动化标准。它定义了一个适用于所有厂商的通信、自动化和工程化模型。

6.2.5.1 组态 PROFINET IO 系统的基本过程

PROFINET IO 系统组态与 PROFIBUS DP 系统大部分相同。

作为实际 IO 系统映像的站窗口，当 IO 控制器（例如，CPU 317-2 PN/DP）放置到位后，STEP 会自动绘制一条代表 IO 系统的线。随后，通过拖放操作，将要分配给该 IO 控制器的 IO 设备从“硬件目录”窗口的“PROFINET IO”中移动到位。当将 IO 设备放置到位时，就会自动为其分配一个名称（默认名称就是 GSD 文件中的名称）。STEP 7 还将自动分配一个 IP 地址。STEP 7 会从 IO 控制器的 IP 地址开始，搜索下一个可供使用的 IP 地址。然而，在组态系统期间处理对象时，该 IP 地址是不相关的。尽管如此，还是需要这个地址，因为使用 TCP/IP 协议的 Ethernet 上的所有节点都必须具有一个 IP 地址。

此外，STEP 7 将分配设备编号，用户程序使用该编号来处理设备（例如，SFC 71 “LOG _ GEO” ）。该编号也会显示在 IO 设备符号中。

6.2.5.2 创建 PROFINET IO 系统

要求已经在站窗口中排列了模块机架，且它现在是打开的（机架中的插槽是可见的）。用户可使用下列设备作为 IO 控制器：

① 具有一个集成式或插入式 PROFINET 接口的 CPU（集成式，例如 CPU 317-2 PN/DP）；

② 带 CPU 的 CP（例如，连接到合适 S7-400-CPU 的 CP 443-1 Advanced）PC 站（例如，带 CP 1612）。

创建 PROFINET IO 系统的步骤如下。

步骤一：在“硬件目录”窗口中，选择一台 IO 控制器（例如 CPU 317-2 PN/DP）。

步骤二：将模块拖放到模块机架中的允许行。“属性→Ethernet 节点”对话框随后打开。在此处可完成如下操作：

① 创建一个新的 Ethernet 子网或选择一个现有的子网。

② 设置 Ethernet 子网的属性（例如名称）。

③ 设置 IO 控制器的 IP 地址。

步骤三：单击“确定”进行确认。

6.2.5.3 选择和排列 IO 设备

选择和排列 IO 设备的过程本质上与 PROFIBUS DP 的过程相同。组态步骤如下。

步骤一：如同 PROFIBUS DP 一样，可在名为“PROFINET IO”的目录部分中找到 IO 设备（对应于 PROFIBUS DP 所使用的从站）。在“PROFINET IO”下打开期望的文件夹。

步骤二：拖放 IO 设备使其定位，或双击一个 IO 系统。

步骤三：如果正在处理一个模块化 IO 设备，则可在 IO 设备中插入所需要的模块或子模块。IO 设备在站窗口中以符号表示，十分类似于 PROFIBUS 中的从站。符号包括设备编号（可能为缩写）和设备名称。

6.2.5.4 组态 IO 设备

IO 设备具有属性页，可在其中改变插入设备时由 STEP 7 自动分配的地址信息（设备编号和设备名称）以及 IO 设备的诊断地址。在这样的属性页中，可启动对话框，以便改变接口和子网属性。为此，单击属性页中的“Ethernet”按钮。随后出现的对话框包含以后可改变的 IP 地址。根据不同的 IO 设备，可选择一个复选框来禁止由 IO 控制器分配 IP 地址。应用于整个 IO 设备的参数可在该对话框中进行设置。IO 设备的属性由其相关的 GSD 文件决定。

6.2.5.5 组态实例

无论何时将 CPU 插入到集成 IO 控制器（例如 CPU 317-2 PN/DP）中，STEP 7 都将自动创建一个 IO 系统。可将所期望的 IO 设备从硬件目录拖放到该 PROFINET IO 系统中。图 6.10 为 PROFINET IO 站的组态例子。

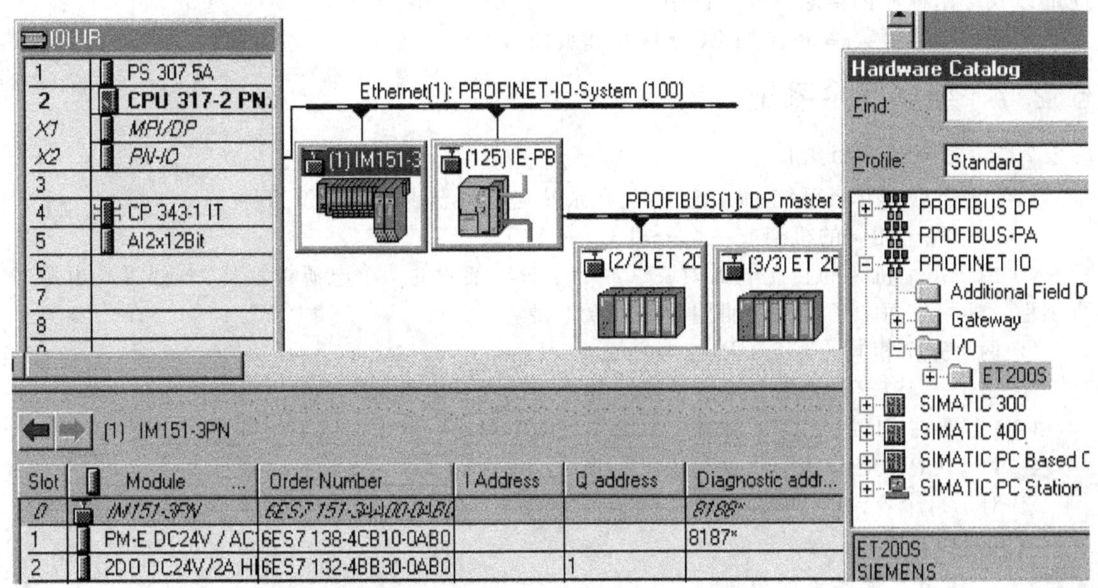

图 6.10 PROFINET IO 站组态

6.2.6 组态 SIMATIC PC 站

SIMATIC PC 站（在此简称“PC 站”）表示一个 PC 或操作员站，包含作为应用程序的 SIMATIC 组件（如 WinCC）、插槽式 PLC、或用于自动化任务的软 PLC。这些组件在 PC 站内组态，或作为一个连接的终点。以“SIMATIC PC 站”的类型处理 PC 站的整个组态。在此组态的组件可用于组态连接。SIMATIC PC 站的组态步骤如下。

步骤一：在 SIMATIC 管理器中，在项目中插入一个 SIMATIC PC 站（菜单命令“插入→SIMATIC PC 站”）。

步骤二：按照个人意愿改变 PC 站的名称。如果目前用于组态，以及用于装载站的计算机与插入到 SIMATIC 管理器中的 SIMATIC PC 站相同，那么该站的名称必须与在组件组态编辑器中指定的名称相同。只有这样，才能在项目中正确“分配”SIMATIC PC 站。

步骤三：双击 SIMATIC PC 站对象，然后双击组态对象。打开 HW Config，可以编辑站组态。站管理器占用组态表中的第 125 行（不能删除）。

步骤四：使用拖放操作，将这些组件插入到代表实际 PC 组态的 SIMATIC PC 站的组态表中。这些组件位于“硬件目录”窗口的 SIMATIC PC 站下。

插槽 2 中的软 PLC WinLC（扩展组态选项，参见“基于 PC 的 SIMATIC 控制器的插槽规则”）。

插槽 3 中的插槽式 PLC CPU 41x-2 PCI（WinAC 插槽 412 和 WinAC 插槽 416）（扩展组

态选项，参见“基于PC的SIMATIC控制器的插槽规则”）。

位于1-32插槽的其中一个插槽中的CP（如有必要，遵守当前插槽式CP产品信息中的限制条件!）

用于组态连接的SW占位符，如“用户应用程序”或HMI组件（如果已安装），也位于插槽1-32。供OPC客户机通过已组态连接访问远程自动控制系统变量的OPC服务器也位于插槽1-32。

步骤五：选择机架，打开PC站的“属性”对话框（菜单命令“编辑→对象属性”），选择“组态”标签，然后选择用于存储组态文件（*.XDB文件）的路径。CP的连接数据和地址以及应用程序都存储在该文件中。

步骤六：选择菜单命令“PLC→保存和编译”。

6.2.7 组态冗余系统

6.2.7.1 冗余站点的组件

（1）为了获得冗余系统，SIMATIC冗余站点必须至少包含以下组件。

① 两个完全相同的机架或一个分机架。

② 用于每个机架的独立电源模块（或一个分机架中的两个电源模块）。若要提高电源的可用性，还可在每个子系统中使用两个冗余电源。

③ 两个完全相同的冗余CPU。

④ 用于每个CPU的两个同步子模块和合适的连接电缆。

（2）若要在SIMATIC冗余站点中操作双向I/O，至少需要以下组件。

① 每个CPU至少有一个DP主站系统。

② 对于每个容错的DP从站，需要有一个带2个PROFIBUS DP接口的接口模块或两个具有冗余功能的接口模块。

6.2.7.2 组态冗余站点的规则

（1）冗余站点需要满足的条件

除了在S7-400设备中布置模块时通常适用的规则外，冗余站点还必须满足以下条件。

① 在每种情况下，中央处理单元必须插入到同一个插槽中。

② 在每种情况下，冗余使用的外部DP主站接口或通信模块必须插入到同一个插槽中。

③ 冗余使用的模块（例如，CPU-417-4H，DP从站接口模块IM 153-2）必须完全相同，换句话说，它们必须具有相同的订货号、相同的版本和相同的固件版本。

（2）安装规则

① 一个冗余站点可最多包含20个扩展设备。

② 只能将偶数号的机架分配给中央机架0，将奇数号的机架分配给中央机架1。

③ 使用通信总线的模块只能在机架0-6中工作。

④ 使用通信总线的模块不允许在双向I/O中使用。

⑤ 为了能在具有通信总线功能的扩展机架中操作用于冗余通信的通信处理器，应注意以下与安装机架号相关的事项。

编号必须连续，且必须从偶数开始；例如，安装机架2和安装机架3，而不是安装机架3和安装机架4。

⑥ 当在中央机架中插入DP主站模块时，分配一个从DP主站9开始的安装机架号，从顶部为安装机架21开始依次类推。通过该方式，可以减少可能的扩展设备的数目。

6.2.7.3 插入冗余站点

在SIMATIC管理器中提供各种独立站点类型的冗余站点。操作步骤如下。

步骤一：在项目窗口左侧选择项目。

步骤二：选择菜单命令“插入→站点→SIMATIC H 站点”。

这样就可以插入一个具有默认名称的冗余站点（例如，SIMATIC 冗余站点（1）），可以和所有其他站点一样重命名该站点。

6.2.7.4 将参数分配给容错站点中的模块

将参数分配给容错站点中的模块的步骤与 S7-400 标准站点的步骤相同。

除 MPI 和通信地址外，必须将冗余组件的所有参数设为完全相同的数值。

组态 CPU 的特殊情况：只能为 CPU0（机架 0 中的 CPU）设置 CPU 参数。自动将为该 CPU 指定的数值传递到 CPU1（机架 1 中的 CPU）。除以下参数外，不得更改 CPU1 的任何设置：（1）CPU 的 MPI 地址；（2）站点和集成的 PROFIBUS DP 接口的诊断地址。

注意： 在 I/O 地址区中寻址的模块必须完全位于过程映像内或完全位于过程映像外。否则将无法确保一致性，数据可能被损坏。

6.2.8 模块参数设置

6.2.8.1 CPU 参数的设置

打开项目的硬件组态窗口，双击机架中的 CPU 模块，即可打开如图 6.11 所示的 CPU 属性窗口。单击某一选项卡，可以对 CPU 设置相应参数。下面以 CPU 314 为例介绍 CPU 常用参数的设置。

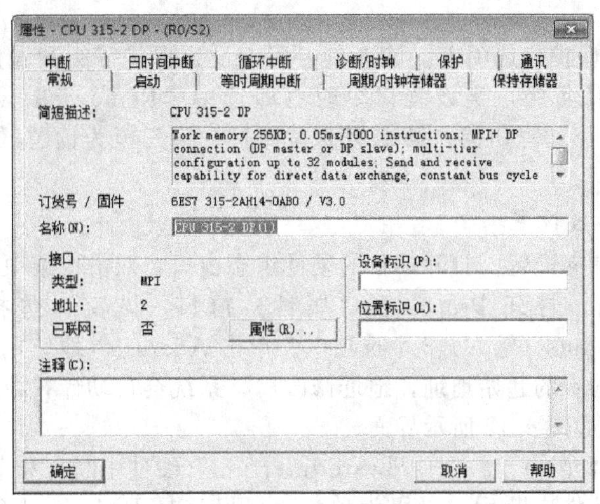

图 6.11 CPU 属性窗口

（1）General（常规）选项卡。该选项卡可以设置 CPU 的基本信息和 MPI 接口（单击 Properties 按钮会弹出 MPI 通信属性设置界面）。

（2）Startup（启动）选项卡。该选项卡用于设置启动属性。大多数 S7-300 只能执行热启动（Warm restart）。CPU 318-2DP 和 S7-400CPU 还可以执行热启动（Hot restart）和冷启动（Cold restart）。

（3）Cycle/Clock Memory（循环/时钟存储器）选项卡。该选项卡用于设置循环扫描监视事件、通信处理占扫描周期的百分比和时钟存储器。

一个扫描循环周期如果超过了所设置的循环扫描监视事件，CPU 就会进入停机状态。通信处理占扫描周期的百分比参数用来限制通信在一个循环周期中所占比例，若循环扫描监视事件设置为150ms，通信处理占扫描周期的百分比是20%，则每个扫描周期中分配给通信的时间是150ms×20%=30ms。时钟存储器有一个字节，其中每一位对应一个时钟脉冲。

(4) Retentive Memory（保持存储器）选项卡。该选项卡可以设置从MB0、T0和C0开始需要保持的存储区字节数、定时器和计数器的数目，以及需要永久保持的数据块中的某些区域。CPU最多可以保持的存储区字节数、定时器的数目与CPU的型号有关。

(5) Interrupts（中断）选项卡。该选项卡用于设置硬件中断（Hardware Interrupts）、延时中断（Time-Delay Interrupts）、异步错误中断（Asynchronous Error Interrupts）及DPIV中断（Interrupts for DPIV）。

(6) Time-of-day Interrupts（日期时间中断）选项卡。该选项卡用于设置在特定的时间或特定的时间间隔执行日期时间中断组织块OB10。特定时间的设置可通过在下拉列表框中选择"Once"，并设置日期时间完成；特定时间间隔的设置可通过在下拉列表框中选择每分钟"Every minute"、每小时"Every hour"、每天"Every day"、每周"Every week"或每年"Every year"来完成。

(7) Cyclic Interrupt（循环中断）选项卡。该选项卡用于设置循环中断参数。循环中断是在一个股东的时间间隔执行循环中断组织块OB35，默认的时间间隔为100ms，用户可以根据需要修改此时间。

(8) Diagnostics/Clock（诊断/时钟）选项卡。该选项卡用于设置系统诊断与时间的参数。若选中报告停机原因（Report cause of STOP）选项，CPU停机时会将停机原因传送给PG/PC或OP等设备。

(9) Protection（保护）选项卡。该选项卡用于设置保护等级和操作模式。保护等级分为3级：第一级为默认等级，当设置口令时（即选中"Removable with password"选项框），可以对CPU进行读/写访问；第二级为写保护；第三极为读/写保护。后两种需要设置口令。

6.2.8.2 I/O模块参数设置

数字量输入模块参考配置。打开项目的硬件组态窗口，双击机架中数字量输入模块（如DI16Xdc24V）所在行，打开Properties（属性）窗口，该窗口包括General（常规）、Address（地址）和Inputs（输入）3个选项卡。单击Address（地址）选项卡，在打开的界面中，可以设置模块的新的起始地址，地址修改后，系统会自动计算结束地址。单击Inputs（输入）选项卡，打开如图6.12所示界面。

在此可以设置是否允许产生"Hardware Interrupt"(硬件中断）和Diagnostics Interrupt（诊断中断），选择了硬件中断后，以组为单位，可以选择Rising（上升沿）中断、Falling（下降沿）中断或上升沿和下降沿均产生中断。当出现硬件中断时，CPU的操作系统将调用组织块OB40。通过单击"Input Delay"（输入延迟）输入框，可以在弹出的菜单中选择以ms为单位的整个模块的输入延迟时间，有的模块可以分组设置延迟时间。

6.2.8.3 数字量输出模块参数配置

打开项目的硬件组态窗口，双击机架中数字量输出模块所在行，打开Properties（属性）窗口。可以设置是否允许产生诊断中断、CPU进入STOP模式时模块各输出点的处理方式等。

6.2.8.4 模拟量输入模块参数配置

双击机架中数字量输出模块（如AI18x12bit）所在行，打开Properties（属性）窗口，该窗口包括General（常规）、Address（地址）和Inputs（输入）3个选项卡。单击Address

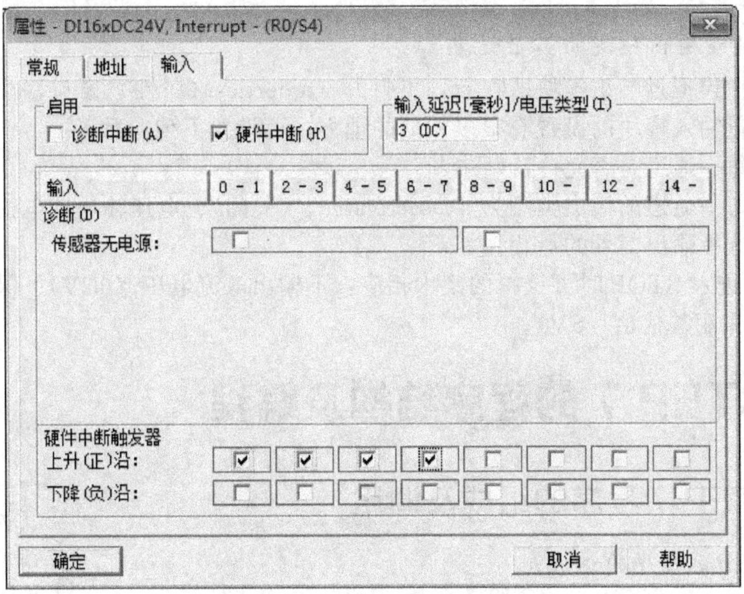

图 6.12　数字量模块属性窗口

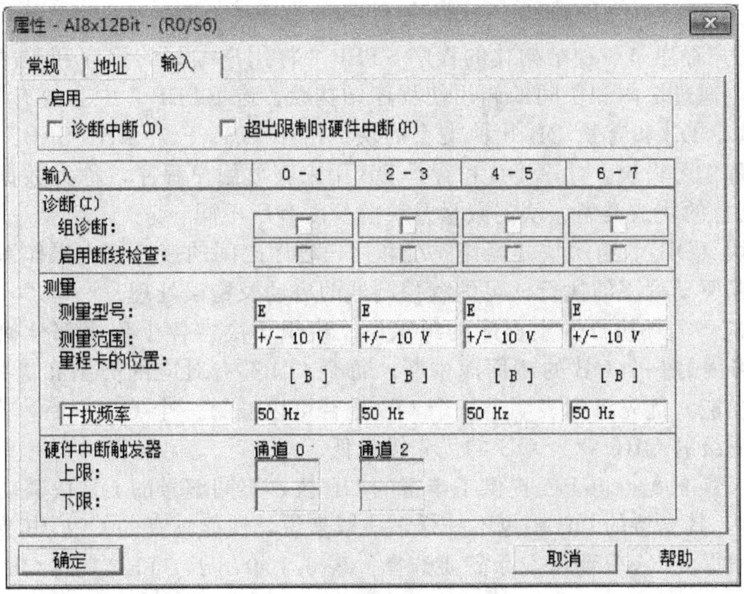

图 6.13　模拟量模块属性窗口

(地址）选项卡，在打开的界面中，可以设置模块的起始地址。单击 Inputs（输入）选项卡，打开如图 6.13 所示页面。

在此可以设置是否允许诊断中断和模拟值超过限制值时硬件中断，有的模块还可以设置模拟量转换的循环结束时的硬件中断和短线检查。如果选择了超限中断，窗口下面的“High limit（上限）和“Low limit”（下限）会被激活，则可以设置通道 0 和通道 1 产生超限中断的上限值和下限值。在此属性页还可以分别对模块的每一通道组（每两个通道为一组）选择允许的任意量程。单击通道的测量种类输入框，在弹出的菜单中可以选择测量的种类，如果不使用某一组的通道，应选择测量种类中的“Deactivated”（禁止使用)。

6.2.8.5 模拟量输出模块的参数设置

双击机架中模拟量输出模块所在行，可打开 Properties（属性）窗口，模拟量输出模块的设置与模拟量输入模块的设置有很多相似的地方，可设置下列参数。

(1) 确定每一通道是否允许诊断中断。

(2) 选择每一通道的输出类型为“Deactivated”(关闭)、电压输出或电流输出。输出类型选定后，可选择输出信号的量程。

(3) CPU 进入 STOP 时可选择的集中相应：不输出电流电压（0CV)、保持最后的输出值（KLV）和采用替代值（SV)。

6.3 STEP 7 的程序结构及编程

6.3.1 STEP 7 程序的组成及调用

6.3.1.1 STEP 7 程序的组成

PLC 中的程序分为操作系统程序和用户程序两种。操作系统提供了系统运行和调度的机制。用户程序是为了完成特定的任务由用户编写的程序，用户程序由用户在 STEP 7 中生成，然后下载到 PLC 中。

STEP 7 用户程序是一种结构化的程序 STEP 7 将用户编写的程序和程序运行所需要的数据放在块中，通过块内和块间的调用使程序结构化。在 STEP 7 中主要有 OB、FC、FB、SFB、SFC、共享 DB 和背景 DB 几种类型的块。由于 OB、FC、FB、SFB、SFC 都包含部分程序，因此称作逻辑块。共享 DB 和背景 DB 用来存放用户程序，称为数据块。不同的型号 CPU 所能支持的块的类型、块的数量及块的长度有所不同。

(1) 组织块（OB)。组织块是操作系统和用户程序之间的接口。由操作系统调用，用来控制循环和中断驱动程序的执行、可编程控制器的启动及错误处理。

OB1 是对应于循环执行的主程序的组织块。组织块决定各个程序部分执行的顺序。一个 OB 的执行可因另一个 OB 的调用而中断。每个 OB 都有对应的类型和优先级，OB 的类型指出了它的功能，优先级则表明了一个 OB 是否可以被另一个 OB 中断，高优先级的 OB 可以中断低优先级的 OB，背景 OB 的优先级最低。

STEP 7 为 S7-300/400CPU 提供了丰富的 OB 块，不同编号的 OB 块其功能也不同，不同的 CPU 类型，其支持的 OB 块也不一样，一般来说，性能越高的 CPU 其支持的 OB 块越多。应用时应根据 CPU 型号和实际需要选择。表 6.1 给出了 STEP 7 的 OB 块及其功能一览表。

表 6.1 OB 块功能一览表

OB 块	功能	优先级	说　明
OB1	主程序，循环执行	1	执行 OB1 后，操作系统发送全局数据
OB10～OB17	8 个日期时间中断	2	OB 以指定的时间间隔执行一次中断：单次、每小时、每天、每周、每月、每年、月末
OB20～OB23	4 个延时中断	3～6	由 OB20_STRT_INF 的值确定功能：B#16#21 为 OB20 的启动请求，B#16#22 为 OB21 的启动请求，B#16#23 为 OB22 的启动请求，B#16#24 为 OB23 的启动请求

续表

OB块	功能	优先级	说　明
OB30～OB38	9个循环中断	7～15	各OB块的循环中断时间为：OB30为5s，OB31为2s，OB32为1s，OB33为500ms，OB34为200ms，OB35为100ms，OB36为50ms，OB37为20ms，OB38为10ms
OB40～OB47	8个硬件中断	16～23	由OB40_STRT_INF确定其功能：B#16#41为通过中断线1中断，B#16#42为通过中断线2中断(仅限S7-400)，B#16#43为通过中断线3中断(仅限S7-400)，B#16#44为通过中断线4中断(仅限S7-400)，B#16#45为WinAC通过PC触发中断
OB55	状态中断 (DPV1中断)	2	如果状态中断是通过DPV1从站的插槽触发，则CPU操作系统调用OB55。如果DPV1从站的组件(模块或机架)更改了其工作模式(例如由RUN改为STOP)，则可能会发生这种情况
OB56	刷新中断	2	如果更新中断是通过DPV1从站的插槽触发，则CPU操作系统调用OB56。如果您更改了DPV1从站插槽的参数(通过本地或远程访问)，则可能会发生这种情况
OB57	制造厂商 用特殊中断	2	制造商特定中断的OB(OB57)仅对具有DPV1功能的CPU可用
OB60	调用SFC35时起动， 多处理器中断	25	使用多值计算中断，可确保CPU的反应在多值计算过程中与事件同步
OB61～OB64	4个周期 同步中断	25	同步周期性中断可以选择以带DP周期OR PN发送时钟的同步周期来启动程序
OB70	I/O冗余故障 (只对于H CPU)	25	当在PROFIBUS DP上存在冗余丢失时(例如，激活DP主站发生总线故障，或DP从站的接口模块出错)，或者当具有连接I/O的DP从站的激活DP主站发生改变时，H CPU的操作系统将调用OB70
OB72	CPU冗余故障 (只对于H CPU)	28	如果发生下列事件之一，则H CPU的操作系统将调用OB72：(a)CPU冗余丢失；(b)保留-主站切换；(c)同步错误；(d)SYNC模块中的错误；(e)更新中止；(f)比较错误(例如，RAM、PIQ)
OB73	通信冗余故障 (只对于H CPU)	25	当容错S7连接中发生首次冗余丢失时，H CPU的操作系统将调用OB73(只有在S7通信中才会有容错S7连接)
OB80	时间错误	26，起动 时为28	无论何时执行OB时出错，S7-300 CPU的操作系统将调用OB80
OB81	电源故障	默认的 优先级	只要发生由错误或故障所触发的事件，而此错误或故障又与电源(仅在S7-400上)或备用电池(当事件进入和离开时)有关，则S7-300 CPU的操作系统调用OB81。在S7-400中，如果已使用BATT. INDIC开关激活了电池测试功能，则只有在出现电池故障时才会调用OB81
OB82	诊断中断	26，起动 时为28	如果一个模块具有诊断能力，并且已为它启用了诊断中断，那么当它检测出其诊断状态发生变化时，它将发送一个诊断中断请求到CPU，操作系统调用OB82
OB83	模板插/拔中断	26，起动 时为28	在下列情况下，CPU操作系统会调用OB83：(a)插入/删除已组态模块后；(b)在STEP 7下修改模块参数以及在运行期间将更改下载至CPU后
OB84	CPU硬件故障	26，起动 时为28	在下列情况下，CPU中的OS将调用OB84：(a)已检测到并更正了内存错误之后；(b)对于S7-400H：如果两个CPU之间的冗余链接的性能下降；(c)对于WinAC RTX，操作系统出错(例如“蓝屏”)

续表

OB块	功能	优先级	说明
OB85	程序故障		只要发生下列事件之一,CPU的操作系统即调用OB85:(1)尚未装载的OB(OB8、OB81、OB82、OB83和OB86除外)的启动事件;(2)操作系统访问模块时出错
OB86	扩展机架,DP主站系统或分布式I/O从站故障	26,起动时为28	在以下情况下,CPU的操作系统调用OB86:(1)中央扩展单元(不带S7-300)的故障已经删除(事件进入和退出状态);(2)DP主站系统的故障已删除(事件进入和退出状态);(3)使用分布式I/O(PROFIBUS DP或PROFINET IO)时检测到站故障(事件进入和退出状态);(4)使用分布式I/O(PROFIBUS DP或PROFINET IO)时禁用了一个带SFC 12"D_ACT_DP"和设置MODE=4的站;(5)使用分布式I/O(PROFIBUS DP或PROFINET IO)时启用了一个带SFC 12"D_ACT_DP"和设置MODE=3的站
OB88	过程中断	28	CPU操作系统在执行程序块被中止后调用OB88。导致此中断的原因可能是:(1)同步错误的嵌套深度过大;(2)某块调用(I堆栈)的嵌套深度过大;(3)分配本地数据时出错
OB90	暖或冷起动,删除块或背景循环	29	使用STEP 7,可以监视最大扫描周期并能确保最小扫描周期。如果包含所有嵌套中断和系统活动在内的OB1的执行时间少于指定的最小扫描周期,则操作系统将作出如下反应:(1)调用后台OB(如果它存在于CPU中);(2)延迟下一次OB1启动(如果OB90在CPU中不存在)
OB100- OB102	操作系统启动类型	27	OB100为暖起动,OB101为热起动,OB102为冷起动
OB121	编程错误	与被中断的块在同一个优先级	只要发生同程序处理相关的错误所导致的事件,CPU的操作系统即调用OB121
OB122	I/O访问故障	与被中断的块在同一个优先级	

(2) 功能(FC)和功能块(FB)。功能(FC)和功能块(FB)都是由用户自己编程的块。

FC是无自己存储区的逻辑块,其临时变量存储在区域数据堆栈中,FC执行结束后,这些数据就丢失了,要将这些数据永久存储,可以使用共享数据块,不能为一个FC的局域数据分配初始值。因为FC没有自己的存储区,所以必须为它指定实际参数。在FC中使用的参数类型:输入、输出和输入/输出参数存做指针,指向调用FC的逻辑块的实际参数。

功能块(FB)是有自己的存储区(背景数据块)的块。传递给FB的参数和静态变量存在背景数据块中。临时变量存在本地数据堆栈中。FB执行结束后,存在背景DB中的数据不会丢失,而存在本地数据堆栈中的数据将丢失。

(3) 系统功能(SFC)和系统功能块(SFB)。系统功能SFC和系统功能块SFB是为用户提供的已经编好程序的块,它们已经固化在S7的CPU中,可以在用户程序中直接调用这些块,但不能在STEP 7中查看和修改它们,也不能在线删除它们。它们作为操作系统的一部分,这些块不占用存储空间。在线删除程序时,STEP 7会自动提醒你不能删除SFC和SFB,不用管它,只要删除了用户程序块就可以了。与OB块一样,SFC和SFB也是与具体的CPU相关的。

(4) 数据块。可以在数据块(DB)中存储数值以便为机器或设备所访问。与采用梯形逻辑、语句表或功能块图表这些编程语言编写的逻辑块相比，数据块只包含变量声明部分。这就表示此处与代码段和编程段无关。

数据块用于存放用户程序执行时所需的变量数据，数据块分为共享 DB 和背景 DB 两种类型。与逻辑块不同，在数据块中没有 STEP 7 的指令。数据块的大小可以不同，其所允许的最大容量与 CPU 无关。

共享数据块用于存放所有其他块都可以访问的用户数据，背景数据块中存放的是自动生成的数据，CPU 可以同时打开一个共享数据块和一个背景数据块。

6.3.1.2 程序块的调用

STEP 7 的主程序结构如图 6.14 所示。从图中可以看出，操作系统自动循环扫描 OB1，OB1 安排其他程序块的调用条件和调用顺序。FC 和 FB 可以相互调用。功能块 FB 后面的阴影表示伴随着 FB 的背景数据块。程序块的调用与计算机中子程序的调用情况相同。

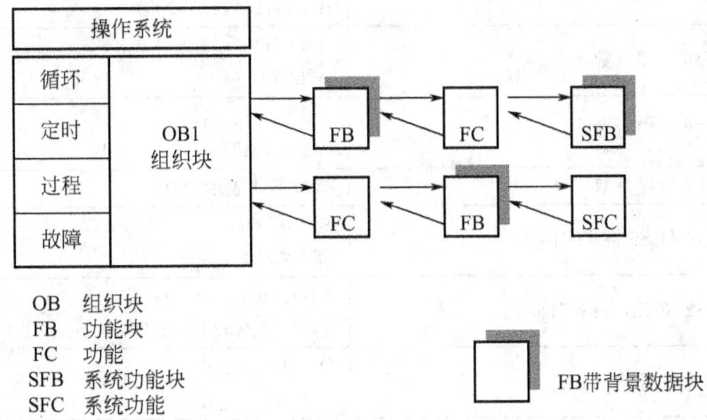

图 6.14 STEP 7 的主程序结构

块调用分为条件调用和无条件调用。用梯形图调用块时，块的 EN（Enable，使能）输入端有能流流入时执行块，反之则不执行。条件调用时 EN 端收到触点电路的控制。块被正确执行时 ENO（Enable Output，使能端）为 1，反之为 0。

调用功能块之前，应为它生成一个背景数据块，调用时应指定背景数据块的名称。生成背景数据块时应选择数据块的类型为背景数据块，并设置调用它的功能块的名称。

功能 FC 没有背景数据块，不能给功能的局域变量分配初值，所以必须给功能分配实参。STEP 7 为功能提供了一个特殊的输出参数——返回值（RET _ VAL），调用功能时，可以指定一个地址作为实参来存储返回值。

6.3.2 数据类型及表示方法

在对编程语言进行介绍之前，首先对 STEP 7 编程过程中使用的数据类型进行简单阐述。STEP 7 中有三种数据类型：基本数据、复合数据及参数。这里只对基本数据类型进行说明。STEP 7 的数据类型及 S7 PLC 的地址表示方法如表 6.2、表 6.3 所示。

表 6.2 STEP7 数据类型表示

数据类型	描述	常数符号举例
BOOL	位	TRUE,FALSE
BYTE	字节 8 位十六进制数	B#16#00 （最小值） B#16#FF （最大值）

续表

数据类型	描述	常数符号举例
WORD	字 16 位十六进制数 16 位二进制数 计数器 3 位 BCD 码 两个 8 位无符号十进制数	W＃16＃0000　(最小值) W＃16＃FFFF　(最大值) 2＃0000_0000_0000_0000 2＃FFFF_FFFF_FFFF_FFFF C＃000　(最小值) C＃999　(最大值) B(0,0)　(最小值) B(255,255)　(最大值)
DWORD	双字 32 位十六进制数 4 个 8 位无符号十进制数	W＃16＃0000_0000　(最小值) W＃16＃FFFF_FFFF　(最大值) B(0,0,0,0)　(最小值) B(255,255,255,255)　(最大值)
INT	16 位定点数	－32 768　(最小值) ＋32 767　(最大值)
DINT	32 位定点数	－2 147 483 648　(最小值) ＋2 147 483 647　(最大值)
REAL	32 位浮点数	指数形式表示数据
S5TIME	16 位 S5 格式时间值	S5T＃0ms　(最小值) S5T＃2h46m30s　(最大值)
TIME	32 位 IEC 格式时间值	T＃-24d20h31m23s647ms　(最小值) TIME＃24d20h31m23s647ms　(最大值)
DATE	16 位日期	D＃1990_01_01　(最小值) Date＃2089_12_31　(最大值)
TIME_OF_DAY	32 位时间日期	TOD＃00:00:00:0000　(最小值) TIME_OF_DAY＃23:59:59:59 999　(最大值)

表 6.3　S7 PLC 的地址表示

地址区	访问区域	地址表示	表示范围
过程映像 I/Q	输入/输出位 输入/输出字节 输入/输出字 输入/输出双字	I/Q I/QB IW/QW ID/QD	0.0～65535.7 0～65535 0～65534 0～65532
存储器标志	存储器位 存储器字节 存储器字 存储器双字	M MB MW MD	0.0～255.7 0.0～255 0.0～254 0.0～252
I/Q 外部输入/输出	I/Q 字节，外设 I/Q 字，外设 I/Q 双字，外设	PIB/PQB PIW/PQW PID/PQD	0～65 535 0～65 534 0～65 532
定时器	定时器(T)	T	0～255
计数器	计数器(C)	C	0～255
数据块	数据块(DB)	DB	1～65532
数据块	用 OPN DB 打开 位、字节、字、双字	DBX，DBB DBW，DBD	0～65532
	用 OPN DI 打开 位、字节、字、双字	DIX，DIB DIW，DID	0～65532

6.3.3 编程语言

在 SIMATIC 管理器中双击相应的对象（块、源文件等），或者，选择菜单命令“编辑→打开对象”或单击相应的工具栏按钮，都可以启动合适的语言编辑器。为创建 S7 程序，表中列出的编程语言均可供使用。标准 STEP 7 软件包提供有 STEP 7 编程语言 LAD（梯形图）、FBD（功能块图）以及 STL（语句表）。可按选项软件包购买其他的编程语言。然后即可选择多种不同的编程方法并选择是使用基于文本的编程语言，还是图形编程语言。STEP 7 标准软件包支持梯形图 LAD、功能块图 FBD 和语句表 STL 三种编程语言，用户可以根据自己的实际情况选择编程语言。

（1）梯形图 LAD。梯形图是在电气电路图表示法的基础之上发展来的，在程序段中将电路图中的元素，如由常开触点和常闭触点组合而成。一个逻辑块的程序部分由一段或多段程序组成。在工业过程控制领域，电气技术人员对继电器逻辑控制技术较为熟悉，因此，由这种逻辑控制技术发展而来的梯形图受到了欢迎，并得到了广泛的应用。

（2）功能块图 FBD。功能块图使用类似于布尔代数的图形逻辑符号来表示控制逻辑。一些复杂功能，如算术功能等，可直接用逻辑框表示。

（3）语句表 STL。语句表使用助记符来表示各种指令的功能，是 CPU 直接执行的语言，梯形图语言程序和其他语言需要转换成语句表语言后才能由 CPU 执行。

6.3.4 程序编辑器

双击项目的 Blocks 文件夹下的 OB1 图标，可以打开 LAD/STL/FBD（简称“程序编辑器”），打开后的窗口如图 6.15 所示。

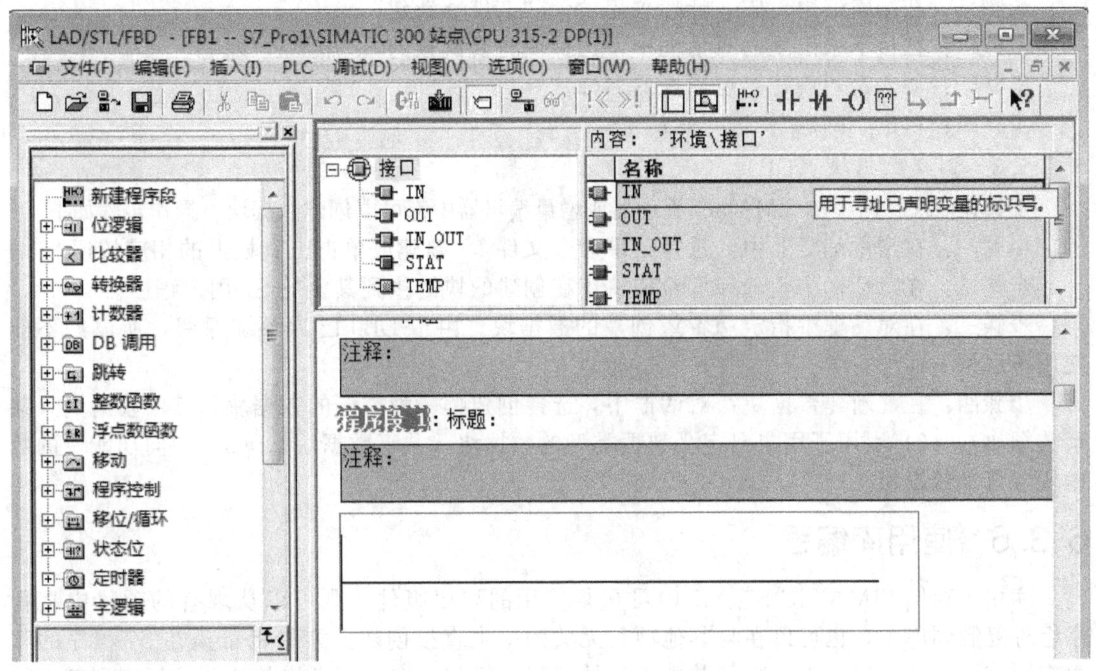

图 6.15　程序编辑器窗口

STEP 7 的程序代码可以分为多个网络（Net work），每个网络通常完成一个相对完整的功能。单击工具栏上的按钮，可以插入一个新的网络。

单击菜单项“View”，弹出级联菜单，选择决定使用的编辑器，用户窗口就会出现所选的编辑器窗口。编程元素窗口会根据当前使用的编程语言自动显示相应的编程元素，在程序编辑器窗口，单击工具栏上的按钮，可以显示或隐藏编程元素窗口。

用户通过双击操作或鼠标拖曳就可以在程序中添加这些编程元素。若用鼠标选中一个编程元素，按下F1键就会显示出这个元素的使用说明，即使用户不能记忆每一条指令，也可很方便地编制程序。

当然，若用户选择的是LAD或FBD编程语言，在程序编辑器的工具栏上也会显示最常用的编程指令和程序结构控制的快捷按钮，用户使用这些按钮能够很方便地编写程序。

6.3.5 创建块的方法

6.3.5.1 使用SIMATIC管理器创建块

打开在其中插入S7块的项目的“块”文件夹。选择菜单命令：

(1) 产生功能块（FB），菜单命令“插入→S7块→功能块”。

(2) 产生功能（FC），菜单命令“插入→ S7块→功能”。

(3) 产生组织块（OB），菜单命令“插入→S7块→组织块”。

(4) 产生数据块（DB），菜单命令“插入→S7块→数据块”。

(5) 产生用户自定义数据类型（UDT），菜单命令“插入→S7块→数据类型”。

(6) 产生变量表（VAT），菜单命令“插入→S7块→变量表”。

6.3.5.2 使用程序编辑器创建块

通过双击一个现有的块即可启动相应的编辑器。也可使用该编辑器创建更多的块。操作步骤如下。

步骤一：在编辑器窗口中，选择菜单命令“文件→新建”。

步骤二：在接下来出现的对话框中，选择块将要链接的S7用户程序。

步骤三：输入希望创建的逻辑块的名称。

步骤四：单击“确定”，进行确认。

6.3.5.3 创建数据块（DB）

正如其他块一样，在SIMATIC管理器或增量编辑器中都可以创建数据块。操作步骤如下。

步骤一：在增量编辑器中，选择菜单命令文件 > 新建或单击工具栏上的相应按钮。

步骤二：在对话框中，选择您希望将正在创建的块链接到其上的S7用户程序。

步骤三：在对话框中指定您希望创建的数据块。由于DB0已为系统保留，所以您不能使用该编号。

步骤四：在“新建数据块”对话框中，选择创建哪一种类型的数据块：(1) 数据块（共享数据块）；(2) 引用了用户自定义数据类型的数据块（共享数据块）；(3) 指向功能块的数据块（背景数据块）。

6.3.6 使用库编程

库用于存储SIMATIC S7/M7中可重复使用的程序组件。既可以从现有的项目中将程序组件复制到库中，也可以在与其他项目无关的库中直接创建。如果将希望在S7程序的库中多次使用的块存储下来，则可节省大量的编程时间和工作量。可将其从此处复制到需要的用户程序中。

6.3.6.1 库的操作

(1) 创建库。与项目完全一样，也可使用菜单命令“文件→新建”来创建库。新的库将创建在选择菜单命令“选项→用户自定义”时在“常规”选项卡中为库所设置的目录中。

（2）打开库。如要打开现有的库，可输入菜单命令“文件→打开”。然后在随后出现的对话框中选择一个库。于是打开了库窗口。

（3）复制库。通过使用菜单命令“文件→另存为”，以另一个名称保存库，从而复制了这个库。使用菜单命令“编辑→复制”，可对库的某一部分例如程序、块、源文件等进行复制。

（4）删除库。使用菜单命令“文件→删除”，可删除一个库。使用菜单命令“编辑→删除”，可删除库的一部分，例如程序、块、源文件等。

6.3.6.2 使用标准库

STEP 7 标准软件包提供大量的标准库，可以在编程中直接调用。STEP 7 提供的标准库包括以下几种。

（1）系统功能块：系统功能块（SFB）和系统功能（SFC）。

（2）S5-S7 转换块：转换 STEP 5 程序的块。

（3）IEC 功能块：用于 IEC 功能的块，例如，用于处理时间和日期信息、比较操作、字符串处理以及选择最小/最大值。

（4）组织块：默认组织块（OB）。

（5）PID 控制块：用于 PID 控制的功能块（FB）。

（6）通信块：用于 SIMATIC NET CP 的功能（FC）与功能块（FB）。

（7）TI-S7 转换块：一般用途的标准功能。

（8）其他块：用于时间戳以及用于 TOD 同步的块。在安装选项软件包时，可能要添加其他的块。

6.3.7 逻辑块的编程

6.3.7.1 创建逻辑块的基本过程

逻辑块（OB、FB、FC）由变量声明段、代码段及其属性等组成。在编程时，必须编辑下列三个部分。

（1）变量声明：在变量声明中，可指定参数、参数的系统属性以及块专用局部变量。

（2）代码段：在代码段中，可对将要由可编程控制器进行处理的块代码进行编程。它由一个或多个程序段组成。要创建程序段，可使用各种编程语言，例如，梯形图（LAD）、功能块图（FBD）、或语句表（STL）。

（3）块属性：块属性包含了其他附加的信息，例如由系统输入的时间戳或路径。此外，也可输入自己的详细资料，例如名称、系列、版本以及作者，还可为这些块分配系统属性。

原则上，编辑逻辑块各部分的次序并不重要。当然，也可对其进行改正和对其进行添加。

6.3.7.2 使用逻辑块中的变量声明

在打开一个逻辑块之后，所打开的窗口上半部分将包括块的变量表和变量详细视图，而窗口下半部分包括将在其中对实际的块代码进行编辑的指令表。逻辑块中的变量声明如图 6.16 所示。

6.3.7.3 梯形图（LAD）编程

（1）设置梯形图布局。可以按照梯形图表示类型设置创建程序时的布局。您选择的格式（A4 纵向/横向/最大尺寸）将影响一个梯级中所能显示的梯形图元素的数量。选择菜单命令“选项→用户自定义”。在对话框中选择“LAD/FBD”选项卡。从“布局”列表框中选择所需要的格式。输入所需要的格式尺寸。

（2）输入梯形元素。在程序段中选择将在其后插入梯形图元素的点。可以使用以下方法

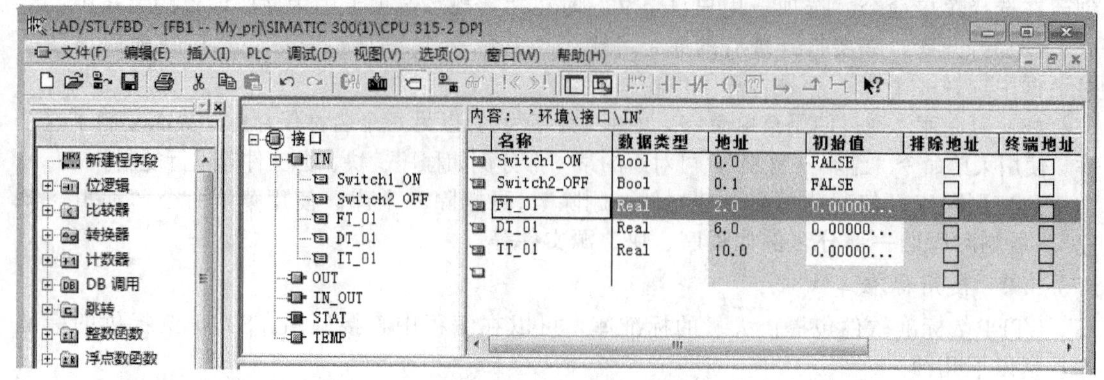

图 6.16 逻辑块中的变量声明窗口

之一在程序段中插入所需要的元素。

① 在“插入”菜单中选择相应的菜单命令，例如，插入→LAD 元素→常开触点。

② 单击工具栏中的常开触点、常闭触点、或输出线圈的按钮。

③ 使用功能键 F2、F3、或 F7 输入一个常开触点、常闭触点、或输出线圈。

④ 选择菜单命令“插入→程序元素”以便打开“程序元素”选项卡，并在目录中选择所需要的元素。

(3) 输入和编辑梯形图元素中的地址或参数。当插入一个梯形图元素时，字符“???”和“...”将用作地址和参数的代用字符。红色的字符??? 代表必须连接的地址和参数。黑色的字符 ... 代表可以连接的地址和参数。

使用鼠标进行单击或使用 TAB 键均可将光标定位于代用字符上。键入地址或参数，以替换代用字符（直接或间接寻址）。按下回车键。软件将执行语法检查。

如果语法检查正确无误，那么，将对地址进行格式标准化处理，并以黑色显示，且编辑器将自动打开需要地址或参数的下一个文本框。如果存在语法错误，则不退出输入域，在状态栏中显示一条出错消息。再次按下回车键，退出输入域，但将以红色斜体文本显示不正确的条目。

(4) 插入附加的梯形图程序段。为插入一个新的程序段，可选择菜单命令“插入→ 程序段”或单击工具栏上的相应按钮。新的程序段将插入到所选程序段的下面。

如果输入的元素多于屏幕上可显示的元素，则屏幕上的程序段将向左移动。使用菜单命令“视图→缩小/放大/缩放因子”，可调整显示尺寸，以便获得更好的视图。

(5) 在梯形图程序段中创建并行分支。为创建梯形图程序段中的或（OR）指令，需要创建并行分支。为创建一个并行分支，操作如下。

选择希望在其前面打开一个并行分支的元素。使用下列方法之一打开一个并行分支：

① 选择菜单命令“插入→ LAD 元素→打开分支”。

② 按下功能键 F8。

③ 单击工具栏上的相应按钮。

6.3.7.4 功能块图（FBD）编程

在“用于 S7-300/400-编程块的功能块图”手册或 FBD 在线帮助中，可找到关于编程语言“FBD”的描述。一个 FBD 程序段可由多个元素组成。所有的元素都必须互相连接（IEC 1131-3）。当在 FBD 中编程时，必须遵循一些规则。出错消息将告诉您产生的错误。

(1) 输入并编辑地址和参数。当插入 FBD 元素时，字符??? 和 ... 将用作地址和参数的代用字符。编程时注意以下两点：

① 红色的字符??? 代表必须连接的地址和参数。

② 黑色的字符... 代表可以连接的地址和参数。

如果将鼠标指针放置在代用字符上，则将显示所期望的数据类型。

(2) 定位框。可将标准的逻辑框（触发器、计数器、定时器、数学运算等）添加到具有二进制逻辑运算（&、>=1、XOR）的框中。在程序段中不能对带有单独输出的任何单独逻辑运算进行编程。可以借助于分支对具有逻辑运算的字符串进行赋值。

6.3.7.5 语句表（STL）编程

在“用于S7-300/400-编程块的语句表”手册或STL在线帮助中，可找到关于语句表编程语言表达式的描述。当在增量输入模式下在STL中输入语句时，必须遵循下列基本原则。

(1) 对块进行编程时所采用的次序非常重要。在调用块之前，必须已经编写好所调用的块。

(2) 语句由标记（可选）、指令、地址、和注释（可选）组成。

(3) 每条语句均单独占一行。

(4) 在一个块中，最多可输入999个程序段。

(5) 每个程序段最多可达到约2000行。如果进行放大或缩小，相应地，可输入更多或更少的行。

(6) 当输入指令或绝对地址时，无论是大写还是小写，将不进行任何区分。

6.3.8 创建数据块

6.3.8.1 创建数据块的基本信息

可以在数据块（DB）中存储数值以便为机器或设备所访问。与采用梯形逻辑、语句表或功能块图表这些编程语言编写的逻辑块相比，数据块只包含变量声明部分。这就表示此处与代码段和编程段无关。

(1) 声明视图。

① 视图或确定共享数据块的数据结构；

② 视图带有相关的用户自定义数据类型（UDT）的数据块的数据结构；

③ 视图带有相关功能块（FB）的数据块的数据结构。不能修改与功能块或用户自定义的数据类型相关联的数据块的结构。要修改它们，必须首先修改相关的FB或UDT，然后创建一个新的数据块。

(2) 数据视图。可以使用数据视图修改数据。只能显示、输入或修改数据视图中每一个元素的实际值。在数据块的数据视图中，具有复杂数据类型的变量的元素分别以其全名列出。

6.3.8.2 数据块的声明视图

对于不是全局共享的数据块，不能改变声明。数据块的声明视图说明见表6.4。

表6.4 数据块的声明视图说明

列	说明
地址	当输入完声明时，显示STEP 7自动分配给变量的地址。
声明	仅为背景数据块显示该列。它显示功能块变量声明中的变量是如何声明的： 输入参数(IN) 输出参数(OUT) 输入/输出参数(IN_OUT) 静态数据(STAT)
名称	在此输入必须为各个变量分配的符号名称

列	说 明
类型	输入希望分配给变量的数据类型(BOOL、INT、WORD、ARRAY 等等)。变量可以有基本数据类型、复杂数据类型或用户自定义数据类型
变量初始值	如果不希望软件使用所输入数据类型的默认值,那么可以在此输入初始值。所有的值都必须与数据类型兼容
注释	在该域中输入一条注释,有助于对变量编写文档。注释最多可以有 79 个字符

6.4 STEP 7 指令系统

6.4.1 指令及其结构

6.4.1.1 指令的组成

(1) 语句指令。一条指令由一个操作码和一个操作数组成，操作数由标识符和参数组成。操作码定义要执行的功能；操作数为执行该操作所需要的信息。例如，“A I 1.0”是一条位逻辑操作指令。其中：“A”是操作码，它表示执行“与”操作；“I 1.0”是操作数，对输入继电器 I 1.0 进行操作。

(2) 梯形图逻辑指令。梯形逻辑指令用图形元素表示 PLC 要完成的操作。在梯形逻辑指令中，其操作码是用图素表示的。该图素形象表明 CPU 做什么，其操作数的表示方法与语句指令相同。例如，“— ( ) Q 4.0”，其中，“— ( ) ”可认为是操作码，表示一个二进制赋值操作，Q 4.0 是操作数，表示赋值的对象。

6.4.1.2 操作数

一般情况下，指令的操作数在 PLC 的存储器中，此时操作数由操作数标识符和参数组成。操作数标识符由主标识符和辅助标识符组成。主标识符表示操作数所在的存储区，辅助标识符进一步说明操作数的位数长度。若没有辅助标识符则表明操作数的位数是一位。

主标识符：I（输入过程映像存储区），Q（输出过程映像存储区），M（位存储区），PI（外部输出），PQ（外部输出），T（定时器），C（计数器），DB（数据块），L（本地数据）。

辅助标识符有：X（位），B（字节），W（字，2 字节），D（双字，4 字节）。

PLC 物理存储器是以字节为单位的，所以存储单元规定为字节单元。位地址参数用一个点与字节地址分开。如：M 10.1。

当操作数长度是字或双字时，标识符后给出的标识参数是字或双字内的最低字节单元号。当使用宽度为字或双字的地址时，应保证没有生成任何重叠的字节分配，以免造成数据读写错误。如：MW10 包含 MB10 和 MB11。

6.4.1.3 操作数的表示方法

在 STEP 7 中，操作数有两种表示方法：一是物理地址（绝对地址）表示法；二是符号地址表示法。用物理地址表示操作数时，要明确指出操作数的所在存储区，该操作数的位数和具体位置。例如，Q 4.0。

STEP 7 允许用符号地址表示操作数，如 Q 4.0 可用符号名 MOTOR _ ON 替代表示，符号名必须先定义后使用，而且符号名必须是唯一的，不能重名。

定义符号时，需要指明操作数所在的存储区，操作数的位数、具体位置及数据类型。

6.4.1.4 存储区及其功能

存储区及其功能，如表 6.5 所列。存储区包括：输入过程映像存储区（I），输出过程映像存储区（Q），位存储器（M），外部输入（PI）/输出（PQ），定时器（T），计数器（C），数据块（DB）和本地数据（L）。

表 6.5 存储区及其功能

名称	功能	标识符	最大范围
输入过程映像存储区(I)	在循环扫描开始，从过程中读取输入信号存入本区域，供程序使用	I IB IW ID	0～65535.7 0～65535 0～65534 0～65532
输出过程映像存储区(Q)	在循环扫描期间，程序运算得到的输出值存入本区域，在循环扫描的末尾传送至输出模板	Q QB QW QD	0～65535.7 0～65535 0～65534 0～65532
位存储器(M)	本区域存放程序的中间结果	M MB MW MD	0～255.7 0～255 0～254 0～252
外部输入(PI)	通过本区域，用户程序能够直接访问输入模板(外部输入信号)	PIB PIW PID	0～65535 0～65534 0～65532
外部输出(PQ)	通过本区域，用户程序能够直接访问输出模板(外部输出信号)	PQB PQW PQD	0～65535 0～65534 0～65532
定时器(T)	访问本区域可得到定时剩余时间	T	0～255
计数器(C)	访问本区域可得到当前计数器值	C	0～255
数据块(DB)	本区域包含所有数据数据块的数据	DBX DBB DBW DBD DIX DIB DIW DID	0～65535.7 0～65535 0～65534 0～65532 0～65535.7 0～65535 0～65534 0～65532
本地数据(L)	本区域存放逻辑块(OB、FB 或 FC)中使用的临时数据。当逻辑块结束时，数据丢失	L LB LW LD	0～65535.7 0～65535 0～65534 0～65532

6.4.2 位逻辑指令

位逻辑指令使用两个数字 1 和 0。这两个数字构成二进制系统的基础。这两个数字 1 和 0 称为二进制数字或位。对于触点和线圈而言，1 表示已激活或已励磁，0 表示未激活或未励磁。位逻辑指令解释信号状态 1 和 0，并根据布尔逻辑将其组合。这些组合产生称为“逻辑运算结果”（RLO）的结果 1 或 0。由位逻辑指令触发的逻辑运算可以执行各种功能。常用位逻辑指令如表 6.6 所示。

表 6.6　常用位逻辑指令表

<table>
<tr><th>符号</th><th>操作参数</th><th>数据类型</th><th>存储区</th><th>描　述</th></tr>
<tr><td>---| |--</td><td>地址</td><td>BOOL</td><td>I、Q、M、L、D、T、C</td><td>常开触点。存储在指定＜地址＞的位值为“1”时，处于闭合状态</td></tr>
<tr><td>---| / |---</td><td>地址</td><td>BOOL</td><td>I、Q、M、L、D、T、C</td><td>常闭触点。在指定＜地址＞的位值为“0”时，处于闭合状态</td></tr>
<tr><td>---|NOT|---</td><td></td><td>BOOL</td><td></td><td>取反。RLO 位(能流取反)</td></tr>
<tr><td>---(　)</td><td>地址</td><td>BOOL</td><td>I、Q、M、L、D</td><td>输出线圈。工作方式与继电器逻辑图中线圈的工作方式类似</td></tr>
<tr><td>---(＃)---</td><td>地址</td><td>BOOL</td><td>I、Q、M、＊L、D</td><td>中间输出。是中间分配单元，它将 RLO 位状态(能流状态)保存到指定＜地址＞</td></tr>
<tr><td>---(R)</td><td>地址</td><td>BOOL</td><td>I、Q、M、L、D、T、C</td><td>复位线圈。只有在前面指令的 RLO 为“1”(能流通过线圈)时，才会执行 ---(R)(复位线圈)</td></tr>
<tr><td>---(S)</td><td>地址</td><td>BOOL</td><td>I、Q、M、L、D</td><td>置位线圈。只有在前面指令的 RLO 为“1”(能流通过线圈)时，才会执行</td></tr>
<tr><td>---(N) ---</td><td>地址</td><td>BOOL</td><td>I、Q、M、L、D</td><td>(RLO 负跳沿检测)检测地址中“1”到“0”的信号变化，并在指令后将其显示为 RLO ＝“1”。将 RLO 中的当前信号状态与地址的信号状态(边沿存储位)进行比较。如果在执行指令前地址的信号状态为“1”，RLO 为“0”，则在执行指令后 RLO 将是“1”(脉冲)，在所有其他情况下将是“0”。指令执行前的 RLO 状态存储在地址中</td></tr>
<tr><td>---(P)---</td><td>地址</td><td>BOOL</td><td>I、Q、M、L、D</td><td>(RLO 正跳沿检测)检测地址中“0”到“1”的信号变化，并在指令后将其显示为 RLO ＝“1”。将 RLO 中的当前信号状态与地址的信号状态(边沿存储位)进行比较。如果在执行指令前地址的信号状态为“0”，RLO 为“1”，则在执行指令后 RLO 将是“1”(脉冲)，在所有其他情况下将是“0”。指令执行前的 RLO 状态存储在地址中</td></tr>
</table>

6.4.3　数据比较指令

根据用户选择的比较类型比较 IN1 和 IN2：如果比较结果为 true，则此函数的 RLO 为“1”。如果以串联方式使用比较单元，则使用“与”运算将其链接至梯级程序段的 RLO；如果以并联方式使用该框，则使用“或”运算将其链接至梯级程序段的 RLO。表 6-5 列出了整形数、长整型数、实数比较器的参数，应用时需要根据数据类型选择。图 6.17 给出了不同数据类型的比较器，“?”符号与数据类型有关，整形为 I、长整形为 D、实型数为 R。

数据比较器的参数说明如下：

操作参数	数据类型	存储区	描述
输入框	BOOL	I、Q、M、L、D	上一逻辑运算的结果
输出框	BOOL	I、Q、M、L、D	比较的结果，仅在输入框的 RLO ＝ 1 时才进一步处理
IN1	INT、DINT、REAL	I、Q、M、L、D 或常数	要比较的第一个值
IN2	INT、DINT、REAL	I、Q、M、L、D 或常数	要比较的第二个值

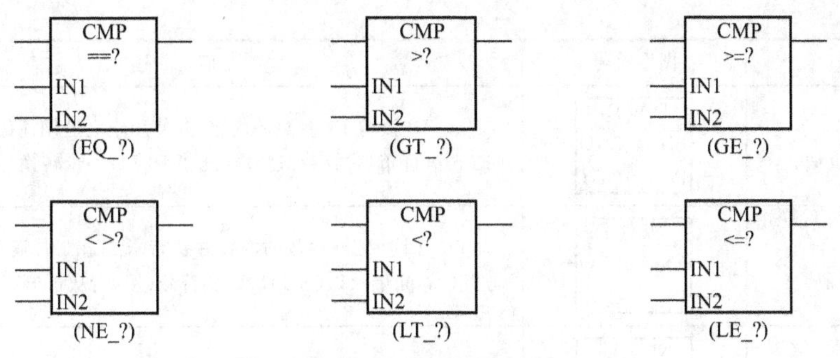

图 6.17 数据比较器

6.4.4 常用数据类型转换指令

在 PLC 控制系统中，由于数据输入、输出、计算等需要，常常需要把来源不同的数据进行数据类型的转换。图 6.18 给出了一个将整形 DAT1 转换成长整形 DAT2，然后再转换成实型 DAT3 的例子。表 6.7 列出了常用数据类型转换指令。

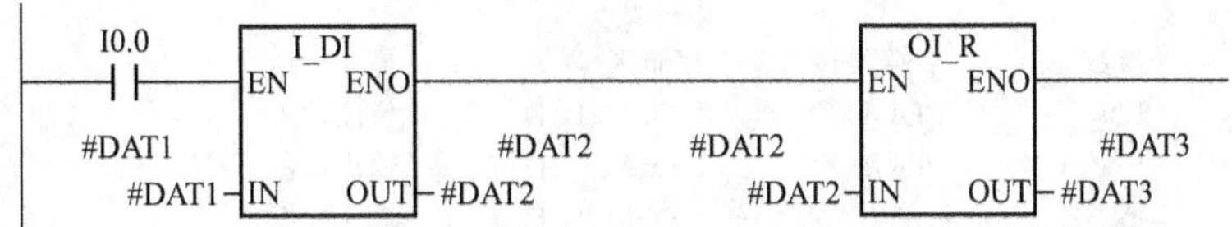

图 6.18 数据类型转换例子

表 6.7 常用数据类型转换指令

文字符号	图形符号	描　述
BCD_I (BCD 码转换为整型)	BCD_I EN ENO IN OUT	BCD_I 将参数 IN 的内容以三位 BCD 码数字(+/− 999)读取，并将其转换为整型值(16 位)。整型值的结果通过参数 OUT 输出
I_BCD (整型转换为 BCD 码)	I_BCD EN ENO IN OUT	I_BCD 将参数 IN 的内容以整型值(16 位)读取，并将其转换为三位 BCD 码数字(+/− 999)。结果由参数 OUT 输出
I_DINT (整型转长整型)	I_DINT EN ENO IN OUT	I_DINT 将参数 IN 的内容以整型(16 位)读取，并将其转换为长整型(32 位)。结果由参数 OUT 输出
BCD_DI (码转换为长整型)	BCD_DI EN ENO IN OUT	BCD_DI 将参数 IN 的内容以七位 BCD 码(+/− 9999999)数字读取，并将其转换为长整型值(32 位)。长整型值的结果通过参数 OUT 输出
DI_BCD (长整型转 BCD 码)	DI_BCD EN ENO IN OUT	DI_BCD 将参数 IN 的内容以长整型值(32 位)读取，并将其转换为七位 BCD 码数字(+/− 9999999)。结果由参数 OUT 输出
DI_REAL (长整型转浮点型)	DI_REAL EN ENO IN OUT	DI_REAL 将参数 IN 的内容以长整型读取，并将其转换为浮点数。结果由参数 OUT 输出
INV_I (对整数求反码)	INV_I EN ENO IN OUT	INV_I 读取 IN 参数的内容，并使用十六进制掩码 W#16#FFFF 执行布尔“异或”运算。此指令将每一位变成相反状态

续表

文字符号	图形符号	描　述
INV_DI (对长整数求反码)	INV_DI EN ENO IN OUT	INV_DI 读取 IN 参数的内容,并使用十六进制掩码 W#16#FFFF FFFF 执行布尔"异或"运算。此指令将每一位转换为相反状态
NEG_I (对整数求补码)	NEG_I EN ENO IN OUT	NEG_I 读取 IN 参数的内容并执行求二进制补码指令。二进制补码指令等同于乘以(−1)后改变符号(例如:从正值变为负值)
NEG_DI (对长整数求补码)	NEG_DI EN ENO IN OUT	NEG_DI 读取参数 IN 的内容并执行二进制补码指令。二进制补码指令等同于乘以(−1)后改变符号(例如:从正值变为负值)
NEG_R (取反浮点)	NEG_R EN ENO IN OUT	NEG_R 读取参数 IN 的内容并改变符号。指令等同于乘以(−1)后改变符号(例如:从正值变为负值)

下面为数据转换参数的说明，输入数据和输出数据的类型由具体函数确定。

参数	数据类型	存储区	描　述
EN	BOOL	I、Q、M、L、D	使能输入
ENO	BOOL	I、Q、M、L、D	输出使能
IN	*	I、Q、M、L、D	输入数据
OUT	* *	I、Q、M、L、D	输出数据

说明：*输入数据类型，* *输出数据类型。

6.4.5 整形数计算函数

整形数计算函数用于两个整形数的计算，计算结果仍为整形数。STEP 7 提供 9 个整形数运算函数，如表 6.8 所示。

表 6.8 STEP 7 整形数运算函数

文字符号	图形符号	描　述
ADD_I (整数加)	ADD_I EN ENO IN1 IN2 OUT	IN1 和 IN2 相加,其结果通过 OUT 来查看。如果该结果超出了整数(16 位)允许的范围,OV 位和 OS 位将为"1"并且 ENO 为逻辑"0",这样便不执行此数学框后由 ENO 连接的其他函数(层叠排列)
SUB_I (整数减)	SUB_I EN ENO IN1 IN2 OUT	从 IN1 中减去 IN2,并通过 OUT 查看结果。如果该结果超出了整数(16 位)允许的范围,OV 位和 OS 位将为"1"并且 ENO 为逻辑"0",这样便不执行此数学框后由 ENO 连接的其他函数(层叠排列)
MUL_I (整数乘)	MUL_I EN ENO IN1 IN2 OUT	IN1 和 IN2 相乘,结果通过 OUT 查看。如果该结果超出了整数(16 位)允许的范围,OV 位和 OS 位将为"1"并且 ENO 为逻辑"0",这样便不执行此数学框后由 ENO 连接的其他函数(层叠排列)
DIV_I (整数除)	DIV_I EN ENO IN1 IN2 OUT	IN1 除以 IN2,结果可通过 OUT 查看。如果该结果超出了整数(16 位)允许的范围,OV 位和 OS 位将为"1"并且 ENO 为逻辑"0",这样便不执行此数学框后由 ENO 连接的其他函数(层叠排列)

续表

文字符号	图形符号	描　述
ADD_DI (长整数加)	ADD_DI EN ENO IN1 IN2 OUT	IN1 和 IN2 相加,其结果通过 OUT 来查看。如果该结果超出了长整数(32 位)允许的范围,OV 位和 OS 位将为"1"并且 ENO 为逻辑"0",这样便不执行此数学框后由 ENO 连接的其他函数(层叠排列)
SUB_DI (长整数减)	SUB_DI EN ENO IN1 IN2 OUT	从 IN1 中减去 IN2,并通过 OUT 查看结果。如果该结果超出了长整数(32 位)允许的范围,OV 位和 OS 位将为"1"并且 ENO 为逻辑"0",这样便不执行此数学框后由 ENO 连接的其他函数(层叠排列)
MUL_DI(长整数乘)	MUL_DI EN ENO IN1 IN2 OUT	IN1 和 IN2 相乘,结果通过 OUT 查看。如果该结果超出了长整数(32 位)允许的范围,OV 位和 OS 位将为"1"并且 ENO 为逻辑"0",这样便不执行此数学框后由 ENO 连接的其他函数(层叠排列)
DIV_DI (长整数除)	DIV_DI EN ENO IN1 IN2 OUT	IN1 除以 IN2,结果可通过 OUT 查看。长整型除法不产生余数。如果该结果超出了长整数(32 位)允许的范围,OV 位和 OS 位将为"1"并且 ENO 为逻辑"0",这样便不执行此数学框后由 ENO 连接的其他函数(层叠排列)
MOD_DI (返回长整数余数)	MOD_DI EN ENO IN1 IN2 OUT	IN1 除以 IN2,余数可通过 OUT 查看。如果该结果超出了长整数(32 位)允许的范围,OV 位和 OS 位将为"1"并且 ENO 为逻辑"0",这样便不执行此数学框后由 ENO 连接的其他函数(层叠排列)。

下面说明整形数计算函数的相关参数。在启用(EN)输入端通过一个逻辑"1"来激活整形数计算函数,然后进行 IN1 和 IN2 数据的计算,运算结果放在 OUT 中。

参数	数据类型	存储区	描　述
EN	BOOL	I、Q、M、L、D	使能输入
ENO	BOOL	I、Q、M、L、D	输出使能
IN1	INT	I、Q、M、L、D 或常数	输入数 1
IN2	INT	I、Q、M、L、D 或常数	输入数 2
OUT	INT	I、Q、M、L、D	计算结果

6.4.6 浮点数计算函数

浮点数计算函数用于两个浮点数的计算,计算结果仍为浮点数。STEP 7 提供 9 个浮点数运算函数,如表 6.9 所示。

表 6.9 浮点数计算函数

文字符号	图形符号	描　述
ADD_R (实数加)	ADD_R EN ENO IN1 IN2 OUT	IN1 和 IN2 相加,结果通过 OUT 查看。如果结果超出了浮点数允许的范围(溢出或下溢),OV 位和 OS 位将为"1"并且 ENO 为"0",这样便不执行此数学框后由 ENO 连接的其他功能(层叠排列)
SUB_R (实数减)	SUB_R EN ENO IN1 IN2 OUT	IN1 减去 IN2,结果可通过 OUT 查看。如果该结果超出了浮点数允许的范围(溢出或下溢),OV 位和 OS 位将为"1"并且 ENO 为逻辑"0",这样便不执行此数学框后由 ENO 连接的其他函数(层叠排列)

续表

文字符号	图形符号	描　述
MUL_R（实数乘）	MUL_R: EN ENO / IN1 / IN2 OUT	IN1 和 IN2 相乘，结果通过 OUT 查看。如果该结果超出了浮点数允许的范围（溢出或下溢），OV 位和 OS 位将为“1”并且 ENO 为逻辑“0”，这样便不执行此数学框后由 ENO 连接的其他函数（层叠排列）
DIV_R（实数除）	DIV_R: EN ENO / IN1 / IN2 OUT	IN1 除以 IN2，结果可通过 OUT 查看。如果该结果超出了浮点数允许的范围（溢出或下溢），OV 位和 OS 位将为“1”并且 ENO 为逻辑“0”，这样便不执行此数学框后由 ENO 连接的其他函数（层叠排列）
ABS（求浮点数的绝对值）	ABS: EN ENO / IN OUT	ABS 求浮点数的绝对值
SQRT（求浮点数的平方根）	SQRT: EN ENO / IN OUT	当地址大于“0”时，此指令得出一个正的结果。唯一例外的是：－0 的平方根是－0
EXP（求浮点数的以 e 为底的指数值）	EXP: EN ENO / IN OUT	EXP 求浮点数的以 e(＝2,71828...)为底的指数值
MOVE（数据传送）	MOVE: EN ENO / IN OUT	MOVE（分配值）通过启用 EN 输入来激活。在 IN 输入端指定的值将复制到在 OUT 输出端指定的地址。ENO 与 EN 的逻辑状态相同。MOVE 只能复制 BYTE、WORD 或 DWORD 数据对象

下面说明浮点数计算函数的相关参数。在启用（EN）输入端通过一个逻辑“1”来激活浮点数计算函数，然后进行 IN1 和 IN2 数据的计算，运算结果放在 OUT 中。

参数	数据类型	存储区	描　述
EN	BOOL	I、Q、M、L、D	启用输入
ENO	BOOL	I、Q、M、L、D	启用输出
IN1	REAL	I、Q、M、L、D 或常数	输入数 1
IN2	REAL	I、Q、M、L、D 或常数	输入数 2
OUT	REAL	I、Q、M、L、D	计算结果

6.4.7 移位、循环指令

可使用移位指令向左或向右逐位移动输入 IN 的内容。向左移 n 位会将输入 IN 的内容乘以 2 的 n 次幂（2^n）；向右移 n 位则会将输入 IN 的内容除以 2 的 n 次幂（2^n）。例如，如果将十进制值 3 的等效二进制数向左移 3 位，则在累加器中将得到十进制值 24 的等效二进制数。如果将十进制值 16 的等效二进制数向右移 2 位，则在累加器中将得到十进制值 4 的等效二进制数。

为输入参数 N 提供的数值指示要移动的位数。由零或符号位的信号状态（0 代表正数、1 代表负数）填充移位指令空出的位。最后移动的位的信号状态会被载入状态字的 CC1 位中。复位状态字的 CC0 和 OV 位为 0。可使用跳转指令来判断 CC1 位。

STEP 7 提供的移位、循环指令比较多，下面仅介绍几个较为常用的指令，如表 6.10 所示。指令图形符号中，各参数的含义为：

参数	数据类型	存储区	描　述
EN	BOOL	I、Q、M、L、D	使能输入
ENO	BOOL	I、Q、M、L、D	使能输出
IN	INT	I、Q、M、L、D	要移位的值
N	WORD	I、Q、M、L、D	要移动的位数
OUT	INT	I、Q、M、L、D	移位指令的结果

表 6.10　常用移位、循环指令

文字符号	图形符号	描　述
SHR_I（整数右移）	SHR_I: EN ENO / IN OUT / N	SHR_I 指令用于将输入 IN 的 0 至 15 位逐位向右移动。16 到 31 位不受影响。输入 N 用于指定移位的位数。如果 N 大于 16，命令将按照 N 等于 16 的情况执行。自左移入的、用于填补空出位的位置将被赋予位 15 的逻辑状态（整数的符号位）
SHR_DI（右移长整数）	SHR_DI: EN ENO / IN OUT / N	SHR_DI 指令用于将输入 IN 的 0 至 31 位逐位向右移动。输入 N 用于指定移位的位数。如果 N 大于 32，命令将按照 N 等于 32 的情况执行。自左移入的、用于填补空出位的位置将被赋予位 31 的逻辑状态（整数的符号位）
SHL_W（字左移）	SHL_W: EN ENO / IN OUT / N	SHL_W 指令用于将输入 IN 的 0 至 15 位逐位向左移动。16 到 31 位不受影响。输入 N 用于指定移位的位数。若 N 大于 16，此命令会在输出 OUT 位置上写入"0"，并将状态字中的 CC 0 位和 OV 位设置为"0"
SHR_W（字右移）	SHR_W: EN ENO / IN OUT / N	SHR_W 指令用于将输入 IN 的 0 至 15 位逐位向右移动。16 到 31 位不受影响。输入 N 用于指定移位的位数。若 N 大于 16，此命令会在输出 OUT 位置上写入"0"，并将状态字中的 CC 0 位和 OV 位设置为"0"
SHL_DW（双字左移）	SHL_DW: EN ENO / IN OUT / N	SHL_DW 指令用于将输入 IN 的 0 至 31 位逐位向左移动。输入 N 用于指定移位的位数。若 N 大于 32，此命令会在输出 OUT 位置上写入"0"并将状态字中的 CC 0 位和 OV 位设置为"0"。将自右移入 N 个零，用以补上空出位的位置
SHR_DW（双字右移）	SHR_DW: EN ENO / IN OUT / N	SHR_DW 指令用于将输入 IN 的 0 至 31 位逐位向右移动。输入 N 用于指定移位的位数。若 N 大于 32，此命令会在输出 OUT 位置上写入"0"并将状态字中的 CC 0 位和 OV 位设置为"0"。将自左移入 N 个零，用以补上空出位的位置
ROL_DW（双字循环左移）	ROL_DW: EN ENO / IN OUT / N	ROL_DW 指令用于将输入 IN 的全部内容逐位向左循环移位。输入 N 用于指定循环移位的位数。如果 N 大于 32，则双字 IN 将被循环移位[（N-1）对 32 求模，所得的余数] +1 位。自右移入的位位置将被赋予向左循环移出的各个位的逻辑状态。

6.4.8　计数器

（1）S _ CUD 双向计数器。如果输入 S 有上升沿，S_ CUD（双向计数器）预置为输入 PV 的值。如果输入 R 为 1，则计数器复位，并将计数值设置为零。如果输入 CU 的信号状态从"0"切换为"1"，并且计数器的值小于"999"，则计数器的值增 1。如果输入 CD 有上升沿，并且计数器的值大于"0"，则计数器的值减 1。

如果两个计数输入都有上升沿，则执行两个指令，并且计数值保持不变。如果已设置计数器并且输入 CU/CD 为 RLO ＝ 1，则即使没有从上升沿到下降沿或下降沿到上升沿的变化，计数器也会在下一个扫描周期进行相应的计数。如果计数值大于等于零（"0"），则输出 Q 的信号状态为"1"。

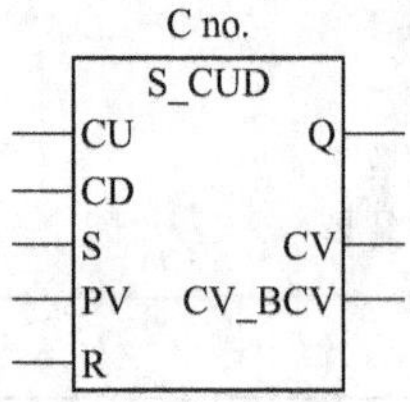

C no.
S_CUD
CU Q
CD
S CV
PV CV_BCV
R

S_CUD 符号

参数	数据类型	存储区	描述
CU	BOOL	I、Q、M、L、D	升值计数输入
CD	BOOL	I、Q、M、L、D	降值计数输入
S	BOOL	I、Q、M、L、D	为预设计数器设置输入
PV	WORD	I、Q、M、L、D 或常数	将计数器值以"C#＜值＞"的格式输入(范围 0 至 999)
PV	WORD	I、Q、M、L、D	预设计数器的值
R	BOOL	I、Q、M、L、D	复位输入
CV L	WORD	I、Q、M、L、D	当前计数器值，十六进制数字
CV_BCD	WORD	I、Q、M、L、D	当前计数器值，BCD 码
Q Q	BOOL	I、Q、M、L、D	计数器状态

(2) S _ CU 升值计数器。如果输入 S 有上升沿，则 S _ CU（升值计数器）预置为输入 PV 的值。如果输入 R 为"1"，则计数器复位，并将计数值设置为零。如果输入 CU 的信号状态从"0"切换为"1"，并且计数器的值小于"999"，则计数器的值增 1。如果已设置计数器并且输入 CU 为 RLO＝1，则即使没有从上升沿到下降沿或下降沿到上升沿的变化，计数器也会在下一个扫描周期进行相应的计数。如果计数值大于等于零（"0"），则输出 Q 的信号状态为"1"。

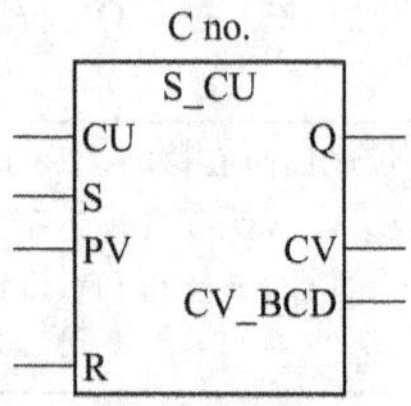

C no.
S_CU
CU Q
S
PV CV
CV_BCD
R

S_CU 符号

参数	数据类型	存储区	描述
CU	BOOL	I、Q、M、L、D	升值计数输入
S	BOOL	I、Q、M、L、D	为预设计数器设置输入
PV	WORD	I、Q、M、L、D 或常数	将计数器值以"C#＜值＞"的格式输入(范围 0 至 999)
PV	WORD	I、Q、M、L、D	预设计数器的值
R	BOOL	I、Q、M、L、D	复位输入
CV	WORD	I、Q、M、L、D	当前计数器值，十六进制数字
CV_BCD	WORD	I、Q、M、L、D	当前计数器值，BCD 码
Q	BOOL	I、Q、M、L、D	计数器状态

说明：Cno. 为计数器的文字符号和编号，例如 C50 等。

(3)（SC）设置计数器值。图形符号为——(SC)。仅在 RLO 中有上升沿时，——(SC)（设置计数器值）才会执行。此时，预设值被传送至指定的计数器。

(4)（CU）升值计数器。图形符号为——(CU)。如在 RLO 中有上升沿，并且计数器的值小于"999"，则——(CU)（升值计数器线圈）将指定计数器的值加 1。如果 RLO 中没有上升沿，或者计数器的值已经是"999"，则计数器值不变。

(5)（CD）降值计数器。图形符号为——(CD)。如果 RLO 状态中有上升沿，并且计数器的值大于"0"，则——(CD)（降值计数器线圈）将指定计数器的值减 1。如果 RLO 中没有上升沿，或者计数器的值已经是"0"，则计数器值不变。

6.4.9 定时器

(1) S _ PULSE 脉冲 S5 定时器。如果在启动（S）输入端有一个上升沿，S _ PULSE（脉冲 S5 定时器）将启动指定的定时器。信号变化始终是启用定时器的必要条件。定时器在输入端 S 的信号状态为"1"时运行，但最长周期是由输入端 TV 指定的时间值。只要定时器运行，输出端 Q 的信号状态就为"1"。如果在时间间隔结束前，S 输入端从"1"变为"0"，则定时器将停止。这种情况下，输出端 Q 的信号状态为"0"。

如果在定时器运行期间定时器复位（R）输入从"0"变为"1"时，则定时器将被复位。当前时间和时间基准也被设置为零。如果定时器不是正在运行，则定时器 R 输入端的逻辑"1"没有任何作用。

T no. S_PULSE (S, TV, R → Q, BI, BCD)	参数	数据类型	存储区	描述
	S	BOOL	I、Q、M、L、D	使能输入
	TV	S5TIME	I、Q、M、L、D	预设时间值
	R	BOOL	I、Q、M、L、D	复位输入
	BI	WORD	I、Q、M、L、D	剩余时间值，整型格式
	BCD	WORD	I、Q、M、L、D	剩余时间值，BCD 格式
S_PULSE 符号	Q	BOOL	I、Q、M、L、D	定时器的状态

说明：Tno. 为定时器的文字符号和编号，例如 T100 等。

(2) S _ ODT 接通延时 S5 定时器。如果在启动（S）输入端有一个上升沿，S _ ODT（接通延时 S5 定时器）将启动指定的定时器。信号变化始终是启用定时器的必要条件。只要输入端 S 的信号状态为正，定时器就以在输入端 TV 指定的时间间隔运行。定时器达到指定时间而没有出错，并且 S 输入端的信号状态仍为“1”时，输出端 Q 的信号状态为“1”。如果定时器运行期间输入端 S 的信号状态从“1”变为“0”，定时器将停止。这种情况下，输出端 Q 的信号状态为“0”。

如果在定时器运行期间复位（R）输入从“0”变为“1”，则定时器复位。当前时间和时间基准被设置为零。然后，输出端 Q 的信号状态变为“0”。如果在定时器没有运行时 R 输入端有一个逻辑“1”，并且输入端 S 的 RLO 为“1”，则定时器也复位。

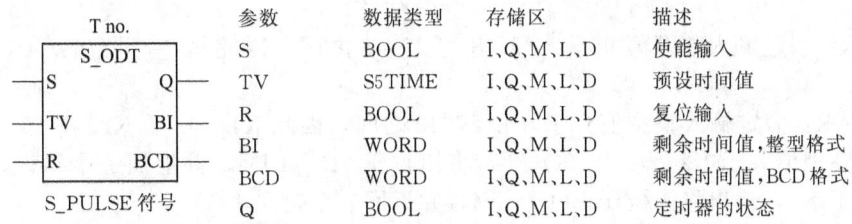

T no. S_ODT (S, TV, R → Q, BI, BCD)	参数	数据类型	存储区	描述
	S	BOOL	I、Q、M、L、D	使能输入
	TV	S5TIME	I、Q、M、L、D	预设时间值
	R	BOOL	I、Q、M、L、D	复位输入
	BI	WORD	I、Q、M、L、D	剩余时间值，整型格式
	BCD	WORD	I、Q、M、L、D	剩余时间值，BCD 格式
S_PULSE 符号	Q	BOOL	I、Q、M、L、D	定时器的状态

(3) (SP) 脉冲定时器。图形符号为——(SP)。如果 RLO 状态有一个上升沿，——(SP)（脉冲定时器线圈）将以该<时间值>启动指定的定时器。只要 RLO 保持正值（“1”），定时器就继续运行指定的时间间隔。只要定时器运行，计数器的信号状态就为“1”。如果在达到时间值前，RLO 中的信号状态从“1”变为“0”，则定时器将停止。这种情况下，对于“1”的扫描始终产生结果“0”。

(4) (SD) 接通延时定时器。图形符号为——(SD)。如果 RLO 状态有一个上升沿，——(SD)（接通延时定时器线圈）将以该<时间值>启动指定的定时器。如果达到该<时间值>而没有出错，且 RLO 仍为“1”，则定时器的信号状态为“1”。如果在定时器运行期间 RLO 从“1”变为“0”，则定时器复位。这种情况下，对于“1”的扫描始终产生结果“0”。

(5) (SS) 保持接通延时定时器。图形符号为——(SS)。如果 RLO 状态有一个上升沿，——(SS)（保持接通延时定时器线圈）将启动指定的定时器。如果达到时间值，定时器的信号状态为“1”。只有明确进行复位，定时器才可能重新启动。只有复位才能将定时器的信号状态设为“0”。如果在定时器运行期间 RLO 从“0”变为“1”，则定时器以指定的时间值重新启动。

6.5 模拟量输入/输出与 PID 控制

6.5.1 模拟量输入/输出

6.5.1.1 模拟量输入

S7-300/400 的 AI 模块可以接收 4～20mA、1～5V、热电阻、热电偶等信号，并将正常范围内的信号转换成 0～27648 的数值，控制系统需要将该 A/D 数值还原成实际的物理量，这样就需要 A/D 采样值到实际工程值的转换。STEP 7 提供 FC105 功能，可以用于将模拟量 A/D 采样值转换成工程实际值。FC105 又称为 SCALE 功能。SCALE 功能接受一个整型值（IN），并将其转换为以工程单位表示的介于下限和上限（LO _ LIM 和 HI _ LIM）之间的实型值。将结果写入 OUT。SCALE 功能使用以下算式：

OUT = [((FLOAT (IN)/K1)/(K2-K1)) * (HI_LIM-LO_LIM)] + LO_LIM

常数 K1 和 K2 根据输入值是 BIPOLAR 还是 UNIPOLAR 设置。

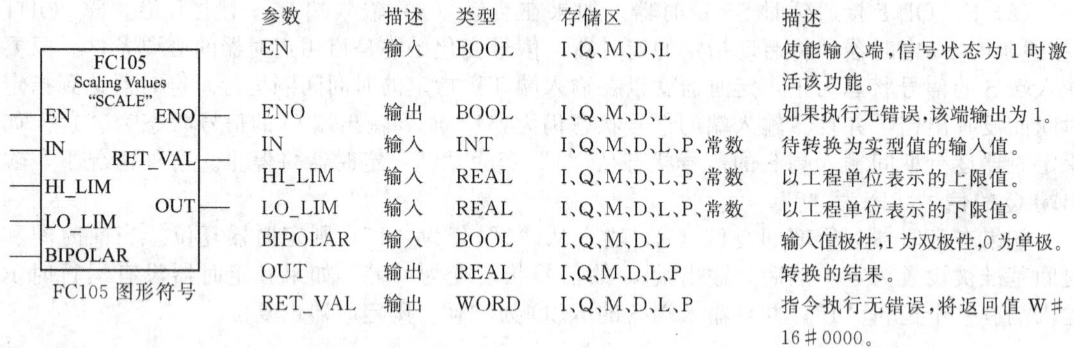

FC105 图形符号

参数	描述	类型	存储区	描述
EN	输入	BOOL	I、Q、M、D、L	使能输入端，信号状态为 1 时激活该功能。
ENO	输出	BOOL	I、Q、M、D、L	如果执行无错误，该端输出为 1。
IN	输入	INT	I、Q、M、D、L、P、常数	待转换为实型值的输入值。
HI_LIM	输入	REAL	I、Q、M、D、L、P、常数	以工程单位表示的上限值。
LO_LIM	输入	REAL	I、Q、M、D、L、P、常数	以工程单位表示的下限值。
BIPOLAR	输入	BOOL	I、Q、M、D、L	输入值极性，1 为双极性，0 为单极。
OUT	输出	REAL	I、Q、M、D、L、P	转换的结果。
RET_VAL	输出	WORD	I、Q、M、D、L、P	指令执行无错误，将返回值 W#16#0000。

BIPOLAR：假定输入整型值介于－27648 与 27648 之间，因此 K1＝－27648.0，K2＝＋27648.0。

UNIPOLAR：假定输入整型值介于 0 和 27648 之间，因此 K1＝0.0，K2＝＋27648.0。

如果输入整型值大于 K2，输出（OUT）将钳位于 HI _ LIM，并返回一个错误。如果输入整型值小于 K1，输出将钳位于 LO _ LIM，并返回一个错误。

可以通过设置 LO _ LIM ＞ HI _ LIM 可获得反向标定，用差压变送器测液位时经常用到该法。使用反向转换时，输出值将随输入值的增加而减小。下面对 FC105 功能的参数作进一步说明。

图 6.19 为 FC105 SCALE 功能块的编程实例。本例中，整型变量 PIW304 的值将转换为介于 0.0 和 50.0 之间的实型值，并写入 OUT。当 M0.0 的信号状态为 0 时，允许输入变量 PIW304 数值范围为 UNBIPOLAR（0～27648）；当 M0.0 的信号状态为 1 时，允许输入变量 PIW304 数值范围为 BIPOLAR（－27648～27648）。为了避免出现错误时，转换结果对控制的影响，本程序将超出 27648 的转换结果强制设定为 0.00。

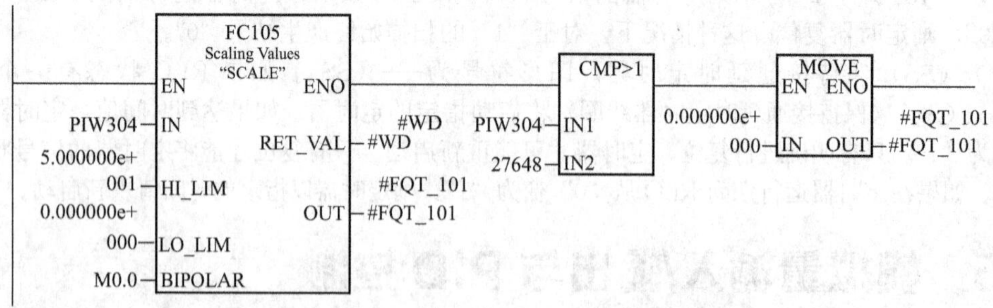

图 6.19　模拟量输入编程例子

6.5.1.2　模拟量输出

控制系统中，经常需要将控制量转化成 4～20mA、1～5V 等模拟量信号，以控制外部的设备。S7-300/400 的 AO 模块可以将 0-27648 的整形值转换成 4～20mA、1～5V 等输出信号。

控制程序系统中，控制量往往是实型变量，为了将实型的控制值转换成整形的控制值，STEP 7 提供了 UNSCALE 功能（FC106）。

UNSCALE 功能接收一个以工程单位表示、且标定于下限和上限（LO _ LIM 和 HI _ LIM）之间的实型输入值（IN），并将其转换为一个整型值。将结果写入 OUT。UNSCALE 功能使用以下算式：

OUT ＝[((IN)-LO_LIM)/(HI_LIM-LO_LIM) * (K2-K1)]＋K1

FC106 功能图形符号及参数的说明如下：

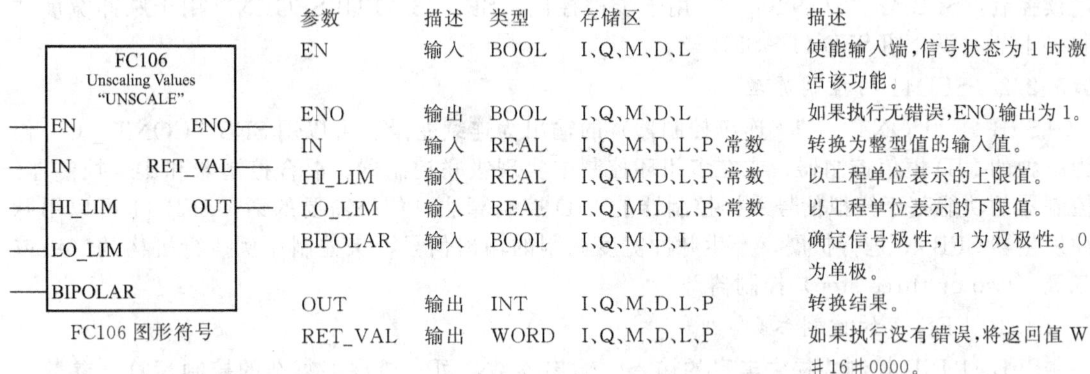

FC106 图形符号

参数	描述	类型	存储区	描述
EN	输入	BOOL	I、Q、M、D、L	使能输入端，信号状态为 1 时激活该功能。
ENO	输出	BOOL	I、Q、M、D、L	如果执行无错误，ENO 输出为 1。
IN	输入	REAL	I、Q、M、D、L、P、常数	转换为整型值的输入值。
HI_LIM	输入	REAL	I、Q、M、D、L、P、常数	以工程单位表示的上限值。
LO_LIM	输入	REAL	I、Q、M、D、L、P、常数	以工程单位表示的下限值。
BIPOLAR	输入	BOOL	I、Q、M、D、L	确定信号极性，1 为双极性。0 为单极。
OUT	输出	INT	I、Q、M、D、L、P	转换结果。
RET_VAL	输出	WORD	I、Q、M、D、L、P	如果执行没有错误，将返回值 W#16#0000。

图 6.20 给出了将实型控制量转化为整形控制量并从 D/A 端口输出的编程例子。例子中，如果输入 I0.0 的信号状态为 1，则执行 UNSCALE 功能。在本例中，标定于 0.0 和 100.0 之间的实型值 DB8.DBD6，将转换为一个整型值，并写入与 OUT 连接的 PQW352 地址。如果 M0.0 的信号状态为 1，该输入值为 BIPOLAR；如果 M0.0 的信号状态为 0，该输入值为 UNBIPOLAR。

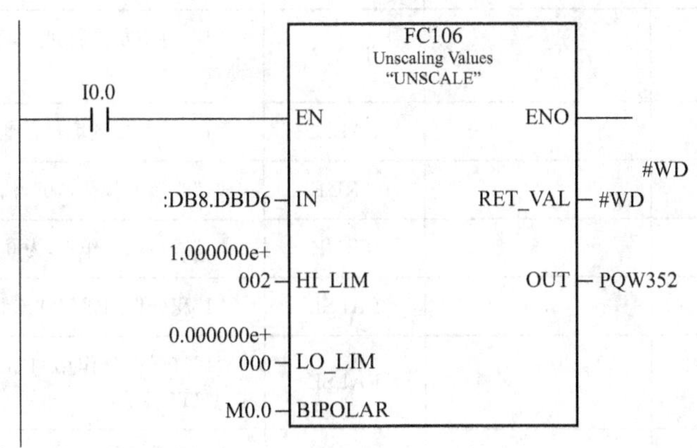

图 6.20　模拟量输出编程例子

如果该功能的执行没有错误，ENO 的信号状态将设置为 1，RET _ VAL 等于 W#16#0000。如果输入值超出 LO _ LIM 和 HI _ LIM 范围，输出（OUT）将钳位于距其类型（BIPOLAR 或 UNIPOLAR）的指定范围的下限或上限较近的一方，并返回一个错误。ENO 的信号状态将设置为 0，RET _ VAL 等于 W#16#0008。

6.5.2 连续型 PID 控制器 SFD41

6.5.2.1 闭环控制用 SFD

除了专用的闭环控制模块外，S7-300/400 也可以用 PID 控制功能块来实现 PID 控制。但是需要配置模拟量输入模块和模拟量输出模块（或数字量输出模块）。连续控制器通过模拟量输出模块输出模拟量数值，步进控制器输出开关量（数字量），例如二级控制器和三级控制器用数字量模拟输出脉冲宽度可调的方波信号。

系统功能块 SFB 41～SFB 43 用于 CPU 31×C 的闭环控制。SFB 41 "CONT _ C" 用于连续控制，SFB 42 "CONT _ S" 用于步进控制，SFB 43 "PULSEGEN" 用于脉冲宽度调制。本节主要介绍 SFB 41～SFB 43。

6.5.2.2 SFD41 的控制原理

SFB 41 "CONT _ C"（连续控制器）的输出为连续变量。可以用 SFB "CONT _ C" 作为单独的 PID 恒值控制器，或在多闭环控制中实现级联控制器、混合控制器和比例控制器。控制器的功能基于模拟信号采样控制器的 PID 控制算法，如果需要的话，SFB 41 可以用脉冲发生器 SFB 43 进行扩展，产生脉冲宽度调制的输出信号，来控制比例执行机构的二级或三级（two or three step）控制器。

6.5.2.3 SFD41 的控制参数

SFB 41 PID 控制块提供丰富的输入、输出参数，可完成许多复杂的控制运算。参数说明如表 6.11 所示。

表 6.11 SFB41/FB41 控制块参数说明

参数	类型	取值范围	默认值	描述
输入参数				
COM_RST	BOOL		FALSE	设置输入 COM_RST 时，自动执行的初始化程序
MAN_ON	BOOL		TRUE	"1"，将中断控制回路，手动值作为操作值进行设置
PVPER_ON	BOOL		FALSE	"1"，从 I/O 读取过程变量
P_SEL	BOOL		TRUE	"1"激活 P 操作，"0"，消启用比例操作
I_SEL	BOOL		TRUE	"1"激活积分作用，为 0 取消积分作用
INT_HOLD	BOOL		FALSE	"1"积分作用暂停，"冻结"积分器的输出
I_ITL_ON	BOOL		FALSE	"1"打开积分作用初始化，将积分器的输出连接 I_ITL_VAL
D_SEL	BOOL		FALSE	"1"激活微分作用，"0"取消微分作用
CYCLE	TIME	≥1ms	T#1s	采样时间输入，块调用循环周期，必须为常数
SP_INT	REAL	－100.0 至＋100.0（%）或物理值	0.0	内部给定值，输入用于指定给定值
PV_IN	REAL	－100.0 至＋100.0（%）或物理值	0.0	连接浮点格式的外部过程变量

续表

参数	类型	取值范围	默认值	描　述
				输　入　参　数
PV_PER	WORD		W＃16＃0000	外部输入的I/O格式的过程变量
MAN	REAL	－100.0至＋100.0(%)或物理值	0.0	“手动值”输入用于通过操作员界面功能设置手动值
GAIN	REAL		2.0	控制器增益
TI	TIME	≥CYCLE	T＃20s	复位时间，决定积分器的时间响应
TD	TIME	≥CYCLE	T＃10s	微分时间，决定微分单元的时间响应
TM_LAG	TIME	≥CYCLE/2	T＃2s	微分操作的算法
DEADB_W	REAL	≥0.0(%)或物理值	0.0	死区带宽
LMN_HLM	REAL	LMN_LLM至100.0(%)或物理值	100.0	控制输出上限
LMN_LLM	REAL	－100.0至LMN_HLM(%)或物理值	0.0	控制输出下限
PV_FAC	REAL		1.0	过程变量因子，与过程变量相乘，用于调整过程变量范围
PV_OFF	REAL		0.0	过程变量偏移量，与过程变量相加，用于调整过程变量范围
LMN_FAC	REAL		1.0	操作值因子，与操作值相乘，用于调整操作值范围
LMN_OFF	REAL		0.0	操作值偏移量，与操作值相加，用于调整操作值范围
I_ITLVAL	REAL	－100.0至＋100.0(%)或物理值	0.0	在输入I_ITL_ON设置积分器的输出
DISV	REAL	－100.0至＋100.0(%)或物理值	0.0	为进行前馈控制，将干扰变量连接到输入“干扰变量”
				输　出　参　数
LMN	REAL		0.0	控制输出值，浮点格式输出
LMN_PER	WORD		W＃16＃0000	将I/O格式的控制输出连接到“控制输出外设”的控制器
QLMN_HLM	BOOL		FALSE	控制输出超出上限时，输出“1”
QLMN_LLM	BOOL		FALSE	控制输出超出下限时，输出“1”
LMN_P	REAL		0.0	比例输出控制量
LMN_I	REAL		0.0	积分输出控制量
LMN_D	REAL		0.0	微分输出控制量
PV	REAL		0.0	有效的PV值输出
ER	REAL		0.0	出错信号

连续型 PID 控制器 SFD41 的控制框图如图 6.21 所示。

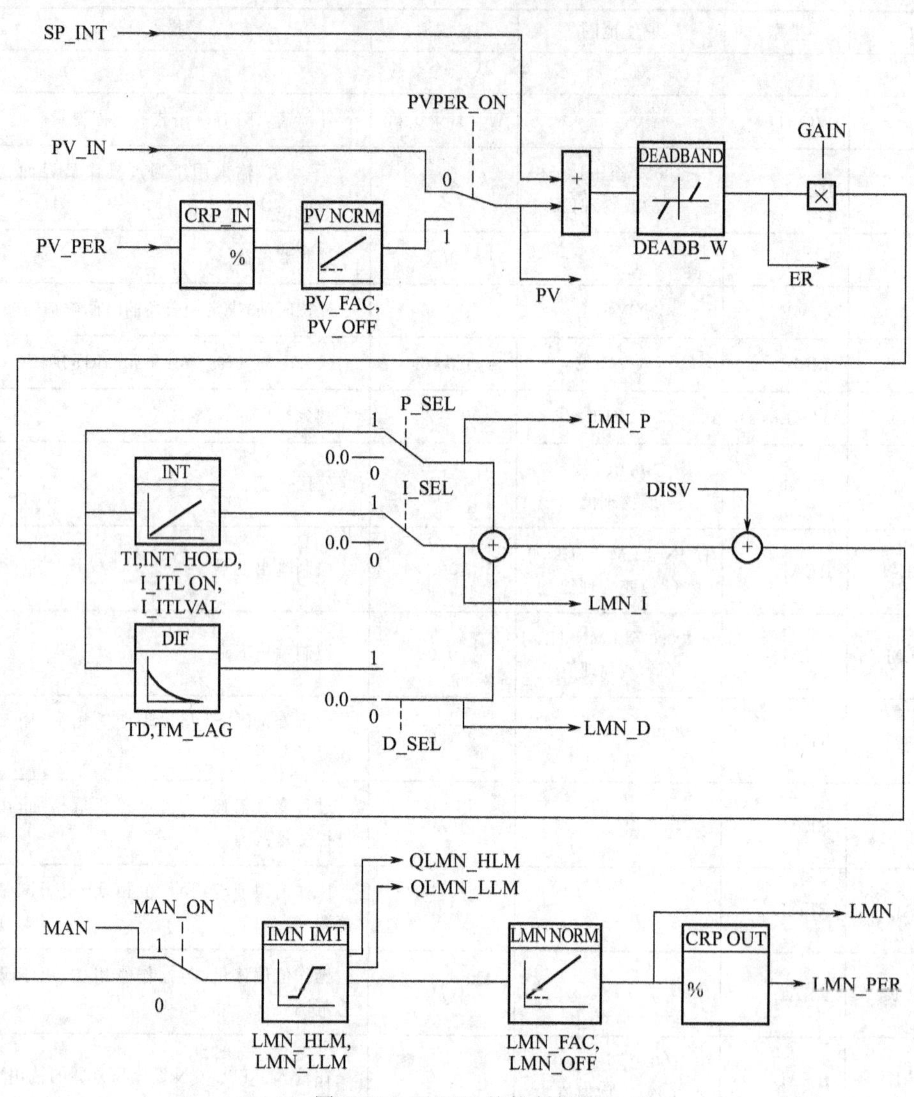

图 6.21 SFD41 的控制框图

第7章 监控组态软件

7.1 组态王软件简介

7.1.1 组态王软件版本

“组态王”软件由北京亚控科技发展有限公司开发，是国内最为著名的组态软件之一。组态王软件是一种通用的工业监控软件，它融过程控制设计、现场操作以及工厂资源管理于一体。组态王经历了从最初的 1.0 版本发展到现在的 6.55 版本，其功能、支持的硬件设备、性能不断增强。组态王软件基于 Microsoft Windows 7/Vista/XP/NT/2000 操作系统，用户在企业网络的所有层次的各个位置上都可以及时获得系统的实时信息。它适用于从单一设备的生产运营管理和故障诊断，到网络结构分布式大型集中监控管理系统的开发。

7.1.1.1 组态王的主要功能

组态王 6.55 是该组态软件目前的最新版本。组态王 6.55 根据当前的自动化技术的发展趋势，面向低端自动化市场及应用，以实现企业一体化为目标开发的一套产品。该产品以搭建战略性工业应用服务平台为目标，集成了对亚控科技自主研发的工业实时数据库（King-Historian）的支持，可以为企业提供一个对整个生产流程进行数据汇总、分析及管理的有效平台，使企业能够及时有效地获取信息，及时地做出反应，以获得最优化的结果。该版本保持了其早期版本功能强大、运行稳定且使用方便的特点，并根据国内众多用户的反馈及意见，对一些功能进行了完善和扩充。组态王 6.55 提供了丰富的、简捷易用的配置界面，提供了大量的图形元素和图库精灵，同时也为用户创建图库精灵提供了简单易用的接口；该款产品的历史曲线、报表及 Web 发布功能进行了大幅提升与改进，软件的功能性和可用性有了很大的提高。组态王具有以下主要功能：

（1）全新的支持 Ocx 控件发布的 Web 功能，保证了浏览器客户端和发布端工程的高度一致；

（2）新增向导式报表功能，实现快速建立班报、日报、周报、月报、季报和年报表；

（3）可视化操作界面，真彩显示图形，支持渐进色，并有丰富的图库以及动画连接；

（4）拥有全面的脚本与图形动画功能；

（5）可以对画面中的一部分进行保存，以便以后进行分析或打印；

（6）变量导入导出功能，变量可以导出到 Excel 表格中，方便对变量名称等属性进行修改，然后再导入新工程中，实现了变量的二次利用，节省了开发时间；

（7）强大的分布式报警、事件处理，支持实时、历史数据的分布式保存；

（8）强大的脚本语言处理，能够帮助您实现复杂的逻辑操作和与决策处理；

（9）全新的 WebServer 架构，全面支持画面发布、实时数据发布、历史数据发布以及数据库数据的发布；

(10) 方便的配方处理功能；

(11) 丰富的设备支持库，支持常见的 PLC 设备、智能仪表、智能模块；

(12) 提供硬加密及软授权两种授权方式。

7.1.1.2 组态王的组成

组态王软件结构由工程管理器、工程浏览器及运行系统三部分构成。

(1) 工程管理器：用于新工程的创建和已有工程的管理，对已有工程进行搜索、添加、备份、恢复以及实现数据词典的导入和导出等功能。

(2) 工程浏览器：是一个工程开发设计工具，用于创建监控画面、监控的设备及相关变量、动画链接、命令语言以及设定运行系统配置等的系统组态工具。

(3) 工程运行界面：从采集设备中获得通讯数据，并依据工程浏览器的动画设计显示动态画面，实现人与控制设备的交互操作。

7.1.1.3 组态王的版本类型

表 7.1 列出了组态王 Kingview 6.55 的所有软件版本，每种版本提供一个 USB 的授权软件锁。当多个软件版本在一台计算机上使用时，一个软件锁集成多个软件版本的授权。一般情况下开发版为 1 把锁，运行版和其他版本为另一把锁。当监控系统变量点数低于 64 时，可以不需要开发版。当监控系统软件的变量点大于 64 点时，必须依靠开发版支持才能开发，开发版支持调试过程中的运行，但只能连续运行 2 小时。运行版支持组态软件的运行，但不支持开发。Web Server 版本支持通过网页发布进行远程监控。KingACT 版本提供功能强大的编程、仿真和调试功能，是基于 PC 的实时控制软件，符合 IEC61131-3 国际标准。可以在连接 I/O 设备之前测试并修改程序。KingACT 在线提供下载、运行系统操作、变量操作（强制、赋值、观测），支持 TCP/IP 协议进行远程下载、远程监控操作，远程的变量操作。可以在本地完成对远程系统进行在线监控、诊断、远程操作。

表 7.1 组态王的软件版本一览表

<table>
<tr><th>序号</th><th>产品名称</th><th>规格</th><th>备 注</th></tr>
<tr><td>1</td><td rowspan="4">开发版</td><td>64 点</td><td rowspan="4">光盘一张
手册一套
加密锁一个</td></tr>
<tr><td>2</td><td>256 点</td></tr>
<tr><td>3</td><td>512 点</td></tr>
<tr><td>4</td><td>无限点</td></tr>
<tr><td>5</td><td rowspan="6">运行版</td><td>64 点</td><td rowspan="6">光盘一张
加密锁一个</td></tr>
<tr><td>6</td><td>128 点</td></tr>
<tr><td>7</td><td>256 点</td></tr>
<tr><td>8</td><td>512 点</td></tr>
<tr><td>9</td><td>1024 点</td></tr>
<tr><td>10</td><td>无限点</td></tr>
<tr><td>11</td><td rowspan="5">Web Server</td><td>5 用户</td><td rowspan="5"></td></tr>
<tr><td>12</td><td>10 用户</td></tr>
<tr><td>13</td><td>20 用户</td></tr>
<tr><td>14</td><td>50 用户</td></tr>
<tr><td>15</td><td>无限用户</td></tr>
</table>

续表

序号	产品名称	规格	备　注
16	KingACT （原 KingPLC）	32 点开发	
17		32 点运行	
18		128 点开发	
19		128 点运行	
20		512 点开发	
21		512 点运行	
22		无限点开发	
23		无限点运行	

7.1.2 安装组态王软件

（1）组态王安装基本要求

① CPU：P4 处理器、1GHz 以上或相当型号。

② 内存：最少 128MB，推荐 256MB，使用 Web 功能或 2000 点以上推荐 512M。

③ 显示器：VGA、SVGA 或支持桌面操作系统的任何图形适配器。要求最少显示 256 色。

④ 鼠标：任何 PC 兼容鼠标。

⑤ 通信：RS-232C。

⑥ 并行口或 USB 口：用于接入组态王加密锁。

⑦ 操作系统：Windows XP（sp2）/Win 7 简体中文版。

⑧ 网络锁：支持网络用户，用户数目和支持的点数由网络锁决定。

（2）安装组态王系统程序。组态王软件存于一张光盘上。单击光盘上的安装程序 Install. exe，弹出组态王安装窗口，单击"安装组态王程序"，然后根据组态王安装过程向导进行操作。

（3）安装组态王设备驱动程序。如果用户在安装组态王时没有选择安装组态王设备驱动程序，则可以单击光盘上的安装程序 Install. exe，从弹出的窗口中选择"安装组态王驱动程序"进行设备驱动程序的安装。

7.1.3 组态王支持的 I/O 设备

组态王软件作为一个开放型的通用工业监控软件，支持与国内外常见的 PLC、智能模块、智能仪表、变频器、数据采集板卡等（如：西门子 PLC、莫迪康 PLC、欧姆龙 PLC、三菱 PLC、研华模块等等）通过常规通信接口（如串口方式、USB 接口方式、以太网、总线、GPRS 等）进行数据通信。组态王软件与 IO 设备进行通信一般是通过调用 .dll 动态库来实现的，不同的设备、协议对应不同的动态库。

组态王支持通过 OPC、DDE 等标准传输机制和其他监控软件（如：Intouch、Ifix、Wincc 等）或其他应用程序（如：VB、VC 等）进行本机或者网络上的数据交互。

亚控公司在不断地进行新设备驱动的开发，有关支持设备的最新信息以及设备最新驱动的下载可以通过亚控公司的网站 http://www.kingview.com 获取。

7.2 创建监控工程

7.2.1 工程的开发步骤

不同品牌的组态软件的功能和用途有较大差别，但其开发的基本功能和基本步骤大致相同。通常情况下，开发一个工程一般分为以下几步。

第一步：创建新工程，为工程创建一个目录用来存放与工程有关的文件。

第二步：配置硬件系统，配置工程中使用的硬件设备。

第三步：定义变量，定义全局变量，包括：内存变量和I/O变量。

第四步：制作图形画面，按照实际工程的要求绘制监控画面。

第五步：定义动画链接，根据实际现场的监控要求使静态画面随着过程控制对象产生动画效果。

第六步：编写事件脚本，用以完成较复杂的控制过程。

第七步：配置其他辅助功能，如：网络、配方、SQL访问、Web浏览等。

第八步：工程运行和调试。

完成以上步骤后，一个简单的工程就建立起来了。

7.2.2 创建一个工程

7.2.2.1 工程管理器

组态王工程管理器是用来建立新工程，对添加到工程管理器的工程做统一的管理。工程管理器的主要功能包括：新建、删除工程，对工程重命名，搜索组态王工程，修改工程属性，工程备份、恢复，数据词典的导入导出，切换到组态王开发或运行环境等。启动组态王后的工程管理窗口如图7.1所示。

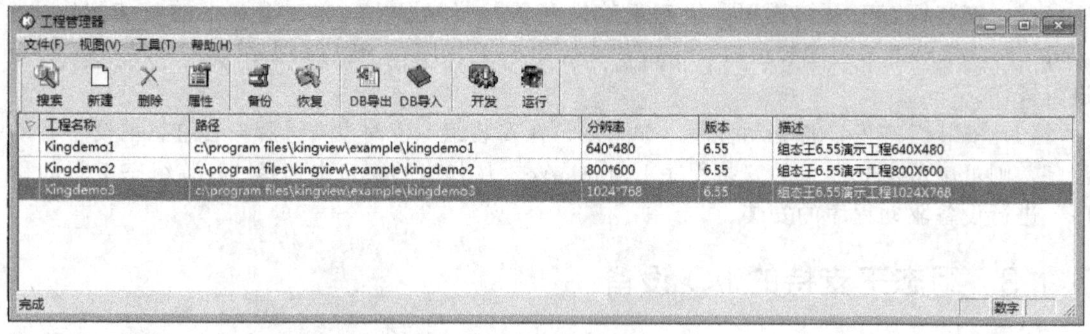

图7.1 工程管理器界面

工程管理器提供以下操作功能。

(1) 新建工程。单击“新建”快捷键或点击“文件→新建工程”，弹出新建工程对话框，可以根据对话框提示建立组态王工程。

(2) 搜索工程：直接单击“搜索”图标或单击“文件→搜索工程”，是用来把计算机的某个路径下的所有的工程一起添加到组态王的工程管理器，它能够自动识别所选路径下的组态王工程。

(3) 备份工程：工程备份是在需要保留工程文件的时候，把组态王工程压缩成组态王自己的“.cmp”文件。单击“工程管理器”上的“备份”图标，弹出“备份工程”对话框，可根据提示进行操作。

（4）删除：在工程列表区中选择任一工程后，单击此快捷键删除选中的工程。

（5）属性：在工程列表区中选择任一工程后，单击此快捷键弹出工程属性对话框，可以在工程属性窗口中查看并修改工程属性。

（6）恢复：单击“恢复”快捷键可将备份的工程文件恢复到工程列表区中。

（7）DB 导出：利用此快捷键可将组态王工程数据词典中的变量导出到 Excel 表格中，用户可在 Excel 表格中查看或修改变量的属性。在工程列表区中选择任一工程后，单击此快捷键在弹出的“浏览文件夹”对话框中输入保存文件的名称，系统自动将选中工程的所有变量导出到 Excel 表格中。

（8）开发：在工程列表区中选择任一工程后，单击此快捷键进入工程的开发环境。

（9）运行：在工程列表区中选择任一工程后，单击此快捷键进入工程的运行环境。

7.2.2.2 工程浏览器

工程浏览器是组态王集成开发环境。工程的各个组成部分包括 Web、文件、数据库、设备、系统配置、SQL 访问管理器，它们以树形结构显示在工程浏览器窗口的左侧。工程浏览器的使用和 Windows 的资源管理器类似，如图 7.2 所示。工程浏览器由菜单栏、工具条、工程目录显示区、目录内容显示区、状态条组成。“工程目录显示区”以树形结构图显示大纲项节点，用户可以扩展或收缩工程浏览器中所列的大纲项。

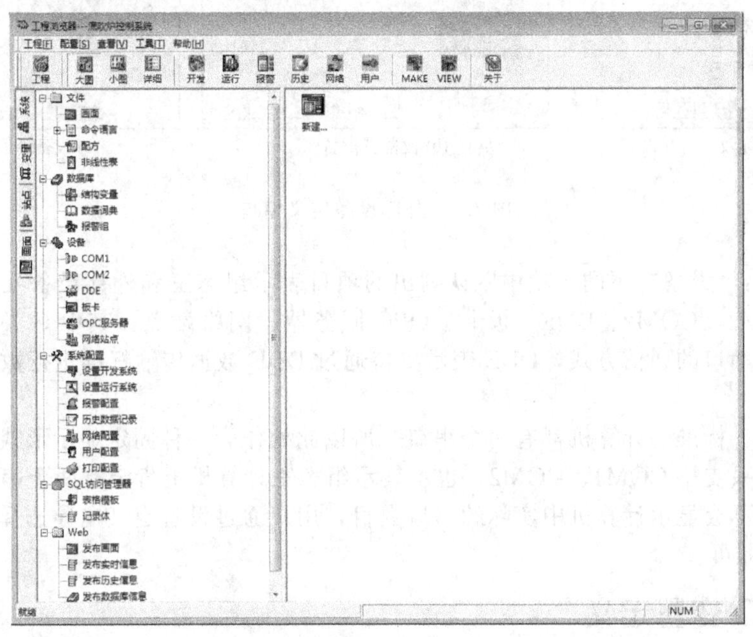

图 7.2 工程浏览器界面

7.2.2.3 工程加密

工程加密是为了保护工程文件不被其他人随意修改，只有设定密码的人或知道密码的人才可以对工程做编辑或修改。单击“工具”选择“工程加密”，可进入工程加密对话框。密码设定成功后，如果退出开发系统，下次再进的时候就会提示要密码。

注意： 如果没有密码则无法进入开发系统，工程开发人员一定要牢记密码。

7.3 定义外部设备和数据变量

7.3.1 外部设备定义

组态王把那些需要与之交换数据的硬件设备或软件程序都作为外部设备使用。外部硬件设备通常包括 PLC、仪表、模块、变频器、板卡等；外部软件程序通常指包括 DDE、OPC 等服务程序。按照计算机和外部设备的通信连接方式，则分为：串行通信（232/422/485）、以太网、专用通信卡（如 CP5611）等。在计算机和外部设备硬件连接好后，为了实现组态王和外部设备的实时数据通讯，必须在组态王的开发环境中对外部设备和相关变量加以定义。为了方便定义外部设备，组态王设计了“设备配置向导”，引导用户一步步完成设备的连接。图 7.3 为外部设备设置的示例。

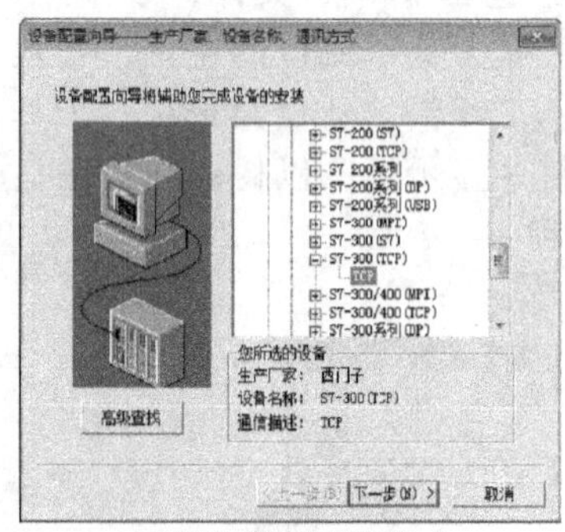

(a) 设备名称及通信方式

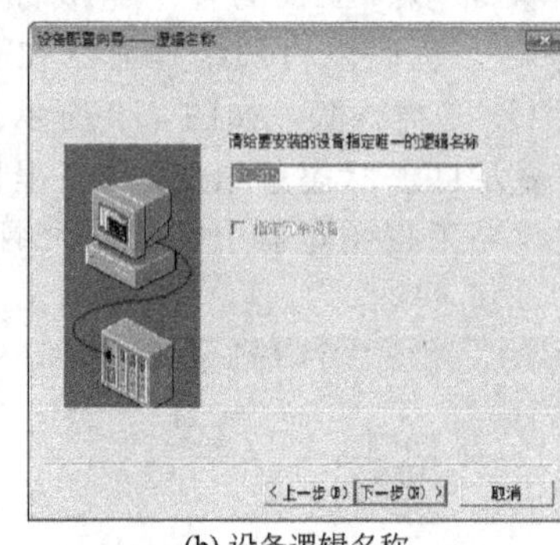

(b) 设备逻辑名称

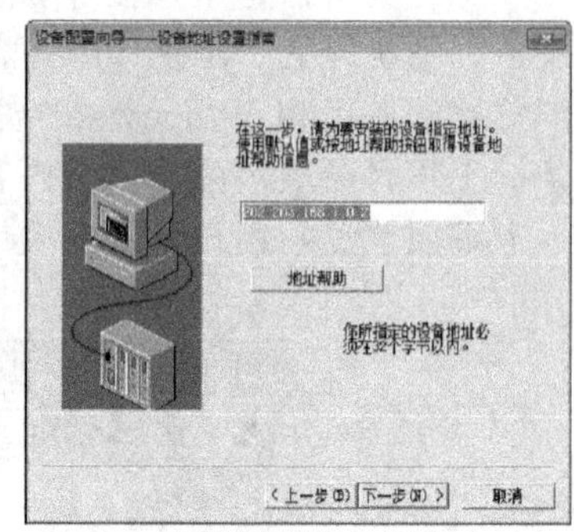

(c) 设备通信地址设置

图 7.3 外部设备定义窗口

一般说明：“设备”下的子项中默认列出的项目表示组态王和外部设备几种常用的通信方式，如 COM1、COM2、DDE、板卡、OPC 服务器、网络站点，其中 COM1、COM2 表示组态王支持串口的通信方式，DDE 表示支持通过 DDE 数据传输标准进行数据通信，其他类似。

特别说明：标准的计算机都有两个串口，所以此处作为一种固定显示形式，这种形式并不表示组态王只支持 COM1、COM2，也不表示组态王计算机上肯定有两个串口；并且“设备”项下面也不会显示计算机中实际的串口数目，用户通过设备定义向导选择实际设备所连接的 PC 串口即可。

7.3.2 I/O 变量定义

7.3.2.1 数据词典中变量的类型

数据词典中存放的是应用工程中定义的变量以及系统变量。变量可以分为基本类型和特殊类型两大类，基本类型的变量又分为内存变量和 I/O 变量两种。

“I/O 变量”指的是组态王与外部设备或其他应用程序交换的变量。这种数据交换是双向的、动态的，就是说在组态王系统运行过程中，每当 I/O 变量的值改变时，该值就会自动写入外部设备或远程应用程序；每当外部设备或远程应用程序中的值改变时，组态王系统中的变量值也会自动改变。所以，那些从下位机采集来的数据、发送给下位机的指令。那些不需要和外部设备或其他应用程序交换，只在组态王内使用的变量，比如计算过程的中间变量，就可以设置成“内存变量”。

基本类型的变量也可以按照数据类型分为离散型、实型、整型和字符串型。

(1) 内存离散变量、I/O 离散变量：类似一般程序设计语言中的布尔（BOOL）变量，只有 0、1 两种取值，用于表示一些开关量。

(2) 内存实型变量、I/O 实型变量：类似一般程序设计语言中的浮点型变量，用于表示浮点数据，取值范围 10E－38～10E＋38，有效值 7 位。

(3) 内存整数变量、I/O 整数变量：类似一般程序设计语言中的有符号长整数型变量，用于表示带符号的整型数据，取值范围－2147483648～2147483647。

(4) 内存字符串型变量、I/O 字符串型变量：类似一般程序设计语言中的字符串变量，可用于记录一些有特定含义的字符串，如名称、密码等，该类型变量可以进行比较运算和赋值运算。

(5) 特殊变量：特殊变量类型有报警窗口变量、历史趋势曲线变量、系统变量三种。

7.3.2.2 变量的产生

在工程浏览器树型目录中选择“数据词典”，在右侧双击“新建”图标，弹出“变量属性”对话框，如图 7.4 所示。在变量属性对话框中，根据实际情况和项目要求进行变量定义。

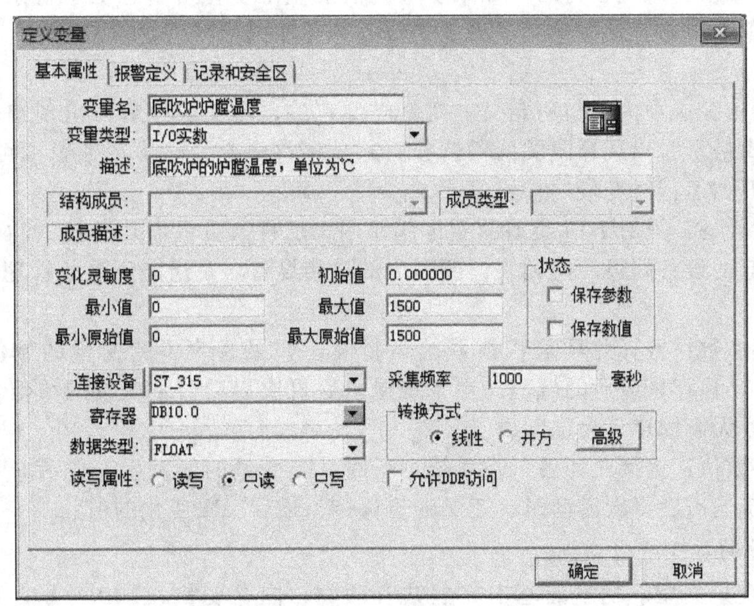

图 7.4 变量定义窗口

组态王变量名命名规则：变量名命名时不能与组态王中现有的变量名、函数名、关键字、构件名称等相重复；命名的首字符只能为字符，不能为数字等非法字符，名称中间不允许有空格、算术符号等非法字符存在。名称长度不能超过 31 个字符。

7.3.2.3 基本属性的定义

“变量属性”对话框的基本属性卡片中的各项用来定义变量的基本特征，各项意义解释如下。

(1) 变量名：唯一标识一个应用程序中数据变量的名字，同一应用程序中的数据变量不能重名，数据变量名区分大小写，最长不能超过 31 个字符。变量名可以是汉字或英文名字，第一个字符不能是数字。变量的名称最多为 31 个字符。

(2) 变量类型：在对话框中只能定义八种基本类型中的一种，用鼠标单击变量类型下拉列表框列出可供选择的数据类型。当定义有结构模板时，一个结构模板就是一种变量类型。

(3) 描述：用于输入对变量的描述信息。例如若想在报警窗口中显示某变量的描述信息，可在定义变量时，在描述编辑框中加入适当说明，并在报警窗口中加上描述项，则在运行系统的报警窗口中可见该变量的描述信息（最长不超过 39 个字符）。

(4) 变化灵敏度：数据类型为模拟量或整型时此项有效。只有当该数据变量的值变化幅度超过“变化灵敏度”时，“组态王”才更新与之相连接的画面显示（缺省为 0）。

(5) 最小值：指该变量值在数据库中的下限。

(6) 最大值：指该变量值在数据库中的上限。

(7) 最小原始值：变量为 IO 模拟变量时，驱动程序中输入原始模拟值的下限。

(8) 最大原始值：变量为 IO 模拟变量时，驱动程序中输入原始模拟值的上限。

(9) 保存参数：在系统运行时，如果变量的域（可读可写型）值发生了变化，组态王运行系统退出时，系统自动保存该值。组态王运行系统再次启动后，变量的初始域值为上次系统运行退出时保存的值。

(10) 保存数值：系统运行时，如果变量的值发生了变化，组态王运行系统退出时，系统自动保存该值。组态王运行系统再次启动后，变量的初始值为上次系统运行退出时保存的值。

(11) 初始值：这项内容与所定义的变量类型有关，定义模拟量时出现编辑框可输入一个数值，定义离散量时出现开或关两种选择。定义字符串变量时出现编辑框可输入字符串，它们规定软件开始运行时变量的初始值。

(12) 连接设备：只对 I/O 类型的变量起作用，工程人员只需从下拉式“连接设备”列表框中选择相应的设备即可。此列表框所列出的连接设备名是组态王设备管理中已安装的逻辑设备名。

(13) 保存参数：选择此项后，在系统运行时，如果修改了此变量的域值（可读可写型），系统将自动保存修改后的域值。当系统退出后再次启动时，变量的域值保持为最后一次修改的域值，无需用户再去重新设置。

(14) 保存数值：选择此项后，在系统运行时，当变量的值发生变化后，系统将自动保存该值。当系统退出后再次启动时，变量的值保持为最后一次变化的值。

7.3.2.4 变量的类型

(1) 基本变量类型：变量的基本类型共有两类：内存变量、I/O 变量。I/O 变量是指可与外部数据采集程序直接进行数据交换的变量，如下位机数据采集设备（如 PLC、仪表等）或其他应用程序（如 DDE、OPC 服务器等）。这种数据交换是双向的、动态的，就是说：在“组态王”系统运行过程中，每当 I/O 变量的值改变时，该值就会自动写入下位机或其他应用程序；每当下位机或应用程序中的值改变时，“组态王”系统中的变量值也会自动更新。内存变量是指那些不需要和其他应用程序交换数据、也不需要从下位机得到数据、只在“组态王”内需要的变量，比如计算过程的中间变量，就可以设置成“内存变量”。

(2) 变量的数据类型：组态王的变量定义中，有内存数据类型和 I/O 数据类型。内存数据类型只在计算机中起作用，I/O 数据类型则是计算机与实际 I/O 设备进行通信获得的。共有 9 种类型（表 7.2）。

表 7.2　组态王的数据类型

变量符号	变量类型	位数	字节数	数值范围
Bit	位	1		0,1
Byte	字节数	8	1	0 至 255
Short	有符号短整型数	16	2	－32768 至 32767
Ushort	有符号短整型数	16	2	0 至 65535
BCD	BCD 码整型数	16	2	－9999 至 9999
Long	长整型数	32	4	－2147483648 至 2147483647
LongBCD	BCD 码长整型数	32	4	－99999999 至 99999999
Float	浮点数	32	4	$-3.4\times10^{+38}$至$+3.4\times10^{+38}$
String	字符串		最多 128	最多 128 个字符

(3) 特殊变量类型：特殊变量类型有报警窗口变量、历史趋势曲线变量、系统预设变量三种。这几种特殊类型的变量正是体现了"组态王"系统面向工控软件、自动生成人机接口的特色。

① 报警窗口变量。这是工程人员在制作画面时通过定义报警窗口生成的，在报警窗口定义对话框中有一选项为："报警窗口名"，工程人员在此处键入的内容即为报警窗口变量。此变量在数据词典中是找不到的，是组态王内部定义的特殊变量。可用命令语言编制程序来设置或改变报警窗口的一些特性，如改变报警组名或优先级，在窗口内上下翻页等。

② 历史趋势曲线变量。这是工程人员在制作画面时通过定义历史趋势曲线时生成的，在历史趋势曲线定义对话框中有一选项为："历史趋势曲线名"，工程人员在此处键入的内容即为历史趋势曲线变量（区分大小写）。此变量在数据词典中是找不到的，是组态王内部定义的特殊变量。工程人员可用命令语言编制程序来设置或改变历史趋势曲线的一些特性，如改变历史趋势曲线的起始时间或显示的时间长度等。

③ 系统预设变量。预设变量中有 8 个时间变量是系统已经在数据库中定义的，用户可以直接使用。

$年：返回系统当前日期的年份。

$月：返回 1 到 12 之间的整数，表示当前日期的月份。

$日：返回 1 到 31 之间的整数，表示当前日期的日。

$时：返回 0 到 23 之间的整数，表示当前时间的时。

$分：返回 0 到 59 之间的整数，表示当前时间的分。

$秒：返回 0 到 59 之间的整数，表示当前时间的秒。

$日期：返回系统当前日期字符串。

$时间：返回系统当前时间字符串。

以上变量由系统自动更新，工程人员只能读取时间变量，而不能改变它们的值。预设变量还有以下几个。

$用户名：在程序运行时记录当前登录的用户名字。

$访问权限：在程序运行时记录当前登录的用户的访问权限。

$启动历史记录：表明历史记录是否启动。(1＝启动；0＝未启动)

工程人员在开发程序时，可通过按钮弹起命令预先设置该变量为 1，在程序运行时可由用户控制，按下按钮启动历史记录。

$启动报警记录：表明报警记录是否启动（1＝启动；0＝未启动)。工程人员在开发程序时，可通过按钮弹起命令预先设置该变量为 1，在程序运行时可由工程人员控制，按下按钮启动报警记录。

$新报警：每当报警发生时，“$新报警”被系统自动设置为1。由工程人员负责把该值恢复到0。

$启动后台命令：表明后台命令是否启动（1=启动；0=未启动）。工程人员在开发程序时，可通过按钮弹起命令预先设置该变量为1，在程序运行时可由工程人员控制，按下按钮启动后台命令。

$双机热备状态：表明双机热备中主从计算机所处的状态，整型（1=主机工作正常；2=主机工作不正常；−1=从机工作正常；−2=从机工作不正常；0=无双机热备）。主、从机初始工作状态是由组态王中的网络配置决定的。该变量的值只能由主机进行修改，从机只能进行监视，不能修改该变量的值。

7.3.3 变量的管理

7.3.3.1 结构变量

在工程实际中，往往一个被控对象有很多参数，而这样的被控对象很多，而且都具有相同的参数。如一个储料罐，可能有压力、液位、温度、上下限硬报警等参数，而这样的储料罐可能在同一工程中有很多。如果用户对每一个对象的每一个参数都在组态王中定义一个变量，有可能会造成使用时查找变量不方便，定义变量所耗费的时间很长，而且大多数定义的都是有重复属性的变量。如果将这些参数作为一个对象变量的属性，在使用时直接定义对象变量，就会减少大量的工作，提高效率。为此，组态王引入了结构变量的概念。结构变量是指利用定义的结构模板在组态王中定义变量，该结构模板包含若干个成员，当定义的变量类型为该结构模板类型时，该模板下所有的成员都成为组态王的基本变量。一个结构模板下最多可以定义64个成员。结构变量中结构模板允许两层嵌套，即在定义了多个结构模板后，在一个结构模板的成员数据类型中可嵌套其他结构模板数据类型。

7.3.3.2 变量组

当工程中拥有大量的变量时，会给开发者查找变量带来一定的困难，为此组态王提供了变量分组管理的方式。即按照开发者的意图将变量放到不同的组中，这样在修改和选择变量时，只需到相应的分组中去寻找即可，缩小了查找范围，节省了时间。并且它对变量的整体使用没有任何影响。

(1) 建立变量组。在组态王工程浏览器框架窗口上放置有四个标签：“系统”、“变量”、“站点”和“画面”。选择“变量”标签，左侧视窗中显示“变量组”。单击“变量组”，右侧视窗将显示工程中所有变量。将鼠标放在“变量组”上击右键，从弹出窗口中选择“建立变量组”，可以进行变量组的创建。

变量组建立完成后，可以在变量组下直接新建变量，在该变量组下建立的变量属于该变量组。变量组中建立的变量可以在系统中的变量词典中全部看到。在变量组下，还可以再建立子变量组，属于子变量组的变量同样属于上级变量组。

(2) 在变量组中删除变量。如果不需要在变量组中保留某个变量时，可以选择从变量组中删除该变量，也可以选择将该变量移动到其他变量组中。从变量组中删除的变量将不属于任何一个变量组，但变量仍然存在于数据词典中。进入该变量组目录，选中该变量，单击鼠标右键，在弹出的快捷菜单中选择“从变量组删除”，则该变量将从当前变量组中消失。如果选择“移动变量”，可以将该变量移动到其他变量组。

(3) 删除变量组。当不再需要变量组时，可以将其删除，删除变量组前，首先要保证变量组下没有任何变量存在，另外也要先将子变量组删除。在要删除的变量组上单击鼠标右键，然后在快捷菜单上选择“删除变量组”，系统提示删除确认信息，如果确认，当前变量组将被永久删除。

7.4 创建组态画面

7.4.1 画面设计

（1）建立新画面及工具箱的使用。在工程浏览器左侧的“工程目录显示区”中选择“画面”选项，在右侧视图中双击“新建”图标，弹出新建画面对话框，如图 7.5 所示。输入工程名称、设置画面位置等项后单击“确定”即产生新的画面。

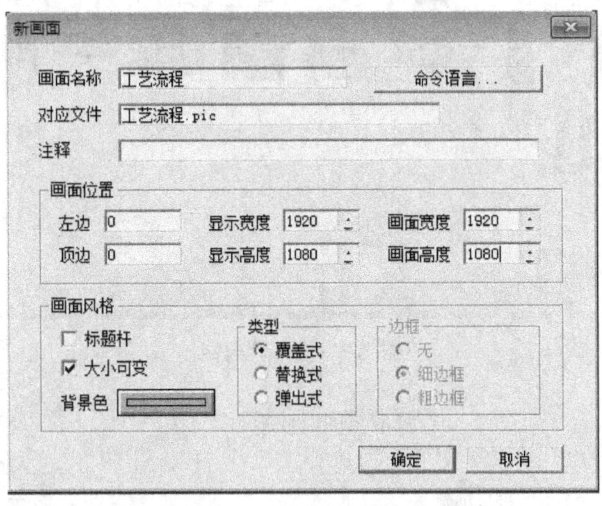

图 7.5　创建画面窗口

（2）使用工具箱。接下来在此画面中绘制各种图素。绘制图素的主要工具放置在图形编辑工具箱内。当画面打开时，工具箱自动显示。工具箱中的每个工具按钮都有“浮动提示”，帮助您了解工具的用途。如果工具箱没有出现，选择“工具”菜单中的“显示工具箱”或按 F10 键将其打开，工具箱中各种基本工具的使用方法和 Windows 中的“画笔”很类似，如图 7.6 所示。可以通过“工具箱”获得工具绘制图形，或者从菜单栏的“工具”下拉菜单选择绘图功能。

（3）使用图库管理器。选择“图库”菜单中“打开图库”命令或按 F2 键打开图库管理器，如图 7.7 所示。使用图库管理器降低了工程人员设计界面的难度，用户更加集中精力于维护数据库和增强软件内部的逻辑控制，缩短开发周期；同时用图库开发的软件将具有统一的外观，方便工程人员学习和掌握；另外利用图库的开放性，工程人员可以生成自己的图库元素。

（4）设计监控画面。利用工具箱及图库，在新建的空白画面中进行监控画面的设计。本例设计一个如图 7.8 的反映车间监控画面。设计要点如下。

① 依靠工具箱进行编辑。从工具箱选取编辑工具，进行文字、线条、形状、管道、过渡色类型、调色板等图素的编辑，根据需要要绘制图形。

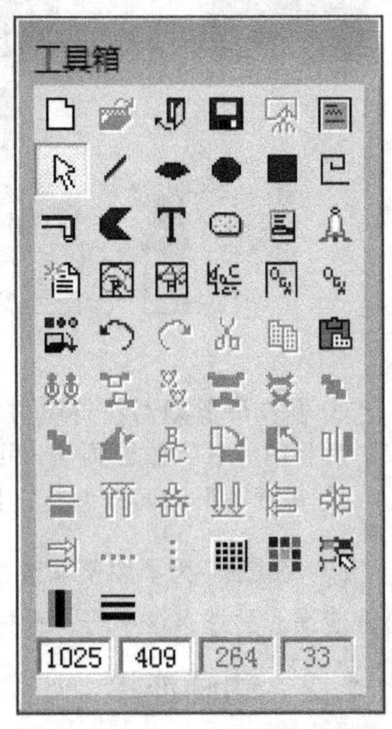

图 7.6　工具箱

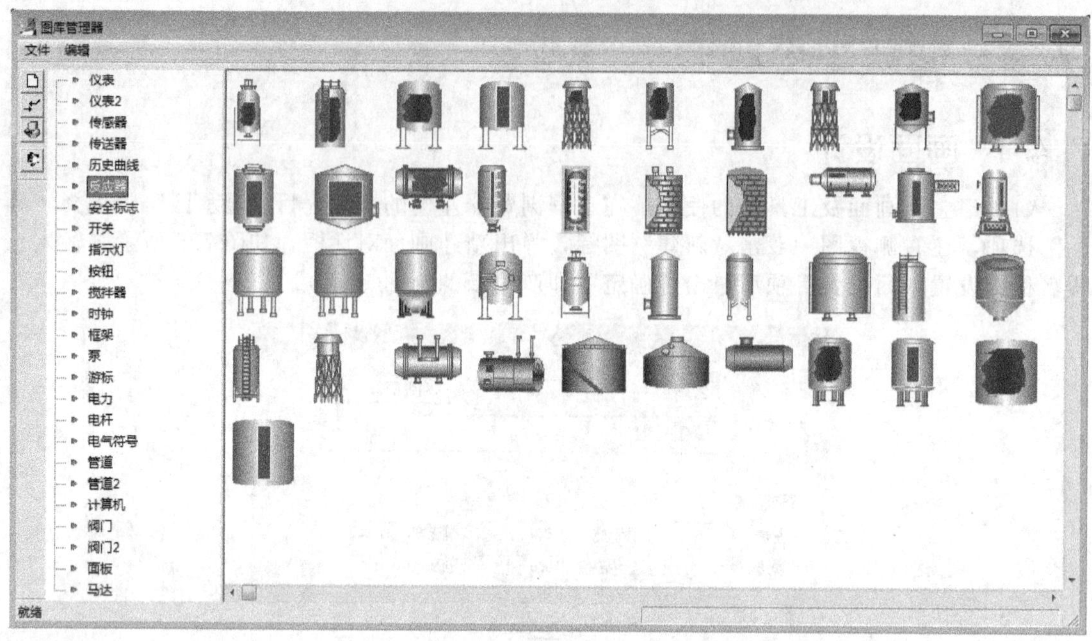

图 7.7 图库管理器

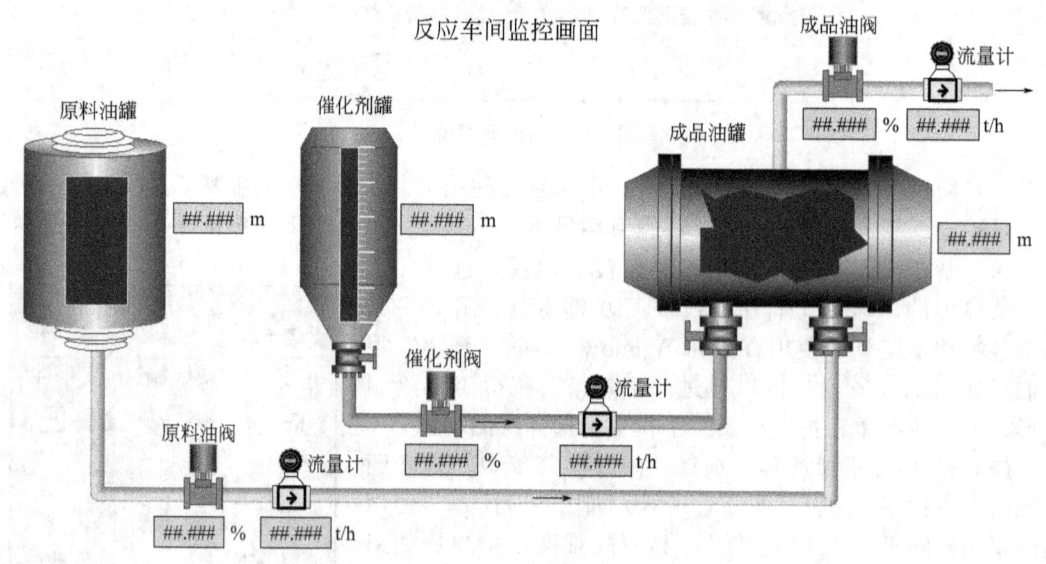

图 7.8 监控画面

② 从图库管理器获得图件。打开图库管理器，根据文字列表和图片缩略图选择图件，双击后将图件导入监控画面，可以单击图件后改变大小和位置。

③ 进行图形画面的调整、修改。

注意： 为了便于调试检查，显示的数据项最好用“###.###”格式，以便于检查遗漏。另外，该字符串最好与显示数据的最大长度一致，以免实际显示时出现越界。

7.4.2 动画连接

所谓“动画连接”就是建立画面的图素与数据库变量的对应关系。双击监控画面上的文字、线条、图形等图素，弹出动画连接对话框。根据需要进行定义即可实现动态连接。通过动画连接，可以实现数据连接、隐含连接、闪烁连接、旋转连接、水平滑动杆输入连接、充填连接、流线连接等动态显示效果。下面对图 7.8 的监控画面进行动画连接（图 7.9）。假定在此工程中已经通过数据词典功能进行相关变量定义，主要监控变量有：原料油罐液位、原料油流量、原料油阀门控制、催化剂罐液位、催化剂流量、催化剂阀门控制、成品油罐液位、成品油流量、成品油阀门控制等。

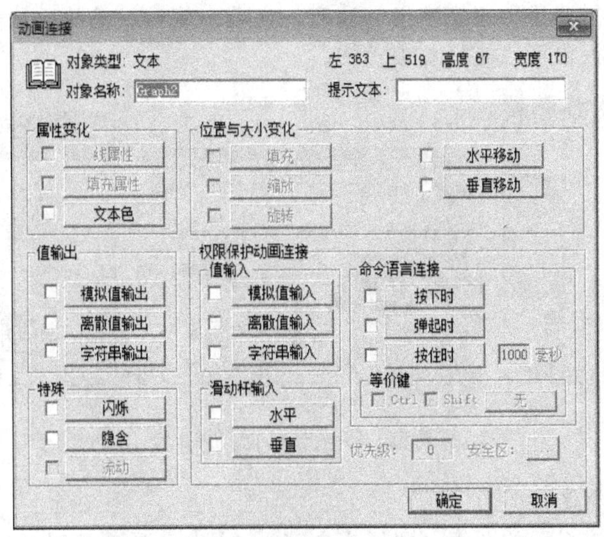

图 7.9　动画连接对话框

7.4.2.1　数据连接

数据连接就是将监控画面的数据项与变量进行连接，以实现数据的实时显示。方法是：双击的数据项，弹出如图 7.10 所示的动画连接对话框。对于仅需要进行数据显示的变量只需单击“模拟输出”项进行组态。对于需要进行数据显示和设定的变量，需要分别单击“模拟输出”和“模拟输入”项进行组态。

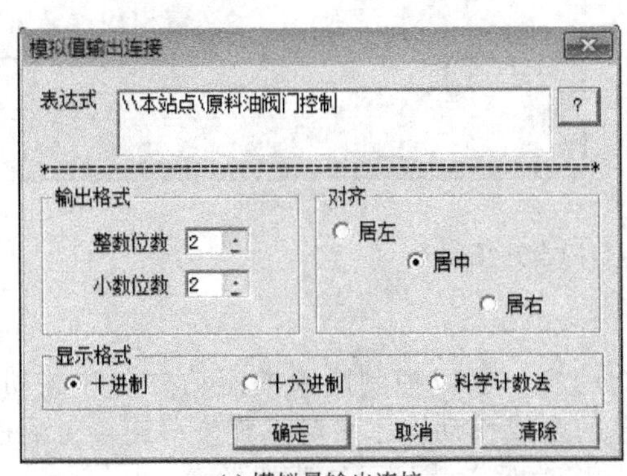

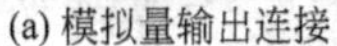
(a) 模拟量输出连接

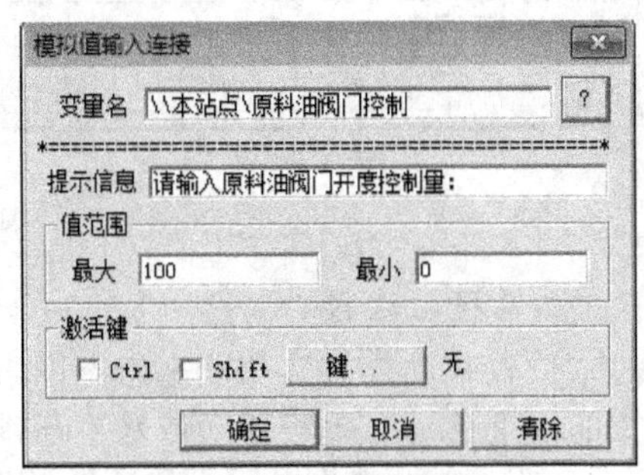

(b) 模拟量输入连接

图 7.10　模拟量输入、输出连接组态

本例双击“原料油阀门控制”的数据项，弹出动画连接对话框。单击“模拟输出”项弹出如图 7.10（a）所示的窗口，单击“?”图标，从弹出的数据词典中选择“原料油阀门控制”变量。选择输出格式的整数位为 2 和小数位数为 2，数据显示居中；单击“模拟输入”项弹出如图 7.10（b）所示的窗口，单击“?”图标，从弹出的数据词典中选择“原料油阀门控制”变量，输入必要的提示信息，设定输入值的最大值和最小值。所谓“模拟输出”就是将变量显示到屏幕；所谓“模拟输入”就是对变量进行修改，组态“模拟输入”必须同时组态“模拟输出”，否则将不显示数据。

7.4.2.2 充填、旋转、缩放连接

单击要进行充填、旋转、缩放连接的图素，弹出动画连接对话框。可以根据需要单击充填、旋转或缩放项，分别弹出图 7.11（a）、（b）、（c）所示的位置与大小变化组态对话框。根据实际情况和监控需要进行组态定义。注意，充填、旋转、缩放连接的表达式必须是模拟量，既可以是单一变量也可以是运算表达式。

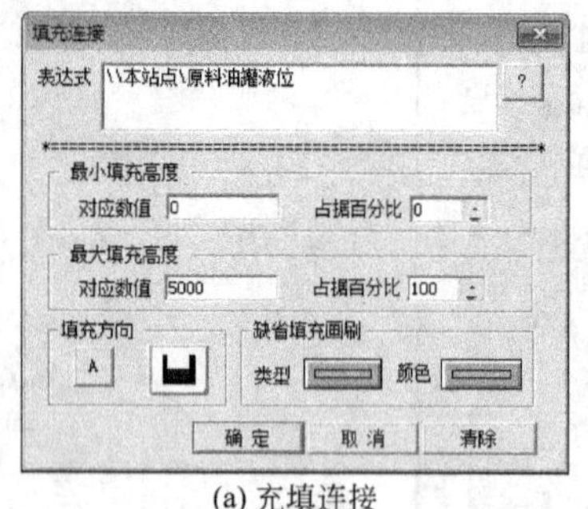

(a) 充填连接

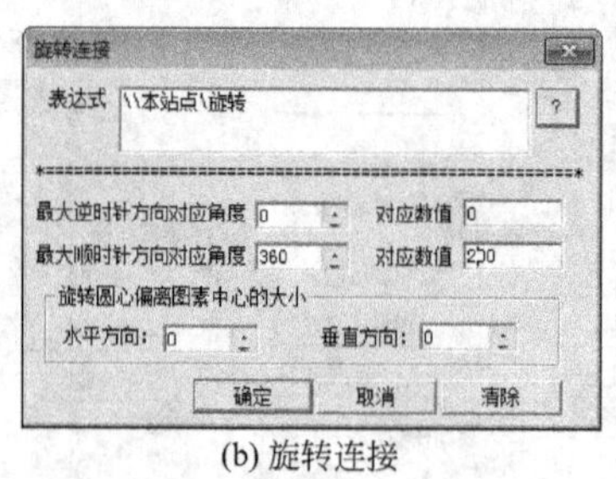

(b) 旋转连接

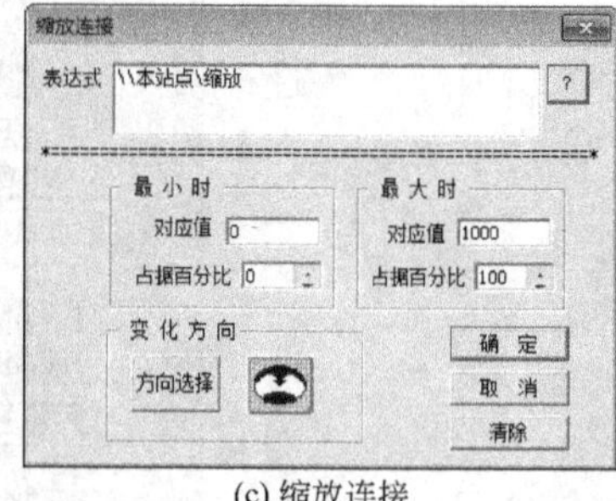

(c) 缩放连接

图 7.11 位置与大小变化组态

7.4.2.3 闪烁、隐含连接

单击要进行隐含或显示的图素（图形或文字），弹出动画连接对话框，单击“隐含”项进行图素的隐含操作，当条件满足时，该图素隐含，否则不隐含；单击“闪烁”项进行图素的闪烁操作，当条件为真时，该图素闪烁，否则不闪烁，如图 7.12 所示。注意，隐含、闪烁连接的运算结果必须是离散量，可以是位变量、位运算表达式或模拟量大小的判断结果。

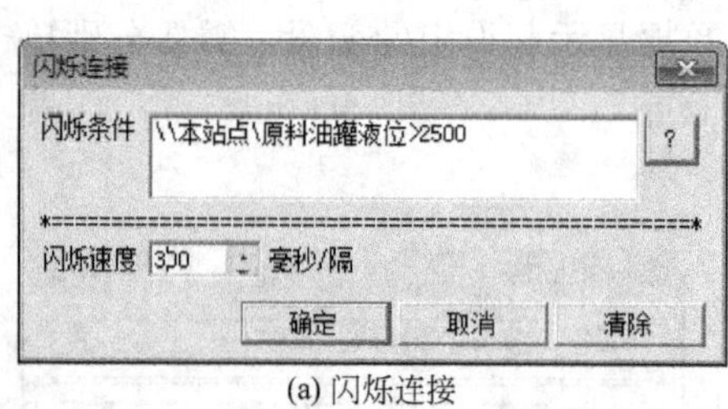

(a) 闪烁连接

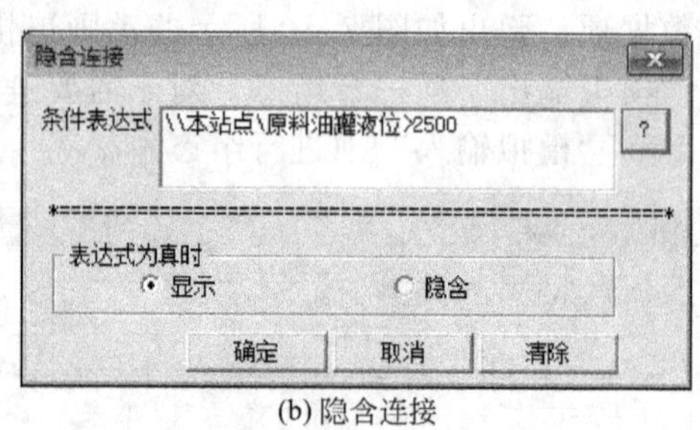

(b) 隐含连接

图 7.12 闪烁与隐含连接组态

7.4.2.4 位置移动连接

通过“位置移动连接”功能来组态图素的动画，可以控制图素的运动方向和运动速度，实现图素的水平移动、垂直移动或水平与垂直的合成移动。水平与垂直位移连接对话框如图 7.13 所示，图中对应值为表达式的计算结果，移动距离为显示屏幕的像素。

7.4.2.5 流线连接

单击工具栏的图标，就可以进行管道的绘制。管道绘制完毕后就可以进行流动状态的组态。双击管道，弹出图 7.14（a）所示的管道动画连接对话框，输入流动条件变量。一般以管道流量为流动条件，也可以以其他变量为流动条件。右键单击管道，弹出图 7.14（b）所示的管道属性组态对话框，可以根据需要设定管道宽度、内壁颜色、流线颜色等属性。

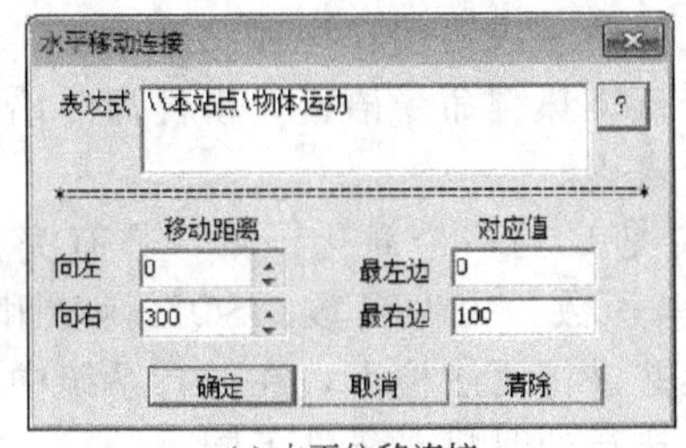

(a) 水平位移连接

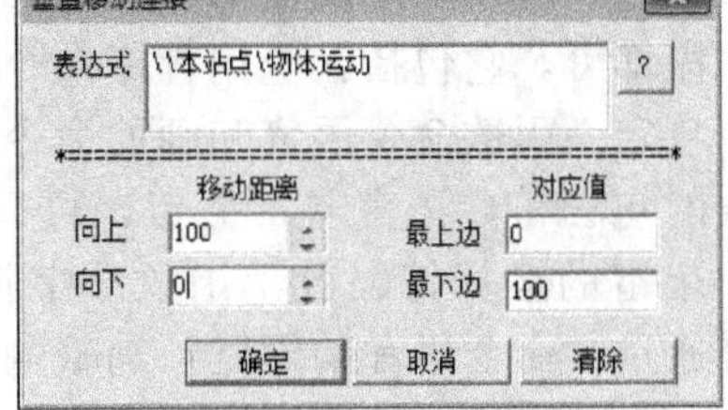

(b) 垂直位移连接

图 7.13　水平与垂直位移连接组态

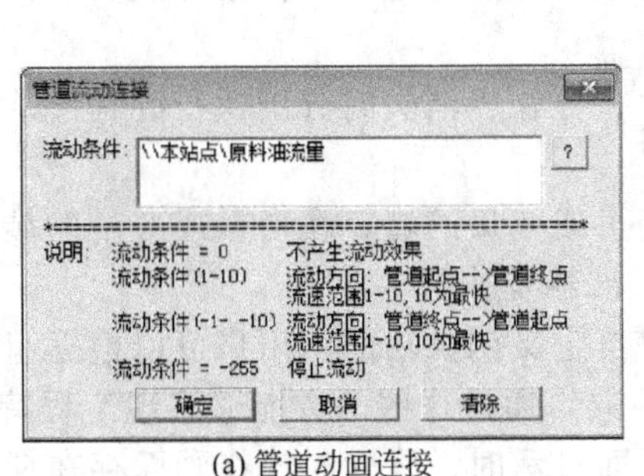

(a) 管道动画连接

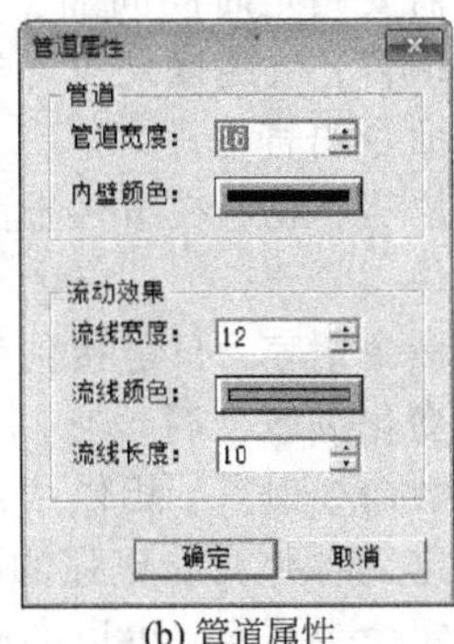

(b) 管道属性

图 7.14　管道流动连接与管道属性组态

7.4.2.6　动画命令语言连接

在“动画链接对话”窗口中单击“命令语言连接”下的按键，弹出如图 7.15 所示的命令语言编写窗口，可以按照组态王提供的命令语言规范进行编程。命令语言的格式类似 C 语言的格式。

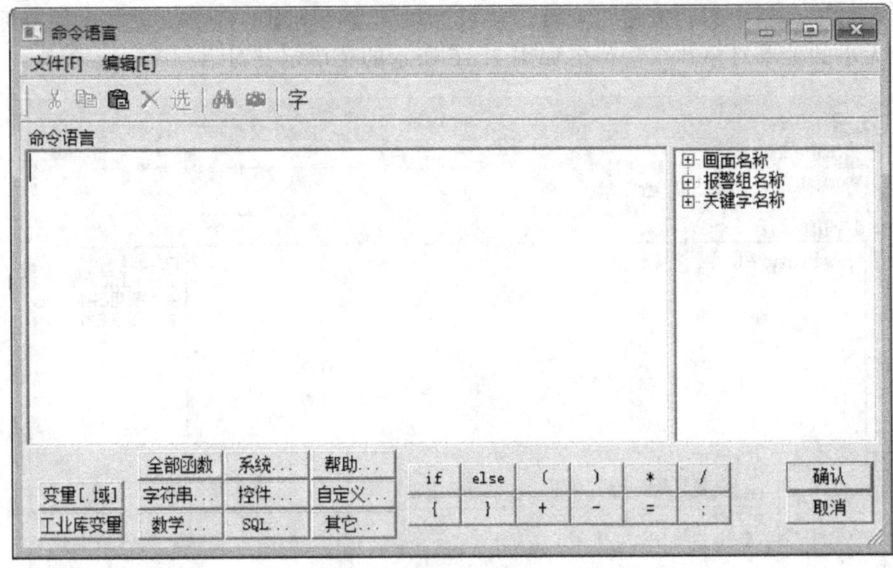

图 7.15　命令语言编写窗口

7.4.3　命令语言

组态王除了在定义动画连接时支持连接表达式，还允许用户编写命令语言来扩展应用程序的功能，极大地增强了应用程序的可用性。命令语言的格式类似 C 语言的格式，工程人员可以利用其来增强应用程序的灵活性。组态王的命令语言编辑环境已经编好，用户只要按规范编写程序段即可，它包括：应用程序命令语言、热键命令语言、事件命令语言、数据改变命令语言、自定义函数命令语言和画面命令语言等。

命令语言的句法和C语言非常类似，可以说是C的一个简化子集，具有完备的词法语法查错功能和丰富的运算符、数学函数、字符串函数、控件函数、SQL 函数和系统函数。各种命令语言通过“命令语言编辑器”编辑输入并进行语法检查，在运行系统中进行编译执行。命令语言有六种形式，其区别在于命令语言执行的时机或条件不同。

(1) 应用程序命令语言：可以在程序启动时、关闭时或在程序运行期间周期执行。如果希望周期执行，还需要指定时间间隔。

(2) 热键命令语言：被链接到设计者指定的热键上，软件运行期间，操作者随时按下热键都可以启动这段命令语言程序。

(3) 事件命令语言：规定在事件发生、存在、消失时分别执行的程序。离散变量名或表达式都可以作为事件。

(4) 数据改变命令语言：只链接到变量或变量的域。在变量或变量的域值变化到超出数据字典中所定义的变化灵敏度时，它们就被触发执行一次。

(5) 自定义函数命令语言：提供用户自定义函数功能。用户可以根据组态王的基本语法及提供的函数自己定义各种功能更强的函数，通过这些函数能够实现工程特殊的需要。

(6) 画面、按钮命令语言：可以在画面显示时、隐含时或在画面存在期间定时执行画面命令语言。在定义画面中的各种图索的动画连接时，可以进行命令语言的连接。

7.4.4 画面的切换

利用系统提供的“菜单”工具和 ShowPicture（ ）函数能够实现在主画面中切换到其他任一画面的功能。具体操作如下：

(1) 选择工具箱中的“按钮”工具。将鼠标放到监控画面的任一位置并按住鼠标左键画一个按钮大小的菜单对象，双击弹出如图 7.16 所示的菜单定义对话框。

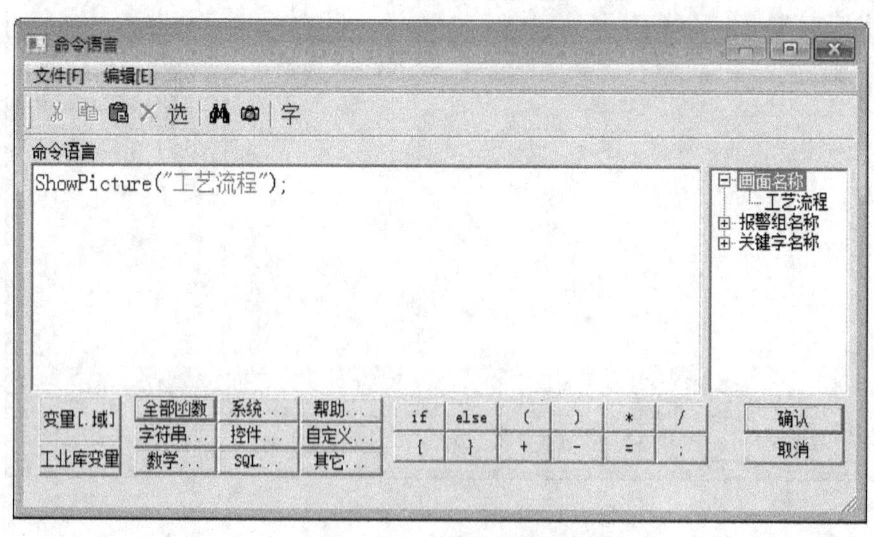

图 7.16 画面切换编程

(2) 菜单项输入完毕后单击“命令语言”按钮，弹出命令语言编辑框，在编辑框中输入如下命令语言：ShowPicture（工艺流程）。也可以单击“全部函数”或“其他”键，找到“ShowPicture”函数，选择后在语言编辑框中显示该函数，选择 ShowPicture 内的双引号部分，单击右边“画面名称”选择已产生的监控画面，如本例中产生的“工艺流程”画面。

7.4.5 运行系统设置

“组态王”软件包由工程管理器 ProjectManage、工程浏览器 TouchExplorer 和画面运行系统 TouchVew 三部分组成。其中工程浏览器内嵌组态王画面制作开发系统，生成人机界面工程。画面制作开发系统中设计开发的画面工程在 TouchVew 运行环境中运行。TouchExplorer 和 TouchVew 各自独立，一个工程可以同时被编辑和运行，这对于工程的调试是非常方便的。

在运行组态王工程之前首先要在开发系统中对运行系统环境进行配置。在开发系统中单击菜单栏“配置→运行系统”命令或工具条“运行”按钮或工程浏览器“工程目录显示区→系统配置→设置运行系统”按钮后，弹出“运行系统设置”对话框，如图 7.17 所示。“运行系统设置”对话框由“运行系统外观”属性页、“主画面配置”属性页和“特殊”属性页组成：

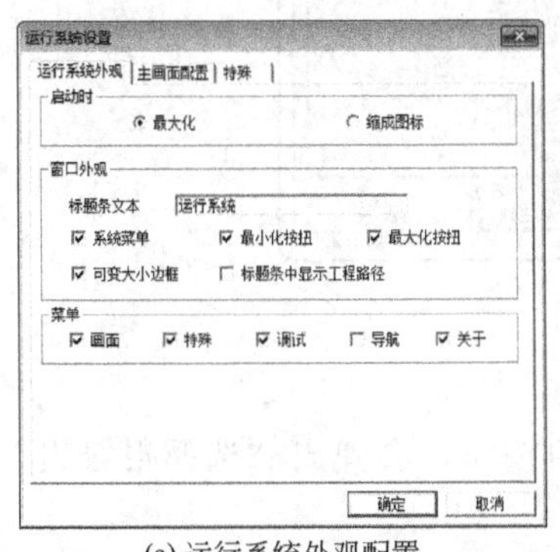

(a) 运行系统外观配置

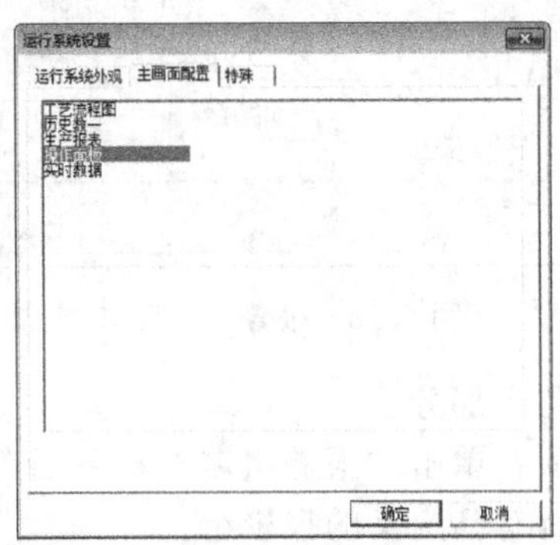

(b) 运行系统主画面配置

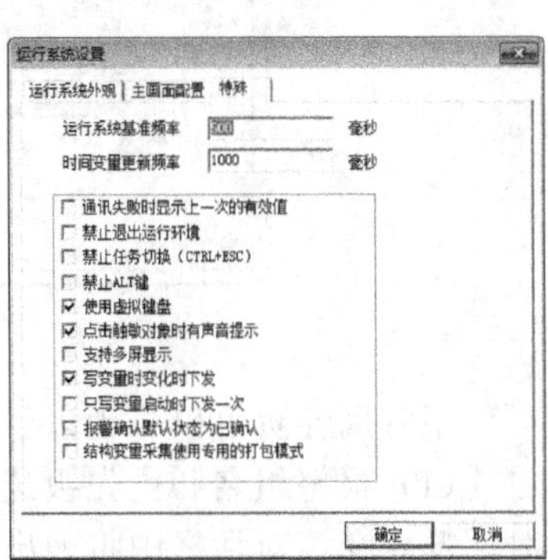

(c) 运行系统特殊配置

图 7.17 运行系统设置对话框

7.5 报警和事件

7.5.1 建立报警和事件窗口

为保证工业现场安全生产，报警和事件的产生和记录是必不可少的，“组态王”提供了强有力的报警和事件系统。组态王中的报警和事件主要包括变量报警事件、操作事件、用户登录事件和工作站事件。通过这些报警和事件用户可以方便地记录和查看系统的报警和各个工作站的运行情况。当报警和事件发生时，在报警窗中会按照设置的过滤条件实时地显示出来。为了分类显示产生的报警和事件，可以把报警和事件划分到不同的报警组中，在指定的报警窗口中显示报警和事件信息。

7.5.1.1 定义报警组

（1）在工程浏览器窗口左侧“工程目录显示区”中选择“数据库”中的“报警组”选项，在右侧“目录内容显示区”中双击“进入报警组”图标弹出“报警组定义”对话框。

（2）单击“修改”按钮，将名称为“RootNode”报警组改为需要的名字。

（3）选中报警组名字，单击“增加”按钮增加此报警组的子报警组，输入子报警组名称。

（4）单击“确认”按钮关闭对话框，结束对报警组的设置。

7.5.1.2 设置变量的报警属性

在组态王工程浏览器“数据库/数据词典”中新建一个变量或选择一个原有变量双击它，在弹出的“定义变量”对话框上选择“报警定义”属性页，如图 7.18 所示。

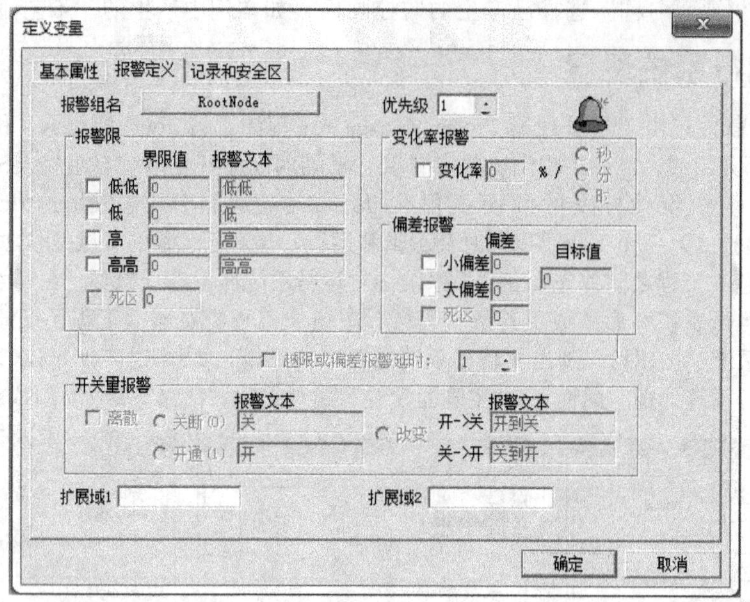

图 7.18　报警定义窗口

报警属性页可以分为以下几个部分。

(1) 报警组名和优先级选项：单击“报警组名”标签后的按钮，会弹出“选择报警组”对话框，在该对话框中将列出所有已定义的报警组。

(2) 模拟量报警定义区域：如果当前的变量为模拟量，则这些选项是有效的。

(3) 开关量报警定义区域：如果当前的变量为离散量，则这些选项是有效的。

(4) 报警的扩展域的定义：报警的扩展域共有两个，主要是对报警的补充说明、解释。在报警产生时的报警窗中可以看到。

7.5.1.3　模拟量报警类型

(1) 越限报警：模拟量的值在跨越规定的高低报警限时产生的报警。越限报警的报警限共有四个：低低限、低限、高限、高高限。

(2) 偏差报警：模拟量的值相对目标值上下波动超过指定的变化范围时产生的报警。偏差报警可以分为小偏差和大偏差报警两种。当波动的数值超出大小偏差范围时，分别产生大偏差报警和小偏差报警。

(3) 变化率报警：变化率报警是指模拟量的值在一段时间内产生的变化速度超过了指定的数值而产生的报警，即变量变化太快时产生的报警。系统运行过程中，每当变量发生一次变化，系统都会自动计算变量变化的速度，以确定是否产生报警。

(4) 报警延时和死区：对于越限和偏差报警，可以定义报警死区和报警延时。报警死区的作用是为了防止变量值在报警限上下频繁波动时，产生许多不真实的报警，在原报警限上下增加一个报警限的阈值，使原报警限界线变为一条报警限带，当变量的值在报警限带范围内变化时，不会产生和恢复报警，而一旦超出该范围时，才产生报警信息。这样对消除波动信号的无效报警有积极的作用。

7.5.1.4　数字量报警类型

离散量有两种状态：1、0。离散型变量的报警有三种状态。

(1) 1 状态报警：变量的值由 0 变为 1 时产生报警。

(2) 0 状态报警：变量的值由 1 变为 0 时产生报警。

(3) 状态变化报警：变量的值有 0 变为 1 或由 1 变为 0 为都产生报警。

在报警属性页中报警组名、优先级和扩展域的定义与模拟量定义相同。在“开关量报警”组内选择“离散”选项，三种类型的选项变为有效。定义时，三种报警类型只能选择一种。

7.5.2 报警和事件的输出

7.5.2.1 建立报警窗口

报警窗口是用来显示“组态王”系统中发生的报警和事件信息，报警窗口分实时报警窗口和历史报警窗口。实时报警窗口主要显示当前系统中发生的实时报警信息和报警确认信息，一旦报警恢复后将从窗口中消失。历史报警窗口中显示系统发生的所有报警和事件信息，主要用于对报警和事件信息进行查询。报警窗口建立方法如下。

(1) 通过“文件→画面→新建”创建一个画面。

(2) 通过“工具→报警窗口”菜单获得创建“报警窗口”的工具，画出一个方框即可创建一个报警窗口。如图 7.19 所示。

(3) 双击“报警窗口”对象，弹出报警窗口配置对话框。输入报警窗口名。

(4) 选择工具箱中的工具，在画面中绘制一报警窗口。双击报警窗口，弹出“报警窗口配置属性页”窗口，通过该窗口可以设置通用属性、页属性、操作属性、条件属性、颜色与字体属性等。

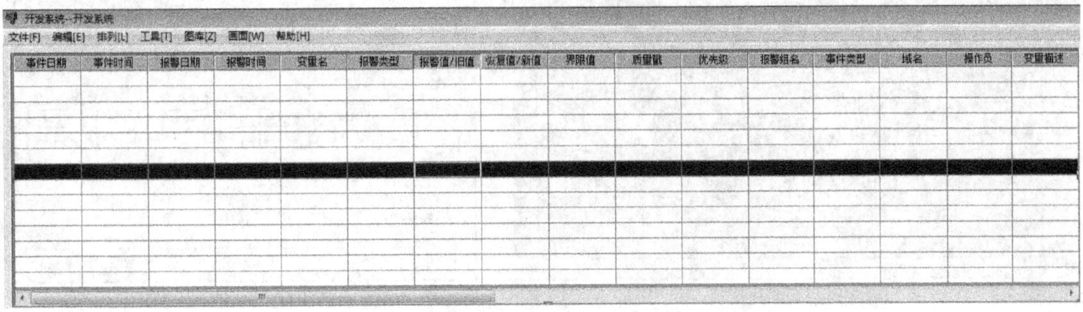

图 7.19 报警窗口组态

7.5.2.2 报警事件的输出

(1) 报警输出显示。组态王运行系统中报警的输出可以通过报警窗口显示出来。报警窗口分为两类：实时报警窗和历史报警窗。

① 实时报警窗。实时报警窗主要显示当前系统中存在的符合报警窗显示配置条件的实时报警信息和报警确认信息，当某一报警恢复后，不再在实时报警窗中显示。实时报警窗不显示系统中的事件。

② 历史报警窗。历史报警窗显示当前系统中符合报警窗显示配置条件的所有报警和事件信息。报警窗口中最大显示的报警条数取决于报警缓冲区大小的设置。

(2) 报警文件输出。系统的报警信息可以记录到文本文件中，用户可以通过这些文本文件来查看报警记录。记录的文本文件的记录时间段、记录内容、保存期限等都可以定义。

(3) 报警输出到数据库。组态王产生的报警和事件信息可以通过 ODBC 记录到开放式数据库中，如 Access、SQL Server 等。需要的准备工作为：首先在数据库中建立相关的数据表和数据字段，然后在系统控制面板的 ODBC 数据源中配置一个数据源（用户 DSN 或系统 DSN)。该数据源可以定义用户名和密码等权限。

(4) 报警打印输出。组态王系统产生的报警和事件信息可以通过计算机并口实时打印出来。需要用户事先通过报警打印配置对话框对实时打印进行配置。组态王系统将按照用户在"报警配置"中定义的报警事件的打印格式及内容，将报警信息送到指定的打印端口缓冲区，将其实时打印出来。

7.6 趋势曲线

7.6.1 实时趋势曲线

组态王提供两种形式的实时趋势曲线：工具箱中的组态王内置实时趋势曲线和实时趋势曲线 Active X 控件。在组态王开发系统中制作画面时，选择菜单“工具→实时趋势曲线”项或单击工具箱中的“画实时趋势曲线”按钮，此时鼠标在画面中变为十字形，在画面中用鼠标画出一个矩形，实时趋势曲线就在这个矩形中绘出，如图 7.20 所示。实时趋势曲线对象的中间有一个带有网格的绘图区域，表示曲线将在这个区域中绘出，网格左方和下方分别是 X 轴（时间轴）和 Y 轴（数值轴）的坐标标注。可以通过选中实时趋势曲线对象来移动位置或改变大小。

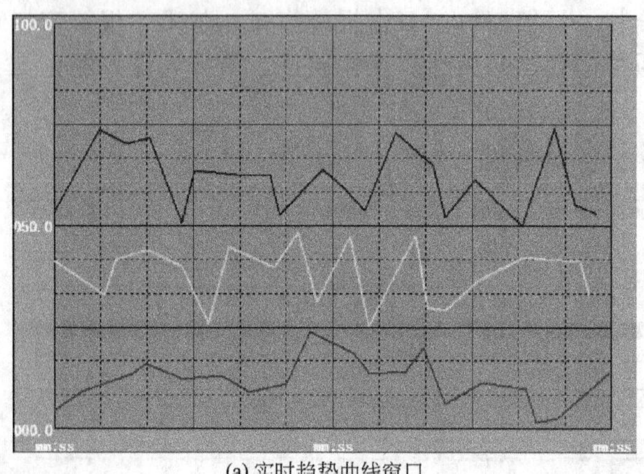

(a) 实时趋势曲线窗口

(b) 实时趋势曲线组态窗口

图 7.20 实时趋势曲线

7.6.2 历史趋势曲线

7.6.2.1 与历史趋势曲线有关的其他必配置项

（1）定义变量范围。由于历史趋势曲线数值轴显示的数据是以百分比来显示，因此对于要以曲线形式来显示的变量需要特别注意变量的范围。如果变量定义的范围很大，例如－999999～＋999999，而实际变化范围很小，例如－0.0001～＋0.0001，这样，曲线数据的百分比数值就会很小，在曲线图表上就会出现看不到该变量曲线的情况，因此必须合理设置变量的范围。变量数据的最大值和最小值可以从前面介绍的“变量定义”窗口中设置。

（2）对某变量作历史记录。对于要以历史趋势曲线形式显示的变量，都需要对变量作记录。在组态王工程浏览器中单击“数据库”项，再选择“数据词典”项，选中要作历史记录的变量，双击该变量，则弹出“变量属性”对话框，如图 7.21（a）所示。选中“记录和安全区”选项卡片，选择变量记录的方式。

（3）定义历史库数据文件的存储目录。在组态王工程浏览器的菜单条上单击“配置”菜单，再从弹出的菜单命令中选择“历史数据记录”命令项，弹出的对话框，如图 7.21（b）

所示，在此对话框中设置历史数据文件保存天数、硬盘空间不足报警和记录历史数据文件在磁盘上的存储路径。本例中设置数据保存天数为 365 天，当超过 365 天时，自动删除过时的历史数据，始终保存 365 天的历史数据文件；设定的硬盘可用空间下限为 500M，当硬盘可用空间小于 500M 时将报警；将历史数据文件保存到 c：\ hisdat 的路径中。

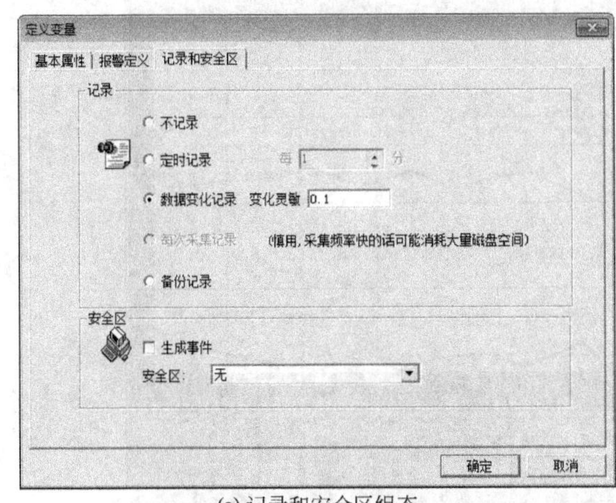

(a) 记录和安全区组态

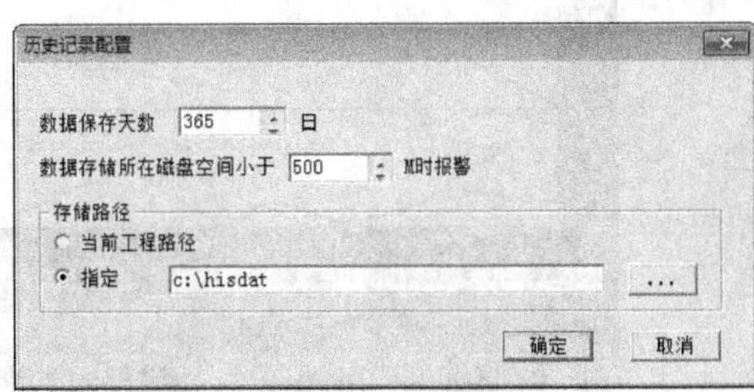

(b) 历史数据路径配置

图 7.21　变量的记录方式与记录路径配置

（4）重启历史数据记录。在组态王运行系统的菜单条上单击“特殊”菜单项，再从弹出的菜单命令中选择“重启历史数据记录”，此选项用于重新启动历史数据记录。在没有空闲磁盘空间时，系统就自动停止历史数据记录。

7.6.2.2　使用控件创建历史趋势曲线

在组态王开发系统中制作画面时，选择菜单“图库→打开图库→历史曲线”项，然后在画面上画出区域，即可得到一个较为完整的历史曲线画面，如图 7.22 所示。

另外，也可以采用组合式的编辑办法来建立历史曲线。首先由“工具→历史趋势曲线”来创建历史数据曲线窗口，通过“工具箱”绘制各种按键、文字、线条、图框等，再通过命

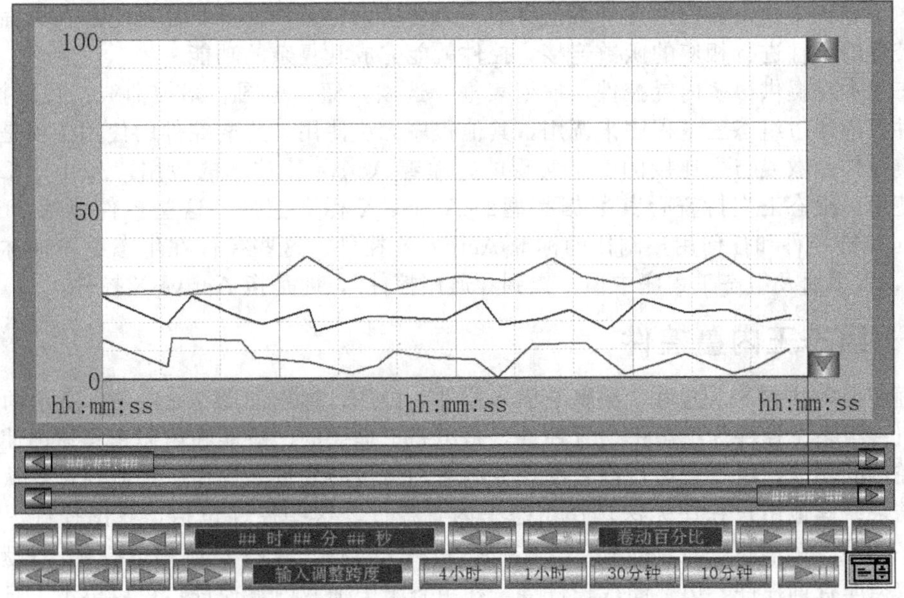

图 7.22　控件式历史数据显示窗

令语言、命令语言函数来进行操作定义，从而通过这些控件的联合作用，实现历史数据曲线的操作显示。该方法要用到一些与历史数据相关的函数（HT 字母开头）。图 7.23 是用这种方法创建的历史数据画面。

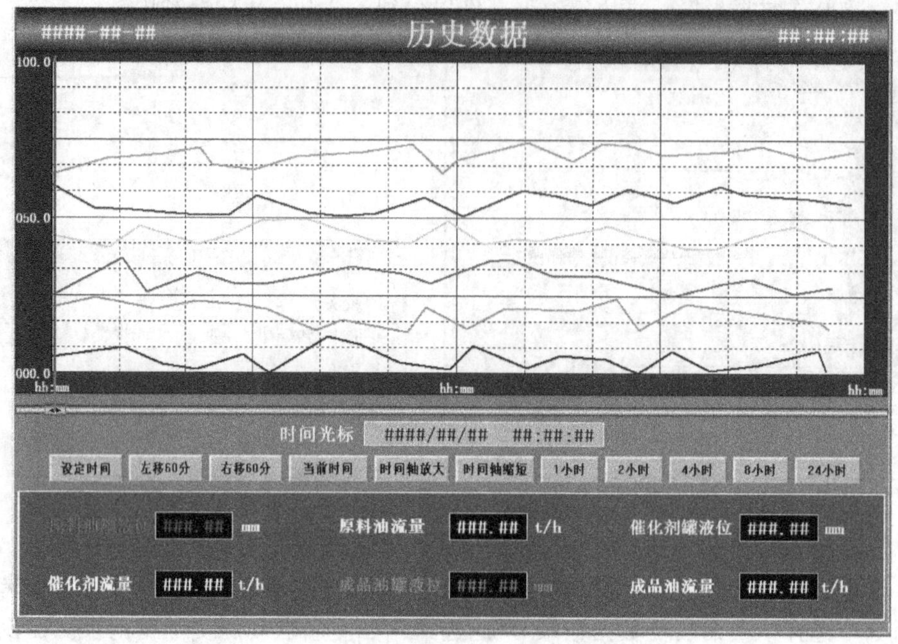

图 7.23　组合式历史数据显示窗

7.7　控件

控件可以作为一个相对独立的程序单位被其他应用程序重复调用。控件的接口是标准的，凡是满足这些接口条件的控件，包括第三方软件供应商开发的控件，都可以被组态王直接调用。组态王中提供的控件在外观上类似于组合图素，工程人员只需把它放在画面上，然后配置控件的属性进行相应的函数连接，控件就能完成其复杂的功能。

组态王本身提供很多内置控件，如列表框、选项按钮、棒图、温控曲线、视频控件等，这些控件只能通过组态王主程序来调用，其他程序无法使用，这些控件的使用主要是通过组态王相应控件函数或与之连接的变量实现的。随着 Active X 技术的应用，Active X 控件也普遍被使用。组态王支持符合其数据类型的 Active X 标准控件。这些控件包括 Microsoft Windows 标准控件和任何用户制作的标准 Active X 控件。这些控件在组态王中被称为“通用控件”，本手册及组态王程序中但凡提到“通用控件”，即是指 Active X 控件。

7.7.1　组态王内置控件

在画面编辑状态下，通过“编辑→插入控件”操作，弹出如图 7.24（a）所示的组态王控件窗口。组态王控件为组态王内置控件，是组态王提供的、只能在组态王程序内使用。它能实现控件的功能，组态王通过内置的控件函数和连接的变量来操作、控制控件，从控件获得输出结果。其他用户程序无法调用组态王内置控件。这些控件包括：棒图控件、温控曲线、*X-Y* 曲线、列表框、选项按钮、文本框、超级文本框、AVI 动画播放控件、视频控件、开放式数据库查询控件、历史曲线控件等。在组态王中加载内置控件，可以单击工具箱中的“插入控件”按钮。组态王主要控件的功能简单介绍如下。

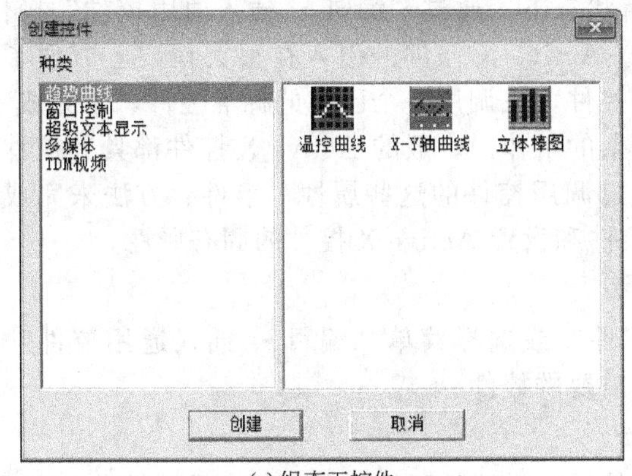

(a) 组态王控件

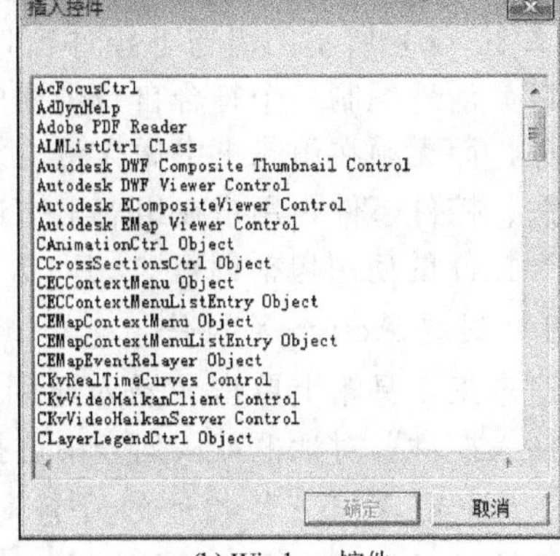

(b) Windows控件

图 7.24　组态王控件和 Windows 控件选择窗口

(1) 立体棒图控件。棒图是指用图形的变化表现与之关联数据的变化绘图图表。组态王中的棒图图形可以是二维条形图、三维条形图或饼图。

(2) 温控曲线控件。温控曲线反映出实际测量值按设定曲线变化的情况。在温控曲线中，纵轴代表温度值，横轴对应时间的变化，同时将每一个温度采样点显示在曲线中，另外还提供两个游标，当用户把游标放在某一个温度的采样点上时，该采样点的注释值就可以显示出来。主要适用于温度控制，流量控制等等。

(3) *X-Y* 轴曲线控件。*X-Y* 轴曲线控件可用于显示两个变量之间的数据关系，如电流-转速曲线等形式的曲线。组态王提供了超级 *X-Y* 曲线控件，建议用户使用该控件。

(4) 列表框和组合框控件。在列表框中，可以动态加载数据选项，当需要数据时，可以直接在列表框中选择，使与控件关联的变量获得数据。组合框是文本框与列表框的组合，可以在组合框的列表框中直接选择数据选项，也可以在组合框的文本框中直接输入数据。组态王中列表框和组合框的形式有：普通列表框、简单组合框、下拉式组合框、列表式组合框。它们只是在外观形式上不同，其他操作及函数使用方法都是相同的。列表框和组合框中的数据选项可以依靠组态王提供的函数动态增加、修改，或从相关文件（.csv 格式的列表文件）中直接加载。

(5) 复选框控件。复选框控件可以用于控制离散型变量，如用于控制现场中的各种开关，做各种多选选项的判断条件等。复选框一个控件连接一个变量，其值的变化不受其他同类控件的影响，当控件被选中时，变量置为 1，不选中时，变量置为 0。

(6) 编辑框控件。控件用于输入文本字符串并送入指定的字符串变量中。输入时不会弹出虚拟键盘或其他的对话框。

(7) 单选按钮控件。当出现多选一的情况时，可以使用单选按钮来实现。单选按钮控件实际是由一组单个的选项按钮组合而成的。在每一组中，每次只能选择一个选项。

(8) 超级文本显示控件。组态王提供一个超级文本显示控件，用于显示 RTF 格式或 TXT 格式的文本文件，而且也可在超级文本显示控件中输入文本字符串，然后将其保存成指定的文件，调入 RTF、TXT 格式的文件和保存文件通过超级文本显示控件函数来完成。

(9) 多媒体控件。组态王提供的多媒体控件有：动画播放控件（播放 *.avi 文件）和视频输出控件。

7.7.2　Active X 控件

组态王支持 Windows 标准的 Active X 控件，包括 Microsoft 提供的标准 Active X 控件

和用户自制的 Active X 控件。在画面编辑状态下，通过“编辑 · 插入通用控件”操作，弹出如图 7.24（b）所示的组态王控件窗口。Active X 控件的引入在很大程度上方便了用户，用户可以灵活地编制一个符合自身需要的控件，或调用一个已有的标准控件，来完成一项复杂的任务，而无须在组态王中做大量的复杂的工作。一般的 Active X 控件都具有控件属性、控件方法、控件事件，用户在组态王中通过调用控件的这些属性、事件、方法来完成工作。Active X 控件的使用包括创建 Active X 控件和设置 Active X 控件的固有属性。

7.7.2.1　创建 Active X 控件

在组态王工具箱上单击“插入通用控件”或选择菜单“编辑 · 插入通用控件”命令。弹出“插入控件”对话框，从列表中选择需要的控件。

7.7.2.2　设置 Active X 控件的固有属性

根据控件的特点，有些控件带有固定的属性设置界面，这些属性界面在组态王里称为控件的“固有属性”。通过这些固有属性，可以设置控件的操作状态、控件的外观、颜色、字体或其他一些的属性等。设置的固有属性一般为控件的初始状态。每个控件的固有属性页都各不相同。设置固有属性的方法为，首先选中控件，在控件上单击鼠标右键，系统弹出快捷菜单，选择“控件属性”命令。如果用户创建的控件有属性页的话，则会直接弹出控件的属性页。

7.8　报表系统

数据报表是反映生产过程中的数据、状态等，并对数据进行记录的一种重要形式。是生产过程必不可少的一个部分。它既能反映系统实时的生产情况，也能对长期的生产过程进行统计、分析，使管理人员能够实时掌握和分析生产情况。

组态王提供内嵌式报表系统，工程人员可以任意设置报表格式，对报表进行组态。组态王 6.55 新增了报表向导工具，该工具可以以组态王的历史库或 KingHistorian 为数据源，快速建立所需的班报表、日报表、周报表、月报表、季报表和年报表。此外，还可以实现值的行列统计功能。

7.8.1　创建报表

7.8.1.1　产生报表画面

进入组态王开发系统，产生一个新的画面，在组态王工具箱按钮中，用鼠标左键单击“报表窗口”按钮拖动鼠标画出一个矩形，报表窗口创建成功，报表窗口如图 7.25（a）所示。

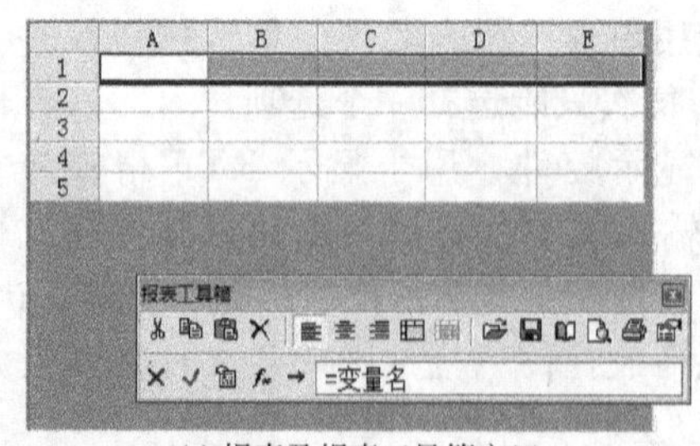

(a) 报表及报表工具箱窗口

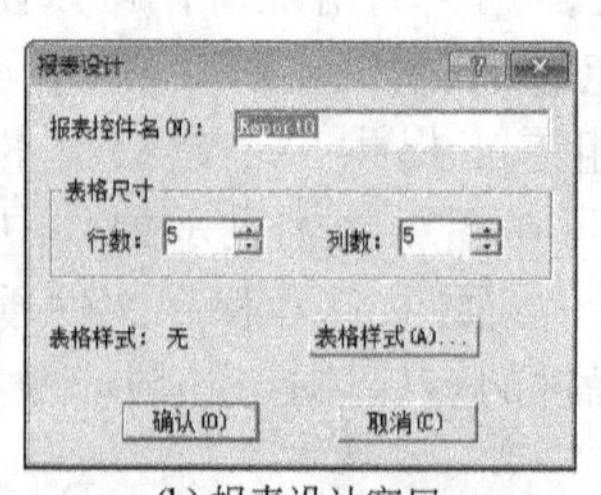

(b) 报表设计窗口

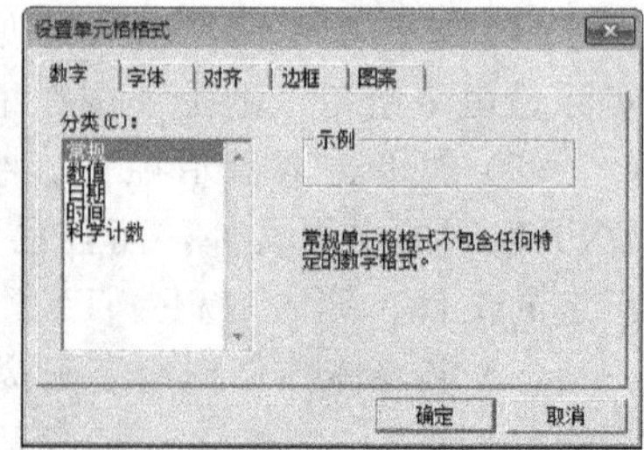

(c) 设置单元格格式窗口

图 7.25　创建报表窗口

7.8.1.2 配置报表

左键双击报表窗口，得到如图 7.25（b）所示的创建报表窗口画面。可以在报表设计窗口中输入报警控件名称、设置行数和列数。

“报表设计”对话框中各项的含义如下。

（1）报表名称：在“报表控件名”文本框中输入报表的名称，如“实时数据报表”。

（2）表格尺寸：在行数、列数文本框中输入所要制作的报表的大致行列数。行数最大值为 20000 行；列数最大值为 52 列。行用数字“1、2、3…”表示，列用英文字母“A、B、C、D…”表示。单元格的名称定义为“列标＋行号”，如“a1”。列标使用时不区分大小写。

（3）套用报表格式：用户可以直接使用已经定义的报表模板，而不必再重新定义相同的表格格式。单击“表格样式”按钮，弹出“报表自动调用格式”对话框，如图 7.25（c）所示。套用后的格式用户可按照自己的需要进行修改。

（4）添加报表套用格式：单击“请选择模板文件：”后的“…”按钮，弹出文件选择对话框，用户选择一个自制的报表模板（*.rtl 文件）。在“自定义格式名称：”文本框中输入当前报表模板被定义为表格格式的名称，如“格式 1”。单击“添加”按钮将其加入到格式列表框中，供用户调用。

（5）删除报表套用格式：从列表框中选择某个报表格式，单击“删除”按钮，即可删除不需要的报表格式。删除套用格式不会删除报表模板文件。

（6）预览报表套用格式：在格式列表框中选择一个格式项，则其格式显示在右边的表格框中。

7.8.1.3 单元格属性定义

将鼠标放在报表窗口的栏目位置上，单击右键从弹出的窗口中选择“设置单元格格式”，弹出如图 7.25（c）所示的窗口，可以对报表显示作数字、字体、对齐、边框、图案的格式设置。

7.8.2 报表函数

报表在运行系统单元格中数据的计算、报表的操作等都是通过组态王提供的一整套报表函数实现的。报表函数分为报表内部函数、报表单元格操作函数、报表存取函数、报表历史数据查询函数、统计函数、报表打印函数等。报表函数较多，下面仅介绍几个常用的单元格操作函数。

（1）将指定报表的指定单元格设置为给定值。

Long nRet = ReportSetCellValue（String szRptName，long nRow，long nCol，float fValue）

参数说明：szRptName 为报表名称；Row 为要设置数值的报表的行号（可用变量代替）；Col 为要设置数值的报表的列号（这里的列号使用数值，可用变量代替）；Value 为要设置的数值。

（2）将指定报表的指定单元格设置为给定字符串。

Long nRet = ReportSetCellString（String szRptName，long nRow，long nCol，String szValue）

参数说明：szRptName 为报表名称；Row 为要设置数值的报表的行号（可用变量代替）；Col 为要设置数值的报表的列号（这里的列号使用数值，可用变量代替）；Value 为要设置的文本。

（3）将指定报表的指定单元格区域设置为给定值。

Long nRet = ReportSetCellValue2（String szRptName，long nStartRow，long nStart-

Col, long nEndRow, long nEndCol, float fValue)

参数说明：szRptName 为报表名称；StratRow 为要设置数值的报表的开始行号（可用变量代替）；StartCol 为要设置数值的报表的开始列号（这里的列号使用数值，可用变量代替）；EndRow 为要设置数值的报表的结束行号（可用变量代替）；EndCol 为要设置数值的报表的结束列号（这里的列号使用数值，可用变量代替）；Value 为要设置的数值。

（4）将指定报表指定单元格设置为给定字符串。

Long nRet = ReportSetCellString2（String szRptName, long nStartRow, long nStartCol, long nEndRow, long nEndCol, String szValue）

参数说明：szRptName 为报表名称；StartRow 为要设置数值的报表的开始行号（可用变量代替）；StartCol 为要设置数值的报表的开始列号（这里的列号使用数值，可用变量代替）；StartRow 为要设置数值的报表的开始行号（可用变量代替）；StartCol 为要设置数值报表的开始列号（这里的列号使用数值，可用变量代替）；Value 为要设置的文本。

（5）获取指定报表的指定单元格的数值。

float fValue = ReportGetCellValue（String szRptName, long nRow, long nCol）

参数说明：szRptName 为报表名称；Row 为要获取数据报表的行号（可用变量代替）；Col 为要获取数据报表的列号（这里的列号使用数值，可用变量代替）。

（6）获取指定报表的指定单元格的文本。

String szValue = ReportGetCellString（String szRptName, long nRow, long nCol,）

参数说明：szRptName 为报表名称；Row 为要获取文本报表的行号（可用变量代替）；Col 为要获取文本的报表的列号（这里的列号使用数值，可用变量代替）。

（7）获取指定报表的行数。

Long nRows = ReportGetRows（String szRptName）

参数说明：szRptName 为报表名称

（8）获取指定报表的列数。

Long nCols = ReportGetColumns（String szRptName）

参数说明：szRptName 为报表名称

（9）设置报表的行数。

ReportSetRows（String szRptName, long RowNum）

参数说明：szRptName 为报表名称；RowNum 为要设置的行数。

（10）设置报表列数。

ReportSetColumns（String szRptName, long ColumnNum）

参数说明：szRptName 为报表名称；ColumnNum 为要设置的列数。

（11）存储报表。

Long nRet = ReportSaveAs（String szRptName, String szFileName）

函数功能：将指定报表按照所给的文件名存储到指定目录下，ReportSaveAs 支持将报表文件保存为 rtl、xls、csv 格式。保存的格式取决于所保存文件的后缀名。

参数说明：szRptName 为报表名称；szFileName 为存储路径和文件名称。

（12）读取报表。

Long nRet = ReportLoad（String szRptName, String szFileName）

函数功能：将指定路径下的报表读到当前报表中来。ReportLoad 支持读取 rtl 格式的报表文件。报表文件格式取决于所保存文件的后缀名。

参数说明：szRptName 为报表名称；szFileName 为报表存储路径和文件名称。

（13）报表打印函数。

报表打印函数根据用户的需要有两种使用方法，一种是执行函数时自动弹出“打印属性”对话框，供用户选择确定后，再打印；另外一种是执行函数后，按照默认的设置直接输出打印，不弹出“打印属性”对话框，适用于报表的自动打印。报表打印函数原型为：

ReportPrint2（String szRptName）

或者　ReportPrint2（String szRptName，EV_LONG | EV_ANALOG | EV_DISC）

参数说明：szRptName 为要打印的报表名称；EV_LONG | EV_ANALOG | EV_DISC 为整型或实型或离散型的一个参数，当该参数 不为 0 时，自动打印，不弹出“打印属性”对话框。如果该参数为 0，则弹出“打印属性”对话框。

7.9　组态王历史库

7.9.1　组态王历史库概述

数据存储功能对于任何一个工业系统来说都是至关重要的，随着工业自动化程度的普及和提高，工业现场对重要数据的存储和访问的要求也越来越高。一般组态软件都存在对大批量数据的存储速度慢、数据容易丢失、存储时间短、存储占用空间大、访问速度慢等不足之处，对于大规模的、高要求的系统来说，解决历史数据的存储和访问是一个刻不容缓的问题。组态王 6.55 顺应这种发展趋势，提供高速历史数据库，支持毫秒级高速历史数据的存储和查询。采用最新数据压缩和搜索技术，数据库压缩比低于 20%，大大节省了磁盘空间。查询速度大大提高，一个月内的数据按照每小时间隔查询，可以在百毫秒内迅速完成。完整实现历史库数据的后期插入、合并。可以将特殊设备中存储的历史数据片段通过组态王驱动程序完整地插入到历史库中；也可以将远程站点上的组态王历史数据片段合并到历史数据记录服务器上，真正解决了数据丢失的问题。更重要的是，组态王 6.55 扩展了数据存储功能，允许同时向组态王的历史库和工业库 KingHistorian 中存储数据。

注意：由于组态王 6.5 以后的版本采用了新的历史数据记录模式，组态王软件 6.5 以前版本所存储的历史库将与新的历史库不兼容。

7.9.2　组态王变量的历史记录属性

在组态王中，离散型、整型和实型变量支持历史记录，字符串型变量不支持历史记录。组态王的历史记录形式可以分为数据变化记录、定时记录（最小单位为 1 分钟）和备份记录。记录形式的定义通过变量属性对话框中提供的选项完成。

在工程浏览器的数据词典中找到需要定义记录的变量，双击该变量进入如图 7.26 所示的“定义变量”对话框，单击“记录和安全区”项显示如图 7.26 所示的对话框，可在此对话框中进行属性设置。

记录属性的定义如下。

（1）不记录：此选项有效时，则该变量值不进行历史记录。

（2）定时记录：无论变量变化与否，系统运行时按定义的时间间隔将变量的值记录到历史库中，每隔设定的时间对变量的值进行一次记录。最小定义时间间隔单位为 1 分钟，这种方式适用于数据变化缓慢的场合。

（3）数据变化记录：系统运行时，变量的值发生变化，而且当前变量值与上次的值之间的差值大于设置的变化灵敏度时，该变量的值才会被记录到历史记录中。这种记录方式适合于数据变化较快的场合。

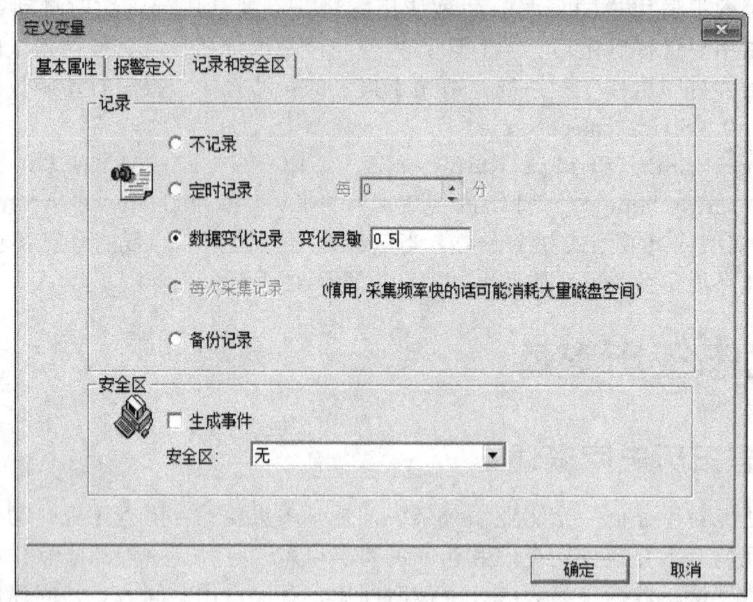

图 7.26　记录属性设置

(4) 变化灵敏度：定义变量变化记录时的阈值。当“数据变化记录”选项有效时，“变化灵敏度”选项才有效。

(5) 每次采集记录：系统运行时，按照变量的采集频率进行数据记录，每到一次采集频率，记录一次数据。该功能只适用于IO变量，内存变量没有该记录方式。该功能应慎用，因为当数据量比较大，且采集频率比较快时，使用“每次采集记录”，存储的历史数据文件会消耗很多的磁盘空间。

(6) 备份记录：选择该项，系统在平常运行时，不再直接向历史库中记录该变量的数值，而是通过其他程序调用组态王历史数据库接口，向组态王的历史记录文件中插入数据。在进行历史记录查询等时，可以查询到这些插入的数据。

7.9.3　历史记录存储及文件的格式

7.9.3.1　历史库设定窗口

组态王以前的版本能够存储历史数据到组态王的历史库或KingHistorian工业库。组态王6.55版本进一步扩展了数据存储功能，即同时存储历史数据到组态王的历史库和工业库KingHistorian中。在组态王工程浏览器中，打开“历史库配置”属性对话框。如图7.27 (a) 所示。

(1) 运行时启动历史数据记录：如果选择“运行时启动…”选项，则运行系统启动时，直接启动历史记录。否则，运行时用户也可以通过系统变量“$启动历史记录”来随时启动历史记录。或通过选择运行系统中“特殊”菜单下的“启动历史记录”命令来启动历史记录。

(2) 配置可访问的工业库服务器：当需要查询工业库服务器里的历史数据时，需要事先配置好该项。单击“配置可访问的工业库服务器”按钮，弹出“工业库配置”对话框。配置工业库服务器的IP地址、端口号、登陆工业库的用户名、密码等选项，然后单击“添加”按钮，在列表中列出工业库服务器的信息，如图7.27 (b) 所示。

(3) 选择当前记录历史数据的服务：记录历史数据有三种选择。一般选择“组态王历史

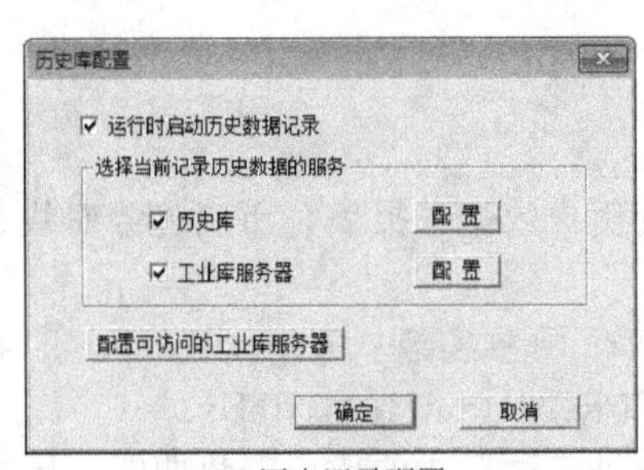

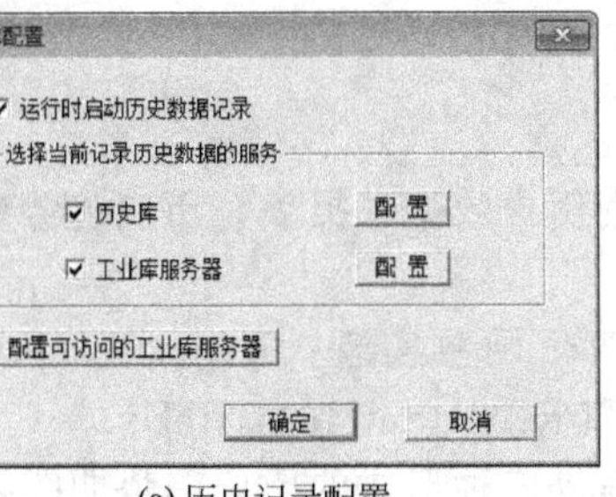

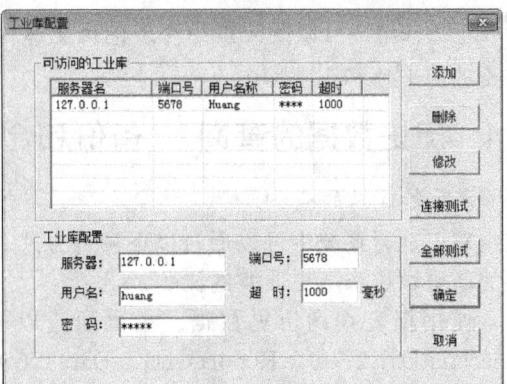

(a) 历史记录配置　　(b) 工业库配置

图 7.27　历史记录组态

库”选项，将历史数据直接存储到组态王历史库中；若用户购买了 KingHistorian 工业库软件，则可选择“工业库服务器”选项，将历史数据存储到已配置好的工业库服务器中；当然也可同时选择“组态王历史库”选项和“工业库服务器”选项将历史数据同时存储到组态王的历史库和工业库中。下面分别介绍两种选项的配置。

7.9.3.2　组态王历史库属性

单击“历史库”右边的“配置”按钮，弹出“历史记录配置”对话框，可以根据需要进行属性配置。

(1) 数据保存天数：选择历史库保存的时间。最长为 8000 天，最短为 1 天。当到达规定的时间时，系统自动删除最早的历史记录文件。

(2) 数据存储所在磁盘空间小于：磁盘存储空间不足时报警。当历史库文件所在的磁盘空间小于设置值时（设置范围 100～8000），系统运行后，将检测存储路径所在的硬盘空间，如果硬盘空间小于设定值，则系统给出提示。此时工程人员应该尽快清理磁盘空间，以保证组态王历史数据能够正常保存。

(3) 历史库存储路径的选择：历史库的存储路径可以选择当前工程路径，也可以指定一个路径。如果工程为单机模式运行，则系统在指定目录下建立一个“本站点”目录，存储历史记录文件。如果是网络模式，本机为“历史记录服务器”，则系统在该目录下为本机及每个与本机连接的 IO 服务器建立一个目录（本机的目录名称为本机的节点名，IO 服务器的目录名称为 IO 服务器的站点名），分别保存来自各站点的历史数据。

(4) 历史记录文件格式：组态王的历史记录文件包括三种：*.tmp，*.std，*.ev。*.tmp 为临时的数据文件，*.std 为压缩的原始数据文件，*.ev 为进行了数据处理的特征值文件。

7.9.3.3　工业库服务器

单击“工业库服务器”右边的“配置”按钮，弹出“记录历史数据工业库配置”页面，在该页面配置工业库服务器的 IP 地址、端口号、登陆工业库的用户名、密码等选项。下面给出一个例子说明：

服务器：127.0.0.1（这里，工业库装在本地）

端口号：5678

用户名：huang

密码：huang

超时：0 毫秒

注意：用户可以既配置组态王的历史库，也配置工业库，从而同时把历史数据存储到组态王的历史库和工业库中。

7.9.4 历史数据的查询、备份和合并

7.9.4.1 历史数据的查询

在组态王运行系统中可以通过以下两种方式查询历史数据：报表、历史趋势曲线、Web发布中的历史数据和历史曲线的浏览。

(1) 使用报表查询历史数据。主要通过以下四个函数实现：ReportsetHistdata（）、ReportsetHistData2（）、ReportsetHistData3（）和ReportSetHistDataEx。

(2) 使用历史趋势曲线查询历史数据。组态王提供三种形式的历史趋势曲线：历史趋势曲线控件，图库中的历史趋势曲线，工具箱中的历史趋势曲线。

(3) 使用WEB历史数据发布。可以通过发布的数据视图或时间曲线查看组态王历史库或工业库中的数据。

注意：在历史记录配置中，如果选择记录历史数据到“组态王历史库”，则可同时查询组态王历史库和工业库服务器中的历史数据。如果选择记录历史数据到“工业库服务器”，则只能查询工业库中的历史数据。另外，组态王暂不支持工业库实时数据的直接访问。

7.9.4.2 网络历史库的备份合并

在使用组态王网络功能时，有些系统中历史记录服务器与IO服务器不是经常连接的，而是间断连接的，如拨号网络连接的网络系统。在这种情况下，IO服务器上变量的历史记录数据如果在网络不通的时候很容易丢失。

为了解决这个问题，组态王中专门提供了网络历史库存储“备份合并”的功能。在一般的网络里，IO服务器是不进行历史库记录的，而是将所有的数据都发送到历史记录服务器上记录。在组态王的“网络配置”中提供了一个选项“进行历史数据备份”。如图7.28所示。

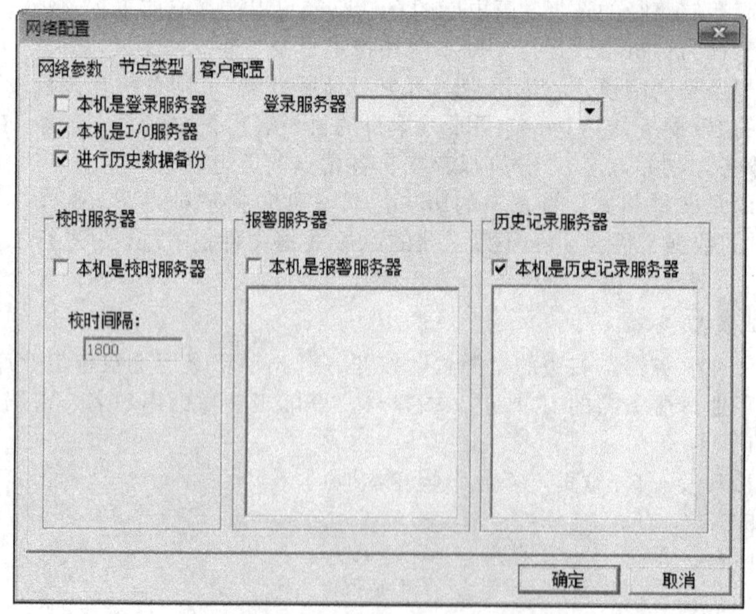

图7.28 IO服务器上选择历史库备份

在IO服务器上选择该项，则系统运行时，IO服务器自动记录本机产生的历史记录。在历史记录服务器上建立远程站点时，可以看到IO服务器记录历史记录的选项。

注意：进行历史数据备份的站点，必须在“网络配置”中选择“本机是历史记录服务器”，否则无法进行历史记录。然后定义历史记录服务器的节点类型。

这样当系统运行时，无论网络连通与否，历史记录服务器都不会记录来自IO服务器上变量的实时库中的值。在网络连通时，需要用户通过命令语言调用组态王提供的历史库备份函数——BackUpHistData（）来将IO服务器上的历史数据传送到历史记录服务器上。

7.10 组态王与其他应用程序的动态数据交换（DDE）

组态王支持动态数据交换（DDE：Dynamic Data Exchange），能够和其他支持动态数据交换的应用程序方便地交换数据。通过DDE，工程人员可以利用PC机丰富的软件资源来扩充“组态王”的功能，比如用电子表格程序从“组态王”的数据库中读取数据，对生产作业执行优化计算，然后“组态王”再从电子表格程序中读出结果来控制各个生产参数；可以利用Visual Basic开发服务程序，完成数据采集、报表打印、多媒体声光报警等功能，从而很容易组成一个完备的上位机管理系统；还可以和数据库程序、人工智能程序、专家系统等进行通信。

7.10.1 动态数据交换的概念

DDE（Dynamic Data Exchange：动态数据交换）是Windows平台上的一个完整的通信协议，它使支持动态数据交换的两个或多个应用程序能彼此交换数据和发送指令。DDE始终发生在客户应用程序和服务器应用程序之间。DDE过程可以比喻为两个人的对话，一方向另一方提出问题，然后等待回答。提问的一方称为“顾客”（Client），回答的一方称为“服务器”（Server）。一个应用程序可以同时是“顾客”和“服务器”：当它向其他程序中请求数据时，它充当的是“顾客”；若有其他程序需要它提供数据，它又成了“服务器”。

DDE对话的内容是通过以下三个标识名来约定的。

应用程序名（application）：进行DDE对话的双方的名称。商业应用程序的名称在产品文档中给出。“组态王”运行系统的程序名是“VIEW”；Microsoft Excel的应用程序名是“Excel”；Visual Basic程序使用的是可执行文件的名称。

主题（topic）：被讨论的数据域（domain）。对“组态王”来说，主题规定为“tagname”；Excel的主题名是电子表格的名称，比如sheet1、sheet2……；Visual Basic程序的主题由窗体（Form）的LinkTopic属性值指定。

项目（item）：这是被讨论的特定数据对象。在“组态王”的数据词典里，工程人员定义I/O变量的同时，也定义项目名称（参见第五章变量定义和管理）。Excel里的项目是单元，比如r1c2（r1c2表示第一行、第二列的单元）。对Visual Basic程序而言，项目是一个特定的文本框、标签或图片框的名称。

建立DDE之前，客户程序必须填写服务器程序的三个标识名。为方便使用，列表7.3说明。

表7.3 服务器程序的填写方法

软件	应用程序名		主题		项目	
	规定	用例	规定	用例	规定	用例
组态王	VIEW		tagname		工程人员自己定义	温度
Excel	Excel		电子表格名	sheet1	单元	r2c2
VB	执行文件名	vbdde	窗体的LinkTopic属性	Form1	控件的名称	Text

7.10.2 组态王访问 Excel 的数据

为了建立 DDE 连接，需要在“组态王”的数据词典里新建一个 I/O 变量，并且登记服务器程序的三个标识名。当 Excel 作为“顾客”向“组态王”请求数据时，要在 Excel 单元中输入远程引用公式：

＝VIEW | TAGNAME! 设备名．寄存器名

此“设备名．寄存器名”指的是组态王数据词典里 I/O 变量的设备名和该变量的寄存器名。设备名和寄存器名的大小写一定要正确。

在本例中，假设组态王访问 Excel 的数据，组态王作为客户程序向 Excel 请求数据。数据流向如下图 7.29 所示。

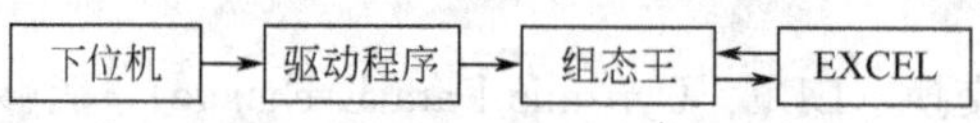

图 7.29 组态王访问 Excel 路线图

组态王作为客户程序，需要在定义 I/O 变量时设置服务器程序 Excel 的三个标识名，即：服务程序名设为 Excel，话题名设为电子表格名，项目名设置成 Excel 单元格名。具体步骤如下。

(1) 在“组态王”中定义 DDE 设备。在工程浏览器中，从左边的工程目录显示区中选择“设备・DDE”，然后在右边的内容显示区中双击“新建”图标，则弹出“设备配置向导”，定义的连接对象名为 EXCEL（也就是连接设备名），定义 I/O 变量时要使用此连接设备。

(2) 在“组态王”中定义变量。在工程浏览器左边的工程目录显示区中，选择“数据库・数据词典”，用左键双击“新建”图标，弹出“变量属性”对话框，在此对话框中建立一个I/O 实型变量。如图 7.30 示例。

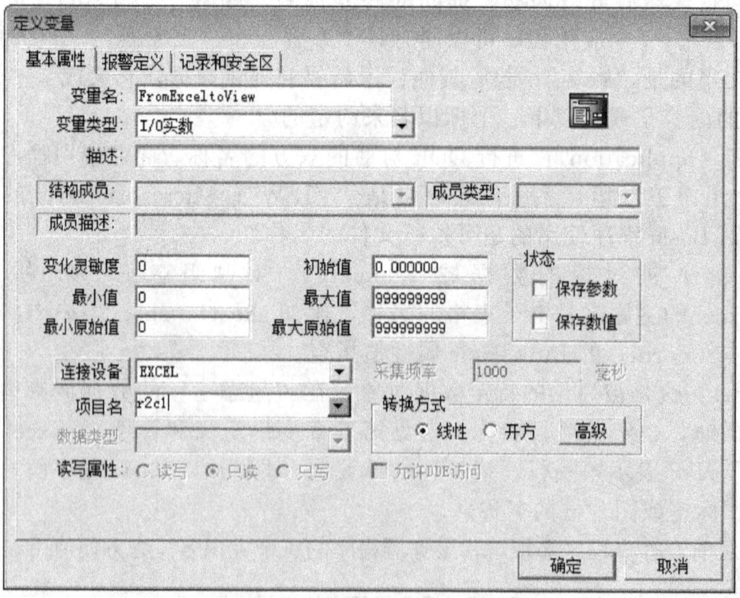

图 7.30　与 Excel 连接的变量定义

(3) 启动应用程序。首先启动 Excel 程序，然后启动组态王运行系统。TouchVew 启动后就自动开始与 Excel 连接。例如，在 Excel 的 A2 单元（第二行第一列）中输入数据，可以看到 TouchVew 中的数据也同步变化。

7.10.3 Excel访问组态王的数据

在本例中，假设组态王通过驱动程序从下位机采集数据，Excel又向组态王请求数据。组态王既是驱动程序的“客户”，又充当了Excel的服务器，Excel访问组态王的数据。数据流向如下图7.31所示。

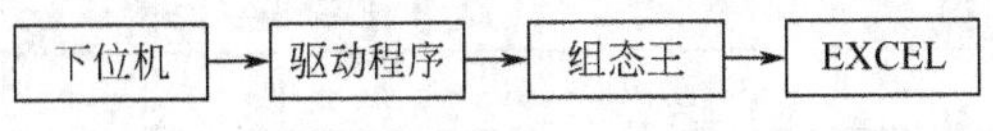

图7.31 Excel访问组态王的路线图

具体步骤如下。

(1) 在“组态王”中定义设备。在工程浏览器中，从左边的工程目录显示区中选择“设备”，然后在右边区域中双击“新建”图标，则弹出“设备配置向导”(假设建立了S7_315的PLC)，已配置的设备的信息列表框如图7.32所示。

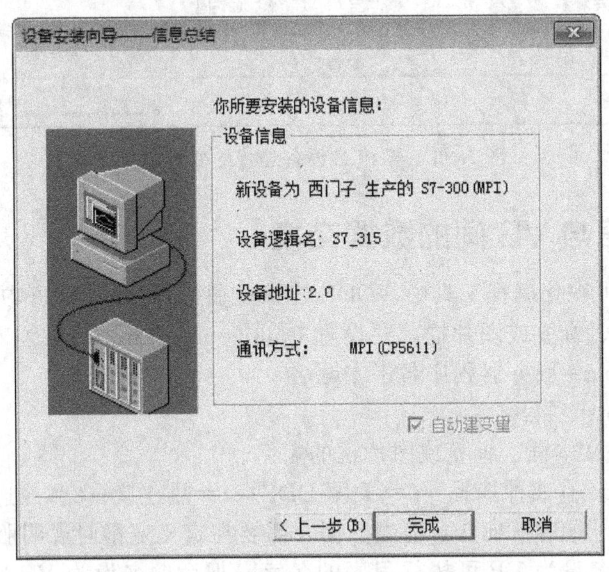

图7.32 Excel访问组态王的设备配置

(2) 在“组态王”中定义I/O变量。在工程浏览器左边的工程目录显示区中，选择“数据库·数据词典”，然后在右边的显示区中双击“新建”图标，弹出“变量属性”对话框，在此对话框中建立一个I/O实型变量。如图7.33所示。变量名例如设为FromViewToExcel。必须选择“允许DDE访问”选项。该选项用于组态王能够从外部采集来的数据传送给VB或EXCEL或其他应用程序使用。该变量的项目名为“DB5.2”。变量名在“组态王”中使用，项目名是供Excel引用的。连接设备为S7-315，用来定义服务器程序的信息。

(3) 启动应用程序。启动“组态王”画面运行系统TouchVew。TouchVew启动后，如果数据词典内定义的有I/O变量，TouchVew就自动开始连接。然后启动Excel。选择Excel的任一单元，例如r2c2，输入远程公式：

=VIEW | tagname! DB5.2

VIEW和tagname分别是“组态王”运行系统的应用程序名和主题名，DB5.2是“组态王”中的I/O变量FromViewToExcel的项目名。在Excel中只能引用项目名，不能直接使用“组态王”的变量名。输入完成后，Excel进行连接。若连接成功，单元格中将显示数值。

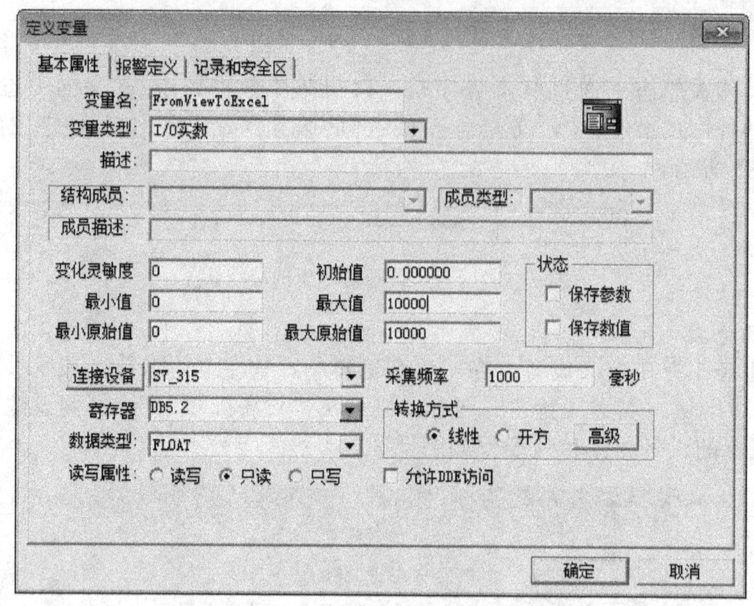

图 7.33　与 PLC 设备连接的变量定义

7.10.4 组态王与 VB 间的数据交换

在 Visual Basic 可视化编程工具中，DDE 连接是通过控件的属性和方法来实现的。对于作“顾客”的文本框、标签或图片框，要设置 LinkTopic、LinkItem、LinkMode 三个属性。

control. LinkTopic＝服务器程序名｜主题名

control. LinkItem＝项目名

其中，control 是文本框、标签或图片框的名字。

control. LinkMode 有四种选择：0＝关闭 DDE；1＝热连接；2＝冷连接；3＝通告连接。

如果组态王作为“顾客”向 VB 请求数据，需要在定义变量时说明服务器程序的三个标识名，即：应用程序名设为 VB 可执行程序的名字，把话题名设为 VB 中窗体的 LinkTopic 属性值，项目名设为 VB 控件的名字。

7.10.4.1　组态王访问 VB 的数据

组态王访问 VB 的数据，组态王作为客户程序向 VB 请求数据。使 VB 成为“服务器”很简单，需要在组态王中设置服务器程序的三个标识名，并把 VB 应用程序中提供数据的窗体的 LinkMode 属性设置为 1。

(1) 运行可视化编程工具 Visual Basic。选择菜单“File・ New Project”，显示新窗体 Form1。设计 Form1，将窗体 Form1 的 LinkMode 属性设置为 1（source）。

修改 VB 中窗体和控件的属性：

窗体 Form1 属性：LinkMode 属性设置为 1（source）；LinkTopic 属性设置为 Form-Topic，这个值将在组态王中引用。

文本框 Text1 属性：Name 属性设置为 Text _ To _ View，这个值也将在“组态王”中被引用。

(2) 生成 vbdde. exe 文件。在 Visual Basic 菜单中选择“File・ Save Project”，为工程文件命名为 vbdde. vbp，这将使生成的可执行文件默认名是 vbdde. exe。选择菜单“File・Make EXE File”，生成可执行文件 vbdde. exe。

(3) 在组态王中定义 DDE 设备。在工程浏览器中的工程目录显示区中选择“设备·DDE· 新建”，则弹出“设备配置向导”窗口，可从此窗口定义 DDE 设备。

(4) 在工程浏览器中定义新变量。定义新变量，项目名设为服务器程序中提供数据的控件名，此处是文本框 Text _ To _ View，连接设备为 VBDDE。

(5) 创建组态王画面。显示的数据项设为“＃＃＃＃＃”，为对象“＃＃＃＃＃”设置“模拟值输出”的动画连接。

(6) 执行应用程序。在 VB 中选择菜单“Run· Start”，运行 vbdde. exe 程序，在文本框中输入数值。运行组态王，得到 VB 中的数值。如果画面运行异常，选择 TouchVew 菜单“特殊· 重新建立未成功的 DDE 连接”，连接完成后再试一试以上程序。

7. 10. 4. 2 VB 访问组态王的数据

VB 访问组态王的数据，VB 作为客户程序向组态王请求数据。组态王通过设备驱动程序从下位机采集数据，VB 又向组态王请求数据。

(1) 在组态王中定义设备。在工程浏览器中，从左边的工程目录显示区中选择“设备”，然后在右边的内容显示区中双击“新建”图标，则弹出“设备配置向导”，进行设备的配置。

(2) 在组态王中定义 I/O 变量。选择“数据库· 数据词典· 新建”，弹出“变量属性”对话框，在此对话框中建立一个 I/O 实型变量。

(3) 创建画面。在组态王画面开发系统中建立画面，产生“％％％％％”文本作为数据显示项，为文本对象“％％％％％”设置“模拟值输出”动画连接。

(4) 运行可视化编程工具 Visual Basic。

(5) 编制 Visual Basic 程序。双击 Form1 窗体中任何没有控件的区域，弹出“Form1. frm”窗口，在窗口内书写 Form _ Load 子例程。

(6) 生成可执行文件。在 VB 中选择菜单“File· Save Project”保存修改结果。选择菜单“File· Make Exe File”生成 vbdde. exe 可执行文件。激活设备驱动程序和组态王运行系统 TouchVew。在 Visual Basic 菜单中选择“Run· Start”运行 vbdde. exe 程序。窗口 Form1 的文本框 Text2 中显示出变量的值。

7. 10. 5 重新建立 DDE 连接菜单命令

(1) DDE 连接信息提示。在 TouchVew 启动时，自动进行 DDE 连接，若有未成功的连接，则显示 DDE 连接未成功信息，有“继续”、“再试”、“退出”、“关闭信息框”选择项。对话框各项意义为：继续，放弃此 DDE 连接的建立，而继续建立下一个连接；再试，再次尝试建立此 DDE 连接，通常情况下，在发生建立 DDE 失败时，往往是没有先启动服务程序，此时，可用 Alt＋Tab 键切换到文件管理器，启动服务程序后，再选此按钮；也可以暂时放弃建立连接，进入 TouchVew 后选择菜单“特殊＼重新建立未成功的连接”；退出，选此按钮，则整个 TouchVew 程序退出；关闭信息框，选此按钮，关闭“建立 DDE 失败”对话框，但是当前的 DDE 连接没有成功。

(2) 重新建立 DDE 连接函数。与 DDE 连接有关的函数有两个。

① ReBuildDDE（ ）。此函数用于重新建立 DDE 连接。

② ReBuildConnectDDE（ ）。此函数用于重新建立未成功的 DDE 连接。

7. 11 组态王数据库访问（ SQL ）

组态王 SQL 访问功能实现组态王和其他外部数据库（通过 ODBC 访问接口）之间的数据传输。它包括组态王的 SQL 访问管理器和相关的 SQL 函数。首先在 WINDOWS 的

ODBC 数据源中添加数据库，然后通过组态王 SQL 访问管理器和 SQL 函数实现各种操作。

SQL 访问管理器用来建立数据库字段和组态王变量之间的联系，包括“表格模板”和“记录体”两部分。通过表格模板在数据库表中建立相应的表格；通过记录体建立数据库字段和组态王之间的联系。同时允许组态王通过记录体直接操作数据库中的数据。

组态王 SQL 函数可以在组态王的任意一种命令语言中调用。这些函数用来创建表格，插入、删除记录，编辑已有的表格，清空、删除表格，查询记录等操作。

7.11.1 组态王 SQL 访问管理器

组态王 SQL 访问管理器包括表格模板和记录体两部分功能。当组态王执行 SQLCreateTable（）指令时，使用的表格模板将定义创建表格的结构；当执行 SQLInsert（）、SQLSelect（）或 SQLUpdate（）时，记录体中定义的连接将使组态王中的变量和数据库表格中的变量相关联。

7.11.1.1 表格模板

从工程浏览器选择“SQL 访问管理器文件・表格模板・新建”，弹出对话框，该对话框用于建立新的表格模板。示例如图 7.34 所示。

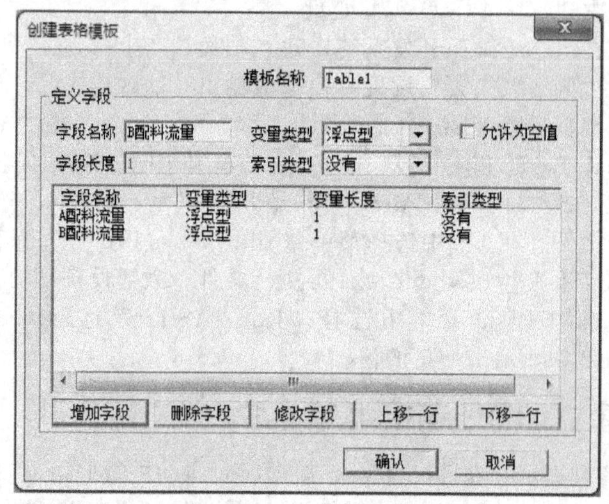

图 7.34 创建表格模板窗口

模板名称：表格模板的名称，长度不超过 32 个字符。

字段名称：使用表格模板创建数据库表格中字段的名称，长度不超过 32 个字符。

变量类型：表格模板创建数据库表格中字段的类型。单击下拉列表框按钮，其中有四种类型供选择，整型、浮点型、定长字符串型、变长字符串型。

字段长度：当变量类型中选择“定长字符串型”或“变长字符串型”时，该项文本框由“灰色”（无效）变为“黑色”（有效）。在文本框中输入字段长度数值，该数值必须为正整数，且不大于 127 个字符。

索引类型：单击下拉列表框按钮，其中有三种类型供选择，有（唯一）、有（不唯一）、没有。索引功能是数据库用于加速字段中搜索及排序的速度，但可能会使更新变慢。选择“是（唯一）”可以禁止该字段中出现重复值。

允许为空值：选中该项，表示数据记录到数据库的表格中该字段可以有空值。

增加字段：把定义好的字段增加到显示框中。

删除字段：把定义好的字段从显示框中删除。

修改字段：从显示框中选中已有字段的字段名称，然后单击“修改字段”按钮，将会把修改后的字段重新显示在显示框中，修改完字段后，必须单击“确认”按钮才会保存修改内容。

上移一行：把选中的字段向上移动一行，在数据库创建表格中将改变该字段位置。

下移一行：把选中的字段向下移动一行，在数据库创建表格中将改变该字段位置。

7.11.1.2　记录体

记录体用来连接表格的列和组态王数据词典中的变量。选择工程浏览器“SQL 访问管理器文件·记录体·新建”，弹出对话框如图 7.35 所示。该对话框用于建立新的记录体。

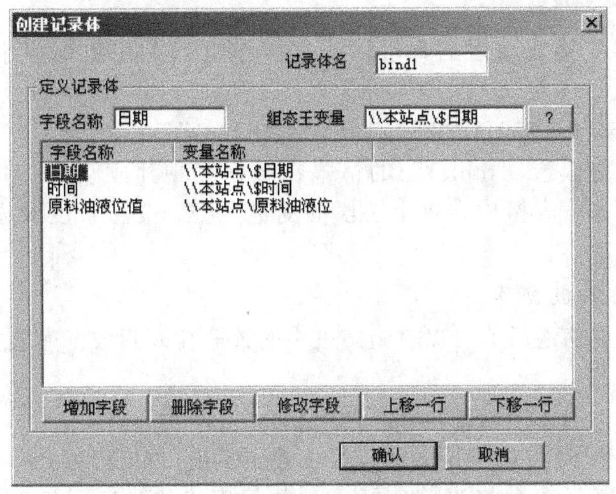

图 7.35　创建记录体

7.11.2　配置 SQL 数据库

组态王 SQL 访问功能能够和其他外部数据库（支持 ODBC 访问接口）之间的数据传输。实现数据传输必须在系统 ODBC 数据源中定义相应数据库。

进入“控制面板”中的“管理工具”，用鼠标双击“数据源（ODBC）”选项，弹出“ODBC 数据源管理器”对话框，如图 7.36 所示，建立一个数据源（例如 mydb）。

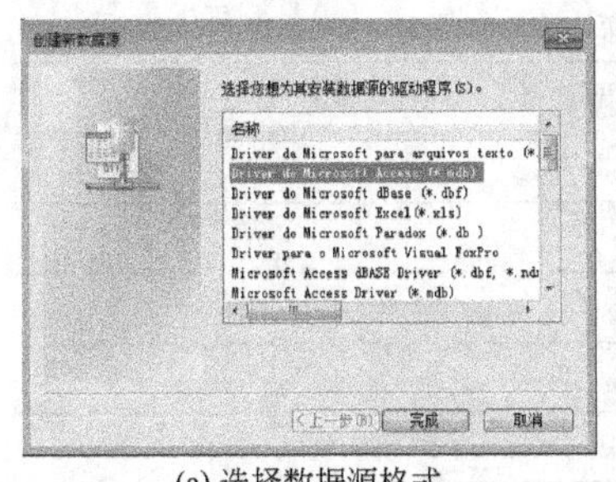

(a) 选择数据源格式

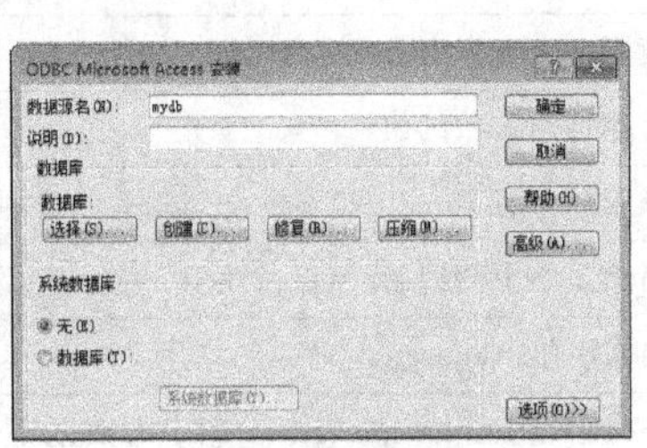

(b) 创建数据源

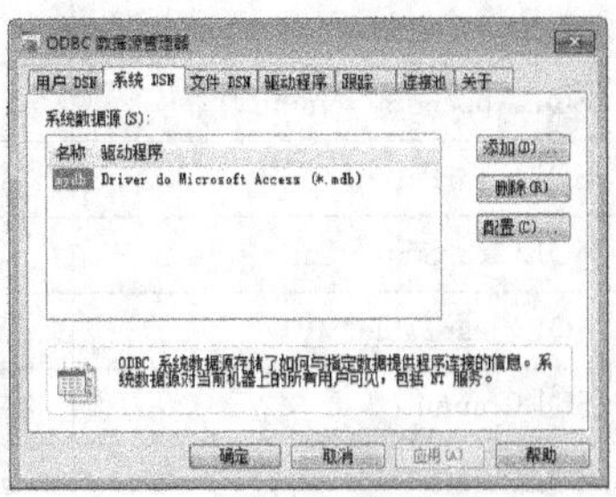

(c) 获得一个数据源

图 7.36　建立数据源

7.11.3　组态王使用 SQL 数据库

7.11.3.1　组态王与数据库建立连接

将上述建立的 SQL 数据库（名字 mydb）与组态王进行连接，组态王才能对 SQL 数据库进行访问和操作，下面例子介绍其步骤。

(1) 继续使用 mydb..mdb 数据库，建立一个名为 kingview 的表格。在组态王的数据词典里定义新变量，变量名称：DeviceID，变量类型：内存整型；

(2) 在组态王工程浏览器中建立一个名为 BIND1 的记录体，定义一个字段：name；

(3) 连接数据库：使用 SQLConnect ( ) 函数和 SQLSelect ( ) 函数建立与“mydb”数据库进行连接。

SQLConnect (DeviceID,“dsn=mydb; uid=; pwd=”);

SQLSelect (DeviceID,“kingview”,“BIND1”,“”,“”);

7.11.3.2 创建一个表格

组态王与数据库连接成功之后，可以通过操作组态王在数据库中创建表格，创建方法为：

SQLCreateTable (DeviceID,“KingTable”,“table1”);

该命令用于以表格模板“table1”的格式在数据库中建立名为“KingTable”的表格。在自动生成的 KingTable 表格中，每个字段的变量类型、变量长度及索引类型由表格模板“table1”中的定义所决定。

7.11.3.3 将数据存入数据库

创建数据库表格成功之后，可以将组态王中的数据存入到数据库表格中。可以通过下面函数调用进行操作。

SQLInsert (DeviceID,“KingTable”,“BIND1”);

该命令使用记录体 BIND1 中定义的连接在表格 KingTable 中插入一个新的记录。该命令执行后，组态王运行系统会将当前值插入到数据库表格“KingTable”中最后一条记录字段。

7.11.3.4 SQL 函数及 SQL 函数的参数

组态王使用 SQL 函数和数据库交换信息。这些函数是组态王标准函数的扩充，可以在组态王的任意一种命令语言中使用。这些函数允许你选择、修改、插入、或删除数据库表中的记录。表 7.4 列出所有的 SQL 函数。

表 7.4 SQL 函数一览表

函 数	功 能
SQLAppendStatement	使用 SQLStatement 的内容继续一个 SQL 语句
SQLClearParam	清除特定参数的值
SQLClearStatement	释放和 SQLHandle 指定的语句相关的资源
SQLClearTable	删除表格中的记录,但保留表格
SQLCommit	定义一组 transaction 命令的结尾
SQLConnect	连接组态王到 connectstring 指定的数据库中
SQLCreatTable	使用表格模板中的参数在数据库中
SQLDelete	删除一个或多个记录
SQLDisconnect	断开和数据库的连接
SQLDropTable	破坏一个表格
SQLEndSelect	在 SQLSelect( )后使用本函数来释放资源
SQLErrorMsg	返回一个文本错误信息,此错误信息和特定的结果代码相关

续表

函　　数	功　　能
SQLExecute	执行一个 SQL 语句。如果这个语句是一个选择语句，捆绑表中的参数所指定的名字用来捆绑数据词典中变量和数据库的列
SQLFirst	选择由 SQLSelect( )选择的表格中的首项记录
SQLGetRecord	从当前选择缓存区返回由 RecordNumber 指定的记录
SQLInsert	使用捆绑表中指定的变量中的值在表格中插入一个新记录。捆绑表中的参数定义了组态王中变量和数据库表格列的对应关系
SQLInsertEnd	释放插入语句
SQLInsertExecute	执行已经准备的语句
SQLInsertPrepare	准备一个插入语句
SQLLast	选择 SQLSelect( )指定表格中的末项
SQLLoadStatement	读包含在 FileName 中的语句，它类似于 SQLSetStatement( )创建的语句，能被 SQLAppendStatement( )挂起，或由 SQLExecute( )执行，每个文件中只能包含一个语句
SQLNext	选择表中的下一条记录
SQLNumRows	指出有多少条记录符合上一次 SQLSeclect( )的指定
SQLPrepareStatement	本语句为 SQLSetParam( )准备一个 SQL 语句。一个语句可以由 SQLSetStatement( )，或 SQLLoadStatement( )创建
SQLPrev	选择表中的上一条记录
SQLSelect	访问一个数据库并返回一个表的信息，此信息可以被 SQLFirst( )，SQLLast( )，SQLNext( )和 SQLPrev( )利用
SQLSetParamChar	将指定的参数设成特定的字符串。本函数可以调用多次，以设置参数值
SQLSetParamDate	将指定的日期参数设置成特定的字符串
SQLSetParamDateTime	将指定的日期时间参数设置成特定的字符串
SQLSetParamDecimal	将指定的十进制参数设置成特定的字符串
SQLSetParamFloat	将指定的参数设置成特定的值
SQLSetParamInt	将指定的参数设置成特定的值
SQLSetParamLong	将指定的参数设置成特定的值
SQLSetParamNull	将指定的参数设置成空值
SQLSetParamTime	将指定的时间参数设置成特定的字符串
SQLSetStatement	启动一个语句缓存区，此语句缓存区由 SQLStatement( )使用
SQLTransact	定义了一组访问指令的开始。在 SQLTransact( )指令和 SQLCommit( )指令之间的一组指令称为一个访问组。一个访问组可以像单个访问一样操作。在 SQLTransact( )指令执行后，所有接下的操作都不委托给数据库，直到 SQLCommit( )指令执行
SQLUpdate	用当前的组态王变量更新数据库中的记录
SQLUpdateCurrent	更新数据库中的记录。注意：使用 SQLUpdateCurrent 时要求记录体关联的至少一个字段为表中的不可重复字段，并且该字段类型不为自动编号，不为浮点数

7.12 组态王与 OPC 设备连接

7.12.1 OPC 简介

OPC 是 OLE for Process Control 的缩写，即把 OLE 应用于工业控制领域。OLE 原意是对象链接和嵌入，随着 OLE 2 的发行，其范围已远远超出了这个概念。现在的 OLE 包容了许多新的特征，如统一数据传输、结构化存储和自动化，已经成为独立于计算机语言、操作系统甚至硬件平台的一种规范，是面向对象程序设计概念的进一步推广。OPC 建立 OLE 规范之上，它为工业控制领域提供了一种标准的数据访问机制（图 7.37）。

工业控制领域用到大量的现场设备，在 OPC 出现以前，软件开发商需要开发大量的驱动程序来连接这些设备。即使硬件供应商在硬件上做了一些小小改动，应用程序就可能需要重写；同时，由于不同设备甚至同一设备不同单元的驱动程序也有可能不同，软件开发商很难同时对这些设备进行访问以优化操作。硬件供应商也在尝试解决这个问题，然而由于不同客户有着不同的需要，同时也存在着不同的数据传输协议，因此也一直没有完整的解决方案。

自 OPC 提出以后，这个问题终于得到解决。OPC 规范包括 OPC 服务器和 OPC 客户两个部分，其实质是在硬件供应商和软件开发商之间建立了一套完整的“规则”，只要遵循这套规则，数据交互对两者来说都是透明的，硬件供应商无需考虑应用程序的多种需求和传输协议，软件开发商也无需了解硬件的实质和操作过程。

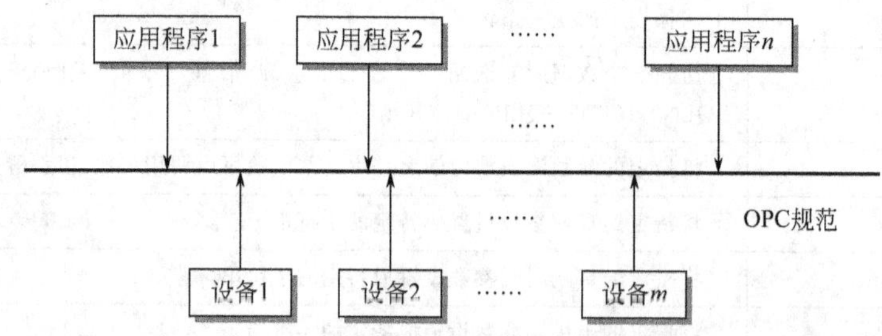

图 7.37　OPC 通信系统结构

OPC 具有以下优点。

(1) 硬件供应商只需提供一套符合 OPC Server 规范的程序组，无需考虑工程人员需求。

(2) 软件开发商无需重写大量的设备驱动程序。

(3) 工程人员在设备选型上有了更多的选择。

(4) OPC 扩展了设备的概念。只要符合 OPC 服务器的规范，OPC 客户都可与之进行数据交互，而无需了解设备究竟是 PLC 还是仪表，甚至在数据库系统上建立了 OPC 规范，OPC 客户也可与之方便地实现数据交互。

7.12.2 组态王与 OPC 的连接

7.12.2.1　OPC Server 软件的安装

要使组态王通过 OPC 与设备通信，需要将 OPC 软件与组态王安装在同一台计算机上。OPC Server 软件一般由设备生产厂家提供，不同厂家设备的 OPC Server 软件一般是不同的。不同的供应商的硬件存在不同的标准和协议，OPC 作为一种工业标准，提供了工业环境中信息交换的统一标准软件接口，数据用户不用再为不同厂家的数据源开发驱动或服务程序。OPC 将数据来源提供的数据以标准方式传输至任何客户机应用程序。OPC（用于进程控制的 OLE）是一种开放式系统接口标准，可允许在自动化/PLC 应用、现场设备和基于 PC 的应用程序之间进行简单的标准化数据交换。

本例为组态王与西门子的 S7-200PLC 进行通信。西门子提供的 S7-200PLC 的 OPC 软件名称为“S7-200 PC ACCESS V1.0”。

PC Access 软件是专用于 S7-200 PLCs 的 OPC Server（服务器）软件，它向 OPC 客户端提供数据信息，可以与任何标准的 OPC Client（客户端）通信。PC Access 软件自带 OPC 客户测试端，用户可以方便地检测其项目的通信及配置的正确性。

7.12.2.2 组态王作为 OPC 客户端的用例

（1）建立 OPC 设备。组态王中支持多 OPC 服务器。在使用 OPC 服务器之前，需要先在组态王中建立 OPC 服务器设备。在组态王工程浏览器的“设备”项目中选中“OPC 服务器”，工程浏览器的右侧内容区显示当前工程中定义的 OPC 设备和“新建 OPC”图标。双击“新建”图标，组态王开始自动搜索当前的计算机系统中已经安装的所有 OPC 服务器，然后弹出“查看 OPC 服务器”对话框，如图 7.38 所示。

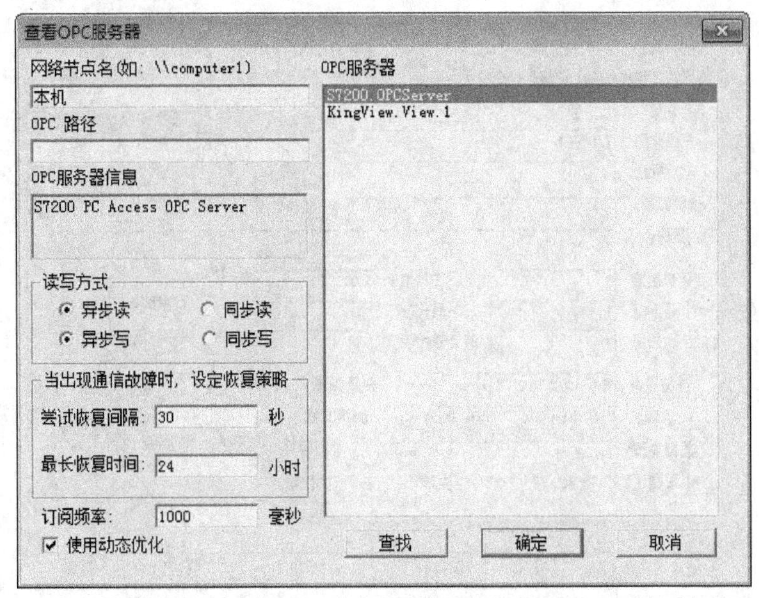

图 7.38 创建 OPC 设备

（2）在 OPC 服务器中定义数据项。OPC 服务器作为一个独立的应用程序，可能由硬件制造商、软件开发商或其他第三方提供，因此数据项定义的方法和界面都可能有所差异。下面以西门子公司的 S7200 OPC Server 为例讲解 OPC Server 的使用方法。

运行 S7-200 Access 应用程序，双击程序组 S7200 OPC Server 图标，弹出 S7-200 OPC Server 主窗口如图 7.39 所示。右击“MicroWin（COM1）”，从弹出上网窗口中选择“NEW PLC”项，弹出如图 7.39（a）所示的窗口，将设备名称修改为“S7-200 PLC”后，设备地址设置与 PLC 的实际地址一致，本例为 2。双击建立的“S7-200 PLC”项，从右边的栏目中右击鼠标键，从弹出的对话框中选择“NEW · Item”，弹出如图 7.39（b）所示的窗口，可以从此窗口中定义 PLC 的变量。

7.12.2.3 OPC 服务器与组态王数据词典的连接

OPC 服务器与组态王数据词典的连接如同 PLC 或板卡等外围设备与组态王数据词典的

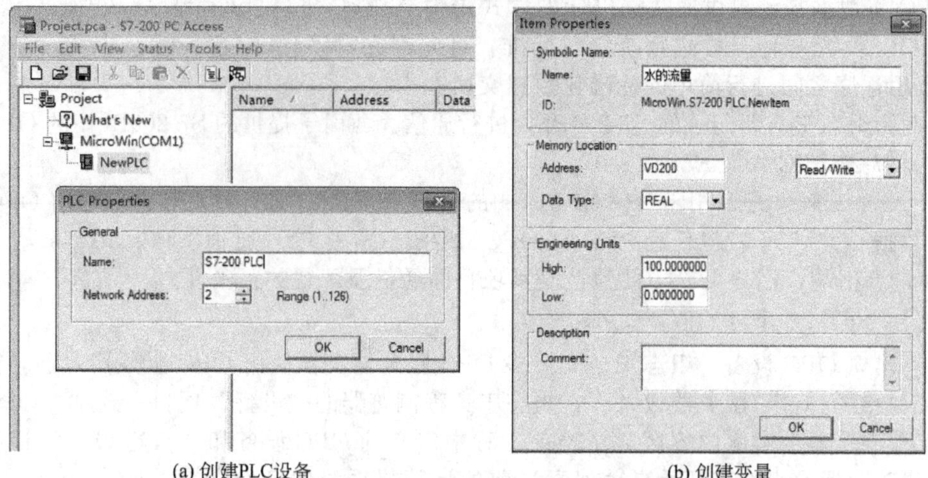

(a) 创建PLC设备　　(b) 创建变量

图 7.39　在 OPC 应用软件创建 OPC 设备和变量

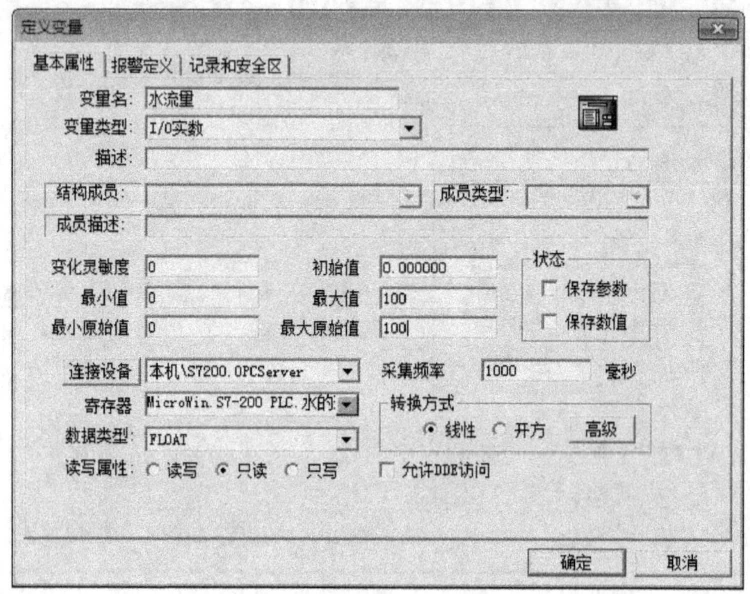

图 7.40　在组态王中创建变量

连接一样。在组态王工程浏览器中，选中数据词典，在工程浏览器右侧双击新建图标，选择 I/O 类型变量，在连接设备处选择 OPC 服务器，如图 7.40 所示。

7.12.2.4　组态王作为 OPC 服务器的使用

如图 7.41 所示为组态王作为 OPC 服务器使用的例子。通过组态王 OPC 服务器功能，用户可以更方便地实现其他支持 OPC 客户的应用程序与组态王之间的数据通讯和调用。组态王 OPC 服务器的使用：

(1) 启动组态王的运行系统（组态王的 OPC 服务器是指组态王的运行系统）。

(2) 运行某些厂家提供的 OPC 客户端。

(3) 选择界面“OPC”菜单中的 CONNECT（连接）选项，弹出连接服务器选项画面。

(4) 组态王的 OPC 服务器标志是 KingView. View. 1（KingView. View），用户选择此选项并单击<确定>按钮完成客户端与服务器的连接。（如果用户事先没有启动组态王运行系统，此时将自动启动组态王。）

（5）在客户端界面菜单中点击“OPC”菜单下的ADDITEM选项，弹出添加项目画面，在变量浏览列表中列出了组态王的所有变量数据项。（OPC客户端的具体使用方法因厂家不同而不同，使用时应参见厂家说明书。）

（6）一旦在客户端中加入了组态王的变量，客户端便按照给定的采集频率对组态王的数据进行采集。

（7）选择菜单“OPC”下的“WrightItem”项，可以对可读写变量的可读写的域进行修改。

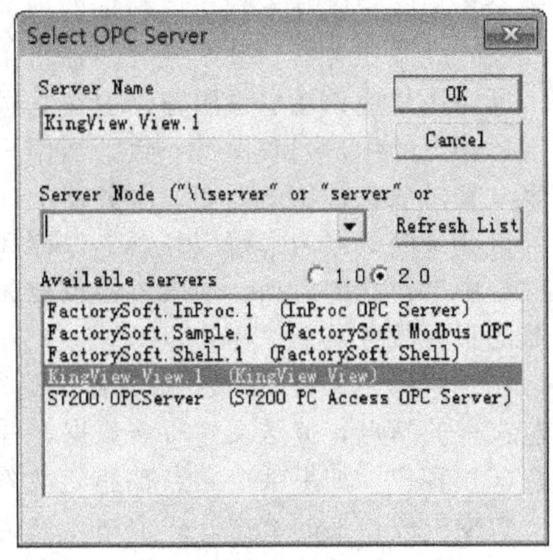

图7.41 选择OPC服务器

7.12.2.5 组态王为用户提供OPC接口

为了方便用户使用组态王的OPC服务器功能，使用户无需在无其他需求的情况下再购买其他的OPC客户端，组态王提供了一整套与组态王的OPC服务器连接的函数接口，这些函数可通过提供的动态库KingvewCliend.dll来实现。用户使用该动态库可以自行用VB、VC等编程语言编制组态王的OPC客户端程序。

7.13 组态王的网络功能

7.13.1 组态王网络结构概述

组态王基于网络的概念，是一种真正的客户-服务器模式，支持分布式历史数据库和分布式报警系统，可运行在基于TCP/IP网络协议的网上，使用户能够实现上、下位机以及更高层次的厂级连网。TCP/IP网络协议提供了在不同硬件体系结构和操作系统的计算机组成的网络上进行通信的能力。一台PC机通过TCP/IP网络协议可以和多个远程计算机（即远程节点）进行通信。

组态王的网络结构是一种柔性结构，可以将整个应用程序分配给多个服务器，可以引用远程站点的变量到本地使用（显示、计算等），这样可以提高项目的整体容量结构并改善系统的性能。用户可以根据系统需要设立专门的IO服务器、历史数据服务器、报警服务器、登录服务器和Web服务器等。下面分别进行介绍：

（1）IO服务器。负责进行数据采集的站点，一旦某个站点被定义为IO服务器，该站点便负责数据的采集。如果某个站点虽然连接了设备，但没有定义其为IO服务器，那这个站点的数据照样进行采集，只是不向网络上发布。IO服务器可以按照需要设置为一个或多个。

（2）报警服务器。存储报警信息的站点，一旦某个站点被指定为一个或多个IO服务器的报警服务器，系统运行时，IO服务器上产生的报警信息将通过网络传输到指定的报警服务器上，经报警服务器验证后，产生和记录报警信息。报警服务器可以按照需要设置为一个或多个。报警服务器上的报警组配置应当是报警服务器和与其相关的I/O服务器上报警组的合集。如果一个IO服务器不作为报警服务器，系统中也没有报警服务器，系统运行时，该IO服务器的报警窗上不会看到报警信息。

（3）历史数据服务器。与报警服务器相同，一旦某个站点被指定为一个或多个IO服务器的历史数据服务器，系统运行时，IO服务器上需要记录的历史数据便被传送到历史数据服务器站点上，保存起来。对于一个系统网络来说，建议用户只定义一个历史数据服务器，否则会出现客户端查不到历史数据的现象。

(4) 登录服务器。登录服务器在整个系统网络中是唯一的。它拥有网络中唯一的用户列表。所以用户应该在登录服务器上建立最完整的用户列表，并保证客户端上的用户列表与登录服务器上的用户列表保持一致。当用户在网络的任何一个站点上登录时，系统调用该用户列表，登录信息被传送到登录服务器上，经验证后，产生登录事件。然后，登录事件将被传送到该登录服务器的报警服务器上保存和显示。这样，保证了整个系统的安全性。另外，系统网络中工作站的启动、退出事件也被先传送到登录服务器上进行验证，然后传到该登录服务器的报警服务器上保存和显示。

(5) Web服务器。Web服务器是运行组态王Web版本、保存组态王For Internet版本发布文件的站点，传送文件所需数据，并为用户提供浏览服务的站点。

(6) 客户。如果某个站点被指定为客户，可以访问其指定的IO服务器、报警服务器、历史数据服务器上的数据。一个站点被定义为服务器的同时，也可以被指定为其他服务器的客户。一个工作站站点可以充当多种服务器功能，如I/O服务器可以被同时指定为报警服务器、历史数据服务器、登录服务器等。报警服务器可以同时作为历史数据服务器、登录服务器等。

图7.42为典型的网络结构，图中IO服务器只负责设备数据采集，而报警信息的验证和记录，历史数据的记录、用户登录的验证等都被分散到了报警服务器、历史数据服务器和登录服务器中，这样减轻了IO服务器的压力。而当IO服务器比较多时，这种优势显现得更为突出。报警服务器和历史数据服务器集中验证和记录来自各站点的报警信息和历史数据，IO服务器和客户端可以集中地从几个服务器上读取到所需实时数据、报警信息和历史数据。

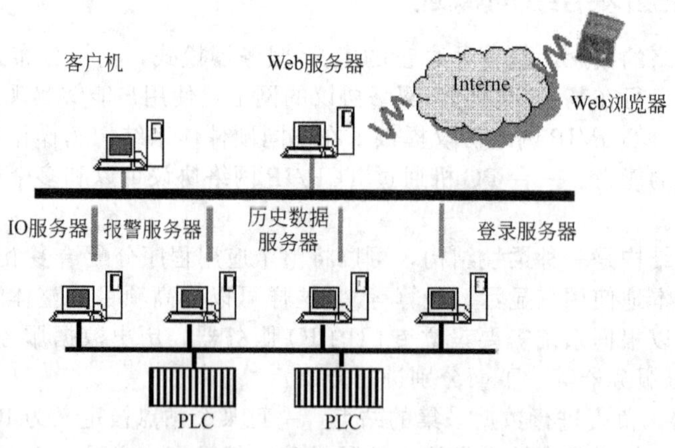

图7.42 监控系统网络结构图

7.13.2 网络配置简介

要实现“组态王”的网络功能，除了具备网络硬件设施外，还必须对组态王的各个站点进行网络配置，设置网络参数，并且定义在网络上进行数据交换的变量，报警数据和历史数据的存储和引用等等。为了使用户了解网络配置的具体过程，下面以一个系统的具体配置来说明。

在使用网络功能之前，要了解组态王需要做哪些配置和工作。组态王支持使用TCP/IP通信协议的网络。同一网络上每台计算机都要设置相同的通信协议。如图7.43所示为网络配置窗口，有三个属性页：网络参数、节点类型和客户配置。下面分别说明其使用方法。

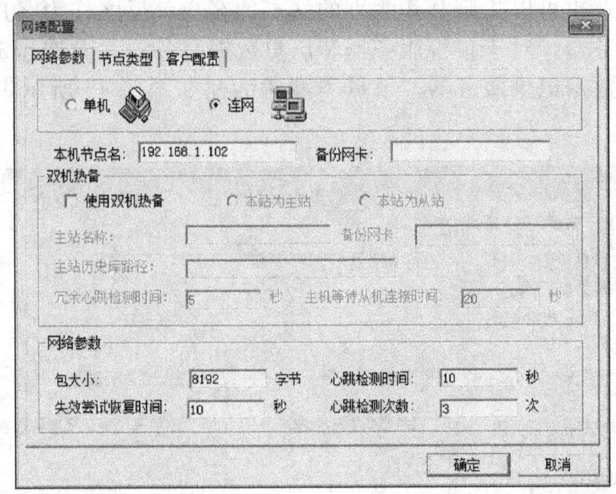

图 7.43 网络配置窗口

7.13.2.1 “网络参数”配置

组态王运行分单机和连网两种模式，所有进入网络的计算机都要选择“连网”运行模式。网络参数配置页中各项的含义如下。

(1) 本机节点名：就是本地计算机名称，进入网络的每一台计算机必须具有唯一的节点名。

(2) 备份网卡：当网络中使用双网络结构时，需要对每台连网的机器安装两个网卡——主网卡和从网卡。在该编辑框中输入从网卡的 IP 地址。

(3) 网络参数：“组态王”在“服务器”和“客户”之间为每一个需要传送的变量建立了对应关系。网络参数应该根据具体的网络情况来设置。

(4) 包大小：用于控制在两个节点之间发送的数据包的长短，增大“包大小”可以增加数据吞吐量，但低速网络应该谨慎设置此项。

(5) 双机热备：组态王提供双机热备功能，分为“使用双机热备”，“本站为主站”和“本站为从站”三种选项。若使用双机热备功能，则选择“使用双机热备”；若使用，根据当前计算机工作状态设置为主机或从机。

(6) 主站（从站）名称：当选择使用双机热备功能，并且选择“本站为从站”时，此选项有效，需要在此处键入主站名称。当选择“本站为主站”时，主站名称变为从站名称，需要在此处键入从站名称。

(7) 备份网卡：当网络中存在双网络冗余时，从站点也需要安装两个网卡，在该编辑框中输入从站点备份网卡的 IP 地址。

(8) 主站（从站）历史库路径：选择使用双机热备功能后，当选择“本站为主站”时，在此处键入从站历史库记录全路径（按 UNC 格式），若选择“本站为从站”，在此处键入主站历史库记录全路径（按 UNC 格式）。

(9) 冗余机心跳检测时间：主从机双方以此时间间隔检测数据链路是否畅通。

(10) 主机等待从机连接时间：本节点做主机时有效，此参数影响主机激活的时间。主机启动后，如果在此时间间隔后发现没有从机连接，就认为从机不存在，自动激活。

7.13.2.2 “节点类型”配置

该属性页主要是定义本地计算机在网络中充当的服务器功能，本地计算机可以充当一种或多种服务器的角色，同时，在网络中所有的站点充当服务器或客户都是相对而言的，即如果一台站点是服务器，也可以指定其作为别的站点的客户，反之作为客户站点，也可以指定其作为别的站点的服务器。对于报警服务器和历史数据服务器，允许指定其作为哪几台 I/O 服务器的报警或历史数据记录服务器。节点类型对话框如图 7.44 所示。节点类型配置页中各项的含义如下。

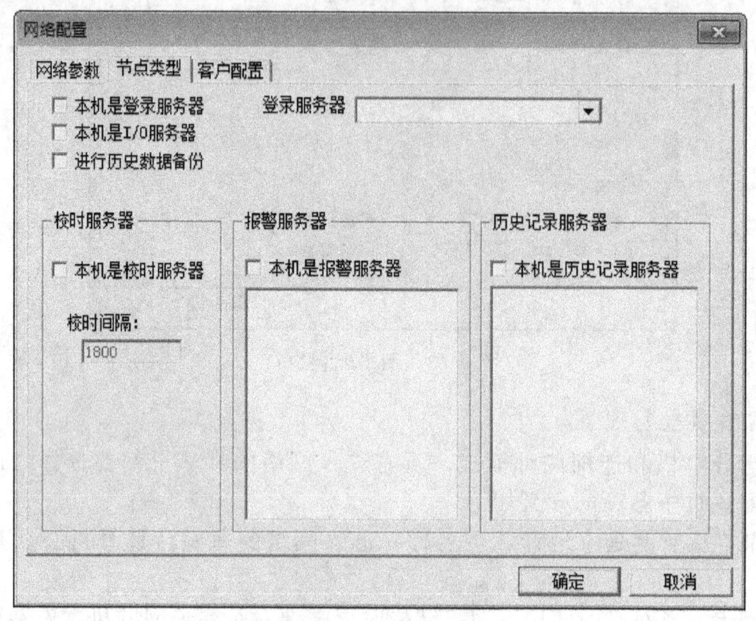

图 7.44　节点类型对话框

（1）本机是登录服务器：选中该项时，本地计算机在网络中充当登录服务器。

（2）本机是 IO 服务器：选中时，表示本地计算机连接外部设备，进行数据采集，并向网络上的其他站点提供数据。

（3）进行历史数据备份：选中该项，表明本机只作为 IO 服务器，而不作为历史数据服务器时，要暂时保存向历史数据服务器备份的本机历史数据，将历史数据记录在本机指定的历史记录路径下。

（4）本机是校时服务器：组态王运行中，尽量保持各台机器的时钟一致，选中“本机为校时服务器”时，本地计算机充当校时服务器，采取广播的方式以指定的时间间隔向网络上的各台机器发送校时桢，保持网络的始终统一。

（5）本机是报警服务器：指定一台服务器作为报警服务器，在该服务器上产生所有的报警，客户机可直接浏览报警服务器中的报警信息。

（6）本机是历史记录服务器：在分布式历史数据库系统中，指定一台服务器作为历史记录服务器，在该服务器上存储所有的历史数据，客户机可直接浏览历史记录服务器中的历史数据。

7.13.2.3　客户配置

该属性页主要是定义本地计算机在网络中充当的客户功能，本地计算机可以充当多台服务器的客户。如图 7.45 所示，为客户配置属性。

（1）客户：当选中时，表明本地计算机在网络当中充当客户的角色，同时在 I/O 服务器、报警服务器、历史记录服务器中会自动列出网络中的所有 I/O 服务器、报警服务器和历史记录服务器。

（2）I/O 服务器：在网络当中可以存在多台 I/O 服务器，负责从外部采集数据。

(3) 报警服务器：在网络当中可以存在多台报警服务器，在其上负责验证和存储指定站点的所有数据的报警信息。

(4) 历史记录服务器：在网络当中可以存在多台历史记录服务器，存储指定站点的所有的历史数据。

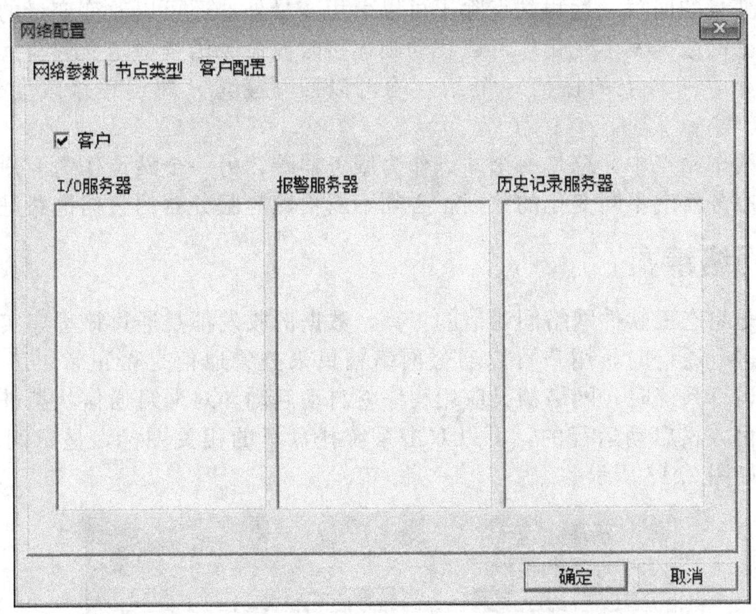

图 7.45　客户服务器对话框

7.13.2.4　建立远程站点

要建立客户-服务器模式的网络连接，就要求各个站点共享信息，互相建立连接。组态王在工程浏览器中的左边设置了一个按钮站点，单击该按钮，进入站点管理界面。如图 7.46 (a) 所示。在站点列表区中单击鼠标右键，弹出快捷菜单，在菜单中选择“新建远程站点”选项，弹出“远程节点”对话框，如图 7.46 (b) 所示。在对话框的“远程工程UNC路径”编辑框中输入网络上要连接的远程工程的路径（UNC格式），或直接单击“读取节点配置”按钮，在弹出的文件选择对话框中选择远程工程路径。选择完成后，该远程站点的信息就会被全部读出来，自动添加到对话框中对应的剩下的各项中。如主机节点名、节点类型等，都会自动读取并添加的。也可以按照远程站点实际的网络配置，手动添加或选择对话框中的选项。

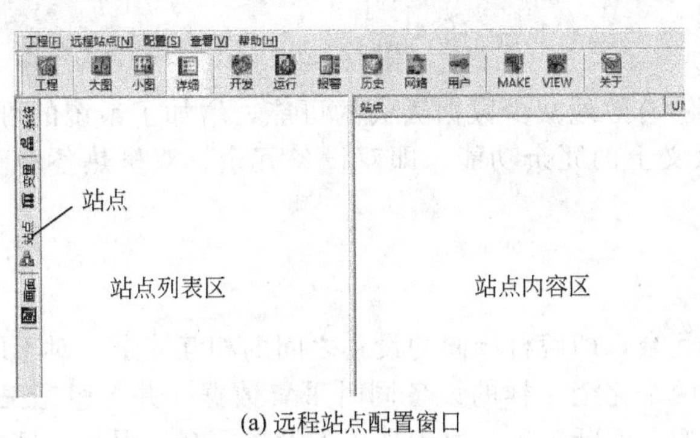

(a) 远程站点配置窗口

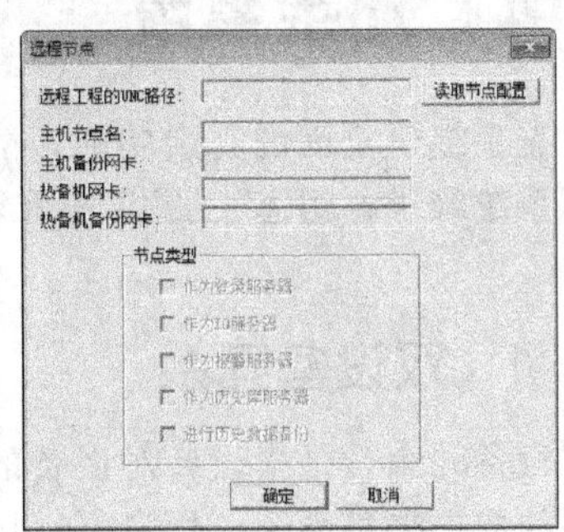

(b) 远程节点配置窗口

图 7.46　远程站点配置

7.13.3 网络变量使用

(1) 远程变量的引用。组态王是一种真正的客户-服务器模式，对于网络上其他站点的变量，如果两个站点之间建立了连接，可以直接引用。

(2) 远程变量的回写。远程站点除了可以引用变量外，还可以改变变量的数值，即回写变量，使设备上的数据发生变化，可以在动画连接时或命令语言中定义回写远程变量。在权限允许的情况下，网络上的任何一个站点均可以回写变量，即远程修改变量和变量的域的值。

在连接的两个站点中，总是一个站点作为服务器端，另一个站点作为客户端，客户端为了正确地得到服务器端不断变化的数据，必须不断检测与服务器的数据链路是否畅通。

7.13.4 网络精灵

网络精灵是组态王软件网络间通信的工具，数据的收发都是通过该程序实现。在网络工程中，各站点进行通信时，用户可以通过网络精灵来查看通信是否正常。工程一旦定义为"连网"，启动运行系统时，网络精灵应用程序将自动启动，对网络通信状态进行监视。网络精灵是以最小化方式启动运行的，可以双击系统托盘里的相关图标，显示网络精灵运行界面。网络精灵如图 7.47 所示。

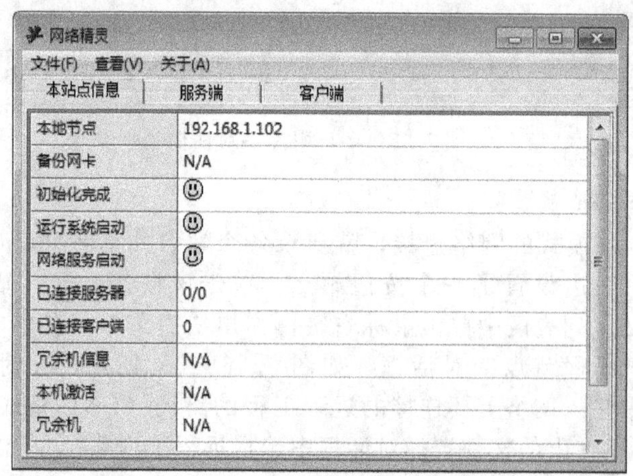

图 7.47 网络精灵信息窗口

7.14 冗余系统

组态王提供全面的冗余功能，能够有效地减少数据丢失的可能，增加了系统的可靠性，方便了系统维护。组态王提供三重意义上的冗余功能，即双设备冗余、双机热备和双网络冗余。

7.14.1 双设备冗余

双设备冗余，是指设备对设备的冗余，即两台相同的设备之间的相互冗余。对于用户比较重要的数据采集系统，用户可以用两个完全一样的设备同时采集数据，并与组态王通信。具体地说双设备冗余主要是实现数据的不间断采集。由于采用了设备冗余，因此一旦主设备通信出现中断，从设备可以迅速将采集到的数据传给主设备继续与组态王进行通信，从而保持数据的完整性。系统结构示意如图 7.48 所示。

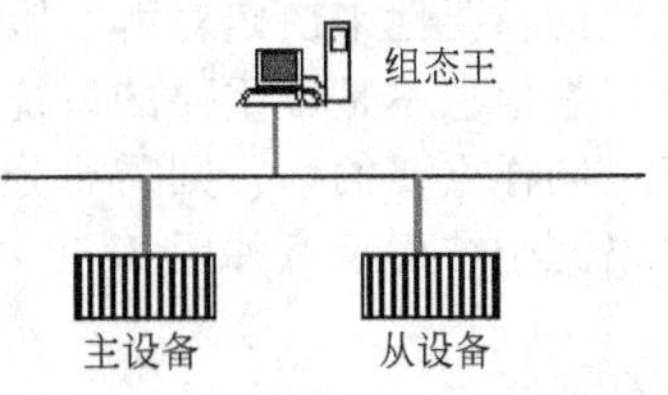

图 7.48　双设备冗余示意图

正常情况下，主设备与从设备同时采集数据，但组态王只与主设备通信，若主设备通信出现故障，组态王将自动断开与主设备的连接，与从设备建立连接，从设备由热备状态转入运行状态，组态王从从设备中采集数据。此后，组态王一边与从设备通信，一边监视主设备的状态，当主设备恢复正常后，组态王自动停止与从设备的通信，与主设备建立连接，进行通信，从设备又转入热备状态。

这样就要求从设备与主设备应完全一样，即两台设备要完全处于热备状态。而且组态王中在定义该设备的 IO 变量时，只能定义变量与主设备建立连接，而从设备无需定义变量，完全是对主设备的冗余。

7.14.2　双机热备

双机热备其构造思想是主机和从机通过 TCP/IP 网络连接，正常情况下主机处于工作状态，从机处于监视状态，一旦从机发现主机异常，从机将会在很短的时间之内代替主机，完全实现主机的功能。例如，IO 服务器的热备机将进行数据采集，报警服务器的冗余机将产生报警信息并负责将报警信息传送给客户端，历史记录服务器的冗余机将存储历史数据并负责将历史数据传送给客户端。当主机修复，重新启动后，从机检测到了主机的恢复，会自动将主机丢失的历史数据拷贝给主机，同时，将实时数据和报警缓冲区中的报警信息传递给主机，然后从机将重新处于监视状态。这样即使是发生了事故，系统也能保存一个相对完整的数据库、报警信息和历史数据等。

7.14.2.1　双机热备的功能

组态王的双机热备主要实现以下功能。

(1) 实时数据的冗余。

(2) 历史数据的冗余。

(3) 报警信息的冗余。

(4) 用户登录列表的冗余。

7.14.2.2　双机热备实现的原理

如图 7.49 所示，为双机热备的系统结构图。双机热备主要是实时数据、报警信息和变量历史记录的热备。主从机都正常工作时，主机从设备采集数据，并产生报警和事件信息。从机通过网络从主机获取实时数据和报警信息，而不会从设备读取或自己产生报警信息。主、从机都各自记录变量历史数据。同时，从机通过网络监听主机，从机与主机之间的监听采取请求与应答的方式，从机以一定的时间间隔（冗余机心跳检测时间）向主机发出请求，主机应答表示工作正常，主机如果没有应答，从机将切断与主机的网络数据传输，转入活动状态，改由下位设备获取数据，并产生报警和事件信息。此后，从机还会定时监听主机状态，一旦主机恢复，就切换到热备状态。通过这种方式实现了热备。

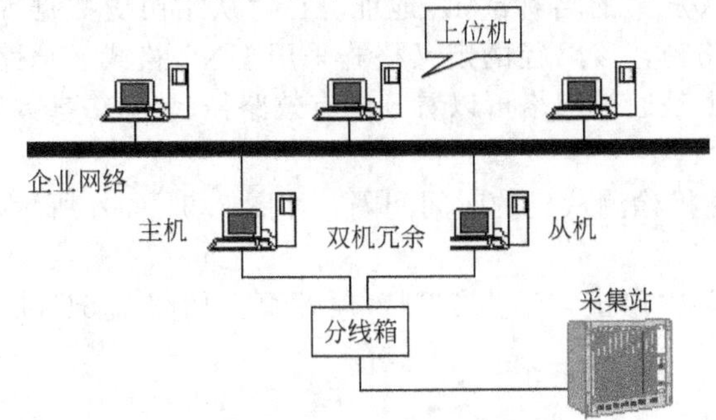

图 7.49　双机热备系统结构

7.14.2.3　网络工程的冗余

对于网络工程，即整个工程的所有功能分别由专用服务器来完成时，可以根据系统的重要性来决定对哪些服务器采取冗余，例如对于实时数据采集非常重要，而历史数据和报警信息不是很重要的系统来说，可以只对IO服务器设置冗余，如果历史数据和报警信息也同样重要的话，则需要分别设置IO服务器、历史记录服务器和报警服务器的冗余机。网络冗余结构示意如图7.50。

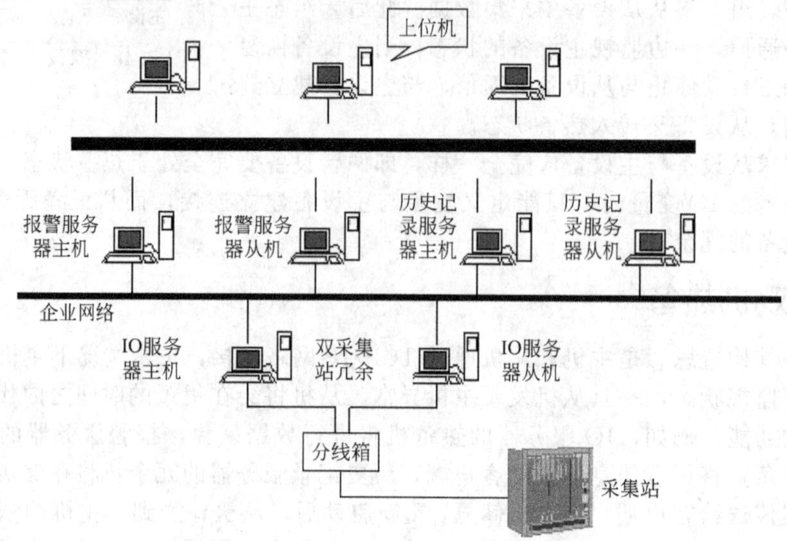

图7.50 IO、报警、历史记录服务器的冗余

在这种网络结构和冗余结构中，实时数据的冗余由IO服务器主机和IO服务器从机来完成，实时数据的冗余与单机版工程的实时数据冗余相同；历史数据的冗余由历史记录服务器主机和历史记录服务器从机来完成；报警信息的冗余由报警服务器主机和报警服务器从机来完成。

7.14.3 双机热备配置

双机热备配置的三个要素：①主机网络配置；②从机网络配置；③变量“$双机热备状态”的使用。

7.14.3.1 主机网络配置

第一步：在主机上选择组态王工程浏览器中的“网络配置”项，双击该项，弹出如图7.51 (a) 所示“网络配置”对话框，选择“连网”模式，在“本机节点名”处键入本机名称或IP地址。在双机热备一栏中，选择“使用双机热备”选项，后面的“本站为主站”和“本站为从站”选项变为有效。选择“本站为主站”。

第二步：在“从站点”后的编辑框中输入从站的名称或IP地址。在“从站历史数据库路径”一栏中键入从机保存历史数据的完整路径，该路径的定义格式采用UNC格式。该路径在从机上应该提供共享，这里添加的路径也是通过网络可以看到的有效路径。“网络参数”的设置请参见“网络功能”部分。

第三步：在“冗余机心跳检测”处输入主机检测从机的时间间隔。如图7.51 (a) 所示，缺省为5秒。

第四步：节点类型设置，在“网络配置”中单击“节点类型”属性页，如图7.51 (b) 所示。

7.14.3.2 从机网络配置

第一步：在从机上选择组态王工程浏览器中的“网络配置”项，双击该项，弹出“网络

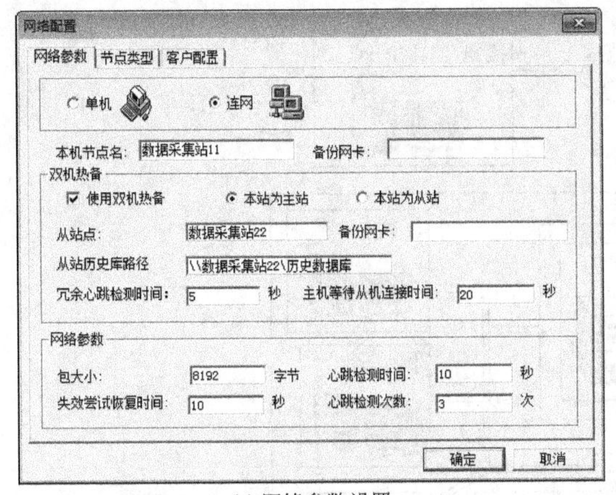

(a) 网络参数设置

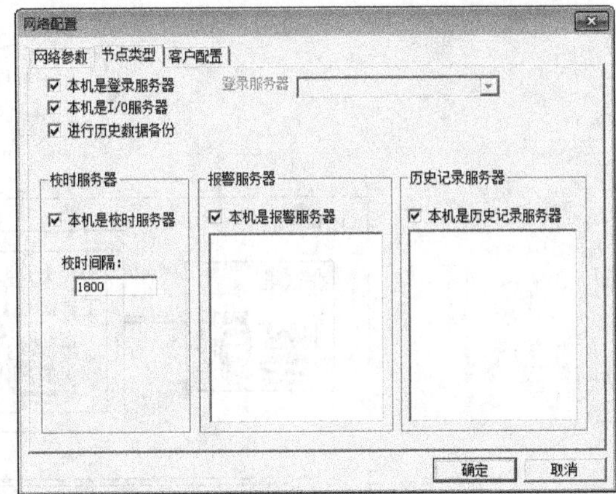

(b) 节点类型设置

图 7.51　双机热备系统主机网络配置

配置”对话框。选择“连网”模式，在“本机节点名”处键入从机名称或 IP 地址，在双机热备一栏中，选择“使用双机热备”选项。其后面的“本机为主站”和“本机为从站”选项变为有效，选择“本站为从机”。

第二步：在“主站名称”处键入主站名称或 IP 地址。在“主站历史数据库路径”处键入主机保存历史数据的完整路径，该路径的定义格式采用 UNC 格式。该路径在主机上应该提供共享，这里添加的路径也是通过网络可以看到的有效路径。

第三步：在“冗余机心跳检测”处输入从机监听主机的时间间隔。这样就完成了双机热备中从机的基本配置。

7.14.3.3　双机热备状态变量的使用

系统变量“$双机热备状态”变量用来表征主从机的状态。在主机上，该变量的值为正数，在从机上，该变量的值为负数。

(1) 主机状态监控。

① $双机热备状态=1，此时主机状态正常。

② $双机热备状态=2，此时主机状态异常，主机将停止工作，并不再响应从机的查询。

(2) 从机状态监控。

① $双机热备状态= −1，此时从机检测到主机状态正常。

② $双机热备状态= −2，此时从机检测到主机状态异常，从机代替主机工作。

7.15　组态王 For Internet 应用

组态王 6.55 提供了 For Internet 应用版本——组态王 Web 版，支持 Internet/ Intranet 访问。组态王 Web 功能采用 B/S 结构，客户可以随时随地通过 Internet/ Intranet 实现远程监控。客户端有着强大的自主功能，在如图 7.52 所示的模拟工作场景中，局域网内部如厂长办公室的电脑通过浏览器实时浏览画面，监控各种工业数据，而与之相连的任何一台 PC 机亦可实现相同的功能。组态王的 For Internet 应用，实现了对客户信息服务的动态性、实时性和交互性。

7.15.1　Web 功能介绍

组态王 6.55 的 Web 可以实现画面发布和数据发布。数据发布是组态王 6.55Web 的新

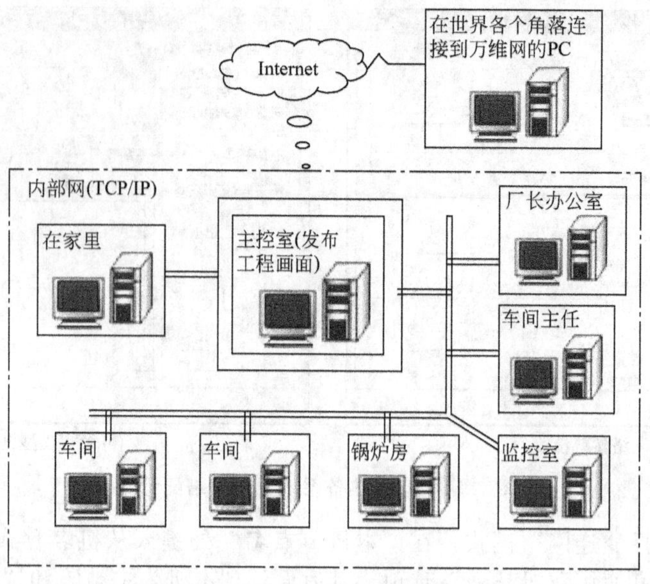

图 7.52 工作场景模拟图

增功能。IE 客户端可以获得与组态王运行系统相同的监控画面，IE 客户端和 Web 发布服务器保持高效的数据同步，通过网络能够在任何地方获得与在 Web 服务器上一样的画面和数据显示、报表显示、报警显示、趋势曲线显示等，以及方便快捷的控制功能。

7.15.1.1 组态王 Web 的主要技术特性

(1) Java2 图形技术基础，支持跨平台运行，能够在 Linux 平台上运行，功能强大。

(2) 支持多画面集成系统显示，支持与组态王运行系统图形相一致的显示效果。

(3) 支持动画显示，客户端和主控机端保持高效的数据同步，达到亲临其境的效果。

(4) 支持无限色、过渡色。

(5) 报表功能。

(6) 命令语言。

(7) 支持组态王的大画面功能，在 IE 端可以显示组态王的任意大画面。

(8) 支持远程变量，组态王 Web 发布站点上引用的远程变量用户同样可以在 IE 上看到。

(9) 报警窗的发布。

(10) 安全管理，在 IE 浏览器端支持组态王中的用户操作权限和安全区的设置。

(11) 组态王运行系统内嵌 Web 服务器系统处理远程 IE 端的访问请求，无需额外的 Web 服务器。

(12) 远程客户端系统的运行不影响主控机的运行，而客户端也可以具有操作远程主控机的能力。

(13) 基于通用的 TCP/IP、Http 协议，具有广泛的广域网互联。

(14) B/S 结构体系，只需普通的浏览器就可以实现远程组态系统的监视和控制。

(15) 多语言版本。可扩展性强，适合多种语言版本。

7.15.1.2 组态王 6.55 新增 Web 功能

组态王原有的 Web 功能是基于画面的 Web 发布，对于实时数据、历史数据、数据库信息，服务端组态王必须发布包含相应信息的画面，IE 客户端才能得到相关的数据信息。而且由于 Web 发布时不支持 Active 控件，使得客户端并不能方便地进行数据和曲线的浏览。

组态王 6.55 新增了数据发布的功能，服务端组态王可以不必发布画面，IE 客户端就可以在IE上浏览数据列表信息和相关曲线信息，具有数据直观，功能齐全，操作简便的特点。该功能是一个嵌入在组态王中的独立模块，可以实现实时数据、历史数据、数据库数据的Web发布。组态王能够发布如下数据信息。

(1) 实时数据视图；

(2) 实时曲线视图；

(3) 历史数据视图；

(4) 历史曲线视图；

(5) 数据库数据视图；

(6) 数据库时间曲线视图。

7.15.2 画面发布

组态王进行Web画面发布时，服务器端除组态王之外，不需要安装其他软件，IE端需要安装Microsoft Internet Explorer 5.0以上或者Netscape 3.5以上的浏览器以及JRE插件。

7.15.2.1 在组态王中完成Web画面发布

工程人员在工程完成后需要进行Web发布时，可以按照以下介绍的步骤进行，完成Web的发布和制作。进入组态王工程浏览器界面。在工程浏览器窗口左侧的目录树的最后一个节点为Web目录，双击Web目录下面的发布画面选项，将弹出“页面发布向导”配置对话框，如图7.53所示。

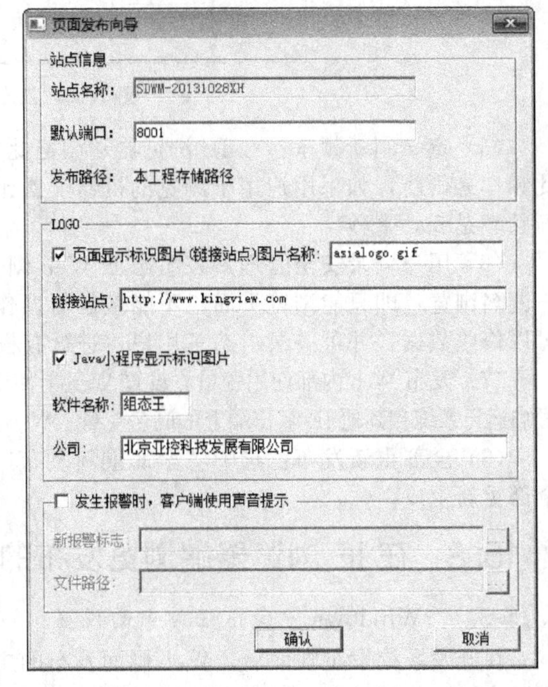

图7.53 端口的设置

7.15.2.2 发布画面

在组态王6.55Web的画面发布中，发布功能采用分组方式。可以将画面按照不同的需要分成多个组进行发布，每个组都有独立的安全访问设置，可以供不同的客户群浏览。

在工程管理器中选择“Web”目录，在工程管理器的右侧窗口，双击“新建”图标，弹出“Web发布组配置”对话框，如图7.54所示。

在该对话框中可以完成发布组名称的定义、要发布画面的选择、用户访问安全配置和IE界面颜色的设置。发布步骤如下。

(1) 定义组名称：在对话框中“组名称”编辑框中输入要发布的组的名称。

(2) 定义组的描述信息：在“描述”编辑框中输入对该组的描述信息。该描述信息可以在用户进行浏览时在IE界面上显示。

(3) 选择要发布的画面：在对话框的“工程中可选择的画面”列表中列出了当前工程中建立的所有的画面名称。

(4) 选择浏览时的初始画面：在“发布画面”列表中每个画面名称前都有一个复选框，如果在某个画面的复选框中选中，则表明该画面将是初始画面，即打开IE浏览时首先将显示该画面。初始画面可以选择多个。

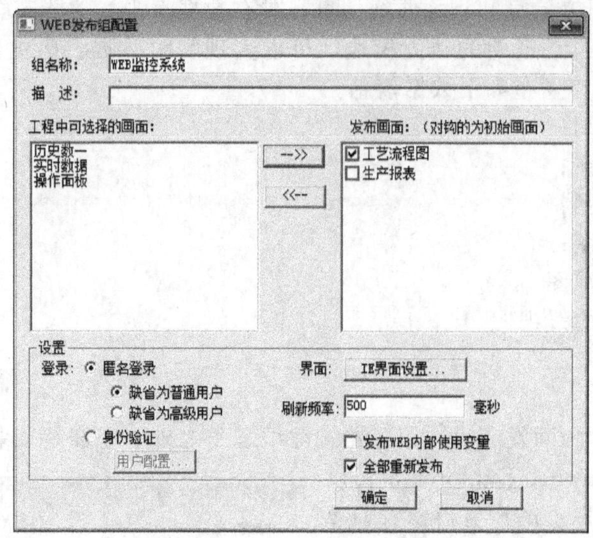

图 7.54 发布组的配置

（5）定义刷新频率：在IE浏览器端浏览此发布组的画面时，浏览器端看到的画面按照此频率来刷新，如果用户用于浏览的机器配置比较低建议用户将此参数设得大一些，默认刷新频率是500毫秒。

（6）用户登录安全管理：在组态王 Web 浏览端，用户浏览权限有两种设置：一种是用户匿名浏览，即只能浏览页面，不能做任何操作；另一种是高级用户，这种用户在进入后，可以修改数据，并可登录组态王用户，进行有权限设置的操作。两种用户只能选择其一。

（7）发布 Web 内部使用变量：设置 Web 上使用的内部变量，在 IE 上操作这些变量的时候，不影响运行系统和其他 IE 客户端上的同名变量。Web 上使用的内部变量只能是组态王内存变量。

（8）全部重新发布：选中“全部重新发布”则工程路径下的组页面文件 index. html 会全部重新生成。

7.15.3 在 IE 浏览器端浏览发布的画面

7.15.3.1 Windows 中受信任站点的设置

在开发系统发布画面后，Web 画面发布的主要工作已经完成。在进行 IE 浏览之前，您需要先添加信任站点。双击系统控制面板下的 Internet 选项或者直接在 IE 选择“工具 · Internet 选项”菜单，打开“安全”属性页，选择“受信任的站点”图标，然后单击“站点”按钮，弹出如图 7.55 所示窗口。在“将该网站添加到区域中”输入框中输入进行组态王 Web 发布的机器名或 IP 地址，取消“对该区域中的站点…验证选项”的选择，单击“添加”按钮，再单击“确定”按钮，即可将该站点添加到信任域中。接下来就可以使用 IE 浏览器进行画面浏览和数据操作了。

7.15.3.2 在 IE 浏览器中进行监控画面浏览

使用浏览器进行浏览时，首先需要输入 Web 地址。以 Internet Explorer 浏览器为例，在浏览器的地址栏里输入地址。地址的格式如下。

http://发布站点机器名（或 IP 地址）：组态王 WEB 定义端口号

如果需要直接访问该站点上的某个组，则使用下面的地址。

http://发布站点机器名（或 IP 地址）：组态王 WEB 定义端口号/要浏览的组名称

例如运行组态王的机器名为 webserver，其 IP 地址为“202.144.1.30”，端口号为

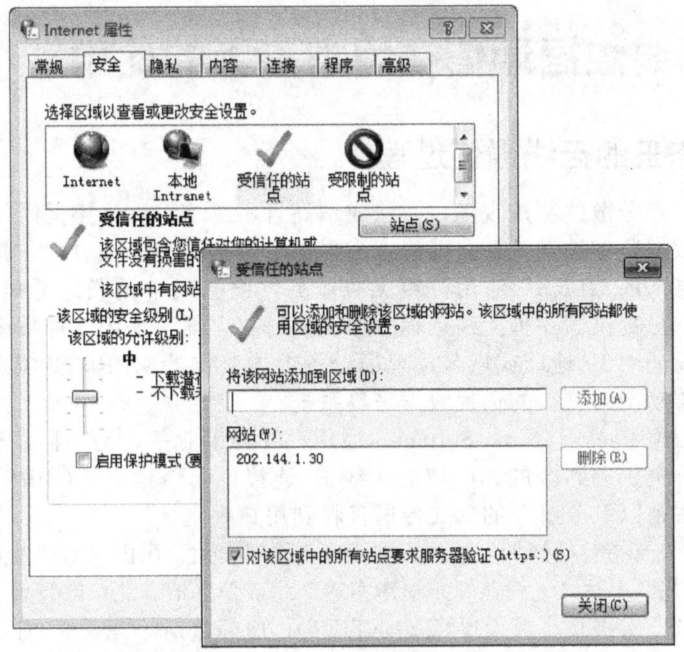

图 7.55 受信任的站点设置

8010，发布组名称为“KingDEMOGroup”，那么可以在 IE 的地址栏敲入如下地址。

http://webserver：8010 或 http://202.144.1.30：8010

如果是直接进入该发布组，则输入以下地址：

http://webserver：8010/KingDEMOGroup 或

http://202.144.1.30：8010/KingDEMOGroup

如果定义的端口号为 8001 时，可以省略端口号不输入，即：

http://webserver 或 http://202.144.1.30

如果是直接进入该发布组，则输入以下地址：

http://webserver/KingDEMOGroup 或 http://202.144.1.30/KingDEMOGroup

如在发布的组态王演示工程启动运行后，在任何一个与该发布机器通过网络相连接的站点上打开 IE 浏览器。输入地址“http://webserver”，进入发布组界面，如图 7.56 所示。在该界面中，列出了当前工程的所有发布组及组的描述，用户可以选择进入。

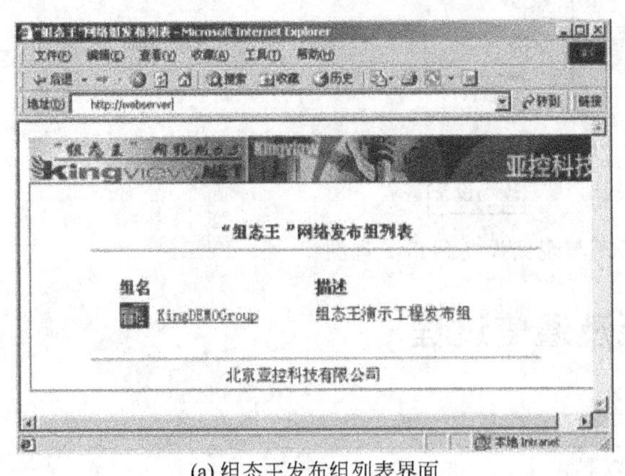

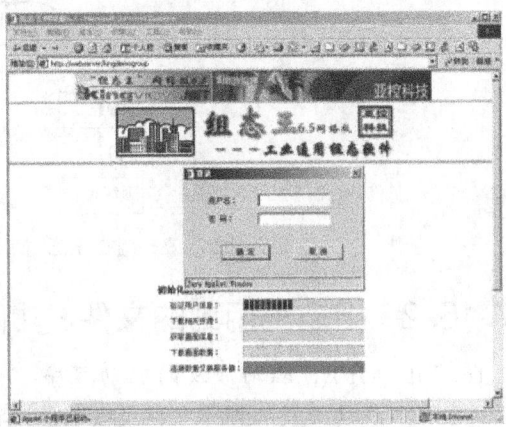

(a) 组态王发布组列表界面

(b) IE浏览初始界面

图 7.56 通过 IE 浏览器查看监控画面

7.16 无线数据通信在组态王上的使用

7.16.1 组态王的无线通信过程

一些距离远、点分散的测控现场，布线成本高且不易施工，采用无线数据通信是最佳的选择。对于远程数据监控的系统，目前组态王提供了多种网络监控方式。其中，基于中国移动公司移动服务网络的GPRS（通用分组无线业务）服务或中国联通公司的CDMA（码分多址）服务，组态王提供了一种无线远程数据交换解决方案。采用此种数据交换方案，用户需要为计算机申请公网IP地址或域名及现场设备上连接支持GPRS或CDMA服务的DTU模块，适合于有移动网络覆盖的远程数据采集系统。

GPRS（General Packet Radio Service）通用无线分组业务，是一种基于GSM系统的无线分组交换技术，提供端到端的、广域的无线IP连接。通俗地讲，GPRS是一项高速数据处理的技术，方法是以“分组”的形式传送资料到用户手上。

目前组态王软件支持包括深圳宏电、深圳倚天、厦门桑荣、唐山蓝迪、北京艺能、北京汉智通、台湾尉普、福州利事达、上海蓝峰、福建实达、北京爱立信、北京欧特姆、航天金软、力创LQ-8200、实达TCP、嘉复欣、蓝天顶峰（NETJET）、厦门蓝斯等厂家的DTU模块。用户控制中心（组态王）和GPRS远程数据终端（DTU）与设备进行通信的过程如图7.57所示。

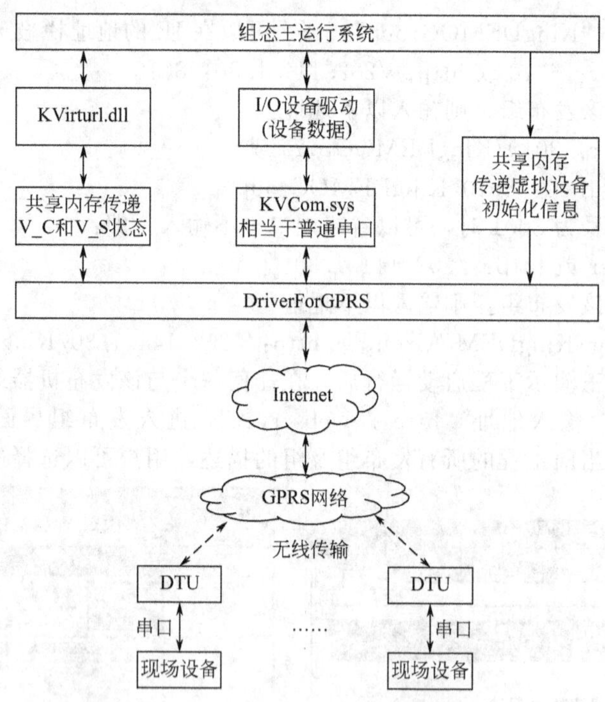

图7.57 组态王通过GPRS与现场设备通讯流程图

7.16.2 组态王用到的文件、功能及通信过程

7.16.2.1 GPRS驱动涉及的驱动程序

GPRS驱动涉及的程序文件及安装路径说明如下。

（1）DriverForGPRS. exe：组态王安装目录 \ kingview \ Driver \

（2）KVCom. sys：操作系统 windows \ system32 \ drivers \

(3) Gprsdtu. ini：组态王安装目录 \ kingview \ Driver \

(4) KVVirtual. dll：虚拟串口驱动，放在组态王安装目录 \ kingview \ Driver \，需要组态王安装工具安装注册。

7.16.2.2 DriverForGPRS. exe 服务程序功能

服务程序主要完成以下几种功能：

(1) 从运行系统接收虚拟设备的初始化信息，然后依据初始化信息建立与 DTU 连接。

(2) 从 KVCOM 接收数据，然后发送给 DTU。

(3) 从 DTU 接收数据，并将其发送给 KVCOM。

(4) 监控各 DTU 的通信状态，并将数据通知组态王。

(5) 处理 DTU 心跳数据。

(6) 按照配置显示调试信息。

7.16.2.3 KVCom. sys 功能

Kvcom 是组态王和 GPRS 服务程序通信的通道。KVCOM 类似通常的串口设备。每一个虚拟串口都会打开一个 Kvcom 设备（采用 CreateFile 函数就可以建立）。组态王发给服务程序的所有数据都写入 KVCOM 的写通道（采用 WriteFile 方法），并且新写入的数据会覆盖前次写入的数据。由于对于同一个虚拟串口数据写入是串行的，所以只需要一个通道。写入数据后就会设置事件通知服务程序接收数据。服务程序监听该 KVCOM 的线程接收到数据后，服务程序通过 SOCKET 将数据发送给 DTU。当收到 DTU 返回的数据后，服务程序将数据通过设备数据返回通道传送给设备驱动（设备数据的写入方式是追加的，即写入上次数据的尾部，这里注意要防止缓冲区溢出，设备驱动可以通过 ReadFile 读出该数据）。

7.16.2.4 Gprsdtu. ini 功能

Gprsdtu. ini 配置文件可以手动设置虚拟串口个数，手动设置后需要重新启动机器，配置才生效。虚拟串口最多可用个数以满足需要为准，越少越好，如果确需配置超过 256，请先依据机器硬件和网络的实际情况进行充分测试后方可使用。由于 gprsdtu. ini 配置文件可以手动设置虚拟串口个数，所以组态王中的 KVCOM 口的个数以及信息窗口中所列出的可监视的 KVCOM 口的个数都是决定于 GPRS 配置文件 Gprsdtu. ini 中的［VIRTUAL _ COM］下面的 NUMBER 个数的，如 NUMBER 个数设置为 256，那么就在信息窗口可监视 256 个 KVCOM 口。

7.16.2.5 KVVirtual. dll 功能

虚拟驱动包含两个寄存器 V _ S 和 V _ C。V _ S 是只读属性，表示当前虚拟串口的连接状态。1 表示已经连接，0 表示连接断开。V _ C 是可读写属性，表示是否运行和设备通信。如果 V _ C 被设置为 0，则禁止通信。虚拟驱动和通常的设备驱动工作原理相同。虚拟驱动和服务程序通过虚拟内存交换数据（V _ S 和 V _ C）。

7.16.3 GPRS 通信的组态

(1) 组态王开发系统。建立虚拟串口设备。选择虚拟串口号，设备厂家，DTU 标识，设备端口，设置通信超时时间，由于 GPRS 的通信事件比较长，所以超时最少要设定在 15 秒以上。

(2) 组态王运行系统。

① 启动 DriverForGPRS 服务程序。

② 把用户配置信息通过共享内存发送给服务程序，服务程序接收到信息后，根据厂家，DTU 标识和端口来建立连接。连接建立成功后，服务程序会设置初始化成功事件，通知运行系统。

③ 打开虚拟驱动（KVVirtual）获得虚拟串口的连接状态，打开设备驱动采集数据。不过如果当前虚拟串口的 V _ S 的状态为 0，则组态王不会调用设备驱动进行数据采集。

第8章　控制系统调试与维护

8.1　控制系统的调试方法

8.1.1　控制系统的调试步骤

控制系统的调试因不同硬件组成和不同软件而有所不同，但基本调试步骤是相同的。图8.1是控制系统现场调试步骤。调试步骤包括系统检查、硬件检查和软件检查三部分。系统检查主要是对控制计算机、输入输出模块、通信模块、电源模块进行检查。硬件检查是对输入输出模块各信号点连接、各控制计算机之间的信号通信、它们与上位机的信号通信进行检查。软件检查是确定操作人员能否对生产过程信息进行监视和控制，并确定它与实际生产过程的配合和综合应用情况。为了安全生产，还需要对异常情况进行检查，以确定其安全性和可靠性。

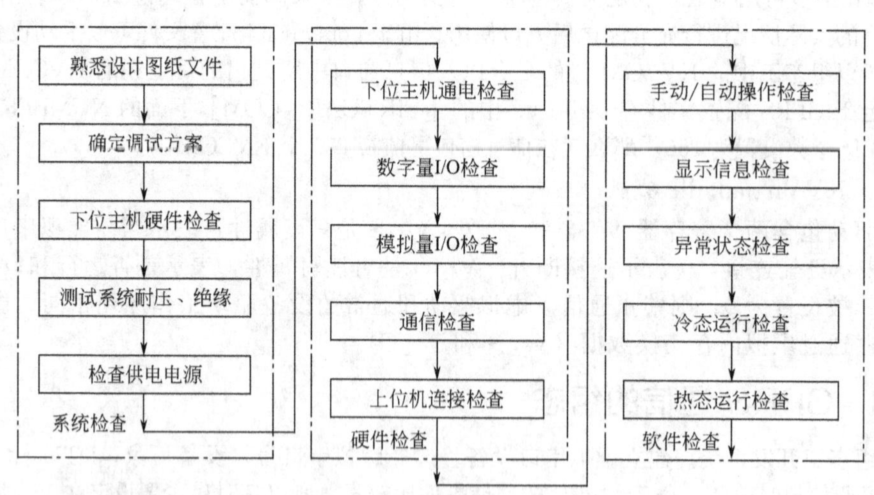

图8.1　控制系统现场调试步骤

8.1.2　调试前的准备工作

8.1.2.1　调试前准备工作的重要性

(1) 自控仪表专业的施工一般在整个工程的最后阶段（土建与主要设备安装完成后）进行，因此，整个工程中各个节点造成的时间延迟都会造成控制系统现场调试时间的不足，为此，做好调试准备工作是保证整个工程完成的重要手段。

（2）控制系统现场调试工作的内容多、类型复杂、花费时间长。由于控制系统现场调试涉及不同类型的传感器、变送器、检测元件和执行器，不同的控制方案等，对不同类型的元件检测和调试的方法也不完全相同，因此增加了调试难度。如果能够在调试前做好准备工作，能够按类型、按区域对不同类型检测元件、传感器进行分类，做好前期准备工作，就可加快工作进度，争取到时间。

（3）控制系统调试时常常出现一个工程师完成整个调试工作的情况。由于要获得检测元件在激励状态下的响应情况，常常在现场和控制室来回多次才能完成调试。因此，做好准备工作，设计好调试程序十分必要，它对整个控制工程的调试工期有重要影响。

（4）一些控制工程的调试人员与设计组态人员不是同一人，造成技术脱节。调试人员不熟悉设计人员的设计意图，会使调试工作时间延长，甚至出现调试无法进行的情况。因此，调试人员做好准备工作，了解设计意图，对调试工作的顺利进行是十分必要的。即使调试人员和设计人员是同一人的情况，也会出现因调试人员对现场情况不熟悉，对现场仪表不了解而延误调试工期的情况。

8.1.2.2 调试前准备工作的主要内容

（1）阅读设计图纸，了解设计意图。明确现场各检测元件、传感器、变送器、执行元件和执行机构的工作原理，确定检测和调试的方案。

（2）熟悉现场设备布置，连接管线分布和走向，确定控制计算机的输入输出点的位置。

（3）根据不同检测元件和执行机构的特点，了解和掌握其调试方法及工作原理，设计有关调试程序，并下载到编程器或有关调试装置。

（4）熟悉控制系统程序，了解各检测元件、传感器、变送器、执行元件和执行机构的作用和影响，掌握程序设计意图，便于调试时对程序进行修改。

（5）熟悉调试工具和仪表。掌握其使用方法，必要时应了解其调校方法，以便对其进行现场调整。

8.1.2.3 技术资料

调试前应收集和整理有关工程的技术资料。技术资料是现场调试工作的依据，是现场调试的工作指南。现场调试可以是原设计编辑工程师，也可能是专门从事现场调试的工程师。不同技术人员的知识结构不同，对控制计算机的了解、对生产过程的了解都会有所不同，因此，现场调试时所做的准备工作也不尽相同。

（1）技术资料的内容、控制计算机现场调试所需的技术资料

① 生产过程。了解工艺过程有利于现场工程师解决控制系统的控制要求、控制方案和实施方法。这些资料包括：

a. 工艺管道及仪表流程图。用于了解整个生产过程的概貌，即该生产过程的原料、产品、进行的生产过程对控制系统控制要求等。

b. 设备布置图、管口方位图。用于了解整个生产过程中设备的定位、各检测元件和执行器的位置。

c. 机械设备的有关资料。包括控制元件、动力元件和其他装置、设备的位置、连接关系、控制方法、传动方式、控制方案等，还包括机械设备的操作手册和操作指南等资料。

② 仪表、电缆、管线的连接和信号传递关系。

③ 电气设备的连接和信号传递关系。

④ 液压或气动设备的连接和信号传递关系。

⑤ 主要机械设备、检测仪表和执行元件的结构和工作原理。

⑥ 控制系统的连接和信号传递关系。

⑦ 其他与控制系统有关的资料。例如供电电源的冗余、信号的冗余等。

(2) 技术资料的特点

① 示意性。在设计图纸中，绘制的设备和管线具有示意性，例如，设备以几何相似的方法或用标准规定的图形符号描述，它与实际设备有一定的相似性。管道以线条的宽度和文字符号来表示不同介质或不同材质。这些图形符号是示意性的表示生产过程的有关设备、管道等。因此，了解有关生产过程的工艺知识，学习有关设备、管件的安装方法等都是十分重要的。

② 附属性。设备、管道等对建筑物、构建物具有很强的依附性。因此，应将它们作为一个整体考虑。看懂施工图纸，要从整体到局部，从大到小，从粗到细，并应与文字资料对照。

③ 一致性。设计图纸反映的是整个生产过程中的整体情况，各分图纸和资料应相互对应，保持一致性。

8.1.2.4 读图和识图

技术资料主要从建设方法获取，一些资料来自设备制造商，应由制造商提供。技术资料包括图纸和文件。文件包括表格和文字说明等。获取技术资料的目的是通过对技术资料的消化、对生产过程的基本情况有一定程度的熟悉和了解。例如，控制系统用于该生产过程的目的，采用的控制手段和控制方法，各有关输入信号和输出信号的连接和它们之间的传递关系。

读图顺序一般是先看图纸目录，再看工艺管道和仪表流程图等其他图纸，对一些资料，例如设备布置图、管口方位图等，并不在自控设计的图纸范围，当需要了解这些设备的布置细节、管口方位的细节时，可向有关专业技术人员询问，并进行图纸的阅读。

控制系统设计图纸内容可对照一般生产过程中自控设计图纸内容。主要有下列图纸和文件。

(1) 图纸目录。用于说明该工程所提供的全部设计图纸清单，包括工程设计图、复用图和标准图。对不采用带位号的安装图时，仪表的安装图列入标准图。

(2) 设计说明书。用于说明本设计与初步设计的重大修改、审批文件号（必要时摘要说明初步设计重要方案及有关内容），采用的主要设计标准、规范、施工安装要求，推荐安装规范，提出对仪表防爆、防腐、防冻等保护措施，采购和成套说明，风险说明，及设计人员认为需要特殊说明的其他问题。

(3) 自控设备表或仪表数据表。所有控制系统及传送到控制室集中检测仪表、集中检测仪表、就地检测仪表、仪表盘（箱）、半模拟盘、操作站、工程师站、仪表保温（护）箱、报警装置和大型空气过滤器、减压阀、安全阀等设备和仪表按其类型分类，并依次填写在自控设备表内。并列出与仪表有关的工艺、机械数据，对仪表的技术要求、型号及规格等。其中，通用技术要求在仪表技术说明书中提供。对复杂检测控制系统应另附原理图、系统图、运算公式、设定值及动作说明等。

(4) 仪表索引。以一个仪表回路为单元，按被测变量英文字母代号为序，列出设计项目所有检测、控制系统的仪表位号、用途、名称和订货部门及相关设计文件号。

(5) 报警、联锁设定值表。说明联锁报警系统用途、仪表位号、工艺操作正常值、报警值和联锁值等。

(6) 控制阀数据表。对两位式切断控制阀、节流型控制（调节）阀、电磁阀等控制阀按自控专业工程设计用典型表格中控制阀的有关规定填写。

(7) 电缆表和管缆表。用于表明各电缆（信号电缆、电源电缆等）的连接关系，表明电缆编号、型号、规格、长度及保护管规格、长度等。表明各气动管缆的连接关系，表明管缆编号、型号、规格、长度等。对液压系统，表明液压管线之间的连接关系，表明管线编号、型号、规格、长度等。

(8) 测量管路和绝热伴热表。表明各测量管路的规格、材料和长度等。表明需要绝热和伴热管线的绝热或伴热方式、保温（护）箱型号、被测介质名称、温度和安装图等。

(9) 仪表回路图。以仪表回路为单元，用仪表图形符号表示一个检测或控制回路的构成，表明回路中每个仪表设备、端子号和连接接线。

(10) 信号及联锁系统原理图和报警联锁系统的接线图。包括所有与控制计算机有关的信号报警和联锁系统的工作原理，说明各信号联锁回路的工艺要求和作用，标注联锁动作的工艺参数等。为实现报警和联锁系统绘制的接线图，应包括各报警信号与报警器的连接关系，消声和实验按钮、供电和报警器、仪表端子之间的连接关系等。

(11) 顺序控制系统时序图。可采用表格或图形形式表明顺序控制系统的工艺操作、执行器和时间的程序动作关系。

(12) 接地系统图。绘制整个自控系统的接地系统，包括控制室仪表的工作接地、保护接地系统。表明接地分干线规格、长度等。

(13) 电缆、管缆、液压管线的平面敷设图。它与电缆、管缆表相互对应，用于表明电缆、管缆、液压管线在整个工程项目中的敷设情况。包括有关的接线盒、接线箱、接管箱、继电器箱、供气和供液装置的平面位置（尺寸）、标高、安装结构、安装倾斜度及电缆、管线的排列等，并注明编号。对穿墙和穿过楼板的管线、电缆等应表明其密封方式。列出所用的设备材料表。

(14) 仪表安装图（带位号）。为各种类型的仪表提供安装示意图，列出材料表。

(15) 非标准部件的安装制造图。对非标准的部件，提供制造图和安装图。

8.1.2.5 控制系统有关的图纸和表格

(1) 控制系统的技术规格书。控制系统的基本要求，对硬件、软件的基本要求。控制供应方职责范围、系统规模、功能要求、硬件要求、技术文件交付、技术服务和培训、质量保证、备品备件与易损件、进度计划等。

(2) 操作站、工程师站。包括操作站、工程师站的人机界面配置、型号和规格、数量等。

(3) 控制计算机。包括控制系统的配置、资源的设置情况，它们之间的连接关系。

(4) 过程接口。主要是输入输出信号的连接。包括数字量、模拟量和脉冲量输入和输出信号与控制计算机的连接关系、防爆等级、安全完整性等级等。还包括供电电源的有关信息。

(5) 通信接口。控制系统之间数据通信的连接关系、控制计算机与上位机数据通信的连接关系，控制计算机与编程系统的连接关系。

(6) 供电系统。根据仪表供电设计的有关规定，提供控制系统的供电电源。采用UPS不间断电源的系统还应包括UPS系统的型号、规格和数量等。对控制系统中为变送器检测元件提供的电源也可采用外部供电电源或其本身的内部电源供电。

(7) 抗干扰设计。包括屏蔽、接地、隔离、滤波等。

(8) 编程和组态文件。控制计算机应用程序、人机界面应用软件，包括使用说明文件或使用说明书等。

(9) 控制计算机监控数据表。包括控制系统监视和控制的检测点、执行元件等的有关数据信息。

(10) 顺序控制、逻辑控制、时序控制、批量控制等原理及组态。

(11) 人机界面设计。包括画面分页，静态数据点连接，动态数据点生产，报警及联锁点分组、分区、分级，报表生成，历史数据和实时数据确定，数据通信等。

8.2 控制计算机的检查与测试

8.2.1 控制计算机的现场验收

现场验收是控制计算机经装箱、运输和存储等流通过程后安装在工作现场后进行的验收。

(1) 现场开箱检验。用于确认运输过程中是否被运输设备所损坏，并检查装箱单是否与实际设备相一致。整个开箱检验应有专人记录，对箱外包装和箱内设备均应有摄影记录。设备制造商、运输商和最终用户三方应共同在场，形成开箱检验报告。对损坏的设备或短缺的设备应有详细记录和说明，确定其原因，并提出更换或补发等处理意见。

(2) 设备安装检查和通电检验。控制计算机的通电检验是未连接有关负载时的检验。通常，可直接对控制计算机的电源模块、CPU、通信模块、输入输出模块、专用模块等进行通电检验。当控制计算机送电后，系统会自动对硬件进行自诊断。若某一模块出现自诊断错误，则该模块 ERR 灯点亮。全部模块都正常后应通电规定时间，进行带电检验，最后，完成通电检验报告，包括是否出现故障、各模块运行状态、并有检验人员的签名。

(3) 现场在线检验。这是配合施工单位的检查，是控制计算机安装到控制室或现场机柜后进行的检验。它的完成标志制造商的保修期开始。因此，该项检验十分重要。其目的是确保输入输出信号、信号转换、地址分配等准确无误；装载软件、组态数据，操作站、控制站、工程师站应正常运行；启动系统硬件测试程序（制造厂提供），所有硬件（100%）应正常。这项工作应以最终用户为主，设计人员、控制计算机现场工程师等参加，供货方负责技术指导。

控制计算机系统测试、现场验收应连续正常运行 72 小时以上，并最终完成测试验收报告和正式签字。

8.2.2 控制计算机的安全要求

8.2.2.1 防电击保护

控制计算机在正常工作条件或在单一故障条件下，应具有防电击保护能力。装置的可接触部分应不带电，不得在单一故障条件下变为带电体。

(1) 可接触部件的防电击要求。在 1.8m 距离内，通过表面或空气传导的电压、电流、电荷或能量应符合规定要求。

① 正常工作条件下，危险带电条件是电压高于交流 30V（均方根值）、42.4V（峰值）或直流 60V。

② 单一故障条件下，危险带电条件是电压高于交流 50V（均方根值）、70V（峰值）或直流 120V。

(2) 防电击保护的要求。表 8.1 是开放式和封闭式装置的防电击保护要求。开放式装置指可能存在可接触带电部件的装置。封闭式装置指为防止人员意外触及其内部带电或运动部件，为防止直径≥12.5mm 外部固态物体进入其内部，除了其安装表面外的所有面都被封闭的装置。其保护等级满足 IP20 及以上等级。

正常工作条件下的防电击保护指通过基本绝缘、外壳或隔离栅，和/或保护阻抗等措施中的一项或多项，能够防止在正常工作条件下操作员可接触部件成为危险带电部件的保护。

单一故障条件下的防电击保护指出现单一故障时，为确保防止操作员可接触的导电部件成为危险的带电部件而提供的保护措施。

表 8.1 防电击保护的要求

端口	是否需防电保护		端口	是否需防电保护	
	开放式装置	封闭式装置		开放式装置	封闭式装置
本地扩展机架的通信接口/端口	否	是	与第三方进行数据通信的串口或并口/端口	是	是
远程IO站、控制网络、现场总线通信接口/端口	是	是	装置电源的接口/端口	否	是
向第三方设备开放的通信接口/端口	是	是	保护接地的接口/端口	否	是
外围设备内部通信接口/端口	否	否	功能接地的接口/端口	否	是
数字和模拟输入信号接口/端口	否	是	IO电源的接口和端口	否	是
数字和模拟输出信号接口/端口	否	是	给传感器、执行机构供电的辅助电源接口/端口	否	是

8.2.2.2 防火灾保护

防火灾保护的评估必须在限定电源电路、二类电路、限压/限流电路、限阻抗电路与其他线路之间进行。

8.2.2.3 检测与调试前的检查

在对控制计算机进行检测和调试前，应进行供电电源、环境工作条件等检查。主要内容如下。

(1) 检查UPS不间断电源的工作，其输出电压、功率等参数是否满足应用要求。

(2) 安装作业是否完成，是否经建设方、系统供应商和设计单位的确认。

(3) 应提供获得建设方批准的应急方案和详细的检测和调试计划。

(4) 检测和调试的环境条件是否满足要求，照明、温度、湿度等环境条件是否适合系统运行。

(5) 现场控制工程师是否到位，并已经对有关系统有基本了解。

在不连接输入输出信号的情况下，对控制计算机进行检测和调试称为模拟检测和调试。

8.2.3 控制计算机上电测试

现场控制工程师不需要对控制计算机各输入输出通道模块进行模拟检测和调试。通常进行上电测试。

8.2.3.1 上电前的检查

(1) 检查控制计算机接线。检查接线是否与设计图纸一致；检查接线是否松动；检查接线是否有外部造成的短接等。

(2) 检查控制计算机接地系统是否正确。接地系统接线是否与设计图纸一致；接地电阻是否满足产品说明书规定；接地系统和屏蔽系统是否电连续性等。

(3) 检查电源模块或单元。检查供电电源电压是否与设计要求一致；检查供电电源的安全性和不间断电源的连接是否正确；核对设计图纸，复查电源系统接线并紧固接线端子。在正常供电24小时后，应对系统检查；确定各分供电开关能否正确发挥功能，并在主电源正常供电后，切入到闭合状态。

8.2.3.2 上电检查

上电后，建设方、供应方和设计单元都应派员在场，确认系统上电，并签署确认报告。

然后进行下列上电检查。

（1）是否有不正常声音和气味。

（2）模块各信号灯是否显示出错，例如，ERR状态灯是否点亮。

（3）有关的报警系统是否动作。

（4）各模块的正常运行灯是否点亮。

上电过程中，一旦发现异常，应立即切断供电电源，检查相关设备，查出故障原因并处理后才能继续检查。上电正常后，运行24～48h，并记录设备运行状态、各信号灯状态等，如果出现异常，应及时检查并处理。上电正常运行期结束后，才能进行各项检测和调试工作。

8.2.3.3 控制计算机的检验

（1）测量检查。

① 上电前，检查电源电压、频率、相序和容量，确定是否符合产品要求。

② 检查控制计算机内部连接是否正确。

③ 检查上电后，控制计算机各模块的信号灯是否正常。各状态灯是否正确点亮或熄灭。

（2）模拟检查和分析。

① 模拟动作前，检查各模块的供电电源的连接、供电电压等参数是否正确。

② 模拟动作时，检查各对应状态信号灯是否正确点亮或熄灭。

③ 检查响应时间是否合适。

（3）故障分析和处理。

① 电源灯不亮。一般检查外部供电是否没有连接，供电开关是否闭合，是否负载过电流造成熔断器熔断。电源容量不足的故障通常发生在增加控制计算机规模，或负载有短路等情况下。

② 自诊断ERR灯亮。说明经硬件自诊断后，该模块有问题。可能原因有：接触不良，模块损坏等。可重新插拔后，启动检查，并用编程计算机检查其内部存储器的状态。如果是硬件故障，可采用更换法确定故障的模块，并更换。

③ 输入状态灯不亮。可检测输入端子处的电平信号是否正确。检查供给输入端子的电源是否连接并提供合适电压；检查连接线是否断开或短路；对扩展单元的输入模块，还要检查扩展模块与基本单元模块之间的连接是否正确和接触良好。对输入模块硬件故障可采用更换法检查。

④ 输出状态灯不亮。输出状态灯一般与负载的连接与否无关。因此，故障通常是接插件接触不良，或输出模块本身故障造成。一些扩展输出模块常常因与基本单元模块的连接接触不良，造成输出状态灯不亮。

⑤ 模拟量模块的状态灯不亮。当模拟量输入或输出采用标准电流信号时，为保护模块，如果输入或输出开路，模块内部自动切断回路，造成状态灯不亮，为此应检查控制回路是否有开路情况。一些故障原因是由于输出端受到其他动力电源的搭接造成输出模块损坏。

8.2.4 控制计算机通信的检验与调试

8.2.4.1 通信系统的接线

（1）RS-232、RS-485的接线。严格说，RS-232接口是DTE和DCE之间的接口。RS-232接口常用三线制连接。

（2）RS-422有四根线，分别是R＋、R－、T＋和T－。对两线制RS-422，R－和T－用一根线，R＋和T＋用一根线。

（3）RS-485可点对多点通信。因此，各设备的RS-485之间是并联连接的，即线路

“485+”连接在一起，线路“485－”连接在一起。注意，最大连接距离不应超过1200m，一般宜控制在300m以内，以防止电磁干扰影响。负载的设备数可达32台，如果连接设备过多，可采用多串口卡或485HUB。

8.2.4.2　USB通信的检验与调试

USB外设用SIE串行接口驱动实现数据传输。它包括下列内容。

(1) 硬件上用于完成NRZI的编码和译码、添加和删除填充位。

(2) 硬件上产生数据的CRC校验码，并对数据包进行循环冗余码CRC的检验。

(3) 将并行数据转换为串行数据，接收方将串行数据转换为并行数据。

(4) 检测和产生SOP（包开始同步符）和EOP（包结束符）。

由于采样精度和应用要求不同，采用22.05kHz或44.1kHz的采样率与USB的标准时钟并不对应，因此，实际应用时，为保证采集的数据无丢失地打包和传送，必须在SIE和数据采集部件之间设立FIFO，以便于数据的缓存。尤其对批量传输和等时传输更为重要。

8.3 控制系统现场调试

8.3.1 离线调试

8.3.1.1　离线调试的目的及内容

(1) 离线调试的目的。离线调试是控制系统已经完成本体检测和调试，完成模拟检测和调试后进行的调试过程。它是检查控制计算机的用户应用程序是否适应工业生产过程控制要求的模拟调试。

离线调试过程中，工业生产过程的设备并未运行，因此，离线调试是为在线调试提供参数和改进，为稳定可靠运行提供数据的重要工作。它是保证生产过程能够稳定可靠运行的前提。

(2) 离线调试的内容。不同生产过程的离线调试内容不同，侧重点也不同。主要的内容如下。

① 用户应用程序下载情况检查。

② 状态检查和功能检查。

③ 通道检查。

④ 用户应用程序检查。包括控制回路、逻辑关系的检查。

⑤ 上位机显示和操作功能的检查。

⑥ 报警、联锁控制系统的检查。

⑦ 安全功能的检查。

8.3.1.2　离线调试操作

(1) 应用软件系统。用户应用程序是根据制造商提供的编程语言，针对生产过程的应用要求编写的程序。它包括下列内容。

① 开关量逻辑控制程序。这是控制计算机用户应用程序中最重要的部分，一般采用梯形图、指令表或功能块图等编程语言编制。

② 模拟量运算控制程序和闭环控制程序。大、中型控制计算机常需要这些程序，它由用户根据控制要求按控制计算机供应商提供的软件和硬件功能进行编制。

③ 通信程序。控制计算机与外围设备进行通信，控制计算机组成通信控制网络时都需要通信程序。通常，制造商提供有关通信功能块和参数设置方法，用专用指令或功能块

实现。

④ 操作站系统应用程序。操作站系统应用程序是用户为进行信息交换和管理而编制的人机界面程序，包括各类画面显示和操作程序等。

(2) 控制计算机的系统监控软件。控制计算机的监控软件常与编程软件结合在一起。监控软件用于监视用户程序执行情况，发现程序中存在的错误，并提供报警机制。监控软件也提供对用户程序的强制操作，例如，强制设置某存储器某位状态，强制设置某变量的数值等。控制系统主要监控软件类型介绍如下。

① 文本类监控软件。文本类监控软件在变量声明表中显示变量的状态。可通过一定的操作实现对某变量强制设置数值。可设置断点，使程序运行到断点，检查到程序执行到断点时各变量的状态和数据。

② 图形类监控软件。图形类监控软件显示程序的监控功能。例如程序执行情况、变量数值等。

(3) 控制计算机的人机界面软件。控制系统中的人机界面软件可根据应用规模设置，也可不设置。大、中型控制系统需要设置人机界面的操作台或操作站，小型和超小型控制系统可在控制计算机终端设置显示屏或简易操作按钮。

人机界面是操作人员获取过程信息的平台，是操作人员对生产过程进行操作和控制的平台，是编程和维护人员与控制计算机交流的界面。因此，人机界面软件具有十分重要的功能。

良好的人机界面软件可方便地用于操作画面的组态，维护画面的组态；也可使易操作性功能得到提升。

人机界面软件主要分文本类和图形类两大类。

控制计算机现场工程师一般不对人机界面的内容进行修改。

(4) 控制计算机通信软件。常与通信接口模块一起，实现控制计算机与其他外部设备的数据通信。

通常，控制计算机带有与外部编程设备的通信软件。该软件用于将编程设备中的用户程序和数据下载到控制计算机，或将控制计算机存储器中的用户程序和数据上装到编程设备。同系列控制计算机之间的通信常采用串行通信协议，因此，这类通信软件也常只安装在控制计算机内。

控制计算机通信模型为控制系统中，同一程序内、同一配置内和不同配置内变量的通信提供理论依据。当控制计算机需要与其他外部设备进行通信时，需要安装相关通信软件实现数据通信。

8.3.1.3 程序下装

(1) 程序下装的目的。用户应用程序必须下装到控制计算机的 CPU 内，才能被执行，只有下装程序才能检查所编写的应用程序是否符合应用要求。程序下装的作用如下。

① 检查应用程序是否符合应用要求。

② 检查程序是否能够下载和上传。

③ 检查数据是否能够正确储存和传送。

④ 检查各模块的工作是否正常，与 CPU 模块的通信是否正确和及时。

⑤ 检查控制计算机与监控计算机是否能够正确进行数据通信。

(2) 程序下装步骤：

① 编程器编译和检查程序和变量，确定其语法等是否正确，是否有语法和逻辑错误。

② 将应用程序编译为机器代码，并下载到控制计算机 CPU 的程序存储器内。

③ 生成专用代码，用于设置系统的配置、资源和任务类型等，包括全局变量、存取路

径变量等设置。

④ 下装程序组织单元的变量和数据类型，并根据变量数据类型分配存储器。

⑤ 生成初始化代码，完成变量的初始化过程。

⑥ 生成程序代码，完成功能块实例化。

8.3.1.4 人机界面软件组态

人机界面软件组态是在安装控制系统前离线完成的，通常由设计单位和建设单位在供应商指导下完成。

(1) 过程显示画面。过程显示画面包括用户过程画面、概貌画面、仪表面板画面、检测和控制点画面、趋势画面及各种画面编号一览表、报警和事件一览表等。其内容根据应用规模的大小而不同。

① 过程操作画面的分页。分页根据操作人员的操作分工、显示屏幕的分辨率、系统画面组成等要求进行。

② 过程操作画面中颜色的配置。颜色配置原则如下。

a. 为减少操作失误，过程流程图的背景颜色宜采用灰色、黑色或其他较暗的颜色。当与前景颜色形成较大反差时，也可采用明亮的灰色，以降低反差。

b. 操作画面颜色宜采用冷色调，非操作画面颜色可采用暖色调。

c. 画面配色应使流程画面简单明确，色彩协调，前后一致。颜色数量不宜过多，一般不宜超过六种。

d. 一个工程项目中，各画面颜色的设计应统一，工艺管线的颜色宜与实际管线上涂刷的颜色一致。为避免使用高鲜艳颜色，可采用相近的颜色。颜色应匹配，便于操作员识别。

e. 为减少搜索时间和操作失误，既应考虑不同分页上颜色的统一，又要考虑相邻设备和管线的协调。应合理设置设备外轮廓线颜色、线条宽度和亮度。

③ 过程操作画面中数据的显示。数据显示的设计原则如下。

a. 数据显示位置。动态数据显示位置应尽量靠近被检测的部位。也可在标有相应仪表位号的方框内或方框旁边。列表显示数据时，数据根据仪表检测点的相应位置分别列出。图形方式定性显示动态数据时，常采用部分或全部填充相应设备的显示方法。也可采用不断改变显示位置的方法来显示动设备的运行状态。

b. 数据显示方式。动态数据显示方式有数据显示、文字显示和图形显示三种。声光信息显示常用于警告和报警、操作提示等。数据显示用于需要定量显示检测结果的场合，例如被测和被控变量、设定值和控制器输出值、报警值和警告值等。文字显示用于动设备的开停、操作提示和操作说明的显示。例如，顺序逻辑控制系统中，文字显示与图形显示结合，为操作员提供操作步骤及当前正在进行的操作步骤等信息。文字形式也用于操作警告和报警等场合。图形显示用于动态显示数据。图形显示方式可以是颜色的充填、颜色的改变、高亮度显示、闪烁或反相显示等。不需要定量数据时，可采用图形显示。常用的图形显示方式是棒图显示、轮廓线颜色或填充颜色改变的显示等。数据的动态变化显示具有动画效果，但宜适量。明智地使用颜色和动态变化，能有效改善操作环境和操作条件。动态数据的颜色应与静态画面的颜色协调。

c. 显示数据的大小。显示数据的大小应合适。应与显示位置合理搭配。显示数据较大，误读率就下降。对并列数据显示，可采用表格线条将数据分开，同时对不同类型数据采用不同颜色显示。数据显示过大会减少画面显示的信息量，数据显示过小会增加误读率，它也受屏幕分辨率约束。

d. 数据的更新速度和显示精度。数据的更新速度受到人的视觉神经细胞感受速度的制约，过快的速度使操作人员眼花缭乱，不知所措。更新速度过慢不仅减少信息量，而且给操作人员的视觉激励减少。根据被测和被控对象的特性，数据更新速度可以不同。例如，流量和压力数据的更新速度在1～2s，温度和分析数据的更新速度在5～60s。为了减少数据在相近区域的更新，常采用例外报告的方法显示数据。

（2）过程画面组态时的注意事项。过程画面组态设计是利用图形、文字、颜色、显示数据、声音等多种媒体的组合，使被控过程图形化，为操作员提供最佳操作环境。设计的好坏直接关系到操作水平的高低。过程画面组态时的注意事项如下。

① 标准化。采用标准化的图形符号有利于减少操作失误，缩短操作员培训时间。也有利于设计人员和操作人员之间的设计意图和操作经验的沟通。例如，采用设备图形符号、与控制参数有关的图形符号、仪表和附件的图形符号来描述系统。

② 协调性。画面中各种设备、管线的排列位置、尺寸大小和颜色搭配、数据显示的方式和更新速率等内容都要考虑协调性。使过程画面既有丰富的信息量，又有合理的显示分布，便于监视和操作。

③ 易操作性。易操作性包括显示组态操作的灵活性、画面操作的灵活性、维护操作的灵活性等。

④ 直观性。它是降低操作失误的重要内容。例如，显示工艺设备与实际设备的类似性、显示数据的棒图变化或颜色变化等都是直观了解生产过程的重要手段。

8.3.1.5 离线调试过程

（1）离线调试报告。离线调试报告是反映离线调试过程中各设备运行和程序离线调试情况的重要文件。其主要内容如下。

① 设备运行状态。包括设备编号、名称、运行状态，设备附件名称及运行状态，故障现象、原因分析和处理结果。

② 程序执行情况。在离线条件下，程序的各数字量输入输出变量的状态变化；各模拟量输入输出变量的数据变化；各数字量出现的故障、原因分析和处理结果；各模拟量出现的故障、原因分析和处理结果。

③ 联锁和信号报警情况。在离线条件下，使报警和联锁的变量处于报警和联锁状态，检查报警和联锁控制系统执行情况及故障原因分析和处理结果。

④ 存在问题和解决方案。对离线调试过程中出现的问题提出解决方案，并分析出现故障的原因，防止故障扩展。

（2）离线调试的要求。离线调试过程的离线调试人员应包括建设方、设备供应方、设计单位和电气工程、自控仪表工程等专业的调试人员。

① 检查设备的档案资料是否完整，所有连接和安装是否正确，并符合设计图纸要求。

② 设备试运转。对各运转设备进行空载运行，发现问题及时处理。

③ 根据生产过程的流程，检查用户应用程序是否正确。如果不符合应用要求，则应更改程序内容，直到满足应用要求为止。

④ 连续运行规定时间，根据建设方要求，一般需48～72h，应未见异常。

（3）离线调试中的硬件故障和处理。离线调试中的故障和处理在控制系统离线调试中常见的故障和处理如下：

① 行程开关不到位，造成无数字量输入信号。例如，位置类行程开关的挡板位置未调整好；光电反射式行程开关的反射板位置不合适等都会造成无数字输入信号。处理方法是调整挡板或反射板等，使行程开关正确定位。

② 气动执行机构响应时间过长，造成不能及时动作。由于选用电磁阀口径过小，造成气动执行机构的动作时间过长。可更换并选用大管径电磁阀，检查气源压力并调整到规定压力值。

③ 执行机构动作不到位，造成阀位置开关不动作。由于没有调整好执行机构的执行杆位置，造成全开或全关位置开关不到位，可在全开或全关时调整位置开关。

④ 信号不稳定。多数情况发生在有强电磁干扰的场合，例如，安装位置靠近高压电动机、变频器等。可选用屏蔽、隔离、接地等措施。

（4）离线调试中的程序故障和处理

① 根据先后顺序关系更改程序，以适合应用要求。由于控制计算机的应用程序是根据扫描的先后顺序进行的，有时由原电气逻辑图转换而来的程序很容易出现这类问题。

② 采用双线圈输出。即在一个梯形图程序中不同的梯级出现相同输出变量，造成输出变量根据不同条件输出。检查程序中输出变量的来源并更改为各条件的并联。

③ 程序没有考虑故障条件对程序的影响。一些程序在正常条件下可满足应用要求，当某些故障条件发生时由于没有在程序中考虑它们的影响，造成程序不能响应或死机。检查程序运行条件，更改有关内容，使满足故障条件下的运行要求。

④ 程序没有考虑采样、输出等环节存在的时间延迟，可能造成系统不响应。可增加等待时间使系统获得响应。

⑤ 其他原因。根据不同情况分析引起的原因，并作相应处理。

8.3.2 在线调试

在线调试是整个生产过程的总调试。它是在各设备都已经完成试运转后进行的调试，主要检查控制回路和控制程序是否正常、稳定运行。

8.3.2.1 在线调试的准备

在线调试是用于检查整个生产过程的运行是否正常的调试，在线调试的准备工作如下。

（1）整个生产过程的设备已经完成离线调试。

（2）完成离线调试报告，并对存在问题进行处理和重新检查合格。

（3）已经完成在线调试方案和故障应急处理方案。

（4）热态操作人员已经完成有关操作培训，并熟悉有关操作和处理。

8.3.2.2 在线调试的基本步骤

在线调试过程通常采用手动方法对整个生产过程进行操作，以打通流程。其基本步骤如下。

（1）按生产过程流程要求启动生产过程。

（2）将应用程序投运，检查程序运行正常。

（3）顺序启动有关设备，检查设备运转是否正常。

（4）检查程序执行情况，是否有生产过程停止运行情况，检查原因，并处理（包括程序更改）。

（5）整个生产过程打通，程序能够正常运转。

（6）完成在线调试报告。

8.3.2.3 控制回路调整

在线调试中控制回路的调试是重要内容，主要是调整控制回路的参数。

（1）数字量信号的调整。

① 滤波时间常数。数字量信号调试主要调整滤波时间常数，应根据干扰信号的频率进行调整，尤其是防止数字量信号的抖动对系统的影响。

② 采样周期的确定。数字量信号通常采用扫描机制，因此，不需要设置采样周期。

（2）模拟量信号的调整。

① 滤波时间常数。根据被测过程变量的特性选择滤波时间常数。应根据干扰信号的频率进行调整。

② 采样周期的确定。当用于时间确定性的生产过程连续控制时，应设置采样周期，应根据香农采样定理设置最大采样频率，以保证信号的复现。最小采样周期与控制计算机的性能有关。

③ 控制回路的调整。模拟量输入和输出信号组成控制回路时，要对控制回路的 PID 参数进行调整。可按采样控制系统的参数调整方法进行调整。

8.3.2.4 故障状态处理

正常情况下运行的程序与故障状态下运行的程序是不同的程序。因此，应检查在故障状态下程序的运行是否满足设计要求。

(1) 故障状态的设置。在正常运行状态下只能人为设置故障，并在该故障状态下检查程序的执行过程是否符合设计要求。

① 数字量故障状态的设置。只需在控制计算机数字量输入/输出模块处设置故障。数字量输入信号的故障可人为地用信号的开路或短路实现，数字量输出信号的故障可将输出线开路或短路实现。但需注意短路时对设备是否有影响，如果有影响，则应断开设备，然后短路输出接线。故障处理调试后需复原。

② 模拟量故障状态的设置。只需在控制计算机模拟量输入输出模块处设置故障。模拟量输入信号故障表现为信号为零（断开、短路或信号接地）、信号到最大（电源串入）。可人为地模拟断开、短路或接地等实现，对信号故障应根据产品说明书要求做好应急处理方案，防止人为事故的扩大。模拟量输出信号的故障表现为没有输出，或超限（例如，超过最大电流或电压的输出等），可人为设置这些故障检查程序对故障的响应，确定故障应急程序是否能够处理故障，保护系统安全。故障处理调试后需复原。

(2) 故障状态的检测。应尽量缩短人为故障状态的持续时间，做好应急处理方案，必要时应及时恢复到正常运行状态。为此应检查故障状态下各变量的运行情况。

① 防止事故扩大的功能。为检测高限或低限的功能，可设置高高限和低低限的联锁功能，用于切断有关设备的进出料等。

② 降低限值的功能。为检查某变量的高限和低限时的动作，可降低其高限和提高其低限值，模拟过程参数越限状态，检测系统对这种人为故障的响应情况。

(3) 故障状态的处理。当生产过程发生故障时，常用的处理方法是警告、报警和联锁。

① 警告。它用于提醒操作人员，某过程参数已经接近允许的限值。程序中可采用文字提示方式。例如，当操作人员按下某键时，提示文字显示，该键应具有一定权限人员才能操作，将会有什么影响等。

② 报警。可设置程序用于一般的声光报警，也可设置可区分第一事故原因的声光报警，声音的频率、光的颜色和显示位置等可根据不同过程参数而不同。

③ 联锁。当过程参数超过规定的限值，使联锁控制系统动作，将有关设备停止或开启，防止事故扩大的程序组成联锁控制系统。控制计算机中有大量的应用是联锁控制系统，也称为安全仪表系统或紧急停车系统。

程序调试时应检测故障的不同状态下程序的不同响应，确定其是否符合应用要求。当发现不能满足应用要求时应及时更改程序，直到能够满足应用要求为止。

8.4 PID 控制参数的工程整定方法

PID 控制是控制系统最为常用的控制算法，一个自动控制系统的过渡过程或者控制质量，与被控对象、干扰形式与大小、控制方案的确定及控制器参数整定有着密切的关系。在控制方案、广义对象的特性、控制规律都已确定的情况下，控制质量主要就取决于控制器参数的整定。所谓控制器参数的整定，就是按照已定的控制方案，求取使控制质量最好的控制器参数值。具体来说，就是确定最合适的控制器比例度 δ、积分时间 T_I和微分时间 T_D。当然，这里所谓最好的控制质量不是绝对的，是根据工艺生产的要求而提出的所期望的控制质量。例如，对于单回路的简单控制系统，一般希望过渡过程是 4∶1（或 10∶1）的衰减振荡过程。

控制器参数整定的方法很多，主要有两大类：一类是理论计算的方法，另一类是工程整定法。理论计算的方法是根据已知的广义对象特性及控制质量的要求，通过理论计算出控制器的最佳参数。这种方法由于比较繁琐、工作量大，计算结果有时与实际情况不甚符合，故在工程实践中长期没有得到推广和应用。

工程整定法是在已经投运的实际控制系统中，通过试验或探索，来确定控制器的最佳参数。这种方法是工艺技术人员在现场经常遇到的。下面介绍其中的几种常用工程整定法。

8.4.1 临界比例度法

这是目前使用较多的一种方法。它是先通过试验得到临界比例度 δ_K和临界周期 T_K，然后根据经验总结出来的关系求出控制器各参数值。具体作法如下：在闭环的控制系统中，先将控制器变为纯比例作用，即将 T_I放在∞位置上，T_D放在“0”位置上，在干扰作用下，从大到小地逐渐改变控制器的比例度，直至系统产生等幅振荡（即临界振荡），如图 8.2 所示。这时的比例度叫临界比例度 δ_K，周期为临界振荡周期 T_K。记下 δ_K和 T_K，然后按表 8.2 中的经验公式计算出控制器的各参数整定数值。如有积分作用时，应先将比例度放在比计算值稍大的数值上，再加入积分；然后，如有微分作用，再设置微分时间。最后，将比例度减小到计算值上。当然，如果整定后的过渡过程曲线不够理想，还可作适当调整。

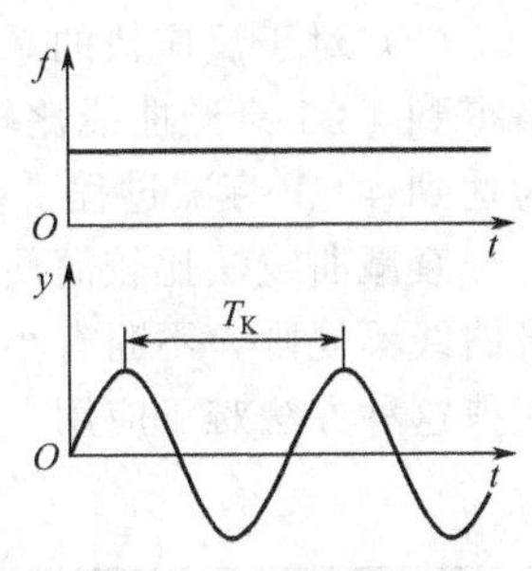

图 8.2 临界振荡过程

表 8.2 临界比例度参数整定法整定控制器参数

控制作用	δ	T_I/min	T_D/min
P	$2\delta_K$		
PI	$2.2\delta_K$	$T_K/1.2$	
PD	$1.8\delta_K$		$0.1T_K$
PID	$1.6\delta_K$	$0.5T_K$	$0.125T_K$

临界比例度法比较简单方便，容易掌握和判断，适用于一般的控制系统。但是对于临界比例度很小的系统不适用。因为临界比例度很小，则控制器输出的变化一定很大，被调参数容易超出允许范围，影响生产的正常进行。

临界比例度法是要使系统达到等幅振荡后，才能找出 δ_K与 T_K，对于工艺上不允许产生等幅振荡的系统本方法亦不适用。

8.4.2 衰减曲线法

衰减曲线法是通过使系统产生衰减振荡来整定控制器的参数值的，其具体的操作方法如下。

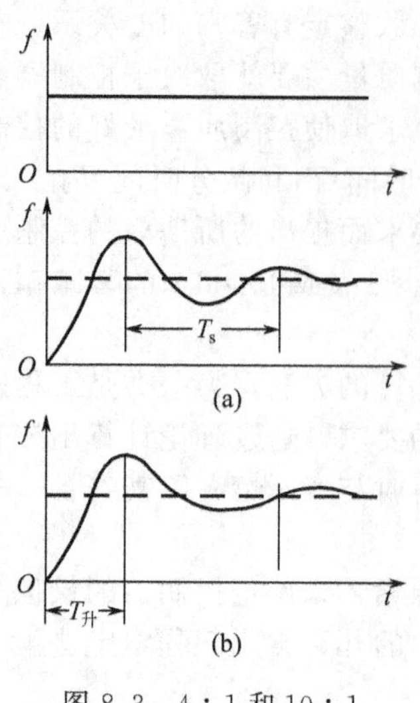

图 8.3　4∶1 和 10∶1 衰减振荡过程

在闭环的控制系统中，先将控制器变为纯比例作用，并将比例度预置在较大的数值上。在达到稳定后，用改变给定值的办法加入阶跃干扰，观察被控变量记录曲线的衰减比，然后从大到小改变比例度，直至出现 4∶1 衰减比为止，见图 8.3 (a) 记下此时的比例度 δ_s（叫 4∶1 衰减比例度），从曲线上得到衰减周期 T_s。然后根据表 8.3 中的经验公式，求出控制器的参数整定值。有的过程，4∶1 衰减仍嫌振荡过强，可采用 10∶1 衰减曲线法。方法同上，得到 10∶1 衰减曲线［见图 8.3 (b)］后，记下此时的比例度 δ_s' 和最大偏差时间 $T_升$（又称上升时间）．然后根据 表 8.4 中的经验公式，求出相应的 δ，T_1，T_D 值。

采用衰减曲线法必须注意以下几点：

(1) 加的干扰幅值不能太大，要根据生产操作要求来定，一般为额定值的 5% 左右，也有例外的情况。

(2) 必须在工艺参数稳定情况下才能施加干扰，否则得不到正确的 δ_s，T_s，或 δ_s' 和 $T_升$ 值。

(3) 对于反应快的系统，如流量、管道压力和小容量的液位控制等，要在记录曲线上严格得到 4∶1 衰减曲线比较困难。一般以被控变量来回波动两次达到稳定，就可以近似地认为达到 4∶1 衰减过程了。

衰减曲线法比较简便，适用于一般情况下的各种参数的控制系统。但对于干扰频繁、记录曲线不规则，不断有小摆动的情况，由于不易得到准确的衰减比例度 δ_s 和衰减周期 T_s，使得这种方法难于应用。

表 8.3　4∶1 衰减曲线法控制器参数计算表

控制作用	δ/%	T_1/min	T_D/min
P	δ_s		
PI	$1.2\delta_s$	$0.5T_s$	
PID	$0.8\delta_s$	$0.3T_s$	$0.1T_s$

表 8.4　10∶1 衰减曲线法控制器参数计算表

控制作用	δ/%	T_1/min	T_D/min
P	δ_s'		
PI	$1.2\delta_s'$	$2T_升$	
PID	$0.8\delta_s'$	$1.2T_升$	$0.4T_升$

8.4.3 经验凑试法

经验凑试法是在长期的生产实践中总结出来的一种整定方法。它是根据经验先将控制器参数放在一个数值上，直接在闭环的控制系统中，通过改变给定值施加干扰，在记录仪上观察过渡过程曲线，运用 δ，T_1，T_D 对过渡过程的影响为指导，按照规定顺序，对比例度 δ，积分时间 T_1，和微分时间 T_D 逐个整定，直到获得满意的过渡过程为止。各类控制系统中控制器参数的经验数据，列于表 8.5，整定时参考选择。

表 8.5　控制器参数的经验数据表

控制对象	对象特征	δ/%	T_1/min	T_D/min
流量	对象时间常数小，参数有波动，δ 要大；T_1 短；不用积分	40～100	0.3～1	
温度	对象容量滞后大，即参数受干扰后变化迟缓，δ 应小；T_1 要长；一般需加微分	20～60	3～10	0.5～3
压力	对象的容量滞后一般，不算大，一般不加积分	30～70	0.4～3	
液位	对象时间常数范围大，要求不高时，δ 可在一定范围内选取，一般不用微分	20～80		

表中给出的只是一个大体范围，有时变动较大。例如，流量控制系统的 δ 值有时需在 200% 以上；有的温度控制系统，由于容量滞后大，T_1 往往要在 15 min 以上。另外，选取 δ 值时应注意测量部分的量程和控制阀的尺寸，如果量程小（相当于测量变送器的放大系数 K_m 大）或控制阀的尺寸选大了（相当于控制阀的放大系数 K_v 大）时 δ 应适当选大一些，即 K_c 小一些，这样可以适当补偿 K_m 大或 K_v 大带来的影响，使整个回路的放大系数保持在一定范围内。

整定的步骤有以下两种。

(1) 先用纯比例作用进行凑试，待过渡过程已基本稳定并符合要求后，再加积分作用消除余差，最后加入微分作用是为了提高控制质量。按此顺序观察过渡过程曲线进行整定工作。具体作法如下。

根据经验并参考表 8.5 的数据，选定一个合适的 δ 值作为起始值，把积分时间放在“∞”，微分时间置于“0”，将系统投入自动运行状态。改变给定值，观察被控变量记录曲线形状。如曲线不是 4∶1 衰减（这里假定要求过渡过程是 4∶1 衰减振荡的），例如衰减比大于 4∶1，说明选的 δ 偏大，适当减小 δ 值再看记录曲线，直到呈 4∶1 衰减为止。注意，当把控制器比例度改变以后，如无干扰就看不出衰减振荡曲线，一般都要稳定以后再改变一下给定值才能看到。若工艺上不允许反复改变给定值，那只好等候工艺本身出现较大干扰时再看记录曲线。δ 值调整好后，如要求消除余差，则要引入积分作用。一般积分时间可先取为衰减周期的一半值，并在积分作用引入的同时，将比例度增加 10%～20%，看记录曲线的衰减比和消除余差的情况，如不符合要求，再适当改变 δ 和 T_1 值，直到记录曲线满足要求为止。如果是三作用控制器，则在已调整好 δ 和 T_1 的基础上再引入微分作用，而在引入微分作用后，允许把 δ 值缩小一点，把 T_1 值也再缩小一点。微分时间 T_D 也要凑试，以使过渡过程时间短，超调量小，控制质量满足生产要求。

经验凑试法的关键是“看曲线，调参数”。因此，必须弄清楚控制器参数变化对过渡过程曲线的影响关系。一般来说，在整定中，观察到曲线振荡很频繁，须把比例度增大以减少振荡；当曲线最大偏差大且趋于非周期过程时，须把比例度减小。当曲线波动较大时，应增大积分时间；而在曲线偏离给定值后，长时间回不来，则须减小积分时间，以加快消除余差的过程。如果曲线振荡得厉害，须把微分时间减到最小，或者暂时不加微分作用，以免更加剧振荡；在曲线最大偏差大而衰减缓慢时，须增加微分时间。经过反复凑试，一直调到过渡过程振荡两个周期后基本达到稳定，品质指标达到工艺要求为止。

在一般情况下，比例度过小、积分时间过小或微分时间过大，都会产生周期性的激烈振荡。但是，积分时间过小引起的振荡，周期较长；比例度过小引起的振荡，周期较短；微分时间过大引起的振荡周期最短，如图 8.4 所示，曲线 a 的振荡是积分时间过小引起的，曲线 b 是比例度过小引起的，曲线 c 的振荡则是由于微分时间过大引起的。

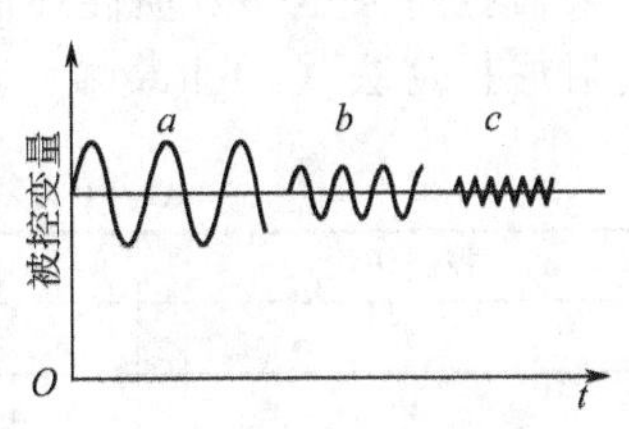

图 8.4　三种振荡曲线比较图

比例度过小、积分时间过小和微分时间过大引起的振荡，

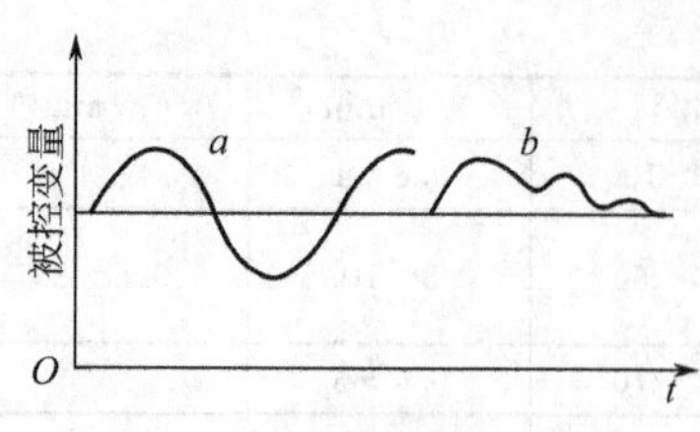

图 8.5 比例度和积分时间过大时的曲线比较

还可以这样进行判别：从给定值指针动作之后，一直到测量值指针发生动作，如果这段时间短，应把比例度增加；如果这段时间长，应把积分时间增大；如果时间最短，应把微分时间减小。

如果比例度过大或积分时间过大，都会使过渡过程变化缓慢，如何判别这两种情况呢？一般地说，比例度过大，曲线波动较剧烈，不规则地较大地偏离给定值。而且，形状像波浪般的起伏变化，如图 8.5 曲线 a 所示。如果曲线通过非周期的不正常路径，慢慢地回复到给定值，这说明积分时间过大，如图 8.5 曲线 b 所示。应当注意，积分时间过大或微分时间过大，超出允许的范围时，不管如何改变比例度，都是无法补救的。

(2) 经验凑试法还可以按下列步骤进行：先按表 8.5 中给出的范围把 T_1定下来，如要引入微分作用，可取 $T_D=\left(\frac{1}{3}\sim\frac{1}{4}\right)T_1$。然后对 δ 进行凑试，凑试步骤与前一种方法相同。

一般来说，这样凑试可较快地找到合适的参数值。但是，如果开始 T_1和 T_D设置得不合适，则可能得不到所要求的记录曲线。这时应将 T_D和 T_1作适当调整，重新凑试，直至记录曲线合乎要求为止。

经验凑试法的特点是方法简单，适用于各种控制系统，因此应用非常广泛。特别是外界干扰作用频繁，记录曲线不规则的控制系统，采用此法最为合适。但是此法主要是靠经验，在缺乏实际经验或过渡过程本身较慢时，往往较为费时。为了缩短整定时间，可以运用优选法，使每次参数改变的大小和方向都有一定的目的性。值得注意的是，对于同一个系统。不同的人来用经验凑试法整定，可能得出不同的参数值，这是由于对每一条曲线的看法，有时会因人而异，没有 一个很明确的判断标准，而且不同的参数匹配有时会使所得过渡过程衰减情况极为相近。例如某初馏塔塔顶温度控制系统，如采用如下两组参数时，系统都得到 10∶1 的衰减曲线，超调量和过渡时间基本相同。

$$\delta=15\%,T_1=7.5\text{min}$$
$$\delta=35\%,T_D=3\text{min}$$

最后必须指出：在一个自动控制系统投运时，控制器的参数必须整定，才能获得满意的控制质量。同时，在生产进行的过程中，如果工艺操作条件改变，或负荷有很大变化，被控对象的特性就要改变。因此，控制器的参数必须重新整定。由此可见，整定控制器参数是经常要做的工作，对工艺人员与仪表人员来说，都是需要掌握的。

8.4.4 动态特性参数法

所谓动态特性参数法（又称响应曲线法），就是根据系统开环广义过程阶跃响应特性进行近似计算的方法，即根据对象特性的阶跃响应曲线测试法测得系统的动态特性参数（K、T、τ 等），利用表 8.6 所示的经验公式，就可计算出对应于衰减比为 4∶1 时的控制器参数。如果被控对象是一阶惯性环节，或具有很小滞后的一阶惯性环节，用临界比例度参数整定法或阻尼振荡法（4∶1 衰减）就有难度，此时应采用动态特性参数法进行整定。

表 8.6 控制参数计算公式

控制作用	δ	T_1/min	T_D/min
P	$K\tau/T\times100\%$	K	
PI	$1.1K\tau/T\times100\%$	3.3τ	
PID	$0.8K\tau/T\times100\%$	2τ	0.5τ

8.4.5 整定方法的比较

以上四种是自动控制系统的工程整定方法。现对各方法进行比较，供选用参考。

经验凑试法：简单方便，容易掌握，应用较广泛，特别是对扰动频繁的系统更为合适。但此方法靠经验，要凑到一条满意的过程曲线，可能花费时间多。此方法对 PID 控制器的三个参数不容易找到最佳的数值。

临界比例度法：较简单，易掌握和判断，应用较广。此方法对于临界比例度很小的系统不适用，因在这种情况下，控制器的输出一定很大，被控量容易一下超出允许的范围，为工艺所不允许。

衰减曲线法：此法是在总结临界比例度的经验基础上提出来的，较准确可靠，安全，应用广泛。但对时间常数小的对象不易判断，扰动频繁的系统不便应用。

响应曲线法：较准确，能近似求出广义对象的动态特性。但加阶跃信号测试，须在不影响生产的情况下进行。

最后必须指出，控制器参数的整定，只能在一定范围内改善控制品质。如果系统设计不合理，仪表调校或使用不当，控制阀不符合要求时，仅仅靠改变控制器参数仍是无济于事的。因此，在遇到整定参数不能满足控制品质要求或系统无法自动运行时，必须认真分析对象的特性、系统构成及仪表质量等方面问题，改进原设计的系统。另外工艺条件改变以及负荷有很大的变化时，被控对象特性会改变，调节品质可能降低，控制器参数就要重新整定。总之，整定控制器参数是经常要做的工作，操作人员和仪表人员都是需要掌握的。

8.5 控制系统验收

8.5.1 控制系统验收步骤

现场调试工作完成之后，系统应处于正常投入运行状态，这时要进行系统的现场测试和验收工作。这步是非常关键的，因为验收后 DCS 厂家就完成了向用户的交货工作作。对 DCS 厂家提供质保服务工作，则在现场验收合格后就是质保期的开始。现场验收的组织工作应由用户完成，作为系统工程，现场投入运行不仅仅是 DCS，同时还有相关的很多工作需要更多的单位配合完成，因此现场验收工作往往应是现场整体项目的验收，其中一部分工作应为 DCS 的验收工作。在用户的组织下，相关各方积极配合，系统竣工验收工作将会很顺利。一般地说，在现场验收阶段应该完成以下几方面的测试验收工作。

(1) 检查和审阅相关的文件记录。

① 审阅 DCS 的出厂测试与验收结果。

② 审阅 DCS 现场安装记录。

③ 审阅现场调试的所有记录。

(2) 现场环境条件测试。系统现场测试与验收，并不只是单单地对 DCS 进行测试与验收，它还要系统地检验和测试 DCS 所处的环境，即对用户方的测试，此部分要进行以下内容的测试：机房条件的测试，包括温度、湿度、防静电及防电磁干扰等方面措施，是否符合系统产品标准提出的条件；系统电源的测试，测试 DCS 供电系统的电压、频率是否符合要求；接地电阻的测试，测试用户的接地系统是否符合 DCS 要求。

(3) 系统功能测试。在 DCS 正常运行的情况下，进行下列功能测试。

① 操作员站系统操作功能的测试。

② 操作流程画面的测试。

③ 报表打印功能的测试。

④ 控制调节的测试。

⑤ 控制分组画面显示功能的测试。

⑥ 报警显示、确认及打印功能的测试。

(4) 系统的信号处理精度测试。从现场调试记录中的信号精度调试记录表中，抽选出若干有代表性的信号，用操作测试画面进行测试，测试方法与现场调试阶段一样，检查处理的精度是否符合要求。

(5) 控制性能的测试和考核。仔细地测试每个控制回路的有效性、正确性及稳健性，对于有控制指标、有具体要求的回路（如控制温度保持在×××范围以内，控制回路应该在××时间内控制被控对象达到××指标），核实目标是否达到。

(6) 其他功能测试。具体测试其他先进控制联网通信等功能，这部分功能的测试要非常认真、仔细，因为这些功能不是DCS的标准功能，而属于开发或购买的部分，难免会有些问题隐含在里边，因此这部分测试要进行得彻底。

(7) DCS资料检查验收。检查DCS厂家提供的随机资料是否齐全，检查在现场每一步工作中所做的记录是否齐全。

① 测试验收结论。

② 测试人员名单。

③ 签字、盖章。

④ 测试验收小组（包括合同所有涉及方人员）对系统逐项进行测试验证并详细记录，最后得出测试结论。

8.5.2 控制系统验收的竣工资料

8.5.2.1 竣工资料的内容

竣工资料是平时各种工作报告的汇总和归类。它是PLC现场工程师完成PLC调试和试运行后必须完成的工作。

(1) 竣工资料的重要性。竣工资料与设计资料都是建设方重要的工程资料。其中，竣工资料具有更重要的意义。因为，设计资料可能在工程投运过程中进行过修改，因此，竣工资料是建设方在维护工作、规模扩展等工作所必需的。

① 设计资料的延续和补充。竣工资料是设计资料的延续和补充。设计资料是施工建设过程中的重要资料，但设计过程中不一定能够完整反映生产过程的需要，通常，在施工过程中要对部分设计进行更改，还有部分设计资料需要补充。因此，竣工资料是设计资料的延续和补充。

② 维护工作的指导性文件。竣工资料是建设方今后维护工作的指导文件。维护工作要了解的生产过程参数、连接关系等都可以从竣工资料中获得，并进行对照，从而指导维护工作正确进行。

③ 扩展工作的依据。工程竣工后，随着生产过程运行的正常化，有可能需要进行生产规模的扩展，这时，竣工资料可作为过程扩展的依据。将生产过程中好的和较好的设计内容保留，并在扩展的工程中获得应用，对较差的设计部分，可总结经验，使扩展工程更上一层楼。

(2) 竣工资料内容。PLC工程通常是自控工程的一部分，但它又相对较独立，因此，可编程控制器系统的建设工程通常需独立完成竣工资料。其竣工资料的主要内容如下。

① 可编程控制器检验和调试报告。这是由可编程控制器制造商提供的资料。主要包括下列资料。

a. 可编程控制器产品说明书。包括 CPU、电源、通信、各输入输出模块等的说明书。

b. 可编程控制器的操作手册。

c. 可编程控制器的安装手册。

d. 可编程控制器系统配置。包括本系统硬件和软件配置、所需电源要求、环境要求等。

② 数字量信号的检测和调试报告。由 PLC 现场工程师根据现场调试结果汇总的检测和调试报告。主要包括下列资料。

a. 概述。数字量信号的总数量、输入和输出信号的概况，例如，数字量输入信号的类型、数量、连接情况；数字量输出的类型、供电情况、数量和连接。包括接线的更改情况等内容。

b. 数字量输入信号检测和调试结果。列表说明各数字量输入信号的检测和调试情况。包括信号位置、信号源、信号类型、检测和调试结果等。

c. 数字量输出信号检测和调试结果。列表说明各数字量输出信号检测和调试情况。包括信号类型、供电电压、检测和调试结果等。

d. 脉冲量信号检测和调试结果。脉冲量信号检测和调试可作为数字量检测和调试，例如作为数字量信号计数。当脉冲量作为计时间隔等情况时，可作为模拟量检测和调试。应提供脉冲宽度、幅值、计数器精度、编码器类型和检测精度等资料。

③ 模拟量信号的检测和调试报告

a. 模拟量输入信号检测和调试结果。列表说明各模拟量输入信号的检测和调试情况。包括模拟量输入信号的类型、电压或电流等级、信号连接和屏蔽情况、信号的量化、检测精度等，也包括接线更改情况等内容。

b. 模拟量输出信号检测和调试结果。列表说明各模拟量输出信号的检测和调试情况。包括模拟量输出信号的类型、操纵变量类型、输出信号连接情况、信号受干扰影响情况、检测灵敏度等，也包括接线更改情况等内容。

④ 控制回路调试报告

a. 控制方案。说明生产过程中使用的控制方案。例如被控变量、操纵变量、控制方案等。

b. 控制回路参数设置。说明经调试后各控制回路中的控制器参数，例如采样周期、控制器增益、积分时间、微分时间、微分增益、输入信号的滤波器时间常数等。

c. 复杂控制系统说明。说明复杂控制系统的工作原理、应用时的注意事项等。

⑤ 联锁控制系统调试报告。可编程控制器系统在生产过程的联锁控制系统中有大量应用。对联锁控制系统和信号报警控制系统的调试是该报告主要内容。

a. 联锁控制系统调试报告。

• 联锁控制点的资料。包括联锁点的名称、联锁值、联锁条件、联锁动作时各状态变化等。

• 联锁控制系统的调试结果。包括实际联锁控制系统运行的检测数据，必要时应包括联锁动作的响应时间等数据。

b. 信号报警控制系统调试报告。

• 信号报警点的设置。包括各信号报警点的名称、报警限值、报警条件、报警类型（闪光报警、不闪光报警、区分第一事故原因的报警等）。

• 信号报警控制系统调试报告。包括实际报警点的动作值、报警响应情况等。

c. 信号逻辑关系。说明各有关程序中信号逻辑关系，它们的实现方法等，必要时可用文字说明其逻辑关系实现的过程。

⑥ 用户程序

a. 可编程控制器用户应用程序。

• 应用程序清单。运行并修改后的用户应用程序需打印清单（文本或图形）。

• 应用程序说明。说明程序中变量名和描述、变量的数据类型、变量存储地址、程序执行过程等。

b. 人机界面应用程序。

• 变量对应关系。人机界面上各变量与可编程控制器用户应用程序中变量的对应关系。对仅用于人机界面的变量需说明其用途。

• 操作画面。提供所有操作画面，包括操作画面名称、画面中有关变量的描述、与可编程控制器用户程序之间的对应关系、数据显示位置和工程单位、画面上的各软键和其调用的操作画面名称。

• 报表生成。提供日报表、月报表等报表的格式。说明各数据项的定义。

• 报警画面。提供报警画面格式。包括报警时间定义、各数据项的定义、报警类型、确认情况和打印情况等。

⑦ 离线调试和在线调试报告包括冷态和在线调试过程中发现的问题、整改过程、最终调试结果等。

⑧ 其他需说明的问题

a. 安全运行需说明的问题。包括对环境条件、操作顺序等提出的建设性建议等。

b. 存在的问题。在运行和调试过程中发现的尚未解决的或存疑的问题等。

c. 整改建议。

d. 其他需说明的问题。

8.5.2.2 竣工资料归档

(1) 工程文件归档。

① 工程文件的归档范围。对与该 PLC 工程建设有关的重要活动、记载工程建设主要过程和现状、具有保存价值的各种载体文件均应收集齐全整理，立卷后归档。

② 归档文件的质量要求

a. 归档的工程文件应为原件。其内容及深度必须符合国家有关工程勘察、设计、施工、监理等方面的技术规范标准和规程。内容必须真实、准确，与工程实际相符合。

b. 归档的工程文件应采用耐久性强的书写材料，不能用易褪色的书写材料。文字应字迹清楚、图样清晰、图表整洁、签字盖章手续完备。

c. 文字材料幅面宜 A4 纸，图纸应符合国家标准图幅。图纸一般采用蓝晒图。计算机出图应清晰，且不能用复印件。

d. 竣工资料应加盖竣工图章，用不易褪色的红印泥。使用施工图作为竣工图时，必须标明变更修改数据，有重大改变时，必须重新绘制竣工图。

③ 工程文件立卷

a. 立卷原则。遵循工程文件自然形成规律，保持卷内文件的有机联系，便于档案保管和利用。

多单位完成的工程，工程文件按单位工程组卷。可按工程准备阶段文件、监理文件、施工文件、竣工图和竣工验收文件五部分分类。

b. 卷内文件排列。应按事项、专业顺序排列。同一事项的请示与批复、同一文件的印本与定稿、主件与附件不能分开。

c. 案卷分绝密、机密和秘密三个密级。同一案卷中不同密级文件按高密级为本卷的密级。

④ 案卷装订　文字材料必须装订，既有文字又有图纸的案卷应装订。

⑤ 工程文件归档　文件形成单位完成其工作任务后，将形成的文件整理立卷后，按规定移交档案管理部门。

根据建设工程特点，归档可分阶段分期进行。工程档案一般不少于两套（一套为原件）。

⑥ 工程档案验收和移交工程档案需经有关部门验收后，移交资料室、档案馆等资料管理机构。应办理验收和移交手续，并填写有关验收和移交清单，双方签字盖章后交接。

有关档案资料的文件格式等可参见有关规定。

(2) 竣工资料归档的要求和验收。ISO 9000 的重要工作是质量记录，因此，竣工资料的归档和验收是重要的工作，应予以重视。

① 总则。包括本竣工资料的适用范围、术语定义、引用资料、标准和规范等。

② 组卷要求。说明竣工资料的组卷分册原则、具体要求等。例如页码编写原则、案卷排列顺序、资料正文排列等。

③ 竣工图编制。

a. 竣工图纸的质量要求。要求编制齐全、完整、准确，符合实际的竣工图，并有有关人员亲笔签名。

b. 成卷原则。

c. 案卷整理及装订。

④ 验收和移交。

a. 竣工资料编制、审批和移交流程。

b. 竣工资料标准、审查和验收。

c. 竣工资料验收。

• 工程承建方应根据施工竣工资料编制要求和归档要求进行编制，并经审批后，填写有关竣工档案资料会签单，报有关部门审查；监理、施工单位对竣工资料编制移交标准进行审查验收；档案室对是否符合竣工资料归档要求进行审查验收。

• 监理方应对承建方提交的竣工资料审查，必要时要与施工单位联合审查。

• 施工方应审查竣工资料，合格后签字认可，由施工方确认批准，并报资料室审查，审查合格后签字认可。

d. 竣工资料移交。包括移交日期、移交份数、移交目录等，移交双方应在竣工资料移交清单上签字盖章。

8.6 控制系统运行维护

8.6.1 控制系统常见故障

现场常见的问题有三方面：一是从现场来的信号本身有问题；二是系统硬件故障；三是软件组态与硬件相互协调有误引起冲突。只有对症下药，才能抓住主要矛盾，达到迅速排除故障的目的。

8.6.1.1 现场信号的问题

现场信号的问题主要有以下几个方面。

① 测量元器件坏。

② 变送器故障。

③ 连线问题，包括信号线接反、松动、脱落、传输过程中接地及传输过程中受干扰影响耦合出超出控制计算机可以接受的干扰等等。

总之，从信号测量、发送，到控制计算机接线端子，这中间任何一个环节出错，所造成的结果都表现为数据显示有误。

8.6.1.2　控制计算机硬件故障

控制计算机硬件故障常常表现为以下几方面。

① 模块与底座插接不严密。

② 拨码开关错误、通信线接线方向错误及终端匹配器未接。

③ 硬件跳线与实际信号要求的类型不一致。

④ 机柜内电源输出有误。

⑤ 硬件本身损坏。

以上几方面问题的结果表现为：加电后硬件板级出现故障（指示灯显示状态不对）；设备不工作；系统工作但显示的对应测点值不正确、系统的输出不能驱动现场设备等等。

8.6.1.3　软件组态与硬件协调有误出现的问题

软件组态与硬件协调时出现的问题主要表现为以下几方面。

① 数据库点组态与对应通道连接的现场信号不匹配。

② 由于网络通信太忙引起系统管理混乱。

③ 鼠标驱动程序加在 COM1 口，造成系统在线运行时不能用鼠标操作。

④ 打印机不打印等等。

8.6.1.4　供电与接地系统常见故障

电源问题分为电源、连线问题和电源质量问题。

① 电源连线问题。没有连线（火、地、零几项中，其中一项没接）；错误连线（火线与零线反接，地线与零线反接，地线与零线多点短接）。

② 电源质量问题。设备连线质量（备连接头松动）；技术指标（电压、频率等）超过规定要求。

③ 线质量问题。电源线阻抗增大和绝缘层不好。

④ 地极问题。地极电阻增大，地极同大地网断开。

⑤ 环境问题。电源线特别是地线布线不合理，同产生强磁场干扰的电线和设备相隔太近。

8.6.2　防止干扰和设备损坏的一般方法

(1) 系统电源。系统电源应该有冗余，各路配电模块应该有独立的截峰二极管（过电压）、自动断路器（过电流）等保护。供电系统最好采用隔离变压器，使控制系统接地点和动力强电系统接地点独立开来，并采用电源低通滤波器来消除电网上的高次谐波。为避免波动，控制系统供电要尽量来自负荷变化小的电网上。要严格防止强电通过端子排线路窜入 DC 24V 供电回路，并定期检查机柜电源系统是否正常，供电电压是否在规定范围内，系统接地是否可靠、良好，线路绝缘是否合格，停、送电是否按要求程序执行。通过以上工作，这方面的风险就可以有效地避免。

(2) 电缆敷设。强电电缆与弱电电缆应分开敷设，电源电压 220V 以上、电流 10A 以下的电源电缆和信号电缆之间的距离要大于 150mm，电源电压 220V 以上、电流 10A 以上的电源电缆与信号电缆之间的距离应该大于 600mm。若只能放在同一桥架内，之间要装隔离板。热工电缆不可放在高压电场内。对于电容式设备的二次电缆，比如，电容式电压互感器的二次电缆，施工要与地靠近、平直。在发电机等附近有较强辐射处，要注意应该有铜网或铝箔等做成的密封箱，以起到屏蔽作用。信号回路必须要有唯一的参考地，屏蔽电缆遇到有可能产生传导干扰的场合，也要在就地或者控制室唯一接地。

(3) 信号隔离。对于模拟量输入输出（AI/AO）回路，要防止从现场来的强电窜入卡件以及就地设备与DCS不共地可能产生的电势差。重要回路应该采取信号隔离器。对于数字量输入输出回路，常用的解决方法就是对DI信号采用继电器隔离。比如，对于一个电动机控制开关反馈输入回路，现场的常开触点闭合时，继电器线圈带电，输出触点闭合，接点信号引入开关量采集卡件。这样，强电就不会窜入卡件的信号回路，发生故障时，也主要检修隔离的外回路。采用继电器进行信号隔离的缺点是：需要给外回路添加供电回路，采用电磁隔离和光电隔离技术的开关量隔离器，可以减少为外回路供电的工作量。

(4) 防静电和避雷措施。进入控制室和电子室，要穿防静电工作服，触摸模块时，必须戴静电释放腕套。检修中，从机架上拆下的元件要放在接地良好的防静电毡上，不能随意摆弄。采取综合的防雷措施，尤其是控制系统不能和电气及防雷接地公用接地网，并且之间距离要满足要求。

8.6.3 系统现场维护常见问题

控制系统现场维护过程中，常见如下问题。

8.6.3.1 某一输入通道数据显示异常

该问题解决办法：将此通道的现场信号从I/O模块端子处断开，用模拟信号源送出一个和此现场信号一样的信号加在此通道上，观察CRT上显示值是否恢复正常。若正常，则说明问题出在现场信号一侧，可按前面所说的方法进行查找并解决，若仍然不正常，则说明问题出在控制系统内部。

8.6.3.2 I/O模块的电气兼容问题

(1) 用于4～20mA输入的信号输入模块，如果输入端不隔离，当输入线路的对地电压波动时，模块的输出也会波动，应加隔离器解决。

(2) 脉冲量输入模块接某些无触点开关时需外接偏置电阻，以使无触点开关内部的开关电路建立工作点。电阻的选择以工作稳定和发热小为宜。

8.6.3.3 变频器等对模拟量I/O的干扰

遇到这类问题应做以下工作。

(1) 检查变频器外壳是否已可靠连接电气地。

(2) 降低变频器的载波频率至最低。

(3) AO信号线负极接地（现场端、控制系统端均试验一下），现场端接阻容串联吸收电路，电阻200～300/0.125W、电容0.1～1μF/400VAC串联，接到信号正负极之间。

(4) 如果发现模出电流在信号接收端变大，可断定为电磁干扰所致，不是控制系统存在问题。电流是否变大取决于接收方输入电路的形式，即使在同样的干扰条件下，电流也可能不变大。为避免此问题，应采用屏蔽双绞线。

(5) 如果干扰实在无法解决，就要建议用户给变频器加装专用滤波器，或者加装信号隔离器。

8.6.3.4 打印机不打印或打印格式不对

对这种问题应做如下检查。

(1) 打印机是否缺纸。

(2) 按打印机操作指导手册检查打印机本身是否设置有误。

(3) 检查打印机设置类型是否与实际一致。

(4) 检查对应要打印的内容在离线组态时是否完全正确。

8.6.4 控制系统日常管理和维护

8.6.4.1 维护工作管理

控制系统转入正常运行后应有完整的维修制度。维护工作内容包括：系统的运行状况和环境状况的检查；参数及组态的修改；故障和设备缺陷的处理；备件及维修工具的保管；设备及工作室卫生工作。在维护过程中应详细做好工作记录。以上这些工作不是轻易能完成的，因此必须有专人负责，也就是说要有专门的维修班子。最好不要同仪表的维修班子合在一起，以便各司其职、任务分明。

控制系统是多种技术、多个学科的综合，它的发展又特别迅速，因此要不断提高控制系统的应用水平，就需要多方面力量联合管理。为此必须建立一个专门的管理机构统一全厂的控制系统应用与开发的计划，统一布置备品备件，统一订购，统一开展国产化工作，统一设计和开发综合信息管理系统，综合安装培训和横向联合。

除了进行计划管理外，还应进行项目管理和维护管理。项目管理是负责确定设计、施工、投用等各个阶段的人员组成、分工和检查验收标准，维护管理除了要制定维修操作规程外，还应建立起一整套有关维护、检修、管理的规章制度，例如技术管理、设备管理、安全管理和备品备件管理等的管理制度，以及操作的岗位标准、软硬件的完好率考核办法等。

8.6.4.2 主要维护内容

控制系统的日常维护主要包括硬件系统维护和软件系统维护，主要内容如下。

(1) 硬件系统日常维护。

① 检查环境条件（温度、湿度等）使其满足系统正常运行的要求。

② 检查供电及接地系统使其符合标准。

③ 采取防止小动物（蟑螂、老鼠等）危害的措施。

④ 保证电缆接头、端子、转接插件不被碰撞，接触良好。

⑤ 观察系统状态画面及指示灯状态，确认系统是否正常。

⑥ 检查系统风扇的运转状况。

⑦ 各种过滤网必须定期更换或清洗。

⑧ 系统中的电池要定期更换。

⑨ 定期对运动机件加润滑油。

⑩ 建立硬件设备档案及维护档案。

(2) 软件的日常维护管理。

① 键锁开关的钥匙要有专人保管，密码要注意保密。

② 严格按照操作权限执行操作。

③ 系统盘、数据库盘和用户盘必须有备份，要有清晰的标记，应放在金属柜中妥善保管。备份至少保证两套，异地存放。应用软件如果有大的变更，必须及时备份。同时要建立系统应用软件备份清单。

④ 系统软件及重要用户软件的修改要经主管部门批准后方可进行。

⑤ 用户软件在线修改，必须有安全防范措施，有监护人，且要做好记录。软件变更要入档，并通知操作和维护人员。

8.6.4.3 故障的分类

控制系统维护的前提是故障诊断。必须能够诊断故障所在，才能为排除故障提供前提条件。

(1) 现场仪表设备故障。现场仪表设备包括与生产过程直接联系的各种变送器、各种开关、执行机构、负载及各种温度的一些元件等。在控制系统故障中，这类故障占绝大部分，这类故障一般是由于仪表设备本身的质量和寿命所致。因这类故障属于单点故障，对工艺影响不大，只需按常规仪表处理即可。

(2) 系统故障。这是影响系统运行的全局性故障，系统故障可分为固定性故障和偶然性故障。如果系统发生故障后可重新启动使系统恢复正常则可认为是偶然性故障。相反若重新启动后不能恢复正常而需要更换硬件或软件系统才能恢复则认为是固定性故障。这种故障一般是由于系统设计不当或系统运行年限较长所致。

(3) 硬件故障。这类故障主要指控制系统中（I/O 模块）损坏造成的故障。这类故障一般比较明显且影响也是局部的，它们主要是由于使用不当或使用时间较长，模块内元件老化所致。

(4) 软件故障。这类故障是软件本身所包含的错误引起的。软件故障又分为系统软件故障和应用软件故障。系统软件是控制系统所带来的，若设计考虑不周，在执行中一旦条件满足就会引发故障，造成停机或死机等现象，此类故障并不常见。应用软件是用户自己编定的，在实际工程应用中，由于应用软件工作复杂，工作量大，因此应用软件错误几乎难以避免，这就要求在控制系统调试及试运行中十分认真、仔细，及时发现并解决。

(5) 操作使用不当造成故障。在实际运行操作中，有时会出现控制系统某功能不能使用或某控制部分不能正常工作，但实际上控制系统并没有故障，而是操作人员操作不熟练或操作错误所引起的。

8.6.4.4 常见故障诊断及处理方法

随着控制系统运行时间的延长，出现故障在所难免。控制系统的故障多出现在检测仪表、执行机构、线路、I/O 模块、运行软件、CPU 模块等。有的故障出现时，仅影响局部运行；有的故障发生时，会造成系统停车甚至事故。因此，各种故障如何及早发现及恰当处理就显得非常重要。

出现上述情况时，说明控制系统发生问题，应立即通知控制系统维修人员维修，同时操作工到现场进行手动处理。

控制系统的故障诊断首先通过查看监控画面的数据或状态进行。下面介绍通过监控画面的数据诊断及处理故障的常用方法。

(1) 经常变化的数据长时间不变，且几个数据或所有数据都不变。

① 查看计算机的量程是否设置不当。如果一直处于下限或上限，则适当放宽量程范围。

② 可能相应的检测仪表出现故障。对现场相应检测仪表断电后再上电，如果正常则是仪表出现软故障；如果不正常，则检测相应的 AI 模块。

③ 可能是相应控制该参数的控制回路出现故障。首先检查相应执行仪表的电源和控制信号是否正常，然后检查机械部件动作是否正常。

(2) 控制分组画面中，手动/自动无法切换，或手动输入数据后，一经确认，又恢复为原来的数据，修改不过来。

① 可能是相应地址被占用。换到一个空闲的地址试试。

② 变量的“读”、“写”属性被改变，检查并更改为“读写”属性。

③ 通信故障。出现通信故障时，涉及该控制计算机的变量状态都不能修改。

④ 可能是软件存在缺陷。对控制计算机或监控计算机断电后再上电，使计算机复位后运行。

(3) 监控画面中所有数据不变化或数据项出现“?”符号。

① 监控系统出现了故障。

② 通信线路出现故障。检查通信线插头是否插好或通信线是否正常连接。

③ 通信板卡出现故障。通过逐个更换通信板卡，以判断哪一个通信板卡出现了故障。

(4) 监控画面中，多个数据同时波动较大。

① 查看接地线是否正常，或者检查接地电阻是否正常。

② 检查是否有大电流电缆经过相应的线路。

③ 可能是变频器的影响。可能是电磁干扰的影响

④ 判断波动数据是否为工艺上相关参数。若是相关参数则通知仪表及计算机人员检查，看是否某调节系统波动引起相关参数变化，同时将相关调节系统打到手动状态，必要时到现场进行调节。若波动数据工艺上彼此并无直接影响，则可能为控制计算机某卡件发生故障，立即将相关自调系统打到手动调节，必要时到现场进行调节，同时，通知微机及仪表人员检查。

第9章 底吹炉熔炼生产过程控制系统

9.1 底吹炉熔炼生产过程简介

9.1.1 铜熔炼生产过程流程

底吹炉熔炼系统通常用于铜精矿的冶炼。工艺流程主要包括：原料工段、底吹炉、电热前床、电炉吹炼等。原料工段为熔炼系统准备配料，精矿粉与多种辅料按比例要求配制后形成配料，配料经缓存、给料、输送等环节，最后输送到底吹炉进行冶炼。底吹炉是主要冶炼设备，原料工段输送来的精矿经过氧化还原反应后生成铜锍，铜锍进入电热前床，经处理后实现铜、渣分离，得到粗铜。底吹炉熔炼系统的总流程如图 9.1 所示。

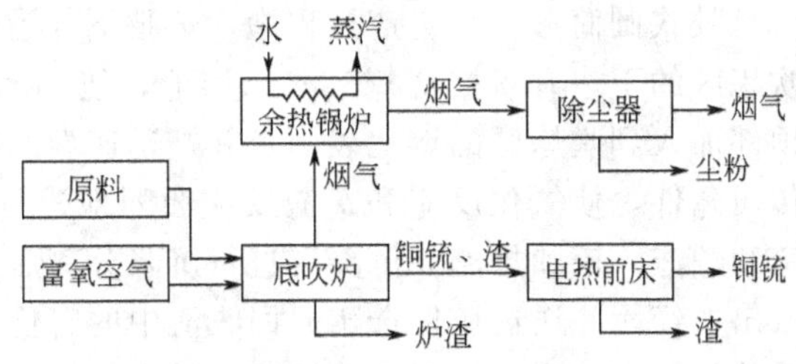

图 9.1 底吹炉熔炼生产流程图

9.1.2 底吹炉结构

氧气底吹熔炼炉是 1 个卧式圆筒型转动炉，炉壳两端采用封头形式，结构紧凑，如图 9.2 所示。本案例的底吹炉炉子规格为 $\Phi5.0\text{m}\times16.5\text{m}$，送氧量为8000～12000Nm^3/h。

在炉体的吹炼区下部点装有氧枪，根据炉型大小不同配置不同数量的氧枪，可 1 排或 2 排布置。在炉顶部的氧枪区域设有加料孔，其中心线与氧枪中心错开位于两只氧枪水平位置的中间。在一侧的端面上安装 1 台主燃烧器，用于开炉烘炉、化料和生产过程中如果需要可用于补热。在炉体的另一端端面上，可安装 1 支辅助烧嘴，需要时用于熔化从余热锅炉上升段掉入熔体的结块，提高熔渣温度。在此端面上设有放渣口，炉渣由此放出，经过流槽进入渣包。放锍口采用打眼放锍方式，锍放入包子，随后可送转炉吹炼，烟气出口设在炉尾部的上方，热烟气的流动方向与炉渣、金属锍流动方向一致。烟气出口是垂直向上的，与余热锅

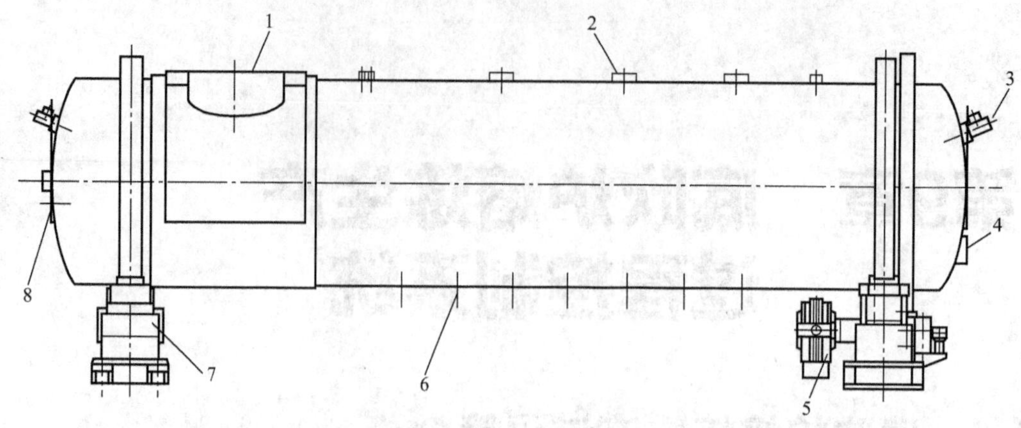

图 9.2　氧气底吹炉结构

1—出烟口；2—加料口；3—燃烧口；4—冰铜放出口；5—传动装置；6—氧枪；
7—滚圈及托轮装置；8—渣放出口

炉的上升段保持一致。

圆筒形的炉体通过两个滚圈支承在两组托轮上，炉体通过传动装置，拨动固定在滚圈上的大齿圈，可以做360°的转动。炉体传动装置由电动机、减速器、小齿轮、大齿轮等组成。

9.1.3　底吹炉工艺

氧气底吹熔炼炉炉体是卧式圆筒形。在生产过程中，炉膛下部为熔体，在长度方向又分为吹炼区和沉淀区。在吹炼区的下边有氧枪将氧气吹入熔池，使熔池处于强烈的搅拌状态，与此同时，炉料从炉子顶部加入到吹炼区的熔池表面，并被迅速卷入搅拌的熔体中。由强烈搅拌形成的良好传热和传质条件，使氧化反应和造渣反应激烈地进行，释放出大量的热能，使炉料很快熔化，生成锍和炉渣。锍和炉渣在沉降区进行沉降分离后，金属锍由放锍口放出送转炉吹炼，渣从渣口放出，经缓冷送选矿厂选矿，回收渣中的有价金属，或者热渣排入贫化电炉，进行贫化产出低品位锍和弃渣。氧气底吹熔炼过程中的烟气由排烟口排出，进入余热锅炉经降温除尘后送酸厂制酸。

底吹炉炼铜技术是由我国自主开发的冶金技术，具有环境好，能耗指标低的独特优势。底吹熔炼炉的工艺过程和特点如下。

（1）配制的原料从炉子上部的加料口加入，迅速被卷入翻滚的熔体中，氧枪鼓入氧气和保护空气，熔池剧烈搅动，形成良好的传热和传质条件。炉内氧化反应和造渣反应释放出大量热能，使炉料快速熔化。整个熔炼炉只有反应区，原料在熔池中迅速完成加热、脱水、熔化、氧化、造铜锍和造渣等熔炼过程，反应产物由溜槽进入电热前床进行沉降分离。

（2）富氧浓度高，炉子易实现自热、可降低燃料、氧气消耗，减少烟气量，利于后续烟气处理工序。

（3）搅拌能量大、混合时间短。当熔池深度、鼓入的气体量、熔体温度一定时，由于底吹熔池熔炼在底部供气，其喷嘴离熔池面的深度比侧吹和顶吹熔炼时喷嘴离熔池面的深度要深，底吹熔炼熔池的搅拌能量就大，相应地，熔体混合时间就短。

(4) 对原料适应性好。适宜处理多种混合精矿，造锍捕金效果好，也适宜处理含砷较高的铜精矿。湿精矿可直接入炉，烟尘率低，锅炉工作条件好。不仅备料过程简单，精矿不需深度干燥和制粒，对原料水分无严格要求，拓宽了企业的原料渠道，显著提高了矿产资源的利用率。

(5) 渣含 Fe_3O_4 少、操作安全。氧气底吹熔炼炉的富氧空气从熔池底部直接吹鼓入铜锍层，气体首先与硫化物反应生成铜的氧化物和铁的氧化物，由于底吹搅拌的作用，生成的氧化物被翻腾到熔体上层与加入的炉料接触，熔炼中的 Fe_3O_4 被炉料还原，渣中 Fe_3O_4 含量低，降低熔剂率和渣率，从而提高铜回收率。

(6) 作业率高。氧枪寿命较长，不需要频繁停炉换枪；熔池液面较平静，喷溅和加料口黏结现象轻，不需要停炉清理，作业效率高。

(7) 在特殊情况下需外补热，对补热的燃料要求不严格，可以用煤，也可以用油。将煤配在精矿中，不需要再加工。只有当炉子发生故障，渣温过低时，才烧柴油补热，正常生产不烧油补热。

(8) 底吹炉炉渣和铜锍混合进入电热前床，这样有利于电热前床工况的稳定和铜锍与渣的沉降分离。

(9) 炉型结构简单，氧气从炉子底部吹入，不需要捅风眼机，无风口漏风，供风利用率达 100%，操作控制灵活。

(10) 熔炼炉生产过程为连续作业。混合熔体流动性好，往电热前床中放出时顺畅，可以保证连续均匀进料、出料，熔炼炉内熔体液面稳定，可以减少熔体喷溅。

(11) 环保条件好。炉顶加料口容易维持负压，不需要气封措施，能有效防止烟气外逸。富氧空气从炉底部进入，产生的噪声小。

9.2 主要测控内容及设计要求

9.2.1 原料工段主要测控内容

(1) 配料系统控制。由 7 台给料式电子皮带秤，按工艺要求对 7 种原料进行配料控制，自动按比例算出每种物料的给定值，并将各配料量稳定在给定值。配料通过 3 条运输皮带机分别运输到 3 个中间仓。

(2) 定量给料控制。通过 3 台定量给料皮带秤对底吹炉的给料量进行控制，将给料量稳定在给定值，并通过 3 条移动皮带将物料输送到 3 个底吹炉给料口。

(3) 原料工段设备的联锁控制。根据工艺要求对给料机、给料式电子皮带秤、运输皮带机等进行联锁控制，定量给料皮带秤和移动皮带机也进行联锁控制。

9.2.2 熔炼炉主要测控内容

(1) 底吹炉给料量控制。根据底吹炉工艺要求和运行情况合理控制各给料口的给料量。

(2) 炉膛温度控制。将炉膛温度控制在工艺要求的范围内。

(3) 炉膛负压控制。通过高温风机控制炉膛负压。

(4) 各氧枪的氧气流量、压缩空气流量的控制。

(5) 采用 1 台手持式热像仪，通过热图像查看底吹炉表面、烟道表面的温度，以判断其工作状态。

(6) 底吹炉排烟管道温度、压力检测及报警，余热锅炉排烟管道温度、压力检测及报警。

(7) 电收尘输出烟道烟气流量的检测以及温度、压力检测报警。

9.2.3 循环水系统主要测控内容

(1) 软化水总管流量、压力、温度的检测与报警。

(2) 循环水入流分管管道流量的检测与报警。

(3) 循环水出流分管管道流量、温度、压力的检测与报警。

(4) 软化水输出总管流量、压力、温度的检测与报警。

9.2.4 阀站主要测控内容

(1) 氧气总管温度、流量、压力的检测，压力的控制，自动放空降压，氧气总管气流的打开或切断控制，氧气压力、流量的报警。

(2) 压缩空气总管温度、流量、压力的检测，压力的控制，自动放空降压，压缩空气总管气流的打开或切断控制，压缩空气压力、流量的报警。

(3) 氧枪分管氧气的流量和氧枪入口氧气压力的检测与控制，氧气压力、流量的报警。

(4) 氧枪分管压缩空气的流量和氧枪入口压缩空气压力的检测与控制，压缩空气压力、流量的报警。

(5) 阀站设备的联锁控制。

9.2.5 电热前床主要测控内容

(1) 变压器一次侧三相电流、电压检测及报警。

(2) 变压器二次侧三相电流、电压检测及报警。

(3) 电热前床四壁、底壁的耐火层温度检测与报警。

(4) 三相电极的位置检测、控制与报警。通过控制卷扬机的正、转反调节三相电极的位置，从而控制三相电流和熔渣温度。

(5) 电热前床放铜口温度检测与报警。

(6) 三相电极电流的平衡控制。

(7) 电热前床水套的输入输出总管温度、压力、流量的检测与报警。

9.2.6 控制系统要求

(1) 控制系统的硬件选型和设计开发必须保证技术先进、可靠实用、扩展容易、操作简单、维护方便。

(2) 合理采用当今国内外自动化技术领域内成熟的新技术及新成果，有利于稳定生产过程，提高设备效率，提高产品质量和保证工艺过程的技术经济指标，降低消耗，提高劳动生产率。

(3) 控制方案必须先进合理和切实可行，具有先进的硬件措施和先进的测控技术方法，整个系统必须稳定可靠和便于维护，控制系统必须满足生产工艺要求。

(4) 控制系统由下位站和上位站组成，下位站负责控制，上位站负责监控管理，下位站可以脱离上位站独立工作，下位站采用分布式 I/O 结构。上位站的监控信息网为以太网，计算机之间通过以太网通信。

(5) 下位站设计为冗余（电源冗余、控制主机冗余、通信冗余、重要控制回路冗余）方式，可以在电源、主机或通讯出现故障时实现自动快速切换。熔炼上位站的监控主机为双机热备冗余方式，可进行自动跟踪切换。

(6) 控制系统的所有 I/O 模块为带电热插拔式，可以在某个模块出现故障时无需停电就可以进行更换，更换时不会影响其他模块的运行。

(7) 仪表供电的直流电源采用双电源冗余热备方式，每个直流电源都能满足系统用电要求。

(8) 控制系统模拟信号在进、出控制柜时都需要经过隔离器进行信号隔离，或者通过隔离配电器为现场仪表供电。隔离器件必须具有输入、输出、电源的三端隔离功能。

(9) 控制系统的硬件和软件必须具有较好的前后兼容性，便于更新换代。

(10) 控制系统的主机必须是国内外著名品牌，支持工业以太网、现场总线等通信协议。

(11) 控制系统提供开放的编程接口、易于功能的扩展。

(12) 支持远程维护和诊断功能，支持远程对程序软件的上传、下载，易于开发方通过互联网进行远程故障诊断与系统维护。

(13) 保证所提供的仪表和设备的完整性，提供的仪表和设备无需另外购置配件即可投入安装使用。

9.2.7 采用的设计规范及标准

本项目采用我国现行“自动化系统设计施工的相关要求及规定”，采用的主要标准规范如下。

(1) HG/T 20505—2014《过程检测和控制系统用图形符号和文字符号》

(2) HG/T 20507—2014《自动化仪表选型设计规范》

(3) HG/T 20508—2014《控制室设计规范》

(4) HG/T 20509—2014《仪表供电设计规范》

(5) HG/T 20511—2014《信号报警及联锁系统设计规范》

(6) HG/T 20512—2014《仪表配管、配线设计规范》

(7) HG/T 20513—2014《仪表系统接地设计规范》

(8) HG/T 20515—2014《仪表隔离及吹洗设计规范》

9.3 控制系统的测控点设计

9.3.1 原料工段的 P&ID 图

原料工段为底吹炉的冶炼提供原料准备。铜精矿、石英石和粉煤通过汽车运至原料库，烟尘也用汽车送至原料库烟尘仓。利用抓斗起重机将精矿仓中混合后铜精矿、石英石、碎煤等原辅料抓至料仓。共有 7 种原辅料，分别为 1＃铜精矿、2＃铜精矿、3＃铜精矿、石灰、粉煤、石英砂、石英石，原辅料经电子皮带秤按比例定量配料，分别通过 1＃、2＃、3＃三条皮带运送到熔炼系统上料中间仓，再通过 3 台定量给料机和 3 台移动式胶带加料机输送，连续地从 3 个加料口加入到熔炼炉中。原料工段的管道及仪表流程图（P&ID 图）如图 9.3 所示。

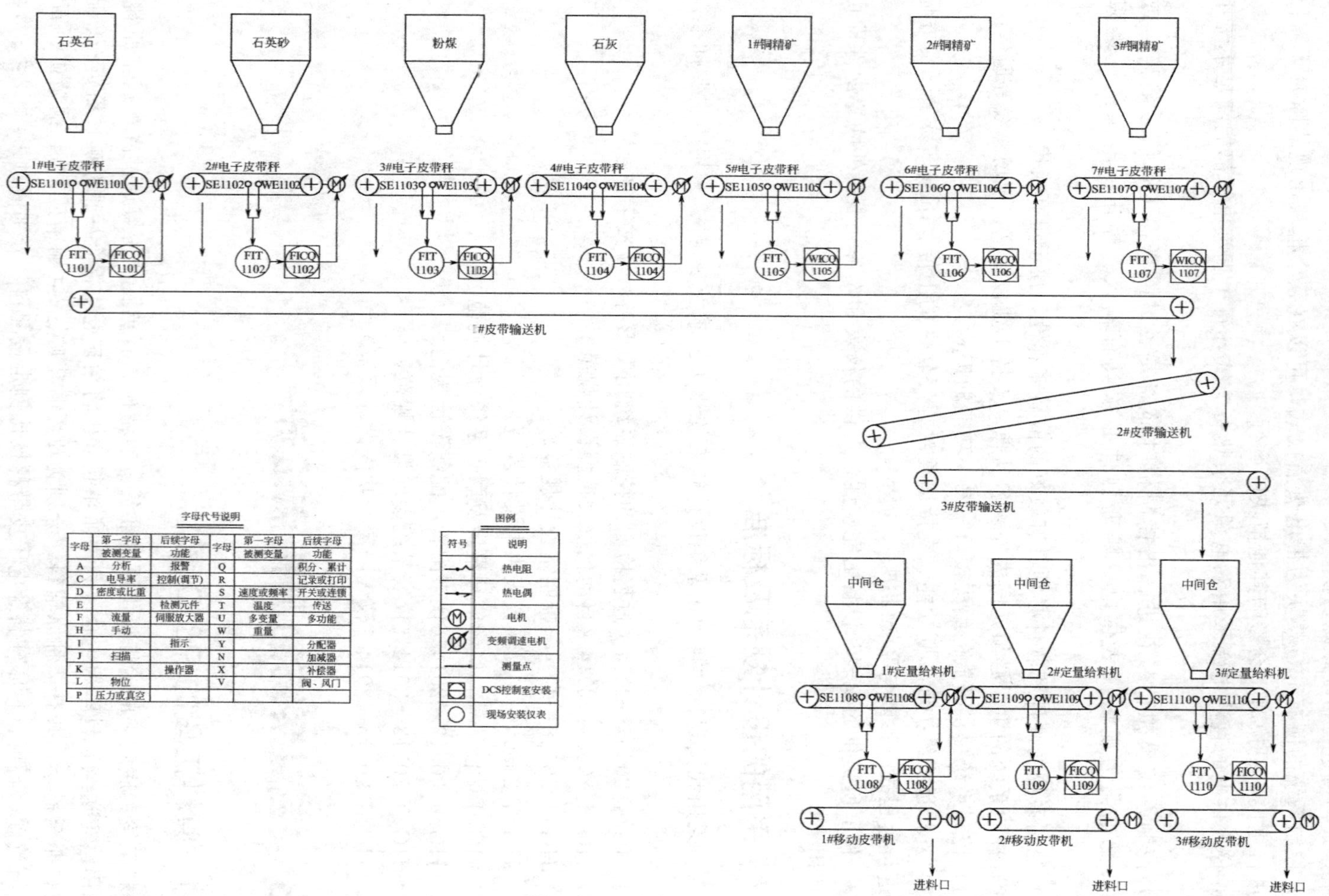

字母代号说明

字母	第一字母 被测变量	后续字母 功能	字母	第一字母 被测变量	后续字母 功能
A	分析	报警	Q		积分、累计
C	电导率	控制(调节)	R		记录或打印
D	密度或比重		S	速度或频率	开关或连锁
E		检测元件	T	温度	传送
F	流量	伺服放大器	U	多变量	多功能
H	手动		W	重量	
I		指示	Y		分配器
J	扫描		N		加减器
K		操作器	X		补偿器
L	物位		V		阀、风门
P	压力或真空				

图 9.3 原料工段 P&ID图

9.3.2 底吹炉本体的P&ID图

根据底吹炉本体的工艺控制要求，结合目前测控仪表的发展状况，进行底吹炉本体测控点的设置。主要检测参数有炉膛温度、炉膛压力、烟气温度、烟气压力、排出口温度、烟气流量等。另外，需要设置热像仪以检查炉体、烟道的完好情况，通过热图像的分析，及时发现裂缝、泄漏等问题。底吹炉原料工段的管道及仪表流程图（P&ID图）如图9.4所示。图中的余热锅炉已自带控制系统，本控制系统通过以太网连接与余热锅炉控制系统进行通信。

9.3.3 阀站的P&ID图

阀站主要控制底吹炉的用气量。氧气和压缩空气按比例混合后，通过氧枪输入到底吹炉内。熔炼过程所需要的氧气来自制氧站，所需要的压缩空气由螺杆空气压缩机提供，氧枪入口处氧气和压缩空气压力分别为0.6MPa、0.7MPa。当炉内不需要氧气和空气时，氧枪口需要转出熔体面，这时才能将供氧气和空气管道上的调节阀关闭，与此同时，打开供氧气系统和空气系统中的放气阀，让氧和空气排入大气。阀站的管道及仪表流程图（P&ID图）如图9.5所示。

采用气动调节阀控制气体的流量，每台气动调节阀都设置旁路阀和前、后开关阀，以便于在气动调节阀出现故障时的不停产检修。正常使用时，旁路阀关闭，前、后阀打开。当气动调节阀出现故障时，可以关掉其前后的开关阀，同时人工调节旁路开关阀，检修完毕后恢复正常的控制状态。

9.3.4 循环水系统的P&ID图

循环水系统是为了保护冶炼高温设备而设置的一种水冷循环系统，通过循环水带走设备或部件表面的热量，从而降低设备或部件的温度，实现水冷保护。为了保证循环系统的每个管道都处于正常的流动状态，需要对总管的温度、压力、流量，以及支管的温度、压力、流速等参数进行检测和报警。循环水系统的管道及仪表流程图（P&ID图）如图9.6所示。

对于每条循环水管道进、出水温度的检测，可以判断该管道的热交换情况，从而采取措施。对于进、出水压力的检测数据可以用于控制水压，从而确保每一条水冷管道有足够的水流通过。电磁流量计用于检测总管道的水流量，以确保有足够的水流通过水冷循环系统。

9.3.5 电热前床的P&ID图

电热前床是有色冶金生产中的大型关键设备。通过三相电极的电流加热作用，使有色金属处于熔化状态，熔融态铜锍和炉渣因密度的不同而在熔池内分层，铜锍层处于熔体下部，渣层在铜锍层的上部，从而实现铜锍和渣的分离。

电热前床的三相电极由特种三相变压器供电，通过调节电极插入熔池的深度来改变电极电流的大小，由此控制熔池的温度。由于前床的渣高和渣型变化很大，导致三相电流不平衡现象严重，引起供电功率因数降低，谐波含量增加，对正常生产和变压器安全都会带来极为不利的影响。因此，生产过程中不仅要控制三相电极电流的大小以确保温度，而且还需要保证三相电流的平衡。

电热前床主要的测控参数有电极位置，熔池壁温度，一次电路三相电极电流及电压，二次电路三相电极电流及电压，水套进出水的温度、流量、压力等。电热前床的管道及仪表流程图（P&ID图）如图9.7所示。

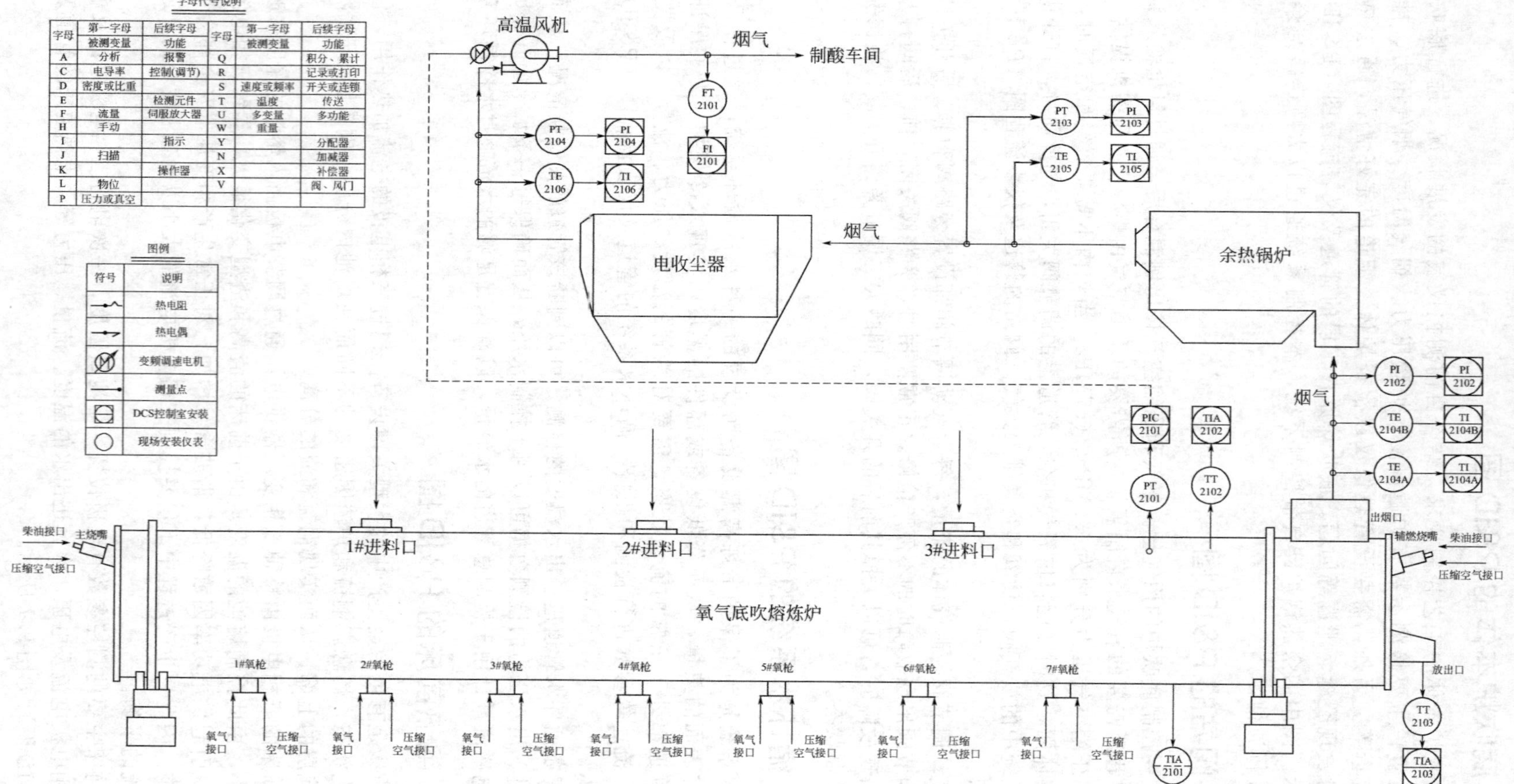

字母代号说明

字母	第一字母 被测变量	后续字母 功能	字母	第一字母 被测变量	后续字母 功能
A	分析	报警	Q		积分、累计
C	电导率	控制(调节)	R		记录或打印
D	密度或比重		S	速度或频率	开关或连锁
E		检测元件	T	温度	传送
F	流量	伺服放大器	U	多变量	多功能
H	手动		W	重量	
I		指示	Y		分配器
J	扫描		N		加减器
K		操作器	X		补偿器
L	物位		V		阀、风门
P	压力或真空				

图例

符号	说明
	热电阻
	热电偶
	变频调速电机
	测量点
	DCS控制室安装
	现场安装仪表

图 9.4 底吹炉 P&ID 图

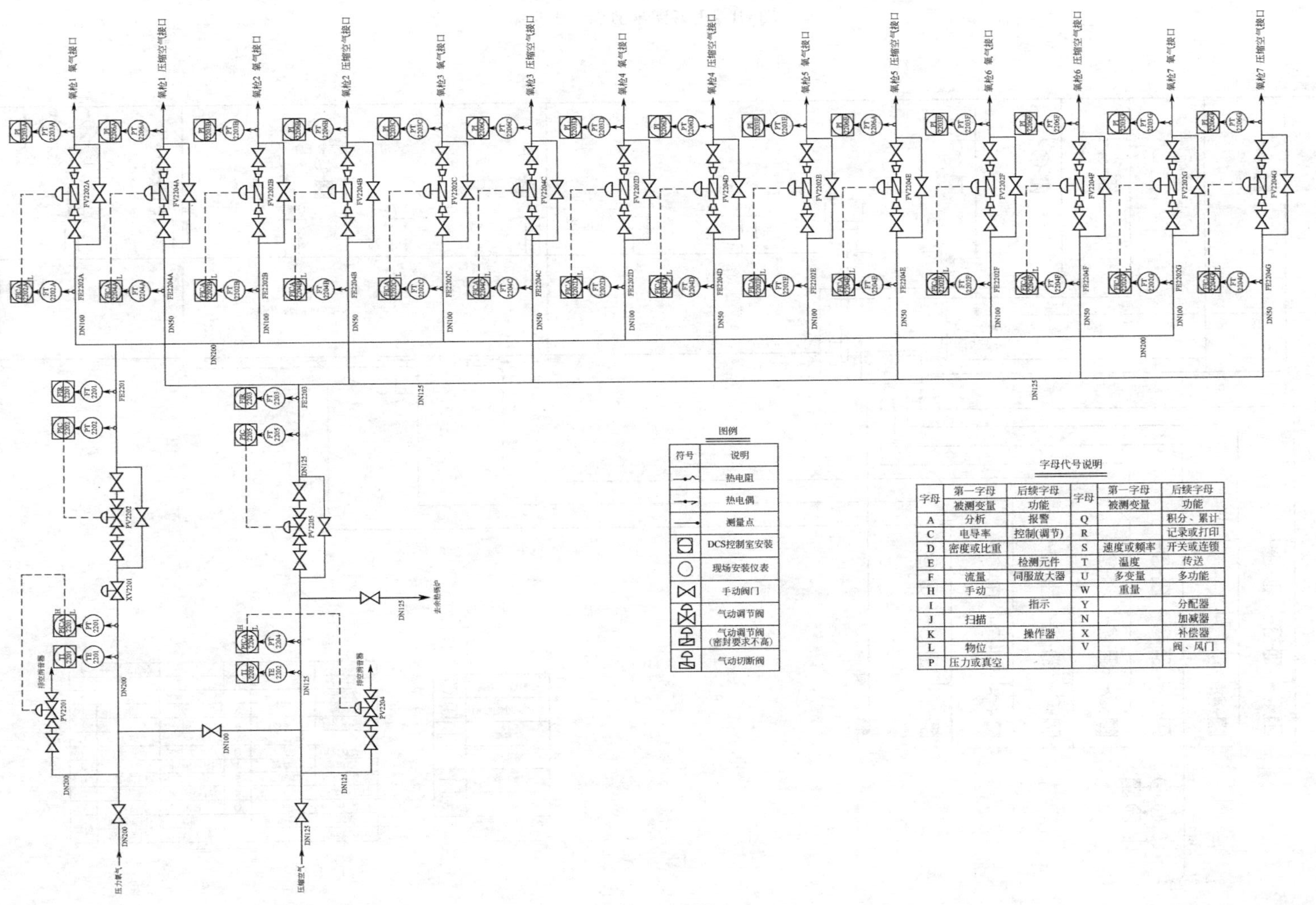

图例

符号	说明
	热电阻
	热电偶
	测量点
	DCS控制室安装
	现场安装仪表
	手动阀门
	气动调节阀
	气动调节阀（密封要求不高）
	气动切断阀

字母代号说明

字母	第一字母 被测变量	后续字母 功能	字母	第一字母 被测变量	后续字母 功能
A	分析	报警	Q		积分、累计
C	电导率	控制(调节)	R		记录或打印
D	密度或比重		S	速度或频率	开关或连锁
E		检测元件	T	温度	传送
F	流量	伺服放大器	U	多变量	多功能
H	手动		W	重量	
I		指示	Y		分配器
J	扫描		N		加减器
K		操作器	X		补偿器
L	物位		V		阀、风门
P	压力或真空				

图 9.5 阀站 P&ID 图

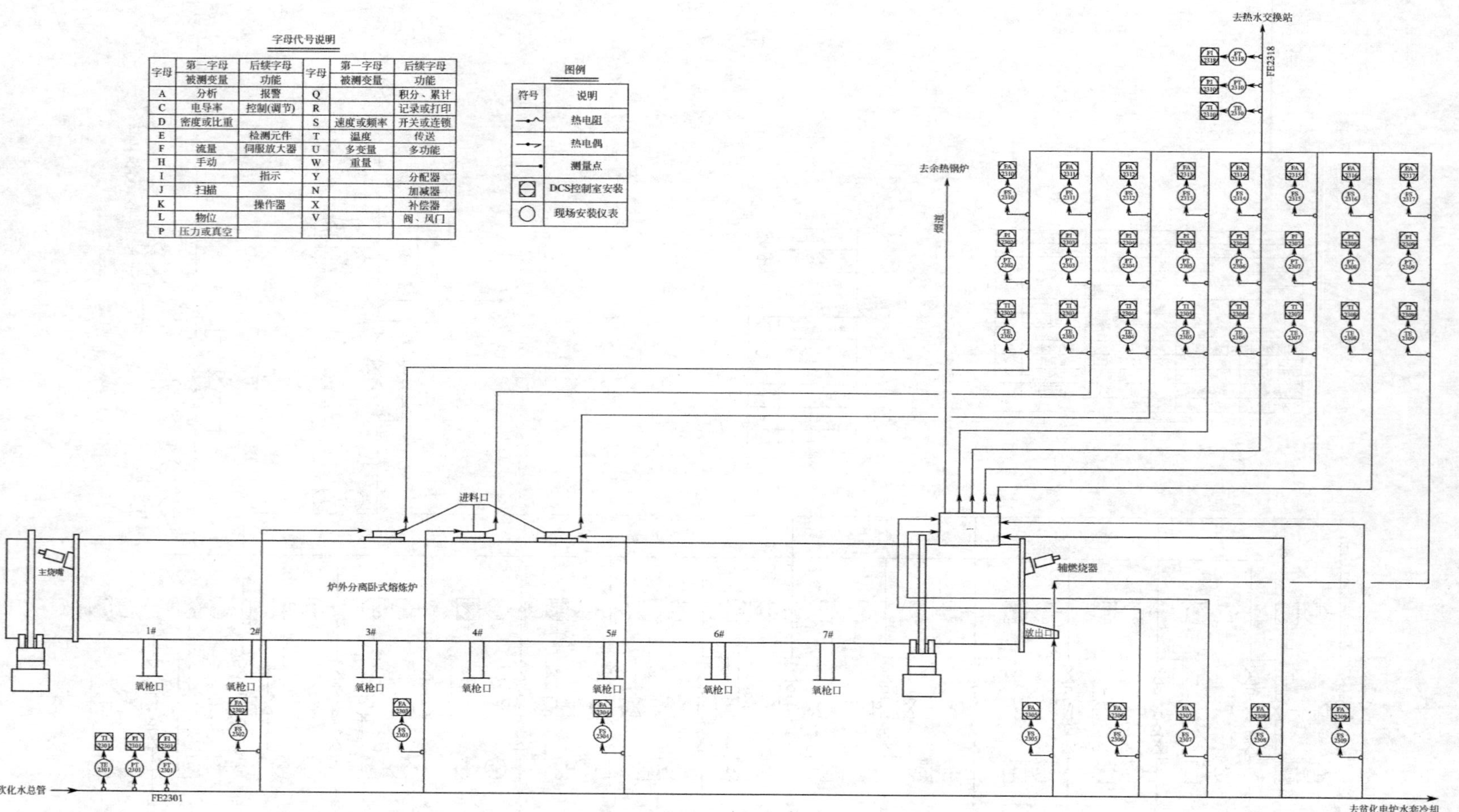

字母代号说明

字母	第一字母 被测变量	后续字母 功能	字母	第一字母 被测变量	后续字母 功能
A	分析	报警	Q		积分、累计
C	电导率	控制(调节)	R		记录或打印
D	密度或比重		S	速度或频率	开关或连锁
E		检测元件	T	温度	传送
F	流量	伺服放大器	U	多变量	多功能
H	手动		W	重量	
I		指示	Y		分配器
J	扫描		N		加减器
K		操作器	X		补偿器
L	物位		V		阀、风门
P	压力或真空				

图例

符号	说明
—∧	热电阻
—↗	热电偶
—•	测量点
⊖	DCS控制室安装
○	现场安装仪表

图 9.6 循环水系统 P&ID 图

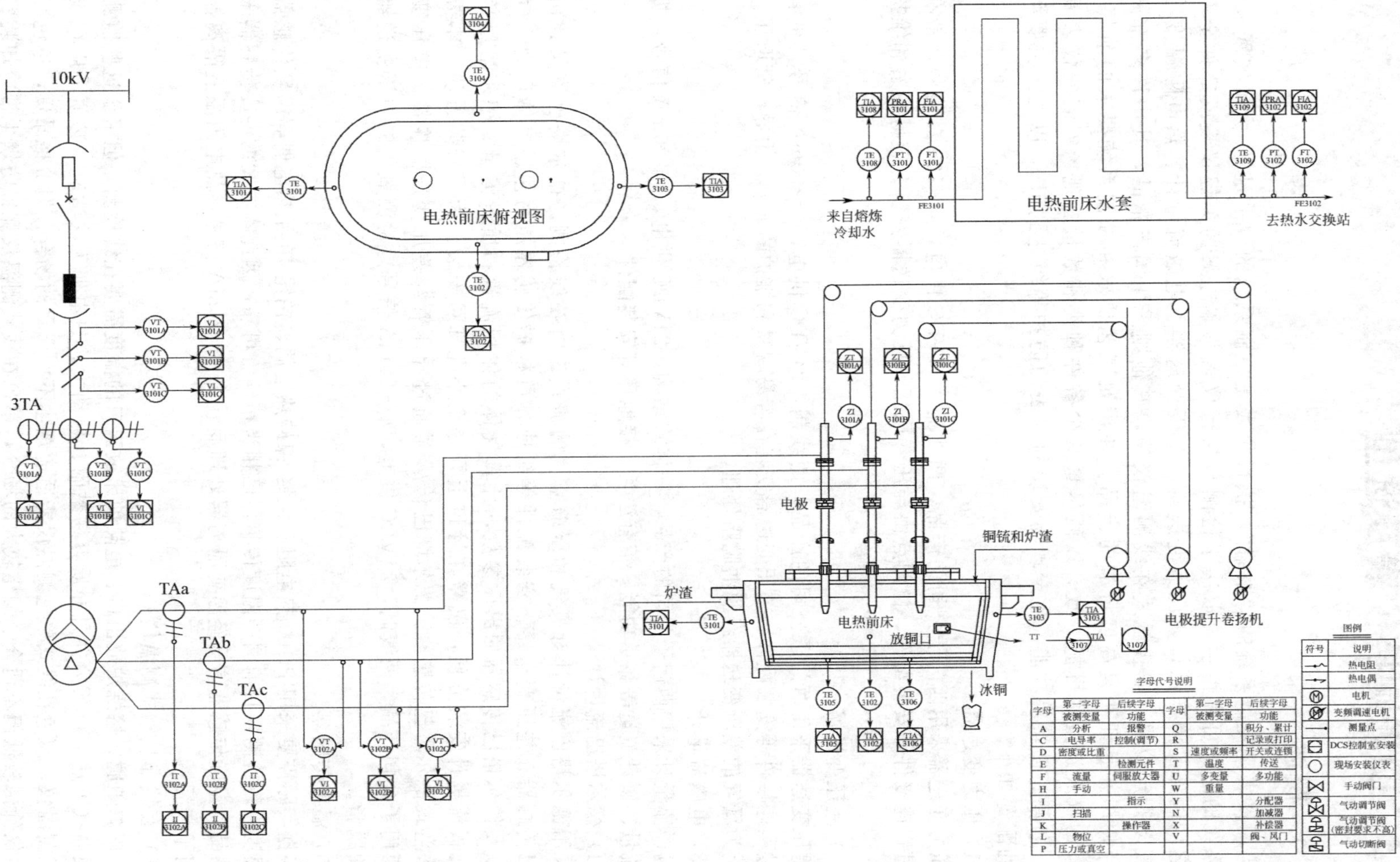

图 9.7　电热前床 P&ID 图

9.4 现场测控仪表及选型

9.4.1 概述

检测仪表是控制系统的“眼睛”，执行仪表是控制系统的“手足”，大量实践表明，控制系统的总体可靠性主要取决于检测与执行仪表。本方案的关键仪表或部件全部采用著名的国外品牌产品，如压力变送器、差压变送器、电磁流量计、热电阻温度变送器、气动阀定位器、非接触式在线测温仪等，其他则采用国产精品，其中许多都是我方多年使用并且证明是高度可靠的产品。在满足工艺要求和控制系统要求的前提下，本方案的仪表选型尽可能一致，以便尽量减少备件种类和数量。现场安装的仪表具备防水、防潮、防振等功能，生产现场安装的仪表的防护等级达到IP65以上。主要测控仪表的配置如下。

(1) 压力变送器。

压力变送器采用西门子公司的产品，两线制，24VDC供电，4～20mA信号，带有表头、过程连接件等安装配件，检测点由导压管取压，压力变送器安装在容易观察和维护的地方。

(2) 差压变送器。

差压变送器采用西门子公司的产品，两线制，24VDC供电，4～20mA信号，带有表头，过程连接件等安装配件，差压变送器安装在容易观察和维护的地方，由导压管取压。被测介质为氧气的差压变送器经脱油脱脂处理。

(3) 电磁流量计。

电磁流量计采用西门子公司的产品，一体式结构，24VDC供电，4～20mA信号，提供实时流量、累计流量等显示功能，带有法兰、接地环等安装配件。

(4) 德尔塔巴流量计。

采用德尔塔巴流量计对氧气和压缩空气的流量进行在线检测。德尔塔巴流量计由德尔塔巴传感器、差压变送器、安装配件等组成，可根据传感器压力差、气体压力、气体温度以及德尔塔巴传感器的出厂参数，计算气体的体积流量和质量流量。德尔塔巴传感器比孔板流量计安装方便，仅需在管道上开一个小孔即可安装。为了安装方便，本方案采用法兰式德尔塔巴传感器。德尔塔巴传感器通过导压管与差压变送器连接。差压变送器为西门子公司产品，两线制，24VDC供电，4～20mA信号。检测氧气的差压变送器要求脱油脱脂。

(5) 温度传感器。

根据实际需要采用Pt100热电阻、镍铬-镍硅热电偶、铂铑10-铂热电偶等温度传感器对现场温度进行检测，目前国产温度传感器已相当精确、可靠，因此本方案的温度传感器采用国产精品。温度传感器信号经温变隔离器处理后输出4～20mA信号，热电阻温变隔离器采用西门子产品。

(6) 在线非接触式测温仪。

熔炼炉炉膛、熔炼炉放出口、电热前床放出口的温度需要在线检测，但由于这些监测点温度很高（可达1500℃）并且介质容易黏附、振动大，热电偶无法适应，必须采用在线非接触式测温仪。双色在线式单色测温仪能适应烟尘不太严重的场合，但价格昂贵，单色在线式测温仪价格较低但不适合于烟尘较大的场合，单色在线式测温仪配置防烟尘带冷却装置后可以在烟尘较大的环境下精确检测。

本方案采用美国雷泰公司生产的单色在线式测温仪，测温范围为 0～1800℃，信号 4～20mA，电源 24VDC。

(7) 红外热像仪。

红外热像仪可以检测底吹炉炉体、烟道等设备的表面温度，形成热图像，可以借助热图像来判断设备的状态，如耐火砖脱落或变薄、烟道漏气等。本方案采用优力德公司出产的手持式红外热像仪，测温范围为 0～600℃，分辨率 160×120，可捕捉最高、最低温度或温区分析，最高可支持 16GB 的图像存储，带 PAL 或 NTSC 视频输出。

(8) 热导式流量开关。

循环水系统设有多个流量开关，用于检测水流量的低限。为了确保流量开关精确、可靠，本方案采用无机械部件的热导式流量开关。当水流量小于设定值的下限时，立即进行报警输出。

(9) 电极位置检测仪。

电热前床的电极所处环境温度高，电极至卷扬机的钢绳距离短，可以采用测量钢绳卷筒的旋转圈数来计算钢绳的移动长度，从而计算电极的位置。测量卷筒转动状态常用的方法是直接将检测仪器安装在卷筒轴上，这就要求卷筒与检测仪器必须同轴，否则很容易损坏检测仪器，这种情况在检修后尤为严重。本方案定制一种辅助测量装置，使得钢绳卷筒与测量仪器为柔软连接，可以避免由于轴线不重合而引起检测仪器损坏的现象。

电极位置检测仪由编码器、处理器、变送器组成，直接输出 4～20mA 信号。由于卷筒每转一圈的钢绳位移长度不同，需要进行标定和动态修正，另为还设置零点位置传感器以自动修正零点。电极位置检测仪为 4～20mA 信号，24VDC 供电，量程 0～4m。

(10) 变压器一次侧、二次侧线路的电流、电压检测。

采用电压变送器和电流变送器对电热前床变压器一次侧、二次侧线路的电流、电压进行检测。可以利用已有的电压、电流检测线路安装电压变送器和电流变送器。电流变送器为穿孔式。变送器规格为：两线制，24VDC 供电，4～20mA 信号。

(11) 气动调节阀。

气动调节阀主要用于气体流量及压力的控制、气体排放减压等。气动调节阀由阀门定位器、气动执行机构、阀门等组成。为了实现气动调节阀具有很高的性价比，本方案的气动阀关键部件定位器选用西门子产品，而气动执行机构、阀门等则采用国内的优质产品。阀门定位器仅需要提供 4～20mA 的控制信号即可工作，可以精确检测和控制气动阀的阀位，同时提供 4～20mA 的阀位反馈信号。

(12) 气动切断阀。

在氧气总管上设置一台气动切断阀，用于紧急状态或其他情况下快速切断氧气。气动切断阀仅有全开和全关两种状态，不需要定位器，通过控制电磁阀的开、关即可控制气动切断阀的开、关。气动切断阀提供阀位上限和阀位下限的无源触点。

9.4.2 原料工段测控仪表选型

原料车间采用给料电子皮带秤和定量给料机对物料进行检测和控制。给料电子皮带秤集给料和物料流量检测于一体，具有结构紧凑、安装维护方便等特点。通过控制皮带的运行速度即可控制给料流量。定量给料机和给料电子皮带秤结构和测控方法类似，主要差别在于物料输出控制方面。原料工段选用的测控仪表如表 9.1 所示。

表 9.1 原料工段测控仪表一览表

序号	仪表位号	控制和测量对象	参数范围	名称	型号或规格	单位	数量	安装地点
1	FIT1101	1#电子皮带秤输送量	0～25t/h	给料电子皮带秤	测量范围：0～30t/h，皮带宽度500mm，供电220VAC，输出信号4～20mA，输出信号4～20mA	台	1	原料现场
2	FIT1102	3#电子皮带秤输送量	0～15t/h	给料电子皮带秤	测量范围：0～20t/h，皮带宽度500mm，供电220VAC，输出信号4～20mA，输出信号4～20mA	台	1	原料现场
3	FIT1103	3#电子皮带秤输送量	0～15t/h	给料电子皮带秤	测量范围：0～20t/h，皮带宽度500mm，供电220VAC，输出信号4～20mA，输出信号4～20mA	台	1	原料现场
4	FIT1104	4#电子皮带秤输送量	0～15t/h	给料电子皮带秤	测量范围：0～20t/h，皮带宽度500mm，供电220VAC，输出信号4～20mA，输出信号4～20mA	台	1	原料现场
5	FIT1105	5#电子皮带秤输送量	0～15t/h	给料电子皮带秤	测量范围：0～20t/h，皮带宽度500mm，供电220VAC，输出信号4～20mA，输出信号4～20mA	台	1	原料现场
6	FIT1106	6#电子皮带秤输送量	0～25t/h	给料电子皮带秤	测量范围：0～30t/h，皮带宽度500mm，供电220VAC，输出信号4～20mA，输出信号4～20mA	台	1	原料现场
7	FIT1107	7#电子皮带秤输送量	0～25t/h	给料电子皮带秤	测量范围：0～30t/h，皮带宽度500mm，供电220VAC，输出信号4～20mA，输出信号4～20mA	台	1	原料现场
8	FIT1108	1#定量给料机输送量	0～25t/h	定量给料机	测量范围：0～30t/h，皮带宽度500mm，供电220VAC，输出信号4～20mA，输出信号4～20mA	台	1	原料现场
9	FIT1109	2#定量给料机输送量	0～25t/h	定量给料机	测量范围：0～30t/h，皮带宽度500mm，供电220VAC，输出信号4～20mA，输出信号4～20mA	台	1	原料现场
10	FIT1110	3#定量给料机输送量	0～25t/h	定量给料机	测量范围：0～30t/h，皮带宽度500mm，供电220VAC，输出信号4～20mA，输出信号4～20mA	台	1	原料现场

9.4.3 底吹炉本体测控仪表选型

底吹炉本体测控仪表主要包括炉体上安装的仪表，由于温度高、压力变化大、化学作用强，其测控仪表的选型十分关键。底吹炉本体测控仪表的选型如表9.2所示。

表 9.2 底吹炉本体测控仪表一览表

序号	仪表位号	控制和测量对象	参数范围	名称	型号或规格	单位	数量	安装地点
1	TT2101	熔炼炉炉壁温度	0～500℃	红外热像仪（手持式）	UTI160A，0～600℃，分辨率160×120，可捕捉最高、最低温度或温区分析	台	1	底吹炉现场
2	TT2102	熔炼炉炉池温度	0～1500℃	在线单色测温仪	MR31001MSF3，量程0～1800℃，信号4～20mA，电源24VDC，带防烟尘带冷却装置	台	1	底吹炉现场
3	TT2103	熔炼炉放出口温度	0～1500℃	在线单色测温仪	MR31001MSF3，量程0～1800℃，信号4～20mA，电源24VDC，带防烟尘带冷却装置	台	1	底吹炉现场

续表

序号	仪表位号	控制和测量对象	参数范围	名称	型号或规格	单位	数量	安装地点
4	TE2104A	熔炼炉上升烟道温度 1	0～1500℃	热电偶	WRR-130, $L\times l=800\times650$, $\phi6$, 钢玉套管, $DN25$, 分度号 B	台	1	底吹炉现场
5	TE2104B	熔炼炉上升烟道温度 2	0～1500℃	热电偶	WRR-130, $L\times l=800\times650$, $\phi6$, 钢玉套管, $DN25$, 分度号 B	台	1	底吹炉现场
6	TE2105	余热锅炉出口烟道温度	300～400℃	热电阻	WZP-230, $L\times l=800\times650$, $\phi6$, 304 套管, M27×2	台	1	底吹炉现场
7	TE2106	电收尘出口烟道温度	250～350℃	热电阻	WZP-230, $L\times l=800\times650$, $\phi6$, 304 套管, M27×2	台	1	底吹炉现场
8	PT2101	熔炼炉膛压力	−300～0Pa	微差压变送器	7MF4433-1CA02-2AB6-ZA01＋Y01, 量程−300～0Pa, 二线制, 信号 4～20mA, 电源 24VDC, 带表头	台	1	底吹炉现场
9	PT2102	熔炼炉上升烟道压力	−300～0Pa	微差压变送器	7MF4433-1CA02-2AB6-ZA01＋Y01, 量程−300～0Pa, 二线制, 信号 4～20mA, 电源 24VDC, 带表头	台	1	底吹炉现场
10	PT2103	余热锅炉出口烟道压力	−400～400Pa	微差压变送器	7MF4433-1CA02-2AB6-ZA01＋Y01, 量程−400～400Pa, 二线制, 信号 4～20mA, 电源 24VDC, 带表头	台	1	底吹炉现场
11	PT2104	电收尘出口烟道压力	−1000～0Pa	微差压变送器	7MF4433-1CA02-2AB6-ZA01＋Y01, 量程−1000～0Pa, 二线制, 信号 4～20mA, 电源 24VDC, 带表头	台	1	底吹炉现场
12	FE2101	风机出口烟气管道流量	Q＝96977.4Nm^3/h	德尔塔巴流量计	ASD-DTBM62S4/2016-8/SLH, 管道 $\phi2016\times8$, 材质 316L, 含安装配件, 在线插拔式, 精度等级 1	台	1	底吹炉现场
13	FT2101	风机出口烟气管道流量	0～3kPa	差压变送器	7MF4433-1CA02-2AB6-ZA01＋Y01, 量程 0～3kPa, 二线制, 信号 4～20mA, 电源 24VDC, 带表头	台	1	底吹炉现场

9.4.4 阀站测控仪表选型

阀站是本控制系统仪表最多的场所，由于压力高、氧气纯度高、执行仪表动作十分频繁，因此对仪表材质和技术性能有较高的要求。阀站测控仪表如表 9.3 所示。

表 9.3 阀站测控仪表一览表

序号	仪表位号	控制和测量对象	参数范围	名称	型号或规格	单位	数量	安装地点
1	TE2201	氧气总管温度	30～60℃	铠装铂热电阻	WZP-230, $L\times l=300\times150$, $\phi6$, 304 套管, M27×2, 脱油脱脂	支	1	氧气总管
2	TE2202	压缩空气总管温度	30～60℃	铠装铂热电阻	WZP-230, $L\times l=250\times100$, $\phi6$, 304 套管, M27×2	支	1	压缩空气总管
3	PT2201	氧气总管阀前压力	0.6～1.0MPa	压力变送器	7MF4033-1DA01-2AB6-ZA01＋Y01, 量程 0-1.2MPa, 二线制, 信号4～20mA, 电源 24VDC, 带表头	台	1	现场
4	PV2201	氧气总管阀前压力调节	超过 1.0MPa 放空	气动单座调节阀	HCP-/DN150, CV360/SC13A, SUS316, SUS316/PN16, HG_T20592/%CF, P/PTFE, ANSI VI/HA4R, FC /280kPa, 80～240/脱油脱脂/带法兰及紧固件	台	1	氧气总管
5	PT2202	氧气总管阀后压力	0.6～0.8MPa	压力变送器	7MF4033-1DA01-2AB6-ZA01＋Y01, 量程 0-1MPa, 二线制, 信号 4～20mA, 电源 24VDC, 带表头	台	1	现场

续表

序号	仪表位号	控制和测量对象	参数范围	名称	型号或规格	单位	数量	安装地点
6	PV2202	氧气总管阀后压力调节	超过1.0MPa放空	气动单座调节阀	HCP-/DN150，CV360/SC13A，SUS316，SUS316/PN16，HG_T20592/%CF，P/PTFE，ANSI VI/HA4R，FC /280kPa，80～240/脱油脱脂	台	1	氧气总管
7	PT2203A	氧枪1氧气压力	0.5～0.6MPa	压力变送器	7MF4033-1DA01-2AB6-ZA01＋Y01，量程 0～0.8MPa，二线制，信号4～20mA，电源24VDC，带表头	台	1	现场
8	PT2203B	氧枪2氧气压力	0.5～0.6MPa	压力变送器	7MF4033-1DA01-2AB6-ZA01＋Y01，量程 0～0.8MPa，二线制，信号4～20mA，电源24VDC，带表头	台	1	现场
9	PT2203C	氧枪3氧气压力	0.5～0.6MPa	压力变送器	7MF4033-1DA01-2AB6-ZA01＋Y01，量程 0～0.8MPa，二线制，信号4～20mA，电源24VDC，带表头	台	1	现场
10	PT2203D	氧枪4氧气压力	0.5～0.6MPa	压力变送器	7MF4033-1DA01-2AB6-ZA01＋Y01，量程 0～0.8MPa，二线制，信号4～20mA，电源24VDC，带表头	台	1	现场
11	PT2203E	氧枪5氧气压力	0.5～0.6MPa	压力变送器	7MF4033-1DA01-2AB6-ZA01＋Y01，量程 0～0.8MPa，二线制，信号4～20mA，电源24VDC，带表头	台	1	现场
12	PT2203F	氧枪6氧气压力	0.5～0.6MPa	压力变送器	7MF4033-1DA01-2AB6-ZA01＋Y01，量程 0～0.8MPa，二线制，信号4～20mA，电源24VDC，带表头	台	1	现场
13	PT2203G	氧枪7氧气压力	0.5～0.6MPa	压力变送器	7MF4033-1DA01-2AB6-ZA01＋Y01，量程 0～0.8MPa，二线制，信号4～20mA，电源24VDC，带表头	台	1	现场
14	PT2204	压缩空气总管阀前压力	0.8～1.0MPa	压力变送器	7MF4033-1DA01-2AB6-ZA01＋Y01，量程 0～1.2MPa，二线制，信号4～20mA，电源24VDC，带表头	台	1	现场
15	PV2204	压缩空气总管阀前压力调节	超过1.0MPa放空	气动单座调节阀	HCP-/DN80，CV99/SCPH2，SUS304，SUS304/PN16，HG_T20592/%VF，P/PTFE，ANSI VI/HA3D，FO /400kPa，80～240	台	1	压缩空气总管
16	PT2205	压缩空气总管阀后压力	0.7～0.8MPa	压力变送器	7MF4033-1DA01-2AB6-ZA01＋Y01，量程 0～0.8MPa，二线制，信号4～20mA，电源24VDC，带表头	台	1	现场
17	PV2205	压缩空气总管阀后压力调节	超过1.0MPa放空	气动单座调节阀	HCP-/DN100，CV175/SCPH2，SUS304，SUS304/PN16，HG_T20592/%VF，P/PTFE，ANSI VI/HA3D，FO/280kPa，80～240	台	1	压缩空气总管
18	PT2206A	氧枪1压缩空气压力	0.6～0.8MPa	压力变送器	7MF4033-1DA01-2AB6-ZA01＋Y01，量程 0～1.0MPa，二线制，信号4～20mA，电源24VDC，带表头	台	1	现场
19	PT2206B	氧枪2压缩空气压力	0.6～0.8MPa	压力变送器	7MF4033-1DA01-2AB6-ZA01＋Y01，量程 0～1.0MPa，二线制，信号4～20mA，电源24VDC，带表头	台	1	现场
20	PT2206C	氧枪3压缩空气压力	0.6～0.8MPa	压力变送器	7MF4033-1DA01-2AB6-ZA01＋Y01，量程 0～1.0MPa，二线制，信号4～20mA，电源24VDC，带表头	台	1	现场
21	PT2206D	氧枪4压缩空气压力	0.6～0.8MPa	压力变送器	7MF4033-1DA01-2AB6-ZA01＋Y01，量程 0～1.0MPa，二线制，信号4～20mA，电源24VDC，带表头	台	1	现场
22	PT2206E	氧枪5压缩空气压力	0.6～0.8MPa	压力变送器	7MF4033-1DA01-2AB6-ZA01＋Y01，量程 0～1.0MPa，二线制，信号4～20mA，电源24VDC，带表头	台	1	现场

续表

序号	仪表位号	控制和测量对象	参数范围	名称	型号或规格	单位	数量	安装地点
23	PT2206F	氧枪6压缩空气压力	0.6～0.8MPa	压力变送器	7MF4033-1DA01-2AB6-ZA01＋Y01，量程0～1.0MPa，二线制，信号4～20mA，电源24VDC，带表头	台	1	现场
24	PT2206G	氧枪7压缩空气压力	0.6～0.8MPa	压力变送器	7MF4033-1DA01-2AB6-ZA01＋Y01，量程0～1.0MPa，二线制，信号4～20mA，电源24VDC，带表头	台	1	现场
25	FE2201	氧气总管流量	0～9303Nm³/h	德尔塔巴流量计	ASD-DTBM3S2/219-6/SLH，管道ϕ219×6，材质316L，含安装配件，脱油脱脂，耐压2MPa，精度等级1	台	1	氧气总管
	FT2201	氧气总管流量		差压变送器	7MF4433-1FA02-2AB6-ZA01＋Y01，量程0-2 kPa，二线制，信号4～20mA，电源24VDC，带表头，脱油脱脂，精度0.5	台	1	氧气总管
26	FE2202A	氧枪1氧气流量	0～1500Nm³/h	德尔塔巴流量计	ASD-DTBM3S2/108-4/SLH，管道ϕ108×4，材质316L，脱油脱脂，耐压2MPa，精度等级1	台	1	氧枪1氧气流量调节阀前
	FT2202A			差压变送器	7MF4433-1CA02-2AB6-ZA01＋Y01，量程－300～0Pa，二线制，信号4～20mA，电源24VDC，带表头	台	1	现场
27	FV2202A	氧枪1氧气流量调节		气动单座调节阀	HTS-/DN65，CV68/SC13A，SUS316，SUS316/PN16，HG_T20592/%CF，P/PTFE，ANSI VI/HA4R，FC/280kPa，80～240/等百分比/脱油脱脂	台	1	氧枪1氧气支管
28	FE2202B	氧枪2氧气流量	0～1500Nm³/h	德尔塔巴流量计	ASD-DTBM3S2/108-4/SLH，管道ϕ108×4，材质316L，脱油脱脂，耐压2MPa，精度等级1	台	1	氧枪2氧气流量调节阀前
	FT2202B			差压变送器	7MF4433-1CA02-2AB6-ZA01＋Y01，量程－300～0Pa，二线制，信号4～20mA，电源24VDC	台	1	现场
29	FV2202B	氧枪2氧气流量调节		气动单座调节阀	HTS-/DN65，CV68/SC13A，SUS316，SUS316/PN16，HG_T20592/%CF，P/PTFE，ANSI VI/HA4R，FC/280kPa，80～240/等百分比/脱油脱脂	台	1	氧枪2氧气支管
30	FE2202C	氧枪3氧气流量	0～1500Nm³/h	德尔塔巴流量计	ASD-DTBM3S2/108-4/SLH，管道ϕ108×4，材质316L，脱油脱脂，耐压2MPa，精度等级1	台	1	氧枪3氧气流量调节阀前
	FT2202C			差压变送器	7MF4433-1CA02-2AB6-ZA01＋Y01，量程－300～0Pa，二线制，信号4～20mA，电源24VDC，带表头	台	1	现场
31	FV2202C	氧枪3氧气流量调节		气动单座调节阀	HTS-/DN65，CV68/SC13A，SUS316，SUS316/PN16，HG_T20592/%CF，P/PTFE，ANSI VI/HA4R，FC/280kPa，80～240/等百分比/脱油脱脂	台	1	氧枪3氧气支管
32	FE2202D	氧枪4氧气流量	0～1500Nm³/h	德尔塔巴流量计	ASD-DTBM3S2/108-4/SLH，管道ϕ108×4，材质316L，脱油脱脂，耐压2MPa，精度等级1	台	1	氧枪4氧气流量调节阀前
	FT2202D			差压变送器	7MF4433-1CA02-2AB6-ZA01＋Y01，量程－300～0Pa，二线制，信号4～20mA，电源24VDC，带表头	台	1	现场
33	FV2202D	氧枪4氧气流量调节		气动单座调节阀	HTS-/DN65，CV68/SC13A，SUS316，SUS316/PN16，HG_T20592/%CF，P/PTFE，ANSI VI/HA4R，FC/280kPa，80～240/等百分比/脱油脱脂	台	1	氧枪4氧气支管

续表

序号	仪表位号	控制和测量对象	参数范围	名称	型号或规格	单位	数量	安装地点
34	FE2202E	氧枪 5 氧气流量	0～1500Nm³/h	德尔塔巴流量计	ASD-DTBM3S2/108-4/SLH，管道 ϕ108×4，材质 316L，脱油脱脂，耐压 2MPa，精度等级 1	台	1	氧枪 5 氧气流量调节阀前
	FT2202E			差压变送器	7MF4433-1CA02-2AB6-ZA01＋Y01，量程－300～0Pa，二线制，信号 4～20mA，电源 24VDC	台	1	现场
35	FV2202E	氧枪 5 氧气流量调节		气动单座调节阀	HTS-/DN65，CV68/SC13A，SUS316，SUS316/PN16，HG_T20592/%CF，P/PT-FE，ANSI VI/HA4R，FC/280kPa，80～240/等百分比/脱油脱脂	台	1	氧枪 5 氧气支管
36	FE2202F	氧枪 6 氧气流量	0～1500Nm³/h	德尔塔巴流量计	ASD-DTBM3S2/108-4/SLH，管道 ϕ108×4，材质 316L，脱油脱脂，耐压 2MPa，精度等级 1	台	1	氧枪 6 氧气流量调节阀前
	FT2202F			差压变送器	7MF4433-1CA02-2AB6-ZA01＋Y01，量程－300～0Pa，二线制，信号 4～20mA，电源 24VDC	台	1	现场
37	FV2202F	氧枪 6 氧气流量调节		气动单座调节阀	HTS-/DN65，CV68/SC13A，SUS316，SUS316/PN16，HG_T20592/%CF，P/PT-FE，ANSI VI/HA4R，FC/280kPa，80～240/等百分比/脱油脱脂	台	1	氧枪 6 氧气支管
38	FE2202G	氧枪 7 氧气流量	0～1500Nm³/h	德尔塔巴流量计	ASD-DTBM3S2/108-4/SLH，管道 ϕ108×4，材质 316L，脱油脱脂，耐压 2MPa，精度等级 1	台	1	氧枪 7 氧气流量调节阀前
	FT2202G			差压变送器	7MF4433-1CA02-2AB6-ZA01＋Y01，量程－300～0Pa，二线制，信号 4～20mA，电源 24VDC	台	1	现场
39	FV2202G	氧枪 7 氧气流量调节		气动单座调节阀	HTS-/DN65，CV68/SC13A，SUS316，SUS316/PN16，HG_T20592/%CF，P/PT-FE，ANSI VI/HA4R，FC/280kPa，80～240/等百分比/脱油脱脂	台	1	氧枪 7 氧气支管
40	FE2203	压缩空气总管流量	0～3227Nm³/h	德尔塔巴流量计	ASD-DTBM3S2/133-6/SLH，管道 ϕ133×6，材质 316L，耐压 2MPa，精度等级 1	台	1	压缩空气总管
	FT2203			差压变送器	7MF4433-1CA02-2AB6-ZA01＋Y01，量程－300～0Pa，二线制，信号 4～20mA，电源 24VDC	台	1	现场
41	FE2204A	氧枪 1 压缩空气流量	0～520Nm³/h	德尔塔巴流量计	ASD-DTBM3S2/57-4/SLH，管道 ϕ57×4，材质 316L，耐压 2MPa，精度等级 1	台	1	氧枪 1 压缩空气调节阀前
	FT2204A			差压变送器	7MF4433-1CA02-2AB6-ZA01＋Y01，量程－300～0Pa，二线制，信号 4～20mA，电源 24VDC	台	1	现场
42	FV2204A	氧枪 1 压缩空气流量调节		气动单座调节阀	HTS-/DN40，CV24/SCPH2，SUS304，SUS304/ PN16，HG_T20592/%VF，P/PT-FE，ANSI VI/HA2D，FO/ 280kPa，80～240/等百分比	台	1	氧枪 1 压缩空气支管
43	FE2204B	氧枪 2 压缩空气流量	0～520Nm³/h	德尔塔巴流量计	ASD-DTBM3S2/57-4/SLH，管道 ϕ57×4，材质 316L，耐压 2MPa，精度等级 1	台	1	氧枪 2 压缩空气调节阀前

续表

序号	仪表位号	控制和测量对象	参数范围	名称	型号或规格	单位	数量	安装地点
	FT2204B			差压变送器	7MF4433-1CA02-2AB6-ZA01＋Y01，量程－300～0Pa，二线制，信号4～20mA，电源24VDC	台	1	现场
44	FV2204B	氧枪2压缩空气流量调节		气动单座调节阀	HTS-/DN40，CV24/SCPH2，SUS304，SUS304/ PN16，HG_T20592/%VF，P/PT-FE，ANSI VI/ HA2D，FO/ 280kPa，80～240/等百分比	台	1	氧枪2压缩空气支管
45	FE2204C	氧枪3压缩空气流量	0～520Nm³/h	德尔塔巴流量计	ASD-DTBM3S2/57-4/SLH，管道ϕ57×4，材质316L，耐压2MPa，精度等级1	台	1	氧枪3压缩空气调节阀前
	FT2204C			差压变送器	7MF4433-1CA02-2AB6-ZA01＋Y01，量程－300～0Pa，二线制，信号4～20mA，电源24VDC	台	1	现场
46	FE2204D	氧枪4压缩空气流量	0～520Nm³/h	德尔塔巴流量计	ASD-DTBM3S2/57-4/SLH，管道ϕ57×4，材质316L，耐压2MPa，精度等级1	台	1	氧枪4压缩空气调节阀前
	FT2204D			差压变送器	7MF4433-1CA02-2AB6-ZA01＋Y01，量程－300～0Pa，二线制，信号4～20mA，电源24VDC	台	1	现场
47	FV2204D	氧枪4压缩空气流量调节		气动单座调节阀	HTS-/DN40，CV24/SCPH2，SUS304，SUS304/ PN16，HG_T20592/%VF，P/PT-FE，ANSI VI HA2D，FO/ 280kPa，80～240/等百分比	台	1	氧枪4压缩空气支管
48	FE2204D	氧枪5压缩空气流量	0～520Nm³/h	德尔塔巴流量计	ASD-DTBM3S2/57-4/SLH，管道ϕ57×4，材质316L，耐压2MPa，精度等级1	台	1	氧枪5压缩空气调节阀前
	FT2204D			差压变送器	7MF4433-1CA02-2AB6-ZA01＋Y01，量程－300～0Pa，二线制，信号4～20mA，电源24VDC	台	1	现场
49	FV2204D	氧枪5压缩空气流量调节		气动单座调节阀	HTS-/DN40，CV24/SCPH2，SUS304，SUS304/ PN16，HG_T20592/%VF，P/PT-FE，ANSI VI/ HA2D，FO/ 280kPa，80～240/等百分比	台	1	氧枪5压缩空气支管
50	FE2204D	氧枪6压缩空气流量	0～520Nm³/h	德尔塔巴流量计	ASD-DTBM3S2/57-4/SLH，管道ϕ57×4，材质316L，耐压2MPa，精度等级1	台	1	氧枪6压缩空气调节阀前
	FT2204D			差压变送器	7MF4433-1CA02-2AB6-ZA01＋Y01，量程－300～0Pa，二线制，信号4～20mA，电源24VDC	台	1	现场
51	FV2204D	氧枪6压缩空气流量调节		气动单座调节阀	HTS-/DN40，CV24/SCPH2，SUS304，SUS304 /PN16，HG_T20592/%VF，P/PT-FE，ANSI VI/ HA2D，FO/ 280kPa，80～240/等百分比	台	1	氧枪6压缩空气支管
52	FE2204D	氧枪7压缩空气流量	0～520Nm³/h	德尔塔巴流量计	ASD-DTBM3S2/57-4/SLH，管道ϕ57×4，材质316L，耐压2MPa，精度等级1	台	1	氧枪7压缩空气调节阀前
	FT2204D			差压变送器	7MF4433-1CA02-2AB6-ZA01＋Y01，量程－300～0Pa，二线制，信号4～20mA，电源24VDC	台	1	现场

续表

序号	仪表位号	控制和测量对象	参数范围	名称	型号或规格	单位	数量	安装地点
53	FV2204D	氧枪7压缩空气流量调节		气动单座调节阀	HTS-/DN40，CV24/SCPH2，SUS304，SUS304 /PN16，HG_T20592/%VF，P/PTFE，ANSI VI/HA2D，FO/ 280kPa，80～240/等百分比	台	1	氧枪7压缩空气支管
54	XV2201			气动切断阀	HNQ-/DN150，CV435/SC13A，SUS316，SUS316/PN16，HG_T20592/QT，P/PTFE，ANSI VI/VA4R，FC /500kPa，190～350/脱油脱脂/	台	1	氧气总管

9.4.5 循环水系统测控仪表选型

循环水系统测控仪表主要为温度、压力、流量的检测仪表。循环水系统测控仪表如表9.4所示。

表 9.4 循环水系统测控仪表一览表

序号	仪表位号	控制和测量对象	参数范围	名称	型号或规格	单位	数量	安装地点
1	TE2301	软化水总管温度	32℃	铠装热电阻	WZP-230，$L\times l=250\times100$，$\phi6$，304套管，M27×2，配DN80扩张管	支	1	软化水总管
2	TE2302	回水支管温度	42℃	铠装热电阻	WZP-230，$L\times l=250\times100$，$\phi6$，304套管，M27×2，配DN80扩张管	支	1	回水支管
3	TE2303	回水支管温度	42℃	铠装热电阻	WZP-230，$L\times l=250\times100$，$\phi6$，304套管，M27×2，配DN80扩张管	支	1	回水支管
4	TE2304	回水支管温度	42℃	铠装热电阻	WZP-230，$L\times l=250\times100$，$\phi6$，304套管，M27×2，配DN80扩张管	支	1	回水支管
5	TE2305	回水支管温度	42℃	铠装热电阻	WZP-230，$L\times l=250\times100$，$\phi6$，304套管，M27×2，配DN80扩张管	支	1	回水支管
6	TE2306	回水支管温度	42℃	铠装热电阻	WZP-230，$L\times l=250\times100$，$\phi6$，304套管，M27×2，配DN80扩张管	支	1	回水支管
7	TE2307	回水支管温度	42℃	铠装热电阻	WZP-230，$L\times l=250\times100$，$\phi6$，304套管，M27×2，配DN80扩张管	支	1	回水支管
8	TE2308	回水支管温度	42℃	铠装热电阻	WZP-230，$L\times l=250\times100$，$\phi6$，304套管，M27×2，配DN80扩张管	支	1	回水支管
9	TE2309	回水支管温度	42℃	铠装热电阻	WZP-230，$L\times l=250\times100$，$\phi6$，304套管，M27×2，配DN80扩张管	支	1	回水支管
10	TE2310	回水总管温度	42℃	铠装热电阻	WZP-230，$L\times l=250\times100$，$\phi6$，304套管，M27×2，配DN80扩张管	支	1	回水支管
11	PT2301	软化水总管压力	0.4～0.5MPa	压力变送器	7MF4033-1DA01-2AB6-ZA01+Y01，量程0～0.6MPa，二线制，信号4～20mA，电源24VDC，带表头	台	1	现场
12	PT2302	回水支管压力	0.4～0.5MPa	压力变送器	7MF4033-1DA01-2AB6-ZA01+Y01，量程0～0.6MPa，二线制，信号4～20mA，电源24VDC，带表头	台	1	现场
13	PT2303	回水支管压力	0.4～0.5MPa	压力变送器	7MF4033-1DA01-2AB6-ZA01+Y01，量程0～0.6MPa，二线制，信号4～20mA，电源24VDC，带表头	台	1	现场
14	PT2304	回水支管压力	0.4～0.5MPa	压力变送器	7MF4033-1DA01-2AB6-ZA01+Y01，量程0～0.6MPa，二线制，信号4～20mA，电源24VDC，带表头	台	1	现场

续表

序号	仪表位号	控制和测量对象	参数范围	名称	型号或规格	单位	数量	安装地点
15	PT2305	回水支管压力	0.4～0.5MPa	压力变送器	7MF4033-1DA01-2AB6-ZA01＋Y01，量程 0～0.6MPa，二线制，信号 4～20mA，电源 24VDC，带表头	台	1	现场
16	PT2306	回水支管压力	0.4～0.5MPa	压力变送器	7MF4033-1DA01-2AB6-ZA01＋Y01，量程 0～0.6MPa，二线制，信号 4～20mA，电源 24VDC，带表头	台	1	现场
17	PT2307	回水支管压力	0.4～0.5MPa	压力变送器	7MF4033-1DA01-2AB6-ZA01＋Y01，量程 0～0.6MPa，二线制，信号 4～20mA，电源 24VDC，带表头	台	1	现场
18	PT2308	回水支管压力	0.4～0.5MPa	压力变送器	7MF4033-1DA01-2AB6-ZA01＋Y01，量程 0～0.6MPa，二线制，信号 4～20mA，电源 24VDC，带表头	台	1	现场
19	PT2309	回水支管压力	0.4～0.5MPa	压力变送器	7MF4033-1DA01-2AB6-ZA01＋Y01，量程 0～0.6MPa，二线制，信号 4～20mA，电源 24VDC，带表头	台	1	现场
20	PT2310	回水支管压力	0.4～0.5MPa	压力变送器	7MF4033-1DA01-2AB6-ZA01＋Y01，量程 0～0.6MPa，二线制，信号 4～20mA，电源 24VDC，带表头	台	1	现场
21	FE2301	软化水总管流量	0～35m^3/h	电磁流量计	7ME6580-3MC14-2AA1/7EM6910-1AA10，DN80；一体式；信号 4～20mA；电源 24VDC；传感器口径 DN80；电极材质 316；衬里材质 硬橡胶；安装形式 一体法兰连接；介质温度 32℃；压力 0.5MPa；显示瞬时流量、累积流量；精度等级 0.5；防护等级 IP65，接地环	台	1	软化水总管
22	FT2301	回水支管流量	报警值＜4m^3/h	热导式流量开关	FGS-NU1S，无触点开关，电源 24VDC，NPN 型	台	1	现场
23	FS2302	回水支管流量	报警值＜4m^3/h	热导式流量开关	FGS-NU1S，无触点开关，电源 24VDC，NPN 型	台	1	软化水支管
24	FS2303	回水支管流量	报警值＜4m^3/h	热导式流量开关	FGS-NU1S，无触点开关，电源 24VDC，NPN 型	台	1	软化水支管
25	FS2304	回水支管流量	报警值＜4m^3/h	热导式流量开关	FGS-NU1S，无触点开关，电源 24VDC，NPN 型	台	1	软化水支管
26	FS2305	回水支管流量	报警值＜4m^3/h	热导式流量开关	FGS-NU1S，无触点开关，电源 24VDC，NPN 型	台	1	软化水支管
27	FS2306	回水支管流量	报警值＜4m^3/h	热导式流量开关	FGS-NU1S，无触点开关，电源 24VDC，NPN 型	台	1	软化水支管
28	FS2307	回水支管流量	报警值＜4m^3/h	热导式流量开关	FGS-NU1S，无触点开关，电源 24VDC，NPN 型	台	1	软化水支管
29	FS2308	回水支管流量	报警值＜4m^3/h	热导式流量开关	FGS-NU1S，无触点开关，电源 24VDC，NPN 型	台	1	软化水支管
30	FS2309	回水支管流量	报警值＜4m^3/h	热导式流量开关	FGS-NU1S，无触点开关，电源 24VDC，NPN 型	台	1	软化水支管
31	FS2310	回水支管流量	报警值＜4m^3/h	热导式流量开关	FGS-NU1S，无触点开关，电源 24VDC，NPN 型	台	1	软化水支管
32	FS2311	回水支管流量	报警值＜4m^3/h	热导式流量开关	FGS-NU1S，无触点开关，电源 24VDC，NPN 型	台	1	软化水支管
33	FS2312	回水支管流量	报警值＜4m^3/h	热导式流量开关	FGS-NU1S，无触点开关，电源 24VDC，NPN 型	台	1	软化水支管

续表

序号	仪表位号	控制和测量对象	参数范围	名称	型号或规格	单位	数量	安装地点
34	FS2313	回水支管流量	报警值＜4m^3/h	热导式流量开关	FGS-NU1S，无触点开关，电源 24VDC，NPN 型	台	1	软化水支管
35	FS2314	回水支管流量	报警值＜4m^3/h	热导式流量开关	FGS-NU1S，无触点开关，电源 24VDC，NPN 型	台	1	软化水支管
36	FS2315	回水支管流量	报警值＜4m^3/h	热导式流量开关	FGS-NU1S，无触点开关，电源 24VDC，NPN 型	台	1	软化水支管
37	FS2316	回水支管流量	报警值＜4m^3/h	热导式流量开关	FGS-NU1S，无触点开关，电源 24VDC，NPN 型	台	1	软化水支管
38	FS2317	回水支管流量	报警值＜4m^3/h	热导式流量开关	FGS-NU1S，无触点开关，电源 24VDC，NPN 型	台	1	软化水支管
39	FE2318	回水总管流量	0～32m^3/h	电磁流量计	7ME6580-3MC14-2AA1/7EM6910-1AA10，DN80；一体式；量程 0～60m^3/h；信号 4～20mA；电源 24VDC；传感器口径 DN80；电极材质 316；衬里材质，硬橡胶；安装形式 一体法法兰连接；介质温度 32℃；工作压力 0.5MPa；显示瞬时流量、累积流量；精度等级 0.5；防护等级 IP65，接地环	台	1	回水总管
	FT2318					台	1	现场

9.5 底吹熔炼炉控制系统硬件及软件配置

9.5.1 控制系统结构

控制系统具有下位站冗余、上位站冗余、仪表电源冗余、重要测控点冗余的多种冗余功能。下位站采用西门子 PLC，下位站的结构特点为 S7-412 主站＋ET200M 从站，本设计既具有 S7-400 的强大的数据处理能力和系统扩展能力，也具有 ET200M 先进的现场总线功能，控制系统具有很高的性价比。下位站采用冗余分布式 I/O 结构，实现电源冗余、主机冗余和通讯冗余。下位机可以在不采取任何特殊预防措施的情况下（空调、除尘、抗电磁干扰等）高度可靠地运行，并具有抗各种干扰的能力，满足电磁兼容性和安全性的要求。整个自动化系统分成控制网和监控网，控制网为 PROFIBUS，监控网为工业以太网，控制网和监控网相互隔离并且都能够独立运行，保证了控制系统的独立性和安全性。

另外，控制系统将原有的余热锅炉控制系统和水处理控制系统并入，这两个控制系统的控制主机都为西门子 S7-300 PLC，可以通过增加以太网通信模块并入底吹炉的信息网。控制系统结构如图 9.8 所示。

9.5.2 控制系统 I/O 配置

设计要求控制系统易于维护、操作简便、接线方便可靠。系统具有灵活的扩展能力。以保证在工厂扩建或改造时，满足工厂对控制系统的扩容要求。控制系统测控点根据现场实际需要进行统计，而进行控制系统的 I/O 点配置时，则要求增加约 20％的余量，以用于可能增加的控制点数和将来少量扩展。为了减少备件品种，DI、DO 模块全部为 32 点配置，AI、AO 模块全部为 8 点配置。因此，配置的 DI、DO 点数为 32 的倍数，配置的 AI、AO 点数为 8 的倍数。见表 9.5～表 9.8。

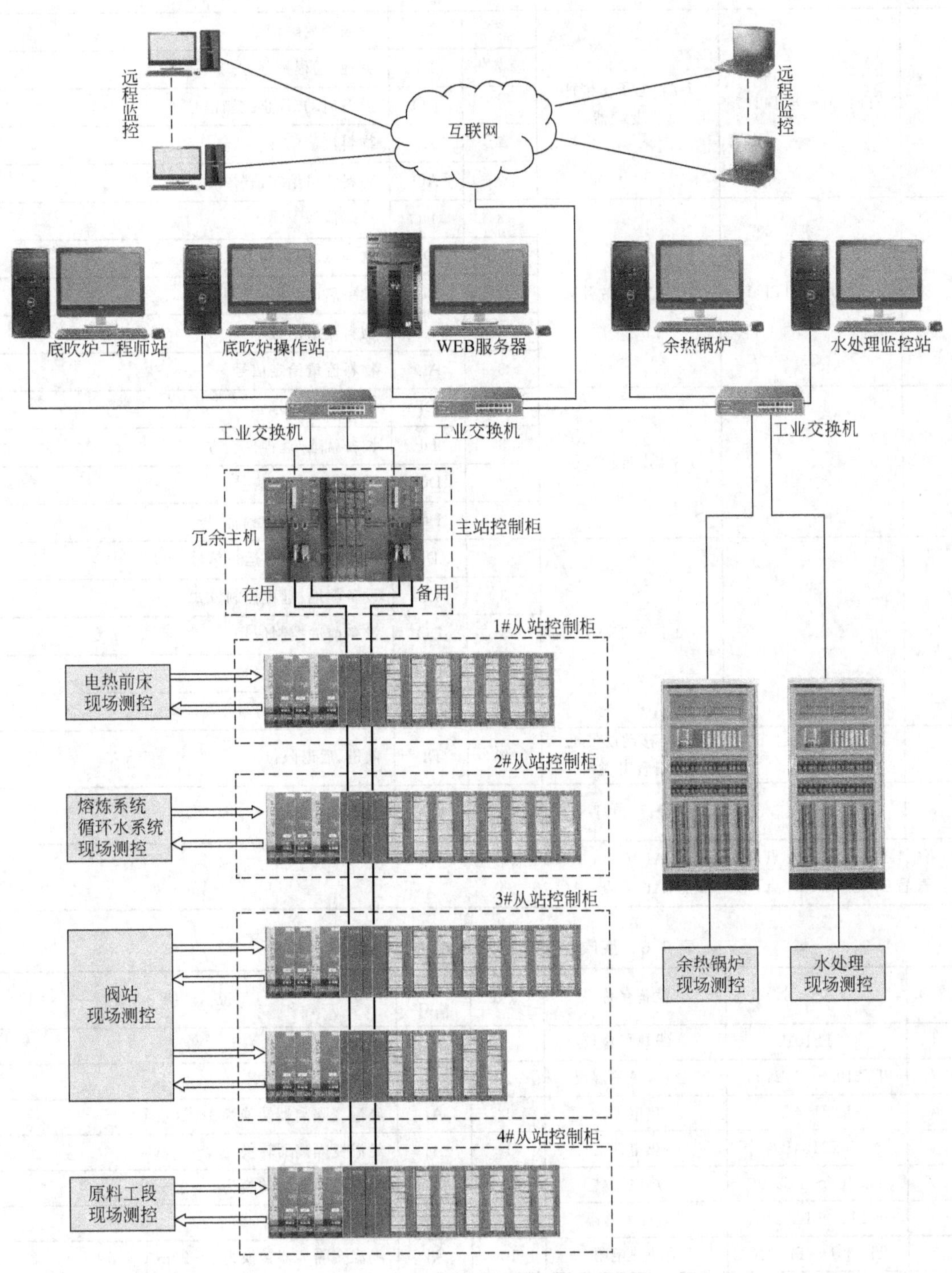
远程监控
互联网
远程监控
底吹炉工程师站
底吹炉操作站
WEB服务器
余热锅炉
水处理监控站
工业交换机
工业交换机
工业交换机
冗余主机
主站控制柜
在用
备用
1#从站控制柜
电热前床
现场测控
2#从站控制柜
熔炼系统
循环水系统
现场测控
3#从站控制柜
阀站
现场测控
余热锅炉
现场测控
水处理
现场测控
4#从站控制柜
原料工段
现场测控

图 9.8 控制系统结构图

表 9.5　原料工段 I/O 点统计及配置

序号	仪表位号	设备名称	点数	I/O 信号	说　明
1	FIT1101～FIT1107	1-7＃电子皮带秤（带变频器）	7	DI	变频器故障信号
			7	DI	就地/远程控制方式
			7	DO	设备启动/停止控制信号
			7	AI	物料流量信号
			7	AO	物料流量给定信号
2	FIT1108～FIT1110	1-3＃定量给料机	3	DI	故障信号
			3	DI	就地/远程控制方式
			3	DO	设备启动/停止控制信号
			3	AI	物料流量信号
			3	AO	物料流量给定信号
3		1-3＃皮带输送机	3	DI	设备运行信号
			3	DI	设备就地/远程控制方式
			3	DO	设备启动控制信号
			3	DO	设备停止运行控制信号
4		1-3＃移动皮带机	6	DI	设备前进、后退运行信号
			3	DI	设备就地/远程控制方式
			3	DO	设备前进控制信号
			3	DO	设备停止控制信号
			3	DO	设备后退控制信号
5		1-3＃移动皮带机行程开关	6	DI	前进、后退限位
6		警铃、警灯	2	DO	开车预告信号
统计 I/O 点：DI 41 点，DO 27 点，AI 10 点，AO 10 点 配置 I/O 点：DI 64 点，DO 32 点，AI 16 点，AO 16 点					

表 9.6　底吹炉及循环水系统 I/O 点统计及配置

序号	仪表位号	设备名称	点数	I/O 信号	说　明
1	TT2101	在线热成像仪			手持式
2	TT2102～TT2103	在线单色测温仪	2	AI	检测信号
3	TE2104A	热电偶	1	AI	经温变隔离器转换为 4～20mA
4	TE2104B	热电偶	1	AI	经温变隔离器转换为 4～20mA
5	TE2105～TE2106	热电阻	2	AI	经温变隔离器转换为 4～20mA
6	PT2101～PT 2104	微差压变送器	4	AI	检测信号
7	TE2301～TE2310	铠装热电阻	10	AI	经温变隔离器转换为 4～20mA
8	FT2101	德尔塔巴流量计	1	AI	检测信号
9	PT2301～PT2310	压力变送器	10	AI	检测信号
10	FT2301	电磁流量计	1	AI	检测信号

续表

序号	仪表位号	设备名称	点数	I/O信号	说　明
11	FT2318	电磁流量计	1	AI	检测信号
12	FS2302～FS2317	流量开关	16	DI	低限报警
13		高温风机变频器	1	DI	故障信号
		高温风机变频器	1	DI	就地/远程控制方式
		高温风机变频器	1	AI	转速反馈信号
		高温风机变频器	1	AO	控制信号
14		软水泵	2	DI	运行状态
		软水泵	2	DI	就地/远程控制方式
		软水泵	4	DO	启动/停止控制
15		柴油泵	2	DI	运行状态
		柴油泵	2	DI	就地/远程控制方式
		柴油泵	4	DO	启动/停止控制

统计 I/O 点:DI 26 点，DO 8 点，AI 34 点，AO 1 点

配置 I/O 点:DI 32 点，DO 32 点，AI 40 点，AO 8 点

表 9.7　阀站 I/O 点统计及配置

序号	仪表位号	设备名称	点数	I/O信号	说　明
1	TE2201	铠装铂热电阻	1	AI	经温变隔离器转换为 4～20mA
2	TE2202	铠装铂热电阻	1	AI	经温变隔离器转换为 4～20mA
3	PT2201-2202	压力变送器	2	AI	检测信号
4	XV2201	气动切断阀	2	DI	阀位上、下限
			2	DO	打开、关闭
5	PV2201	气动单座调节阀	1	AI	阀位反馈信号
			1	AO	控制信号
6	PV2202	气动单座调节阀	1	AI	阀位反馈信号
			1	AO	控制信号
7	FT2201	德尔塔巴流量计	1	AI	检测信号
8	FT2203	德尔塔巴流量计	1	AI	检测信号
9	PT2204	压力变送器	1	AI	检测信号
10	PV2204	气动单座调节阀	1	AI	阀位反馈信号
			1	AO	控制信号
11	PT2205	压力变送器	1	AI	检测信号
12	PV2205	气动单座调节阀	1	AI	阀位反馈信号
			1	AO	控制信号
13	PT2203A-G	压力变送器	7	AI	检测信号
14	PT2206A-G	压力变送器	7	AI	检测信号
15	FT2202A-G	德尔塔巴流量计	7	AI	检测信号
16	FV2202A-G	气动单座调节阀	7	AI	阀位反馈信号
			7	AO	控制信号

续表

序号	仪表位号	设备名称	点数	I/O 信号	说　明
17	FT2204A-G	德尔塔巴流量计	7	AI	检测信号
18	FV2204A-G	气动单座调节阀	7	AI	阀位反馈信号
			7	AO	控制信号

统计 I/O 点：DI 2 点，DO 3 点，AI 54 点，AO 19 点

配置 I/O 点：DI 32 点，DO 32 点，AI 64 点，AO 24 点

表 9.8　电热前床 I/O 点统计及配置

序号	仪表位号	设备名称	点数	I/O 信号	说　明
1	TE3101-3106	铠装热电偶	6	AI	经温变隔离器转换为 4～20mA
2	TT3107	在线单色测温仪	1	AI	检测信号
3	TE3108-3109	铠装热电阻	2	AI	经温变隔离器转换为 4～20mA
4	ZT3101A-C	位置变送器	3	AI	电极位置检测
5	PT3101-3102	压力变送器	2	AI	检测信号
6	FT3101-3102	电磁流量计	2	AI	检测信号
7	VT3101A-C	电压变送器	3	AI	检测信号
8	IT3101A-C	电流变送器	3	AI	检测信号
9	VT3102AA-C	电压变送器	3	AI	检测信号
10	IT3102A-C	电流变送器	3	AI	检测信号
11		三相电极卷扬机	3	DI	就地/远程控制方式
		三相电极卷扬机	6	DO	电极卷扬机正、反转
		三相电极卷扬机	6	DI	电极位置上、下限
12		电极电路变压器	1	DI	电极电路变压器合闸检测

统计 I/O 点：DI 13 点，DO 6 点，AI 28 点，AO 0 点

配置 I/O 点：DI 32 点，DO 32 点，AI 40 点，AO 0 点

9.5.3 分布式 PLC 硬件配置

分布式 PLC 控制系统为冗余式结构，具有主机冗余、通信冗余、电源冗余，由 1 个主站和 4 个 I/O 从站组成。I/O 从站分别为：原料工段 I/O 从站、底吹炉及循环水 I/O 从站、阀站 I/O 从站、电热前床 I/O 从站。

为了达到低成本、高性能的效果，控制主机的 CPU 采用 S7-400 系列产品，而 ET200M 从站的 I/O 模块则采用 S7-300 产品。具体配置为：CPU 采用 S7-400 系列性价比最高的冗余式 S7-412-5H CPU，为硬冗余式产品，也就是可以通过硬件自动进行冗余切换；从站通过 ET200M 进行扩展，从站 I/O 模块全部采用 S7-300 的模块；I/O 从站电源为西门子的冗余式电源；通过在 I/O 从站导轨上安装热插拔底板，可以进行 I/O 模块的热插拔。

由于现场仪表距离控制室较远，如直接布线至控制室不仅布线量大、而且信号干扰也较严重。在现场设置 I/O 从站，现场仪表接入 I/O 从站，通过两根 Profibus 网线使从站与主站通信。这种设计可大大减少布线量和提高控制系统的抗干扰能力。分布式 PLC 控制系统的硬件配置如表 9.9～表 9.13 所示。

表 9.9 主站硬件配置

序号	位号	名称	型号/规格	数量	单位
1	主站冗余PLC	CPU 412-5H	6ES7 412-5HK06-0AB0	2	个
		UR2-H 机架	6ES7 400-2JA00-0AA0	1	个
		冗余电源	6ES7 407-0KR02-0AA0	2	个
		同步模块	6ES7 960-1AA06-0XA0	4	个
		同步光纤	6ES7 960-1AA04-5AA0	2	个
		存储卡 2M	6ES7 952-1AL00-0AA0	2	个
		后备电池	6ES7 971-0BA00	4	个
2		主站控制柜	2200×900×500(包括防雷及电涌保护开关,接线端子、零排、地排等元件材料,以及防水、防尘、散热等措施)	1	台
3		通讯电缆	6XV1 830-0EH10	100	米
4		DP 插头	6ES7 972-0BA41-0XA0	12	个

表 9.10 原料工段 I/O 从站硬件配置

序号	名称	型号/规格	数量	单位
1	I/O 从站,配置如下:			
	冗余电源	6EP1 334-3BA00, 6EP1 961-3BA21	2	个
	冗余接口套件	6ES7 153-2AR03-0XA5	1	套
	ET200M 导轨 620mm(热插拔式)	6ES7 195-1GG30-0XA0	1	个
	DI 32 点数字量输入模块	6ES7 321-1BL00-4AA1	2	个
	DO 32 点数字量输出	6ES7 322-1BL00-0AA0	2	个
	AI 8 通道模拟量输入模块	6ES7 331-1KF02-0AB0	2	个
	AO 8 通道模拟量输出模块	6ES7 332-5HF00-4AB1	2	个
	热插拔底板	6ES7195-7HB000XA0	4	个
	40 针前连接器	6ES7 392-1AM00-0AA0	8	个
2	I/O 从站控制柜	2200×900×500(包括热备式直流电源,防雷及电涌保护开关,接线端子、零排、地排等元件材料,以及防水、防尘、散热等措施)	1	台

表 9.11 底吹炉及循环水 I/O 从站硬件配置

序号	名称	型号/规格	数量	单位
1	I/O 从站,配置如下:			
	冗余电源	6EP1 334-3BA00, 6EP1 961-3BA21	1	套
	冗余接口套件	6ES7153-2AR03-0XA5	1	套
	ET200M 导轨 620mm(热插拔式)	6ES7 195-1GG30-0XA0	1	个
	DI 32 点数字量输入模块	6ES7 321-1BL00-4AA1	1	个
	DO 32 点数字量输出	6ES7 322-1BL00-0AA0	1	个
	AI 8 通道模拟量输入模块	6ES7 331-1KF02-0AB0	5	个
	AO 8 通道模拟量输出模块	6ES7 332-5HF00-4AB1	1	个
	热插拔底板	6ES7195-7HB000XA0	4	个
	40 针前连接器	6ES7 392-1AM00-0AA0	8	个
2	从站控制柜	2200×900×500(包括热备式直流电源,防雷及电涌保护开关,接线端子、零排、地排等元件材料,以及防水、防尘、散热等措施)	1	台

表 9.12　阀站 I/O 从站硬件配置

序号	名称	型号/规格	数量	单位
1	I/O 从站，配置如下：			
	冗余电源	6EP1 334-3BA00，6EP1 961-3BA21	2	个
	冗余接口套件	6ES7153-2AR03-0XA5	2	套
	ET200M 导轨 620mm(热插拔式)	6ES7 195-1GG30-0XA0	2	个
	DI 32 点数字量输入模块	6ES7 321-1BL00-4AA1	1	个
	DO 32 点数字量输出	6ES7 322-1BL00-0AA0	1	个
	AI 8 通道模拟量输入模块	6ES7 331-1KF02-0AB0	8	个
	AO 8 通道模拟量输出模块	6ES7 332-5HF00-4AB1	3	个
	热插拔底板	6ES7195-7HB000XA0	7	个
	40 针前连接器	6ES7 392-1AM00-0AA0	13	个
2	从站控制柜	2200×900×500(包括热备式直流电源，防雷及电涌保护开关，接线端子、零排、地排等元件材料，以及防水、防尘、散热等措施)	1	台

表 9.13　电热前床 I/O 从站硬件配置

序号	名称	型号/规格	数量	单位
1	I/O 从站，配置如下：			
	冗余电源	6EP1 334-3BA00，6EP1 961-3BA21	1	套
	冗余接口套件	6ES7153-2AR03-0XA5	2	套
	ET200M 导轨 620mm(热插拔式)	6ES7 195-1GG30-0XA0	1	个
	DI 32 点数字量输入模块	6ES7 321-1BL00-4AA1	1	个
	DO 32 点数字量输出	6ES7 322-1BL00-0AA0	1	个
	AI 8 通道模拟量输入模块	6ES7 331-1KF02-0AB0	5	个
	AO 8 通道模拟量输出模块	6ES7 332-5HF00-4AB1	0	个
	热插拔底板	6ES7195-7HB000XA0	4	个
	40 针前连接器	6ES7 392-1AM00-0AA0	7	个
2	从站控制柜	2200×900×500(包括热备式直流电源，防雷及电涌保护开关，接线端子、零排、地排等元件材料，以及防水、防尘、散热等措施)	1	台

9.5.4　控制系统上位站的配置

上位监控系统（见表 9.14）主机由 4 台工业计算机和 1 台工业服务器组成，全部采用 DELL 公司的产品。工业服务器用于监控系统的 WEB 发布以用于远程监控；4 台计算机分别用作熔炼控制系统工程师站和操作站，余热锅炉监控站、水处理监控站。4 台计算机都可以与所有下位机直接通信，可以互为备用。

熔炼控制系统控制主机选用西门子的 S7-412-5H CPU，提供以太网通信；原有的余热锅炉控制系统的 PLC 为西门子 S7-300 产品，CPU 型号为 CPU315-2DP，通信协议为 MPI 和 Profibus；原有水处理控制系统的 PLC 为西门子 S7-300 产品，CPU 为 S7-314，通信协议仅有 MPI。由于上位监控网络为以太网，而且监控系统要求所有计算机都可以直接与 PLC

通信，为了便于通信和减少投资，需要在两台 PLC 上增加工业以太网通信模块以提供 TCP/IP 通信口。

为了提高网络的安全性，控制系统上位站设有 3 台工业交换机，可以在任意 1 台交换机出现故障时将接口转移到其他交换机。

上位站监控系统采用北京亚控公司 Kingview 6.55 组态软件进行开发。Kingview 6.55 组态软件运行版软件锁为无限点配置，每台计算机安装 1 个软件锁，共 5 个 USB 插口软件锁。WEB 发布软件配置为 20 用户，可以同时提供最多 20 用户进行远程监控，WEB 发布软件和监控运行版共用一个软件锁。监控系统运行在 WINDOWS 7（32 位）旗舰版环境。

表 9.14 监控系统上位站配置表

名称	型号/规格	数量	单位	备 注
工业计算机	Optiplex 9010(i7 3770 CPU /8G 内存/1T 硬盘/DVD 光驱/显卡/声卡/网卡/键盘/鼠标/音箱/Windows 7)	4	台	DELL
工业级服务器	PowerEdge T310(X3440 CPU/4G 内存/500G 硬盘/DVD 光驱/显卡/网卡/键盘/鼠标/Windows SERVER)	1	台	DELL
23 寸液晶显示器	S2340M(1920×1080 解析度)	5	台	DELL
组态软件(运行版)	Kingview 6.55(无限点)	5	套	亚控
组态软件(WEB)	Kingview 6.55(无限点+20WEB 客户)	1	套	亚控
工业交换机	D-LINK DGS 16 口(10/100/1000M 自适应)	3	台	D-LINK

9.6 监控系统设计开发

一个优越的控制系统不仅有完善的控制功能，也必须有完善的管理功能。监控和管理是控制系统必须具备的功能，一方面，操作人员能够通过监控界面方便地进行控制操作，例如进行参数的设定、控制方式的选择等；另一方面，操作人员需要通过画面了解控制系统的当前及过去运行情况，如参数的历史数据、设备的历史运行状态等。监控系统提供“软操作面板”和“软键盘”，所有操作都可由鼠标器或键盘进行，操作十分方便。因将“硬操作”变为“软操作”，大大提高控制系统的可靠性。控制系统提供对所有控制回路进行参数设定、控制方式选择、趋势显示、报警显示、流程图动态显示。提供在线调试、历史检索、生产报表、网络远程监控等功能。

9.6.1 模拟工艺流程图

监控系统提供所有生产过程的模拟动态流程画面。利用组态软件提供的丰富图件、动画构建工具，以及植入图片等动画技术，设计画面精美、界面友好的模拟流程画面。可以较为直观地显示流程的数据、设备的运行状态、报警点等，可以单击画面模拟设备进行现场设备的启动/停止操作，或单击参数项进行参数的设定修改，各个测控点的参数一目了然、层次清晰、重点信息突出，便于操作工人监控。

根据底吹熔炼炉生产工艺流程控制要求及参数的相互关系，主要将控制系统的工艺控制模拟流程图分为：原料工段控制流程图、底吹炉及阀站控制流程图、循环水系统控制流程图和电热前床控制流程图。单击流程画面上面一行按钮，即可切换到相应的画面。模拟流程图提供动态显示画面，可以显示测控参数的实时值和设备的运行状态。当需要进行控制回路给定值、控制方式等设定时，单击相应的数据项即可弹出操作面板，可以根据实际需要进行参数设定和控制方式的修改。如图 9.9～图 9.12 为控制系统的各个模拟流程图。

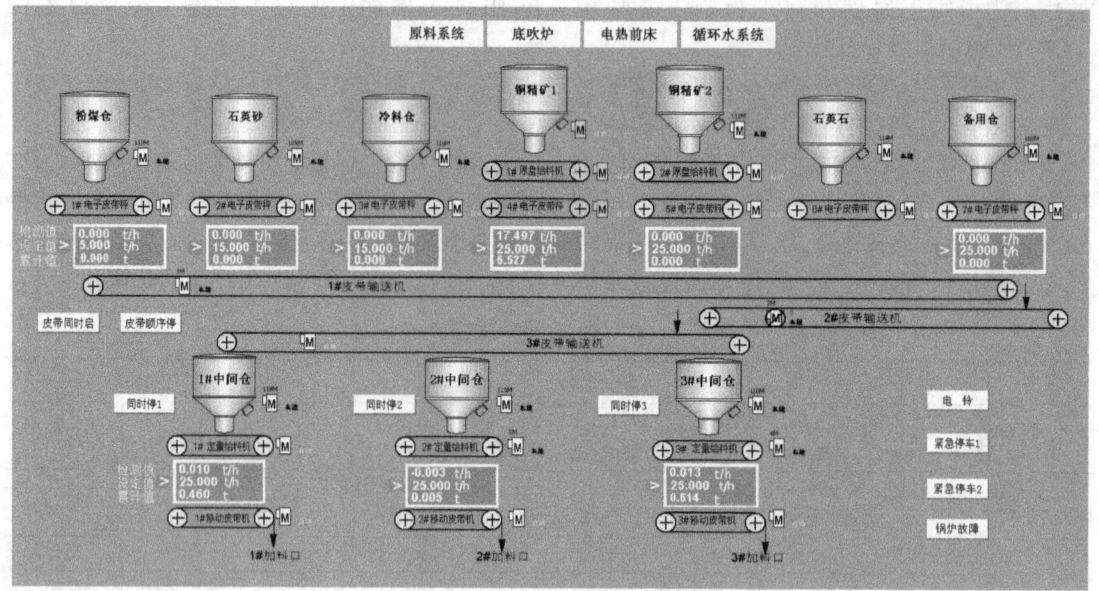

图 9.9　原料工段控制流程图

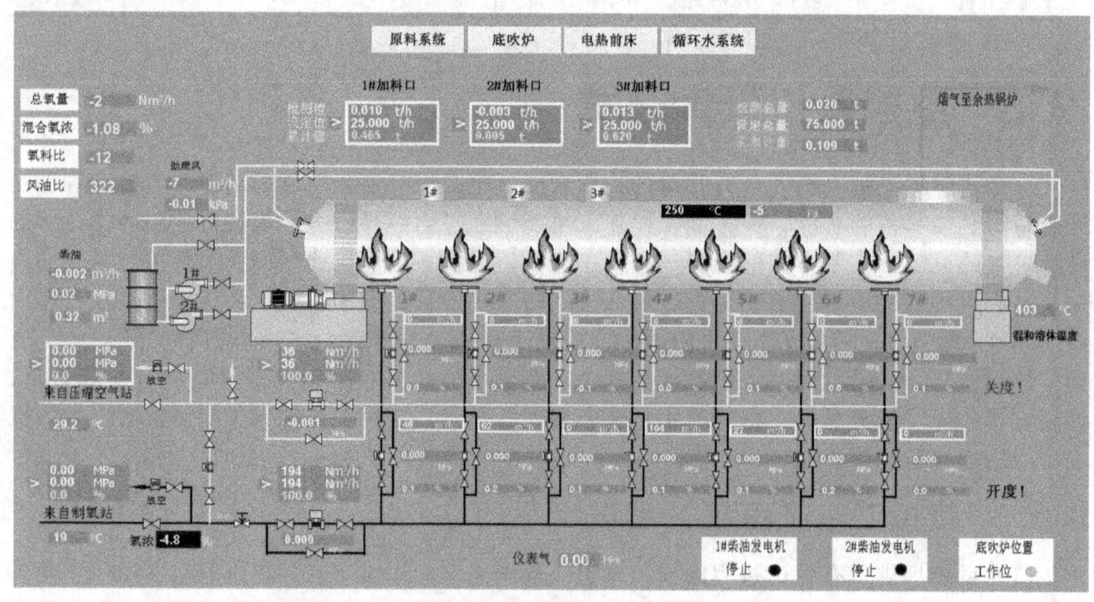

图 9.10　底吹炉及阀站控制流程图

9.6.2　操作面板

操作面板是监控系统的核心画面，也是控制系统功能的集中体现。操作面板采用模拟硬器件操作的方法实现以“软”代“硬”的设计，操作面板可以集中所有的控制操作功能，仅通过鼠标器就可进行操作，使用十分方便。操作面板主要提供：参数给定值设定、控制输出值、自动/手动控制方式选择、给定值上下限、输出值上下线、报警上下限等设定或修改功能。用鼠标单击可修改数据项即弹出模拟键盘，可进行数据修改；单击设备启/停操作按键即弹出模拟操作板，可进行设备启停操作，为了防止误操作，提供操作问询；单击控制方式选择按钮可进行控制方式的选择。单击模拟流程图上的控制参数项或需要操控的设备，即可

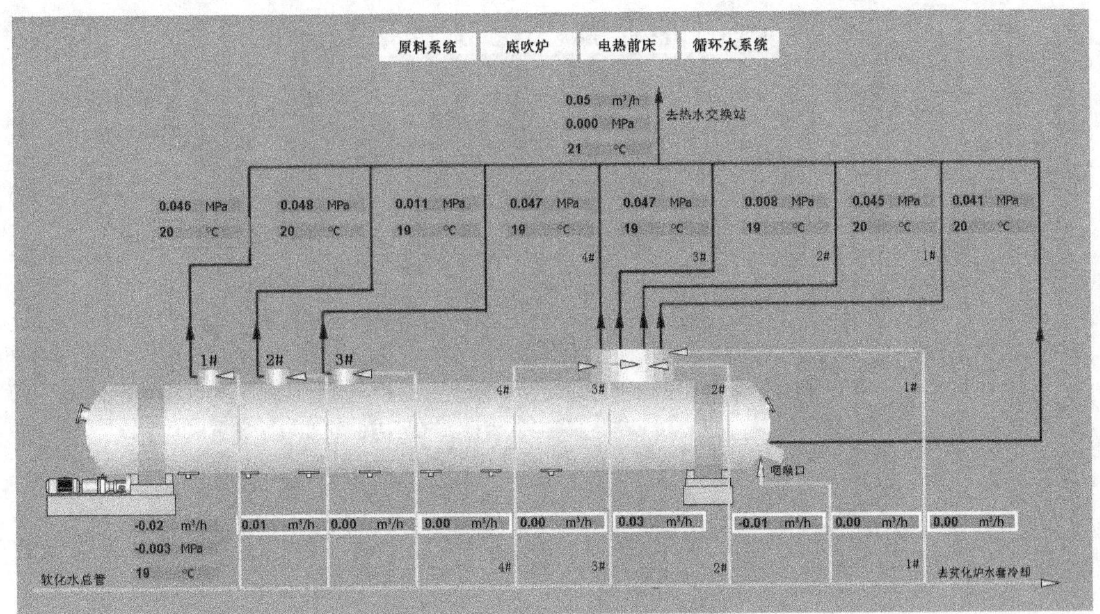

图 9.11　循环水系统控制流程图

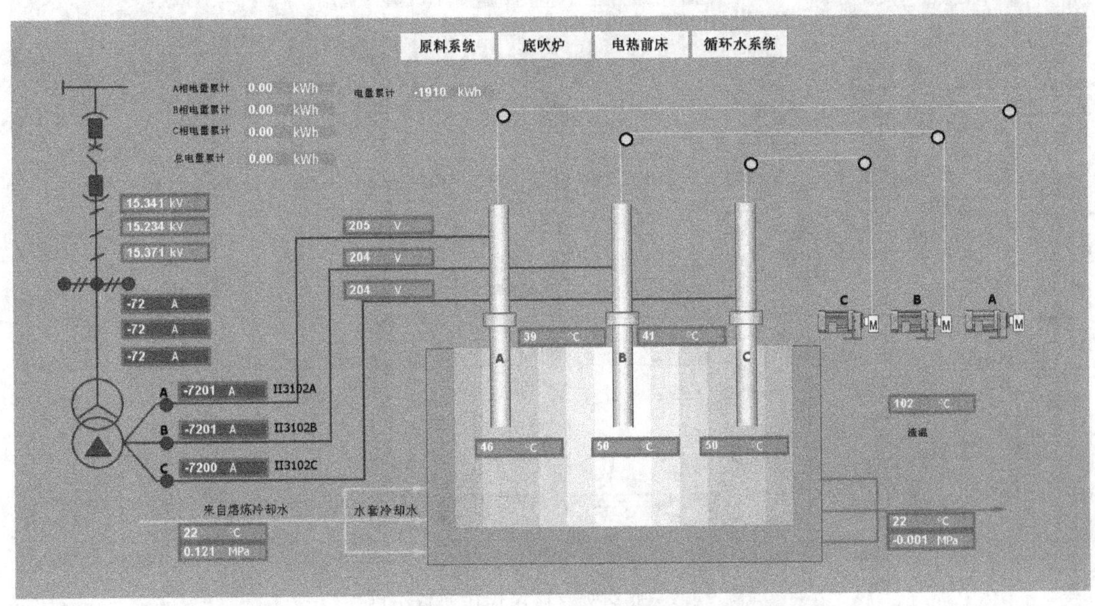

图 9.12　电热前床控制流程图

弹出相应的操作面板，操作完毕后可以关闭。图 9.13～图 9.15 为控制系统流程图的操作面板示例。操作面板根据控制回路的要求进行设计，操作面板按控制回路设计，每个控制回路提供一个操作面板。

9.6.3　报警窗口

当控制系统中某些参数的值超限时，监控系统自动产生相应警告信息并通过报警窗口显示出来，用于提醒和提示操作人员关注，也可以通过分析报警窗口显示的报警信息，掌握系统参数的非正常情况，从而采取措施。本监控系统对报警的处理方法是：当报警

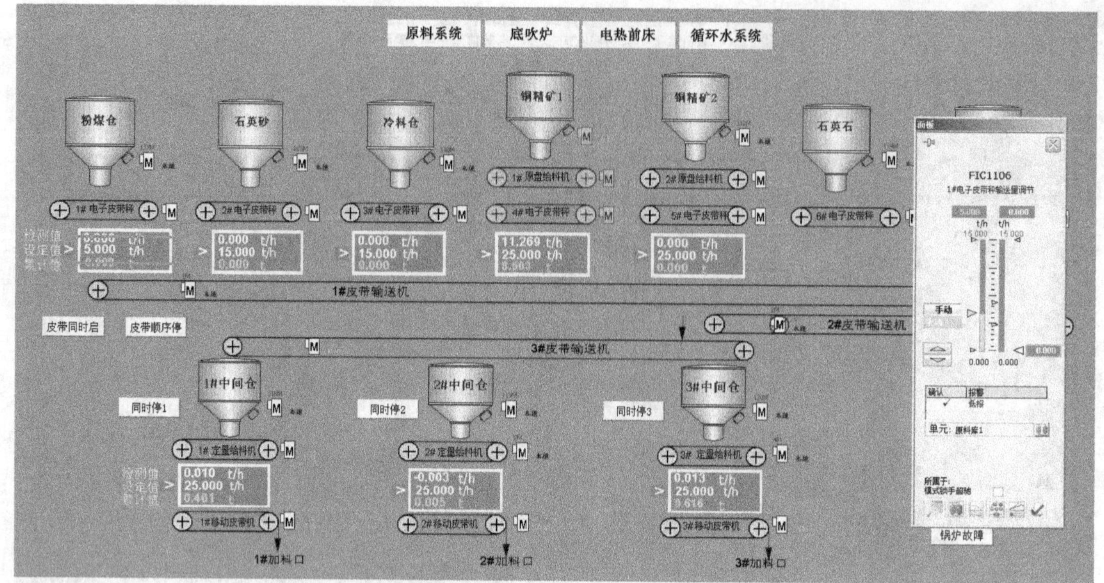

图 9.13　原料工段操作面板示例

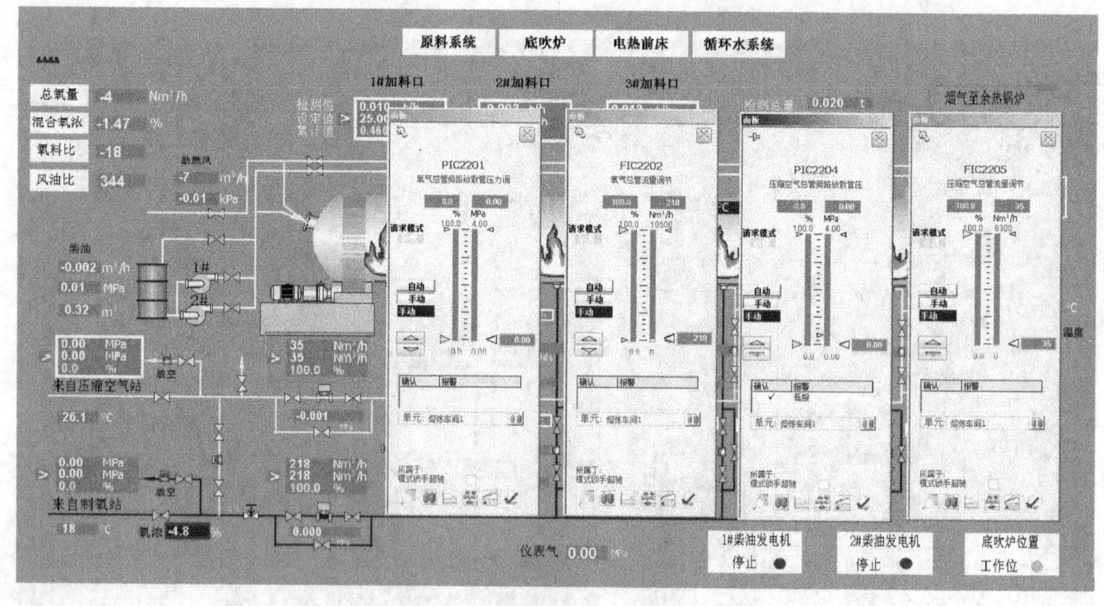

图 9.14　底吹炉及阀站操作面板示例

发生时，监控系统把这些信息存于内存中的缓冲区中，报警在缓冲区中是以先进先出的队列形式存储，所以只有最近的报警和事件在内存中。当缓冲区达到指定数目或记录定时时间到时，系统自动将报警和事件信息进记录。报警的记录可以是文本文件、开放式数据库或打印机。另外，用户可以从人机界面提供的报警窗中查看报警和事件信息。本监控系统的报警窗口如图 9.16 所示。

9.6.4　历史数据显示

本控制系统提供所有检测参数的历史数据的记录和检索功能，历史数据通过历史数据显示窗口显示。可通过改变日期和时间获得相应时段的历史数据，或通过拖动时间光标查看对

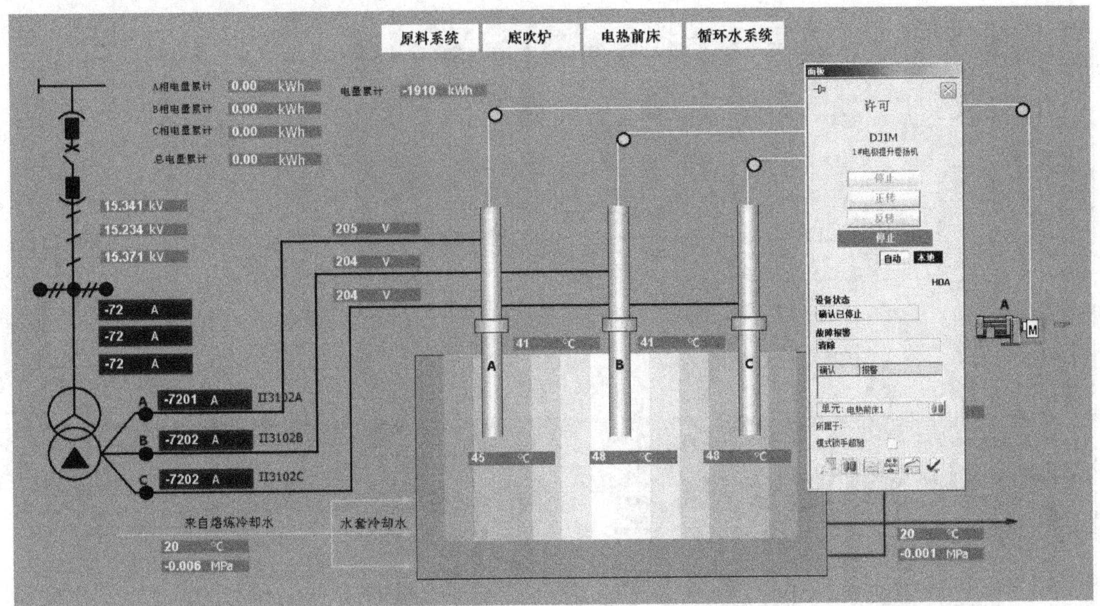

图 9.15　电热前床操作面板示例

图 9.16　报警窗口示例

应时刻的数据。历史数据显示画面设计成曲线+数据的显示格式，窗口中的曲线颜色与下面各参数数据的颜色相对应，横轴为时间，纵轴为与参数数据。各种参数的数据通过趋势曲线表示，可以便于了解参数的变化情况，便于分析系统运行情况，为进行生产考核或查找故障等提供依据。控制系统可保存 20 年的历史数据，并能自动清除过时的历史数据。图 9.17 为监控系统历史数据显示的一个例子，图中上窗口为参数的历史曲线显示，垂直虚线为时间光标，可以用

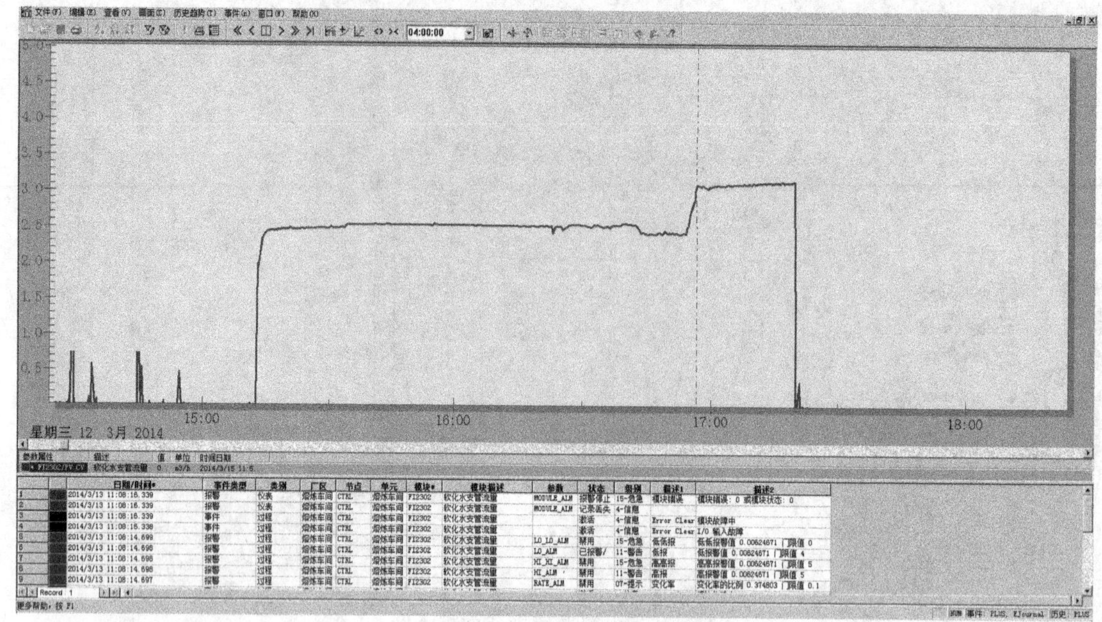

图 9.17　历史数据显示示例

	事件类型	类别	厂区	节点	单元	模块	模块描述	参数	状态	级别	描述1	描述2
1	报警	过程	原料库	CTRL	原料库1	FIC1104	4#电子皮带秤输送量调节	LO_ALM	已报警/未确	11-警告	低报	低报警值 14.8533 门限值 17.5
2	报警	过程	原料库	CTRL	原料库1	FIC1104	4#电子皮带秤输送量调节	LO_ALM	报警停止/未	11-警告	低报	低报警值 17.7704 门限值 17.5
3	改变	用户	AREA_A	PLUS					远程注销		ADMIN	
4	改变	用户	AREA_A	PLUS					远程注销		ADMIN	
5	报警	过程	原料库	CTRL	原料库1	FIC1104	4#电子皮带秤输送量调节	LO_ALM	已报警/未确	11-警告	低报	低报警值 10.7817 门限值 17.5
6	报警	过程	原料库	CTRL	原料库1	FIC1104	4#电子皮带秤输送量调节	LO_ALM	报警停止/未	11-警告	低报	低报警值 21.3056 门限值 17.5
7	报警	过程	原料库	CTRL	原料库1	FIC1104	4#电子皮带秤输送量调节	LO_ALM	已报警/未确	11-警告	低报	低报警值 14.338 门限值 17.5
8	报警	过程	原料库	CTRL	原料库1	FIC1104	4#电子皮带秤输送量调节	LO_ALM	报警停止/未	11-警告	低报	低报警值 18.6848 门限值 17.5
9	报警	过程	原料库	CTRL	原料库1	FIC1104	4#电子皮带秤输送量调节	LO_ALM	已报警/未确	11-警告	低报	低报警值 10.1064 门限值 17.5
10	报警	过程	原料库	CTRL	原料库1	FIC1104	4#电子皮带秤输送量调节	LO_ALM	报警停止/未	11-警告	低报	低报警值 18.1084 门限值 17.5
11	报警	过程	原料库	CTRL	原料库1	FIC1104	4#电子皮带秤输送量调节	LO_ALM	已报警/未确	11-警告	低报	低报警值 14.6831 门限值 17.5
12	报警	过程	原料库	CTRL	原料库1	FIC1104	4#电子皮带秤输送量调节	LO_ALM	报警停止/未	11-警告	低报	低报警值 19.1163 门限值 17.5
13	报警	过程	原料库	CTRL	原料库1	FIC1104	4#电子皮带秤输送量调节	LO_ALM	已报警/未确	11-警告	低报	低报警值 9.91324 门限值 17.5
14	报警	过程	原料库	CTRL	原料库1	FIC1104	4#电子皮带秤输送量调节	LO_ALM	报警停止/未	11-警告	低报	低报警值 18.2199 门限值 17.5
15	报警	过程	原料库	CTRL	原料库1	FIC1104	4#电子皮带秤输送量调节	LO_ALM	已报警/未确	11-警告	低报	低报警值 8.89517 门限值 17.5
16	报警	过程	原料库	CTRL	原料库1	FIC1104	4#电子皮带秤输送量调节	LO_ALM	报警停止/未	11-警告	低报	低报警值 19.4838 门限值 17.5
17	报警	过程	原料库	CTRL	原料库1	FIC1104	4#电子皮带秤输送量调节	LO_ALM	已报警/未确	11-警告	低报	低报警值 18.6612 门限值 17.5
18	报警	过程	原料库	CTRL	原料库1	FIC1104	4#电子皮带秤输送量调节	LO_ALM	报警停止/未	11-警告	低报	低报警值 18.0184 门限值 17.5
19	报警	过程	原料库	CTRL	原料库1	FIC1104	4#电子皮带秤输送量调节	LO_ALM	已报警/未确	11-警告	低报	低报警值 7.41159 门限值 17.5
20	报警	过程	原料库	CTRL	原料库1	FIC1104	4#电子皮带秤输送量调节	LO_ALM	报警停止/未	11-警告	低报	低报警值 18.2864 门限值 17.5
21	报警	过程	原料库	CTRL	原料库1	FIC1104	4#电子皮带秤输送量调节	LO_ALM	已报警/未确	11-警告	低报	低报警值 13.1981 门限值 17.5
22	报警	过程	原料库	CTRL	原料库1	FIC1104	4#电子皮带秤输送量调节	LO_ALM	报警停止/未	11-警告	低报	低报警值 18.7676 门限值 17.5
23	报警	过程	原料库	CTRL	原料库1	FIC1104	4#电子皮带秤输送量调节	LO_ALM	已报警/未确	11-警告	低报	低报警值 11.5709 门限值 17.5
24	报警	过程	原料库	CTRL	原料库1	FIC1104	4#电子皮带秤输送量调节	LO_ALM	报警停止/未	11-警告	低报	低报警值 20.1374 门限值 17.5
25	报警	过程	原料库	CTRL	原料库1	FIC1104	4#电子皮带秤输送量调节	LO_ALM	已报警/未确	11-警告	低报	低报警值 9.5258 门限值 17.5
26	报警	过程	原料库	CTRL	原料库1	FIC1104	4#电子皮带秤输送量调节	LO_ALM	报警停止/未	11-警告	低报	低报警值 18.3677 门限值 17.5
27	报警	过程	原料库	CTRL	原料库1	FIC1104	4#电子皮带秤输送量调节	LO_ALM	已报警/未确	11-警告	低报	低报警值 14.2507 门限值 17.5
28	报警	过程	原料库	CTRL	原料库1	FIC1104	4#电子皮带秤输送量调节	LO_ALM	报警停止/未	11-警告	低报	低报警值 18.289 门限值 17.5
29	报警	过程	原料库	CTRL	原料库1	FIC1104	4#电子皮带秤输送量调节	LO_ALM	已报警/未确	11-警告	低报	低报警值 12.4077 门限值 17.5
30	报警	过程	原料库	CTRL	原料库1	FIC1104	4#电子皮带秤输送量调节	LO_ALM	报警停止/未	11-警告	低报	低报警值 21.3509 门限值 17.5
31	报警	过程	原料库	CTRL	原料库1	FIC1104	4#电子皮带秤输送量调节	LO_ALM	已报警/未确	11-警告	低报	低报警值 8.82484 门限值 17.5
32	报警	过程	原料库	CTRL	原料库1	FIC1104	4#电子皮带秤输送量调节	LO_ALM	报警停止/未	11-警告	低报	低报警值 19.5371 门限值 17.5
33	报警	过程	原料库	CTRL	原料库1	FIC1104	4#电子皮带秤输送量调节	LO_ALM	已报警/未确	11-警告	低报	低报警值 14.1339 门限值 17.5
34	报警	过程	原料库	CTRL	原料库1	FIC1104	4#电子皮带秤输送量调节	LO_ALM	报警停止/未	11-警告	低报	低报警值 18.7295 门限值 17.5
35	改变	用户	AREA_A	PLUS					远程登录		ADMIN	
36	改变	用户	AREA_A	PLUS					远程登录		ADMIN	
37	报警	过程	原料库	CTRL	原料库1	FIC1104	4#电子皮带秤输送量调节	LO_ALM	已报警/未确	11-警告	低报	低报警值 12.1981 门限值 17.5
38	报警	过程	原料库	CTRL	原料库1	FIC1104	4#电子皮带秤输送量调节	LO_ALM	报警停止/未	11-警告	低报	低报警值 20.2232 门限值 17.5

图 9.18　历史数据列表示例

鼠标左右拖动，下窗口为时间光标所在时间对应的曲线的数据。历史数据列见图 9.18。

9.6.5 数据报表

监控系统提供生产报表自动生成功能，可以根据生产管理的需要建立报表格式，并能根据设定时间自动生成任何时间范围内的生产报表。生产报表可以存储到文件，报表文件为 EXCEL 格式，也可以发送到打印机上打印。图 9.19～图 9.21 为本监控系统为几个数据报表示例。

	A	B	C	D	E	F	G	H	I	J	K	L	M	N
1	日期	1#铜精矿	累计	2#铜精矿	累计	冷料仓	累计	煤粉	累计	石英砂	累计	石灰石	累计	总累计
2		t/h	t	t/h	t	t/h	t	t/h	t	t/h	t	t/h	t	
3		2014/3/12 0:00	TO	2014/3/12 23:00										
4	时间	FIC1104	F1104Q	FIC1105	F1105Q	FIC1103	F1103Q	FIC1106	F1106Q	FIC1102	F1102Q	FIC1101	F1101Q	
5	2014/3/12 0:00	0	0.000203255	0	0.001160598	0	0	0	0.000192963	0	0.000115496	0	0	0.001672312
6	2014/3/12 1:00	0	0.000203255	0	0.001160598	0	0	0	0.000192963	0	0.000115496	0	0	0.001672312
7	2014/3/12 2:00	0	0.000203255	0	0.001160598	0	0	0	0.000192963	0	0.000115496	0	0	0.001672312
8	2014/3/12 3:00	0	0.000203255	0	0.001160598	0	0	0	0.000192963	0	0.000115496	0	0	0.001672312
9	2014/3/12 4:00	0	0.000203255	0	0.001160598	0	0	0	0.000192963	0	0.000115496	0	0	0.001672312
10	2014/3/12 5:00	0	0.000203255	0	0.001160598	0	0	0	0.000192963	0	0.000115496	0	0	0.001672312
11	2014/3/12 6:00	0	0.000203255	0	0.001160598	0	0	0	0.000192963	0	0.000115496	0	0	0.001672312
12	2014/3/12 7:00	0	0.000203255	0	0.001160598	0	0	0	0.000192963	0	0.000115496	0	0	0.001672312
13	2014/3/12 8:00	0	0.000203255	0	0.001160598	0	0	0	0.000192963	0	0.000115496	0	0	0.001672312
14	2014/3/12 9:00	0	0.000203255	0	0.001160598	0	0	0	0.000192963	0	0.000115496	0	0	0.001672312
15	2014/3/12 10:00	0	0.000203255	0	0.001160598	0	0	0	0.000192963	0	0.000115496	0	0	0.001672312
16	2014/3/12 11:00	0	0.000233952	0	0.001160598	0	0	0	0.000192963	0	0.000115496	0	0	0.001703009
17	2014/3/12 12:00	0	0.000233952	0	0.001160598	0	0	0	0.000192963	0	0.000115496	0	0	0.001703009
18	2014/3/12 13:00	0	0.000233952	0	0.001160598	0	0	0	0.000192963	0	0.000115496	0	0	0.001703009
19	2014/3/12 14:00	0	0.000233952	0	0.001160598	0	0	0	0.000192963	0	0.000115496	0	0	0.001703009
20	2014/3/12 15:00	0	0.000334189	0	0.001160598	0	0	0	0.000192963	0	0.000115496	0	0	0.001803246
21	2014/3/12 16:00	0	0.000334189	0	0.001265078	0	0	0	0.000192963	0	0.000115496	0	0	0.001907726
22	2014/3/12 17:00	0	0.000334189	0	0.001265078	0	0	0	0.000192963	0	0.000115496	0	0	0.001907726
23	2014/3/12 18:00	0	0.000334189	0	0.001265078	0	0	0	0.000192963	0	0.000115496	0	0	0.001907726
24	2014/3/12 19:00	0	0.000334189	0	0.001265078	0	0	0	0.000192963	0	0.000115496	0	0	0.001907726
25	2014/3/12 20:00	0	0.000334189	0	0.001265078	0	0	0	0.000192963	0	0.000115496	0	0	0.001907726
26	2014/3/12 21:00	0	0.000334189	0	0.001265078	0	0	0	0.000192963	0	0.000115496	0	0	0.001907726
27	2014/3/12 22:00	0	0.000334189	0	0.001265078	0	0	0	0.000192963	0	0.000115496	0	0	0.001907726
28	2014/3/12 23:00	0	0.000334189	0	0.001265078	0	0	0	0.000192963	0	0.000115496	0	0	0.001907726
29														

图 9.19　原料工段报表

	A	B	C	D	E	F	G	H	I	J	K	L	M	N
1	日期	氧气总管			空气总管		总氧量	混合氧浓	1#氧枪				2#	
2		流量	纯度	压力	流量	压力			氧气流量	氧气压力	空气流量	空气压力	氧气流量	氧气压力
3		Nm^3/h	%	MPa	Nm^3/h	MPa	Nm^3/h	%	Nm^3/h	MPa	Nm^3/h	MPa	Nm^3/h	MPa
4	时间	2014/3/12 0:00	TO	2014/3/12 23:00										
5		FIC2202	AI2201	PI2202	FIC2205	PI2205			FI2202A_PT	PI2203A	FI2204A_PT	PI2206A	FI2202B_PT	PI2203B
6	2014/3/12 0:00	135.9405975	-4.804881096	-1.73874E-05	-0.361138612	-0.000166388	#N/A	#N/A	50.59751892	-7.33155E-05	-0.003312989	-5.08044E-05	54.15708923	-0.000108221
7	2014/3/12 1:00	150.3760071	-4.804940224	6.45479E-06	-0.366515011	-0.000428653	#N/A	#N/A	44.1972084	-9.11971E-05	-0.01046118	-0.000140213	50.70814896	-0.000155906
8	2014/3/12 2:00	150.4532013	-4.804821014	3.0297E-05	-0.371891499	-0.000690917	#N/A	#N/A	44.20721817	-0.000109079	-0.017609371	-0.000229621	50.76057053	-0.00020359
9	2014/3/12 3:00	132.6492004	-4.804700851	3.81848E-05	-0.377267987	-0.000953182	#N/A	#N/A	44.39944839	-9.81345E-05	-0.024757549	-0.000319029	50.81298828	-0.000199254
10	2014/3/12 4:00	177.0384979	-4.804582119	3.81848E-05	-0.382646501	-0.001106242	#N/A	#N/A	44.44987106	-8.62134E-05	-0.02899551	-0.000371929	50.86540985	-0.000193293
11	2014/3/12 5:00	119.0566025	-4.804553032	3.81848E-05	-0.388028711	-0.001106242	#N/A	#N/A	44.64223099	-7.42923E-05	-0.029255571	-0.000371929	50.88774872	-0.000187333
12	2014/3/12 6:00	134.3227997	-4.804790974	3.81848E-05	-0.393410891	-0.001106242	#N/A	#N/A	43.04135895	-6.23712E-05	-0.029515641	-0.000371929	50.86809921	-0.000181372
13	2014/3/12 7:00	174.822998	-4.805029869	8.60481E-05	-0.398793101	-0.001106242	#N/A	#N/A	43.07896042	-6.77448E-05	-0.0297757	-0.000371929	50.84846115	-0.000181192
14	2014/3/12 8:00	182.8816071	-4.805267811	0.000157575	-0.393974304	-0.001116169	#N/A	#N/A	40.96348953	-7.37046E-05	-0.029244689	-0.000371929	50.82881927	-0.000181192
15	2014/3/12 9:00	164.1649933	-4.80538702	0.000229101	-0.370187402	-0.001140009	#N/A	#N/A	40.74494934	-7.96643E-05	-0.02763116	-0.000371929	50.61211014	-0.000181192
16	2014/3/12 10:00	142.4636993	-4.805149078	0.000300628	-0.346400589	-0.00116385	#N/A	#N/A	44.94886017	-8.5624E-05	-0.026017619	-0.000371929	52.27249146	-0.000181192
17	2014/3/12 11:00	177.5391998	-4.804910183	0.000308337	-0.322613686	-0.001187691	#N/A	#N/A	55.85367966	-9.73464E-05	-0.02440409	-0.000371929	57.51488113	-0.000186972
18	2014/3/12 12:00	184.2462006	-4.804671764	0.000284495	-0.30625841	-0.001201611	#N/A	#N/A	48.47219849	-0.000109268	-0.023754001	-0.000376797	54.82598114	-0.000192932
19	2014/3/12 13:00	190.7297058	-4.80449295	0.000260653	-0.303738296	-0.001201611	#N/A	#N/A	47.74720001	-0.000121189	-0.02442228	-0.000388718	53.39083862	-0.000198893
20	2014/3/12 14:00	203.7440948	-4.80449295	0.00023681	-0.301218301	-0.001201611	#N/A	#N/A	47.86008072	-0.00013311	-0.02509057	-0.000400639	56.85147858	-0.000204853
21	2014/3/12 15:00	223.0756989	-4.80449295	0.000197014	-0.298698187	-0.001201611	#N/A	#N/A	51.45014954	-0.000133507	-0.025758849	-0.00041256	56.6375885	-0.000210814
22	2014/3/12 16:00	206.9360962	-4.80449295	0.000149329	-0.298562288	-0.001181769	#N/A	#N/A	51.65248108	-0.000133507	-0.026336109	-0.00041718	59.76451874	-0.000216774
23	2014/3/12 17:00	221.9830017	-4.80446291	0.000101645	-0.302865088	-0.001134084	#N/A	#N/A	48.57884979	-0.000133507	-0.026788799	-0.000411219	59.8091507	-0.000222735
24	2014/3/12 18:00	203.0834045	-4.804344177	5.39604E-05	-0.307167709	-0.0010864	#N/A	#N/A	49.06201935	-0.000133507	-0.027241491	-0.000405259	59.85379028	-0.000228695
25	2014/3/12 19:00	189.754303	-4.804224014	3.81848E-05	-0.311470389	-0.001038715	#N/A	#N/A	49.10081863	-0.000133507	-0.027694181	-0.000399298	59.89841843	-0.000223096
26	2014/3/12 20:00	186.5843964	-4.804104805	3.81848E-05	-0.207226694	-0.000194515	#N/A	#N/A	49.2252388	-0.000133507	-0.0157167	0.002239137	58.21080017	-0.000217135
27	2014/3/12 21:00	229.1172943	-4.80405283	3.81848E-05	-0.318914592	0.000381868	#N/A	#N/A	47.3128891	-0.000133507	-0.04339546	0.001357158	58.36906052	-0.000211175
28	2014/3/12 22:00	214.0592957	-4.804200172	3.81848E-05	-0.347088397	-0.000115014	#N/A	#N/A	47.49877167	-0.000133507	-0.004848275	-3.42707E-05	58.52732086	-0.000205214
29	2014/3/12 23:00	200.6654053	-4.804346561	-2.30118E-08	-0.343282491	-0.000610697	#N/A	#N/A	47.44335175	-0.000133507	-0.017387301	-0.000214946	55.93552399	-0.000216767
30														

图 9.20　底吹炉及阀站报表示例

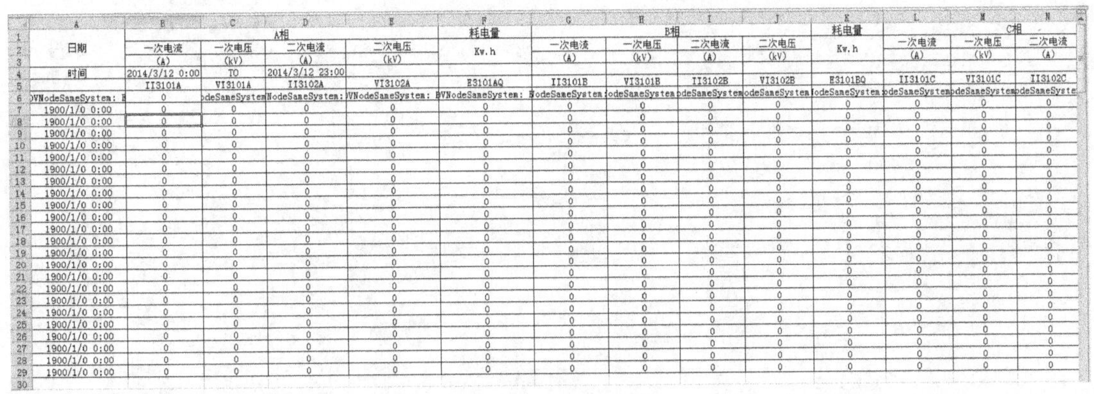

	A	B	C	D	E	F	G	H	I	J	K	L	M	N
1	日期	A相				耗电量	B相				耗电量	C相		
2		一次电流	一次电压	二次电流	二次电压	Kw.h	一次电流	一次电压	二次电流	二次电压	Kw.h	一次电流	一次电压	二次电流
3		(A)	(kV)	(A)	(kV)		(A)	(kV)	(A)	(kV)		(A)	(kV)	(A)
4	时间	2014/3/12 0:00	TO	2014/3/12 23:00										
5		II3101A	VI3101A	II3102A	VI3102A	E3101AQ	II3101B	VI3101B	II3102B	VI3102B	E3101BQ	II3101C	VI3101C	II3102C
6	DVNodeSameSystem: B	0	odeSameSystem	NodeSameSystem:	VNodeSameSystem:	BVNodeSameSystem:	NodeSameSystem	odeSameSystem	odeSameSystem	odeSameSystem	odeSameSystem	odeSameSystem	odeSameSystem	odeSameSyste
7	1900/1/0 0:00	0	0	0	0	0	0	0	0	0	0	0	0	0
8	1900/1/0 0:00	0	0	0	0	0	0	0	0	0	0	0	0	0
9	1900/1/0 0:00	0	0	0	0	0	0	0	0	0	0	0	0	0
10	1900/1/0 0:00	0	0	0	0	0	0	0	0	0	0	0	0	0
11	1900/1/0 0:00	0	0	0	0	0	0	0	0	0	0	0	0	0
12	1900/1/0 0:00	0	0	0	0	0	0	0	0	0	0	0	0	0
13	1900/1/0 0:00	0	0	0	0	0	0	0	0	0	0	0	0	0
14	1900/1/0 0:00	0	0	0	0	0	0	0	0	0	0	0	0	0
15	1900/1/0 0:00	0	0	0	0	0	0	0	0	0	0	0	0	0
16	1900/1/0 0:00	0	0	0	0	0	0	0	0	0	0	0	0	0
17	1900/1/0 0:00	0	0	0	0	0	0	0	0	0	0	0	0	0
18	1900/1/0 0:00	0	0	0	0	0	0	0	0	0	0	0	0	0
19	1900/1/0 0:00	0	0	0	0	0	0	0	0	0	0	0	0	0
20	1900/1/0 0:00	0	0	0	0	0	0	0	0	0	0	0	0	0
21	1900/1/0 0:00	0	0	0	0	0	0	0	0	0	0	0	0	0
22	1900/1/0 0:00	0	0	0	0	0	0	0	0	0	0	0	0	0
23	1900/1/0 0:00	0	0	0	0	0	0	0	0	0	0	0	0	0
24	1900/1/0 0:00	0	0	0	0	0	0	0	0	0	0	0	0	0
25	1900/1/0 0:00	0	0	0	0	0	0	0	0	0	0	0	0	0
26	1900/1/0 0:00	0	0	0	0	0	0	0	0	0	0	0	0	0
27	1900/1/0 0:00	0	0	0	0	0	0	0	0	0	0	0	0	0
28	1900/1/0 0:00	0	0	0	0	0	0	0	0	0	0	0	0	0
29	1900/1/0 0:00	0	0	0	0	0	0	0	0	0	0	0	0	0
30														

图 9.21　电热前床报表示例

9.6.6 PID控制回路参数调试界面

PID控制回路调试界面为多个PID控制回路的参数调试提供了极大的方便。该界面除了提供参数值的修改设定功能外，还提供实时趋势图，可以通过趋势图的曲线变化情况，分析判断参数设定是否达到要求，从而采取进一步的措施。

该界面对PID参数的调试由PLC与监控计算机共同完成，PLC根据指定控制回路的编号，将该回路的重要参数传送到特定地址，主要参数包括：控制周期（Cycle）、实测值

(PV)、给定值（SP)、控制输出（OUT)、比例系数（Gain)、积分时间（Ti)、微分时间（Td)、控制输出下限（Out _ L)、控制输出上限（Out _ H)、死区（E _ Dead)。将有关参数设定后单击“写入”按键，写入指定的控制回路。该功能可以在控制系统开发时调试，也可以在系统投运后在设备运行条件发生较大变化时进行调试。PID 控制回路参数调试界面如图 9.22 所示。

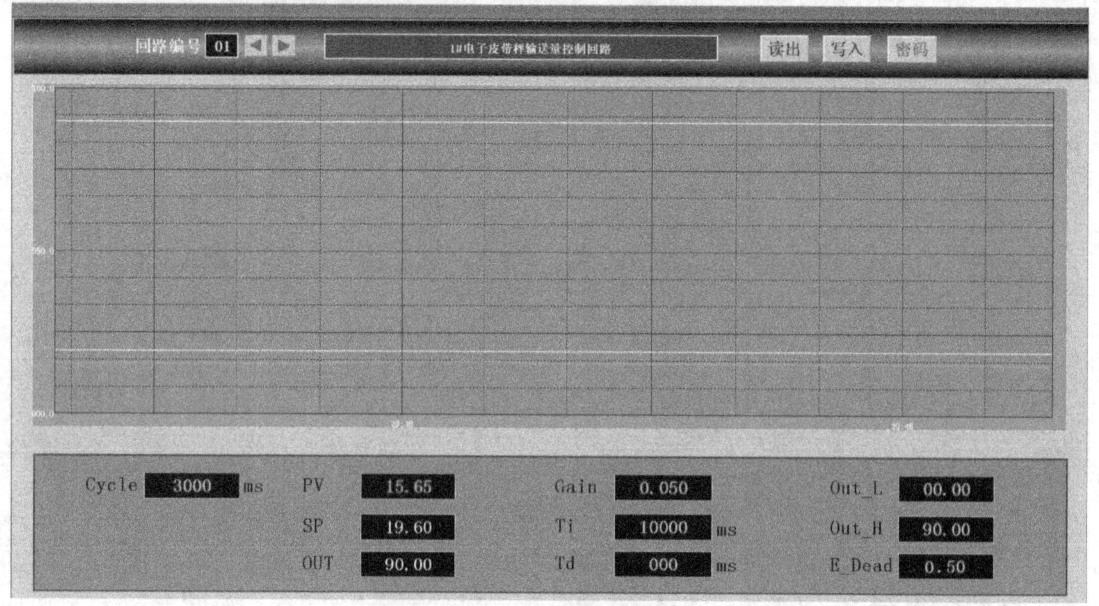

图 9.22　PID 控制回路调试界面

参考文献

[1] 黄宋魏，邹金慧．电气控制与PLC应用技术．北京：电子工业出版社，2010.
[2] 潘永湘．过程控制与自动化仪表．北京：机械工业出版社，2007.
[3] 张根宝．工业自动化仪表及过程控制．西安：西北工业大学出版社，2008.
[4] 刘玉长．自动检测和过程控制．北京：冶金工业出版社，2010.
[5] 凌志浩．DCS与现场总线控制系统．上海：华东理工大学出版社，2008.
[6] 王永华．现场总线技术及应用教程．北京：机械工业出版社，2012.
[7] 张早校．过程控制装置及系统设计．北京：北京大学出版社，2010.
[8] 中华人民共和国工业和信息化部．化工自控设计规定（合订本，HG/T 20505-2014，HG/T 20507～20516-2014，HG/T 20699～20700-2014）．北京：中国计划出版社，2014.
[9] 徐义亨．工业控制工程中的抗干扰技术．上海：上海科学技术出版社，2010.
[10] 王树青．自动化与仪表工程师手册．北京：化学工业出版社，2010.
[11] 陈海霞等．西门子S7-300/400PLC编程技术及工程应用．北京：机械工业出版社，2012.
[12] 西门子公司．SIMATIC S7-300模块数据．2010.
[13] 西门子公司．SIMATIC S7-400模块数据．2010.
[14] 西门子公司．S7-400容错系统使用手册．2010.
[15] 西门子公司．ET 200M分布式I/O站操作指导．2010.
[16] 西门子公司．STEP 7 V5.5CN编程手册．2012.
[17] 北京亚控公司．组态王6.55用户手册．2012.
[18] 刘翠玲，黄建兵．集散控制系统．北京：北京大学出版社，2013.
[19] 徐文尚等．计算机控制系统．北京：北京大学出版社，2014.